有机化学

（第2版）

主　编　芦金荣

副主编　唐伟方

东南大学出版社

·南　京·

内 容 提 要

本教材是根据21世纪高等医药人才的培养目标及医药类院校各专业的教学要求，在作者多年教学实践的基础上编写的。全书共分18章，采用脂肪族、芳香族化合物混合编排的方式，以官能团为主线，较系统地阐明有机化学的基本知识、基本理论、基本反应，强化了有机化合物结构和性质间的关系，并注意联系医药、化工等实际。从培养医药学专业应用性人才的目标出发，教材内容以“必需”“够用”为原则，力求少而精；文字叙述力求通俗易懂，注意启发性。为适应自主化和个别化学习的需要，本书将教学内容和学习指导有机地融为一体，在每章后均附有“学习指导”，对各章内容进行总结，给出解题示例，并配有习题，书后给出了习题参考答案。为便于读者学习和复习，本书还在相关章节给出了阶段小结，分5个专题对有关内容进行了归纳总结；书后附有阶段复习题及总复习自测题，供读者复习、训练。

本书根据《有机化合物命名原则2017》对有机化合物的命名做了相应修订。本书可作为高等医药、化工院校相关专业的本科、大专以及高等职业技术院校和成人教育教材，还可作为有关科研人员的参考书，也适合于自学者阅读。

图书在版编目(CIP)数据

有机化学 / 芦金荣主编. — 2版. — 南京 : 东南大学出版社, 2023.5

ISBN 978-7-5766-0446-7

Ⅰ.①有… Ⅱ.①芦… Ⅲ.①有机化学-教材 Ⅳ.①O62

中国版本图书馆CIP数据核字(2022)第225198号

责任编辑:张 慧 **封面设计**:逸美设计 **责任印制**:周荣虎

有机化学(第2版)

Youji Huaxue (Di-er Ban)

主　　编 芦金荣
出版发行 东南大学出版社
社　　址 南京四牌楼2号 邮编:210096 电话:025-83793330
网　　址 http://www.seupress.com
电子邮件 press@seupress.com
经　　销 全国各地新华书店
印　　刷 江苏扬中印刷有限公司
开　　本 850 mm×1168 mm 1/16
印　　张 21.5
字　　数 621千字
版　　次 2023年5月第2版
印　　次 2023年5月第1次印刷
书　　号 ISBN 978-7-5766-0446-7
定　　价 65.00元

东大版图书若有印装质量问题，请直接与营销部联系。电话(传真):025-83791830

再版前言

本教材是根据21世纪高等医药人才的培养目标及医药类院校各专业的教学要求,在作者多年教学实践的基础上编写的。

全书共分18章,采用脂肪族、芳香族化合物混合编排的方式,以官能团为纲,以结构和反应为主线,重点阐明有机化学的基本知识、基本理论、基本反应,对有机化合物结构和性质间的关系进行了强化,相对减少了反应机理及反应合成的内容,并注意联系医药、化工等实际。在内容安排上,注意重点突出、难点分散和循序渐进。从培养医药学专业应用型人才的目标出发,在编写过程中贯彻教材内容以"必需""够用"为原则,力求少而精;文字叙述力求通俗易懂,注意启发性。

本书根据《有机化合物命名原则 2017》(科学出版社,2018年1月)对有机化合物的命名做了相应修订,并且以中英文对照的形式表示化合物名称,同时,常见人名反应及名词术语等也均采用中、英文表示。

为适应自主化和个别化学习的需要,本书将教学内容和学习指导有机地融为一体,在每章后均附有"学习指导",对各章内容进行总结,给出解题示例,并配有习题,书后给出了习题参考答案。为便于读者学习和复习,本书在第4、9、11、12及第13章给出了阶段小结,分5个专题对相关内容进行了归纳总结,书后附有阶段复习题及总复习自测题,供读者复习、训练。

波谱知识在有机化合物的结构推导中起着非常重要的作用,本书在第18章安排了相关内容,着重介绍了红外光谱及核磁共振谱的基本知识,可根据专业教学要求选择讲授。

本书可作为高等医药、化工院校相关专业的本科、大专、高等职业技术院校和成人教育教材,还可作为有关科研人员的参考书,也适合于自学者阅读。

参加本书编写工作的有中国药科大学芦金荣(编写第1、2、3、4、5、6、7、18章及第11章部分内容)、唐伟方(编写第12、13章及第11章部分内容)、周萍(编写第8、9及10章)、陈明(编写第14、15、16、17章及复习与测试部分)等4位同志。

由于编者水平所限,错误和不妥之处在所难免,敬请广大读者及同行专家提出宝贵意见。

编　者

2023.2

目　录

1　绪　论 …… (1)

1.1　有机化合物和有机化学 …… (1)

1.1.1　有机化学的产生和发展 …… (1)

1.1.2　有机化学的研究范畴 …… (1)

1.2　有机化合物的特性 …… (1)

1.3　共价键理论简介 …… (2)

1.3.1　经典共价键理论 …… (2)

1.3.2　现代共价键理论 …… (3)

1.4　共价键的几个重要参数 …… (5)

1.4.1　键长 …… (5)

1.4.2　键角 …… (5)

1.4.3　键能和键的离解能 …… (5)

1.4.4　键的极性 …… (6)

1.5　有机化合物的分类 …… (7)

1.5.1　按碳架分类 …… (7)

1.5.2　按官能团分类 …… (8)

1.6　有机化合物结构测定简介 …… (9)

学习指导 …… (9)

2　烷烃 …… (11)

2.1　烷烃的通式和同分异构 …… (11)

2.2　有机化合物中碳原子和氢原子的分类 …… (11)

2.3　烷烃的命名 …… (12)

2.3.1　烷基的概念 …… (12)

2.3.2　普通命名法(习惯命名法) …… (12)

2.3.3　系统命名法 …… (13)

2.4　烷烃的结构 …… (14)

2.4.1　碳原子的 sp^3 杂化 …… (14)

2.4.2　σ 键的形成和特点 …… (14)

2.5　烷烃的构象 …… (15)

2.5.1　乙烷的构象 …… (15)

2.5.2　正丁烷的构象 …… (16)

2.6　烷烃的物理性质 …… (16)

2.6.1　沸点 …… (17)

2.6.2 熔点……(18)
2.6.3 溶解度……(18)
2.6.4 相对密度……(18)
2.7 烷烃的化学性质……(19)
2.7.1 卤代反应……(19)
2.7.2 氧化反应……(22)
学习指导……(22)

3 烯烃和环烷烃……(26)
3.1 烯烃的结构……(26)
3.1.1 碳原子的 sp^2 杂化……(26)
3.1.2 碳碳双键的形成……(26)
3.1.3 π 键的特点……(27)
3.2 烯烃的通式和同分异构……(27)
3.3 烯烃的命名……(28)
3.3.1 烯基、叉基和亚基……(28)
3.3.2 系统命名……(29)
3.4 烯烃的物理性质……(30)
3.5 烯烃的化学性质……(31)
3.5.1 双键的加成反应……(31)
3.5.2 双键的氧化反应……(36)
3.5.3 α-氢原子的反应……(37)
3.5.4 烯烃的聚合反应……(38)
3.6 环烷烃的分类、同分异构和命名……(38)
3.6.1 分类和同分异构……(39)
3.6.2 命名……(39)
3.7 环烷烃的理化性质……(40)
3.7.1 加氢……(41)
3.7.2 与卤素反应……(41)
3.7.3 与卤化氢反应……(41)
3.8 环烷烃的结构……(42)
3.9 环己烷及其取代衍生物的构象……(43)
3.9.1 环己烷的构象……(43)
3.9.2 环己烷取代衍生物的构象……(44)
3.10 十氢萘的构象……(45)
学习指导……(45)

4 炔烃和二烯烃……(51)
4.1 炔烃的结构……(51)
4.1.1 碳原子的 sp 杂化……(51)
4.1.2 碳碳叁键的形成……(51)

4.2 炔烃的同分异构和命名 …… (52)
4.2.1 同分异构 …… (52)
4.2.2 命名 …… (52)
4.3 炔烃的物理性质 …… (52)
4.4 炔烃的化学性质 …… (53)
4.4.1 炔烃的加成反应 …… (53)
4.4.2 炔烃的氧化反应 …… (55)
4.4.3 炔氢的反应 …… (55)
4.4.4 聚合反应 …… (56)
4.5 二烯烃的分类和命名 …… (56)
4.6 共轭二烯烃的结构 …… (57)
4.6.1 共轭二烯烃的量子力学结构 …… (57)
4.6.2 共振论简介 …… (58)
4.7 共轭二烯烃的反应 …… (59)
4.7.1 1,4-加成(共轭加成) …… (59)
4.7.2 狄尔斯-阿尔特反应 …… (59)
4.8 共轭加成的理论解释 …… (60)
学习指导 …… (61)

5 对映异构 …… (67)
5.1 手性分子和对映异构 …… (67)
5.1.1 偏光 …… (67)
5.1.2 旋光性物质和旋光度 …… (67)
5.1.3 手性分子和对映异构 …… (69)
5.2 含1个手性碳原子化合物的对映异构 …… (69)
5.3 对映异构体的表示方法和构型标记 …… (70)
5.3.1 对映异构体的表示方法 …… (70)
5.3.2 构型的标记 …… (71)
5.4 含2个手性碳原子化合物的对映异构 …… (72)
5.4.1 含2个不相同手性碳原子的化合物 …… (72)
5.4.2 含2个相同手性碳原子的化合物 …… (73)
5.5 不含手性碳原子化合物的对映异构 …… (74)
5.5.1 丙二烯型化合物 …… (74)
5.5.2 联苯型化合物 …… (75)
5.6 环状化合物的立体异构 …… (75)
5.7 外消旋体的拆分 …… (76)
学习指导 …… (77)

6 芳烃 …… (82)
6.1 苯的结构 …… (82)
6.1.1 凯库勒式 …… (82)

6.1.2 现代价键理论对苯分子结构的描述 …… (83)
6.1.3 共振论对苯分子结构的描述 …… (83)
6.2 苯及其同系物的同分异构和命名 …… (84)
6.2.1 同分异构 …… (84)
6.2.2 常见取代基 …… (84)
6.2.3 命名 …… (84)
6.3 苯及其同系物的物理性质 …… (85)
6.4 苯及其同系物的化学性质 …… (85)
6.4.1 苯环上的反应 …… (85)
6.4.2 烷基苯侧链的反应 …… (89)
6.5 芳环上亲电性取代反应的定位效应 …… (90)
6.5.1 定位基的分类 …… (91)
6.5.2 定位效应的理论解释 …… (92)
6.5.3 二取代苯的定位效应 …… (94)
6.5.4 定位效应在合成中的应用 …… (94)
6.6 稠环芳烃 …… (95)
6.6.1 稠环芳烃的命名 …… (95)
6.6.2 萘的结构 …… (96)
6.6.3 萘的化学性质 …… (96)
6.7 休克尔规则 …… (98)
学习指导 …… (99)

7 卤代烃 …… (104)
7.1 卤代烃的分类和命名 …… (104)
7.1.1 分类 …… (104)
7.1.2 命名 …… (104)
7.2 卤代烃的物理性质 …… (105)
7.3 卤代烃的化学性质 …… (106)
7.3.1 亲核性取代反应 …… (106)
7.3.2 消除反应 …… (111)
7.3.3 与金属镁反应 …… (113)
7.4 消除反应和取代反应的竞争 …… (113)
7.5 卤代烃中卤原子的活泼性 …… (114)
学习指导 …… (114)

8 醇和酚 …… (120)
8.1 醇 …… (120)
8.1.1 醇的分类和命名 …… (120)
8.1.2 醇的结构和物理性质 …… (121)
8.1.3 醇的化学性质 …… (122)
8.1.4 硫醇 …… (128)

8.1.5 醇的制备 …………………………………………………………………… (129)
8.2 酚…………………………………………………………………………………… (130)
8.2.1 酚的分类和命名 ………………………………………………………… (130)
8.2.2 酚的结构 ………………………………………………………………… (130)
8.2.3 酚的物理性质 …………………………………………………………… (131)
8.2.4 酚的化学性质 …………………………………………………………… (131)
8.2.5 酚的制备 ………………………………………………………………… (136)
学习指导 ……………………………………………………………………………… (137)

9 醚和环氧化合物 …………………………………………………………………… (141)
9.1 醚的分类和命名………………………………………………………………… (141)
9.1.1 醚的分类 ………………………………………………………………… (141)
9.1.2 醚的命名 ………………………………………………………………… (141)
9.2 醚的结构和物理性质…………………………………………………………… (142)
9.3 醚的化学性质…………………………………………………………………… (142)
9.3.1 镁盐的生成 ……………………………………………………………… (142)
9.3.2 醚键的断裂 ……………………………………………………………… (143)
9.3.3 过氧化物的形成 ………………………………………………………… (143)
9.4 环氧化合物的开环反应………………………………………………………… (143)
9.5 醚的制备………………………………………………………………………… (144)
9.5.1 醇分子间脱水 …………………………………………………………… (144)
9.5.2 威廉姆逊合成法 ………………………………………………………… (144)
9.5.3 环醚的制备 ……………………………………………………………… (144)
9.6 冠醚……………………………………………………………………………… (145)
9.7 硫醚……………………………………………………………………………… (145)
学习指导 ……………………………………………………………………………… (146)

10 醛、酮和醌 ………………………………………………………………………… (149)
10.1 醛、酮的分类和命名…………………………………………………………… (149)
10.2 羰基的结构 …………………………………………………………………… (150)
10.3 醛、酮的物理性质……………………………………………………………… (150)
10.4 醛、酮的化学性质……………………………………………………………… (151)
10.4.1 亲核性加成反应 ……………………………………………………… (151)
10.4.2 α-氢原子的反应 ……………………………………………………… (155)
10.4.3 氧化反应和还原反应 ………………………………………………… (157)
10.4.4 其他反应 ……………………………………………………………… (159)
10.5 醛、酮的制备…………………………………………………………………… (160)
10.5.1 醇的氧化与脱氢 ……………………………………………………… (160)
10.5.2 芳烃的氧化 …………………………………………………………… (160)
10.5.3 傅-克反应……………………………………………………………… (160)
10.5.4 瑞穆-梯曼反应………………………………………………………… (160)

10.5.5 盖特曼-柯赫反应 …… (161)
10.6 不饱和醛、酮 …… (161)
10.6.1 α,β-不饱和醛酮 …… (161)
10.6.2 烯酮 …… (162)
10.7 醌类 …… (163)
10.7.1 羰基的亲核加成反应 …… (163)
10.7.2 碳碳双键的加成反应 …… (163)
10.7.3 共轭加成反应 …… (164)
学习指导 …… (164)

11 羧酸及取代羧酸 …… (169)
11.1 羧酸 …… (169)
11.1.1 羧酸的分类和命名 …… (169)
11.1.2 羧酸的物理性质 …… (170)
11.1.3 羧酸的结构 …… (170)
11.1.4 羧酸的化学性质 …… (170)
11.2 取代羧酸 …… (175)
11.2.1 取代羧酸的分类和命名 …… (175)
11.2.2 卤代酸 …… (176)
11.2.3 羟基酸和酚酸 …… (177)
11.2.4 氨基酸 …… (179)
学习指导 …… (181)

12 羧酸衍生物 …… (187)
12.1 羧酸衍生物的命名 …… (187)
12.2 羧酸衍生物的物理性质 …… (188)
12.3 羧酸衍生物的化学性质 …… (189)
12.3.1 水解、醇解和氨(胺)解反应 …… (189)
12.3.2 还原反应 …… (192)
12.3.3 酯与格氏试剂的反应 …… (192)
12.3.4 酰胺的特殊性质 …… (193)
12.3.5 酯缩合反应 …… (193)
12.4 乙酰乙酸乙酯及其在合成中的应用 …… (194)
12.5 丙二酸二乙酯及其在合成中的应用 …… (197)
12.6 碳酸衍生物 …… (198)
学习指导 …… (199)

13 有机含氮化合物 …… (205)
13.1 硝基化合物 …… (205)
13.1.1 分类、命名和物理性质 …… (205)
13.1.2 硝基的结构 …… (206)
13.1.3 化学性质 …… (206)

13.2 胺类 …… (208)
13.2.1 胺的分类和命名 …… (208)
13.2.2 胺的结构和物理性质 …… (209)
13.2.3 胺的化学性质 …… (211)
13.2.4 季铵盐和季铵碱 …… (217)
13.2.5 胺的制备 …… (219)
13.3 重氮化合物与偶氮化合物 …… (219)
13.3.1 取代反应 …… (219)
13.3.2 偶联反应 …… (221)
学习指导 …… (222)

14 杂环化合物 …… (228)
14.1 杂环化合物的分类和命名 …… (228)
14.1.1 有特定名称的杂环名称及编号 …… (228)
14.1.2 标氢和活泼氢 …… (230)
14.2 六元杂环化合物 …… (230)
14.2.1 吡啶 …… (230)
14.2.2 吡喃 …… (233)
14.2.3 含2个杂原子的六元单杂环 …… (234)
14.3 五元杂环化合物 …… (234)
14.3.1 含1个杂原子的五元杂环化合物 …… (234)
14.3.2 含2个杂原子的五元杂环化合物 …… (237)
14.4 稠杂环类化合物 …… (238)
14.4.1 喹啉和异喹啉 …… (238)
14.4.2 吲哚 …… (241)
14.4.3 嘌呤 …… (241)
学习指导 …… (242)

15 糖类化合物 …… (246)
15.1 概述 …… (246)
15.2 单糖 …… (246)
15.2.1 单糖的结构 …… (247)
15.2.2 单糖的化学性质 …… (250)
15.2.3 重要的单糖及其衍生物 …… (252)
15.3 双糖 …… (253)
15.4 多糖 …… (255)
学习指导 …… (256)

16 萜类和甾体化合物 …… (260)
16.1 萜类化合物 …… (260)
16.1.1 结构及分类 …… (260)
16.1.2 单萜类化合物 …… (260)

16.1.3 其他萜类化合物 …… (263)
16.2 甾体化合物 …… (264)
16.2.1 甾体化合物的基本骨架和命名 …… (265)
16.2.2 甾体化合物的构型和构象 …… (266)
16.2.3 甾体化合物举例 …… (267)
学习指导 …… (268)

17 周环反应 …… (270)
17.1 分子轨道对称守恒原理 …… (270)
17.2 电环化反应 …… (271)
17.3 环加成反应 …… (273)
17.3.1 反应特点 …… (273)
17.3.2 环加成反应的理论要点 …… (274)
17.3.3 环加成反应的选择规律 …… (274)
17.3.4 理论解释 …… (275)
17.3.5 环加成反应实例 …… (277)

18 红外光谱和核磁共振谱 …… (278)
18.1 红外吸收光谱 …… (279)
18.1.1 基本原理 …… (279)
18.1.2 特征吸收峰 …… (280)
18.1.3 谱图解析举例 …… (281)
18.2 核磁共振谱 …… (285)
18.2.1 基本原理 …… (285)
18.2.2 屏蔽效应和化学位移 …… (286)
18.2.3 影响化学位移的因素 …… (287)
18.2.4 自旋偶合和自旋裂分 …… (288)
18.2.5 积分曲线 …… (290)
18.2.6 碳-13核磁共振谱 …… (290)

习题参考答案 …… (292)

复习与测试 …… (307)
阶段复习自测题(一)(第1~6章) …… (307)
阶段复习自测题(二)(第7~12章) …… (310)
阶段复习自测题(三)(第13~16章) …… (314)
总复习自测题(一) …… (317)
总复习自测题(二) …… (320)

名词索引 …… (325)

中国药科大学《有机化学》教学日历(供参考) …… (329)

1 绪 论

1.1 有机化合物和有机化学

1.1.1 有机化学的产生和发展

自然界的物质一般被分为**无机化合物**(**inorganic compound**)和**有机化合物**(**organic compound**)两大类。历史上人们将那些从动植物体(有机体)内所获得的物质称为有机化合物,即在一种神秘的"生命力"支配下才能产生的、与无机化合物截然不同的一类物质,如从粮食发酵而获得的酒、醋,从植物中提取得到的染料、香料和药物等。"生命力"学说曾一度阻碍了有机化学的发展。

1828 年,德国化学家维勒(F. Wöhler,1800—1882)在实验室用无机物氰酸铵合成了有机物尿素,这一发现冲破了"生命力"学说对有机化学发展的束缚。后来,人们又陆续合成了一些有机酸、油脂、糖等。

$$\underset{\text{氰酸铵}}{NH_4CNO} \xrightarrow{\triangle} \underset{\text{尿素}}{NH_2CONH_2}$$

现代有机化学是从 19 世纪才开始形成的。碳的四面体模型学说的提出以及有机结构理论的发展,特别是一些现代物理仪器和技术(如 X-衍射、波谱技术等)的应用,为人类认识有机化合物的结构、研究有机反应的规律及进行有机合成开辟了极为广阔的途径。

1.1.2 有机化学的研究范畴

现在人们已经了解到,有机化合物主要含碳氢两种元素。按照现代的观点,有机化合物是指碳氢化合物及其**衍生物**(**derivatives**)。衍生物是指化合物分子中的原子或原子团直接或间接地被其他原子或原子团所取代(置换)而衍生出来的产物。

因此,有机化学就是研究碳氢化合物及其衍生物的科学。具体地讲,就是研究有机化合物的组成、结构、性质、合成、分离提纯、反应机理以及变化规律的科学。

1.2 有机化合物的特性

与无机化合物相比,有机化合物主要有以下几个特点:

1. 对热不稳定,容易燃烧

有机物稳定性较差,易发生氧化、分解反应;有机物一般都易燃,而大多数无机物不易燃。

2. 熔点较低

固体有机物**熔点**(**melting point,简称 mp.**)一般在 400 ℃以下,而大多数无机物通常难以熔化。

3. 难溶于水,易溶于有机溶剂

由于有机物分子极性较小或没有极性,因此,根据**"相似相溶"**(**like dissolves like**)原理,通常有机物易溶于极性较小的有机溶剂而难溶于极性较大的水。

4. 反应速率较慢,产率较低,产物较复杂

有机物间的反应速率取决于分子间的不规则碰撞,故反应速率较慢。有些有机反应需要几十小

时甚至几十天才能完成,因此常需采用加热、搅拌、加入催化剂等措施来加速反应。此外,由于大多数有机分子较复杂,在发生化学反应时,常常不是局限在某一特定部位,这就使反应结果较复杂,往往在发生主要反应的同时还伴随着一些副反应而导致产率较低、副产物较多。有机反应后常需用**蒸馏(distillation)**、**重结晶(recrystallization)**等操作进行分离提纯。

5. 同分异构现象普遍

同分异构体(isomers)是指具有相同组成而结构不同的化合物。例如,乙醇与二甲醚,它们的分子式相同,都是 C_2H_6O,但乙醇是液体,二甲醚是气体,显然,它们是两个不同的化合物。通常,我们把乙醇和二甲醚称作同分异构体,这种现象称为同分异构现象。同分异构现象是导致有机化合物数目众多的主要原因之一。

```
   H  H                    H     H
   |  |                    |     |
H—C—C—O—H              H—C—O—C—H
   |  |                    |     |
   H  H                    H     H
   乙醇                      二甲醚
```

1.3 共价键理论简介

我们已经知道,带负电荷的粒子与带正电荷的粒子间的吸引力是成键的基础,而共价键(通过共享电子对形成)与离子键(通过带异种电荷的离子间的静电作用形成)是两种最常见的化学键。有机化合物主要以共价键相结合,所以我们只讨论与共价键有关的问题。

1.3.1 经典共价键理论

化学键本质的问题一直是化学的重大研究课题。1914—1917年,美国的物理化学家路易斯(G. N. Lewis,1875—1946)等人提出著名的"八隅学说",即**经典的共价键理论**。

经典共价键理论认为,原子在结合成键时有一种趋势,希望其外层电子满足8电子或2电子的稳定电子层结构。为了达到这一结构,它们采取失去、夺得或共用电子的方式成键。

有机化合物中的主要元素是碳,碳最外层有4个电子,它要同时失去或得到4个电子都不容易,因此,它采用与其他原子共用电子的方式成键。例如:

```
                                  H                 H
                                  ×·                |
甲烷       ·Ċ· + 4H× ⟶  H×·C·×H          H—C—H            CH4        CH4
methane     ·                     ·×                |
                                  H                 H

                                  H   H             H  H
                                  ×·  ·×            |  |
乙烷      2·Ċ· + 6H× ⟶  H×·C : C·×H       H—C—C—H         CH3CH3     C2H6
ethane      ·                     ·×  ×·            |  |
                                  H   H             H  H
                          路易斯结构式       凯库勒结构式      结构简式     分子式
```

这种通过共用电子对形成的键称**共价键(covalent bond)**。通常用**路易斯(Lewis)结构式**、**凯库勒(Kekulé)结构式**和结构简式来表示化合物结构。在凯库勒式中用一短横线来表示成键的一对电子,两个原子间共用两对或三对电子,就生成双键或叁键。书写路易斯结构式时,要将所有的价电子都表示出来。将凯库勒式改写成路易斯式时,未共用的电子对应标出。有机化合物的一些性质与未共用电子对有关(详见表1-1)。上述结构式中使用最多的为结构简式。

表 1-1　一些化合物的几种结构式

化合物名称	路易斯结构式	凯库勒结构式	结构简式
乙烯(ethylene)	H　H C : : C H　H	H　　H C=C H　　H	$CH_2{=}CH_2$
乙炔(ethyne)	H⁝C⋮ ⋮C⁝H	H—C≡C—H	CH≡CH
氯甲烷(methyl chloride)	H H : C : Cl : H	H H—C—Cl H	CH_3Cl
乙醇(ethyl alcohol)	H　H H : C : C : O : H H　H	H　H H—C—C—O—H H　H	CH_3CH_2OH
丙酮(acetone)	O H　　H H : C : C : C : H H　　H	H　O　H H—C—C—C—H H　　H	O ‖ CH_3CCH_3 或CH_3COCH_3

但是这一理论只解决了原子之间的结合顺序,并没有涉及有机分子的立体形象。19 世纪末,荷兰化学家范德霍夫(J. H. Van't Hoff,1852—1911)等人首次提出了碳原子的立体概念,认为碳原子具有四面体结构,它位于四面体中心,4 个相等的价键伸向四面体的 4 个顶点,各个键之间的夹角为 109.5°(见图 1-1)。

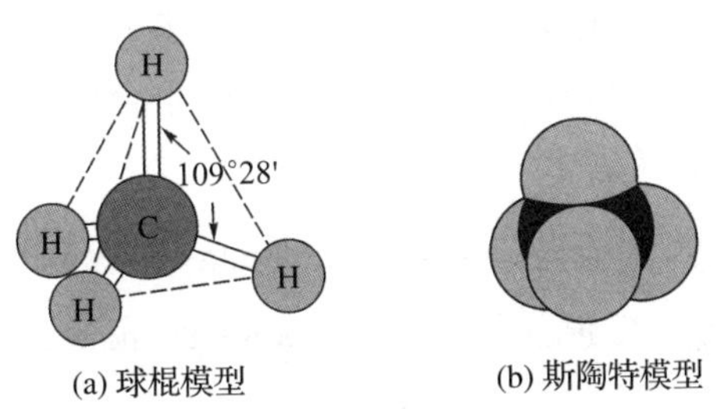

图 1-1　甲烷的四面体结构

碳的四面体学说的提出,开创了有机结构理论新的光辉一页。

现在用 X-射线衍射法已准确地测定了碳原子的立体结构,完全证实了当初这种预测的正确性。碳原子的四面体模型不仅反映了碳原子的真实形象,而且为研究有机分子的立体形象打下了基础。

1.3.2　现代共价键理论

现代共价键理论是建立在量子力学的基础上的,包括价键理论和分子轨道理论。量子力学创始于 20 世纪 20 年代,是现今用来描述电子或其他微观粒子运动的基本理论。它的引入使得人们对分子形成的概念和共价键的本质有了更深入的理解。

1. 价键理论

价键理论(valence bond theory,简写为 VB)认为共价键的形成是由于成键原子的原子轨道相互重叠的结果。原子所含的未成对电子如果自旋相反,则可两两偶合构成电子对,每一对电子的偶合就生成一个共价键,因此该法也称电子配对法。其主要内容可归纳为:

(1) 共价键具有饱和性　如果 1 个原子的未成对的电子已配对,它就不能再与其他原子的未成对电子配对。如氢原子的1s电子与氯原子的3p电子配对形成HCl分子后,就不能再与第二个氯原子结合形成HCl_2。

(2) 共价键具有方向性　原子成键时,原子轨道重叠愈多,形成的键愈强,因此,成键的两个原子轨道必须按一定方向重叠,以满足两个轨道最大限度的重叠,从而形成稳定的共价键。例如在形成H—Cl时,只有氢原子的1s轨道沿着氯原子的3p轨道对称轴的方向才能达到最大重叠(见图1-2)而形成稳定的键。这就是共价键的方向性。

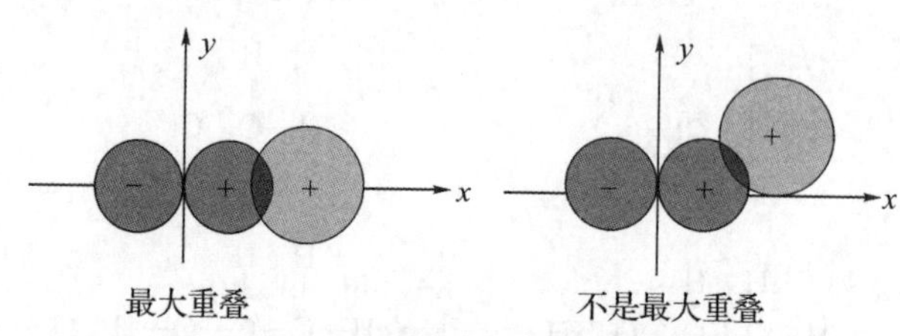

图1-2　s轨道和p轨道的重叠

(3) 能量相近的原子轨道可进行"杂化"而组成能量相等的杂化轨道(详见第2、3、4章中的sp^3、sp^2、sp杂化)。

价键理论认为"形成共价键的电子只处于成键的两原子之间",即定域于成键原子之间,这是**"定域(localization)"**的观点。

2. 分子轨道理论

分子轨道理论(molecular orbital theory,简写为**MO)**从分子的整体出发考虑问题,认为共价键的形成是成键原子的原子轨道相互接近、相互作用而重新组合成整体的分子轨道的结果。分子轨道是电子在整个分子中运动的状态函数,它认为"形成共价键的电子是分布在整个分子之中的",这是一种**"离域(delocation)"**的观点。其主要内容可简单归纳如下:

(1) 分子轨道由原子轨道线性组合而成,几个原子轨道组合成几个分子轨道。例如2个原子轨道Φ_1和Φ_2可组成2个分子轨道Ψ_{MO}和Ψ^*_{MO}。

$$\Phi_1+\Phi_2=\Psi_{MO}\text{(成键分子轨道,bonding molecular orbital)}$$

$$\Phi_1-\Phi_2=\Psi^*_{MO}\text{(反键分子轨道,antibonding molecular orbital)}$$

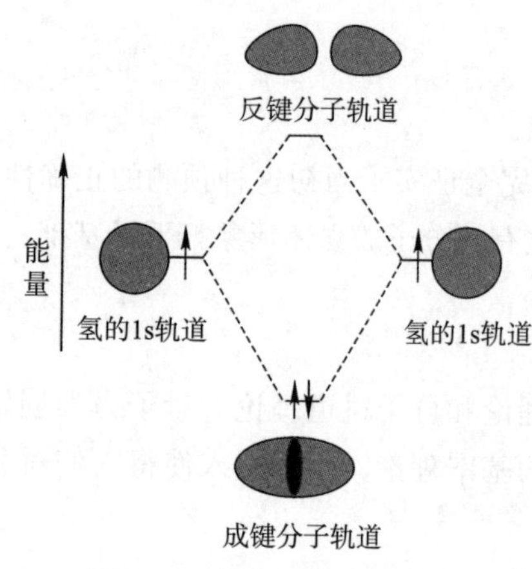

图1-3　氢分子轨道的形成

原子轨道组合成分子轨道时,虽然轨道数不变,但必然伴随着轨道能量的变化,2个波函数相加组成的分子轨道能量低于2个原子轨道,称成键分子轨道。2个波函数相减得到的分子轨道,其能量高于2个原子轨道,称反键分子轨道。图1-3为氢分子轨道形成过程示意图。

(2) 由原子轨道组成分子轨道时还必须符合成键三原则,即:能量相近原则,只有能量相近的原子轨道才能有效地组成分子轨道;电子云最大重叠原则,原子轨道相互重叠程度越大,形成的键越牢固;对称性匹配原则,成键的两个原子轨道符号(位相)必须相同才能相互匹配组成分子轨道。

(3) 分子中电子排布时仍遵守能量最低原理、泡利(Pauli)原理和洪特(Hund)规则,因此,在基态时,电子应占据能量较低的成键分子轨道。

1.4 共价键的几个重要参数

1.4.1 键长

2个成键原子核之间的距离称为**键长(bond length)**。一定的共价键其键长是一定的,相同的共价键在不同的化合物中键长稍有差异。一般来说,键长越长,越容易受到外界的影响。一些常见共价键的键长见表1-2。

表1-2 一些常见共价键的键长

键	键长/nm	键	键长/nm	键	键长/nm	键	键长/nm
H—H	0.074	C—Cl	0.177	N—H	0.104	C═N	0.128
N—N	0.145	C—Br	0.191	O—H	0.096	C═O	0.120
C—C	0.154	C—I	0.212	H—Cl	0.126	C≡C	0.121
C—H	0.109	C—N	0.147	C═C	0.133	C≡N	0.116
C—F	0.140	C—O	0.143	N═N	0.123	N≡N	0.110

1.4.2 键角

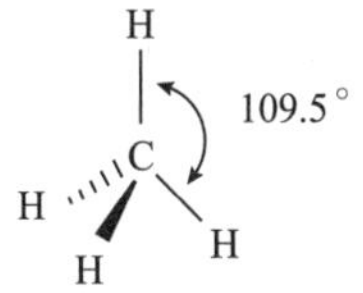

当1个两价或两价以上的原子与其他原子形成共价键时,每2个共价键之间的夹角称为**键角(bond angle)**。例如前面提到的甲烷分子中,每2个C—H键之间的夹角为109.5°。

甲 烷

键角与有机分子的立体形象有关。当中心原子连接的原子或基团不同时,键角将有不同程度的改变,例如,丙烷分子中,与中间C相连的2个C—H键的夹角为106°,因此,丙烷是四面体形,不是正四面体形。几种共价化合物分子中的键角见图1-4。

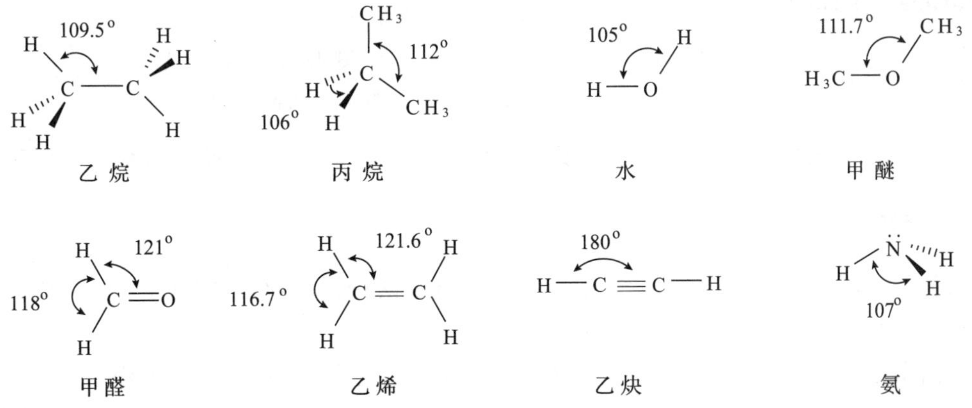

图1-4 几种共价化合物分子中的键角

为了在纸平面上较形象地表示分子的立体形象,常采用立体结构式描述分子中原子或原子团在空间的相互关系。以上表示甲烷等立体形象的式子称**楔形式(wedge-and-dash model)**,式中的楔形实线表示该价键朝向纸平面的前方,细实线表示位于纸平面,楔形虚线表示该价键朝向纸平面后方。楔形虚线也可用一般虚线(·········)表示。

1.4.3 键能和键的离解能

共价键断裂时需要从外界吸收能量,反之则要放出能量。根据多原子分子离解成原子时所需的能量计算出来的破坏某一共价键所需要的平均能量称为平均键能,简称为**键能(bond energy)**。共价键的键能越大,说明键越牢固。常见共价键的平均键能见表1-3。

表1-3 常见共价键的平均键能 (单位:kJ/mol)

键	键能	键	键能	键	键能	键	键能
O—H	464.7	C—C	347.4	C—Cl	339.1	C═N	615.3
N—H	389.3	C—O	360	C—Br	284.6	C≡N	891.6
S—H	347.4	C—N	305.6	C—I	217.8	C═O	736.7(醛)
C—H	414.4	C—S	272.1	C═C	611.2		749.3(酮)
H—H	435.3	C—F	485.6	C≡C	837.2		

断裂或形成某一根键时所消耗或放出的能量称为键的**离解能(dissociation energy**,用 *DH* 表示),这是每根键的一种特性。键能和键的离解能是不同的概念。如甲烷离解为1个碳原子和4个氢原子需要1 662 kJ/mol的能量,每个碳氢键平均键能为415.3 kJ/mol,而每步离解能分别为:

$$
\begin{array}{lr}
 & DH/(\text{kJ/mol}) \\
H_3C—H \longrightarrow \cdot CH_3 + H\cdot & 435.4 \\
\cdot H_2C—H \longrightarrow \cdot \dot{C}H_2 + H\cdot & 443.8 \\
H\underset{\cdot}{\dot{C}}—H \longrightarrow \cdot \underset{\cdot}{\dot{C}}H + H\cdot & 443.8 \\
\cdot \underset{\cdot}{\dot{C}}—H \longrightarrow \cdot \underset{\cdot}{\dot{C}}\cdot + H\cdot & 339.1
\end{array}
$$

在此牵涉到共价键的断裂方式问题。一般来说,共价键有2种断裂方式:一种是断裂后成键的1对电子平均分给2个原子或基团,这种断裂方式称为**均裂(homolytic bond cleavage, homolysis)**。均裂后生成的带单电子的原子或基团称**游离基**或**自由基(free radical)**。另一种断裂方式是共价键断裂后成键的1对电子为某一个原子或基团所占有,产生离子,这种断裂方式称为**异裂(heterolytic bond cleavage, heterolysis)**。

$$A:B \longrightarrow A\cdot + B\cdot \qquad \text{均裂(homolysis)}$$

$$A:B \longrightarrow A^{+} + :B^{-} \qquad \text{异裂(heterolysis)}$$

通过均裂所发生的化学反应称**自由基反应**。通过异裂所进行的化学反应称**离子型反应**。

1.4.4 键的极性

原子通过纯粹的共价键或离子键结合,这仅是成键的两种极端形式,实际上,大多数化学键的性质介于这两者之间。

两个相同原子形成的共价键,共用电子对处于两原子核之间,这样的共价键没有极性,称为**非极性共价键(nonpolar covalent bond)**,如H—H和Cl—Cl等。不相同原子形成的键,由于成键原子的电负性不同,即吸引电子的能力不同,共用电子对偏向电负性较大的原子,这样的键称为**极性共价键(polar covalent bond)**。例如,C—Cl中由于Cl的电负性大于C,故共用电子对偏向于Cl,使Cl附近的电子云密度大一些,C附近的电子云密度小一些,这样,C—Cl键就产生了偶极,Cl上带部分负电荷,用 δ^- 表示,C上带部分正电荷,用 δ^+ 表示,即 $\overset{\delta^+}{C}\longrightarrow\overset{\delta^-}{Cl}$。

比较原子电负性的大小,可以判断共价键的极性大小。两个原子电负性相差越大,形成的共价键的极性就越大。共价键的极性可以用**电偶极矩(dipole moment, μ)**来度量。

电偶极矩为电荷与正负电荷中心之间距离的乘积,即 $\mu = q \cdot d$,单位为库·米(C·m)。电偶极矩是一个向量，一般用箭头加一直线来表示，箭头指向带负电荷的一端，多原子分子的电偶极矩是各键电偶极矩的向量和，见图 1－5。

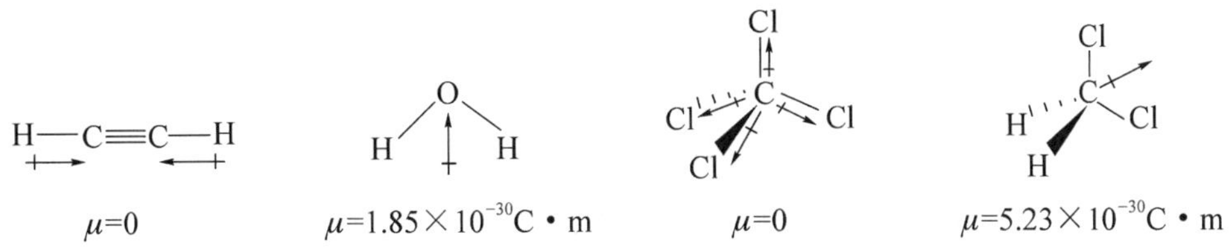

μ=0　　μ=1.85×10^{-30}C·m　　μ=0　　μ=5.23×10^{-30}C·m

图 1－5　几种化合物的偶极方向和电偶极矩

其中 H_2O、CH_2Cl_2 为极性分子，而四氯化碳分子虽然 C—Cl 键的电偶极矩为 μ = 2.3×10^{-30}C·m，但由于 4 个 C—Cl 键在碳原子周围是对称分布的，其电偶极矩的向量和为零，因此，四氯化碳是非极性分子。

由上述可知，由于卤素的电负性较强，所以 C—Cl 键的这对成键电子向卤素偏移，即卤素具有吸电子作用。卤素不仅对直接相连的碳原子有影响，而且这种影响还会沿着碳链传递。

$$\overset{\delta^-}{Cl} \longleftarrow \underset{1}{\overset{\delta^+}{C}} \longleftarrow \underset{2}{\overset{\delta\delta^+}{C}} \longleftarrow \underset{3}{\overset{\delta\delta\delta^+}{C}}$$

由于 C_1 带部分正电荷，因此，C_1 又使 C_1—C_2 键的共用电子对也产生偏移，但这种移动的程度要小一些，产生小的偶极，这样依次影响下去，距离越远，影响愈小，可表示为 C_2 上带 $\delta\delta^+$ 正电荷，C_3 上带 $\delta\delta\delta^+$ 正电荷。像这种由于键合原子的电负性不同使成键电子对偏向某一原子而发生的极化现象称为**诱导效应（inductive effect）**，用 *I* 表示。

某个原子或基团是吸电子的还是供电子的，这可由实验测得。一般以氢作为比较标准，如果电子对偏向取代基，该取代基称为吸电子基，具有吸电子的诱导效应，用−*I* 表示；如果电子对偏离取代基，该取代基称为斥电子基，具有给电子诱导效应，用+*I* 表示。

$X \longleftarrow CR_3$	$H—CR_3$	$Y \longrightarrow CR_3$
−*I* 效应	标准	+*I* 效应

通过测定取代乙酸的 pK_a 值，可以推知取代基是斥电子基还是吸电子基以及它们诱导效应的强弱。现将常见基团的诱导效应强弱排列如下：

吸电子基团：$NO_2 > CN > F > Cl > Br > I > C{\equiv}C > OCH_3 > C_6H_5 > C{=}C > H$

斥电子基团：$(CH_3)_3C > (CH_3)_2CH > CH_3CH_2 > CH_3 > H$

从以上强弱顺序可知，卤素是吸电子基，其−*I* 效应强弱顺序为 F>Cl>Br>I。

有时因测定方法的不同，基团所连母体化合物的不同，或者原子间的相互影响，上述诱导效应的顺序会产生变化。

1.5　有机化合物的分类

有机化合物的数目繁多，为了系统进行研究，有必要将有机化合物进行科学分类。一般采用两种分类方法：一种是按碳架分类，另一种是按官能团分类。

1.5.1　按碳架分类

有机化合物以碳为骨架，根据碳原子结合方式的不同，可将有机化合物分成三大类。

1. 链状化合物

这类化合物分子中的碳原子连接成链状，又因油脂分子中主要为这种链状结构，所以又将这类化合物称为**脂肪族化合物(aliphatic compound)**。例如：

$CH_3CH_2CH_2CH_3$ 正丁烷 　　 $CH_3CH_2CH_2OH$ 正丙醇

2. 碳环化合物

碳环化合物分子中含有由碳原子组成的环状结构骨架，它又可分成两类。

(1) 脂环族化合物　这是一类性质和脂肪族化合物相似的碳环化合物。如：

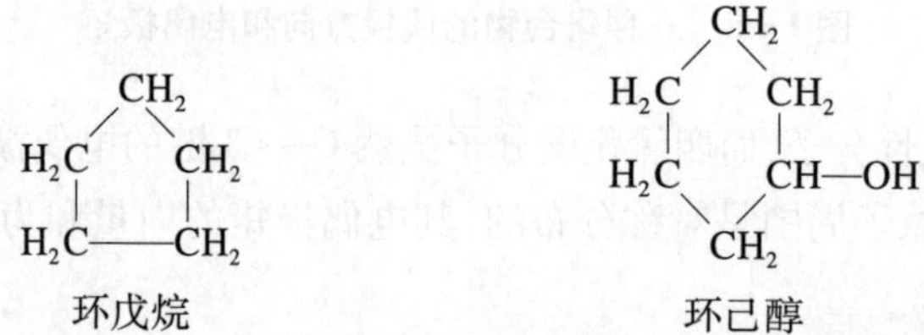

环戊烷　　环己醇

(2) 芳香族化合物　**芳香族化合物(aromatic compound)**分子中含有苯环或稠合苯环，它们具有与脂环化合物不同的特性。例如：

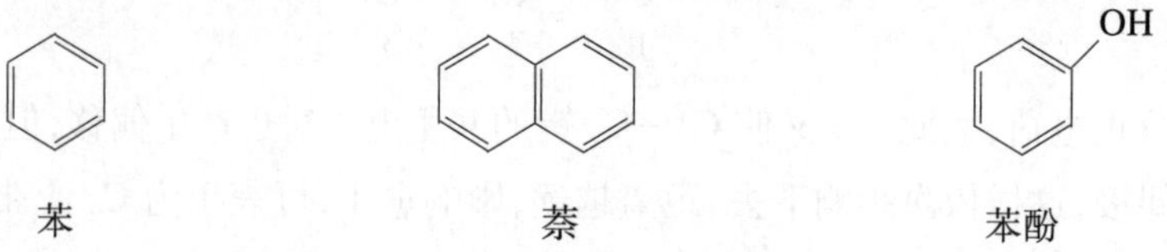

苯　　萘　　苯酚

3. 杂环化合物

杂环化合物(heterocyclic compound)分子中都含有由碳原子和其他原子组成的环，杂环中除碳原子外的其他原子如氧、硫、氮等称为杂原子。例如：

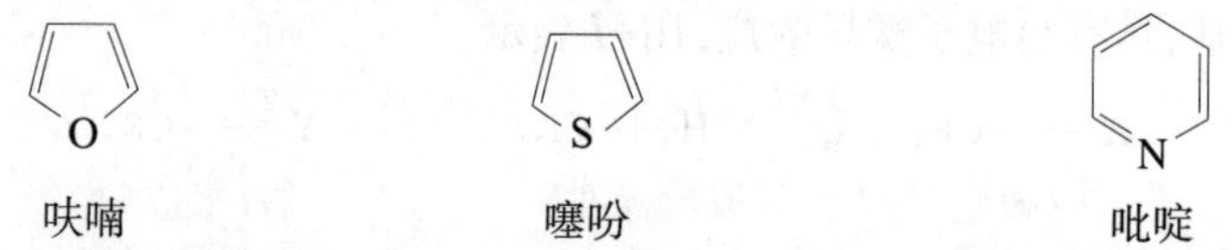

呋喃　　噻吩　　吡啶

1.5.2 按官能团分类

官能团(functional group)是指能决定化合物特性的原子或原子团。官能团是有机化合物分子中比较活泼的部位，一旦具备条件，它们就发生化学反应。由于含有相同官能团的有机化合物的性质基本上相似，因此，将有机化合物按官能团分类进行研究较为方便。常见有机化合物的重要官能团如表1-4所示。

表1-4　常见官能团及有机化合物类别

官能团		有机化合物类别	化合物举例
基团结构	名称		
$>C=C<$	双键	烯烃	$CH_2=CH_2$ (乙烯)
$-C\equiv C-$	叁键	炔烃	$H-C\equiv C-H$ (乙炔)
$-OH$	羟基	醇,酚	CH_3-OH(甲醇), C_6H_5-OH(苯酚)

续表

官能团		有机化合物类别	化合物举例
基团结构	名称		
$>C=O$	羰基	醛,酮	$CH_3-C(=O)-H$(乙醛),$CH_3-C(=O)-CH_3$(丙酮)
$-C(=O)-OH$	羧基	羧酸	$CH_3-C(=O)-OH$(乙酸)
$-NH_2$	氨基	胺	CH_3-NH_2(甲胺)
$-NO_2$	硝基	硝基化合物	 $C_6H_5-NO_2$(硝基苯)
$-X$	卤素	卤代烃	CH_3Cl(氯甲烷),CH_3CH_2Br(溴乙烷)
$-SH$	巯基	硫醇	C_2H_5SH(乙硫醇)
$-SO_3H$	磺酸基	磺酸	 $C_6H_5-SO_3H$(苯磺酸)
$-C\equiv N$	氰基	腈	$CH_3C\equiv N$(乙腈)
$-\overset{\mid}{\underset{\mid}{C}}-O-\overset{\mid}{\underset{\mid}{C}}-$	醚键	醚	$CH_3CH_2-O-CH_2CH_3$(乙醚)

1.6 有机化合物结构测定简介

无论是人工合成的还是从天然产物中分离获得的有机化合物,都需要经过提纯(常用重结晶、蒸馏、分馏和色谱法等)后再进行结构测定。

如果是已知化合物,往往通过测定它们的物理常数或通过色谱法、红外吸收光谱法等将其与标准品进行对照。

如果是一个未知化合物,过去一般先用钠熔法(将少许样品与金属钠一起熔化,使样品中与碳共价结合的卤素、氮、硫转化成卤化钠、氰化钠、硫化钠后,用常规方法进行定性分析)确定样品中所含元素,再结合元素分析及化学方法确定其结构。现在则通过物理方法测定结构。物理方法中常用的有红外吸收光谱、紫外吸收光谱、质谱和核磁共振谱(通常称为四谱)以及X-射线衍射等。物理方法的优点是样品需要量少(例如高分辨质谱仪仅需要几毫克样品就可精密测得化合物的相对分子质量和分子式)。

有关四谱的一些基本知识,将在第18章中作简单介绍,以扩大读者的知识面,但不作要求。

学 习 指 导

习题

1. 根据电负性指出下列共价键电偶极矩方向:

(1) C—O　(2) C—S　(3) C—B　(4) N—O

(5) N—Cl　(6) C—Br　(7) B—Cl　(8) C—N

2. 写出下列化合物的电子结构式：

(1) C_3H_8　　(2) H_2S　　(3) C_2H_4　　(4) PCl_3

3. 写出下列化合物的结构简式和分子式：

(1) 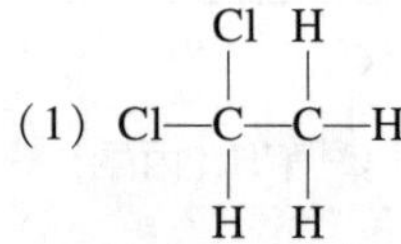

(2) H—C(H)(H)—C(H)(H)—O—C(H)(H)—C(H)(H)—H

(3) 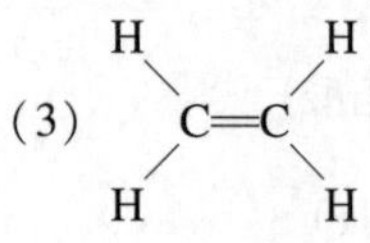

(4) H—C(H)(H)—C≡C—H

(5) H—C(H)(H)—C(OH)(H)—C(H)(H)—H

(6) Br—C(H)(H)—C(=O)—C(H)(H)—Br

4. 下列哪些化合物具有相似的性质？

(1) $CH_3CH_2OCH_2CH_3$　　(2) $CH_3CH{=}CHCH_2CH_3$　　(3) $CH_3CH(CH_3)CH_2CH_2CHO$

(4) $CH_3CH_2CH_2CH(OH)CH_3$　　(5)　　(6) —OH

(7) =O　　(8)

5. 下列哪些化合物互为同分异构体？

(1) $CH_3CH_2OCH_2CH_2CH_3$　　(2) $CH_3CH{=}CHCH_2CH_3$　　(3) —OH

(4) —CHO　　(5)　　(6) $CH_2{=}CHCH_2CH(OH)CH_3$

(7) =O　　(8) $CH_3CH(CH_3)CH_2CH_2OH$

6. 比较下列各组化学键极性的大小：

(1) CH_3—Br, CH_3—I, CH_3—Cl　　(2) CH_3CH_2—NH_2, CH_3CH_2—OH

7. 下列化合物是否有极性？

(1) H_2O　　(2) NH_3　　(3) CH_3OCH_3

(4) CH_2Cl_2　　(5) CO_2　　(6) ICl

2 烷 烃

只含有碳和氢两种元素的有机化合物称作碳氢化合物，简称为烃(**hydrocarbon**)。烃是各类有机化合物的母体。

烃分子中，如果碳和碳都以单键(C—C)相连，其余价键都被氢原子饱和，则该烃称为**饱和烃**(**saturated hydrocarbon**)。开链的饱和烃称为**烷烃**(**alkane**)。

2.1 烷烃的通式和同分异构

最简单的烷烃是甲烷，含有1个碳原子和4个氢原子。其他的烷烃随碳原子数目的增加，分子中氢原子的数目也相应地增加，见表2-1。

表2-1 某些烷烃的结构简式与分子式

碳原子数	名 称	结构简式	分子式
1	甲烷(methane)	CH_4	CH_4
2	乙烷(ethane)	CH_3CH_3	C_2H_6
3	丙烷(propane)	$CH_3CH_2CH_3$	C_3H_8
4	正丁烷(*n*-butane)	$CH_3CH_2CH_2CH_3$	C_4H_{10}

从上述烷烃的结构可看出：

① 任何1个烷烃分子中，碳原子和氢原子在数量上存在着一定的关系，可用 C_nH_{2n+2} 来表示烷烃的组成。这个式子称为烷烃的通式。

② 相邻的2个烷烃，在组成上都相差1个 CH_2，这些具有同一通式，组成上相差 CH_2 或其倍数的一系列化合物称**同系列**(**homologous series**)，同系列中的各个化合物称**同系物**(**homologs**)。同系物的结构相似，化学性质相近，物理性质也呈现规律性的变化。

③ 正丁烷为直链化合物，沸点（boiling point，简写为bp.）-0.5 ℃，其分子式为 C_4H_{10}，符合此分子式的另一化合物为 $\underset{\displaystyle CH_3}{CH_3\overset{|}{C}HCH_3}$，称为异丁烷(isobutane)，bp. -11.7 ℃。正丁烷和异丁烷是两种不同的化合物，互为同分异构体。

我们将原子在分子中的排列方式或顺序称为**构造**(**constitution**)，由于构造不同产生的同分异构称为**构造异构**(**constitutional isomerism**)。构造异构为同分异构的一种。

随着烷烃碳原子数的增加，**构造异构体**(**constitutional isomer**)的数目迅速增多。如分子式为 C_5H_{12} 的戊烷有3个构造异构体，C_7H_{16} 有9个构造异构体，$C_{10}H_{22}$ 有75个构造异构体。

2.2 有机化合物中碳原子和氢原子的分类

从前面列举的烷烃的结构式可以看出，碳原子在分子中所处的位置不完全相同，有的处在端处，有的处在中间。按照碳原子在碳链中所处位置的不同可将其分为四类：只与1个碳相连的碳原子称作**伯碳原子(primary carbon)**,或称**一级碳原子**,常以 1°表示;与 2 个碳相连的碳原子称作**仲碳原子(secondary carbon)**,或称**二级碳原子**,常以 2°表示;与 3 个碳相连的碳原子称作**叔碳原子(tertiary carbon)**,或称为**三级碳原子**,以 3°表示;与 4 个碳相连的碳原子称作**季碳原子(quaternary carbon)**,或称**四级碳原子**,常以 4°表示。例如:

```
                                1°
                               CH3
  1°      2°     3°      2°     | 4°  1°
 CH3—CH2—CH—CH2—C—CH3
                 |              |
                CH3            CH3
                 1°             1°
```

与伯、仲、叔碳原子相连的氢分别称为**伯氢原子(一级氢原子)**、**仲氢原子(二级氢原子)**、**叔氢原子(三级氢原子)**,以 **1°H**、**2°H** 和 **3°H** 表示。

2.3 烷烃的命名

2.3.1 烷基的概念

在有机化合物的命名中,常用到烷基的概念。**烷基(alkyl group)**是指烷烃分子去掉一个氢原子后所剩的原子团,通常用 R 来代表。常用正(normal)、异(iso)、叔(*tert*)等词头表示直链或具有不同支链的烷基。常见的烷基见表 2-2。

表 2-2 常见烷基的结构式与名称

烷基	烷基的名称	英文名称	英文简写
H_3C—	甲基	methyl	Me
CH_3CH_2—	乙基	ethyl	Et
$CH_3CH_2CH_2$—	正丙基	*n*-propyl	*n*-Pr
$CH_3CH(CH_3)$—	异丙基	isopropyl	*i*-Pr
$CH_3CH_2CH_2CH_2$—	正丁基	*n*-butyl	*n*-Bu
$CH_3CH_2CH(CH_3)$—	仲丁基	*sec*-butyl	*s*-Bu
$(CH_3)_2CHCH_2$—	异丁基	isobutyl	*i*-Bu
$(CH_3)_3C$—	叔丁基	*tert*-butyl	*t*-Bu

2.3.2 普通命名法(习惯命名法)

比较简单的烷烃可用**普通命名法(common nomenclature)**命名。普通命名法根据烷烃分子中总的碳原子数目而将其称为某烷。含 1~10 个碳原子的烷烃用甲、乙、丙、丁、戊、己、庚、辛、壬、癸表示总碳原子数,10 个以上碳原子就用十一、十二、十三等数字表示。通常采用"正"(normal 或 *n*-)、"异"(iso 或 *i*-)、"新"(neo)等俗名词头区别异构体。"正"代表直链烷烃;"异"通常指碳链一端具有 $(CH_3)_2CH$—结构的烷烃;"新"代表碳链一端具有 $(CH_3)_3C$—结构的烷烃。如:

C_5H_{12}:	$CH_3—CH_2—CH_2—CH_2—CH_3$	$CH_3—CH_2—CH(CH_3)—CH_3$	$CH_3—C(CH_3)_2—CH_3$
	正戊烷	异戊烷	新戊烷
沸点/℃	36.1	28	9.5

2.3.3 系统命名法

有机化合物数目众多，结构复杂，同分异构现象普遍，因此，其名称的系统化、统一化非常重要。1892 年一些化学家在日内瓦集会，拟定了一种系统的有机化合物命名法。此后经过**国际纯粹和应用化学联合会(International Union of Pure and Applied Chemistry, IUPAC)**的多次修订。IUPAC 系统命名原则已普遍为各国采用。中国化学会根据国际通用的原则，结合我国的文字特点，制定了中国的系统命名法。1960 年发布了《有机化学物质的系统命名原则》，1980 年进行了修订和增补，出版了《有机化学命名原则》，最近再次进行了修正和增补，正式出版了《有机化合物命名原则 2017》(科学出版社，北京，2018. 1)，本书简称为《命名原则》。该《命名原则》与当前国际 IUPAC 英文命名规则保持一致，形式上符合中文构词习惯和特点，便于国际交流。

直链烷烃的系统命名法与习惯命名法基本一致，带支链的烷烃命名时，其名称中都包括母体和取代基两部分，取代基在前，母体在后，一般可分为以下三个步骤：

(1) 选主链。选择最长碳链作主链，看作母体，根据主链所含碳原子数称为“某”烷。若主链等长时，应选择支链较多的最长碳链作主链。如：

$CH_3CH_2CHCH_3$（3 位 C 上连 $CH_2CH_2CH_3$）

A

a：CH_3CH_2CH—CH_2CH_3；b：（虚线）CH_3CH_2CH—CH（CH_3）—CH_3

$CH_3CH_2CH(CH_2CH_3)CH(CH_3)CH_3$

B

结构 A 中，选含 6 个碳的碳链为主链，故母体为己烷。结构 B 中，a 链和 b 链都含 5 个碳原子，但 a 链取代基为两个(甲基和乙基)，b 链只有一个取代基(异丙基)，故选 a 链为主链。

(2) 主链碳原子编号。用阿拉伯数字 1,2,3,……对主链碳原子进行编号，并使取代基的位次最小。例如，以上两个例子的正确编号为

$\overset{1}{C}H_3\overset{2}{C}H_2\overset{3}{C}HCH_3$，3 位连 $\underset{4}{C}H_2\underset{5}{C}H_2\underset{6}{C}H_3$

$\overset{5}{C}H_3—\overset{4}{C}H_2—\overset{3}{C}H—CH_2CH_3$，3 位连 $2CH—CH_3$，2 位连 $1CH_3$

(3) 写出取代基的名称、位次，当有多个相同取代基存在时，用二、三等表示相同的取代基数目。汉字数目一、二、三、四、五相应的英文词头为 mono-、di-、tri-、tetra-、penta-。当有多种烷基，命名时将取代基的名称按英文字母顺序排列，写在母体名称之前。必须注意，描述相同简单取代基数目的 di、tri、tetra 等不参与排序。*sec*-、*tert*-、*s*-、*t*-、*n*-等也不参与排序，而异丙基(isopropyl)是常见的习惯名称烷基，iso-参与排序。如上述的例子中，结构 A、B 分别称为 3-甲基己烷(3-methylhexane)和 3-乙基-2-甲基戊烷(3-ethyl-2-methylpentane)。其他例子如：

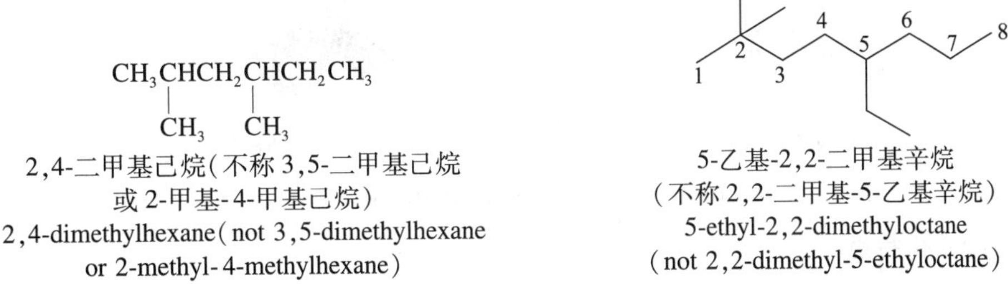

2,4-二甲基己烷(不称 3,5-二甲基己烷或 2-甲基-4-甲基己烷)
2,4-dimethylhexane(not 3,5-dimethylhexane or 2-methyl-4-methylhexane)

5-乙基-2,2-二甲基辛烷(不称 2,2-二甲基-5-乙基辛烷)
5-ethyl-2,2-dimethyloctane(not 2,2-dimethyl-5-ethyloctane)

没有俗名的取代基称复杂取代基，复杂取代基的命名方法有两种。第一种方法是选择该取代基的最长碳链及编号时均从其与主链直接相连的那个碳原子开始；第二种方法是按取代基的主链进行

编号,使连接点的位次尽可能的低。将复杂支链的名称作为一个整体放在括号内,括号外冠以其在主链的位次。如:

```
9    8    7    6    5   4    3    2   1
CH3CH2CH2CH2CHCH2CH2CH(CH3)2
              |
    CH3CH2—C—CH3
              |
             CH3
```

2-甲基-5-(1,1-二甲基丙基)壬烷或 2-甲基-5-(2-甲基丁-2-基)壬烷

2-methyl-5-(1,1-dimethylpropyl)nonane or 2-methyl-5-(2-methylbutan-2-yl)nonane

2.4 烷烃的结构

2.4.1 碳原子的 sp^3 杂化

根据价键理论,未成对电子数就是共价键的数目。因此,碳似乎应是2价的。但实际上有机化合物中碳原子是4价的。例如,甲烷分子中的碳原子以4个相等的键分别与4个氢结合,每个C—H键的键长都是0.109 nm,每两个C—H键之间的键角都是109.5°。而且,甲烷的一元取代物只有1种,如 CH_3Cl 没有异构体。可见甲烷的4个C—H键是等同的。对于这种矛盾,可用**杂化轨道理论(orbital hybridization theory)**解释。

杂化轨道理论认为,碳原子在成键前先完成了轨道重新组合——**杂化(hybridization)**的过程。

碳原子在基态时,其核外电子排布为 $1s^22s^22p_x^12p_y^1$,成键时,碳原子的1个2s电子跃迁到 $2p_z$ 轨道上,随后1个s轨道和3个p轨道重新组合成4个杂化轨道,每个杂化轨道都含有1个电子,这4个杂化轨道的能量是相等的。由于这些轨道是由1个s轨道和3个p轨道杂化而成的,即每个杂化轨道中含有1/4 s成分、3/4 p成分,故称之为 **sp^3 杂化轨道**,进行这种杂化的碳原子称 **sp^3 杂化碳原子**(图2-1)。

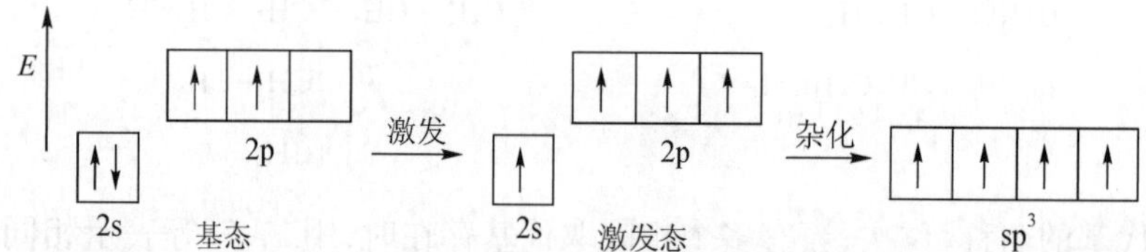

图2-1 碳原子 sp^3 杂化中轨道能量的变化

sp^3 杂化轨道的形状是一头大一头小,见图2-2(a),4个 sp^3 杂化轨道在碳原子周围是对称分布的,轨道的对称轴互成109.5°,只有这样,轨道才能在空间相距最远,体系才能最稳定,见图2-2(b)。

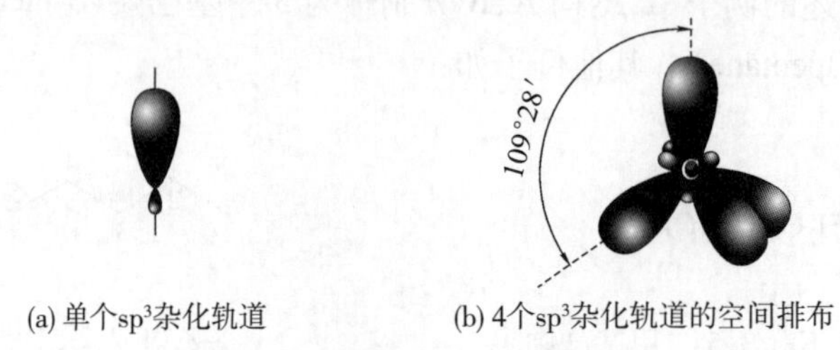

图2-2 碳原子的 sp^3 杂化轨道

2.4.2 σ键的形成和特点

碳原子的 sp^3 杂化轨道和氢原子的1s轨道沿着键轴方向重叠形成C—H键,两个碳原子的 sp^3 杂化轨道也可相互重叠形成C—C键。这种沿着键轴方向形成的键,轨道重叠程度大,键比较牢固,

称为 **σ 键(sigma bond 或 σ bond)**。

由于 σ 键的电子云沿着键轴呈对称分布,故 σ 键可以绕键轴自由旋转而不影响电子云的重叠程度。因此,σ 键具有以下特点:一是比较牢固,二是可以绕键轴自由旋转。

甲烷是由碳的 sp^3 杂化轨道与氢的 1s 轨道进行重叠而构成的,结果形成 4 个相等的 C—H σ 键,碳在四面体中央,4 个氢在 4 个顶角上。乙烷分子中,每个碳原子各用 3 个 sp^3 杂化轨道分别与 3 个氢的 1s 轨道形成 3 个 C—H σ 键,每个碳原子剩下的 1 个 sp^3 杂化轨道沿着键轴方向相互重叠构成 1 个 C—C σ 键,见图 2-3。

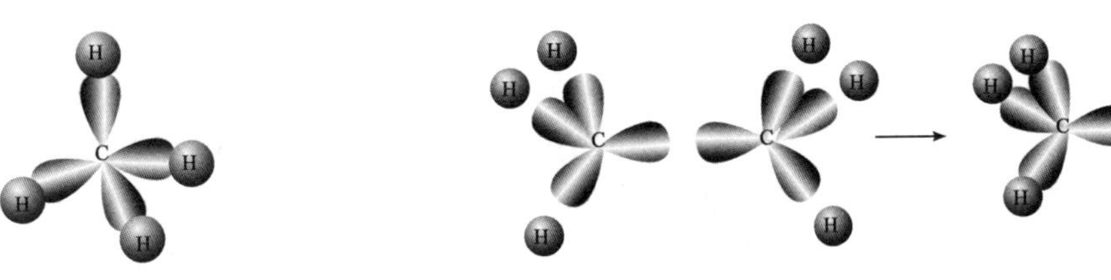

(a)甲烷分子中原子轨道重叠示意图　　(b)乙烷分子中原子轨道重叠示意图

图 2-3　原子轨道重叠示意图

2.5　烷烃的构象

烷烃中的碳碳键和碳氢键都是 σ 键。σ 键的特点之一是成键的两个原子可以围绕键轴自由旋转。当烷烃围绕分子中的 C—C σ 键旋转时,分子中的氢原子或烷基在空间的相对位置即分子的立体形象不断地变化,这种由于围绕 σ 键旋转所产生的分子的各种立体形象称为**构象(conformation)**。由于 σ 键的旋转而产生的异构体称为**构象异构体(conformational isomer)**。构象异构体的构造相同,但分子中的原子或原子团在空间的排列不同,是立体异构的一种。

2.5.1　乙烷的构象

在乙烷分子中,如果使一个甲基固定而使另一个甲基沿着 C—C 键轴旋转,则分子中氢原子的相对位置将不断改变而产生不同的构象。

常用**透视式**(也叫**锯架式,sawhorse projection**)和**纽曼投影式(Newman projection)**表示分子的构象。纽曼投影式是在 C—C σ 键延长线上进行观察,用圆圈表示距离远的那个碳原子。图 2-4 所示是乙烷的 2 种构象——**重叠式构象(eclipsed conformation)**和**交叉式构象(staggered conformation)**。重叠式构象中 2 个碳原子上的氢原子两两相对,交叉式构象中 2 个碳原子上的氢原子两两交错。

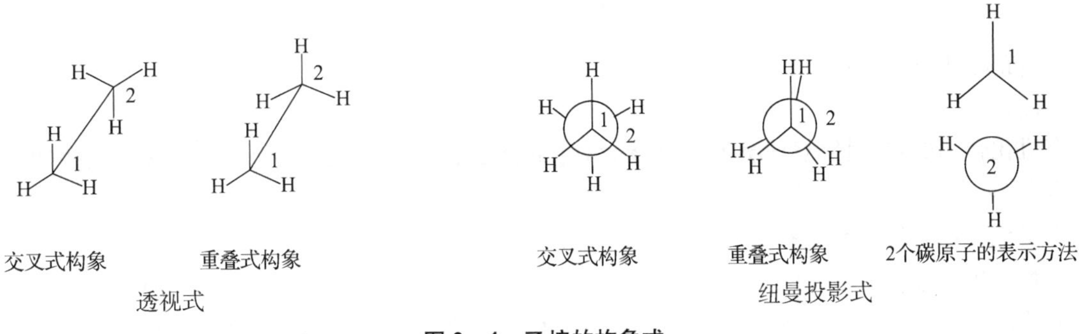

图 2-4　乙烷的构象式

实际上,当乙烷围绕 C—C σ 键旋转时可以产生无数的不同构象,图 2-4 所示的交叉式构象和重叠式构象只是无数构象中的两个典型构象。

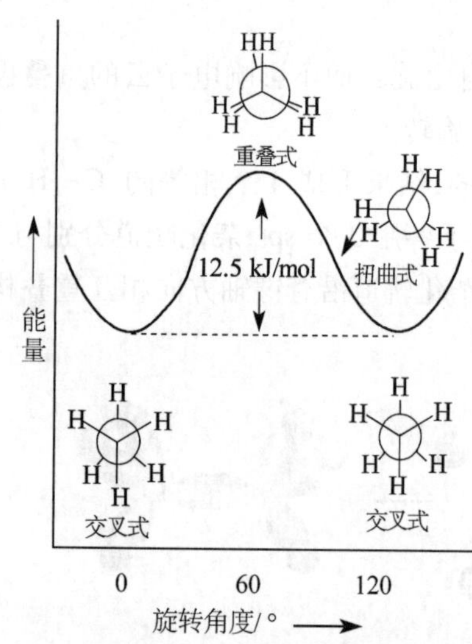

图 2-5　乙烷分子中 C—C 键旋转引起的位能变化曲线图

随着分子中氢原子的相对位置不断改变,分子的内能也会不断变化,在乙烷的构象中,重叠式构象前后2个碳上的C—H键之间的电子云斥力最大,内能最高,最不稳定;在交叉式构象中,由于2个碳原子上的氢原子两两交错,前后2个碳上C—H键间的电子云的斥力最小,内能最低,最稳定。其他构象的热力学能则介于这两个典型构象之间。图2-5为乙烷分子围绕C—C键旋转引起的位能变化。可以看出,重叠式构象与交叉式构象之间的热力学能相差12.5 kJ/mol,亦就是说,围绕C—C σ 键旋转时,从交叉式到重叠式需消耗12.5 kJ/mol能量,这个热力学能差称为旋转能垒或**扭转张力**。一般在室温时分子间所具有的动能已足以使 σ 键自由旋转。因此在室温下这两种构象能迅速地互相转变,所以一般不能分离出纯的构象异构体。

分子在一定的条件下总是尽可能以最稳定的形式存在。因而乙烷的构象式中,交叉式构象占优势。习惯上将能量最低的构象称为**优势构象**,交叉式构象为乙烷的优势构象。

2.5.2　正丁烷的构象

因正丁烷的 C_2 和 C_3 上都连有一个体积大的甲基,这两个甲基在空间的排列方式对分子的能量有较大的影响,故在此只讨论其围绕 $C_2—C_3\sigma$ 键旋转时的情况。

正丁烷围绕 $C_2—C_3\sigma$ 键旋转也可产生无数种构象,其中4种构象较为典型(图2-6):

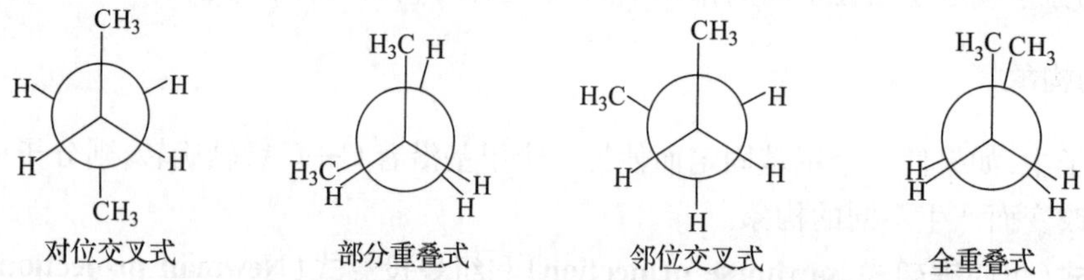

对位交叉式　　部分重叠式　　邻位交叉式　　全重叠式

图 2-6　正丁烷围绕 $C_2—C_3\sigma$ 键旋转产生的 4 种典型构象

上述4种典型构象中,全重叠式能量最高,因为两个甲基距离最近,斥力最大;部分重叠式次之,因为甲基分别与氢相遇,斥力较小一些;邻位交叉式再次之;对位交叉式甲基间距离最远,故能量最低。对位交叉式为正丁烷围绕 $C_2—C_3\sigma$ 键旋转的优势构象。

2.6　烷烃的物理性质

有机化合物的**物理性质**(**physical properties**)主要是指它们的熔点、沸点、相对密度、溶解度及光谱数据等,是有机化合物性质的重要的一个方面。

有机化合物的物理性质取决于它们的结构和分子间的作用力。

纯物质的物理性质在一定条件下都有固定的数值,所以也常把这些数值称作物理常数,通过物理常数的测定,可以鉴定物质的纯度或鉴别各类化合物。表2-3为一些正烷烃的物理常数。

表 2-3 一些正烷烃的物理常数

名称	分子式	沸点/℃	熔点/℃	密度/($10^3kg/m^3$)	折射率(n_D^{20})
甲烷	CH_4	-161.7	-182.6	—	—
乙烷	C_2H_6	-88.6	-172.0	—	—
丙烷	C_3H_8	-42.2	-187.1	0.500 0	—
丁烷	C_4H_{10}	-0.5	-138.3	0.578 8	1.332 6
戊烷	C_5H_{12}	36.1	-129.7	0.626 0	1.357 5
己烷	C_6H_{14}	68.7	-94.0	0.659 4	1.374 2
庚烷	C_7H_{16}	98.4	-90.5	0.683 7	1.387 6
辛烷	C_8H_{18}	125.7	-56.8	0.702 8	1.397 4
壬烷	C_9H_{20}	150.7	-53.7	0.717 9	1.405 4
癸烷	$C_{10}H_{22}$	174.0	-29.7	0.729 8	1.411 9
十一烷	$C_{11}H_{24}$	195.8	-25.6	0.740 4	1.417 6
十二烷	$C_{12}H_{26}$	216.3	-9.6	0.749 3	1.421 6
十三烷	$C_{13}H_{28}$	235.5	-6	0.756 8	1.431 9
十四烷	$C_{14}H_{30}$	251	5.5	0.763 6	1.440 9
十五烷	$C_{15}H_{32}$	268	10	0.768 8	1.453 6
十六烷	$C_{16}H_{34}$	280	18.1	0.774 9	—
十七烷	$C_{17}H_{36}$	303	22.0	0.776 7	—
十八烷	$C_{18}H_{38}$	308	28.0	0.776 7	—
十九烷	$C_{19}H_{40}$	330	32.0	0.777 6	—
二十烷	$C_{20}H_{42}$	—	36.4	0.777 7	—

2.6.1 沸点

烷烃的沸点一般随相对分子质量的增加而升高。在同系列中，虽然相邻两个烷烃的组成都是相差一个 CH_2，但其沸点差值并不相等，低级烷烃的差值较大，随着相对分子质量的增加，差值逐渐减少，见图 2-7。

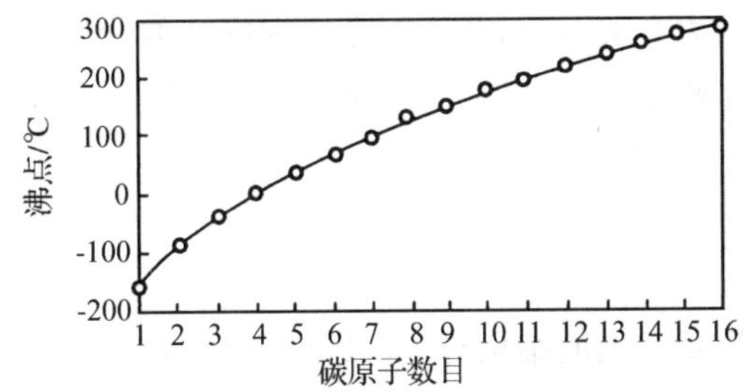

图 2-7 正烷烃的沸点与分子中所含碳原子数关系图

在相同碳原子数的烷烃异构体中，含支链越多的烷烃，相应沸点越低。表 2-4 列出了 5 个己烷异构体的沸点数据。

表 2-4 5 个己烷异构体的沸点

名 称	结 构 式	碳架形状	沸点/℃
正己烷 *n*-hexane	$CH_3CH_2CH_2CH_2CH_2CH_3$	╱╲╱╲╱	68.75

续表

名　称	结构式	碳架形状	沸点/℃
3-甲基戊烷 3-methylpentane	$CH_3CH_2CHCH_2CH_3$ │ CH_3		63.30
2-甲基戊烷(异己烷) 2-methylpentane	$CH_3CHCH_2CH_2CH_3$ │ CH_3		60.30
2,3-二甲基丁烷 2,3-dimethylbutane	$CH_3CHCHCH_3$ │　│ CH_3CH_3		58.50
2,2-二甲基丁烷 2,2-dimethylbutane	CH_3 │ $CH_3—C—CH_2CH_3$ │ CH_3		49.70

2.6.2 熔点

烷烃的熔点的变化规律基本上与沸点相似,也是随着相对分子质量的增减而增减。但偶数碳原子烷烃的熔点通常比奇数碳原子烷烃的熔点升高得多一点,故在图2-8中构成两条熔点曲线,偶数碳居上,奇数碳在下。

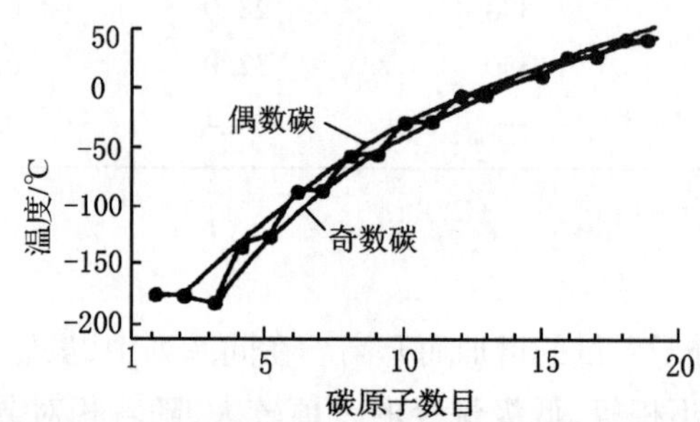

图2-8　正烷烃的熔点与分子中所含碳原子数关系图

熔点不仅和分子间的作用力有关,还与分子在晶格中排列的紧密程度有关,分子越对称,分子在晶格中的排列越紧密,熔点就越高。如异戊烷的熔点(-160 ℃)比正戊烷(-130 ℃)低,新戊烷熔点(-17 ℃)比正戊烷高。

2.6.3 溶解度

溶解度(solubility)与溶质及溶剂的结构有关。组成和结构相似的化合物容易相互溶解,极性相似的化合物容易相互溶解,这就是"相似相溶"规则。烷烃是由碳和氢组成的非极性化合物,所以易溶于极性较小的有机溶剂(如苯、四氯化碳等)而不易溶于水和其他极性溶剂。烷烃在水中的溶解度随相对分子质量的增加而减小。

2.6.4 相对密度

烷烃比水轻,所有的烃的相对密度都小于1;随着相对分子质量的增加,烃的相对密度上升,但增加的值很小。

2.7 烷烃的化学性质

化合物的化学性质取决于它的分子结构。从结构上看,烷烃分子中只存在 σ 键。σ 键的另一特性是轨道重叠程度大,比较牢固。因此,烷烃在通常条件下与强酸、强碱、强氧化剂等都不发生反应,比较稳定。

但是,烷烃的稳定性也是相对的,如果有足够的能量,如在高温、催化剂等条件下,σ 键也可以发生断裂而显示一定的反应性。烷烃主要可发生卤代及氧化等反应。

2.7.1 卤代反应

烃中氢原子被卤素取代的反应称卤代反应。

1. 卤代反应实例

甲烷与氯在紫外光作用下或加热到 250 ℃以上时发生反应,甲烷中的 4 个氢可逐步被氯取代,生成 4 种产物:

$$CH_4+Cl_2 \xrightarrow[\text{or}\triangle]{h\nu} \underset{\substack{\text{一氯甲烷} \\ \text{bp. 23.8 ℃}}}{CH_3Cl} +HCl$$

$$CH_3Cl \xrightarrow[h\nu\ \text{or}\triangle]{Cl_2} \underset{\substack{\text{二氯甲烷} \\ \text{bp. 40.2 ℃}}}{CH_2Cl_2} \xrightarrow[h\nu\ \text{or}\triangle]{Cl_2} \underset{\substack{\text{三氯甲烷} \\ \text{bp. 51.5 ℃}}}{CHCl_3} \xrightarrow[h\nu\ \text{or}\triangle]{Cl_2} \underset{\substack{\text{四氯化碳} \\ \text{bp. 76.8 ℃}}}{CCl_4}$$

由于生成的是混合物,一般分离较困难,因此,从制备单一纯净的产品的角度来看,这不是一种好方法,故应用上受到限制。

其他卤素也能进行类似反应,但各种卤素的反应活性不同。氟最活泼,它和烷烃在-80 ℃时即可自动发生反应,反应剧烈,难以控制。其次是氯,在光照下,烷烃与氯室温即可发生反应。溴和烷烃的反应需要在光照和加热的条件下进行。而碘最不活泼,一般不能发生碘代反应。因此,卤素对烷烃进行卤代反应的相对活泼性次序是:

$$F_2> Cl_2>Br_2>I_2$$

甲烷、乙烷的一氯代产物只有一种,但从丙烷开始,由于分子中有不同种类的氢,因此一氯代产物就不止一种。例如,丙烷及异丁烷分别有 2 种不同的取代产物,且产物比例也不相同:

$$CH_3CH_2CH_3+Cl_2 \xrightarrow[25\ ℃]{\text{光照}} CH_3CH_2CH_2Cl+CH_3\underset{\substack{| \\ Cl}}{C}HCH_3$$

	$CH_3CH_2CH_2Cl$	$CH_3CHClCH_3$
推测值	75%	25%
实验值	45%	55%

$$CH_3\overset{\substack{CH_3 \\ |}}{C}HCH_3 + Cl_2 \xrightarrow[25\ ℃]{\text{光照}} CH_3\overset{\substack{CH_3 \\ |}}{C}HCH_2Cl+CH_3\overset{\substack{CH_3 \\ |}}{\underset{\substack{| \\ Cl}}{C}}CH_3$$

	$(CH_3)_2CHCH_2Cl$	$(CH_3)_3CCl$
推测值	90%	10%
实验值	64%	36%

如果仅从氢原子被取代的概率看,丙烷中有 6 个 1°H 而只有 2 个 2°H ,2°H 与 1°H 被取代的概率之比应为 2∶6,即 1∶3,可实际产物比却是 55∶45,这说明两种氢的活性不同,两种氢相对反应活性比为:

$$2°\text{H 的活性}:1°\text{H 的活性}=\frac{55}{2}:\frac{45}{6}=3.7:1.0$$

异丁烷 1°H 与 3°H 数目之比为 9∶1,实际产物之比为 64%∶36%,可以看出,3°H 与 1°H 的相对反应活性为：

$$3°H\text{ 的活性}:1°H\text{ 的活性}=\frac{36}{1}:\frac{64}{9}=5.0:1.0$$

所以，不同类型的氢被氯取代的相对活性顺序为：

$$3°H > 2°H > 1°H$$

为什么会有这样的顺序呢？这要通过卤代反应机理进行解释。

2. 卤代反应机理

所谓**反应机理(reaction mechanism)**，是指反应所经历的途径或过程，也称反应历程、反应机制。有机化合物的反应比较复杂，从反应物到产物，往往可能不是简单的一步反应，也可能不只有一种途径。因此，只有了解了反应机理，才能认清反应的本质，掌握反应的规律，从而达到控制和利用反应的目的。反应机理是人们根据大量实验事实作出的理论推导，到目前为止，已被基本研究清楚反应机理的反应数目不多。而且，随着实验手段越来越先进，有的目前认为比较成熟的反应机理，也可能会被适当修改，甚至被抛弃，也就是说，现在已知的反应机理的可靠性也不尽相同。我们讨论反应机理的主要目的一方面是帮助大家认识反应的本质，以便更好地记忆反应规律，并运用反应规律预测某些反应的可能结果。另一方面，了解了反应变化的过程及其一般规律，可为控制反应条件、创造新的合成方法提供理论依据。

烷烃的卤代反应经历的是烷烃的 C—H σ 键断裂形成自由基，自由基再反应生成产物卤代烃的过程，为**自由基链反应(radical chain reaction)**过程。

自由基的链反应可分为**链引发(chain-initiating step)**、**链增长(chain-propagating step)**和**链终止(chain-terminating step)**三个阶段。现以甲烷的氯代反应为例讨论烷烃卤代反应的机理。

① $Cl\!:\!Cl \xrightarrow{\text{热或光}} Cl\cdot + Cl\cdot$ $\Delta H = +242.4\ kJ/mol$ 链引发

② $CH_3—H + \cdot Cl \longrightarrow \cdot CH_3 + HCl$ $\Delta H = +4\ kJ/mol$ 链增长

③ $H_3C\cdot + Cl\!:\!Cl \longrightarrow \cdot Cl + CH_3Cl$ $\Delta H = -108.7\ kJ/mol$ 链增长

重复②、③步反应。

④ $Cl\cdot + \cdot Cl \longrightarrow Cl_2$ 链终止

⑤ $CH_3\cdot + \cdot CH_3 \longrightarrow CH_3CH_3$ 链终止

⑥ $CH_3\cdot + \cdot Cl \longrightarrow CH_3Cl$ 链终止

反应①中，氯分子形成氯自由基·Cl，所需要的能量从加热或光照中获得，这是反应的开始阶段，称为引发阶段。

氯自由基很不稳定，它有获得1个电子而成为八隅结构的强烈倾向，因而很活泼。当氯自由基和甲烷碰撞时，它夺取甲烷分子中的氢原子形成 HCl，同时生成甲基自由基 $\cdot CH_3$。

$\cdot CH_3$ 也是非常活泼的，当它与 Cl_2 相遇时，夺取1个氯原子(带有1个电子)，生成氯甲烷和氯自由基。新生成的·Cl 又可以重复②、③步反应。整个反应就像一条锁链，一经引发，就一环扣一环地进行下去，因此称之为自由基链反应。②、③步为链的增长阶段。

随着反应的进行，反应混合物中甲烷和氯的浓度不断降低，这时自由基之间相遇的机会增多，当两个自由基碰在一起时，就可能发生如上所示的④、⑤、⑥反应。这样自由基就消耗了，②、③步反应就不能再发生，反应将逐渐停止。这就是链的终止阶段。

在反应初期，由于 CH_4 大量存在，此时 · Cl 主要与 CH_4 碰撞而发生反应生成 CH_3Cl。但当 CH_4 减少时，这种碰撞的机会就少了，而 CH_3Cl 却达到了一定浓度。显然 · Cl 也可以和 CH_3Cl 作用而生成二氯甲烷。以此类推，直到 CH_4 中的 4 个氢都被氯取代而生成四氯化碳 CCl_4。

$$\dot{Cl} + CH_3:Cl \longrightarrow HCl + \dot{C}H_2Cl$$

$$\dot{C}H_2Cl + Cl:Cl \longrightarrow CH_2Cl_2 + \dot{Cl}$$

$$\longrightarrow \cdots\cdots CHCl_3 \cdots\cdots CCl_4$$

因此，氯代反应得到 4 种产物的混合物。

这是自由基反应的一般机理，其他自由基反应机理基本与此相似。

在这几步反应中，虽然第一步氯分子解离成氯原子需要一定能量，但氯原子一旦形成，由于它迫切希望满足八隅结构并释放出生成时所吸收的能量，所以很快进行第②、③步反应。在链终止阶段，是两个非常活泼的自由基之间的相互碰撞，反应很容易进行，速率也很快。因此，链引发和链终止阶段对整个反应的速率影响不大。

3. 活化能、过渡态的概念

过渡态理论认为，一个反应从反应物到产物的过程是一个连续变化的过程，要经过一个过渡态才能转变为产物。在反应中，反应物分子间碰撞引起分子的几何形状、电子云分布和运动状态的变化，到达**过渡态（transition state，Ts）**时，反应物分子中的旧键已松弛和削弱，新键已开始形成，其结构介于反应物和产物之间。

$$\underset{\text{反应物}}{A—B + C} \longrightarrow \underset{\text{过渡态}}{[A\cdots B\cdots C]^{\neq}} \longrightarrow \underset{\text{产物}}{A + B—C}$$

从反应物到过渡态，体系的能量不断升高，到达过渡态时能量达到最高值，此后体系能量很快下降。过渡态与反应物之间的能量差称为**活化能（activation energy）**，用 E_a 表示，见图 2－9。

甲烷氯代反应的链增长阶段分两步进行，其过程及能量变化情况如图 2－10 所示。

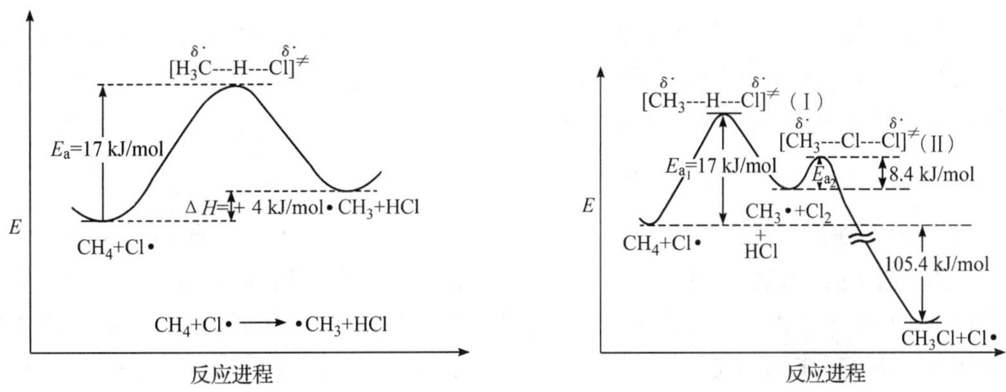

图 2－9 甲烷与氯自由基反应过程中的能量变化　图 2－10 从氯自由基到氯甲烷反应进程中的能量变化

从图 2－10 中可以看出，第一步（即整个反应的第②步）所需活化能 E_{a_1} 较大，第二步（即整个反应的第③步）所需活化能 E_{a_2} 较小。因此，这两步反应相比，第一步困难，反应速率慢。如果能加快这一步反应的速率，那么整个反应的速率就能加快，故这一步称作**反应速率决定步骤（step of determination reaction rate）**。也就是说，在一个多步反应中，整个反应的反应速率取决于慢的那一步。

在上述两步中，甲基自由基是第一步的产物，又是第二步的反应物，是一个**反应活性中间体**，它处于两个波峰间的波谷。

从甲烷氯代反应机理讨论中可知，链反应一经引发，就会像一条锁链一样进行下去。整个反应速率的决定步骤是链增长的第一步，即生成自由基的那一步。

4. 伯、仲、叔3种自由基的相对稳定性

与碳、氢原子分类相似,我们也可将自由基分成 **1°自由基(primary radical)**、**2°自由基(secondary radical)**和**3°自由基(tertiary radical)**。自由基非常活泼,但不同的自由基稳定性也有差异。自由基的稳定性可以由共价键均裂时所吸收的能量来判断。键的离解能越小,键均裂时体系吸收的能量越少,生成的自由基越稳定。如:

$\Delta H/(\mathrm{kJ/mol})$

$$CH_3{-}H \longrightarrow \dot{C}H_3 + \cdot H \qquad 435$$

$$CH_3CH_2{-}H \longrightarrow CH_3\dot{C}H_2 + \cdot H \qquad 410$$

伯自由基(1°)

$$CH_3CH(H)CH_3 \longrightarrow CH_3\dot{C}HCH_3 + \cdot H \qquad 397$$

仲自由基(2°)

$$CH_3{-}C(H)(CH_3){-}CH_3 \longrightarrow CH_3{-}\dot{C}(CH_3){-}CH_3 + \cdot H \qquad 381$$

叔自由基(3°)

上述自由基的稳定性次序是:

$$CH_3{-}\dot{C}(CH_3){-}CH_3 > CH_3{-}\dot{C}H(CH_3) > CH_3\dot{C}H_2 > \dot{C}H_3 \qquad \text{即}:3° > 2° > 1° > \cdot CH_3$$

自由基越稳定,生成时所需的能量越低,反应越容易进行,所以氢的活性为3°H>2°H>1°H。

2.7.2 氧化反应

烷烃在室温下一般不与氧化剂反应,与空气中的氧也不反应,但在空气(氧气)中可以燃烧,燃烧时如氧气充足则可被完全氧化而生成二氧化碳和水,同时放出大量热。这正是汽油、柴油(主要成分为不同碳链的烷烃混合物)作为汽油机、柴油机燃料的基本原理。

$$CH_4 + 2O_2 \longrightarrow CO_2 + 2H_2O + \text{热}$$

如控制适当条件,在催化剂的作用下,也可以使烷烃部分氧化得到醇、醛、酮、酸等一系列含氧化合物。但由于氧化过程复杂,氧化的位置各异,产物往往是复杂的混合物,难以得到纯净的产物。然而在工业生产中可以控制条件获得以某些产物为主的产品,或直接利用其氧化的混合物。由于烷烃具有广泛的用途和丰富的来源,故利用烷烃为原料经氧化制备一系列含氧化合物还是有实际意义的。

学习指导

2-1 本章要点

烷烃是由碳氢2种元素组成的通式为 C_nH_{2n+2} 的饱和烃。

1. 同分异构

组成相同但结构不同的化合物称为同分异构体,烷烃中的同分异构为构造异构,是由碳架的构造不同而产生的同分异构。

2. 烷烃的结构

烷烃中碳原子以 sp^3 杂化方式成键,杂化后的4个能量相等的 sp^3 杂化轨道对称分布在碳原子周围。烷烃中碳原子与氢原子或碳原子与碳原子沿 sp^3 杂化轨道键轴方向重叠形成 C—Hσ 键和 C—Cσ 键。σ 键比较牢固且可围绕键轴自由旋转。

3. 烷烃的构象

由于 σ 键的自由旋转而产生的分子中的原子或原子团在空间的不同排列方式称为构象。乙烷的构象式中，重叠式最不稳定，交叉式最稳定。正丁烷的构象中，全重叠式最不稳定，对位交叉式最稳定。内能最低的构象称为优势构象。

4. 烷烃的系统命名

① 选择支链最多的最长碳链作为主链。

② 从靠近支链的一端开始编号。

③ 写出取代基的名称、个数及位次，写出主链名称。取代基的位次用阿拉伯数字标明，有几个取代基就应有几个位次标号；相同的取代基不仅要逐一标明其位次，还要以汉字一、二、三等表示其数目；位次和数目之间用“-”隔开；不同的取代基按英文字母顺序依次排列。

5. 烷烃的化学性质

烷烃在通常情况下不与强酸（盐酸、硫酸）、强氧化剂（如高锰酸钾）作用，但在一定条件下或有催化剂存在时，可发生卤代、氧化、热裂等反应。

烷烃最重要的反应是卤代反应：在光或热的作用下，烷烃分子中的氢被卤素取代。

反应条件：光或热。

反应产物：混合物，一般不易分离，故在应用上受到限制。

反应机理：自由基型链反应。

卤素相对活性：$F_2>Cl_2>Br_2>I_2$。

3 种氢的活性：$3°H > 2°H > 1°H > CH_3—H$。

烷基自由基的稳定性：$3°>2°>1°>\cdot CH_3$。

2-2 解题示例

【例 1】 用系统命名法命名下列化合物：

```
                       CH3
                       |
(1) CH3CHCH2CHCH2CHCH3
       |     |
       CH3   CHCHCH3
             |  |
           H3C  CH3
```

```
                      C2H5
                      |
(2) CH3CHCH2CHCHCH3
       |        |
       CH3      CH3
```

解：

```
                       CH3
                       |
(1) CH3CHCH2CHCH2CHCH3
       |     |
       CH3   CHCHCH3
             |  |
           CH3CH3
```

命名的第一步是选 1 条最长碳链作主链。但在初学者中最易出现的错误是在选主链时忽视“含支链数目最多”的原则。该化合物中有 2 条可供选择的最长碳链，都含 7 个碳。但以下右边所选主链只含 3 条支链，而左边含 4 条支链，所以左边所选主链是正确的。故该化合物的正确名称是 4-异丁基-2,3,6-三甲基庚烷。

```
                        CH3                                CH3
                         |                                  |
CH3CHCH2CH — CH2CHCH3                 CH3CHCH2CH — CH2CHCH3
     |      |                              |     |
     CH3    CH — CHCH3                     CH3   CH — CHCH3
            |     |                              |     |
            CH3   CH3                            CH3   CH3
```

正确（含 4 条支链）　　　　错误（含 3 条支链）

(2) 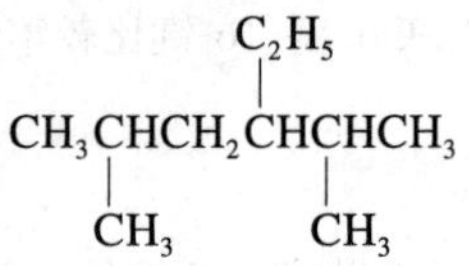 $$\begin{array}{l}\qquad\qquad\quad C_2H_5\\ \qquad\qquad\quad |\\ CH_3CHCH_2CHCHCH_3\\ \quad\ |\qquad\qquad |\\ \quad CH_3\qquad\ CH_3\end{array}$$

该化合物的最长碳链含6个碳,但编号时有以下两种编法,右边的编法是错误的,因为编号时未注意“取代基位次最小”的原则。

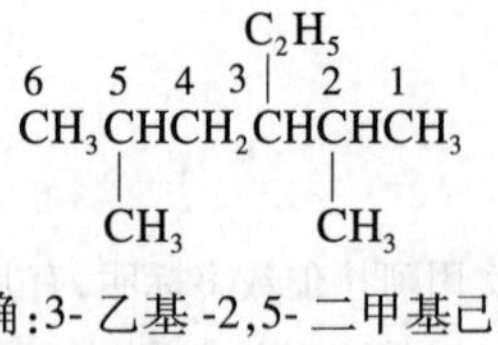

$$\begin{array}{l}\qquad\qquad\quad C_2H_5\\ 6\quad 5\quad 4\ \ 3|\ \ 2\ \ 1\\ CH_3CHCH_2CHCHCH_3\\ \quad\ |\qquad\qquad |\\ \quad CH_3\qquad\ CH_3\end{array}\qquad\qquad \begin{array}{l}\qquad\qquad\quad C_2H_5\\ 1\quad 2\ \ 3\ \ 4|\ \ 5\ \ 6\\ CH_3CHCH_2CHCHCH_3\\ \quad\ |\qquad\qquad |\\ \quad CH_3\qquad\ CH_3\end{array}$$

正确:3-乙基-2,5-二甲基己烷 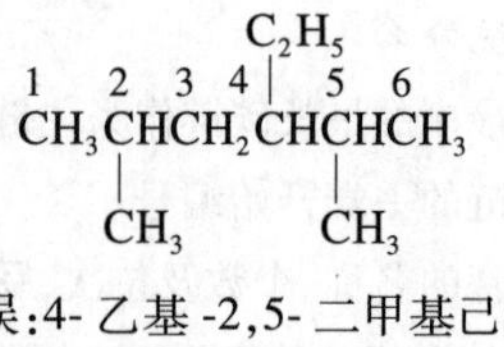　　　　错误:4-乙基-2,5-二甲基己烷

【例2】 3-乙基戊烷与溴在光照下进行一溴代反应,可得几种产物?其中哪种最多?为什么?

解: 该反应是烷烃的卤代反应,为自由基反应。因为3-乙基戊烷有3种不同类型的氢,故有可能生成3种取代产物:

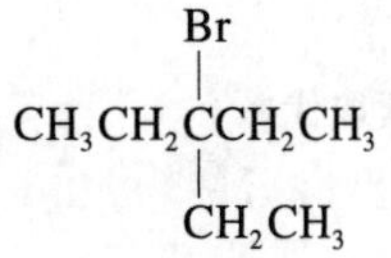

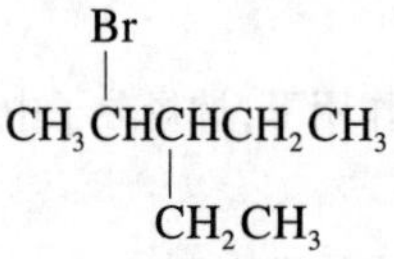

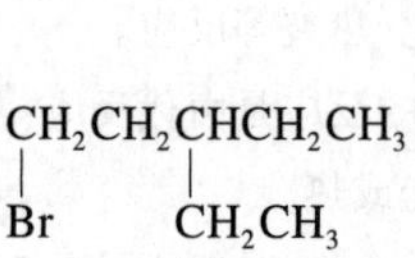

$$\begin{array}{c}\quad Br\\ \quad |\\ CH_3CH_2CCH_2CH_3\\ \quad |\\ \quad CH_2CH_3\\ (1)\end{array}\qquad \begin{array}{c}Br\\ |\\ CH_3CHCHCH_2CH_3\\ \quad |\\ \quad CH_2CH_3\\ (2)\end{array}\qquad \begin{array}{c}CH_2CH_2CHCH_2CH_3\\ |\qquad\quad |\\ Br\qquad CH_2CH_3\\ (3)\end{array}$$

烷烃进行卤代反应时氢的反应活性为3°H>2°H>1°H,尤其在溴代反应时这种差别更明显(注:高温下烷烃溴代时,各级氢原子被溴代的相对速率为3°H∶2°H∶1°H=1 600∶81∶1,远大于氯代反应时速率的比值,故溴代时氢原子数目的差异可忽略)。

氢原子活性的差异是由反应的机理所决定的。该反应为自由基反应机理,反应过程中产生了自由基活性中间体,自由基的稳定性决定了氢原子的反应活性,也决定了产物的比例。自由基越稳定,反应越易进行。该反应产生了3种自由基,其结构及稳定性次序为:

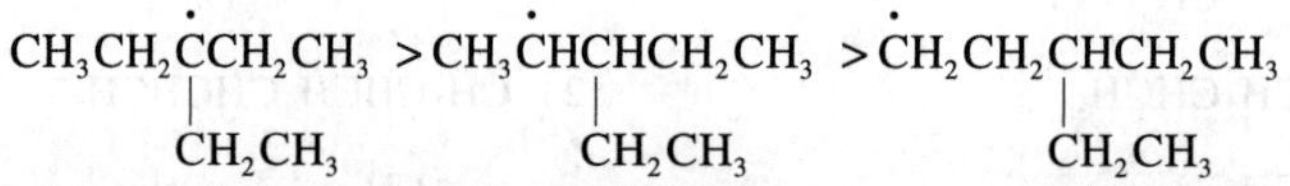

$$\underset{3°\text{ 自由基}}{\begin{array}{c}CH_3CH_2\dot{C}CH_2CH_3\\ |\\ CH_2CH_3\end{array}} > \underset{2°\text{ 自由基}}{\begin{array}{c}CH_3\dot{C}HCHCH_2CH_3\\ |\\ CH_2CH_3\end{array}} > \underset{1°\text{ 自由基}}{\begin{array}{c}\dot{C}H_2CH_2CHCH_2CH_3\\ |\\ CH_2CH_3\end{array}}$$

所以产物中(1)最多,(2)其次,(3)最少。

【例3】 某个烷烃的分子式为C_8H_{18},一氯代后只得到一种分子式为$C_8H_{17}Cl$的化合物,试推测这个烷烃的构造式。

解: 有机化合物的结构推导是有机化学学习的一个非常重要的内容。题中给出的每一个信息均会肯定或否定某一结构片段,通过一步步推断,并经过信息的综合,可以推导出化合物的最终结构。

本题所给出的信息主要有两条:化合物的分子式;该化合物只得一种一氯代产物($C_8H_{17}Cl$)。由于只得一种一氯代产物,因此该化合物只含有一种氢,进一步推测其只能含有伯氢,根据推断,该化合物的结构只能为:

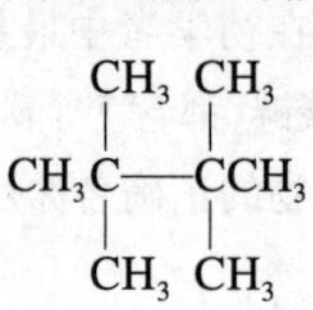

$$\begin{array}{c}CH_3\ CH_3\\ |\quad\ |\\ CH_3C—CCH_3\\ |\quad\ |\\ CH_3\ CH_3\end{array}$$

2-3　习题

1. 用系统命名法命名下列化合物:

(1) $(CH_3CH_2)_4C$

(2) 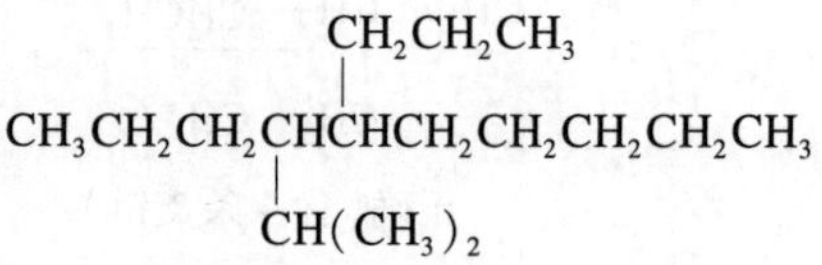 $$\begin{array}{l}\qquad\qquad\qquad CH_2CH_2CH_3\\ \qquad\qquad\qquad |\\ CH_3CH_2CH_2CHCHCH_2CH_2CH_2CH_2CH_3\\ \qquad\qquad\quad |\\ \qquad\qquad\quad CH(CH_3)_2\end{array}$$

(3) $(CH_3)_3CCH_2CH_2CH_2\overset{Et}{CH}\underset{Me}{CH}CH_2CH_3$

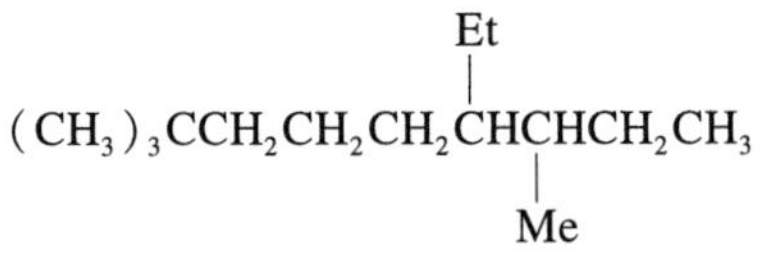

(4) 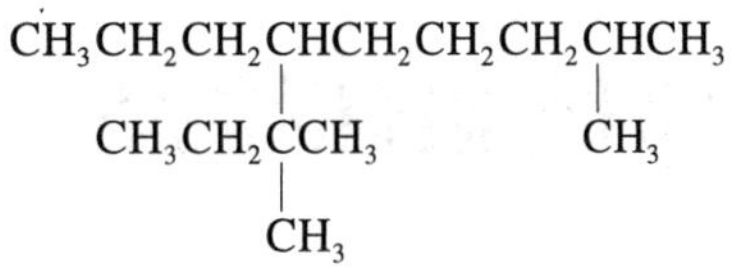 $CH_3CH_2CH_2\underset{CH_3CH_2\underset{CH_3}{C}CH_3}{CH}CH_2CH_2CH_2\underset{CH_3}{CH}CH_3$

(5)

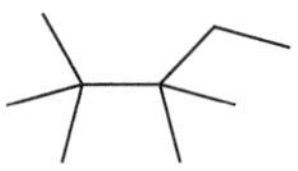

(6) 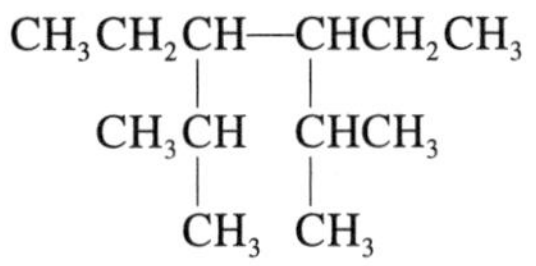 $CH_3CH_2\underset{CH_3\underset{CH_3}{CH}}{CH}—\underset{\underset{CH_3}{CHCH_3}}{CH}CH_2CH_3$

2. 写出下列取代基的构造式：

(1) 乙基　(2) 异丙基　(3) 叔丁基　(4) 异戊基

3. 写出下列化合物的构造式：

(1) 异己烷　(2) 新己烷

(3) 2,3-二甲基丁烷　(4) 2,2,4,4 -四甲基戊烷

4. 在第 3 题中，找出符合下列条件之一的化合物：

(1) 无 3°H　(2) 有一个 3°H　(3) 有 2 个 3°H

5. 试写出相当于下列名称的各化合物的构造式，如果名称与系统命名法不符，请予订正。

(1) 3-异丙基己烷　(2) 4-乙基-2,3-二甲基己烷

(3) 5-异丙基-2-甲基庚烷　(4) 1,1,2-三甲基丁烷

6. 将下列自由基按稳定性由大到小的次序排列：

(1) $(CH_3)_2CHCH_2\dot{C}H_2$　(2) $(CH_3)_2\dot{C}CH_2CH_3$　(3) $(CH_3)_2CH\dot{C}HCH_3$

7. 用纽曼投影式表示 2,3-二甲基丁烷围绕 $C_2—C_3$ σ 键旋转所产生的典型构象，并指出优势构象。

8. 写出相对分子质量为 72 的三种烷烃：(1) 只得一种一卤代物；(2) 得三种一卤代物；(3) 得四种一卤代物。

3 烯烃和环烷烃

烯烃(**alkene**)是指含碳碳双键(C═C,一般称之为烯烃的官能团)的烃类化合物,最简单的烯烃是乙烯。

与相同碳原子数的烷烃相比,烯烃含有较少的氢原子数,因此烯烃也称为**不饱和烃**(**unsaturated hydrocarbon**)。与相应烷烃相比,每少两个氢原子,分子就增加一个**不饱和度**(**degree of unsaturation**)。

3.1 烯烃的结构

3.1.1 碳原子的 sp^2 杂化

以乙烯为例说明烯烃的结构。杂化轨道理论认为,在形成乙烯分子时,碳原子的 1 个 2s 轨道和 2 个 2p 轨道进行 **sp^2 杂化**(**sp^2 hybridization**),组成 3 个能量相等的 sp^2 杂化轨道,另有 1 个 2p 轨道未参与杂化。3 个 sp^2 杂化轨道及 1 个 2p 轨道各填充 1 个电子(见图 3-1)。

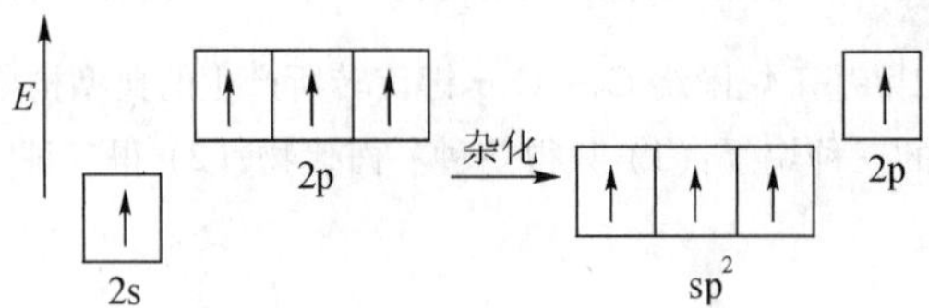

图 3-1 碳原子轨道的 sp^2 杂化

sp^2 杂化轨道的形状与 sp^3 杂化轨道类似。碳原子的 3 个 sp^2 杂化轨道对称分布,处于同一平面上,轨道对称轴之间的夹角为 120°。未参加杂化的 p 轨道其对称轴垂直于 sp^2 杂化轨道对称轴所在的平面(见图 3-2)。

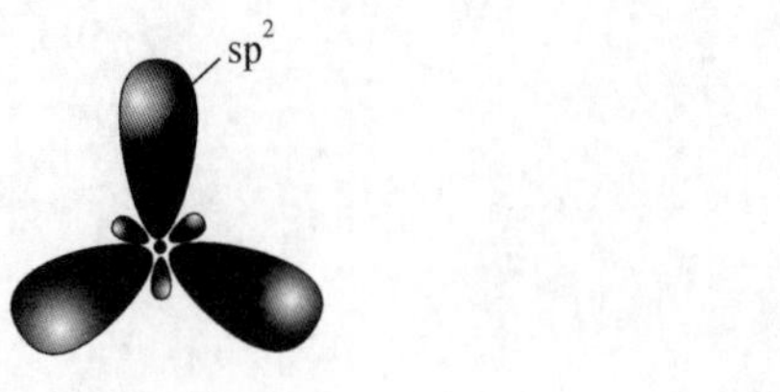

(a) 3 个 sp^2 杂化轨道在一个平面上

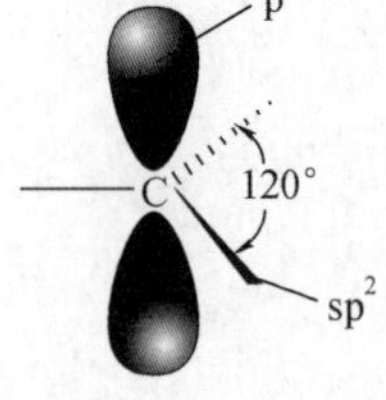

(b) p 轨道垂直于 3 个 sp^2 杂化轨道的平面

图 3-2 sp^2 杂化碳原子

3.1.2 碳碳双键的形成

在乙烯分子中,成键的 2 个碳原子各以 1 个 sp^2 杂化轨道"头碰头"重叠形成 1 个 C—Cσ 键,并各以 2 个 sp^2 杂化轨道同 4 个氢原子的 s 轨道沿 sp^2 杂化轨道对称轴的方向重叠形成 4 个 C—Hσ 键,这样形成的 5 个 σ 键其对称轴都在同一平面内,如图 3-3(a)所示。形成上述 σ 键的同时,每个碳原子上余下的 p 轨道从侧面"肩并肩"重叠成键,这样构成的共价键称为 π 键,处于 π 轨道的电子简称为

π 电子[见图 3-3(b)]。由此可见,碳碳双键不是由两个相同的单键组成,而是由 1 个 σ 键和 1 个 π 键所组成的。为了书写方便,一般以两条短线表示(C═C),但必须明确这两条短线的含义是不同的。

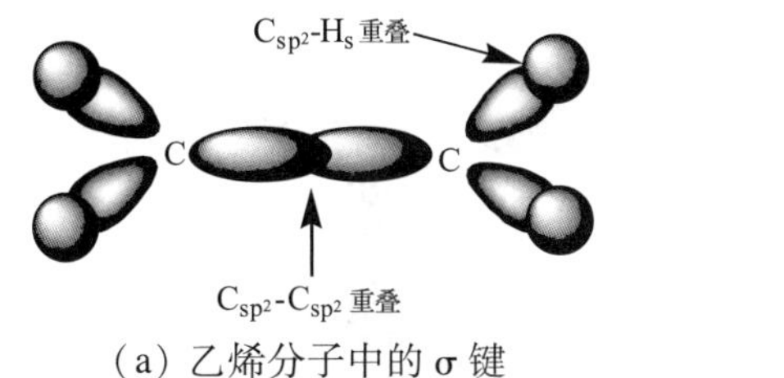

(a) 乙烯分子中的 σ 键

(b) 乙烯分子中的 π 键

图 3-3 乙烯分子结构

3.1.3 π 键的特点

由于 π 键是由 2 个 p 轨道侧面重叠形成的,因此与 σ 键比较,π 键重叠程度要小,π 键的键能(251.5 kJ/mol)比 σ 键的键能(361 kJ/mol)小。另外,如果双键碳原子相对旋转,则 p 轨道的平行重叠将被打破,π 键必将减弱或被破坏。因此,π 键具有以下特点:

① π 键不如 σ 键牢固,容易断裂。

② 围绕碳碳双键不能自由旋转。

3.2 烯烃的通式和同分异构

单烯烃的通式为 C_nH_{2n}。烯烃同样存在同系列、同系物,其系差也是 CH_2。

4 个碳以上的烯烃有同分异构体。烯烃的同分异构现象比烷烃更为复杂,不仅存在碳架异构[如(1)与(2)],还存在着官能团位置的异构[如(1)与(3)]。碳架异构及官能团位置异构都属于构造异构。

$CH_2{=}CH{-}CH_2CH_3$

(1) 丁-1-烯
but-1-ene

$CH_2{=}C(CH_3){-}CH_3$

(2) 2-甲基丙烯
2-methylpropene

$CH_3{-}CH{=}CH{-}CH_3$

(3) 丁-2-烯
but-2-ene

有些烯烃除存在构造异构外,还存在另一种异构现象。如丁-2-烯有以下 2 种异构体,它们的物理性质(如沸点等)不同。

```
H3C       CH3
   \     /
    C==C
   /     \
  H       H
```

顺丁-2-烯(bp. 3.7 ℃)
cis-but-2-ene

```
H3C       H
   \     /
    C==C
   /     \
  H       CH3
```

反丁-2-烯(bp. 0.9 ℃)
trans-but-2-ene

为什么丁-2-烯存在 2 种异构体呢?这是由于以双键相连的 2 个碳原子不能绕碳碳双键旋转所致。在丁-2-烯分子中,由于围绕双键旋转受阻,从而可导致与 C═C 相连的原子或原子团在空间的相对位置不同,一种是 2 个甲基(或氢原子)在碳碳双键的同侧,称顺丁-2-烯,另一种是 2 个甲基(或氢原子)在碳碳双键的异侧,称反丁-2-烯(图 3-4)。这两种排列方式在常温下不能互相转变,代表了两个不同化合物。这种异构现象称**顺反异构(cis-trans isomerism)**,又称**几何异构(geometrical**

isomerism)。**顺反异构体**(**cis-trans isomer**)间构造相同,即分子中原子排列的方式和次序相同,而分子中原子或原子团在空间排列方式不同。像这种化合物分子的构造相同但立体结构(即分子中的原子在三维空间的排列情况)不同而产生的异构称**立体异构**(**stereoisomerism**)。顺反异构体是**立体异构体**(**stereoisomer**)。

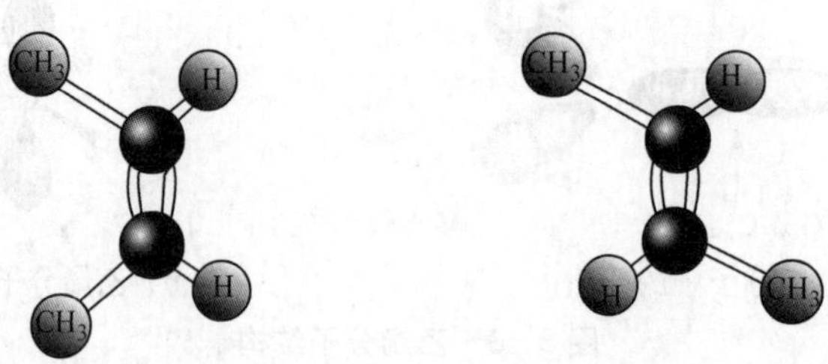

图 3-4　顺丁-2-烯和反丁-2-烯

丁-1-烯及 2-甲基丙烯不存在顺反异构体,这说明并不是所有烯烃都有顺反异构现象,有顺反异构的烯烃必须是构成双键的两个碳原子上各连有不同的原子或基团,即:

a　　a(c)
C═C　　$a \neq b, c \neq d$
b　　b(d)

顺反异构体不仅理化性质有差别,有时其生物活性亦有差别。如己烯雌酚,临床上用其反式异构体治疗某些妇科疾病。

反式己烯雌酚(*trans*-diethylstilbestrol)　　顺式己烯雌酚(*cis*-diethylstilbestrol)

3.3　烯烃的命名

3.3.1　烯基、叉基和亚基

烯烃分子中去掉 1 个氢原子剩余的原子团称**烯基**(**alkenyl**)。常见的烯基为:

$\overset{2}{C}H_2{=}\overset{1}{C}H{-}$	$\overset{3}{C}H_3\overset{2}{C}H{=}\overset{1}{C}H{-}$	$H_2\overset{3}{C}{=}\overset{2}{C}H\overset{1}{C}H_2{-}$
乙烯基或 1- 乙烯基	丙烯基或丙 -1- 烯基	烯丙基或丙 -2- 烯基
vinyl (ethenyl)	propenyl (prop-1-enyl)	allyl (prop-2-enyl)

分子中去掉两个氢原子形成游离单键的基团称为**叉基**(英文后缀-diyl),叉基的系统命名是在母体氢化物名称后、叉基后缀前用阿拉伯数字标明位次。母体氢化物为烷烃时,"烷"字可省略。例如:

$-CH_2-$	$-CH_2CH_2-$
甲叉基	乙-1,2-叉基
methanediyl	ethane-1,2-diyl

甲叉基和乙-1,2-叉基的中英文俗名分别为亚甲基(methylene)、亚乙基(ethylene),亚甲基和亚乙

基使用已久并为人们熟知,《命名原则》确定保留沿用。

分子中去掉两个氢原子形成游离双键的基团称为**亚基**(英文后缀-ylidene),常见的如:

$CH_2=$
甲亚基
methylidene

$CH_3CH=$
乙亚基
ethyldiene

注意:甲亚基与甲叉基的英文俗名相同。

3.3.2 系统命名

烯烃的命名原则和烷烃基本相同,其要点为:

① 直链烯烃按碳原子数目称为某烯,碳原子在十以上的用汉字数字表示,称为某碳烯;从靠近双键一端开始编号,使双键位次最小,位次数字写在烯字之前,双键位次以其所在碳原子的编号中较小的那个表示。例如:

$CH_3CH_2CH_2CH=CHCH_2CH_3$
庚-3-烯
hept-3-ene

$CH_3(CH_2)_8CH=CHCH_3$
十二碳-2-烯
dodec-2-ene

② 选择最长的碳链作为主链,若主链不包含完整的碳碳双键,则按烷烃相同的原则命名。例如:

$\overset{1}{C}H_3\overset{2}{C}H_2\overset{3}{C}(=CH_2)-\overset{4}{C}H_2\overset{5}{C}H_2\overset{6}{C}H_3$

3-甲亚基己烷
3-methylidenehexane

请注意,《命名原则》根据 IUPAC 2013 年的建议"主链的选择取决于链长,而不是不饱和度",对中国化学会《有机化合物命名原则》(1980)做出重要修订,原先是选择含碳碳双键(官能团)的最长碳链作为主链,故该化合物旧的命名是 2-乙基-1-戊烯。

③ 如果最长的碳链含完整的碳碳双键,则从靠近双键一端开始编号,使双键位次最小。例如:

$CH_3CH_2CH(CH_3)-CH(CH_3)CH=CH_2$
3,4-二甲基己-1-烯
3,4-dimethylhex-1-ene

$CH_3CH_2CH(CH_3)-CH(CH_3)C(CH_2CH_3)=CHCH_3$
3-乙基-4,5-二甲基庚-2-烯
3-ethyl-4,5-dimethylhept-2-ene

构成双键的两个碳原子上各连有不同的原子或基团时,应有顺反异构体。此时,在烯烃名称前应标明其构型。相同原子或基团在双键同侧的为**顺式**(***cis***),在双键异侧的为**反式**(***trans***)。如:

(H)(CH$_3$CH$_2$)C=C(H)(CH$_3$)
顺戊-2-烯
cis-pent-2-ene

(Cl)($(CH_3)_2CH$)C=C(CH_2-CH_3)(Cl)
反-3,4-二氯-2-甲基己-3-烯
trans-3,4-dichloro-2-methylhex-3-ene

并不是所有的具有顺反异构的烯烃都能在双键两端碳上找到相同的原子或基团,此时,可用系统命名法,以字母 Z(德文 Zusammen,表示"together")或 E(德文 Entgegen,表示"opposite")来表示顺反异构体的构型。注意,***Z*、*E* 标记法(*Z*,*E* system of nomenclature)**适用于所有烯烃顺反异构体的命名。

Z、E 构型标记法主要包括以下两个原则:

① 按“**次序规则(priority rule)**”确定双键两端碳原子上各自连有的原子或基团的优先次序。

② 两个优先的原子或基团在双键同侧的为 ***Z* 型(*Z* isomer)**,在异侧的为 ***E* 型(*E* isomer)**。

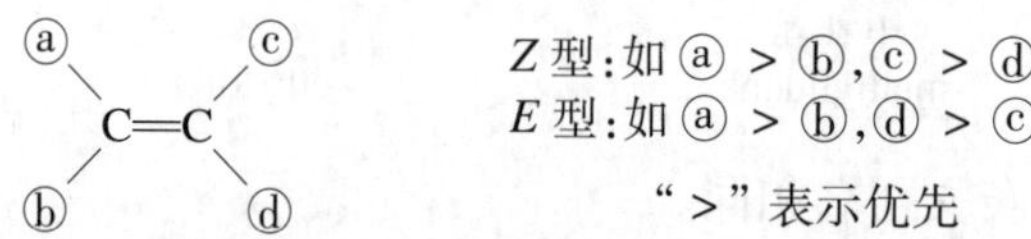

次序规则就是将各种原子或基团按先后次序排列的规则,其主要原则为:

① 把与双键碳直接相连的原子按原子序数大小排列,原子序数大的排在前面,同位素则按质量数大小次序排列。如 $Br>Cl>CH_3>H$。

② 如果与双键碳直接相连的原子相同,则比较与该原子相连的其他原子的原子序数,并以此类推。如 $(H_3C)(CH_3CH_2)C=$ 中,甲基和乙基与双键碳直接相连的都是碳原子,而与甲基碳原子相连的其他原子是 3 个氢原子,与乙基的 CH_2 碳原子相连的是 2 个氢原子和 1 个碳原子,故优先次序为 $C_2H_5>CH_3$。又如 $-\overset{1}{C}H_2\overset{2}{C}H_2CH_3$ 与 $-\overset{1'}{C}H_2\overset{2'}{C}H(CH_3)_2$ 中,碳 1 与碳 1′相同,此时,可比较碳 2 与碳 2′。与碳 2 相连的是 2 个 H 和 1 个 C,而与碳 2′ 相连的是 1 个 H 和 2 个 C,故异丁基较正丙基优先。

③ 当取代基为不饱和基团时,如乙烯基 $\overset{2}{C}H_2=\overset{1}{C}H-$ 中,C_1 和 C_2 都可看作与 2 个碳相连。因此,根据次序规则,几种烃基的优先次序是:

$$-C\equiv CH > -CH=CH_2 > (CH_3)_2CH- > CH_3CH_2CH_2- > CH_3CH_2- > CH_3-$$

优先基团确定后,就可以很方便地标记顺反异构体的 Z、E 构型,进而给出化合物名称。例如:

CH_3、(优先)CH_3CH_2 与 $CH(CH_3)$—CH_3(优先)、$CH_2CH_2CH_3$ 分列 C=C 两端

(E)-4-异丙基-3-甲基庚-3-烯
(E)-4-isopropyl-3-methylhept-3-ene

(优先)CH_3CH_2、H 与 Cl(优先)、$CH_2CH_2CH_3$ 分列 C=C 两端

(Z)-4-氯庚-3-烯
(Z)-4-chlorohept-3-ene

用顺反和 Z、E 表示烯烃构型是两种不同的方法,不能简单地把顺和 Z,反和 E 等同看待。如:

H、H_3C 与 H、CH_2CH_3 分列 C=C 两端

顺戊-2-烯或(Z)-戊-2-烯
cis-pen-2-ene or (Z)-pen-2-ene

H_3C、H 与 CH_3、$CHCH_3$(—CH_3)分列 C=C 两端

顺-3,4-二甲基戊-2-烯或(E)-3,4-二甲基戊-2-烯
cis-3,4-dimethylpen-2-ene or (E)-3,4-dimethylpen-2-ene

3.4 烯烃的物理性质

烯烃的物理性质与烷烃相似,其沸点和相对密度等也随着相对分子质量的增加而递增。室温常压下,乙烯、丙烯和丁烯是气体,从戊烯开始是液体,高级的烯烃是固体。烯烃相对密度都小于 1。烯烃一般无色,难溶于水而能溶于有机溶剂。一些烯烃的物理常数见表 3-1。

表 3-1 一些烯烃的物理常数

化合物名称	分子式	熔点/℃	沸点/℃	密度/(10^3kg/m^3)
乙烯	C_2H_4	-169.4	-102.4	0.610
丙烯	C_3H_6	-185.0	-47.7	0.610
丁-1-烯	C_4H_8	-185.0	-6.3	0.643
异丁烯	C_4H_8	-140.7	-6.6	0.627
顺丁-2-烯	C_4H_8	-139.0	3.7	0.621
反丁-2-烯	C_4H_8	-106.0	0.9	0.604
戊-1-烯	C_5H_{10}	-138.9	30	0.641
2-甲基丁-1-烯	C_5H_{10}	-138.0	31	0.604
己-1-烯	C_6H_{12}	-138.0	64.0	0.675

3.5 烯烃的化学性质

烯烃虽然也是只含有碳和氢两种元素的碳氢化合物,但由于含有 C═C 官能团,故与烷烃在性质上有很大不同,烯烃是较活泼的化合物。

碳碳双键是由 1 个 σ 键和 1 个较弱的 π 键所组成的。π 键容易断裂,在化学反应中表现出较大的活泼性。烯烃的主要反应发生在双键和与双键相邻的碳原子(α-碳原子)上。

$$>C{=}\underset{|}{\overset{|}{C}}-\underset{|}{\overset{|\ \alpha}{C}}-H$$

加成和氧化反应（指向 C═C）　卤代反应（指向 α-C—H）

在有机化学中常把与官能团直接相连的碳原子称为 α 碳原子,然后依次排列为 β,γ,δ 等。与 α,β,γ,δ……碳原子相连的氢原子则分别称为 α,β,γ,δ……氢原子。

3.5.1 双键的加成反应

碳碳双键中的 π 键被打开,2 个 1 价的原子或基团分别加到双键的 2 个碳原子上,形成 2 个新的 σ 键,这类反应称为**加成反应(addition reaction)**。加成反应通式为:

$$>C{=}C< + X{-}Y \longrightarrow -\underset{X}{\underset{|}{\overset{|}{C}}}-\underset{Y}{\underset{|}{\overset{|}{C}}}- \qquad X = Y \text{ 或 } X \neq Y$$

上式中的 X 和 Y 可以相同,亦可以不相同。通过双键的加成反应可以合成很多重要的有机化合物,无论在理论上和实际应用上都具有重要价值。

1. 催化加氢

烯烃与氢在适当的催化剂存在下发生加成反应生成相应的烷烃,其通式为:

$$R{-}CH{=}CH_2 + H{-}H \xrightarrow{\text{催化剂}} R{-}CH_2{-}CH_3$$

该反应称催化加氢反应或**催化氢化反应(catalytic hydrogenation)**,实际上这是还原反应的一种形式。常用的催化剂为铂(Pt)、钯(Pd)、镍(Ni)等金属,工业上常用的一种催化剂称 Raney 镍,它的催化活性较高,制备亦较方便。催化氢化反应是在催化剂的表面上进行的,所以催化剂的表面积越大,活性就越高。

烯烃的加氢反应是一个放热反应,1 mol 的烯烃加氢时放出的热量称为**氢化热(heat of hydrogenation,ΔH)**。通过测定氢化热,可以比较烯烃的稳定性。例如:

$$CH_3CH_2CH{=}CH_2 + H_2 \xrightarrow{Pt} CH_3CH_2CH_2CH_3 \qquad \Delta H = -127\ kJ/mol$$

$$\text{(顺)}\ H_3C(H)C{=}C(H)CH_3 + H_2 \xrightarrow{Pt} CH_3CH_2CH_2CH_3 \qquad \Delta H = -120\ kJ/mol$$

$$\text{(反)}\ H_3C(H)C{=}C(H)CH_3 + H_2 \xrightarrow{Pt} CH_3CH_2CH_2CH_3 \qquad \Delta H = -116\ kJ/mol$$

上述反应中反应条件一样,试剂相同(都加1分子氢),产物都是丁烷。氢化热的不同,反映了原化合物所含能量的差异,氢化热越高则原化合物所含能量越大,也越不稳定。因此,可利用氢化热比较同分异构体的稳定性。上述3种烯烃相对稳定性次序为:

反丁-2-烯 > 顺丁-2-烯 > 丁-1-烯

在烯烃的顺反异构体中反式比顺式稳定(如反丁-2-烯比顺丁-2-烯稳定),这是因为顺丁-2-烯的两个甲基在空间上比较拥挤(如图3-5所示),存在范德华斥力,分子的内能较高。

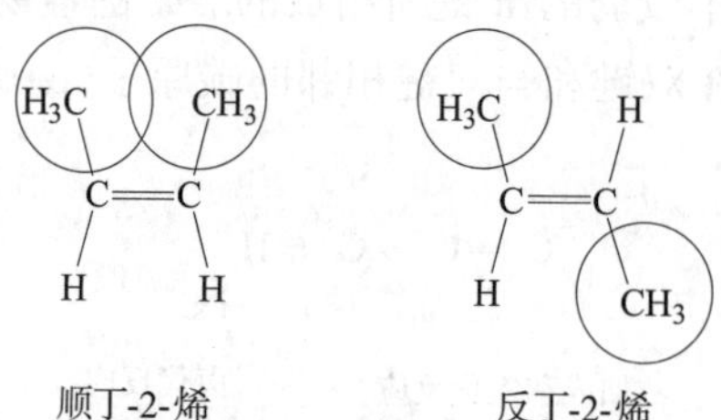

图3-5 顺丁-2-烯和反丁-2-烯2个甲基空间障碍的比较

另外,同类烯烃中,双键碳上所连烷基数目越多,其稳定性越好。因此,同碳数的烯烃有如下的稳定性次序:

四取代 > 三取代 > 二取代 > 单取代

2. 加卤化氢

烯烃可与卤化氢发生加成反应,如:

$$CH_3CH{=}CHCH_3 + HCl \longrightarrow CH_3CH_2CH(Cl)CH_3$$

对卤化氢来讲,反应活性一般为 HI > HBr > HCl。

丁-2-烯的分子是对称的。不对称的烯烃(构成双键的两个碳原子上连有的原子或基团不完全相同的烯烃)与卤化氢加成时,就有可能形成2种不同的产物,如丙烯与卤化氢加成,得到的主要产物是(Ⅰ)。

$$CH_3CH{=}CH_2 + HX \longrightarrow \begin{cases} CH_3CH(X)CH_3 & (\text{Ⅰ})\ 主要产物 \\ CH_3CH_2CH_2X & (\text{Ⅱ})\ 次要产物 \end{cases}$$

根据大量实验结果，人们归纳出一条规律：不对称烯烃与卤化氢加成时，卤化氢中的氢总是加到含氢较多的双键碳原子上，卤原子则加到另一碳原子上。这个经验规律称为不对称加成规则，又称**马尔可夫尼可夫规则（Markovnikov's rule）**，简称**马氏规则**。如：

$$CH_3-\overset{\overset{\displaystyle CH_3}{|}}{C}=CH_2 + HBr \longrightarrow CH_3-\underset{\underset{\displaystyle Br}{|}}{\overset{\overset{\displaystyle CH_3}{|}}{C}}-CH_3 \quad 100\%$$

反应为何出现区域选择性？这要通过反应机理进行解释。

（1）反应机理

烯烃中 π 键的电子云不是集中在两个碳原子之间，而是分布在分子的上下两方，总是容易受到带正电的试剂的进攻。这种带正电的试剂称为**亲电试剂（electrophilic reagent，electrophile）**。由亲电性试剂进攻发生的反应称**亲电性反应（electrophilic reaction）**。

烯烃与卤化氢的加成是**亲电性加成反应（electrophilic addition reaction）**，它是分两步进行的。质子首先进攻 π 键，π 键发生异裂将电子提供给质子形成 C—H 键，得到**碳正离子（carbocation）活性中间体**，然后卤素负离子很快地与碳正离子结合形成卤代烷。其中第一步是决定反应速率的步骤。

$$\underset{\text{烯烃 alkene}}{>C=C<} + \underset{\text{亲电试剂 electrophile}}{H-X} \xrightarrow{\text{慢}} \underset{\text{碳正离子 carbocation}}{>\overset{+}{C}-\underset{\underset{\displaystyle H}{|}}{C}-} + X^- \xrightarrow{\text{快}} \underset{\text{卤代烷 alkylhalide}}{-\underset{\underset{\displaystyle X}{|}}{C}-\underset{\underset{\displaystyle H}{|}}{C}-}$$

碳正离子与自由基一样，非常活泼，一经形成，很快地进行下一步反应。烯烃与卤化氢加成产物的比例取决于产生的碳正离子的稳定性。碳正离子较稳定，就较易生成，整个加成反应速率就较快。一些事实证明碳正离子的稳定性与其结构有关。带正电荷的碳原子（中心碳原子）上连接的烷基越多，就越稳定。碳正离子的分类与自由基相似，一般碳正离子的稳定性次序是 3°>2°>1°>$^+CH_3$。

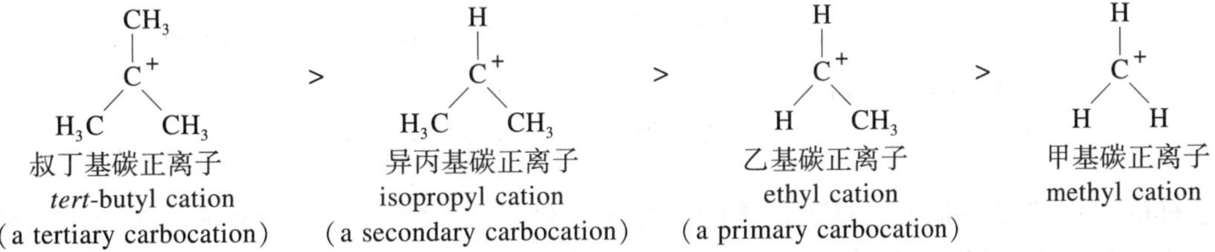

为什么甲基（或烷基）能使碳正离子的稳定性增加呢？这和烷基的供电性有关。当甲基与带正电荷的中心碳原子相连时，它的供电子诱导效应对正电荷有分散作用（使中心碳原子上的正电荷减少一部分，而甲基则相应地取得一部分正电荷），结果使碳正离子稳定性增大。因此，与中心碳原子连接的甲基（烷基）愈多，碳正离子的电荷愈分散，其稳定性也愈大。相反，如果与中心碳原子相连的原子或基团具有吸电子作用（如卤原子 X、硝基 NO_2 等），则它们使碳正离子更不稳定。例如，下列碳正离子的稳定性为：

$$CH_3\rightarrow\overset{+}{C}H\leftarrow CH_3 > CH_3\rightarrow\overset{+}{C}H_2 > CH_3\rightarrow\overset{+}{C}H\rightarrow Cl$$

$$CF_3CH_2\overset{+}{C}H_2 > CF_3\overset{+}{C}HCH_3$$

丙烯与卤化氢加成时，将生成两种碳正离子（Ⅰ）和（Ⅱ），然后（Ⅰ）和（Ⅱ）分别与卤负离子结合形成产物。由于稳定性（Ⅰ）>（Ⅱ），故主要产物是 2-卤代丙烷，也就是氢加成到含氢较多的双键碳原子上。

$$CH_3CH{=}CH_2 + H{-}Cl \xrightarrow{慢} \begin{cases} CH_3\overset{+}{C}H{-}CH_2{-}H \xrightarrow{快} CH_3\underset{\displaystyle Cl}{\underset{|}{C}}HCH_3 \quad 主要产物 \\ \text{(Ⅰ) 仲碳正离子} \\ CH_3\overset{\displaystyle H}{\overset{|}{C}}H{-}\overset{+}{C}H_2 \xrightarrow{快} CH_3CH_2CH_2Cl \quad 次要产物 \\ \text{(Ⅱ) 伯碳正离子} \end{cases}$$

因此,马氏规则又可以这样描述:不对称烯烃和不对称试剂加成时,试剂中的正离子或带正电荷的部分主要加到能形成较稳定的碳正离子的那个双键碳原子上。

(2) 碳正离子的结构

现代价键理论认为,在碳正离子中,带正电荷的碳原子处于 sp^2 杂化状态,未占电子的空 p 轨道垂直于 3 个 sp^2 杂化轨道所形成的平面(见图 3-6)。

与此相似,甲基自由基中碳原子也为 sp^2 杂化状态,与甲基碳正离子不同,甲基自由基中未成对电子占据了 p 轨道(见图 3-7)。

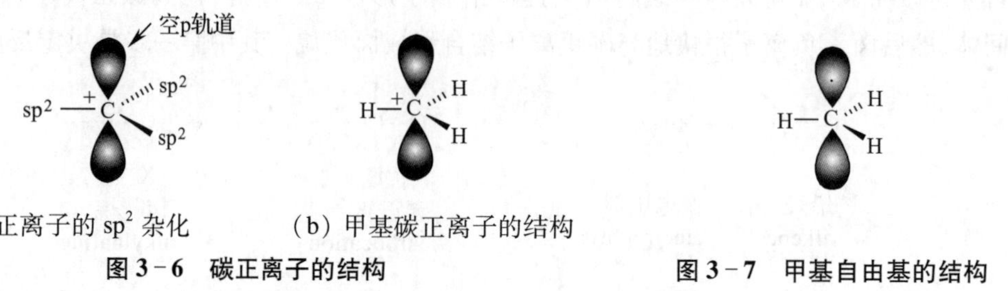

(a) 碳正离子的 sp^2 杂化　(b) 甲基碳正离子的结构

图 3-6 碳正离子的结构　**图 3-7 甲基自由基的结构**

(3) 过氧化物效应

在过氧化物存在下,不对称烯烃与溴化氢加成时存在着"反常"现象,产物是反马氏规则的。例如:

$$CH_3{-}CH{=}CH_2 + HBr \begin{cases} \xrightarrow{无过氧化物} CH_3{-}\underset{\displaystyle Br}{\underset{|}{C}}H{-}CH_3 \quad 马氏加成 \\ \xrightarrow{有过氧化物} CH_3{-}CH_2{-}CH_2{-}Br \quad 过氧化物效应 \end{cases}$$

这样的"反常"现象是由于过氧化物的存在而引起的,所以称**过氧化物效应(peroxide effect)**。这是由于过氧化物的存在使烯烃与溴化氢的加成按自由基加成机理进行所致(反应机理略)。

过氧化物效应限于溴化氢。氯化氢和碘化氢与不对称烯烃加成一般不存在过氧化物效应。

3. 加卤素

烯烃与卤素加成,生成邻二卤代物。例如:

$$CH_3CH{=}CHCH_3 + Br_2 \xrightarrow{CCl_4} CH_3\underset{\displaystyle Br}{\underset{|}{C}}H{-}\underset{\displaystyle Br}{\underset{|}{C}}HCH_3$$

2,3-二溴丁烷

溴的四氯化碳溶液为红棕色,将其滴加到烯烃中,由于生成无色的二溴代烷而使溴的红棕色褪去,因此,溴的四氯化碳溶液是鉴别不饱和键常用的试剂。

烯烃与几种卤素加成反应的速率是不一样的,次序是氟>氯>溴>碘。

因氟与烯烃的反应较剧烈,副反应多,而碘与烯烃一般不反应,所以卤素与烯烃的反应一般指氯或溴与C=C的加成反应。

当丙烯和溴反应时有其他物质如氯化钠存在时，所得产物不但有 1,2-二溴丙烷，还混有 1-溴-2-氯丙烷。

$$CH_3—CH═CH_2 \xrightarrow{Br_2/NaCl} \underset{1,2-二溴丙烷}{CH_3—\underset{Br}{CH}—\underset{Br}{CH_2}} + \underset{1-溴-2-氯丙烷}{CH_3—\underset{Cl}{CH}—\underset{Br}{CH_2}}$$

1-溴-2-氯丙烷的生成说明溴分子的两个溴原子不是同时加到双键的两端，而是分步进行反应的。现在认为，第一步，溴分子与烯烃接近，受烯烃的 π 电子影响发生极化，进而形成不稳定的 π 配合物。继续极化，溴溴键断裂，形成环状的活性中间体——**溴𬭩离子**（**bromonium ion**，也称 **σ 配合物**）和 1 个溴负离子。第二步，溴负离子进攻溴𬭩离子中两个碳原子之一生成邻二溴化物。

$$>C═C< + Br—Br \rightleftharpoons \underset{\pi 配合物}{>C═C< \cdots \overset{\delta^+}{Br}—\overset{\delta^-}{Br}} \longrightarrow \underset{溴𬭩离子}{—C—C—(^+Br)} + Br^-$$

$$Br^-（或 Cl^-）+ —C—C—(^+Br) \longrightarrow Br—\underset{}{C}—\underset{}{C}—Br \quad 或 \quad Cl—C—C—Br$$

如果在反应介质中存在氯负离子或其他负离子，它们亦可以进攻溴𬭩离子，形成相应的产物。

由于在第一步反应中使 π 键和 Br—Br 键断裂需要一定的能量，而第二步是带相反电荷的两个离子互相结合生成共价键，显然第一步反应的速率比第二步慢，因此生成活性中间体溴𬭩离子那一步是决定反应速率的步骤。在决定反应速率的步骤中，进攻碳碳双键的是带有部分正电荷的溴原子，因此烯烃与卤素的加成反应也是离子型的亲电性加成反应。

4. *加硫酸*

烯烃用浓硫酸处理时，硫酸中的质子加到双键一个碳原子上，硫酸氢根负离子加到双键的另一个碳原子上，生成烷基硫酸氢酯。不对称烯烃与硫酸加成时，符合不对称加成规则。例如：

$$CH_3CH═CH_2 + HOSO_2OH \longrightarrow \underset{硫酸氢异丙酯}{CH_3\underset{OSO_2OH}{CH}CH_3} \xrightarrow[加热]{H_2O} \underset{异丙醇}{CH_3\underset{OH}{CH}CH_3}$$

烷基硫酸氢酯容易水解生成相应的醇，这是工业上大规模制备醇的方法之一，称为烯烃的**间接水合法**。

烷烃、卤代烷等有机物一般不溶于硫酸，因此，用烯烃的这一性质可除去混合物中少量的烯烃。

5. *加水*

烯烃也可以在强酸催化下直接和水加成生成醇，这也是醇的制备方法之一，称作烯烃的**直接水合法**。反应条件一般较高。不对称烯烃与水的加成也符合不对称加成规则。例如：

$$CH_3CH═CH_2 + H_2O \xrightarrow[195\ ℃,20\ MPa]{H_3PO_4} CH_3\underset{OH}{CH}CH_3$$

6. *加次卤酸*

烯烃与次卤酸进行加成，生成 β-卤代醇。由于次卤酸不稳定，在实际生产中，常用卤素和水（大

量)代替次卤酸。例如:

$$CH_2{=}CH_2 + HOCl \longrightarrow \underset{\displaystyle Cl}{\overset{\beta}{C}H_2}{-}\underset{\displaystyle OH}{\overset{\alpha}{C}H_2} \xleftarrow[\text{(大量)}]{H_2O} Cl_2 + CH_2{=}CH_2$$

β-氯乙醇(2-氯乙醇)

不对称烯烃与次卤酸加成时,主要得到卤素加到含氢较多的双键碳原子上的β-卤代醇。例如:

$$(CH_3)_2C{=}CH_2 \xrightarrow[H_2O\text{(大量)}]{Br_2} (CH_3)_2\underset{\displaystyle OH}{C}{-}\underset{\displaystyle Br}{C}H_2$$

2-甲基丙烯　　　　1-溴-2-甲基丙-2-醇

7. 加硼烷

烯烃与硼烷(例如甲硼烷 BH_3)在醚溶液中反应,硼烷中的硼原子和氢原子分别加到碳碳双键的两个碳原子上,生成烷基硼,此反应称**硼氢化反应(hydroboration)**。四氢呋喃(四氢呋喃结构式,tetrahydrofuran,简写为 THF)是常用的溶剂之一。如:

$$3CH_2{=}CH_2 + \frac{1}{2}B_2H_6 \xrightarrow{0\ ℃} CH_3{-}CH_2{-}BH_2 \longrightarrow (CH_3CH_2)_2BH \longrightarrow (CH_3CH_2)_3B$$

BH_3 分子中的硼原子外层只有 6 个电子,很不稳定,两个甲硼烷很易结合成乙硼烷 B_2H_6。乙硼烷在四氢呋喃中生成甲硼烷的配合物 $BH_3 \cdot THF$。

由于硼烷中的硼原子外层是缺电子的,因此,它是很强的亲电性试剂。硼烷与不对称烯烃加成时,缺电子的硼原子加到碳碳双键含氢较多的碳原子上。例如:

$$CH_3CH{=}CH_2 + BH_3 \cdot THF \longrightarrow CH_3{-}\underset{\displaystyle H}{C}H{-}\underset{\displaystyle BH_2}{C}H_2 \xrightarrow{2CH_3CH{=}CH_2} (CH_3CH_2CH_2)_3B$$

烷基硼烷在碱性条件下用过氧化氢处理转变成醇。

$$(CH_3CH_2CH_2)_3B \xrightarrow[OH^-]{H_2O_2} 3CH_3CH_2CH_2OH$$

烯烃经硼氢化和氧化转变成醇的反应称为**硼氢化-氧化反应(hydroboration-oxidation reaction)**,总的结果是得到醇。除乙烯外,只要是末端烯烃均可通过硼氢化-氧化反应制得伯醇。

3.5.2 双键的氧化反应

碳碳双键的活泼性还表现为容易被氧化,氧化产物取决于反应条件。

1. 用高锰酸钾氧化

烯烃容易被 $KMnO_4$、$K_2Cr_2O_7$、$Na_2Cr_2O_7$ 等氧化剂氧化。如在烯烃中加入酸性高锰酸钾水溶液,则紫色褪去,生成褐色 MnO_2 沉淀,这也是鉴别不饱和键常用的方法之一。

$$(R)(R_1)C{=}C(R_2)(H) \xrightarrow[\triangle]{KMnO_4/H^+} (R)(R_1)C{=}O + O{=}C(R_2)(H)$$

酮　　醛

$$O{=}C(R_2)(H) \xrightarrow{\text{进一步被氧化}} R_2{-}\overset{\displaystyle O}{\overset{\|}{C}}{-}OH$$

羧酸

上述反应中,如果烷基换为氢,羧酸将被进一步氧化成二氧化碳和水。

如果将反应适当控制在较缓和的条件下,例如用冷的、稀的高锰酸钾的碱溶液,烯烃可被氧化成邻二醇,其通式为:

$$\text{R—CH=CH—R}_1 \xrightarrow[\text{OH}^-\text{,冷、稀}]{\text{KMnO}_4} \underset{\text{邻二醇}}{\text{R—CH(OH)—CH(OH)—R}_1}$$

2. 用臭氧氧化

将含有臭氧(6%~8%)的氧气通入液体烯烃或烯烃的非水溶液中(一般以四氯化碳或石油醚作溶剂),臭氧迅速而定量地与烯烃作用,生成黏糊状的臭氧化物(ozonide),该反应称为**臭氧化反应(ozonization)**。

$$\text{R}_1\text{(R)C=C(H)R}_2 + \text{O}_3 \longrightarrow \text{臭氧化物}$$

臭氧化物在游离状态下不稳定,容易发生爆炸,一般不必从反应液中分离即可直接进行下一步水解反应。由于在水解过程中产生过氧化氢,通常反应时加入还原剂(锌粉)除去 H_2O_2,以避免水解产物被进一步氧化。

$$\text{臭氧化物} \xrightarrow{\text{H}_2\text{O/Zn}} \underset{\text{酮}}{\text{R}_1\text{(R)C=O}} + \underset{\text{醛}}{\text{O=C(H)R}_2}$$

不同的烯烃经臭氧化、水解,可以得到不同的醛或酮。如:

$$\text{H}_3\text{C(H)C=CH}_2 \xrightarrow[\text{② H}_2\text{O, Zn}]{\text{① O}_3} \underset{\text{乙醛}}{\text{H}_3\text{C(H)C=O}} + \underset{\text{甲醛}}{\text{O=CH}_2}$$

3.5.3 α-氢原子的反应

烯烃分子中的烷基也可以发生烷烃的典型反应,即卤代反应。α-碳原子上的氢(α-氢)因受双键的影响,更易发生卤代反应。如:

$$\overset{\alpha}{\text{CH}_3}\text{CH=CH}_2 + \text{Cl}_2 \xrightarrow{\text{常温}} \text{CH}_3\text{CHClCH}_2\text{Cl}$$ 1,2- 二氯丙烷 1,2-dichloropropane

$$\overset{\alpha}{\text{CH}_3}\text{CH=CH}_2 + \text{Cl}_2 \xrightarrow{500\ ^\circ\text{C}} \text{ClCH}_2\text{CH=CH}_2$$ 3- 氯丙 -1- 烯 3-chloroprop-1-ene

烯烃的 α-卤代也是按自由基机理进行的,故需在高温或光照下,即能产生自由基的条件下才能进行反应。

链的引发　$Cl_2 \xrightarrow{\text{高温}} 2Cl\cdot$

链的增长　$Cl\cdot + CH_3CH{=}CH_2 \longrightarrow \dot{C}H_2CH{=}CH_2 + HCl$

烯丙基自由基

$\dot{C}H_2CH{=}CH_2 + Cl_2 \longrightarrow ClCH_2CH{=}CH_2 + Cl\cdot$

链的终止　略

从烷烃卤代反应的讨论中已知,C—H 的离解能越小,离解后的自由基越稳定,在反应中越易生成。烯烃 α 位的 C—H 键离解能较小,只有 364 kJ/mol,比 3°碳上 C—H 键的离解能还要小(如异丁烷中 3°C—H 键的离解能为 380 kJ/mol),因此,**烯丙基自由基(allyl radical)**较稳定,容易生成。一般烯丙基自由基比 3°自由基还要稳定。烯丙基自由基稳定性的原因参见本书 4.8。

烯烃 α-氢的溴代常用 ***N*-溴代丁二酰亚胺(*N*-bromosuccinimide,简写为 NBS)**作为反应试剂,它与反应体系中存在的极少量的酸作用,为反应提供低浓度的溴。生成的溴在自由基引发剂作用下变成溴原子,进行自由基取代反应。

N-溴代丁二酰亚胺

例如:

$$CH_3CH_2CH{=}CH_2 \xrightarrow[\text{过氧化物}]{NBS} CH_3\underset{\underset{Br}{|}}{C}HCH{=}CH_2$$

3.5.4　烯烃的聚合反应

在催化剂作用下,烯烃通过加成的方式互相结合,生成高分子化合物,这种反应称**聚合反应(polymerization)**。如乙烯、丙烯等在一定条件下,可分别生成聚乙烯、聚丙烯。

$$nCH_2{=}CH_2 \xrightarrow[\text{温度、压力}]{O_2} {+}CH_2{-}CH_2{+}_n$$

聚乙烯

$$nCH_3CH{=}CH_2 \xrightarrow[\text{温度、压力}]{Al(C_2H_5)_3-TiCl_4} {+}\underset{\underset{CH_3}{|}}{C}H{-}CH_2{+}_n$$

聚丙烯

3.6　环烷烃的分类、同分异构和命名

环烷烃(cycloalkane)是一类具有闭合碳环结构的饱和烃,它可看作是由链状烷烃分子中两端碳原子相互结合形成的。环烷烃的通式为 C_nH_{2n},与烯烃的通式相同。最简单的环烷烃是环丙烷,它与丙烯是同分异构体。

C_3H_6　　环丙烷　　$CH_3{-}CH{=}CH_2$ 丙烯

为简便起见,书写脂环烃的碳环一般用相应的多边形表示。如:

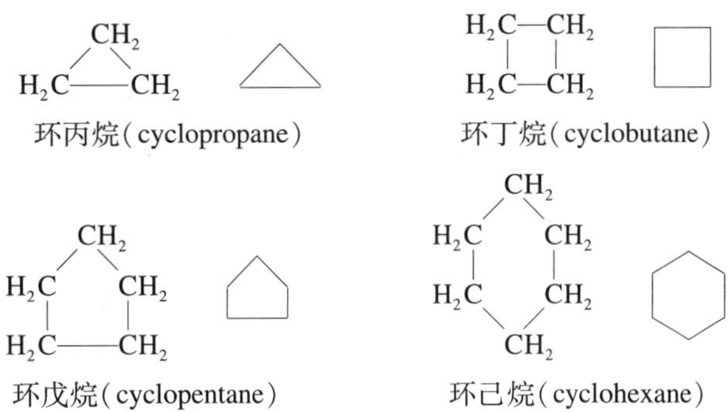

3.6.1　分类和同分异构

根据环碳原子的数目可将环烷烃分为小环($C_3 \sim C_4$)、常见环($C_5 \sim C_6$)、中等环($C_7 \sim C_{12}$)及大环($>C_{12}$)4种;根据所含碳环的数目,可将环烷烃分为单环、双环和多环环烷烃;在双环和多环环烷烃中,可按结合方式的不同将其分为**螺环烷烃(spiro cycloalkane)**、**桥环烷烃(bridged cycloalkane)**等化合物。螺环烷烃是两个脂环共用1个碳原子(该碳原子称螺原子)相结合的环烷烃,分子中有1个螺旋点。桥环烷烃是两个脂环共用2个或更多的碳原子相结合的环烷烃,在两个碳原子间有几条桥路连接,共用的碳原子称桥头碳原子(简称桥原子)。如:

脂环烃可因环的大小、环上取代基的不同及取代基在环上位置的不同而形成构造异构体。例如,含4个及5个碳的环烷烃分别有2个及5个构造异构体(链烃异构体除外):

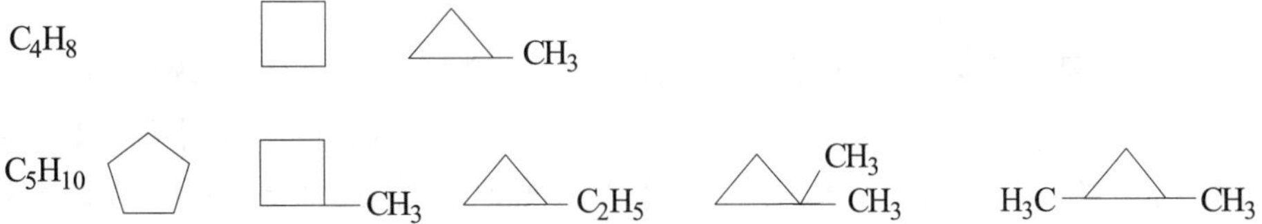

二取代环烷烃还可因取代基在空间的分布不同而形成构型异构体。例如,1,4-二甲基环己烷有以下两种构型异构体,两个甲基在环平面同一侧的为顺式,在环平面异侧的为反式。

H3C　CH3　　H3C　H

H　H　　H　CH3

顺式(*cis*)　　反式(*trans*)

3.6.2　命名

单环环烃命名时,一般选择环烃作为母体,命名原则与烃相似。如:

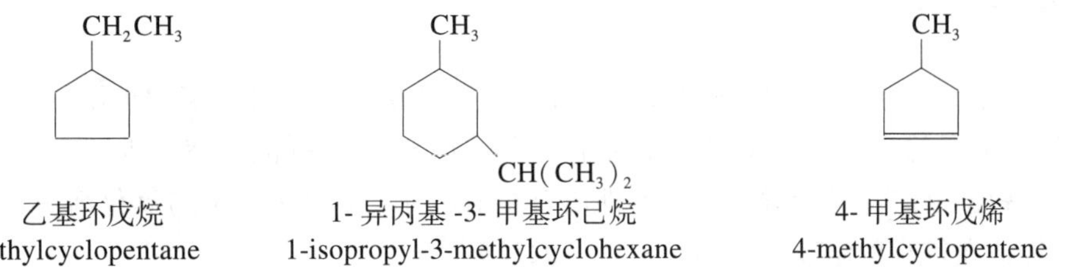

乙基环戊烷
ethylcyclopentane

1-异丙基-3-甲基环己烷
1-isopropyl-3-methylcyclohexane

4-甲基环戊烯
4-methylcyclopentene

对于具有较复杂侧链的环烃,命名时可以将环烃部分作为取代基看待。如:

3- 环丙基 -2- 甲基戊烷
3-cyclopropyl-2-methylpentane

3- 环己基己烷
3-cyclohexylhexane

$-\underset{CH_3}{CH}CH_2CH{=}CHCH_2CH_2CH_2CH_3$

2- 环己基壬 -4- 烯
2-cyclohexylnon-4-ene

对于顺反异构体,一般可用"顺、反"标明构型(不用 Z、E 构型标记法),例如:

H_3C CH_3 H H

顺- 1,3-二甲基环戊烷[不称 Z-1,3-二甲基环戊烷]
cis-1,3-dimethylcyclopentane
[not (Z)-1,3-dimethylcyclopentane]

桥环及螺环化合物的命名较复杂,如化合物(1)称二(双)环[2.2.1]庚烷。其中庚烷是指(1)是具有 7 个环碳原子的烷烃。方括号内数字分别表示 3 条桥所具有的碳原子数(不包括桥头碳原子),数字由大到小排列,数字间在下角用圆点隔开。二环或双环表示环数,是指使一个环状化合物转变成开链化合物所需断开的最少的碳碳 σ 键的数目。桥环编号从桥头碳原子开始,先沿最长的桥编号到另一个桥头碳原子,再沿该桥头原子编次长桥碳原子,最短的桥放在最后编号。因此化合物(2)称 6-氯-2-乙基-1-甲基二环[3.2.1]辛烷。

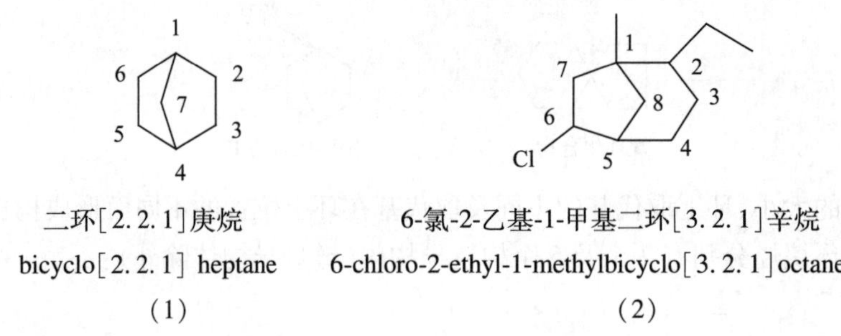

二环[2.2.1]庚烷
bicyclo[2.2.1] heptane
(1)

6-氯-2-乙基-1-甲基二环[3.2.1]辛烷
6-chloro-2-ethyl-1-methylbicyclo[3.2.1]octane
(2)

化合物(3)和(4)是螺环化合物,化合物(3)称螺[3.4]辛烷,其中方括号内[3.4]表示每个环上的碳原子数(不包括螺原子),数字间在下角用圆点隔开并按由小到大的顺序排列。编号从与螺原子相邻的一个碳原子开始,首先沿较小的环编号,然后通过螺原子循第二个环编号,在此编号规则基础上使取代基及官能团的位次较小。因此化合物(4)称 1,5-二甲基螺[3.5]壬烷。

螺[3.4]辛烷
spiro[3.4]octane
(3)

1,5-二甲基螺[3.5]壬烷
1,5-dimethylspiro[3.5]nonane
(4)

3.7 环烷烃的理化性质

环丙烷和环丁烷在常温下是气体,环戊烷、环己烷和环庚烷为液体,高级同系物为固体。环烷烃相对密度比同碳原子的直链烷烃大,但仍比水轻。环烷烃和烷烃一样,不溶于水。

环烷烃和烷烃一样都是饱和烃,它们的性质有相似之处。如在常温下与氧化剂、高锰酸钾不发生反应,而在光照或在较高的温度下可与卤素发生取代反应。

由于碳环结构的特点，三元环和四元环的环烷烃具有类似烯烃的不饱和性，碳环容易开裂，形成相应的链状化合物。

3.7.1 加氢

环丙烷和环丁烷都可在催化剂存在下加氢变成丙烷和丁烷。

$$\text{环丙烷} + H_2 \xrightarrow[80\ ℃]{Ni} CH_3CH_2CH_3$$

$$\text{环丁烷} + H_2 \xrightarrow[120\ ℃]{Ni} CH_3CH_2CH_2CH_3$$

在同样条件下环戊烷、环己烷等不发生加氢反应。

3.7.2 与卤素反应

环丙烷在室温下，环丁烷在加热条件下可与 X_2 作用生成二卤化物。环戊烷、环己烷在同样温度下不反应，它们在光照或高温下与卤素发生取代反应。

$$\text{环丙烷} + Br_2 \xrightarrow{\text{室温}} CH_2(Br)CH_2CH_2(Br)$$

$$\text{环丁烷} + Br_2 \xrightarrow{\text{加热}} CH_2(Br)CH_2CH_2CH_2(Br)$$

$$\text{环己烷} + Cl_2 \xrightarrow{h\nu} \text{环己基}\text{—Cl} + HCl$$

$$\text{环戊烷} + Br_2 \xrightarrow{300\ ℃} \text{环戊基}\text{—Br} + HBr$$

3.7.3 与卤化氢反应

环丙烷、环丁烷与卤化氢反应，碳环破裂生成卤烃，环己烷、环戊烷等在同样条件下与卤化氢不反应。

$$\text{环丙烷} + HBr \longrightarrow CH_2(H)—CH_2—CH_2(Br) \qquad \text{环戊烷 或 环己烷} + HBr \longrightarrow \text{不反应}$$

烷基取代的环丙烷与卤化氢反应时，卤化氢中的氢加在含氢较多的环碳原子上，卤原子与含氢最少的环碳原子相连。如：

$$CH_3—CH\text{—}CH_2(\text{环}, CH_2) + HBr \xrightarrow{\text{室温}} CH_3CH(Br)CH_2CH_2(H)$$

$$(H_3C)_2\text{-环丙烷} + HBr \longrightarrow CH_3C(CH_3)(Br)—CH_2CH_3$$

从上可知，环烷烃的化学活泼性与环的大小有关。小环化合物与常见环（环己烷和环戊烷）比较，化学性质活泼，碳环不稳定，较易发生开环反应，环丙烷、环丁烷、环戊烷和环己烷的稳定性次序为：

环烷烃的性质与其结构有关。

3.8 环烷烃的结构

环烷烃的环碳原子是 sp^3 杂化的,正常的 sp^3 杂化轨道之间的夹角应为 109.5°。由于不同大小的碳环几何形状各异,使 2 个 sp^3杂化轨道重叠的程度不同,导致了环烷烃稳定性上的差异。环丙烷由于受几何形状的限制(按几何学的要求,碳原子之间的夹角必须是 60°),2 个成键碳原子的 sp^3 杂化轨道不能沿键轴方向进行最大的重叠,而是偏离一定角度,斜着重叠,重叠的程度较小,见图 3－8。这样形成的键就没有正常的 σ 键稳定,整个分子像拉紧的弓一样有张力,碳环容易破裂,所以环丙烷的稳定性要比链状烷烃差得多。

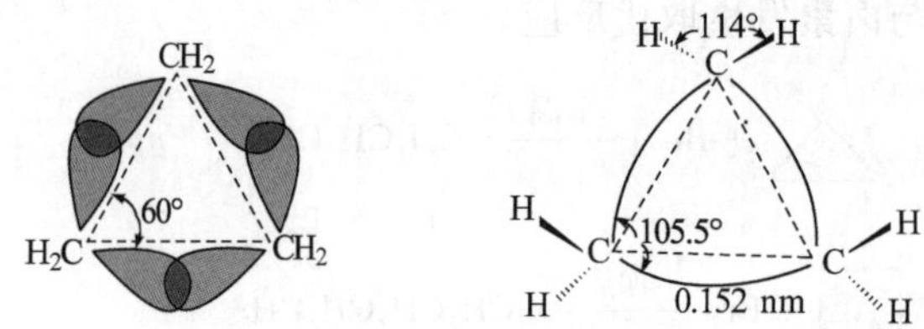

图 3－8　环丙烷分子中碳碳原子轨道重叠情况

这种张力是由于键角的偏差引起的,所以称作**角张力(angle strain)**。

环丁烷的情况与环丙烷相似,分子中也存在着张力,但这种张力较环丙烷小,故环丁烷比环丙烷稳定。环戊烷的碳碳键之间的夹角为 108°,接近碳碳单键正常键角,所以环戊烷的碳环十分稳定。实际上,三元以上的环,成环的原子可以不在一个平面内,如:

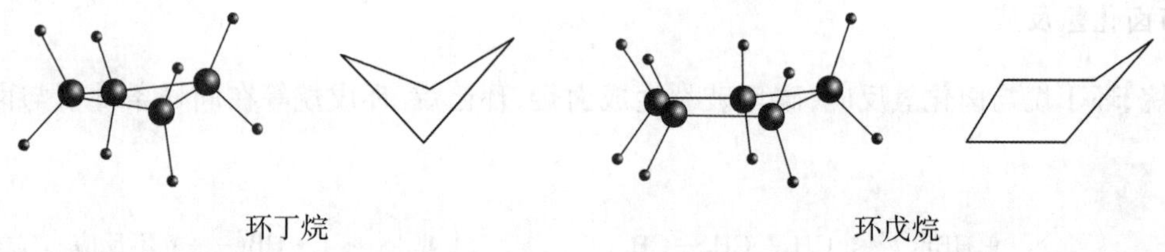

环己烷的 6 个碳原子也不是排列在同一平面上,它在保持 109.5°的 C—C—C 键角条件下采用如下两种空间的排布方式(图 3－9):

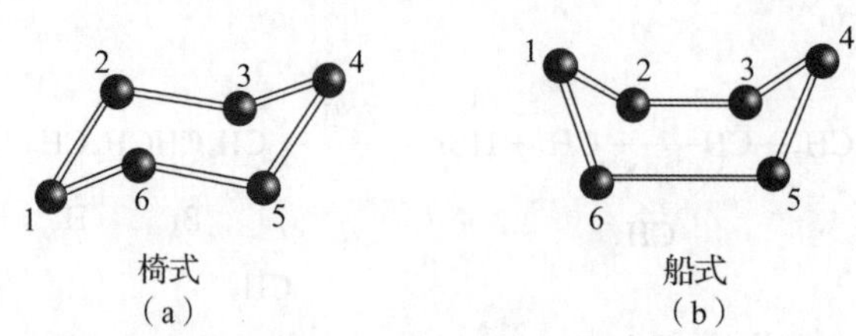

图 3－9　环己烷碳原子的排布方式

无论是图 3－9 中的(a)还是(b),其环中 C_2、C_3、C_5、C_6都在一个平面上。但在图(a)中,C_1和 C_4 分别处于 C_2、C_3、C_5、C_6 形成的平面上下两侧,称为椅式,图(b)中,C_1 和 C_4 在该平面的同侧,称为船式。

3.9 环己烷及其取代衍生物的构象

3.9.1 环己烷的构象

环己烷的平面结构有较大的角张力,通过成环 C—Cσ 键的扭转,可以形成无角张力的两种曲折碳环——**椅式构象(chair conformer)**和**船式构象(boat conformer)**。

根据碳碳及碳氢键长可以计算出环己烷分子中氢原子间的距离。在船式构象中,C_1 及 C_4 上的两个氢原子相距较近,相互之间的斥力较大。另外,从纽曼投影式(图 3-10)可以看出,环己烷椅式构象中所有相邻两个碳原子的碳氢键都处于交叉式的位置,而在船式构象中,C_2与 C_3 之间及 C_5与 C_6 之间的碳氢键则处于重叠式位置。所以,椅式构象和船式构象虽然都保持了正常键角,不存在角张力,但由于上述原因导致了船式构象的内能高于椅式构象,故椅式构象比船式构象稳定,在一般情况下,环己烷及其取代衍生物主要以椅式构象存在。

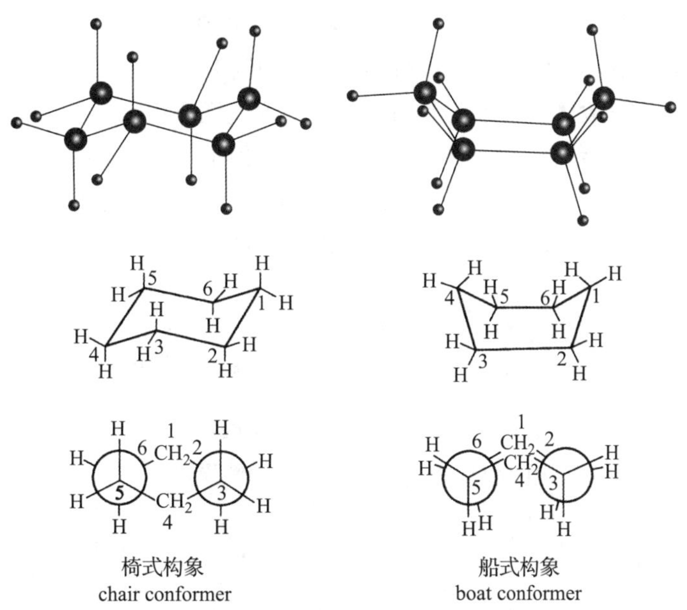

图 3-10 环己烷的椅式构象和船式构象

进一步观察环己烷的椅式构象,可以看出,环上 6 个碳原子中,C_1、C_3、C_5形成一个平面,它位于 C_2、C_4 及 C_6 形成的平面之上,两个平面相互平行。12 个 C—H 键可以分成两类,其中 6 个是垂直于 C_1、C_3、C_5(或 C_2、C_4、C_6)形成的平面的,称为**直立键(axial bond)**,以 ***a*** **键**表示。6 个 *a* 键中,3 个向上,另 3 个向下,交替排列。另外 6 个 C—H 键则向外伸出,称为**平伏键**,以 ***e*** **键(equatorial bond)**表示,6 根 *e* 键也是 3 根向上斜伸,3 根向下斜伸。因此,环己烷每个环碳原子上具有 1 个 *a* 键和 1 个 *e* 键,如果 *a* 键向上则 *e* 键斜向下,反之亦然(图 3-11)。

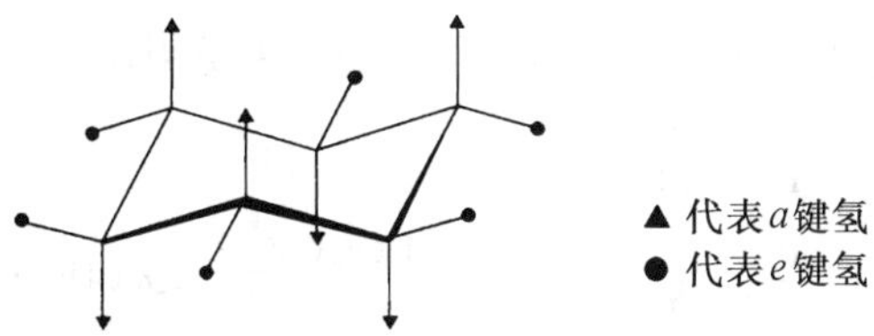

图 3-11 环己烷椅式构象的直立键及平伏键

环已烷的一种椅式构象可翻转为另一种椅式构象,此时原来的 a 键都转变为 e 键,原来的 e 键都变成 a 键(图 3-12)。

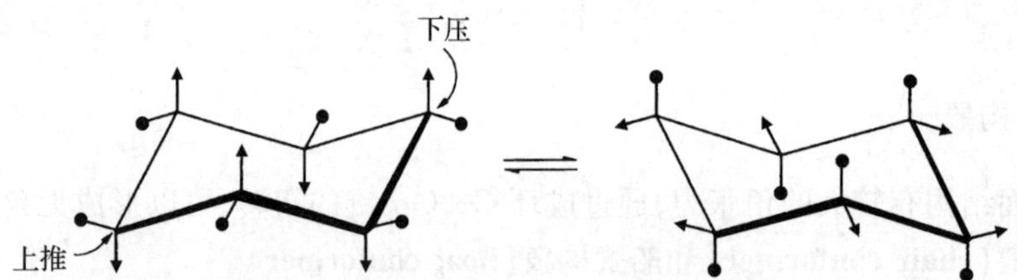

图 3-12　环已烷两种椅式构象的相互转变

3.9.2　环已烷取代衍生物的构象

环已烷取代衍生物中环已烷的环一般以椅式构象存在,取代基可以在 e 键,也可以在 a 键,从以纽曼投影式表示的环已烷的椅式构象(图 3-10)可看出,处于 e 键位置的氢具有较小的空间位阻,取代基也存在同样的位阻效应。因此,一般可根据下列原则来推断环已烷取代衍生物的优势构象:

① 单取代衍生物一般以取代基处于 e 键的构象为优势构象。

② 多取代衍生物一般以取代基处于 e 键较多者为优势构象。

③ 有不同取代基时,一般体积较大的基团处于 e 键者为优势构象。

由于多取代衍生物同分异构现象复杂,故在写优势构象时应切记,不能改变其结构。

例如,甲基环已烷分子中,甲基可以处于 a 键,也可以处于 e 键。这两种构象可以通过翻环互相转变,形成动态平衡。研究表明甲基处于 e 键的构象约占 95%。

CH_3 ⇌ CH_3

95%　　　　5%

又如,顺-1,2-二甲基环已烷分子中,当 1 个甲基处于 a 键时,另 1 个甲基势必处于 e 键,翻环后仍是如此,二者具有相等的能量及相同的稳定性,均为其优势构象。

顺-1,2-二甲基环已烷　　　　优势构象

如果将 2 个甲基均"安"在 e 键,要么需将其中 1 个甲基移动位置,要么改变甲基的取向(如改为反式构型),而这些变动的结果均改变了原有化合物的结构。

在临床上有很好的止血作用的止血环酸,化学名为反-4-氨甲基环已烷羧酸,它的优势构象为

止血环酸的优势构象

止血环酸的顺式异构体止血效果很差,这进一步说明药物的立体结构对生物活性有影响。

3.10 十氢萘的构象

十氢萘可看作两个环己烷稠合的产物,由于其稠合的方式不同,导致十氢萘有2种构型,一种称顺式十氢萘,另一种称反式十氢萘。

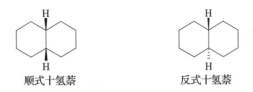

2种构型的十氢萘中的环己烷都是椅式构象,顺式和反式十氢萘的构象式分别为(图3-13)

图3－13 顺式和反式十氢萘的构象式

顺式十氢萘的两个环己烷环相互以 *ae* 键骈合,两个环氢原子距离较近,内能较高;反式十氢萘两个环己烷环相互以 *ee* 键骈合,氢原子间距离较远,内能较低,因此,反式十氢萘比顺式十氢萘稳定。

学 习 指 导

3-1 本章要点

单烯烃及单环环烷烃的通式均为 C_nH_{2n}。

1. 烯烃及环烷烃的结构

碳碳双键(C═C)是烯烃的官能团,碳碳双键由1个σ键和1个π键组成,π键是由每个碳原子上未参与杂化的p轨道从侧面平行重叠形成的键。因π键重叠程度较σ键小,故π键较为活泼;另外,与σ键比较,π键不能自由旋转。

π键较为活泼,导致烯烃易发生化学反应;π键不能旋转,导致烯烃可能存在顺反异构现象。

环烷烃中环碳原子间以 sp^3 杂化轨道重叠形成碳碳σ键。sp^3杂化的碳原子其 sp^3 杂化轨道间的正常角度为109.5°,因此,小环由于受几何形状的限制,两个成键碳原子的 sp^3 杂化轨道不能沿键轴方向重叠,导致了角张力的存在,碳环容易断裂。

2. 烯烃及环烷烃的同分异构

(1) 构造异构 烯烃及环烷烃都可能存在构造异构。

烯烃由于碳架及官能团(双键)位置的不同分别产生碳架异构和官能团位置异构,它们均属于构造异构。

环烷烃由于环的大小和取代基种类、位置的不同也会产生构造异构。单烯烃及单环环烷烃间也存在构造异构现象。

(2) 顺反异构 烯烃双键碳上各连有不同原子或基团时导致顺反异构体的存在。环烷烃两个环碳原子上各连有不同原子或基团时也会存在顺反异构体。

顺反异构是由于键旋转受阻引起的。

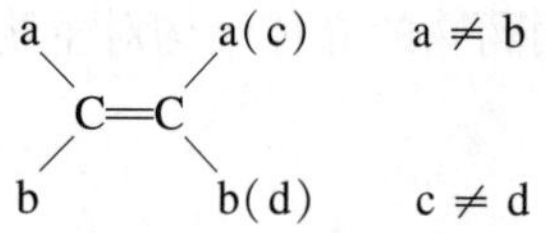

$$\begin{matrix} a & & a(c) \\ & C{=}C & \\ b & & b(d) \end{matrix} \quad a \neq b \quad c \neq d$$

有顺反异构体

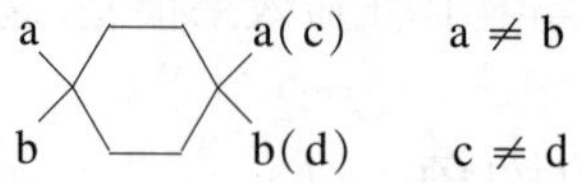

$$\text{环己烷 1,4-位: } a, b \;/\; a(c), b(d) \quad a \neq b \quad c \neq d$$

有顺反异构体

3. 烯烃及环烷烃的命名

《命名原则》对中国化学会《有机化合物命名原则》(1980)做出重要修订,由选择含碳碳双键的最长碳链作为主链修改为"主链的选择取决于链长,而不是不饱和度",因此若最长的碳链不包含完整的碳碳双键,则按烷烃相同的原则命名,同时双键位次数字更改为写在"烯"字之前。

有顺反异构存在时,可用 Z、E 法或顺反法标记双键构型。

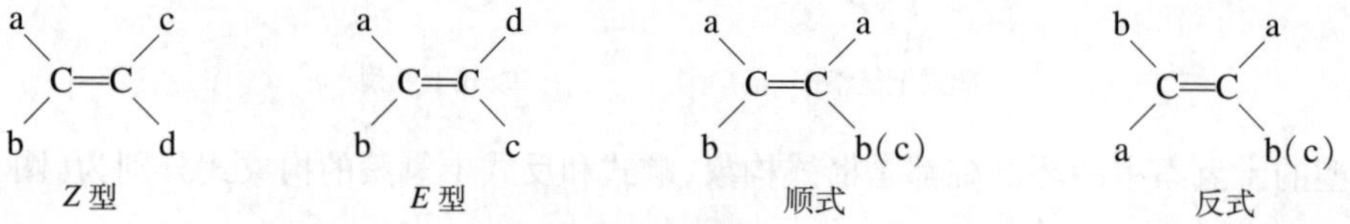

$$\begin{matrix} a & & c \\ & C{=}C & \\ b & & d \end{matrix} \qquad \begin{matrix} a & & d \\ & C{=}C & \\ b & & c \end{matrix} \qquad \begin{matrix} a & & a \\ & C{=}C & \\ b & & b(c) \end{matrix} \qquad \begin{matrix} b & & a \\ & C{=}C & \\ a & & b(c) \end{matrix}$$

Z 型　　E 型　　顺式　　反式

a 优先于 b　c 优先于 d

Z、E 构型标记法的应用范围比顺、反构型标记法广,顺反法只适用于构成双键的 2 个碳上连有相同原子或基团的烯烃,Z、E 法适用于所有烯烃的构型标记。

环烷烃的顺反异构体只用顺反法而不用 Z、E 法标记构型。

4. 烯烃的反应

烯烃的反应主要发生在 C=C 及 α 氢上。

(1) 加成反应

烯烃可与 H_2 及亲电性试剂发生加成反应。

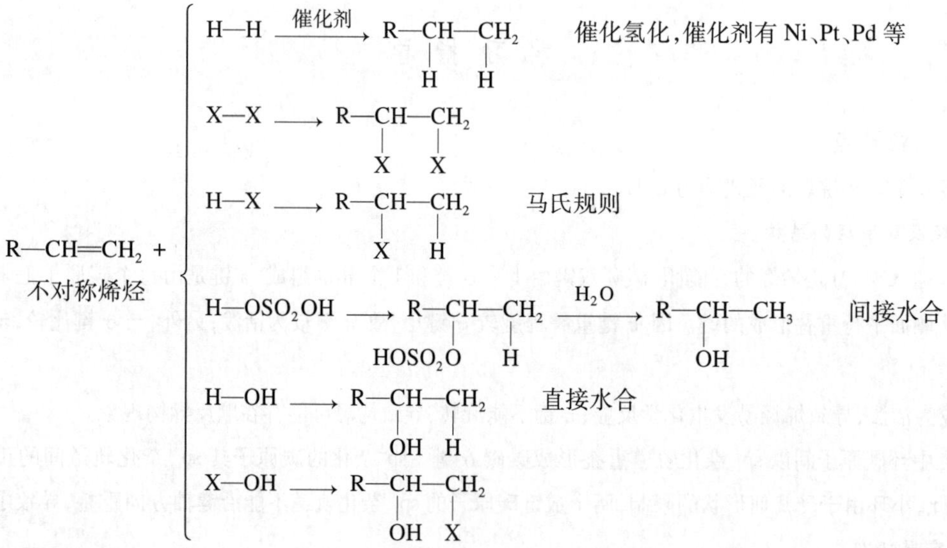

$R—CH=CH_2$ + (不对称烯烃)

- H—H $\xrightarrow{\text{催化剂}}$ R—CH(H)—CH$_2$(H)　催化氢化,催化剂有 Ni、Pt、Pd 等
- X—X ⟶ R—CH(X)—CH$_2$(X)
- H—X ⟶ R—CH(X)—CH$_2$(H)　马氏规则
- H—OSO$_2$OH ⟶ R—CH(HOSO$_2$O)—CH$_2$(H) $\xrightarrow{H_2O}$ R—CH(OH)—CH$_3$　间接水合
- H—OH ⟶ R—CH(OH)—CH$_2$(H)　直接水合
- X—OH ⟶ R—CH(OH)—CH$_2$(X)

上述反应除催化氢化外,均为亲电性加成反应。HX、H_2SO_4、X_2 等是亲电性试剂。亲电加成反应分两步进行,以烯烃与卤化氢加成为例:

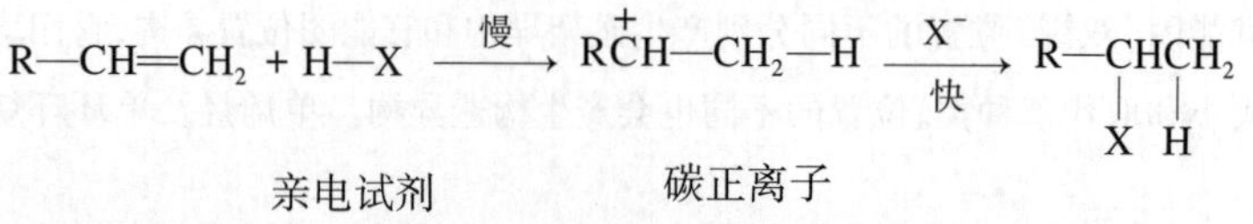

$$R—CH{=}CH_2 + \underset{\text{亲电试剂}}{H—X} \xrightarrow{\text{慢}} \underset{\text{碳正离子}}{R\overset{+}{C}H—CH_2—H} \xrightarrow[\text{快}]{X^-} R—\underset{X}{CH}\underset{H}{CH_2}$$

第一步,形成缺电子的碳正离子活性中间体;第二步,碳正离子活性中间体与负离子或富电子的分子结合得到产物。经过反应,亲电试剂中的质子或带部分正电荷的部分加到双键两端含氢较多的碳原子上,这一规则称马氏规则。

一般说来,碳正离子中带正电荷的碳原子处于 sp^2 杂化状态,未占电子的空 p 轨道垂直于 3 个 sp^2 杂化轨道所形成的平面。

碳正离子活性中间体的相对稳定性次序为 $3°>2°>1°>{}^+CH_3$。

在过氧化物存在下,不对称烯烃与 HBr 的加成是反马氏规则的(过氧化物效应):

$$R—CH{=}CH_2 + HBr \xrightarrow{\text{过氧化物}} R—\underset{|}{\overset{}{C}}H(H)—CH_2Br$$

过氧化物的存在,不改变 HCl 及 HI 的加成方向。

(2) α-氢原子的取代

$$—\underset{Br}{\underset{|}{\overset{|}{C}}}—CH{=}CH_2 \xleftarrow[\text{过氧化物}]{NBS} —\underset{H}{\underset{|}{\overset{|}{C}}}—CH{=}CH_2 \xrightarrow[\text{高温或光照}]{X_2(Cl_2\text{ 或 }Br_2)} —\underset{X}{\underset{|}{\overset{|}{C}}}—CH{=}CH_2$$

(3) 氧化反应

烯烃可被 $KMnO_4$ 及 O_3 等氧化剂氧化:

$$R_2C{=}CHR \xrightarrow[\text{稀},OH^-,\text{冷}]{KMnO_4} R—\underset{OH}{\underset{|}{\overset{R}{\overset{|}{C}}}}—\underset{OH}{\underset{|}{\overset{R}{\overset{|}{C}}}}—H + MnO_2\downarrow$$

$$R_2C{=}CHR \xrightarrow[H^+,\text{热}]{KMnO_4} \underset{\text{酮}}{R_2C{=}O} + \underset{\text{羧酸}}{R—\overset{O}{\overset{\|}{C}}—OH}$$

$$R_2C{=}CHR \xrightarrow{O_3} \xrightarrow{H_2O} \underset{\text{酮}}{R_2C{=}O} + \underset{\text{羧酸}}{O{=}C(R)OH}$$

$$R_2C{=}CHR \xrightarrow{O_3} \xrightarrow[H_2O]{Zn} \underset{\text{酮}}{R_2C{=}O} + \underset{\text{醛}}{O{=}C(R)H}$$

臭氧氧化烯烃所形成的臭氧化物在锌粉存在下水解,醛不被进一步氧化成酸。

从以上烯烃的反应可看出,反应条件能决定反应的方向、反应发生的部位和反应产物的种类,因此有机化学学习中一定要牢记这些重要的反应条件。例如:

$$CH_3—CH{=}CH_2 \xrightarrow{HBr} CH_3—\underset{Br}{\underset{|}{CH}}—\underset{H}{\underset{|}{CH_2}}$$

$$CH_3—CH{=}CH_2 \xrightarrow[\text{过氧化物}]{HBr} CH_3—\underset{H}{\underset{|}{CH}}—\underset{Br}{\underset{|}{CH_2}}$$

$$CH_3—CH{=}CH_2 \xrightarrow{Cl_2} CH_3—\underset{Cl}{\underset{|}{CH}}—\underset{Cl}{\underset{|}{CH_2}}$$

$$CH_3—CH{=}CH_2 \xrightarrow[\text{高温}]{Cl_2} \underset{Cl}{\underset{|}{CH_2}}—CH{=}CH_2$$

5. 环烷烃的反应

环丙烷和环丁烷有类似烯烃的不饱和性,能与 H_2、X_2及 HX 发生反应而开环。环戊烷和环己烷的化学性质与链状烷烃相似。

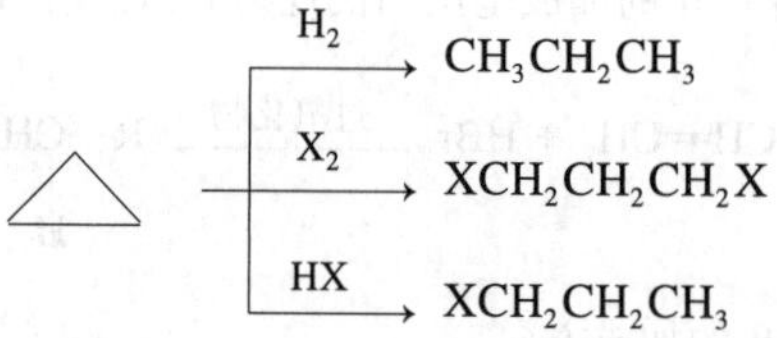

$$\triangle \xrightarrow{H_2} CH_3CH_2CH_3$$
$$\triangle \xrightarrow{X_2} XCH_2CH_2CH_2X$$
$$\triangle \xrightarrow{HX} XCH_2CH_2CH_3$$

3-2 解题示例

【例1】 用系统命名法命名下列化合物:

(1) 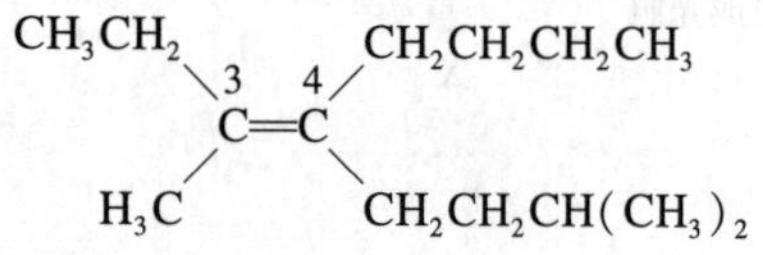 $(CH_3CH_2)(H_3C)C^3{=}C^4(CH_2CH_2CH_2CH_3)(CH_2CH_2CH(CH_3)_2)$

(2) $(CH_3CH_2CH_2)(\overset{7}{C}H_3\overset{6}{C}H(CH_3)\overset{5}{C}H_2)C^4{=}C^3(\overset{2}{C}H{=}\overset{1}{C}H_2)(CH(CH_3)_2)$

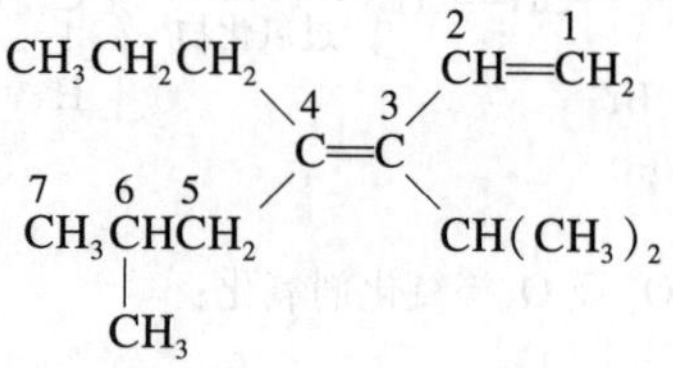

解:(1)构成双键的两个碳原子上各连有不同的基团,因此,该烯烃具有顺反异构,其优先次序为:C_3 中 $CH_3CH_2—>CH_3—$,C_4 中异戊基>正丁基,故该化合物名称为(*E*)-4-丁基-3,7-二甲基辛-3-烯。

(2)该化合物为二烯烃(见第4章),本题选择含有2个 C═C 的最长碳链作为主链,再考虑"支链数目较多"。编号时应使 C═C 位次最小。2个 C═C 中,有一个存在顺反异构。C_3 上的乙烯基与异丙基的优先次序为 $CH_2═CH— > (CH_3)_2CH—$,C_4 上的优先次序为 $(CH_3)_2CHCH_2— > CH_3CH_2CH_2—$。因此,(2)的名称为(*E*)-3-异丙基-6-甲基-4-丙基庚-1,3-二烯。

【例2】 化合物(A)和(B),分子式均为 C_6H_{12},用酸性高锰酸钾氧化后,(A)只生成酮,(B)的氧化产物中一个是羧酸,另一个是酮,试写出(A)和(B)的可能结构式。

解:推导化合物结构时一般先根据分子式计算出分子的不饱和度,计算不饱和度的公式为:(2×碳原子数+2-氢原子数)÷2。一般 C═C 及1个脂环各占用1个不饱和度, C≡C 占用2个不饱和度。接着,根据题中所揭示的各个现象,确证或排除某一结构片段,据此一步步推断,最终确定化合物结构。

本题所给化合物分子式为 C_6H_{12},不饱和度为(2×6+2-12)÷2=1,因此,(A)和(B)要么为烯烃,要么为环烷烃,由于(A)和(B)能被酸性 $KMnO_4$氧化,因此,它们均为烯烃。

若氧化产物中只有酮生成,则碳碳双键的每个碳原子都各连有2个烷基,因(A)只有6个碳原子,因此(A)一定是$(CH_3)_2C═C(CH_3)_2$,(A)经酸性高锰酸钾氧化后得到2分子丙酮。(B)有两个氧化产物,一个是酮,另一个是羧酸,因此(B)可能为下列3个结构之一:

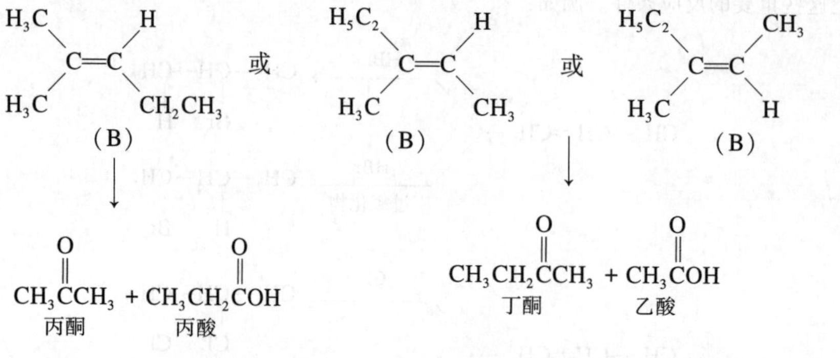

$(H_3C)_2C{=}CH(CH_2CH_3)$ (B) 或 $(H_5C_2)(H_3C)C{=}CH(CH_3)$ (B) 或 $(H_5C_2)(H_3C)C{=}C(CH_3)H$ (B)

第一个(B) → $CH_3\overset{O}{\overset{\|}{C}}CH_3$(丙酮) + $CH_3CH_2\overset{O}{\overset{\|}{C}}OH$(丙酸)

后两个(B) → $CH_3CH_2\overset{O}{\overset{\|}{C}}CH_3$(丁酮) + $CH_3\overset{O}{\overset{\|}{C}}OH$(乙酸)

【例3】 将环戊烯转变为1,2,3-三氯环戊烷。

解:做合成题,要求我们利用学过的基本原理、基本反应,以最合理、最简单的途径,得到最终的产物。本题转变过程涉及 α-H 取代及 C═C 的加成反应,根据反应先后次序可用(1)和(2)两种途径表示不同的制备过程:

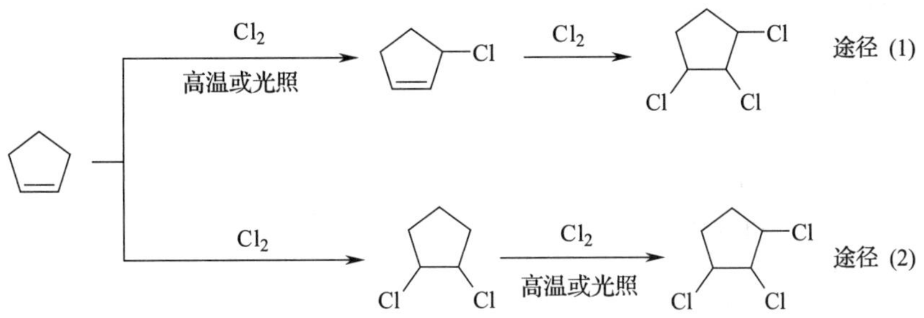

Cl_2 高温或光照 → 3-氯环戊烯 → Cl_2 → 1,2,3-三氯环戊烷　途径 (1)

Cl_2 → 1,2-二氯环戊烷 → Cl_2 高温或光照 → 1,2,3-三氯环戊烷　途径 (2)

途径(2)不合理,因为1,2-二氯环戊烷进一步高温氯化时副反应很多,产物复杂,不可能得到以1,2,3-三氯环戊烷为主的产物。

3-3　习题

1. 举例说明下列各项:

(1) 马氏规则　　(2) 亲电性试剂　　(3) *Z* 和 *E* 构型

(4) 过氧化物效应　　(5) 三级碳正离子　　(6) 烯丙基

2. 用系统命名法命名下列化合物:

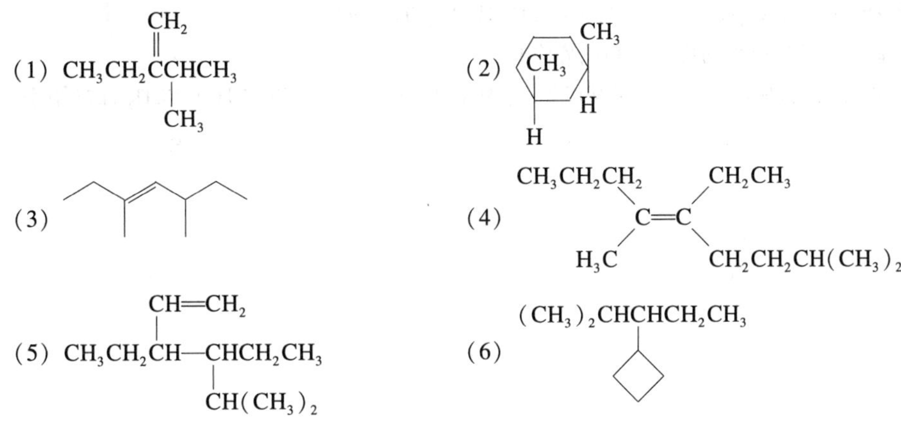

3. 下列化合物有无顺反异构现象?若有,写出它们的顺、反异构体。

(1) 2-甲基戊-2-烯　　(2) 己-3-烯

(3) 1,1-二氯乙烯　　(4) 1,4-二甲基环己烷

(5) 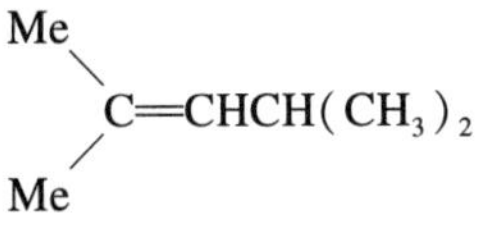 $(Me)_2C{=}CHCH(CH_3)_2$　　(6) 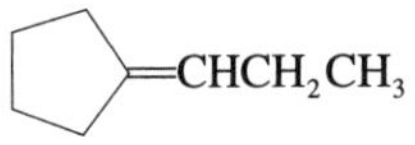 环戊亚基$={CHCH_2CH_3}$

4. 比较下列烯烃的稳定性:

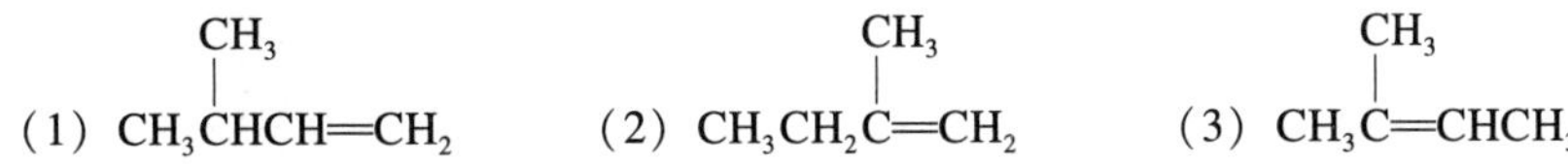

5. 完成下列反应式:

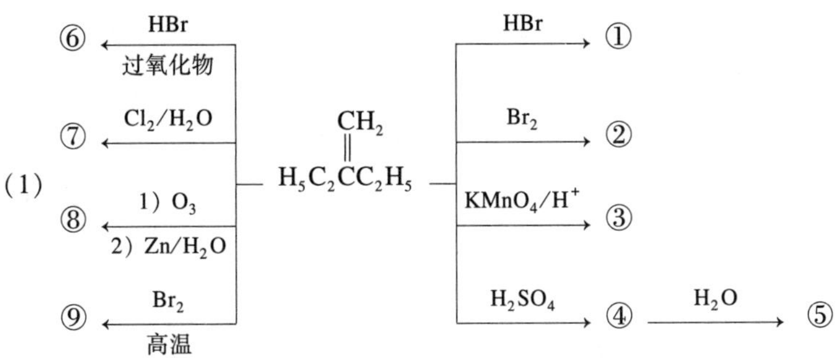

(2) $(CH_3)_2C{=}CHCH_2CH{=}CH_2 \xrightarrow[1\ mol]{HBr}$

(3) 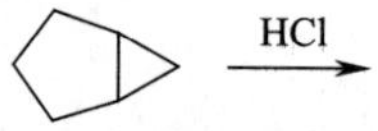 双环[3.1.0]己烷 $\xrightarrow{HCl}$

(4) 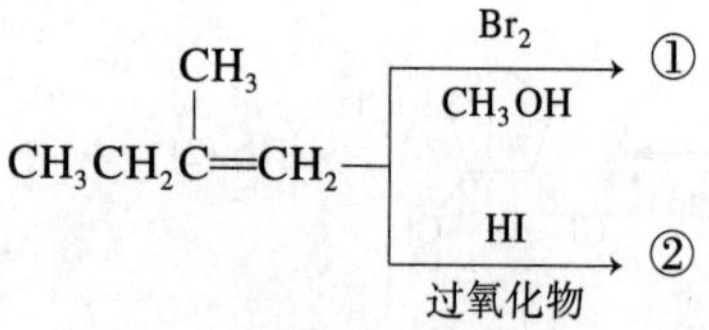 $CH_3CH_2C(CH_3){=}CH_2$ —— $\xrightarrow[CH_3OH]{Br_2}$ ①；$\xrightarrow[过氧化物]{HI}$ ②

6. 以 1-甲基环戊烯代替 2-乙基丁-1-烯回答第 5 题(1)的问题。

7. 用化学方法鉴别 1,2-二甲基环丙烷和 2-甲基丁-2-烯。

8. 经酸性 $KMnO_4$ 氧化烯烃得到下述产物,给出烯烃结构。

(1) $CH_3COCH_2CH(CH_3)CH_2COOH$　　(2) CO_2 和 HOOCCOOH

9. 4 种烯烃,它们经臭氧化,再用锌处理分别得以下化合物,试写出它们的结构。

(1) $(CH_3)_2CHCHO + CH_3CHO$　　(2) $2CH_3COCH_3$

(3) $CH_3CHO + HCHO + CH_2(CHO)_2$　　(4) $CH_3COCH_2CH_2CH_2CHO$

10. 写出顺-1-异丙基-4-甲基环己烷的构型式和优势构象。

11. 分子式为 C_6H_{12} 的化合物,加氢后生成 3-甲基戊烷,与溴化氢加成后生成 $(CH_3CH_2)_2CBrCH_3$,试写出该化合物可能的结构。

4 炔烃和二烯烃

炔烃(alkyne)是含有碳碳叁键“—C≡C—”的不饱和烃,**二烯烃(diene)**则是分子中含2个双键的不饱和烃,它们比相应的烯烃又少了2个氢,所以其通式为C_nH_{2n-2}。

4.1 炔烃的结构

4.1.1 碳原子的sp杂化

与饱和碳原子及双键碳原子的杂化状态不同,构成碳碳叁键的碳原子为**sp杂化(sp hybridization)**。碳原子的1个2s和1个2p轨道杂化,形成2个能量相等的sp杂化轨道,如图4-1所示。

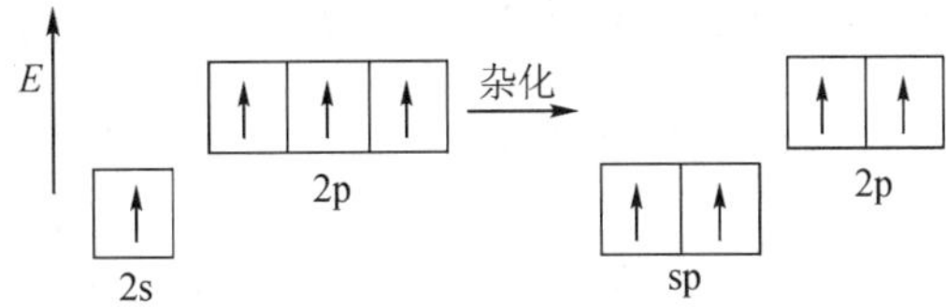

图4-1 碳原子的sp杂化轨道

每个sp杂化轨道包含1/2s轨道成分和1/2p轨道成分,其形状与sp^3、sp^2杂化轨道相似。这两个sp杂化轨道的对称轴处于同一条直线上,在空间呈直线形分布。每个sp杂化碳原子还余下2个未参与杂化的p轨道,这2个p轨道的对称轴互相垂直,并都垂直于sp杂化轨道对称轴所在的直线,如图4-2所示。碳原子的4个电子分别填充在2个sp杂化轨道及2个p轨道上。

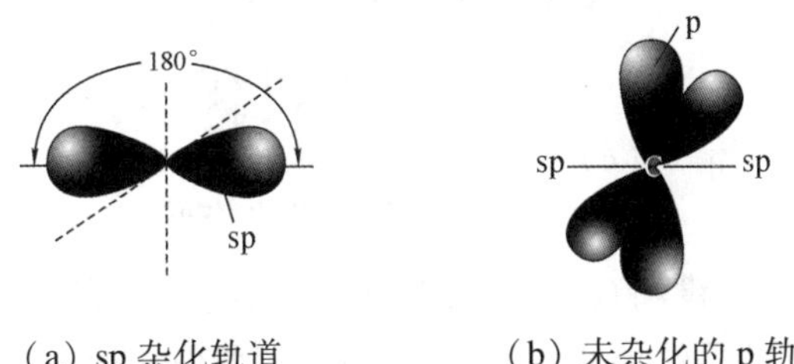

(a) sp杂化轨道　　(b) 未杂化的p轨道

图4-2 碳原子的sp杂化

4.1.2 碳碳叁键的形成

以乙炔为例说明碳碳叁键的形成过程。乙炔分子中2个碳原子的sp杂化轨道沿对称轴方向重叠形成碳碳σ键,同时每个碳原子的另一个sp杂化轨道分别与氢原子的1s轨道重叠,形成2个碳氢σ键,这3个σ键的对称轴在同一条直线上(见图4-3)。

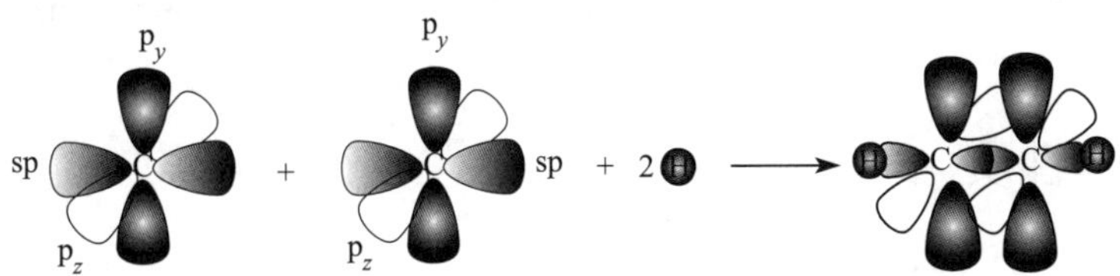

图4-3 乙炔分子形成示意图

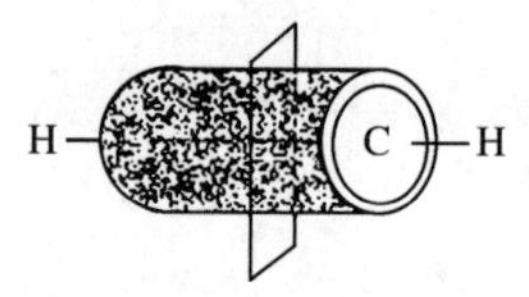

图4-4　乙炔分子中π电子云的分布

在这些σ键形成的同时,2个碳上余下的2对p轨道分别平行重叠,生成互相垂直的2个π键,2个π键的电子云对称地分布在2个碳原子核连线的上下左右,呈圆筒形(见图4-4)。

因此,碳碳叁键是由1个σ键和2个π键组成的,这两个π键和烯烃中的π键类似,是比较弱的键,容易发生化学反应。所以碳碳叁键也是一个比较活泼的官能团。

4.2　炔烃的同分异构和命名

4.2.1　同分异构

乙炔和丙炔没有同分异构体,4个碳原子及以上的炔烃存在着碳架异构及官能团位置异构。由于炔烃的结构特点导致炔烃虽存在π键但不存在顺反异构现象。

4.2.2　命名

炔烃的命名与烯烃类似,只需把"烯"字改为"炔"字,炔的英文词尾是"yne"。例如:

$HC{\equiv}CH$	$CH_3CH_2C{\equiv}CH$	$CH_3CH_2CH(CH_3)C{\equiv}CCH_2CH_3$
乙炔 ethyne	丁-1-炔 but-1-yne	5-甲基庚-3-炔 5-methylhept-3-yne

当分子中同时具有碳碳叁键和碳碳双键时,选择最长碳链作为主链(原方法选择含有叁键和双键的最长碳链作为主链),例如:

$$\begin{array}{c} \overset{6}{C}H_2\overset{7}{C}H_2\overset{8}{C}H_3 \\ | \\ CH_2{=}CH\underset{5}{C}{=}\underset{4}{C}{-}C{\equiv}CH \\ | \\ \underset{3}{C}H_2\underset{2}{C}H_2\underset{1}{C}H_3 \end{array}$$

(*E*)-4-乙炔基-5-乙烯基辛-4-烯

(*E*)-4-ethynyl-5-vinyloct-4-ene

如果分子主链中同时含有叁键和双键,编号时从靠近不饱和键的一端开始编号,命名时烯的名称在前,炔的名称在后。如碳链编号结果使表示烯、炔位次的数值相同时,则优先考虑双键,使其尽可能位次最小。例如:

$CH_2{=}CH{-}C{\equiv}CH$	丁-1-烯-3-炔 不称丁-3-烯-1-炔	but-1-en-3-yne not but-3-en-1-yne
$\overset{5}{C}H_3{-}\overset{4}{C}H{=}\overset{3}{C}H{-}\overset{2}{C}{\equiv}\overset{1}{C}H$	戊-3-烯-1-炔 不称戊-2-烯-4-炔	pent-3-en-1-yne not pent-2-en-4-yne
$\overset{1}{C}H_3{-}\overset{2}{C}H{=}\overset{3}{C}H{-}\overset{4}{C}H_2{-}\overset{5}{C}{\equiv}\overset{6}{C}{-}\overset{7}{C}H_3$	庚-2-烯-5-炔 不称庚-5-烯-2-炔	hept-2-en-5-yne not hept-5-en-2-yne

4.3　炔烃的物理性质

与烷烃及烯烃类似,炔烃的物理性质亦随相对分子质量的变化而呈规律性递变。炔烃不溶于水,

4 个碳以下的炔烃在常温常压下为气体。炔烃的物理常数见表 4－1。

表 4－1 常见炔烃的物理常数

化合物名称	结构式	熔点/℃	沸点/℃	密度/(g/cm)
乙炔(ethyne)	HC≡CH	-81.8	-75	0.617 9(-32 ℃)
丙炔(propyne)	$HC≡CCH_3$	-101.5	-23.3	0.671 4(-50 ℃)
丁-1-炔(but-1-yne)	$HC≡CCH_2CH_3$	-122.5	8.6	0.668 2(0 ℃)
丁-2-炔(but-2-yne)	$CH_3C≡CCH_3$	-24	27	0.693 7
戊-1-炔(pent-1-yne)	$HC≡C(CH_2)_2CH_3$	-98	39.7	0.695 0
戊-2-炔(pent-2-yne)	$CH_3C≡CCH_2CH_3$	-101	55.5	0.712 7
3-甲基丁-1-炔(3-methylbut-1-yne)	$HC≡CCH(CH_3)_2$	-89	28	0.665 0
己-1-炔(hex-1-yne)	$HC≡C(CH_2)_3CH_3$	-124	71	0.719 5
己-2-炔(hex-2-yne)	$CH_3C≡C(CH_2)_2CH_3$	-92	84	0.730 5
己-3-炔(hex-3-yne)	$CH_3CH_2C≡CCH_2CH_3$	-51	82	0.725 5
3,3-二甲基丁-1-炔(3,3-dimethylbut-1-yne)	$HC≡CC(CH_3)_3$	-81	38	0.668 6
庚-1-炔(hept-1-yne)	$HC≡C(CH_2)_4CH_3$	-80	100	0.733 0
辛-1-炔(oct-1-yne)	$HC≡C(CH_2)_5CH_3$	-70	126	0.747 0
壬-1-炔(non-1-yne)	$HC≡C(CH_2)_6CH_3$	-65	151	0.763 0
癸-1-炔(dec-1-yne)	$HC≡C(CH_2)_7CH_3$	-36	182	0.770 0

4.4 炔烃的化学性质

由于碳碳叁键中含 2 个较弱的 π 键，因此，和烯烃类似，炔烃也可以发生加成、氧化和聚合等反应，但叁键不等同于双键，炔烃的化学性质和反应活性亦具有其特殊性。

4.4.1 炔烃的加成反应

炔烃可以和氢气、卤素、卤化氢、水等发生加成反应。在适当的条件下，可以得到与 1 分子试剂加成的产物——烯烃或烯烃的衍生物，也可以得到与 2 分子试剂加成的产物——烷烃或其衍生物。炔烃与卤素、卤化氢、水等的加成也都是亲电加成。

1. 催化加氢

在钯、铂、镍等催化剂存在下，炔烃可以与氢进行加成，首先生成烯烃，继续加氢生成烷烃。

$$RC{\equiv}CR' \xrightarrow[H_2]{Pt\text{ 或 }Pd} RCH{=}CHR' \xrightarrow[H_2]{Pt\text{ 或 }Pd} RCH_2CH_2R'$$

由于第二步加氢(即烯烃的加氢)速率非常快，以至于采用一般的催化剂无法使反应停留在生成烯烃的阶段。采用一些活性较弱的特殊催化剂如**林德拉催化剂(Lindlar catalyst)**，可将反应控制在烯烃阶段。

林德拉催化剂是将金属钯沉淀在 $BaSO_4$ 或 $CaCO_3$ 上，并加少量喹啉处理(降低催化剂活性)所得到的试剂。

如果得到的烯烃有顺反异构,则用林德拉催化剂催化加氢所得的烯烃以顺式为主。例如:

$$CH_3(CH_2)_3C\equiv C(CH_2)_3CH_3 + H_2 \xrightarrow[\text{喹啉}]{Pd\text{-}BaSO_4} \underset{H}{\overset{CH_3(CH_2)_3}{}}C=C\underset{H}{\overset{(CH_2)_3CH_3}{}}$$

癸-5-炔　　　　顺癸-5-烯(87%)

用化学还原剂,如在液氨中以金属锂(或 Na)作还原剂,亦可得烯烃,但产物的构型与催化氢化不同,主要得反式产物。如:

$$CH_3CH_2C\equiv CCH_3 \xrightarrow{Li/\text{液氨}} \underset{H}{\overset{CH_3CH_2}{}}C=C\underset{CH_3}{\overset{H}{}} \quad (\text{主要产物})$$

戊-2-炔　　　　反戊-2-烯

上述反应在不同条件下得到了不同立体构型的产物,像这种当一个反应有生成几种立体异构的可能时,实际上只产生一种立体异构体为主要产物的反应称**立体选择性反应(stereo selective reaction)**。

2. *加卤素*

炔烃与卤素发生加成反应先生成二卤化合物,继续反应得四卤化合物。例如:

$$CH_3CH_2C\equiv CCH_3 \xrightarrow[CCl_4]{Br_2} CH_3CH_2\underset{Br}{C}=\overset{Br}{C}CH_3 \xrightarrow[CCl_4]{Br_2} CH_3CH_2\underset{Br}{\overset{Br}{C}}-\underset{Br}{\overset{Br}{C}}-CH_3$$

2,3-二溴戊-2-烯　　　　2,2,3,3-四溴戊烷

炔烃与溴发生加成反应使溴很快褪色,因此,可通过该反应检验碳碳叁键的存在。

在与卤素加成时,碳碳叁键没有碳碳双键活泼,因此,如果分子中同时存在叁键和双键,卤素一般先加到双键上。

$$CH_2=CH-CH_2-C\equiv CH \xrightarrow{Br_2(1\ mol)} \underset{Br}{CH_2}-\underset{Br}{CH}-CH_2-C\equiv CH$$

戊-1-烯-4-炔　　　　4,5-二溴戊-1-炔

3. *加卤化氢*

炔烃与卤化氢加成,可以加1分子,亦可以加2分子卤化氢,加成方向符合马氏规则。

$$CH_3-C\equiv CH + HCl \longrightarrow CH_3-\underset{Cl}{C}=CH_2 \xrightarrow{\text{过量}HCl} CH_3-\underset{Cl}{\overset{Cl}{C}}-CH_3$$

2-氯丙烯　　　　2,2-二氯丙烷

在过氧化物存在下,溴化氢和炔烃的加成反应与烯烃相似,加成方向亦是反马氏规则的。

$$CH_3(CH_2)_3-C\equiv CH \xrightarrow{HBr} CH_3(CH_2)_3\underset{Br}{C}=CH_2 \quad \text{2-溴己-1-烯 2-bromohex-1-ene}$$

$$CH_3(CH_2)_3-C\equiv CH \xrightarrow[\text{过氧化物}]{HBr} CH_3(CH_2)_3\underset{H}{C}=\underset{Br}{CH} \quad \text{1-溴己-1-烯 1-bromohex-1-ene}$$

4. 加水

乙炔在硫酸汞和稀硫酸催化下与水反应生成乙醛，这是工业上生产乙醛的方法之一。

$$HC\equiv CH + H_2O \xrightarrow[H_2SO_4]{HgSO_4} \left[\begin{array}{c} CH=CH_2 \\ | \\ OH \end{array}\right] \longrightarrow CH_3CHO$$

乙烯醇(不稳定)　　乙醛

不对称炔烃与水加成时，加成方向符合马氏规则：

$$CH_3C\equiv CH + H_2O \xrightarrow[HgSO_4]{H_2SO_4} \left[\begin{array}{c} CH_3C=CH_2 \\ | \\ OH \end{array}\right] \xrightleftharpoons{\text{互变异构}} CH_3-\overset{\overset{O}{\|}}{C}-CH_3$$

烯醇　　酮

反应产物烯醇(enol)一般是不稳定的中间产物，其中氧上的活泼氢原子容易离解，并重排转移到碳原子上，形成比较稳定的酮式结构，同样条件下，酮式也可以转变成烯醇式。这种现象称作**互变异构现象(tautomerism)**。互变异构现象是两种异构分子通过质子转移位置而相互转变的一种平衡现象。**酮型-烯醇型互变异构(keto-enol tautomer)**是有机化学中常见的互变异构现象。

$$RCH_2\overset{\overset{O}{\|}}{C}-R \rightleftharpoons RCH=\overset{\overset{OH}{|}}{C}-R$$

酮型　　烯醇型

keto tautomer　　enol tautomer

除乙炔外，其他炔烃与水加成得到的产物都是酮。

4.4.2 炔烃的氧化反应

炔烃用高锰酸钾氧化，碳碳叁键断裂，生成相应的氧化产物。炔烃的结构不同，氧化产物各异，一般"RC≡"部分被氧化成羧酸，"≡CH"部分被氧化成 CO_2，因此可从氧化产物推测原炔烃的结构。

$$CH_3CH_2CH_2C\equiv CH \xrightarrow[H_2O,OH^-]{KMnO_4} CH_3CH_2CH_2\overset{\overset{O}{\|}}{C}-OH + CO_2$$

丁酸

反应时高锰酸钾的紫色逐渐褪去，产生二氧化锰沉淀，因此，可以利用此反应检验炔烃(碳碳叁键)的存在。

4.4.3 炔氢的反应

与碳碳叁键碳原子直接相连的氢称炔氢，炔氢表现出一定的酸性，如乙炔是一个很弱的酸，它的酸性比水和醇小得多，但比氨强。

	H_2O	CH_3CH_2OH	$HC\equiv CH$	NH_3
pK_a	15.7	~16	~25	35

炔氢可被某些金属取代生成炔金属化合物。如具有炔氢的炔烃与氨基钠反应得到相应的炔钠：

$$HC\equiv CH \xrightarrow{NaNH_2} HC\equiv CNa \xrightarrow{NaNH_2} NaC\equiv CNa$$

乙炔钠　　乙炔二钠

$$CH_3CH_2CH_2C{\equiv}CH \xrightarrow{NaNH_2} \underset{\text{戊炔钠}}{CH_3CH_2CH_2C{\equiv}CNa}$$

炔钠与卤代烷(一般为伯卤代烷,见 7.1)反应,得烷基取代的炔烃。这类反应称炔烃的烷基化反应,通过该反应可制备一系列高级炔烃,进而再转变成其他类型的有机化合物。例如:

$$HC{\equiv}CNa + CH_3CH_2Br \longrightarrow HC{\equiv}C{-}CH_2CH_3 \xrightarrow[HgSO_4]{H_2O/H^+} CH_3\overset{\overset{\displaystyle O}{\|}}{C}{-}CH_2CH_3$$

$$C_6H_{11}{-}C{\equiv}CNa + CH_3CH_2Br \longrightarrow C_6H_{11}{-}C{\equiv}CCH_2CH_3 \xrightarrow[\text{Pd-BaSO}_4/\text{喹啉}]{H_2} \text{(顺式)}\ C_6H_{11}(H)C{=}C(H)CH_2CH_3$$

炔氢也可以被一些重金属离子取代,生成不溶性的重金属炔化物,此反应较灵敏,现象明显,可用作末端炔烃的鉴别。例如,将乙炔通入硝酸银的氨溶液或氯化亚铜的氨溶液中,分别生成白色的乙炔银或砖红色的乙炔亚铜沉淀。

$$HC{\equiv}CH + 2[Ag(NH_3)_2]NO_3 \longrightarrow \underset{\text{乙炔银(白色)}}{AgC{\equiv}CAg\downarrow} + 2NH_3 + 2NH_4NO_3$$

$$HC{\equiv}CH + 2[Cu(NH_3)_2]Cl \longrightarrow \underset{\text{乙炔亚铜(砖红色)}}{CuC{\equiv}CCu\downarrow} + 2NH_3 + 2NH_4Cl$$

重金属炔化物在干燥状态下受热和震动易发生爆炸,所以要用稀硝酸及时处理,使其分解,以免发生危险。

4.4.4 聚合反应

炔烃在一定条件下亦可发生聚合反应,生成链状或环状化合物。如:

$$2HC{\equiv}CH \xrightarrow[NH_4Cl]{Cu_2Cl_2} CH_2{=}CHC{\equiv}CH \quad \text{丁-1-烯-3-炔}$$

$$3HC{\equiv}CH \xrightarrow{\text{高温}} C_6H_6 \quad \text{苯}$$

4.5 二烯烃的分类和命名

具有 2 个双键的烯烃称为二烯烃。根据双键相对位置的不同,可将二烯烃分为下列三类:

① **累积二烯烃(cumulated diene)** 2 个双键与同一碳原子相连接,即含有 $>C{=}C{=}C<$ 体系的二烯烃,又称聚集二烯烃。例如丙二烯(propadiene):$CH_2{=}C{=}CH_2$。

② **共轭二烯烃(conjugated diene)** 2 个双键被一个单键隔开,即含有 $>C{=}\overset{|}{C}{-}\overset{|}{C}{=}C<$ 体系的二烯烃。例如丁-1,3-二烯(buta-1,3-diene):$CH_2{=}CH{-}CH{=}CH_2$。

③ **孤立二烯烃(isolated diene)** 2 个双键被 2 个以上单键分开,即含有 $>C{=}\overset{|}{C}{+}\overset{|}{C}{+}_n\overset{|}{C}{=}C<$

(其中 $n \geqslant 1$)的二烯烃,又称隔离二烯烃。例如戊-1,4-二烯(penta-1,4-diene):$CH_2{=}CHCH_2CH{=}CH_2$。

多烯烃的命名与单烯烃相似,注意应标出所有双键位次。例如:

	$CH_2{=}C(CH_3){-}CH{=}CH_2$	$CH_2{=}CH{-}CH{=}CH{-}CH{=}CH_2$
环戊二烯 cyclopenta-1,3-diene	2-甲基丁-1,3-二烯(俗名:异戊二烯) 2-methylbuta-1,3-diene or isoprene	己-1,3,5-三烯 hexa-1,3,5-triene

有顺反异构时,应标出双键的构型。例如:

$H_3C(H)C^5{=}C^4(H){-}C^3(H){=}C^2(H){-}C^1H_3$

(2*E*,4*Z*)己-2,4-二烯

(2*E*,4*Z*)hexa-2,4-diene

在上述 3 种二烯烃中,共轭二烯烃中两个双键之间相互影响的结果使其具有特殊的结构及独特的性质,所以我们主要讨论共轭二烯烃。

4.6 共轭二烯烃的结构

孤立二烯烃的性质与单烯烃类似,而共轭二烯烃具有一定特性,如戊-1,4-二烯氢化热比戊-1,3-二烯高 28 kJ/mol。在氢化反应中,它们都是加两分子氢,产物都是戊烷,因此氢化热的不同反映出反应物内能的差异,共轭二烯烃氢化热较小,说明它的内能较低,体系较稳定。又如,在丁-1,3-二烯分子中(见图 4-5),C_1 和 C_2,C_3 和 C_4 之间的键长较乙烯中的碳碳双键键长(0.135 nm)略长,C_2 和 C_3 间的键长较乙烷中的 C—C 键键长(0.154 nm)明显缩短,即键长发生了平均化。

图 4-5 丁-1,3-二烯分子中的键长和键角

共轭二烯烃的特性是由其结构决定的。

4.6.1 共轭二烯烃的量子力学结构

现以最简单的共轭二烯烃丁-1,3-二烯为例说明共轭二烯烃的结构。

在丁-1,3-二烯分子中,所有碳原子都是 sp^2 杂化的,它们彼此以 sp^2 杂化轨道结合形成碳碳 σ 键,其余的 sp^2 杂化轨道分别与氢原子结合形成碳氢 σ 键,分子中所有的 σ 键均处于同一平面。每个碳上未杂化的 p 轨道都垂直于该平面,相互平行,如图 4-6。这样,不仅 C_1 与 C_2 及 C_3 与 C_4 的 p 轨道由于重叠形成 π 键,而且 C_2 与 C_3 的 p 轨道由于相邻又相互平行,也可以部分重叠,从而可以认为 C_2—C_3 也具有部分双键的性质。这样就使得丁-1,3-二烯分子中 4 个 p 电子不是局限在某两个碳原子之间,而是运动于 4 个碳原子周围,形成一个"共轭 π 键"(或叫大 π 键),这种现象称电子的离域,单烯烃中 p 电子只围绕两个形成 π 键的原子运动,称为定域(见 1.3.2)。

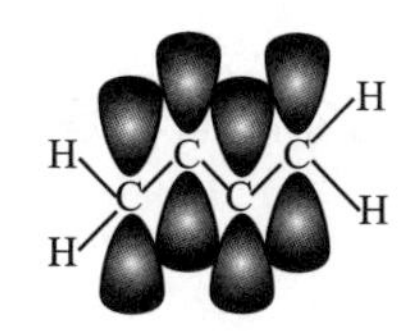

图 4-6 丁-1,3-二烯分子中p 轨道重叠示意图

在不饱和化合物中,如果与 C═C 相邻的原子上有 p 轨道,则此 p 轨道便可与 C═C 形成一个包括两个以上原子核的体系,这种体系称**共轭体系(conjugated system)**。共轭体系有几种不同的形式,例如,丁-1,3-二烯是由两个相邻 π 键形成的共轭体系,这种体系称 **π-π 共轭体系(π-π conjugated system)**,而由 p 轨道与 C═C 形成的共轭体系则称 **p-π 共轭体系(p-π conjugated system)**。在共轭体系中,由于电子的离域作用而使体系的能量降低。降低的能量值称**离域能(delocalization energy)**。共轭体系越大,一般能量越低,体系越稳定。

共轭体系中的任何一个原子受到外界试剂的作用,其他部分亦要受到影响。如丁-1,3-二烯的 C_1 受到极性试剂溴化氢进攻时,整个分子的 π 电子云向一个方向移动,并产生交替极化现象。这种影响不随距离的增加而削弱。

$$H^+ \quad \overset{\delta^-}{C}H_2{=}\overset{\delta^+}{C}H{-}\overset{\delta^-}{C}H{=}\overset{\delta^+}{C}H_2$$

这种共轭体系中原子间的相互影响称为**共轭作用(conjugative effect)**,常用 *C* 表示。根据共轭体系的不同,共轭作用常分为 **p-π 共轭作用(p-π conjugative effect**,参见 4.8 及 7.5)及 **π-π 共轭作用(π-π conjugative effect)**。

对共轭分子中电子的离域现象目前常用分子轨道理论和共振论来描述。下面对共振论作一简单介绍。

4.6.2 共振论简介

共振论(the theory of resonance)认为,一个分子(或离子、自由基)的结构不能用一个经典结构式表述时,可用几个经典结构式(或称极限式、共振结构式)来共同表述,分子的真实结构是这些极限式的共振杂化体,共振的结果使体系的能量降低。如丁-1,3-二烯的真实结构为下列结构式的共振杂化体:

$$\Big[\underset{(1)}{CH_2{=}CH{-}CH{=}CH_2} \longleftrightarrow \underset{(2)}{\overset{+}{C}H_2{-}CH{=}CH{-}\overset{-}{C}H_2} \longleftrightarrow \underset{(3)}{\overset{-}{C}H_2{-}CH{=}CH{-}\overset{+}{C}H_2}$$

$$\longleftrightarrow \underset{(4)}{CH_2{=}CH{-}\overset{-}{C}H{-}\overset{+}{C}H_2} \longleftrightarrow \underset{(5)}{CH_2{=}CH{-}\overset{+}{C}H{-}\overset{-}{C}H_2} \text{ 等}\Big]$$

这种表达方式也反映出丁-1,3-二烯分子中 π 电子的离域和 C_2 与 C_3 间有部分双键的特征。

极限式间的双箭头“ ⟷ ”表示两个极限式间的共振,切勿与平衡符号“⇌”混淆。还应指出的是,在共振概念中,只有共振杂化体才是真实的分子,它只能有一个结构。一系列极限结构式都不是真实存在的结构,是用来描述分子真实结构和性质的一种手段。绝不能把真实的分子结构看成是数个极限式的混合物,也不能看成为几种结构互变的平衡体系。

应用共振论描述分子(或离子等)结构时,首先要写出极限式。写极限式时应遵循以下原则:

① 各极限式必须符合路易斯结构的要求,如丁-1,3-二烯不能写成 $CH_2{=}CH{=}CH{-}\overset{+}{C}H_2$(有一碳原子价数不对)。

② 极限式中原子核的排列应相同,不同的仅是电子的排布。例如乙烯醇与乙醛间不是共振关系,因为两者氢原子的位置发生了变化。

$$[CH_2{=}CH{-}OH \not\longleftrightarrow CH_3{-}\overset{\overset{\displaystyle O}{\|}}{C}{-}H]$$

③各极限式中配对或未配对的电子数应是相等的。因此,下面第二个式子是错误的。

$$\Big[CH_2{=}CH{-}\dot{C}H_2 \longleftrightarrow \dot{C}H_2{-}CH{=}\dot{C}H_2\Big]$$

$$\dot{C}H_2=CH-\dot{C}H_2 \;\not\longleftrightarrow\; \dot{C}H_2-\dot{C}H-\dot{C}H_2$$

一个化合物有时可以写出相当多的极限式,甚至难以写完全。实际上只要将对分子结构和性质有较大贡献的重要极限式写出即可。判断极限式贡献大小时,可将它们看作真实分子,从其结构推测其相对稳定性。稳定性越大,对共振杂化体的贡献越大。可根据共价键数目的多少、满足八隅体电子结构的情况、电荷的存在和分布以及极限式数目的多少(特别是能量较低、结构相似的极限式数目)等来判断共振极限式能量的高低。

共振论是经典的价键理论的补充和发展,能定性地解释有机化学中许多现象和事实。由于共振论的表达方式比较简单、直观,所以易被广大化学工作者所接受。

4.7 共轭二烯烃的反应

同烯烃一样,共轭二烯烃易发生加成、氧化和聚合等反应,但由于其结构特点,反应还存在特性,现讨论共轭二烯烃的特殊性质。

4.7.1 1,4-加成(共轭加成)

丁-1,3-二烯与一分子卤素或卤化氢发生加成反应时,除了**1,2-加成(1,2-addition)**产物外,还能得到**1,4-加成(1,4-addition)**产物。在进行1,4-加成时,分子中2个π键均打开,同时在2,3位生成了新的双键,这是共轭体系特有的加成方式,故又称**共轭加成(conjugate addition)**。

$CH_2=CH-CH=CH_2$

- HBr (1 mol) → $CH_2=CH-CH(Br)-CH_2(H)$ 1,2-加成
- HBr (1 mol) → $CH_2(Br)-CH=CH-CH_2(H)$ 1,4-加成
- Br_2 (1 mol) → $CH_2=CH-CH(Br)-CH_2(Br)$ 1,2-加成
- Br_2 (1 mol) → $CH_2(Br)-CH=CH-CH_2(Br)$ 1,4-加成

4.7.2 狄尔斯-阿尔特反应

共轭二烯烃与含碳碳双键或叁键的化合物进行1,4-加成,生成环状化合物,如:

双烯体 + 亲双烯体(CHO) —苯, 100 ℃→ 环己烯甲醛(CHO)

这是共轭二烯烃特有的反应,称**狄尔斯-阿尔特反应(Diels-Alder reaction)**,又称**双烯合成(diene synthesis)**。狄尔斯-阿尔特反应的应用范围非常广泛,是合成六元碳环化合物的一种重要反应。一般将进行双烯合成的共轭二烯烃称**双烯体**,而把与共轭二烯烃进行双烯合成的不饱和化合物称**亲双烯体(dienophile)**。亲双烯体是乙烯时,反应十分困难,需在较高的条件下进行。如果在亲双烯体的

不饱和碳原子上连有强的**吸电子基(electron withdrawing group)**时,反应较容易进行。硝基(—NO_2)、酯基(—COOR)、氰基(—CN)、醛基(—CHO)或酰基(—COR)等都是强吸电子基。例如:

$$\text{1,3-丁二烯} + \text{顺丁烯二酸酐} \xrightarrow{\Delta} \text{加成产物}$$

狄尔斯-阿尔特反应是可逆的,加成产物在加热到较高温度时,又可以分解为双烯体和亲双烯体。

4.8 共轭加成的理论解释

共轭二烯烃与卤化氢及卤素的加成均是亲电性加成。现以丁-1,3-二烯与溴化氢的加成为例解释共轭加成存在的原因。该反应分两步进行,反应中经过活性中间体碳正离子阶段。首先,共轭二烯烃受卤化氢影响形成交替偶极,质子可加到带部分负电荷的 C_1 或 C_3 上,分别形成碳正离子(1)或(2):

$$\overset{\delta^+}{C}H_2{=}\overset{\delta^-}{C}H{-}\overset{\delta^+}{C}H{=}\overset{\delta^-}{C}H_2 + \overset{\delta^+}{H}{\longrightarrow}\overset{\delta^-}{Br} \longrightarrow \begin{cases} CH_2{=}CH\overset{+}{C}H{-}CH_2(H) \quad (1)\ \text{较稳定} \\ \overset{+}{C}H_2{-}CH(H){-}CH{=}CH_2 \quad (2) \end{cases}$$

碳正离子(1)的稳定性大于(2),其原因除了(1)和(2)分别是2°和1°碳正离子外,碳正离子(1)中p-π共轭效应的存在是其稳定性增大的主要原因。

在碳正离子(1)中,带正电荷的碳原子直接与碳碳双键相连,形成一个3碳共轭体系 $C{=}C{-}\overset{+}{C}{-}$,它具有烯丙基结构,故称其为**烯丙基(型)碳正离子(allylic cation)**。

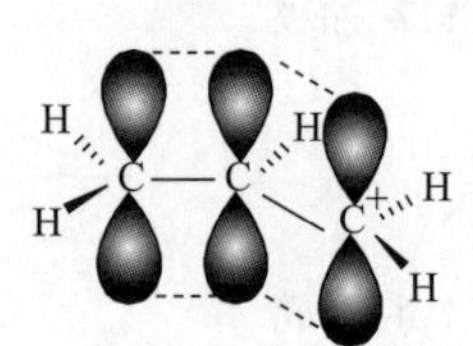

图4-7 烯丙基碳正离子中的离域键

烯丙基碳正离子中带正电荷的碳原子是 sp^2 杂化的,其空p轨道可以与相邻的烯碳原子的p轨道相互重叠形成p-π共轭体系,π电子可离域到空p轨道上,使碳正离子的正电荷得以分散,体系得到稳定(见图4-7)。因此,丁-1,3-二烯与溴化氢加成时,易生成更稳定的(1)而不是(2)。

该碳正离子也可用以下两个极限式组成的共振杂化体表示:

$$[CH_2{=}CH{-}\overset{+}{C}H{-}CH_3 \longleftrightarrow \overset{+}{C}H_2{-}CH{=}CH{-}CH_3] \equiv \underset{4}{\overset{\delta^+}{C}}H_2{\cdots}\underset{3}{C}H{\cdots}\underset{2}{\overset{\delta^+}{C}}H{-}\underset{1}{C}H_3$$

由于π电子离域,烯丙基碳正离子的正电荷分散在 C_2 和 C_4 上,因此,第二步 Br^- 可进攻 C_2 和 C_4,分别形成1,2-加成及1,4-加成产物。

$$\underset{4}{\overset{\delta^+}{C}}H_2{\cdots}\underset{3}{C}H{\cdots}\underset{2}{\overset{\delta^+}{C}}H{-}\underset{1}{C}H_3 + Br^- \longrightarrow \begin{cases} \xrightarrow{\text{1,2-加成}} CH_2{=}CH{-}CH(Br)CH_3 \\ \xrightarrow{\text{1,4-加成}} CH_2(Br){-}CH{=}CHCH_3 \end{cases}$$

所以,共轭二烯烃的1,2-加成和1,4-加成两种加成方式是由其特殊结构所决定的。

学习指导

4-1 本章要点

炔烃及二烯烃的通式为 C_nH_{2n-2}。

1. 炔烃及共轭二烯烃的结构

炔烃含 C≡C 官能团,叁键碳原子为 sp 杂化,碳碳叁键由2个 π 键和1个 σ 键组成。2个 π 键的电子云围绕 C—C 呈圆筒形对称分布。乙炔是线性分子。

2个碳碳双键只间隔1个单键的二烯烃称共轭二烯烃。

C=C—C=C

共轭二烯烃

共轭二烯烃双键碳原子为 sp^2 杂化碳原子,每个双键碳原子上余下的 p 轨道相互平行重叠,形成共轭体系。

共轭二烯烃分子中存在 π-π 共轭体系,π 电子在整个共轭体系中运动,这种现象称电子的离域,电子的离域使体系内能降低,体系较稳定。

2. 炔烃的反应

炔烃和烯烃类似,可发生加成反应和氧化反应,但反应活性有差别。炔烃另一类重要反应是与叁键直接相连的氢(炔氢)的反应。

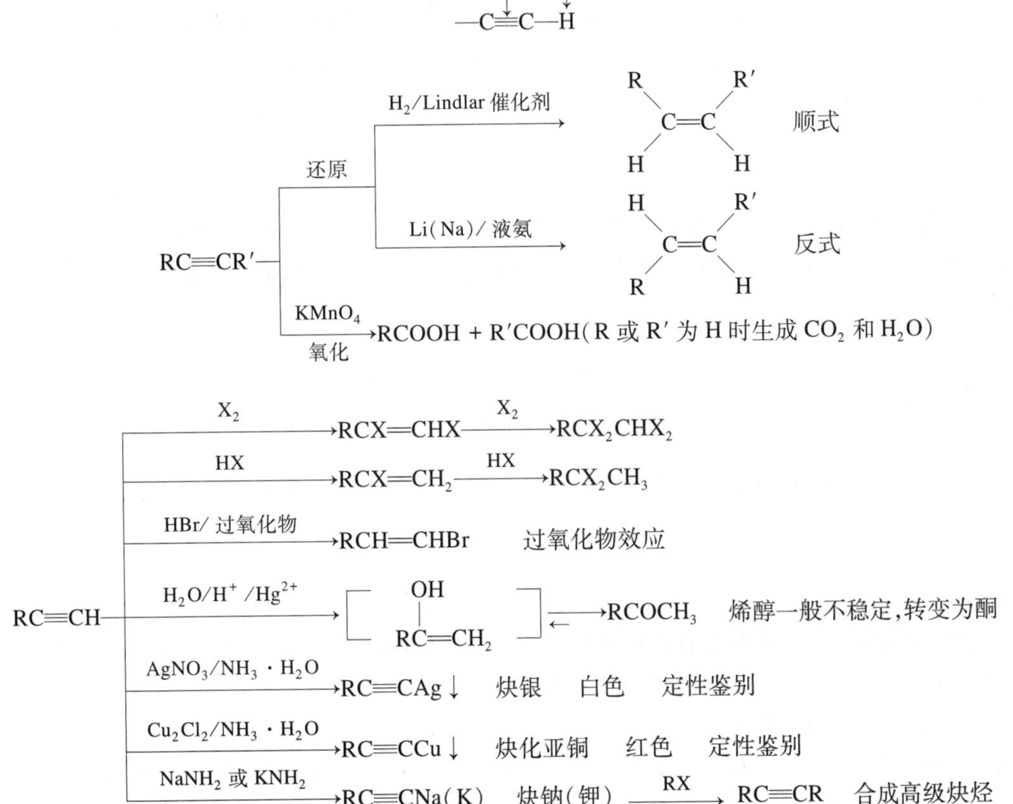

炔烃与卤素和卤化氢的加成反应亦是亲电性加成反应,但亲电性加成反应的活性比烯烃小。因此同一分子中有 C=C 和 C≡C 时,一般 X_2 或 HX 首先加到碳碳双键上。

$$CH_3C\equiv CCH_2CH=CH_2 \xrightarrow[1\ mol]{Br_2} CH_3C\equiv CCH_2-\underset{Br}{\underset{|}{CH}}-\underset{Br}{\underset{|}{CH_2}}$$

3. 共轭二烯烃的反应

与烯烃一样,共轭二烯烃可发生加成、氧化、α-氢的反应,除此之外,它还可发生以下两种特殊反应:

(1) 共轭加成

$$CH_2=CH-CH=CH_2 \xrightarrow[1\ mol]{X_2} CH_2=CH\underset{X}{\underset{|}{CH}}\underset{X}{\underset{|}{CH_2}} + \underset{X}{\underset{|}{CH_2}}-CH=CH\underset{X}{\underset{|}{CH_2}}$$

$$CH_2=CH-CH=CH_2 \xrightarrow[1\ mol]{HX} CH_2=CH\underset{X}{\underset{|}{CH}}CH_3 + \underset{X}{\underset{|}{CH_2}}-CH=CHCH_3$$

1,2- 加成　　1,4- 加成

(2) 狄尔斯-阿尔特反应

$$\text{(1,3-丁二烯)} + CH_2=CH-G \xrightarrow{\triangle} \text{(4-G-环己烯)}$$

G 为—CN、$-\overset{O}{\overset{\|}{C}}-H(R)$、$-\overset{O}{\overset{\|}{C}}-OH(R)$、$-NO_2$等吸电子基团时,反应容易发生。

4-2 阶段小结——烷、烯、炔的结构与性质的关系

1. 共价键的断裂与形成

有机反应牵涉到共价键的断裂与形成的问题。常见有机反应中,一类反应是旧键的断裂与新键的形成同时进行,反应一步完成,不经过中间体阶段,这类反应称为协同反应。如狄尔斯-阿尔特反应:

$$\text{(1,3-丁二烯)} + CH_2=CH_2 \xrightarrow{\triangle} \text{(环己烯)}$$

另一类反应是先断裂旧键形成反应活性中间体,活性中间体再反应形成新的化学键。根据所形成的反应活性中间体的不同,又可将此类反应分为自由基型的反应(如烷烃卤代、烯烃 α-氢的取代及过氧化物效应等)及离子型的反应(如烯烃的亲电加成等)。

$$R-H \xrightarrow{\text{均裂}} \underset{\text{自由基中间体}}{R\cdot} \xrightarrow{X_2} R-X\cdots$$

$$RCH=CH_2 \xrightarrow[\text{异裂}]{H^+} \underset{\text{碳正离子中间体}}{R-\overset{+}{C}H-CH_3} \xrightarrow{X^-} R-\underset{X}{\underset{|}{CH}}-CH_3$$

2. 烷、烯、炔的结构与性质

有机化合物的结构决定了其性质,包括物理性质、化学反应发生的部位、反应的类型等。因此,在学习有机化学时,应牢牢抓住结构与性质之间的关系,并加以灵活运用。

(1) 烷、烯、炔的结构,σ 键与 π 键

烷烃、烯烃及炔烃碳原子在成键时,均经过了碳原子的杂化过程。杂化后碳原子的 4 个轨道按不同方式分布在碳原子周围(见表 4-2)。

表 4-2 碳原子的 sp、sp^2、sp^3 杂化轨道

杂化类型	结构特性	杂化碳原子轨道分布方式
sp^3	C—C	4 个 sp^3 杂化轨道呈正四面体分布
sp^2	C═C	3 个 sp^2 杂化轨道对称分布在一平面内，p 轨道垂直于该平面
sp	C≡C	2 个 sp 杂化轨道在同一直线上，2 个 p 轨道对称轴相互垂直并垂直于 sp 杂化轨道对称轴所在直线

烷烃、烯烃及炔烃中的碳碳和碳氢单键均为 σ 键，σ 键由成键的 2 个原子轨道沿其对称轴正面重叠而成。烯烃（C═C）及炔烃（C≡C）的重键中除均有 1 个 σ 键外还分别存在 1 个及 2 个 π 键，由于 π 键是 p 轨道侧面交盖重叠形成的，故烯烃和炔烃性质较为活泼。

σ 键和 π 键的区别见表 4-3。

表 4-3 σ 键与 π 键的区别

	σ 键	π 键
重叠程度	大	小
键能	大	小
可极化性	不易极化，性质稳定	易极化，性质活泼
键的旋转	室温下可旋转产生不同构象	不能旋转，可能产生顺反异构体

(2) 反应类型及其发生的部位

烷烃主要发生自由基取代反应，烯烃、炔烃主要发生亲电性加成反应、氧化反应等，如下所示：

烷烃：—C—C—H（取代：C—H）

烯烃：H—C—C═C—（取代：α-H；加成、氧化：C═C）

炔烃：—C≡C—H（加成、氧化：C≡C；取代：≡C—H）

(3) 不对称加成规则（马氏规则）及过氧化物效应

不对称加成规则：

$$R—CH═CH_2 + X^{\delta^+}—Y^{\delta^-} \longrightarrow R—\underset{|}{\underset{Y}{CH}}—\underset{|}{\underset{X}{CH_2}}$$

$X^{\delta^+}—Y^{\delta^-}$ 为不对称试剂，如 H—X、H—OSO_2OH、H—OH。

$$R—C≡CH + X^{\delta^+}—Y^{\delta^-} \longrightarrow R—\underset{Y}{C}═\underset{X}{CH} \xrightarrow{X—Y} R—CY_2—CHX_2$$

$$R—C≡CH + H—OH \xrightarrow[H^+]{Hg^{2+}} \left[R—\underset{OH}{C}═CH_2 \right] \longrightarrow R—\overset{O}{\overset{\|}{C}}—CH_3$$

烯醇式　　　　酮式

过氧化物效应：

$$R—CH═CH_2 + HBr \xrightarrow{过氧化物} R—CH_2—CH_2Br$$

$$R—C≡CH + HBr \xrightarrow{过氧化物} R—CH═CHBr$$

(4) 烯烃和炔烃加成反应活性的差别

加 X_2　　$\rangle C{=}C\langle$　>　$—C{\equiv}C—$

加 H_2　　$\rangle C{=}C\langle$　<　$—C{\equiv}C—$

加 H_2O　　$\rangle C{=}C\langle$　<　$—C{\equiv}C—$

4-3　解题示例

【例 1】　下列化合物与 HBr 发生加成反应活性最高的是哪一个?

(1) $CH_3CH_2CH{=}CH_2$　　(2) $CH_2{=}CHCH{=}CH_2$

(3) $CH_3CH{=}CHCH{=}CH_2$　　(4) $CH_2{=}C(CH_3)—C(CH_3){=}CH_2$

解:烯烃与 HBr 发生的加成反应是亲电性加成反应,反应活性取决于碳正离子活性中间体的稳定性。R^+越稳定,相应烯烃的亲电性加成反应活性越大。

共轭二烯烃与 HBr 加成时可以形成比较稳定的烯丙基型的碳正离子,因此活性比单烯烃大。化合物(4)形成的中间体是三级烯丙基型的碳正离子,它比其他两个共轭二烯烃所形成的碳正离子更稳定,因此(4)的反应活性最大。

【例 2】　分子式为 C_7H_{10} 的某开链烃 A,可发生下列反应:(1)经催化加氢可生成 3-乙基戊烷;(2)与 $AgNO_3$ 氨溶液反应可产生白色沉淀;(3)在林德拉催化剂作用下吸收 1 mol 氢生成化合物 B,B 可与顺丁烯二酸酐反应生成化合物 C。试推导 A、B、C 的结构。

解:A 为开链烃,分子式为 C_7H_{10},不饱和度为 3。能与 $AgNO_3$ 氨溶液反应生成白色沉淀,故存在 $—C{\equiv}CH$ 结构,另外还存在 $—C{=}C—$ 。根据 A 能加氢生成 3-乙基戊烷,可推知该烃的基本骨架为:

$$C—C—C(C—C)—C{\equiv}CH$$

再根据 A 加 1 mol 氢所生成的 B 能与顺丁烯二酸酐加成这一实验事实,推断 B 为共轭二烯烃,即:

$$C—C{=}C(C—C)—C{=}C$$

因此,A、B、C 的结构应为:

$$\underset{A}{CH_3CH{=}C(CH_2CH_3)—C{\equiv}CH}\qquad \underset{B}{CH_3CH{=}C(CH_2CH_3)—CH{=}CH_2}$$

B + 顺丁烯二酸酐 $\xrightarrow[\text{Diels-Alder 反应}]{\triangle}$ C

【例 3】　以丙烯和乙炔为原料合成庚-2,6-二酮($CH_3COCH_2CH_2CH_2COCH_3$)。

解:可通过倒推法找出原料与产物之间的关系来设计合成路线。庚-2,6-二酮两端的 $CH_3CO—$ 可来自 $HC{\equiv}C—$,中间的 $—CH_2CH_2CH_2—$来自 $X—(CH_2)_3—X$ 。即:

$$CH_3COCH_2CH_2CH_2COCH_3 \Rightarrow HC{\equiv}C—CH_2CH_2CH_2—C{\equiv}CH \Rightarrow 2HC{\equiv}CNa + X—(CH_2)_3—X$$

而 $X—(CH_2)_3—X$ 可由丙烯 α-卤代后再与 HBr 在过氧化物存在下加成得到。故合成路线为:

$$HC\equiv CH \xrightarrow{NaNH_2} HC\equiv CNa$$

$$CH_3CH=CH_2 \xrightarrow[\text{过氧化物}]{NBS} \underset{\displaystyle Br}{CH_2}CH=CH_2 \xrightarrow[\text{过氧化物}]{HBr} BrCH_2CH_2CH_2Br \xrightarrow{2HC\equiv CNa}$$

$$HC\equiv C-(CH_2)_3-C\equiv CH \xrightarrow[Hg^{2+}]{H_2O/H^+} \text{产物}$$

4-4　习题

1. 举例说明下列各项：

(1) 林德拉试剂　　(2) 顺式加成　　(3) π-π 共轭体系

(4) 共轭加成　　(5) 烯丙基碳正离子　　(6) 狄尔斯–阿尔特反应

2. 用系统命名法命名下列化合物：

(1) $CH_3C\equiv CCH_2C(CH_3)_3$

(2) $CH_3CH=CH\underset{\displaystyle CH_3}{C}HC\equiv CCH_2CH_3$

(3) —$CH=CHCH=CH_2$

(4) —$C\equiv CCH_3$

(5) 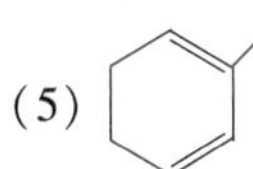

(6) 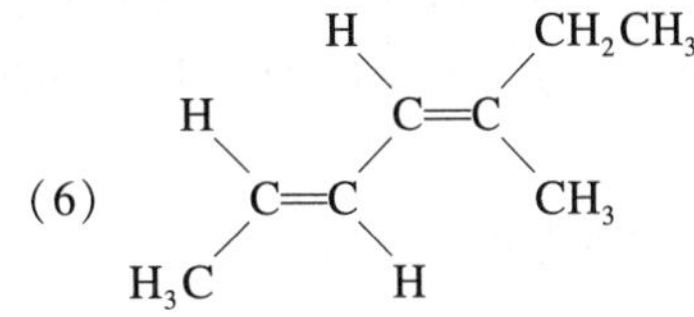

3. 比较下列各组化合物或碳正离子的稳定性：

(1) ① —$CH=CH_2$　　② $CH=CH_2$

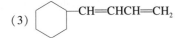

(2) ① $CH_3-CH=CH-\overset{+}{C}H-CH_3$　　② $CH_3-CH=CH-CH_2-\overset{+}{C}H_2$

(3) ① $(CH_3)_2\overset{+}{C}CH=CH_2$　　② $CH_3\overset{+}{C}HCH=CH_2$　　③ $\overset{+}{C}H_2CH=CH_2$

(4) ①　　②

4. 下列哪些炔烃水合能得到较纯的酮？

(1) $CH_3CH_2C\equiv CH$

(2) $CH_3CH_2C\equiv CCH_2CH_3$

(3) $CH_3CH_2C\equiv CCH_3$

(4) $HC\equiv C(CH_2)_3C\equiv CH$

(5) —$C\equiv CH$

5. 完成下列反应式(写出主要产物或试剂、条件)：

(1) $CH_3CH_2C\equiv CH + 2HBr \longrightarrow$

(2) $CH_2=CHCH_2C\equiv CH + Br_2(1\ mol) \longrightarrow$

(3) $+ Cl_2(1\ mol) \longrightarrow$

(4) $+$ CN $\xrightarrow{\triangle}$

(5) $CH_3CH_2CH_2C\equiv CH \xrightarrow{[Ag(NH_3)_2]NO_3}$

(6) $C_6H_5-CH=CH_2$ $\xrightarrow{KMnO_4/H^+}$ (a) + (b)；$\xrightarrow[(2)\ Zn/H_2O]{(1)\ O_3}$ (a) + (b)

(7) $CH_2{=}C(CH_3)CH{=}CH_2 + Cl_2/H_2O \longrightarrow$ (a) + (b)

(8) $CH_3CH_2C{\equiv}CH \xrightarrow{NaNH_2}$ (a) $\xrightarrow{CH_3CH_2Br}$ (b) $\xrightarrow{(c)}$ (H)(H_5C_2)C=C(H)(CH_2CH_3)；(b) $\xrightarrow[Hg^{2+}]{H_2O/H^+}$ (d)

(9) $CH_3CH_2C{\equiv}CCH_3 \xrightarrow[\text{Lindlar 催化剂}]{H_2}$

(10) 环戊烯基$-CH_2C{\equiv}CH \xrightarrow[\triangle]{KMnO_4/H^+}$

6. 用化学方法鉴别乙基环己烷、1-环己基丙炔和环己基乙炔。

7. 化合物 A，分子式为 C_6H_8，催化氢化吸收 2 mol 氢得 B，B 与溴不发生作用。A 经臭氧化后再用锌处理只得一种产物丙二醛，试写出 A 和 B 的构造式。

8. A 和 B 两个化合物互为构造异构体。A 和 B 都能使 Br_2/CCl_4 褪色。A 与硝酸银氨溶液反应生成白色沉淀，B 不能发生此反应。A 能与 $KMnO_4$ 反应生成丙酸和 CO_2，B 在同样条件下只生成一种羧酸。试写出 A 和 B 的构造式。

9. 以丙炔为原料合成下列化合物：

(1) $CH_2(Br)CH(Cl)CH_2(Cl)$　　(2) (*E*)己-2-烯

10. 以乙炔为原料合成下列化合物：

(1) 顺-己-3-烯　　(2) $CH_3COCH_2CH_2CH_2CH_3$

5 对映异构

从前面几章已经了解到，同分异构现象在有机化合物中十分普遍，这是造成有机化合物种类多、数量大的主要原因之一。同分异构一般分两大类：构造异构和立体异构。构造异构是指分子式相同而分子中原子排列的方式和次序不同而产生的异构。**立体异构(stereo-isomerism)**是指分子的构造相同，但立体结构(即分子中的原子在三维空间的排列情况)不同而产生的异构。立体异构又可分为构象异构和构型异构。构型异构一般包括顺反异构和**对映异构(enantisomerism)**。

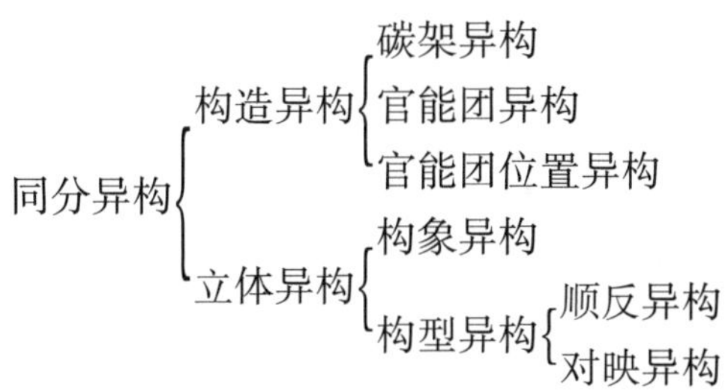

5.1 手性分子和对映异构

5.1.1 偏光

光是一种电磁波，它是振动前进的，其振动方向与光波前进的方向垂直。普通光或单色光的光波可在垂直于它的传播方向的所有可能的平面上振动，如图 5－1 所示，图中每个双箭头表示光波的振动方向。如果使普通光通过一个起偏器(如方解石晶体，尼科尔棱镜)，因为只有在同棱镜晶轴相互平行的平面上振动的光线才可以透过棱镜，因此，透过这种起偏器的光线只在一个平面上振动，这种光称为**平面偏振光(plane-polarized light)**，也称偏振光或偏光。

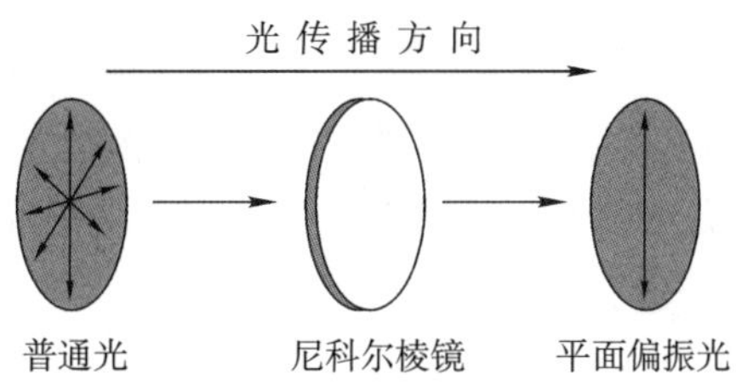

图 5－1 平面偏振光的形成

5.1.2 旋光性物质和旋光度

乳酸($CH_3CHOHCOOH$)又称 α-羟基丙酸，它可由肌肉运动产生或由乳糖发酵生成，也可从酸牛乳中得到。偏振光通过这些不同来源的乳酸，会产生不同的影响，见表 5－1。

表5-1　不同来源乳酸对偏振光的影响

乳酸来源	对偏振光的影响
肌肉运动	右旋(dextrorotation)
乳糖发酵	左旋(levorotation)
酸牛乳提炼	无影响

使偏振光振动面右旋的物质称**右旋体(dextroisomer)**,用“d”或“+”表示;使偏振光振动面左旋的物质称**左旋体(levoisomer)**,用“l”或“-”表示。偏振光旋转的角度称该物质的**旋光度(angle of rotation)**,用α表示。

测定物质旋光度的仪器称旋光仪,旋光仪主要由1个单色光源和2个尼科尔棱镜组成。在2个棱镜之间放置1个盛液管,管内放置待测物质的溶液。图5-2是旋光仪的示意图。

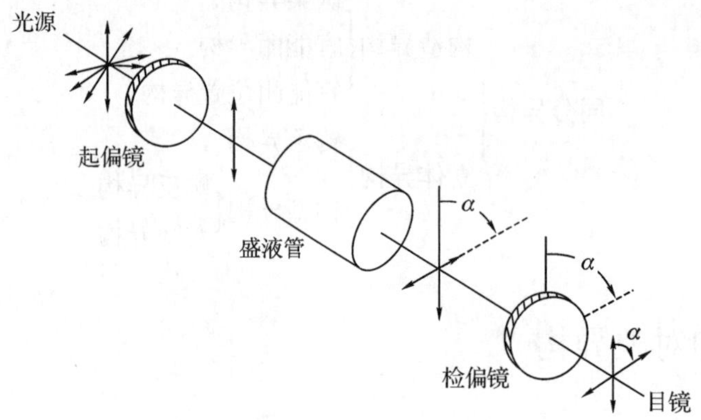

图5-2　旋光仪示意图

旋光仪的原理是:单色光通过第一个棱镜(起偏镜)得到偏振光,偏振光经过盛液管,然后经过第二个棱镜(检偏镜)后到达我们眼睛。当旋光管内不放任何物质时,调节检偏镜的位置,使其镜轴与起偏镜的镜轴平行,偏振光就能完全通过,此时光量最大;旋转检偏镜,光就变弱直至完全不能通过。

当旋光管内放入被测物质时,如果被测物质有旋光性,则在检偏镜后见到的光并不是最亮而是减弱的,只有把检偏镜向左或向右旋转一定角度后,才能见到最大亮度的光。这是由于旋光性物质使偏振光偏振面旋转了一定的角度所致。所旋转的数值(旋光度α)可由旋光仪的刻度盘上读出。

旋光度的大小与方向除了与分子的结构有关外,还与测定时溶液的浓度、盛液管的长度、测定时的温度、溶剂和光波的波长等因素有关。条件不同不仅可改变旋光的度数,甚至还可以改变旋光的方向。在一定条件下,某一物质的旋光度是一个常数,为该物质的一个特有性质,通常称为**比旋光度(specific rotation)**,用$[\alpha]_{\lambda}^{t}$表示,其物理含义为:

$$[\alpha]_{\lambda}^{t}=\frac{\alpha}{c\times l}$$

式中,α为旋光度;c为溶液浓度(单位为g/mL);l为盛液管的长度(单位为dm);t是测定时的温度(℃);λ是所用光源的波长(nm),一般使用的是钠光源,用D表示。

这样,比旋光度的定义是1 mL中含有1 g溶质的溶液放在1 dm长的盛液管中所测得的旋光度,如在20 ℃时用钠光作光源,测得葡萄糖水溶液右旋52.5°,可表示为$[\alpha]_{D}^{20}=+52.5°$(水)。

就对偏振光的作用而言,物质可分为两类:一类对偏光不发生影响,如水、乙醇等;另一类具有使偏振光振动面旋转的能力,如乳酸。能使偏振光振动面旋转的物质称旋光性物质或**光活性物质(optical active compound)**。

从酸牛乳中得到的乳酸为什么对偏振光无影响呢？仔细研究其组成发现，酸牛乳中的乳酸是由等量的左旋体和右旋体组成的，故外在表现为旋光性消失。等量的左旋体和右旋体的混合物称**外消旋体（racemic mixture，racemic modification or racemate）**。外消旋体以 *dl* 或（±）表示。

5.1.3 手性分子和对映异构

为什么一些物质有旋光性而另一些物质没有旋光性呢？这是由物质分子的结构所决定的。

仔细研究乳酸分子结构可以发现，其第二个碳原子上连有 4 个不同的原子和基团（OH、COOH、CH_3、H），这种连有 4 个不同原子和基团的碳原子称为**手性碳原子（手性碳，chiral carbon）**或不对称碳原子，以 C^* 表示。乳酸分子中围绕手性碳原子的原子和基团在空间有两种不同的排列方式（1）和（2），两者互为镜像，非常相似，不能重叠。见图 5－3。

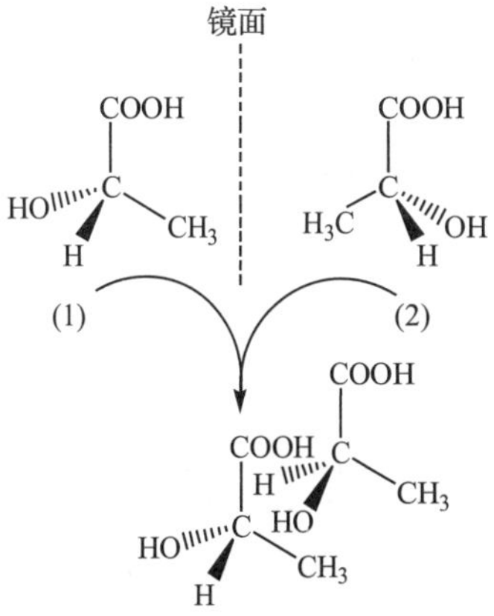

镜面

图 5－3 乳酸分子的对映异构

这就好像人的两只手，看起来似乎没有什么区别，但两只手是不能完全重叠的。将左（右）手放在镜子前面，在镜中呈现的影像恰与右（左）手相同。两只手的这种关系可以比喻为实物和镜像的关系。实物与镜像不能重叠的特点称作**手性**或**手征性（chirality）**，见图 5－4。

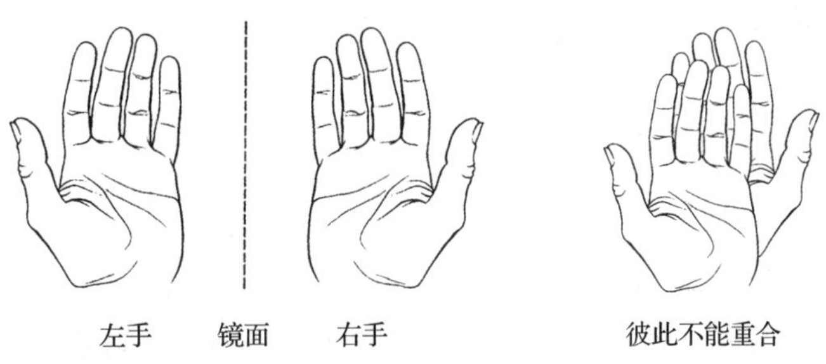

图 5－4 镜像关系示意

乳酸分子具有“手性”的特点，这种分子称**手性分子（chiral molecular）**。反之，能与其镜像重叠的分子称非手性分子。图 5－3 中化合物（1）和（2）均为手性分子，它们是具有不同构型的化合物，这对异构体称为**对映异构体（enantiomer）**，简称为对映体，又称**旋光异构体**、**光学异构体（optical isomer）**，这种现象称为**对映异构现象（enantiomerism）**，对映异构现象和分子的手性有关。手性分子有对映异构体，非手性分子没有对映异构体。

5.2 含 1 个手性碳原子化合物的对映异构

含 1 个手性碳原子的化合物一定存在对映异构现象，即有 1 对对映异构体，其中一个是右旋的，另一个是左旋的，下面试举几例，例中的手性碳原子以“＊”标示出来。

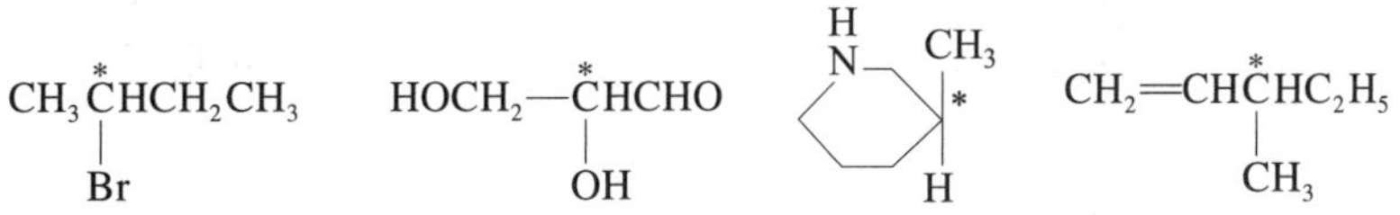

$CH_3\overset{*}{C}H(Br)CH_2CH_3$ （1）　$HOCH_2\text{—}\overset{*}{C}H(OH)CHO$ （2）　（3）　$CH_2{=}CH\overset{*}{C}H(CH_3)C_2H_5$ （4）

其中化合物（3）的一对对映体可分别表示为：

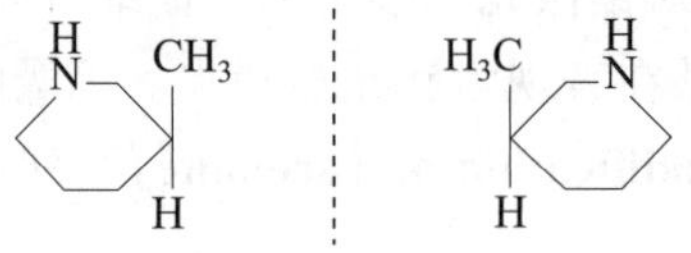

左旋体和右旋体的旋光方向相反,其比旋光度的绝对值相同或非常近似,其他的物理性质如熔点、沸点、溶解度等都相同。外消旋体在晶体状态时,熔点和溶解度常与单一纯的对映体有差异。如乳酸,其左旋体、右旋体和外消旋体的熔点、pK_a 及比旋光度的数据见表 5-2。

表 5-2 乳酸的物理性质

	熔点/℃	pK_a(25 ℃)	比旋光度(水)
(+)-乳酸	53	3.79	+3.82°
(-)-乳酸	53	3.79	-3.82°
(±)-乳酸	18	3.79	0°

对映异构体的生物活性有时会有差异,如(-)肾上腺素收缩血管的作用比其对映体强 12~15 倍;(-)氯霉素有很强的抑菌作用而其对映体无效,合霉素则为氯霉素的外消旋体,疗效为氯霉素的 1/2;(-)尼古丁的毒性高于(+)尼古丁等。

5.3 对映异构体的表示方法和构型标记

5.3.1 对映异构体的表示方法

对映异构体之间的区别仅仅是分子中原子或基团在空间的排列方式不同,最好用立体模型图或楔线式(伞形式)来表示分子结构,但在描述多原子分子时,上述立体图式使用很不方便,因此,多数情况下都采用平面投影式来表示对映体结构,其中最常用的是德国化学家费歇尔(E. Fischer,1852—1919)于 1891 年提出的**费歇尔投影式(Fischer projection)**。为了使投影式能区别两种不同构型的化合物,费歇尔对投影式作了以下规定:假定手性碳在纸平面上,手性碳原子的竖向 2 个原子或基团在纸平面的后方,横向 2 个原子或基团处于纸平面的前方。手性碳可不写出来,在横竖两线的交点处代表手性碳原子。现将 2-溴丁烷的两个对映体的楔线式和费歇尔投影式表示如下(见图 5-5)。

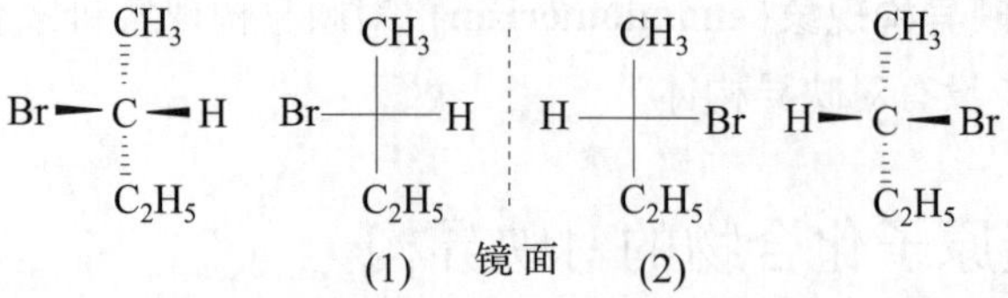

(1) 镜面 (2)

图 5-5 2-溴丁烷的两个对映体的楔线式和费歇尔投影式

费歇尔投影式虽规定了手性碳上 4 个原子和基团的空间关系,但未规定哪些原子或基团处于竖向(上下)或横向(左右)排列,因此同一模型能写出几种投影式,必须牢记,费歇尔投影式是用平面形象表示的立体结构,因此,一旦完成费歇尔投影式,则不能随便调换式中的原子或基团,也不能将投影式任意翻转,因为这样会更改原子或基团特定的伸展方向或位置。

表示化合物立体结构的方法很多,我们已学过楔线式、透视式、纽曼投影式、费歇尔投影式等,要能快速判断化合物结构,实现各种立体结构式间的转换。如:

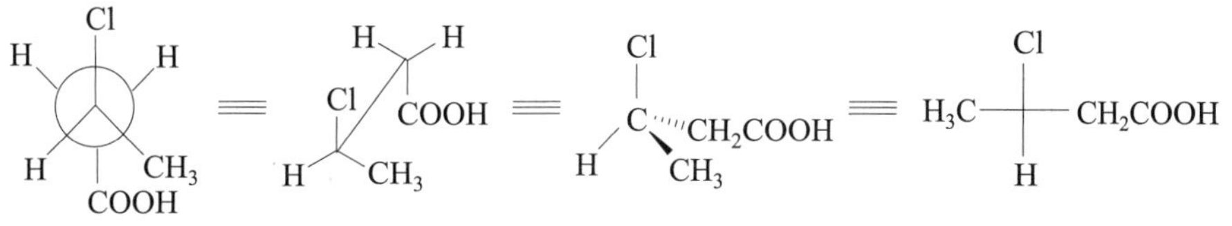

Cl; H H; H CH_3; COOH ═ H H; Cl COOH; H CH_3 ═ Cl; C CH_2COOH; H CH_3 ═ Cl; H_3C—┼—CH_2COOH; H

5.3.2 构型的标记

对于顺反异构,可以用顺反或 *Z*、*E* 来表示异构体的构型。对于对映异构体来说,命名这类具有立体特征的化合物时,应标出分子中手性碳原子上 4 个原子或基团在空间的排列方式(即构型)。常用 *R*、*S* 构型标记法及 D、L 构型标记法标记其构型。

1. *R*、*S* 构型标记法

根据 IUPAC 的规定,用 *R*、*S* 标记对映异构体的构型。***R*、*S* 构型标记法**是通过标记手性碳原子来标记对映体构型的。由于这个规则最早是由英国化学家凯恩(R. S. Cahn,1899—1981)、英果尔德(C. Ingold,1893—1970)和瑞士化学家普瑞洛格(V. Prelog,1906—1998)等三人提出的,所以又称为**凯恩(Cahn)-英果尔德(Ingold)-普瑞洛格(Prelog)命名法**。这一规则包括两个内容:其一是次序规则,将与手性碳原子相连的 4 个原子或基团按次序规则(见 3.3.2)排列优先次序,假如 a>b>c>d(">"表示优于);其二是手性规则,观察者在排列最后的原子或基团(d)的对面观察 a→b→c 的顺序。如顺时针排列则为 ***R* 型(*R* configuration)**,逆时针排列为 ***S* 型(*S* configuration)**,见图 5-6。

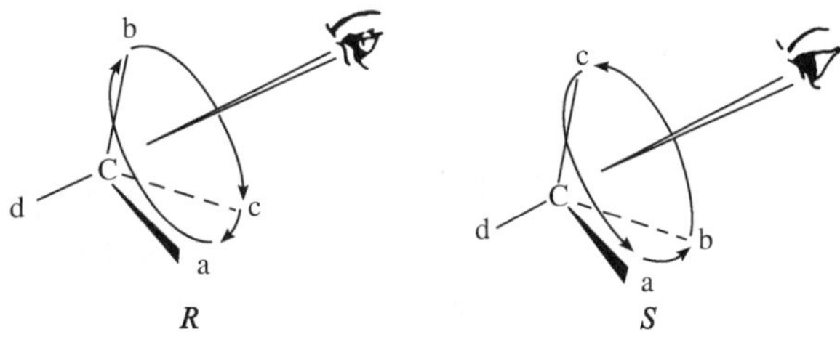

图 5-6 *R*、*S* 标记构型

图 5-7 为丁-2-醇的 1 对对映体,从 H 的对面观察 OH→C_2H_5→CH_3 的排列方式,(1)顺时针排列为 *R* 型,(2)逆时针排列为 *S* 型。

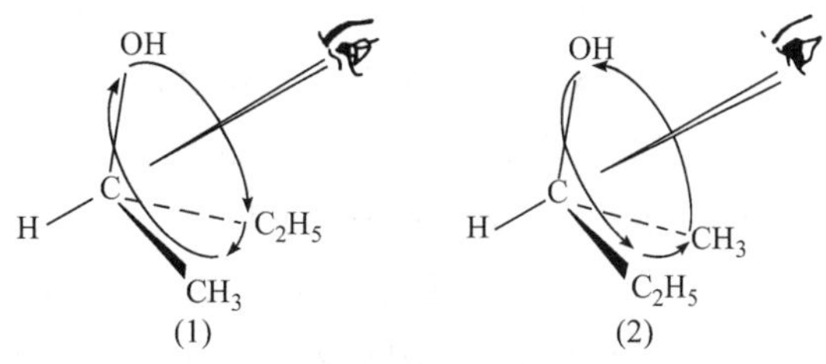

图 5-7 丁-2-醇的对映体

图 5-8 为乳酸的一种异构体,原子或基团的优先次序为 OH>COOH>CH_3>H。氢原子在纸平面的前方,从纸平面后方观察 OH→COOH→CH_3 的排列顺序,此对映体为 *S* 型。为方便起见,可在 H 的同侧观察 CH_3→COOH→OH 的排列顺序。

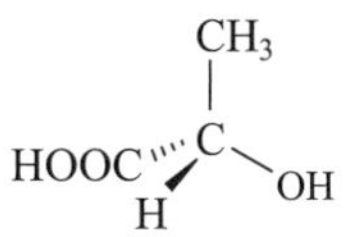

CH_3; HOOC—C—OH; H

图 5-8 *S*-2-羟基丙酸

标记用费歇尔投影式表示的对映体的构型时,必须牢记投影规则,必要时可先将其改写成楔线式。

2. D、L 构型标记法

D、L 构型标记法是以甘油醛($CH_2OHCHOHCHO$)为标准来确定对映体构型的。甘油醛有1个手性碳,存在1对对映体,将甘油醛的主链竖向排列,氧化态高的碳原子位于上方,氧化态低的碳原子位于下方,写出其费歇尔投影式,并人为规定羟基位于碳链右侧的甘油醛为D-型,羟基位于碳链左侧的甘油醛为L-型。其他化合物构型与其相比较而得到。

```
    CHO              CHO
H ──┼── OH      HO ──┼── H
   CH2OH            CH2OH
D-(+)甘油醛      L-(-)甘油醛
```

用D、L标记化合物构型有一定的局限性,尤其在标记具有多个手性碳的化合物构型时,遇到的问题较多,因而已很少应用,仅糖类化合物和氨基酸中还在使用D、L标记系统。

5.4 含2个手性碳原子化合物的对映异构

含2个手性碳原子的化合物有两种类型:一种是2个手性碳原子不相同,另一种是2个手性碳原子完全相同(所连原子或基团完全一样)。

5.4.1 含2个不相同手性碳原子的化合物

已经知道,分子中有1个手性碳原子的化合物有1对对映体。如果分子中有2个或2个以上的手性碳原子,对映体就不止1对了。例如,具有2个不相同手性碳原子的化合物应该有2对对映体,即4种立体异构体,其构型分别为 *RR*、*SS*、*RS*、*SR*。现用 C_1、C_2 分别代表2个不同的手性碳原子,则这4种立体异构体可表示为:

```
C1(R)   C1(S)   C1(R)   C1(S)
  |       |       |       |
C2(R)   C2(S)   C2(S)   C2(R)
```

随着分子中含有的不相同手性碳原子数目的进一步增加,光学异构体的数目也会增多。含有1个手性碳原子的化合物有2个立体异构体,含2个不相同手性碳原子的化合物就有4个立体异构体,含3个不相同手性碳原子的化合物则有8个立体异构体,以此类推。凡含有 n 个不相同手性碳原子的化合物,则应有 2^n 个立体异构体。例如,2,3,4-三羟基丁醛分子中含有2个不同的手性碳原子,它有4种不同构型的异构体。4种立体异构体的构型分别为 A(2*R*,3*R*)、B(2*S*,3*S*)、C(2*R*,3*S*)、D(2*S*,3*R*),在标记构型时应清楚,2个手性碳上所连的 CHO 及 CH_2OH 是朝后的,H 及 OH 均是朝前的。

```
   1CHO            CHO             CHO             CHO
H ─2┼─ OH     HO ──┼── H      H ──┼── OH     HO ──┼── H
H ─3┼─ OH     HO ──┼── H     HO ──┼── H       H ──┼── OH
   4CH2OH         CH2OH           CH2OH           CH2OH
     A              B               C               D
  (2R,3R)        (2S,3S)         (2R,3S)         (2S,3R)
     └── 对映体 ──┘               └── 对映体 ──┘
            └──────── 非对映体 ────────┘
```

现以化合物A为例来说明如何用 *R*、*S* 构型标记法标记2个手性碳的构型。A中 C_2 所连的原子和基团的优先次序为 OH>CHO>$CHOHCH_2OH$>H，将 H 作为顶点，其余 3 个基团作为底，从底部朝顶点观察时，OH→CHO→$CHOHCH_2OH$ 顺时针排列，故 C_2 为 *R* 型。C_3 的情况是，按基团优先次序 OH→CHOHCHO→CH_2OH 顺时针排列，故 C_3 亦为 *R* 型。在 H 的同侧观察，两者观察结果一致。见图 5-9。

1 CHO；H、OH，2，*R*；3，*R*；H、OH；4 CH_2OH

图 5-9 (2*R*,3*R*)-2,3,4-三羟基丁醛

以上 4 种立体异构体中，A 与 B、C 与 D 各为 1 对对映异构体，除此之外的任何 1 对，如 A 与 C、D(或 B 与 C、D)，它们的构造相同，但又互相不为镜像，这样的 1 对立体异构体称为**非对映异构体**，简称为**非对映体**(**diastereoisomer**)。非对映体不仅旋光度不同，其他物理性质也不一样。

药用麻黄碱(2-甲氨基-1-苯基丙-1-醇)分子中有 2 个不同的手性碳原子，同样有 4 个立体异构体。它们是：

(1) 1*S*,2*R*	(2) 1*R*,2*S*	(3) 1*R*,2*R*	(4) 1*S*,2*S*
CH_3	CH_3	CH_3	CH_3
CH_3NH—(2)—H	H——$NHCH_3$	CH_3NH——H	H——$NHCH_3$
HO—(1)—H	H——OH	H——OH	HO——H
C_6H_5	C_6H_5	C_6H_5	C_6H_5

其中，(1)和(2)是麻黄碱，它们的熔点都是 34 ℃，它们的盐酸盐的$[\alpha]_D^{20}$ 分别是+35°和-35°；(3)和(4)是伪麻黄碱，它们的熔点都是 118 ℃，它们的盐酸盐的$[\alpha]_D^{20}$ 分别是-62.5°和+62.5°。

5.4.2 含 2 个相同手性碳原子的化合物

酒石酸[HOOC*CH(OH)*CH(OH)COOH]是含有 2 个相同手性碳原子的化合物，按每个手性碳原子有 2 种构型，则可得到以下 4 种立体异构体：

(1) 2*R*,3*R*	(2) 2*S*,3*S*	(3a) 2*R*,3*S*		(3b) 2*S*,3*R*
COOH	COOH	COOH		COOH
H—(2)—OH	HO——H	H——OH		HO——H
		-------	=	------- 对称面
HO—(3)—H	H——OH	H——OH		HO——H
COOH	COOH	COOH		COOH

其中，(1)和(2)是实物和镜像的关系，不能相互重叠，是对映异构体，(3a)和(3b)亦是实物和镜像的关系，但只要把(3a)在纸平面上旋转 180°即得(3b)。由于旋转 180°后 2 个手性碳上所连原子和基团的前后方向没有改变，故(3a)和(3b)可以重叠，两者是同一个化合物。

因此，含 2 个相同手性碳原子的化合物只有 3 个立体异构体。

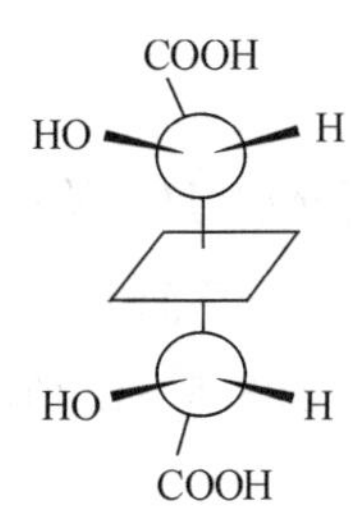

图 5-10 分子中的对称面

仔细研究化合物(3a)和(3b)的结构可以发现，分子中可以假想存在这样一个平面，通过它能把分子分成实物和镜像两个部分，这种平面称为**对称面**(**symmetry plane**)。(3a)和(3b)无手性归因于分子中有这样一个对称面(图 5-10)。对称面的存在使得含有手性碳(局部手性)的分子的旋光性在内部得以抵消(一个手性碳为 *R*-构型，另一个为 *S*-构型，它们所引起的旋光度大小相同而方向相反)，整个分子由于对称而失去了手性，这种分子称**内消旋体**(**meso compound**)。

内消旋体与外消旋体都没有旋光性，但内消旋体是由于分子内部手性相互抵消之故，而外消旋体是由于 2 个分子间的旋光性相互抵消的结果，两个概念具有本质区别。酒石酸的右旋体、左旋体、外消旋体和内消旋体的物理常数见表 5－3。

表 5－3　酒石酸的物理常数

酒石酸	熔点/℃	$[\alpha]_D^{25}$(20%水)	溶解度(g/100 g 水)	相对密度	pK_{a_1}	pK_{a_2}
(－)-酒石酸	170	－12°	139	1.760	2.93	4.23
(＋)-酒石酸	170	＋12°	139	1.760	2.93	4.23
(±)-酒石酸	206	0°	20.6	1.680	2.96	4.24
meso-酒石酸	140	0°	125	1.667	3.11	4.80

含有 2 个相邻手性碳原子的化合物,往往还可用苏型和赤型来标记构型。**苏型(threo enantiomer)**表示该化合物 2 个相邻手性碳上相同(或相似)的原子或基团在费歇尔投影式中处于异侧,**赤型(erythro enantiomer)**则表示两个相同(或相似)的原子或基团在费歇尔投影式中处于同侧,如(－)氯毒素是苏型,(－)麻黄碱是赤型。

赤型(erythro)　　苏型(threo)　　(－)-氯毒素(苏型)　　(－)-麻黄碱(赤型)

综上所述,分子产生手性的原因是分子的不对称性,手性碳仅是分子产生手性的因素之一。含手性碳原子的化合物由于某些对称因素的存在可能没有手性,而不含手性碳原子的化合物也可能由于分子的不对称性而产生手性,存在对映异构现象。

除了对称面外,常见的对称因素还有对称中心,有对称中心的分子也是无手性的。所谓**对称中心(symmetry centre)**是指通过这个中心在等距离处能遇到完全相同的原子或基团,见图 5－11。

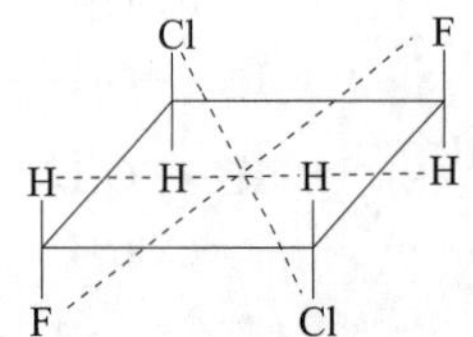

图 5－11　分子中的对称中心

5.5　不含手性碳原子化合物的对映异构

5.5.1　丙二烯型化合物

丙二烯分子中,C_1 及 C_3 为 sp^2 杂化而 C_2 为 sp 杂化,C_2 以 2 个相互垂直的 p 轨道分别与 C_1 及 C_3 的 p 轨道形成 2 个相互垂直的 π 键,因此,C_1 及 C_3 连接的原子或基团处在互相垂直的 2 个平面内。如果这 2 个碳原子分别连有 2 个不同的原子或基团时,分子具有不对称性,有对映异构体,如图 5－12 所示。

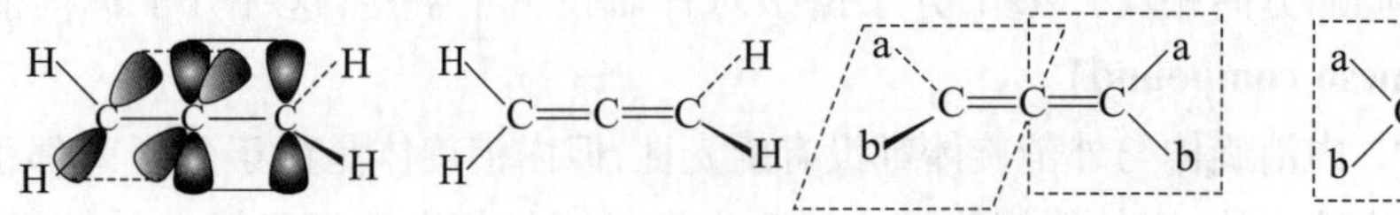

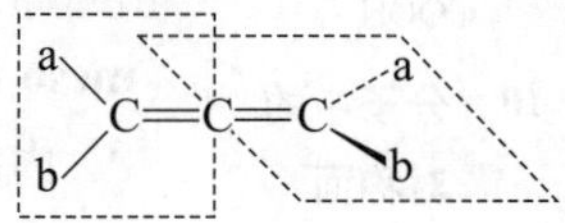

图 5－12　取代丙二烯的对映异构

5.5.2 联苯型化合物

联苯类化合物是两个或多个苯环直接以 σ 键相连而成的一类多环芳烃。该类化合物最简单的是两个苯环组成的联苯，苯环可绕这个 σ 键自由旋转而呈现不同的构象。

当 2 个苯环的邻位各连有不同的原子和基团，而且体积相当大时，由于 2 个苯环上的取代基不能容纳在同一平面内，苯环围绕 σ 键的旋转受阻，整个分子由于没有对称因素而具有手性。如图 5 - 13 所示，室温下构象式(2)和(3)之间不能相互转化。

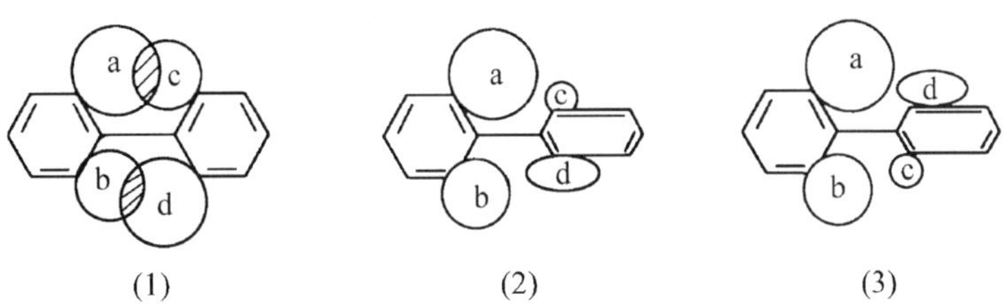

图 5 - 13 围绕 σ 键旋转受阻的化合物

如 6,6′-二硝基联苯-2,2′-二甲酸的 2 种异构体(a)和(b)已被分离所得。由于构象式(a)和(b)互为物体和镜像关系，两者不能重叠，是对映异构体，见图 5 - 14。

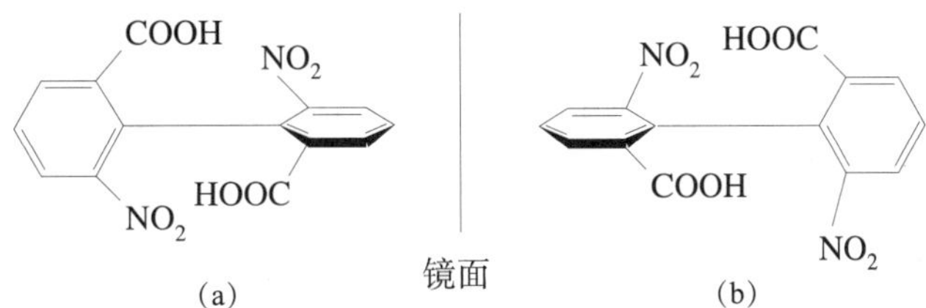

图 5 - 14 联苯型化合物的对映异构

5.6 环状化合物的立体异构

脂环化合物由于环的存在限制了环碳间 σ 键的自由旋转，如果有 2 个或 2 个以上环碳原子各连有不同原子或基团时，即产生顺反异构。例如，1-乙基-2-甲基环丙烷存在顺反异构体(1)和(3)。

在(1)和(3)分子中，各有两个不相同的手性碳原子，无对称面和对称中心，它们都是手性分子，分别存在对映异构体(2)和(4)。因此，与链状化合物一样，1-乙基-2-甲基环丙烷有 4 个立体异构体，它们都属构型异构，都有旋光性。

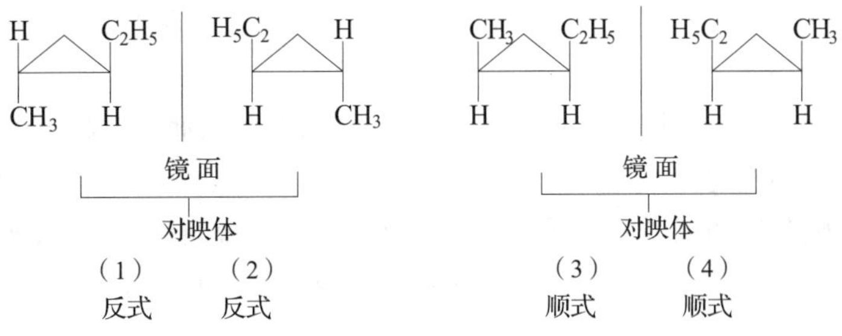

再如 1,2-二甲基环丙烷，也存在顺反异构体(1)和(2)。在顺式体(1)中有对称面，无对映异构体，无旋光性，是内消旋体，而反式体(2)有对映异构体(3)。因此，与含两个相同的手性碳原子的链状化合物相似，1,2-二甲基环丙烷共有 3 个立体异构体，其中(1)与(2)，(1)与(3)为非对映体。每个手性碳原子的构型已在结构中标出。

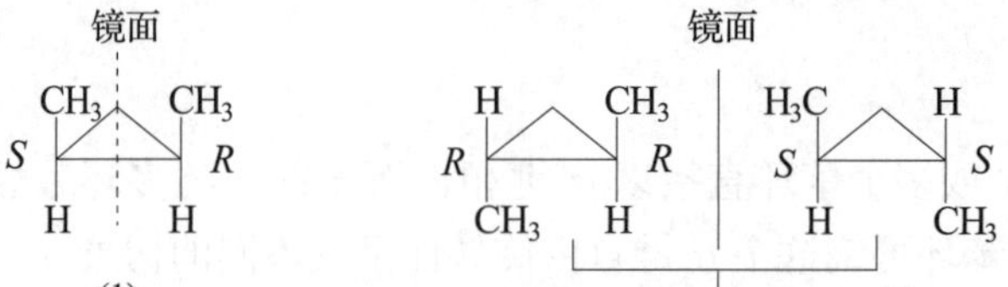

镜面 镜面

(1) 顺式 (2) 反式 对映体 (3) 反式

1-叔丁基-4-甲基环己烷结构中不存在手性碳,故只有顺反异构体而无对映异构体存在。

顺-1-叔丁基-4-甲基环己烷 反-1-叔丁基-4-甲基环己烷

但是,1-叔丁基-3-甲基环己烷则存在 2 个不相同的手性碳原子,故有 4 个立体异构体。在它们的优势构象中,顺-1-叔丁基-3-甲基环己烷 2 个取代基均处于 *e* 键,反-1-叔丁基-3-甲基环己烷中叔丁基处于 *e* 键而甲基处于 *a* 键。

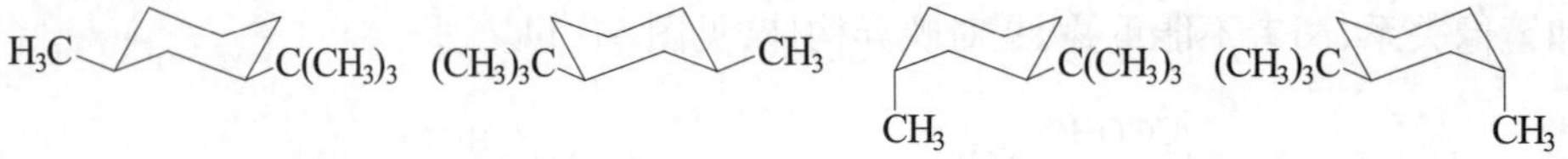

顺-1-叔丁基-3-甲基环己烷的优势构象 反-1-叔丁基-3-甲基环己烷的优势构象

5.7 外消旋体的拆分

在合成具有手性碳原子的化合物时,一般得到的是外消旋体。例如把丙酸进行氯化,得到的是右旋-2-氯丙酸和左旋-2-氯丙酸的混合物,这是因为丙酸的 2 个 α-氢原子被氯取代的概率是均等的。其反应过程为

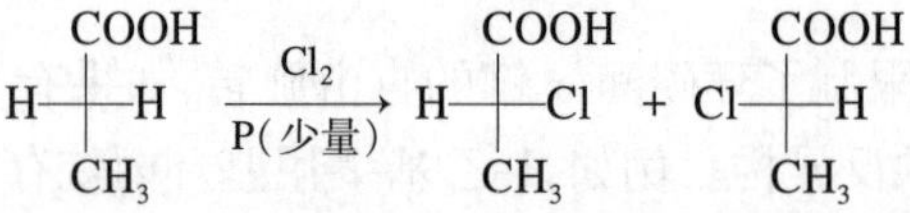

$$\text{H-C(COOH)(CH}_3\text{)-H} \xrightarrow[\text{P(少量)}]{Cl_2} \text{H-C(COOH)(CH}_3\text{)-Cl} + \text{Cl-C(COOH)(CH}_3\text{)-H}$$

在实际应用中,经常只需要其中一种异构体,因此,需要将合成得到的外消旋体分离开,这种分离过程称为外消旋体的**拆分(resolution)**。我们知道,任何混合物的分离都是基于不同成分的性质(主要是物理性质)不同而进行的,但是构成外消旋体的一对对映体之间除了旋光性不同外,其他物理性质都相同,因此外消旋体的拆分与一般化合物的分离不一样,需要采用特殊的方法。在此简单介绍化学拆分法和诱导结晶拆分法。

化学拆分法是先用化学方法把对映体转变为非对映体,然后用通常的物理方法加以分离,分离后再恢复为原来的右旋体和左旋体。

现以拆分有机酸碱为例加以说明。无机酸与氨反应生成铵盐,有机酸与有机碱(胺是有机碱)反应也易生成相应的盐。将这个有机铵盐和强碱作用可转变为原来的羧酸和胺。

$$\underset{\text{羧酸}}{RCOOH} + \underset{\text{胺}}{R'NH_2} \longrightarrow \underset{\text{铵盐(胺的羧酸盐)}}{RCOO^- NH_3^+R'}$$

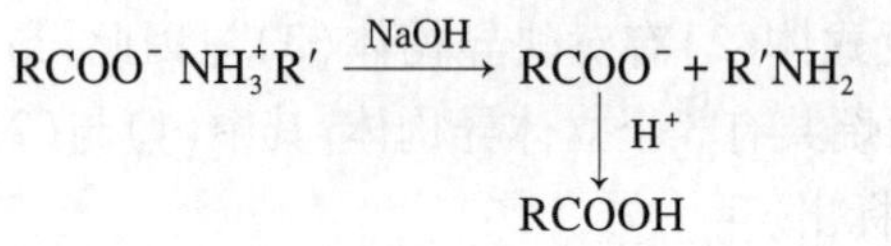

$$RCOO^- NH_3^+R' \xrightarrow{NaOH} RCOO^- + R'NH_2$$

$$RCOO^- \xrightarrow{H^+} RCOOH$$

利用这一原理可将 1 对有机酸的外消旋体拆分为(+)酸和(-)酸。如：

(±)酸 + (+)-碱 ⟶ { (+)-酸·(+)-碱盐 ; (-)-酸·(+)-碱盐 } $\xrightarrow[\text{非对映体}]{\text{分离}}$ (+)-酸·(+)-碱盐 + (-)-酸·(+)-碱盐

外消旋体　　拆分剂　　非对映体

(+)-酸·(+)-碱盐 $\xrightarrow{H^+}$ **(+)-酸** + (+)-碱盐

(-)-酸·(+)-碱盐 $\xrightarrow{H^+}$ **(-)-酸** + (+)-碱盐

这里使用的(+)-碱是用来拆分外消旋体的，这种试剂叫作**拆分剂(resolving agent)**。一种好的拆分剂除要能与外消旋体进行反应，在得到的 2 个非对映体的性质上要有足够的差别便于分离外，还要求在分离后，同拆分剂结合的旋光体容易分解。拆分剂类型的选择要视外消旋体分子中的官能团而定。例如可用旋光性的胺分离(±)羧酸，同样道理，也可用旋光性的酸拆分(±)-胺。有时可用酶作拆分剂，使用酶作拆分剂常可产生很好的效果。

诱导结晶拆分法的主要原理是：在外消旋体的过饱和溶液中加入一定量的左旋体或右旋体的晶种，与晶种构型相同的异构体便优先析出。例如向某外消旋体(±)A 的过饱和溶液中加入(+)A 的晶种，则(+)A 优先析出一部分，滤出析出的(+)A，此时，滤液中(-)A 便过量，这样在滤液中再加入外消旋混合物，又可析出部分(-)A 结晶，过滤，如此反复处理就可以得到相当数量的左旋体和右旋体。此法的优点是成本低，效果好。

利用色谱法也可分离外消旋体。

学习指导

5-1　本章要点

1. 同分异构现象在有机化合物中十分普遍。同分异构一般分为构造异构和立体异构。立体异构分为构象异构和构型异构，构型异构分为顺反异构和对映异构。常温下构象异构体一般不可分离。

2. 与镜像不能重叠的分子称手性分子。构造相同，互为镜像，不能重叠的 1 对分子称对映异构体。

3. 手性分子能使平面偏振光旋动。使平面偏振光左旋的物质称为左旋体，使平面偏振光右旋的物质称为右旋体。右旋体和左旋体分别以 *d*、*l* 或(+)、(-)表示。等量的 1 对对映体(*d* 体及 *l* 体)的混合物称外消旋体，外消旋体用 *dl* 或(±)表示。

4. 旋光性物质使平面偏振光旋转的角度称旋光度(α)，在一定条件下的旋光度为比旋光度，比旋光度为旋光性物质的一个常数，具有可比性。

5. 含 1 个手性碳原子的化合物有手性，有 1 对对映体。含 n 个手性碳原子的化合物理论上应有 2^n 个立体异构体。

6. 含 2 个不相同手性碳原子的化合物有 4 个立体异构体，可表示为

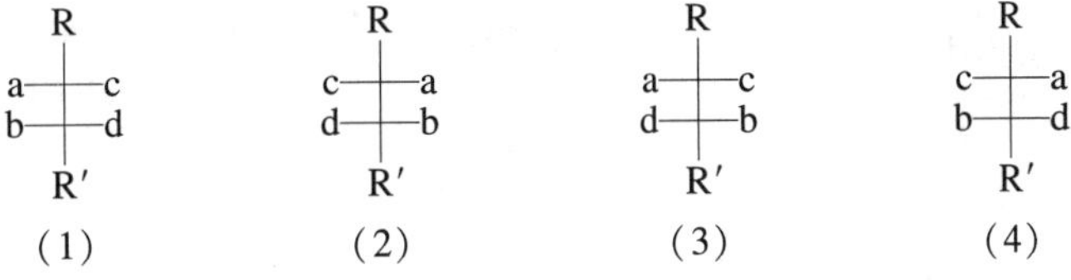

其中(1)和(2)、(3)和(4)为对映体，而(1)和(3)、(4)，(2)和(3)、(4)分别为非对映体。非对映体是构造相同，不为镜像又不能重叠的 1 对异构体。对映体间除旋光方向外，其他物理性质均相同，非对映体间不仅旋光度不同，其他物理性质也不一样。

7. 含 2 个相同手性碳原子的化合物只有 3 个立体异构体，其中包括 1 对对映体和 1 个内消旋体。内消旋体是

指虽有手性碳,但整个分子由于对称而失去手性的分子。最常见的对称因素为对称面和对称中心。

8. 常用费歇尔投影式表示对映异构体。费歇尔投影式的投影原则为:假定手性碳在纸平面上,手性碳原子连有的竖向2个原子或基团在纸平面后方,横向两个原子或基团处于纸平面的前方,在横竖两线的交点处代表手性碳原子。

9. 常用 *R*、*S* 标记手性分子中手性碳原子的构型。其方法为:首先依据次序规则排列手性碳上4个原子或基团的优先次序(假设 a>b>c>d),然后在最小原子或基团 d 的对面观察 a→b→c 的排列顺序,顺时针排列为 *R* 型,逆时针排列为 *S* 型。

10. 2个或2个以上环碳原子上分别连有不同原子或基团的环烷烃有顺反异构体,这些顺反异构体如没有对称因素,则一般存在对映异构体。

5-2 解题示例

【例1】 下列结构式中,哪些与化合物(A)完全一样?哪些为(A)的对映体?哪些为(A)的非对映体?

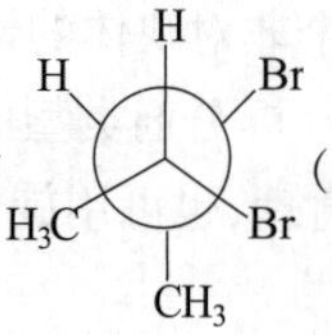

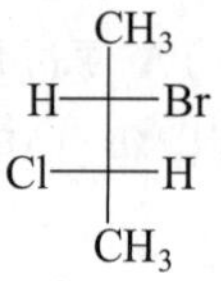

(1) 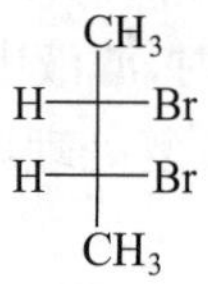 (2) 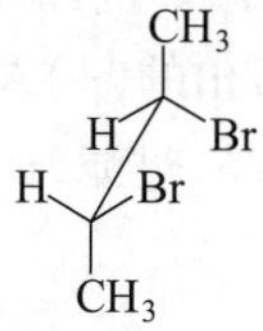 (3) 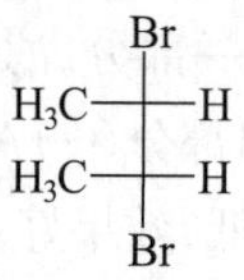 (4)

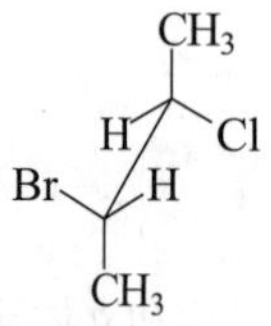

(5) 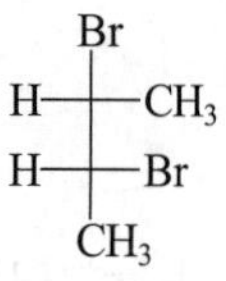 (6) 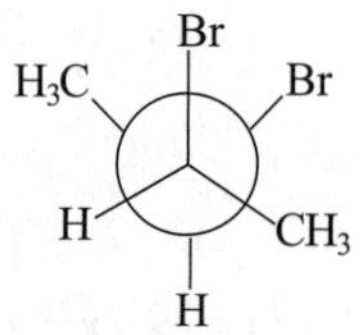 (7) 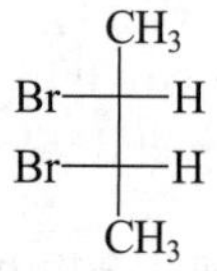 (8)

解:判断两个结构间的关系,首先应看其构造是否完全一样,在构造相同的情况下,再比较它们的构型。构造、构型均相同,为同一化合物;构造相同,分子中每个手性碳(即分子的局部)的构型均相反,为对映体;构造相同,分子中手性碳的构型不完全相同或相反,为非对映体。

本题给出的化合物(A)为(2*R*,3*S*)-2,3-二溴丁烷,为内消旋体,因此,化合物(2)、(4)、(8)均与(A)相同,均为内消旋体;化合物(1)、(5)为非对映体关系,但它们的构造与(A)不一样;化合物(3)、(6)、(7)为同一化合物,它们与化合物(A)及化合物(2)、(4)、(8)为非对映体关系。

【例2】 用 *R*、*S* 标明下列化合物的构型:

(1) 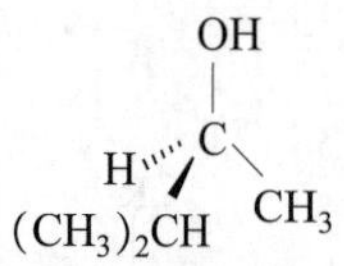 (2) 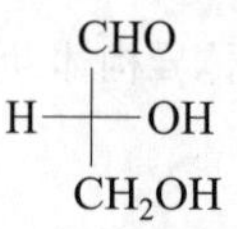 (3)

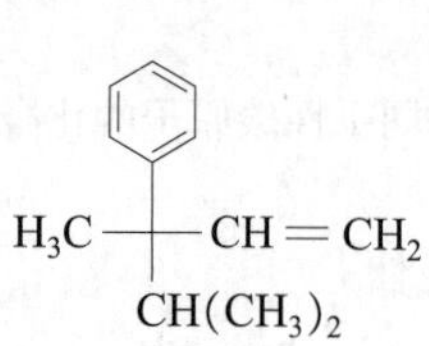

(4) 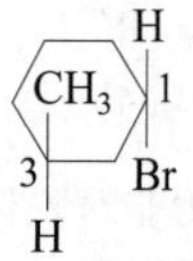 (5)

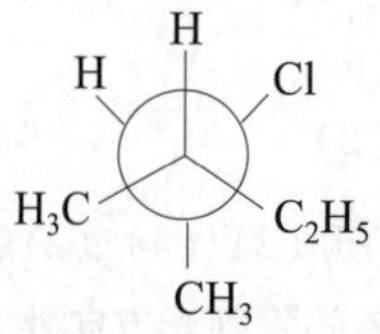

解:用 *R*、*S* 标明化合物构型时,首先应找出化合物中所有的手性碳,再分别标记所有手性碳的构型。本题中所给5个化合物,化合物(4)、(5)含2个手性碳,其余含1个手性碳。

用 R、S 标记手性碳构型的顺序是：排列手性碳上所连 4 个原子或基团的优先次序；从最小原子或基团的对面观察其他 3 个原子或基团由大到小的排列顺序，顺时针排列为 R，逆时针排列为 S。

化合物(1)中最小基团 H 在纸平面后方，此时只要直接观察 $OH \to CH(CH_3)_2 \to CH_3$ 的排列顺序，因是逆时针排列，故为 S 型。

化合物(2)、(3)最小基团在横线上，代表它们在纸平面的前方，要从纸平面的后方观察比较麻烦。此时可用一种比较简便的方法，即在最小基团的同一侧观察其余原子或基团由小到大的排列顺序，顺时针为 R，逆时针为 S；或观察由大到小的排列顺序，顺时针为 S，逆时针为 R。故化合物(2)为 R 型，化合物(3)为 S 型。

化合物(4)中碳原子 3 上 4 个原子或基团的优先次序为 $CH_2CHBr > CH_2CH_2 > CH_3 > H$，故为 S 型。标记碳原子 1 时，如从 H 的对面观察较为困难，此时可从 H 的同侧观察，标记方法同(2)、(3)，为 S 构型。因此，化合物(4)的名称为(1S,3S)-1-溴-3-甲基环己烷。因分子有手性，故不能称为反-1-溴-3-甲基环己烷。

化合物(5)两个手性碳均为 S 型。

标记化合物构型时一定要有空间想象能力。

【例 3】 有 3 种化合物(1)、(2)、(3)，在下列 4 种情况中，哪些是有旋光性的？

$$\begin{array}{ccc} & CH_3 & \\ Cl & - & H \\ H & - & Cl \\ & CH_3 & \\ & (1) & \end{array} \qquad \begin{array}{ccc} & CH_3 & \\ H & - & Cl \\ Cl & - & H \\ & CH_3 & \\ & (2) & \end{array} \qquad \begin{array}{ccc} & CH_3 & \\ H & - & Cl \\ H & - & Cl \\ & CH_3 & \\ & (3) & \end{array}$$

第一种情况：(1)单独存在；

第二种情况：(2)和(3)的等量混合物；

第三种情况：(3)单独存在；

第四种情况：(1)(2)(3)三者等量混合物。

解：化合物(1)和(2)为对映体，(3)为内消旋体，因此(1)单独存在时有旋光性，(3)单独存在时无旋光性。(2)与(3)等量混合时只体现(2)的特性，故有旋光性。(1)(2)(3)三者等量混合时，(3)为内消旋体，(1)与(2)为外消旋体，故该等量混合物没有旋光性。

【例 4】 某旋光性的烃 A，分子式为 C_6H_{12}，A 能被 $KMnO_4$ 氧化，亦能被催化氢化得 C_6H_{14}(B)，B 无旋光性，试推测 A、B 的结构。

解：根据分子式及能被催化加氢和被氧化，提示 A 为烯烃，B 为烷烃。A 有旋光性，为手性分子，最常见的情况是分子中含碳碳双键，因经氢化后旋光性消失，提示分子中烯基和烷基含碳数相同。根据分子式及上述提示，化合物 A 及 B 的结构式为

$$A 为 \begin{array}{ccc} & CH{=}CH_2 & \\ H & - & CH_3 \\ & CH_2CH_3 & \end{array} \quad 或 \quad \begin{array}{ccc} & CH{=}CH_2 & \\ CH_3 & - & H \\ & CH_2CH_3 & \end{array} \qquad B 为 CH_3CH(C_2H_5)_2$$

如将 A 写成 $\underset{\displaystyle CH_3}{CH_2{=}CH\underset{|}{C}HCH_2CH_3}$ 则不够严谨。

5-3 习题

1. 举例说明下列各项：

(1) 对映体　(2) 手性分子　(3) 手性碳原子　(4) S 构型

(5) 外消旋体　(6) 内消旋体　(7) 非对映体　(8) 对称面

2. 将下列化合物中的手性碳原子用星号标出，并写出它们的 2 个对映体。

(1) $CH_3CH_2CHDCH(CH_3)_2$　(2) $CH_3CH_2CHClCH{=}CH_2$

(3) 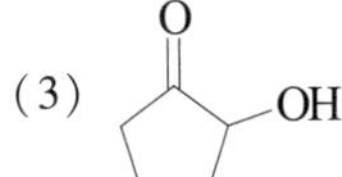

(4) 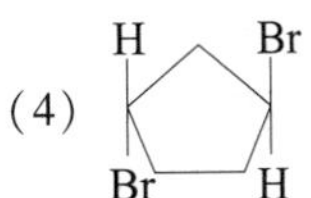

3. 下列化合物有无手性？如有，写出对映体；如无，指出有哪种对称因素。

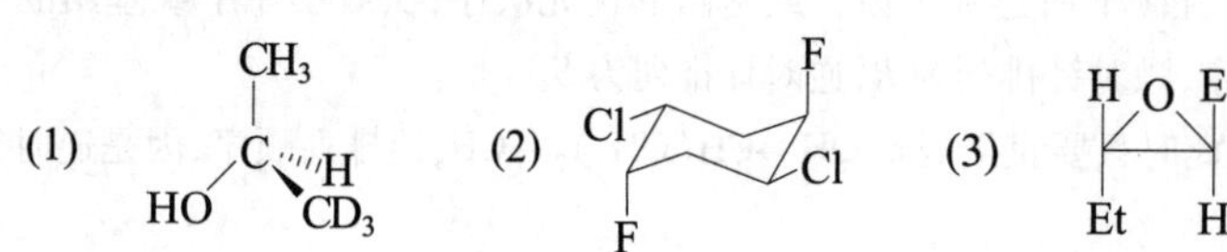

(4) CH_3; Br—H; Br—H; CH_3　(5) H_3C H　(6) COOH H; H COOH

(7) Me; HO; Me; H; OH; H　(8) CH_3; H—Cl; Br—H; H—Cl; CH_3

4. 用 R、S 构型标记法标记下列化合物的构型:

(1) CH_3; C; C_2H_5; HO; COOH　(2) Br; H; CH_3; H_5C_2; H; OH　(3) $CH{=}CH_2$; Cl—H; $CH(CH_3)_2$

(4) CH_3; Br—H; H—OH; CH_3　(5) OH; H; Cl; H　(6) COOH; HO; COOH; H; OH; H

5. 指出下列各组化合物之间的关系(相同、对映体还是非对映体):

(1) COOH; H—NH_2; C_6H_5　　C_6H_5; H—NH_2; COOH　(2) CH_3; H—Cl; CH_2CH_3　　H; Cl—CH_3; CH_2CH_3

(3) CH_3; H—Cl; H—OH; CH_3　　CH_3; H—OH; Cl—H; CH_3　(4) H; H; CH_3; H; CH_3; Br　　H; H; Br; H; H; C_2H_5

6. 写出下列化合物所有可能的构型异构体:

(1) O; Br; HO　　(2) $CH_3CH{=}CHCHClCH_3$

7. 有下列 4 个立体异构体:

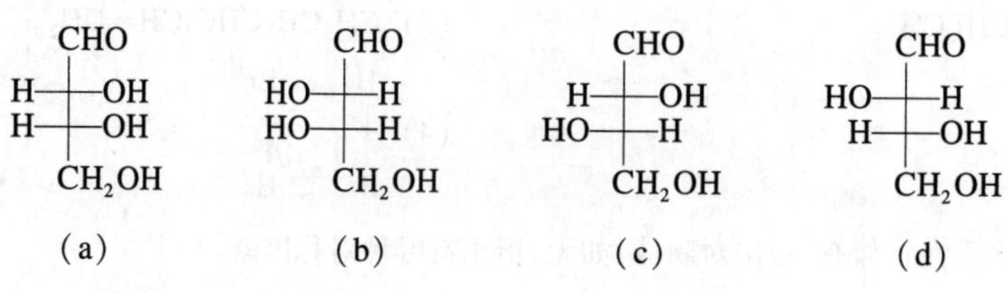

(1) 它们是否都有旋光性?

(2) 它们的等量混合物是否有旋光性?

(3) 用 *R*、*S* 标记(a)的构型。

8. 分别写出 1-氯-2-甲基环丙烷及 1,2-二甲基环己烷的立体异构体。

9. 写出(1*R*,2*R*,4*R*)-1-氯-2-乙基-4-甲基环己烷的结构,画出其优势构象。

6 芳　烃

芳烃是芳香族碳氢化合物的简称。最初人们将一些从天然产物中得到的有特殊香气的化合物通称为**芳香化合物**(**aromatic compounds**)。

从该类化合物的碳氢比看出,它们是高度不饱和的化合物,但它们异常稳定,一般条件下不易发生加成和氧化反应,却易发生取代反应。芳香族化合物所具有的这种特性称**芳香性**(**aromaticity**)。后来人们发现,具有芳香性的化合物通常都含有苯环,于是人们将苯及含有苯环结构的化合物称为芳香族化合物。但随后发现,有一些不含苯环结构的化合物亦有芳香性,这种芳烃称**非苯芳烃**(**non benzenoid hydrocarbon**,见第 14 章)。本章主要讨论含苯环结构的烃类化合物。

苯系芳烃按其结构可分为:

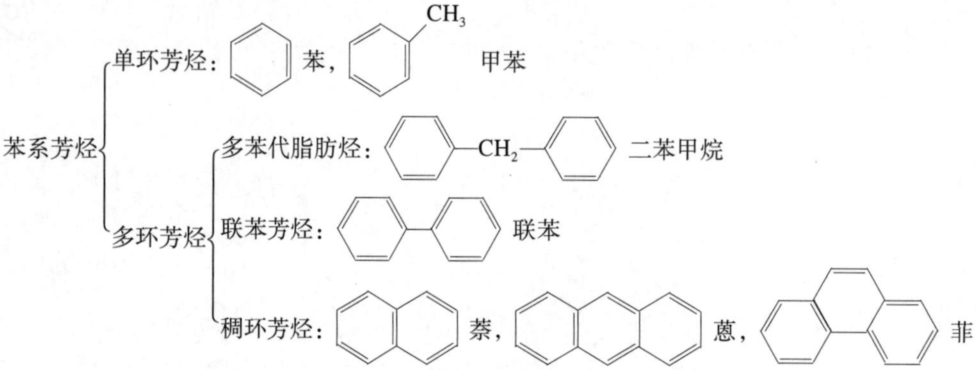

苯系芳烃
- 单环芳烃:苯,甲苯(CH_3)
- 多环芳烃
  - 多苯代脂肪烃:二苯甲烷(CH_2)
  - 联苯芳烃:联苯
  - 稠环芳烃:萘,蒽,菲

6.1　苯的结构

6.1.1　凯库勒式

苯是无色液体,bp. 80 ℃,分子式为 C_6H_6。苯分子中 6 个碳和 6 个氢的结合方式曾引起许多化学家的兴趣。1865 年德国化学家凯库勒(Kekulé,1829—1896)提出了一个天才的设想:苯分子具有环状结构。他认为,苯的结构是一个对称的 6 元碳环,每个碳原子上都连有 1 个氢原子,环上存在 3 个间隔的双键,以满足碳原子的 4 价要求。凯库勒将苯的结构表示为:

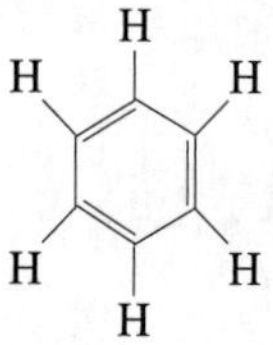

H H H H H H　或简写为

凯库勒式能够解释苯的一些性质,如苯催化加氢可生成环己烷,苯的一元取代物只有一种。因此,凯库勒式当时被人们普遍接受。但是凯库勒式不能解释以下一些现象:

(1) 凯库勒式中含有 3 个双键,但在一般条件下,苯不易发生加成和氧化反应,反而容易发生取代反应。

(2) 根据凯库勒式,苯的邻位二元取代物应有 2 种(如下所示),但实际上只有 1 种。

因此,凯库勒式还不够完善。

6.1.2 现代价键理论对苯分子结构的描述

用现代物理方法测定苯的结构,结果表明:苯分子是平面正六边形,6 个碳和 6 个氢处于同一平面上;苯分子中所有碳碳键的键长相等,均为 0.140 nm,比烷烃中的碳碳单键(0.154nm)短,而比烯烃中的碳碳双键(0.134 nm)长;键角均为 120°。如图 6-1(a)所示。

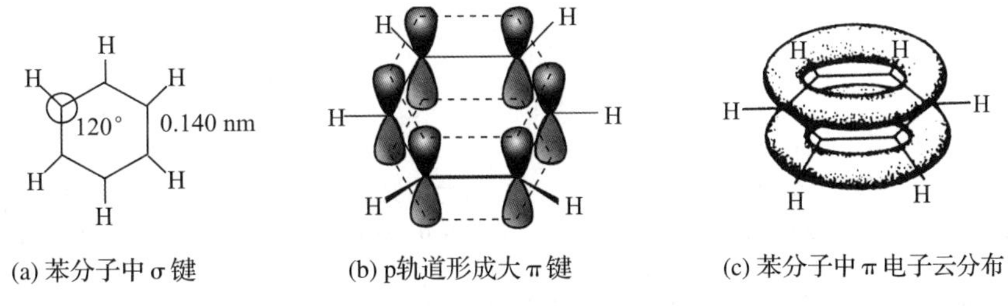

(a) 苯分子中 σ 键　(b) p轨道形成大 π 键　(c) 苯分子中 π 电子云分布

图 6-1　苯的分子结构

杂化轨道理论认为,苯分子中的每个碳原子都是 sp^2 杂化的,相邻的 2 个碳原子之间以 sp^2 杂化轨道沿着轨道对称轴的方向重叠,形成 6 个 C—C σ 键,构成 1 个六元环。同时,每个碳上余下的 1 个 sp^2 杂化轨道与氢原子的 1s 轨道形成 6 个 C—H σ 键,这些 σ 键都在同一平面上,σ 键之间的夹角为 120°。此外,每个碳原子上还有 1 个未杂化的 2p 轨道,6 个 p 轨道均垂直于环平面且相互平行。这样,6 个 p 轨道之间相互侧面重叠,形成一个包含 6 个碳原子的环状闭合的大 π 键,称为芳香六隅体或芳香大 π 键。如图 6-1(b)所示。苯环的 π 电子云分布在环平面的上下,π 电子高度离域,完全平均地处在这个闭合 π 轨道中,如图 6-1(c)所示。结果,键长平均化,体系能量降低,使苯分子具有特殊的稳定性,不易发生加成和氧化反应,却易发生取代反应。

虽然凯库勒式不能表达出苯的结构特点,但至今仍然被采用,亦可用 表示苯的结构。

6.1.3 共振论对苯分子结构的描述

共振论认为,苯的真实结构是多个极限式的共振杂化体。在苯的多个正六边形的极限式中,以下 2 个是贡献最大的极限式,故苯的极限结构通常用(a)和(b)表示。

(a)　⟷　(b)

由于共振,使苯分子中的碳碳键没有单、双键之分,键长平均化,6 个碳碳键键长完全相等。共振的结果,使苯的能量比假想的环己-1,3,5-三烯低 150.5 kJ/mol,两者之间的这一能量差称**共振能(resonance energy)**。因此,苯表现出特殊的稳定性。

6.2 苯及其同系物的同分异构和命名

6.2.1 同分异构

苯的一元取代物只有一种。苯的二元或多元取代物,因取代基在环上的相对位置不同,或取代基的碳链构造不同,就会产生异构体。如乙基苯与二甲基苯为同分异构体,环上有两个取代基时,亦可用邻或 *o*(ortho)、间或 *m*(meta)、对或 *p*(para)表示其位置。例如:

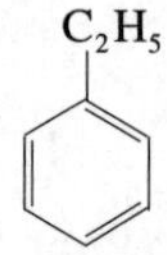

C_2H_5 CH_3 CH_3 CH_3 CH_3 CH_3 CH_3

乙基苯
ethylbenzene

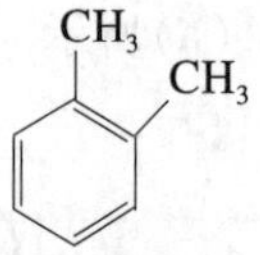

1,2-二甲苯
邻二甲苯(*o*-二甲苯)
o-dimethylbenzene

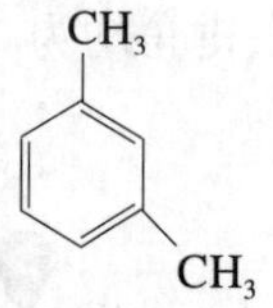

1,3-二甲苯
间二甲苯(*m*-二甲苯)
m-dimethylbenzene

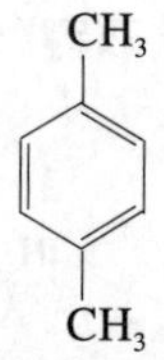

1,4-二甲苯
对二甲苯(*p*-二甲苯)
p-dimethylbenzene

随着苯环上烃基的增大,同分异构体的数目亦将增加。

6.2.2 常见取代基

芳香烃中少1个氢原子而形成的基团称为芳香基或**芳基(aryl)**,简写作 Ar— ;苯去掉1个氢原子而形成的基团称为**苯基(phenyl)**,简写作 C_6H_5— 或 Ph—;甲苯分子中的甲基上去掉1个氢原子而形成的基团 C_6H_5—CH_2— 称为**苄基(benzyl)**,简写作 $C_6H_5CH_2$— 或 Bn—。

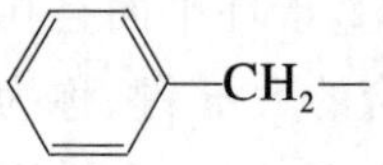

6.2.3 命名

苯的同系物命名时,一般以苯环为母体,将烃基作为取代基,称某烃基苯("基"字一般省略),在英文名称中还保留了一些俗名。例如:

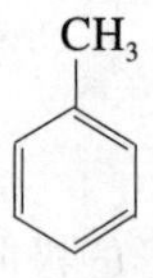

CH_3 $CH_2CH_2CH_3$ CH_3 Cl CH_3 H_3C CH_3

甲苯
toluene(俗名)

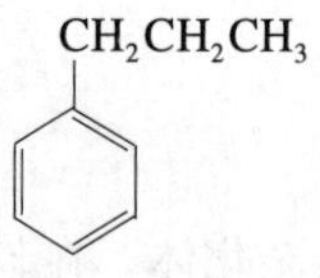

正丙苯
n-propylbenzene

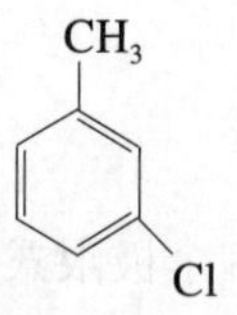

3(间)-氯甲苯
3(*m*)-chlorotoluene

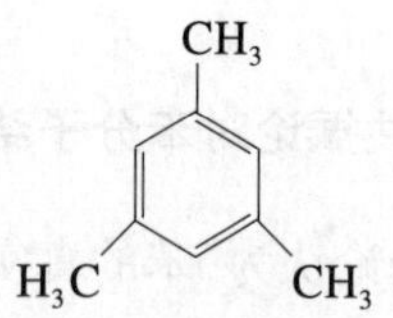

1,3,5-三甲苯(均三甲苯)
mesitylene(俗名)

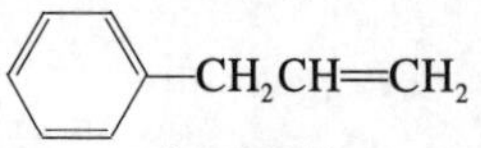

—$CH_2CH{=}CH_2$ —$CH{=}CH_2$ —$C{\equiv}CH$

烯丙基苯
allylbenzene

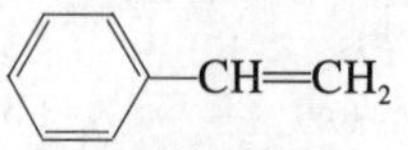

苯乙烯
styrene(俗名)

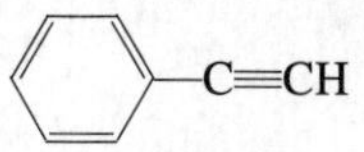

苯乙炔
phenyl acetylene

当烃基较复杂时,可将苯环作为取代基来命名,例如:

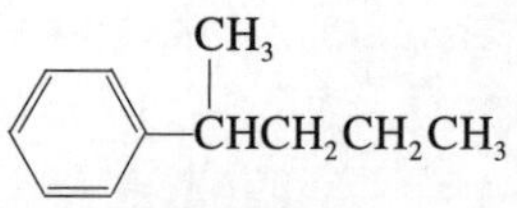

—$CH(CH_3)CH_2CH_2CH_3$ —$CH(CH_3)$—$CH{=}C(CH_3)_2$

2-苯基戊烷
2-phenyl pentane

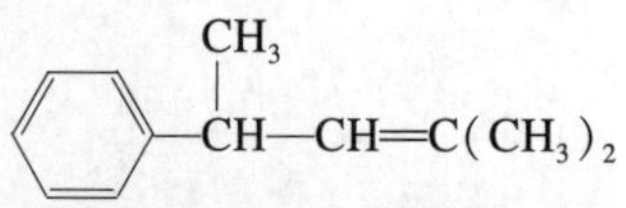

2-甲基-4-苯基戊-2-烯
2-methyl-4-phenylpent-2-ene

6.3 苯及其同系物的物理性质

苯及其同系物多为液体,比水轻,不溶于水,都具有特殊的香气,是许多有机物的良好溶剂。但它们的蒸气有毒,尤其是苯,长期吸入苯蒸气,对造血器官及神经系统造成损坏,使用时应加以注意。

苯及其一些同系物的物理常数见表 6-1。

表 6-1 苯及其同系物的物理常数

化合物名称	熔点/℃	沸点/℃	密度/(g·cm^{-3})
苯(benzene)	5.5	80.1	0.876 5
甲苯(methylbenzene)	−95	110.6	0.866 9
邻二甲苯(*o*-dimethylbenzene)	−25.2	144.4	0.880 2
间二甲苯(*m*-dimethylbenzene)	−47.9	139.1	0.864 2
对二甲苯(*p*-dimethylbenzene)	−13.2	138.4	0.861 0
1,2,3-三甲苯(*vic*-trimethylbenzene)	−15	176.1	0.894 2
1,2,4-三甲苯(*unsym*-trimethylbenzene)	−57.4	169.4	0.875 8
1,3,5-三甲苯(*sym*-trimethylbenzene)	−52.7	164.7	0.865 1
乙苯(ethylbenzene)	−94.9	136.2	0.866 7
正丙苯(propylbenzene)	−99	159.2	0.862 0
异丙苯(isopropylbenzene)	−96.9	152.4	0.861 7
苯乙烯(phenylethene)	−31	145	0.907 4
苯乙炔(phenylethyne)	−45	142	0.929 5

6.4 苯及其同系物的化学性质

从苯的结构已知,与 σ 键相比,苯环平面上下的 π 电子云结合较疏松,因此,在反应中,苯环可充当电子源,与缺电子的亲电性试剂发生反应。苯环有特殊的稳定性,反应中总是保持苯环的结构,不易发生加成反应(与烯烃不同),而发生**亲电性取代反应(electrophilic substitution reaction)**。

另外,受苯环影响,其烷基侧链还易发生卤代反应及氧化反应。

6.4.1 苯环上的反应

1. 苯环上的亲电性取代反应

(1) 卤代反应

在三卤化铁的催化下,苯与卤素发生**卤代反应(halogenation)**,苯环上的氢被卤原子取代,生成卤代苯,同时放出卤化氢。例如:

$$C_6H_6 + Cl_2 \xrightarrow[55\sim60\ ℃]{FeCl_3} C_6H_5\text{—}Cl + HCl$$

$$C_6H_6 + Br_2 \xrightarrow[\triangle]{FeBr_3} C_6H_5\text{—}Br + HBr$$

卤素的活性次序是 $F_2>Cl_2>Br_2>I_2$。卤代反应不能用于氟代物和碘代物的制备。

烷基苯的卤代反应比苯容易发生,且主要得到邻位和对位取代产物。例如:

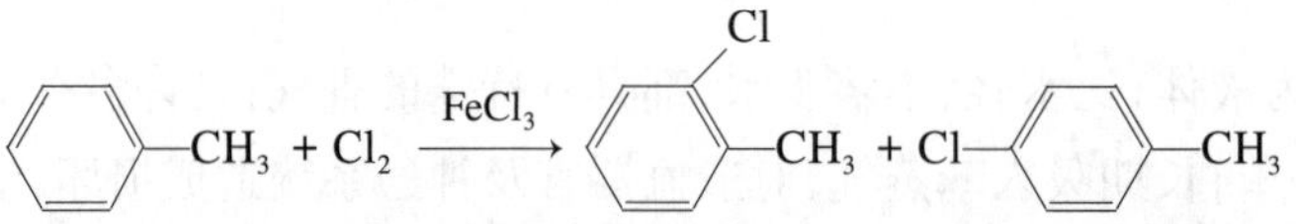

$$C_6H_5-CH_3 + Cl_2 \xrightarrow{FeCl_3} o\text{-}ClC_6H_4-CH_3 + Cl-C_6H_4-CH_3(p)$$

邻氯甲苯　对氯甲苯

(2) 硝化反应

苯与浓硝酸和浓硫酸的混合物(通常称混酸)发生**硝化反应(nitration)**,苯环上的氢被硝基取代生成硝基苯。例如:

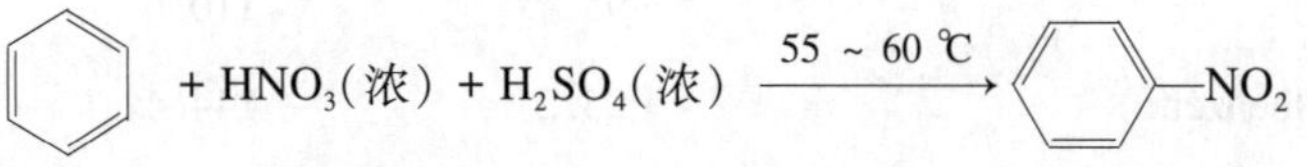

$$C_6H_6 + HNO_3(浓) + H_2SO_4(浓) \xrightarrow{55 \sim 60\ ℃} C_6H_5-NO_2$$

硝基苯

烷基苯的硝化反应比苯容易进行,主要生成邻位和对位取代物。例如:

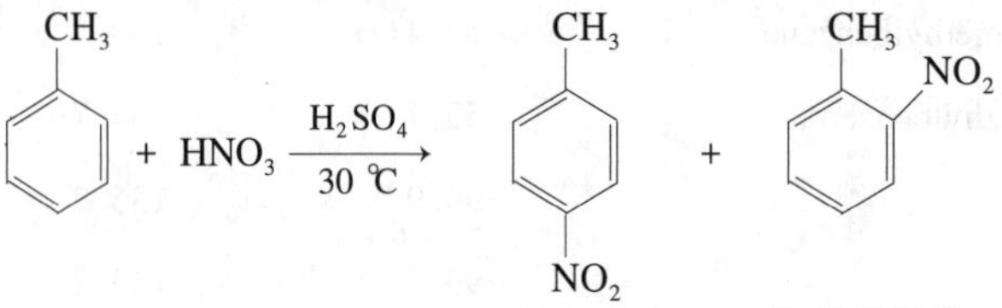

$$C_6H_5CH_3 + HNO_3 \xrightarrow[30\ ℃]{H_2SO_4} p\text{-}CH_3C_6H_4NO_2 + o\text{-}CH_3C_6H_4NO_2$$

对硝基甲苯　邻硝基甲苯

硝基苯的硝化反应比苯难,需要发烟硝酸和浓硫酸的混合物作硝化剂,需要更高的反应温度,且主要生成间二硝基苯:

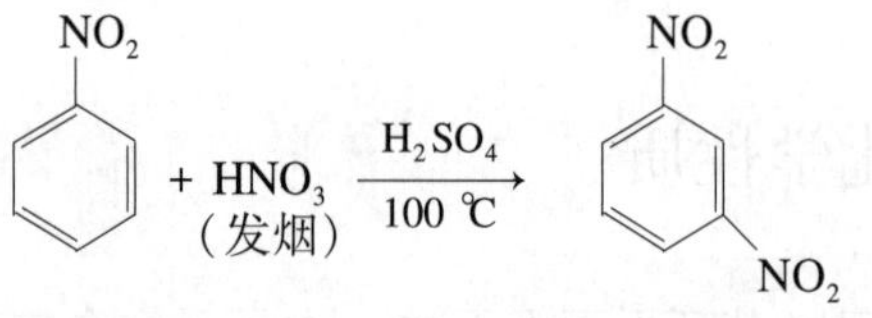

$$C_6H_5NO_2 + HNO_3(发烟) \xrightarrow[100\ ℃]{H_2SO_4} m\text{-}C_6H_4(NO_2)_2$$

间二硝基苯

从上述反应实例可以看出,在进行上述取代反应时,苯环上原有的取代基(常称为**定位基,orienting group**)不仅决定了反应的难易,还决定着新的取代基团进入的位置,我们称这种效应为**定位效应(orientation effect**,详见 6.5)

苯的卤代反应及硝化反应均为亲电取代反应,现以苯的硝化反应为例,讨论苯环上亲电取代反应的机理。

当苯用混酸硝化时,混酸中的硝酸从酸性更强的硫酸中接受 1 个质子,形成质子化的硝酸,后者脱去 1 分子水,形成硝酰正离子:

$$H-O-NO_2 + HOSO_2OH \rightleftharpoons H-\overset{+}{O}(H)-NO_2 + HSO_4^-$$

$$H-\overset{+}{O}(H)-NO_2 + H_2SO_4 \rightleftharpoons \overset{+}{N}O_2 + H_3O^+ + HSO_4^-$$

硝酰正离子

硝酰正离子具亲电性，它进攻苯环，从 π 体系中获得两个 π 电子，形成碳正离子中间体，也称为 σ-配合物。σ-配合物中苯环的封闭共轭体系被破坏，能量高，不稳定，很容易脱去 1 个质子恢复成能量低的苯环结构，生成硝基苯。

$$C_6H_6 + \overset{+}{N}O_2 \xrightarrow{慢} [\sigma\text{-配合物}] \xrightarrow[快]{-H^+} C_6H_5NO_2$$

σ-配合物

以上两步反应中，形成 σ-配合物的第一步是反应速率决定步骤。通过凝固点的测定和光谱分析证实，混酸中有硝酰正离子的存在，这为证实硝化反应的机理提供了有力的证据。

苯环上的其他亲电性取代反应均经历了相同的反应历程。如在苯的卤代反应中，首先缺电子的三卤化铁与卤分子络合，促使卤分子异裂。接着带正电荷的卤原子 X^+ 与富电子的苯环作用，形成 σ-配合物，最后在 FeX_4^- 的作用下，碳正离子中间体失去一个质子而生成卤苯（具体过程略）。

$$X_2 + FeX_3 \rightleftharpoons X^+ + FeX_4^-$$

（3）磺化反应

苯和浓硫酸或发烟硫酸共热，发生**磺化反应（sulfonation）**，苯环上的氢被磺酸基取代，生成苯磺酸：

$$C_6H_6 + H_2SO_4 \rightleftharpoons C_6H_5\text{—}SO_3H + H_2O$$

苯磺酸

磺化反应是可逆的，如将苯磺酸与稀硫酸一起加热，可以使苯磺酸失去磺酸基变成苯。

烷基苯比苯容易发生磺化反应，主要生成对位取代物。例如：

$$C_6H_5\text{—}CH_3 \xrightarrow[35\ ℃]{H_2SO_4,SO_3} H_3C\text{—}C_6H_4\text{—}SO_3H + o\text{-}CH_3C_6H_4SO_3H$$

对甲基苯磺酸（主）　邻甲基苯磺酸（少）

苯磺酸的磺化反应则较难，需发烟硫酸作磺化剂，并在高温下进行，生成间苯二磺酸：

$$C_6H_5SO_3H \xrightarrow[200\sim245\ ℃]{发烟\ H_2SO_4} m\text{-}C_6H_4(SO_3H)_2$$

间苯二磺酸

（4）傅瑞德尔-克拉夫茨反应

在催化剂存在下，芳环上的氢被烃基或酰基（RCO—）取代的反应称**傅瑞德尔-克拉夫茨反应（Friedel-Crafts reaction）**，简称傅-克反应或 F-C 反应。傅-克反应分为**傅-克烷基化反应**和**傅-克酰基化反应**。

① 傅-克烷基化反应

在无水三氯化铝存在下，苯与卤代烷反应，苯环上的氢被烷基取代生成烷基苯，同时放出卤化氢。

例如:

$$\text{C}_6\text{H}_6 + C_2H_5Br \xrightarrow[0\sim25\ ℃]{\text{无水}\ AlCl_3} C_6H_5\text{—}C_2H_5 + HBr$$

除了用卤代烷外,还可用烯或醇在酸催化下发生烷基化反应。除三氯化铝外,反应中还可用三氟化硼、氟化氢、硫酸、磷酸等作催化剂。例如:

$$C_6H_6 + CH_3CH{=}CH_2 \xrightarrow{HF,0\ ℃} C_6H_5\text{—}CH(CH_3)_2$$

异丙苯

傅-克烷基化反应中常伴随重排产物。例如:

$$C_6H_6 + CH_3CH_2CH_2Cl \xrightarrow[0\ ℃]{AlCl_3} C_6H_5\text{—}CH(CH_3)CH_3 + C_6H_5\text{—}CH_2CH_2CH_3$$

重排产物(主) 65% ~ 69%　　未重排产物(次) 30% ~ 35%

这主要是由于1-氯丙烷与三氯化铝作用先生成丙基正离子(1):

$$CH_3CH_2CH_2Cl \xrightarrow{AlCl_3} CH_3CH_2\overset{+}{C}H_2 + AlCl_4^-$$

(1)

伯碳正离子(1)很易重排成较稳定的仲碳正离子(2):

$$CH_3\underset{\underset{H}{|}}{C}H\text{—}\overset{+}{C}H_2 \xrightarrow{\text{重排}} CH_3\overset{+}{C}HCH_3$$

(2)

仲碳正离子(2)与苯进行反应,形成σ-配合物后再脱H^+,得到异丙苯(过程略)。

在傅-克烷基化反应中,碳正离子重排是普遍现象。

② 傅-克酰基化反应

在三氯化铝等催化剂存在下,苯与酰卤或酸酐反应,苯环上的氢被酰基取代,生成芳酮,此反应称傅-克酰基化反应,这是苯环上引入酰基制备芳酮的重要方法。例如:

$$C_6H_6 + CH_3\text{—}\overset{\overset{O}{\|}}{C}\text{—}Cl \xrightarrow[\triangle]{AlCl_3} C_6H_5\text{—}\overset{\overset{O}{\|}}{C}\text{—}CH_3 + HCl$$

乙酰氯　　苯乙酮

$$C_6H_6 + (CH_3CH_2\overset{\overset{O}{\|}}{C})_2O \xrightarrow{AlCl_3} C_6H_5\text{—}\overset{\overset{O}{\|}}{C}\text{—}CH_2CH_3 + CH_3CH_2\overset{\overset{O}{\|}}{C}\text{—}OH$$

丙酸酐　　苯丙酮

在酰基化反应中,碳链不会发生重排,因此在合成某些直链烷基苯时,可用间接的方法,即先酰化,然后再用适当方法还原得到相应的烷基苯(见10.4.3)。例如:

$$C_6H_6 + CH_3CH_2COCl \xrightarrow{AlCl_3} C_6H_5COCH_2CH_3 \xrightarrow[\text{盐酸}]{Zn-Hg} C_6H_5CH_2CH_2CH_3$$

苯环上有强的吸电子基如硝基(NO_2)时,不能发生傅-克反应。含 NH_2(R)等取代基的化合物因呈碱性,能与三氯化铝等酸性催化剂生成盐,因此,这些基团的存在亦会影响傅-克反应的正常进行。

2. 加成反应

苯环是稳定的,一般不易发生加成反应,但在特殊条件下可发生加氢和加卤素的反应。如:

$$C_6H_6 + H_2 \xrightarrow[200\ ℃,\text{加压}]{Ni} C_6H_{12}$$

$$C_6H_6 + 3Cl_2 \xrightarrow[50\ ℃]{\text{紫外光}} C_6H_6Cl_6$$

六氯化苯

六氯化苯简称六六六,是老一代杀虫剂,因污染环境,现已很少应用。

3. 氧化反应

苯在高温和催化剂存在下被氧化生成顺丁烯二酸酐,其反应式为:

$$C_6H_6 + O_2 \xrightarrow[400\sim500\ ℃]{V_2O_5} C_4H_2O_3$$

顺丁烯二酸酐

6.4.2 烷基苯侧链的反应

1. 侧链的氧化

苯环很稳定,在通常情况下,不易被氧化。但烷基苯用强氧化剂如高锰酸钾、重铬酸钾等氧化时,氧化主要发生在侧链上,烷基被氧化成羧基。例如:

$$C_6H_5CH_3 \xrightarrow[H^+,\triangle]{KMnO_4} C_6H_5COOH$$

苯甲酸

烷基苯的侧链无论多长(只要与苯环直接相连的碳上有氢),烷基都被氧化成羧基。例如:

$$C_6H_5-CH_2CH_2CH_3 \xrightarrow[\triangle]{KMnO_4} C_6H_5-COOH \xleftarrow[\triangle]{KMnO_4} C_6H_5-CH(CH_3)_2$$

2. 侧链上的卤代反应

在光照或高温条件下,烷基苯与卤素反应时,α-碳原子上的氢被卤素取代,如:

$$C_6H_5-CH_3 \xrightarrow[\text{紫外光}]{Cl_2} C_6H_5-CH_2Cl \xrightarrow[\text{紫外光}]{Cl_2} C_6H_5-CHCl_2 \xrightarrow[\text{紫外光}]{Cl_2} C_6H_5-CCl_3$$

氯(化)苄　　二氯甲基苯　　三氯甲基苯

反应一般得混合物,如控制好条件,可得以某一产物为主的氯化物。工业上可利用此反应生产氯苄和三氯甲基苯。

如果侧链超过两个碳原子,卤素优先取代 α-碳上的氢原子。烷基苯的 α-氢被溴化时常用 NBS 作溴化剂,反应能在缓和的条件下进行。

$$C_6H_5-CH_2CH_3 \xrightarrow[h\nu]{Br_2} C_6H_5-\underset{\displaystyle Br}{\underset{|}{C}}HCH_3 \xleftarrow[\text{过氧化物}]{NBS} C_6H_5-CH_2CH_3$$

苯环侧链上的 α-氢为什么容易被卤代呢? 这与反应机理有关。上述反应属自由基型取代反应,反应中有苄基自由基生成。现以甲苯的氯代反应为例说明:

$$Cl-Cl \xrightarrow[\triangle]{} 2\dot{Cl}$$

$$C_6H_5-CH_3 + \dot{Cl} \longrightarrow C_6H_5-\dot{C}H_2 + HCl$$

苄基自由基

$$C_6H_5-\dot{C}H_2 + Cl-Cl \longrightarrow C_6H_5-CH_2Cl + \dot{Cl} \rightarrow \text{继续反应}$$

在苄基自由基中,孤电子所占据的 p 轨道可与苯环的 π 轨道重叠,存在 p-π 共轭体系,该体系中电子离域程度大(图 6-2)。因此,苄基自由基较稳定,在反应中易生成,有利于氢被卤素取代。

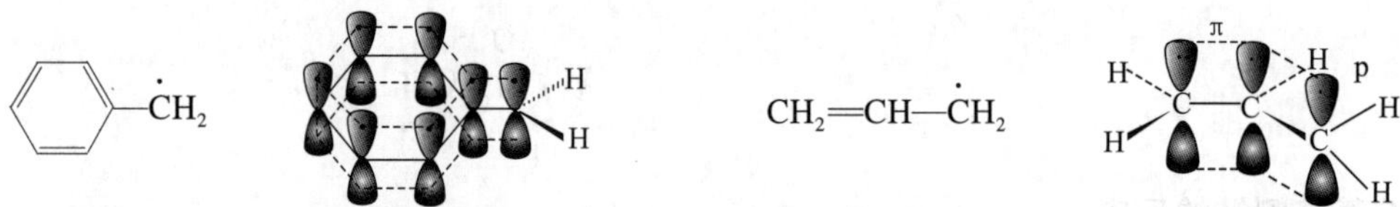

图 6-2　苄基自由基的结构　　　　图 6-3　烯丙基自由基的结构

从烯烃一章中(见 3.5.3)已知,烯丙位的氢也较活泼,这也是因为烯丙基自由基(见图 6-3)较稳定。但由于其电子离域范围不如苄基自由基大,因此它的稳定性比苄基自由基小。现将已讨论过的几种自由基的稳定性次序归纳如下:

$$C_6H_5-\dot{C}H_2 > CH_2=CH-\dot{C}H_2 > (CH_3)_3\dot{C} > (CH_3)_2\dot{C}H > CH_3\dot{C}H_2 > \dot{C}H_3$$

6.5　芳环上亲电性取代反应的定位效应

从理论上讲,一取代苯再进行亲电性取代反应,新引进的基团可进入原取代基的邻、间、对位,生成 3 种异构体。如果仅从进攻的概率测算(假设进入各个位置的概率均等),邻位异构体应占 40%,间位异构体应占 40%,对位异构体应占 20%。

可实际情况往往不是这样。以硝化反应为例:

$$C_6H_6 \xrightarrow[50\sim60\ ℃]{HNO_3, H_2SO_4} C_6H_5-NO_2$$

$$\text{C}_6\text{H}_5\text{CH}_3 \xrightarrow[30\ ℃]{HNO_3, H_2SO_4} \text{o-}CH_3C_6H_4NO_2 + \text{p-}CH_3C_6H_4NO_2 + \text{m-}CH_3C_6H_4NO_2$$

62%　　33%　　5%

$$\text{C}_6\text{H}_5\text{NO}_2 \xrightarrow[100\ ℃]{\text{发烟 } HNO_3, H_2SO_4} \text{o-}C_6H_4(NO_2)_2 + \text{p-}C_6H_4(NO_2)_2 + \text{m-}C_6H_4(NO_2)_2$$

6%　　1%　　93%

可以看出,甲苯硝化主要生成邻位和对位取代产物,且反应比苯容易;硝基苯硝化主要生成间位取代产物,且反应比苯困难。磺化、卤化等反应也有类似的规律。可见,第二个取代基进入的位置与亲电试剂的类型无关,仅与环上原有取代基(定位基)的性质有关,受环上原有取代基的控制。

6.5.1 定位基的分类

在总结大量实验事实的基础上,人们将定位基大致分为两类。

第一类定位基——邻、对位定位基。邻、对位定位基大部分使苯环活化(卤素除外),也就是说,使取代反应容易进行;新取代基主要进入其邻位和对位(邻位产物+对位产物>60%)。

常见的邻、对位定位基有:

$-\ddot{N}R_2$　$-\ddot{N}HR$　$-\ddot{N}H_2$　$-\ddot{O}H$　$-\ddot{O}R$　$-\ddot{N}HCOR$　$-\ddot{O}COR$　$-R$　$-\ddot{X}$

从结构上看,邻、对位定位基与苯环直接相连的原子都具有未共用电子对(烷基除外)。

第二类定位基——间位定位基。间位定位基一般使苯环钝化,也就是说,使亲电取代反应较难进行,新取代基主要进入其间位(间位产物>40%)。

常见的间位定位基有:

$-\overset{+}{N}R_3$　$-NO_2$　$-C\equiv N$　$-SO_3H$　$-\overset{O}{\overset{\|}{C}}-H(R)$　$-\overset{O}{\overset{\|}{C}}-OH(R)$

从结构上看,间位定位基与苯环直接相连的原子上一般具有重键或正电荷。

这两类定位基定位能力的强弱次序见表 6-2。

表 6-2　常见的邻、对位定位基和间位定位基及其对苯的活性的影响

邻、对位定位基	对活性的影响	间位定位基	对活性的影响
$-NH_2(R)$, $-OH$	强活化	$-NO_2$, $-CF_3$, $-\overset{+}{N}R_3$	很强的钝化
$-OR$, $-NHCOR$, $-OCOR$	中等活化	$-SO_3H$, $-C\equiv N$	强钝化
$-R$, $-Ar$, $-CH=CR_2$	弱活化	$-\overset{O}{\overset{\|}{C}}-H(R)$, $-COOH(R)$	较强钝化
$-X$, $-CH_2Cl$	弱钝化		

6.5.2 定位效应的理论解释

为什么第一类定位基一般使苯环活化,新取代基主要进入其邻、对位,而第二类定位基使苯环钝化,新取代基主要进入其间位呢?这与苯环上亲电取代反应的机理密切相关。

从前述已知,亲电取代反应的两步机理中,形成碳正离子中间体(σ-配合物)的第一步是反应速率的决定步骤。碳正离子中间体越稳定,反应越容易进行。

形成的碳正离子稳定性与原有取代基(即定位基)的性质有关。

若定位基(用 G 代表)的存在对环上正电荷有分散作用,则对碳正离子中间体有稳定作用,与苯相比,取代反应容易进行,即有活化苯环的作用,反之,则使取代反应较难进行,即钝化了苯环。

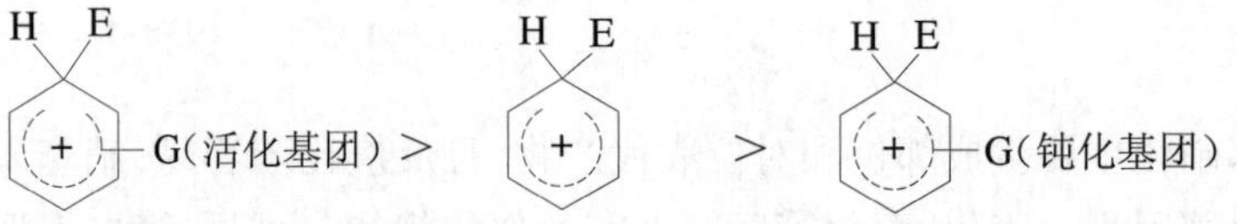

G(活化基团) > > G(钝化基团)

现以甲基、羟基及硝基为例简单解释定位效应。

1. 甲基

甲基是供电子基,它对环上正电荷有分散作用,对碳正离子中间体有稳定作用,故使取代反应容易进行,即有活化苯环的作用。

甲苯在亲电取代反应中生成的三种碳正离子的结构可用共振式表示为:

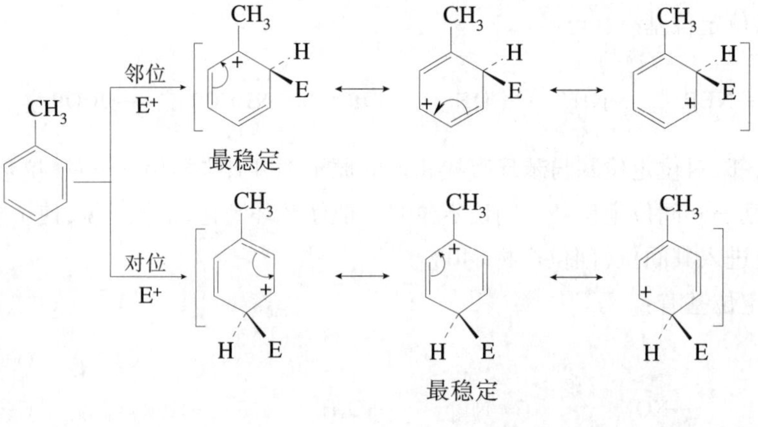

邻位 E^+ 最稳定

对位 E^+ 最稳定

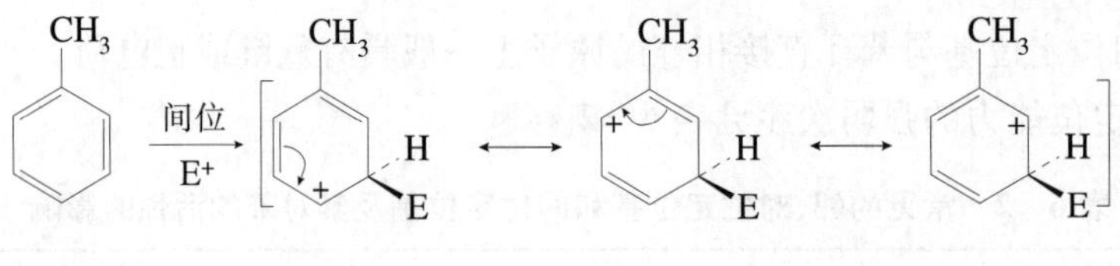

间位 E^+

在邻位和对位取代的中间体的共振杂化体中,都有 1 个特别稳定的极限式。在这两个极限式中,甲基与带正电荷的碳直接相连,它对碳正离子的稳定作用最大。由它们参与形成的共振杂化体比间位的稳定。因此,邻、对位反应速率较间位快,产物相对比例就大。

2. 羟基

羟基是一个强的邻、对位定位基。由于氧的电负性比碳大,故羟基对苯环有吸电子诱导效应($-I$),但氧上的 p 轨道(其中有一对未共用电子)可与苯环上的 π 轨道形成 p-π 共轭体系,氧上的一对未共用电子向苯环转移,产生供电子共轭效应($+C$)。这两种方向相反的电性效应的总的结果是共轭效应占了主导地位,使碳正离子活性中间体的稳定性增高,苯环活化。

苯酚在亲电取代反应中生成的三种碳正离子的共振式可表示为：

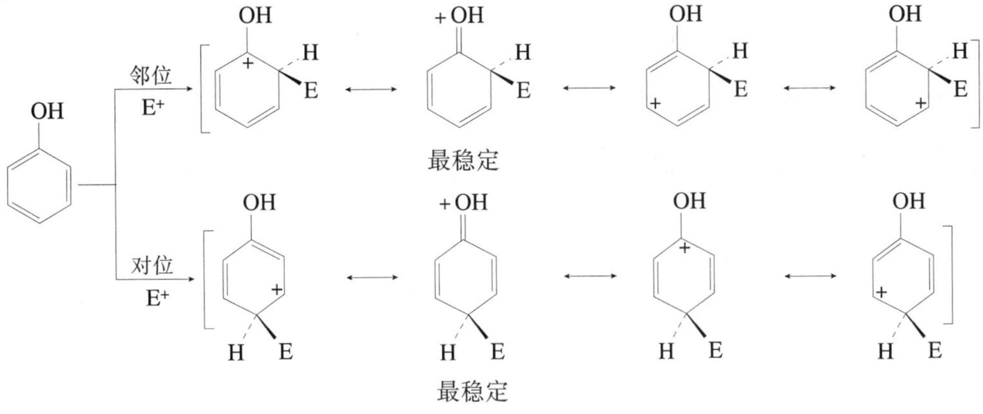

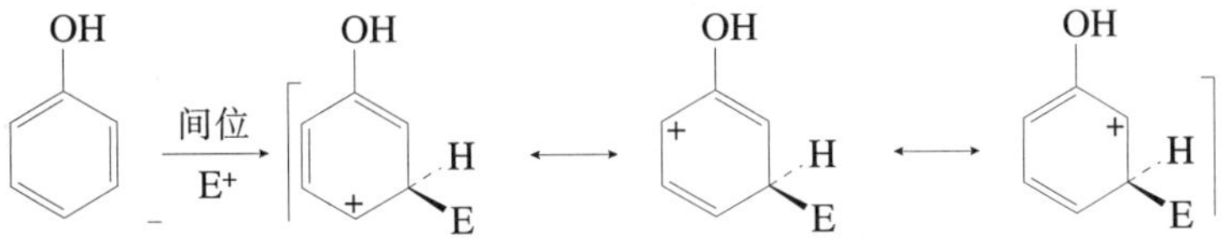

最稳定

最稳定

邻、对位取代的中间体各有四个共振极限式，而且各有一个极限式特别稳定，此种极限式中所有原子(除氢外)都形成八隅体，对共振杂化体的贡献最大，由它们参与形成的共振杂化体比间位取代的中间体稳定；间位取代的中间体只有三个共振极限式，而且不存在上述那种特别稳定的极限式。因此，邻、对位取代反应速率比间位快，产物的相对比例就多，所以，羟基是活化苯环的邻、对位定位基。

其他具有未共用电子对的基团(除卤素)如—NH_2(R)、—OR、—NHCOR 等和羟基有类似的作用。

3. *硝基*

硝基是吸电子基，它的存在使碳正离子中间体的正电荷更加集中，更不稳定，故取代反应难以进行，即硝基有钝化苯环的作用。

硝基苯在亲电取代反应中产生的 3 种碳正离子中间体的共振杂化体可分别表示为：

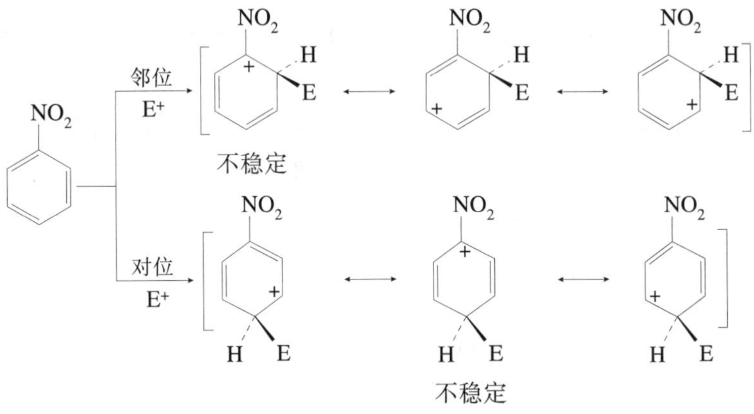

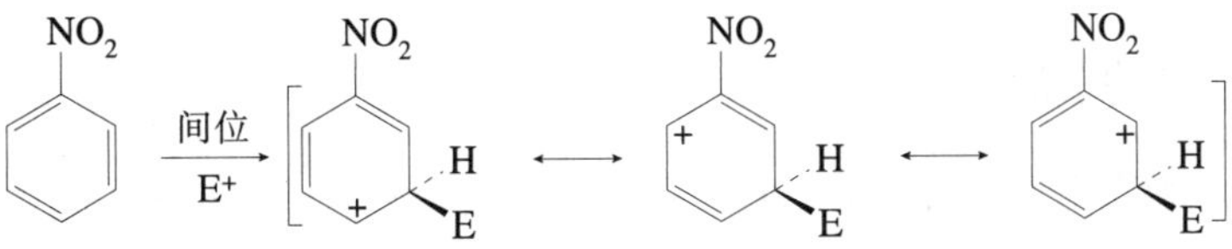

不稳定

不稳定

在邻位和对位中间体中，都有 1 个特别不稳定的极限式，在这两个极限式中，吸电子的硝基与带正电荷的碳直接相连(而在间位取代物中间体中无此共振结构),由它们参与形成的共振杂化体的稳定性不如间位。因此,间位反应速率相对较快,产物比例大。其他第二类定位基也有类似的作用。

卤素的情况比较特殊,它是钝化苯环的邻、对位定位基,原因从略。

6.5.3 二取代苯的定位效应

二取代苯再进行亲电取代反应时,第三个取代基进入苯环的位置取决于环上原有取代基的综合效应。一般说来,可能会出现以下几种情况。

1. 两个取代基的定位效应一致

两个取代基的定位效应一致时,第三个取代基主要进入它们共同确定的位置。例如,以下几例中,箭头表示取代基主要进入的位置:

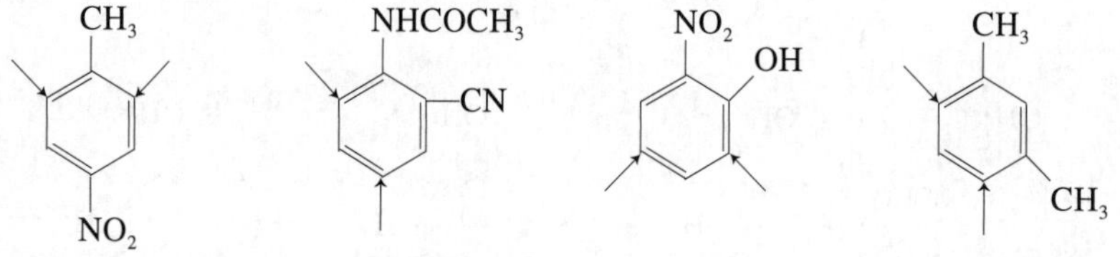

CH_3　NO_2　$NHCOCH_3$　CN　NO_2　OH　CH_3　CH_3

有时也受到其他因素(如空间位阻)的影响,在最后一个结构式中,2个甲基之间的位置就因位阻较大而难引入新基团。

2. 两个取代基的定位效应不一致

(1) 两个均为邻、对位定位基,第三个取代基进入的位置主要由其中定位效应较强者决定。例如下列两个例子中,①式中,羟基的定位能力比甲基强,②式中,乙酰氨基的定位能力比甲基强,式中箭头表示取代基进入的位置。有关取代基定位能力的强弱参看表6-2。

OH　CH_3　①　　$NHCOCH_3$　CH_3　②

但是要注意,如果2个取代基的定位能力相差不多,第三个取代基进入各个位置的可能性也是差不多的。

(2) 苯环上已有一个邻、对位定位基和一个间位定位基,第三个取代基进入的位置主要取决于邻、对位定位基。例如下例中,箭头所示为第三个取代基进入的位置。

CH_3　NO_2　　OH　CHO

(3) 两个均为间位定位基,一般反应条件高,收率低。

6.5.4 定位效应在合成中的应用

在有机合成中,可利用上述定位效应,设计尽量合理的路线,从而提高效率,以达到降低成本、获得较好经济效益的目的。

例如,从甲苯合成间硝基苯甲酸。从本章烷基苯侧链的反应已知,苯环上的羧基可通过侧链氧化得到，氧化后再硝化时，可利用羧基是间位定位基，使硝基进入间位而得到目的产物间硝基苯甲酸。相反，如果采用先硝化的方法，由于甲基是邻对位定位基，硝基主要进入其邻、对位，再进行氧化时，得不到目的产物。

$$C_6H_5CH_3 \xrightarrow[H^+]{KMnO_4} C_6H_5COOH \xrightarrow[H_2SO_4]{HNO_3} m\text{-}O_2NC_6H_4COOH$$

又如，由苯合成间硝基苯乙酮，由于硝基及乙酰基（CH_3CO—）均为间位定位基，似乎合成时采用先硝化再酰化或先酰化再硝化两种方法均可达到目的。但是，由于苯环上连有强吸电子基团时不能发生傅-克反应，因此，合成目的产物时只能采用先酰化的方法。

$$C_6H_6 \xrightarrow[AlCl_3]{CH_3COCl} C_6H_5COCH_3 \xrightarrow[H_2SO_4]{HNO_3} m\text{-}O_2NC_6H_4COCH_3$$

间硝基苯乙酮

6.6 稠环芳烃

稠环芳烃［**fused（condensed）ring aromatic hydrocarbons**］是由 2 个或 2 个以上的苯环共用 2 个相邻碳原子而形成的多环碳氢化合物。常见的稠环芳烃有萘、蒽、菲。

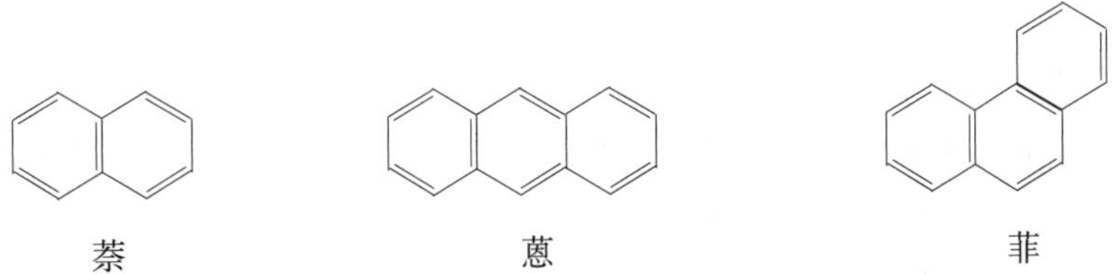

萘　　　　蒽　　　　菲

萘（$C_{10}H_8$）是煤焦油中含量最多的化合物。通过石油的芳构化也可获得萘及多烃基萘。萘为白色晶体，熔点为 80.55 ℃，易升华。蒽（$C_{14}H_{10}$）存在于煤焦油中，可以从分馏煤焦油所得的蒽油馏分中提取。蒽为白色晶体，熔点为 216.2~216.4 ℃。菲（$C_{14}H_{10}$）也存在于煤焦油中，为白色片状晶体，熔点为 101 ℃，易溶于苯和乙醚，溶液发蓝色荧光。

6.6.1 稠环芳烃的命名

萘、蒽、菲的编号如下所示，在萘及蒽环中，1、4、5、8 位是等同的，称作 α 位；2、3、6、7 位也是等同的，称作 β 位。

萘（naphthalene）　　蒽（anthracene）　　菲（phenanthrene）

命名时一般以萘、蒽、菲为母体。一取代萘命名时，可用阿拉伯数字或 α、β 表示取代基位次。多取代萘要用阿拉伯数字表示取代基位次。例如：

NO_2 / NO_2
1,5-二硝基萘
1,5-dinitronaphthalene

Br
9-溴蒽
9-bromoanthracene

Br / O_2N
1-溴-6-硝基菲
1-bromo-6-nitrophenanthrene

6.6.2 萘的结构

萘由2个苯环稠合而成,成键方式与苯类似。它的10个p轨道组成闭合π轨道,π轨道中共有10个π电子(见图6-4),因此萘亦具有芳香性。但萘分子中10个碳原子并不完全相同,4个处于α位,4个处于β位,还有2个是稠合碳原子,所以萘的键长不像苯那样完全平均化(见图6-5)。在化学性质上萘较苯易发生取代、加成和氧化反应。

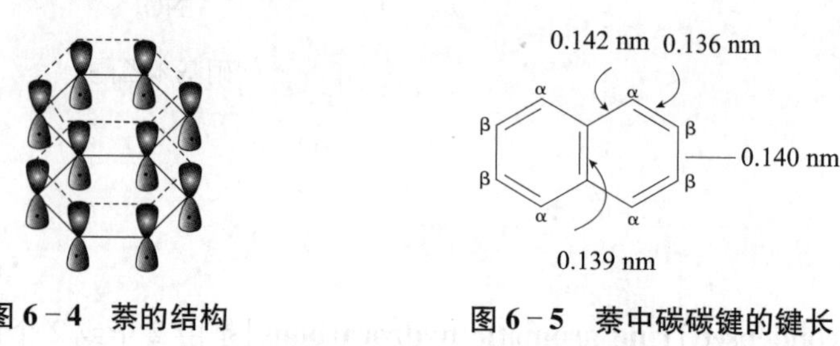

图6-4 萘的结构　　图6-5 萘中碳碳键的键长

6.6.3 萘的化学性质

1. 亲电性取代反应

萘的亲电取代反应活性比苯大,反应条件比较温和,主要生成α-取代物。例如：

NO_2 ← HNO_3 / H_2SO_4 — 萘 — $Br_2(CCl_4)$ → Br

α-硝基萘 95.5%　　α-溴萘 75%

萘的磺化反应较特殊。磺酸基进入萘环的位置受温度的影响较明显,如下所示：

萘 —浓 H_2SO_4→ < 80 ℃ → SO_3H α-萘磺酸 96%

165 ℃ → SO_3H β-萘磺酸 85%

可以发现,萘的亲电取代反应的速率是α位较快。在较低温度时,主要生成α-萘磺酸,这是**动力学控制(kinetic control)**的产物。但在α-萘磺酸分子中,由于磺酸基与8位上的氢具有排斥作用,导致其稳定性不如β-萘磺酸：

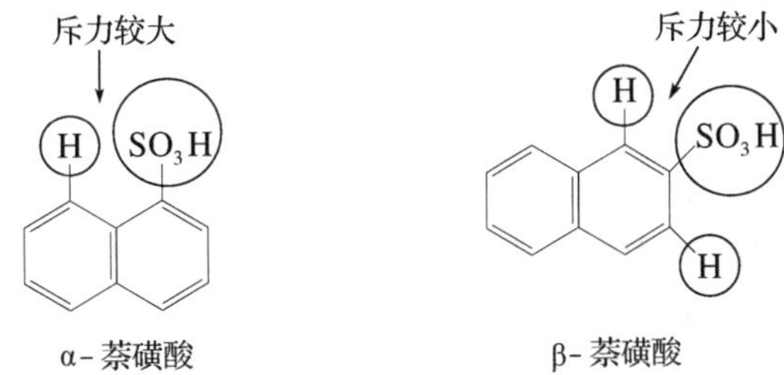

α-萘磺酸　　β-萘磺酸

由于磺化反应是可逆反应，当温度升高时，去磺化速率也加快。可是β-萘磺酸因为其较稳定，其去磺化速率较α-萘磺酸慢。此时，去磺化较快的α-萘磺酸就逐步转变为较稳定的β-萘磺酸，这是**热力学控制(thermodynamic control)**的产物。

当萘环上已有1个取代基后，再进行亲电取代反应时，新引入的基团进入的位置与原有取代基的性质有关。

若原取代基为第一类定位基，则第二个取代基主要进入同环的α-位。例如：

$$\text{1-甲基萘} + HNO_3 \xrightarrow{H_2SO_4} \text{4-硝基-1-甲基萘（主）}$$

$$\text{2-甲基萘} + HNO_3 \xrightarrow{H_2SO_4} \text{1-硝基-2-甲基萘（主）}$$

若原取代基为第二类定位基，则第二个取代基主要进入另一环的5，8位。例如：

$$\text{1-硝基萘} + HNO_3 \xrightarrow{H_2SO_4} \text{1,8-二硝基萘} + \text{1,5-二硝基萘}$$

2. 加成反应和氧化反应

萘比苯容易进行加氢反应，在不同反应条件下可得到不同的还原产物。如：

$$\text{十氢萘} \xleftarrow[Pt]{5H_2} \text{萘} \xrightarrow[200\sim250\ ℃,10\ MPa]{2H_2,Ni} \text{四氢萘}$$

萘比苯容易被氧化，在催化剂五氧化二钒存在下用空气氧化萘，生成邻苯二甲酸酐：

$$2\ \text{萘} + 9O_2 \xrightarrow[400\sim500\ ℃]{V_2O_5} 2\ \text{邻苯二甲酸酐} + 4CO_2 + 4H_2O$$

6.7 休克尔规则

前面已经谈到,苯是由6个sp^2杂化碳原子构成的环状体系,每个碳原子的p轨道侧面重叠形成闭合的共轭体系,有特殊的稳定性,因而具有芳香性。

我们可以将苯看成是一个环状共轭多烯,那么,是不是环状共轭多烯均有芳香性呢?例如,在环丁二烯结构中,组成环的每个碳原子也都是sp^2杂化碳原子,每个碳原子也都有一个p轨道垂直于环状体系。事实表明,环丁二烯很不稳定,不易合成,即使在很低温度下合成出来,温度略高也会聚合,不具有芳香性。同是环状共轭多烯,为什么有的有芳香性,而有的却没有芳香性呢?

环丁二烯

1931年,**休克尔(Erich Hückel,1896—1980)**在研究环状化合物的芳香性时,得出一个结论,称为**休克尔规则(Hückel rule)**:"一个具有平面闭环共轭体系的单环多烯化合物,只有当它的π电子数为$4n+2$($n=0,1,2,\cdots$)时,才可能具有芳香性。"所以根据休克尔规则,定义某个化合物是否有芳香性,必须满足下面4个条件:

① 是一个环状化合物。

② 组成环的原子都在同一平面上。

③ 成环碳原子都有1个p轨道垂直于环平面。

④ π电子数应为$4n+2$,n为整数。

苯是一个环状平面共轭体系,π电子数为6,符合$4n+2$规则,具有芳香性。

萘、蒽、菲可看作是由2个或3个苯环稠合而成的化合物。其中每一个环的π电子数符合$4n+2$规则,整个环周边的π电子数也符合$4n+2$规则,故都有芳香性。

例如,萘的每个环有6个π电子,周边为10个π电子,π电子数符合$4n+2$规则,故有芳香性。而环丁二烯有4个π电子,π电子数不符合$4n+2$规则,故无芳香性。

环辛四烯的π电子数为8,不符合$4n+2$规则,无芳香性。X射线衍射测定结果表明,环辛四烯分子中碳原子不在同一个平面上,它具有一般烯烃的性质。

环辛四烯

环戊二烯的π电子数为4,也不符合$4n+2$规则,而且环中有1个碳原子是sp^3杂化的,它不是环状封闭共轭体系,无芳香性。

环庚三烯的π电子数为6,虽然符合$4n+2$规则,但因有一个环碳原子是sp^3杂化的,故也不是环状封闭共轭体系,也无芳香性。

环戊二烯　　环庚三烯

但环戊二烯、环庚三烯、环辛四烯的正或负离子却有芳香性。环戊二烯负离子是环状封闭共轭体系,π电子数为6,$n=1$,符合$4n+2$规则;环庚三烯正离子中有1个空p轨道,形成了环状封闭共轭体系，π 电子数为 6，符合 $4n+2$ 规则；环丙烯正离子与环庚三烯正离子相似，分子中也有 1 个空 p 轨道，它有 2 个 π 电子，$n=0$，符合 $4n+2$ 规则。

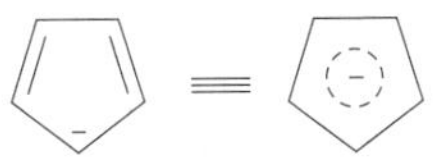

环戊二烯负离子 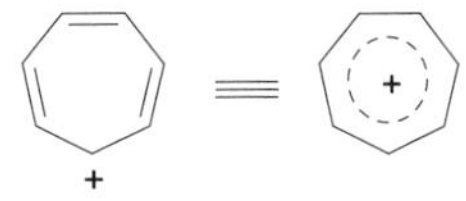　　环庚三烯正离子 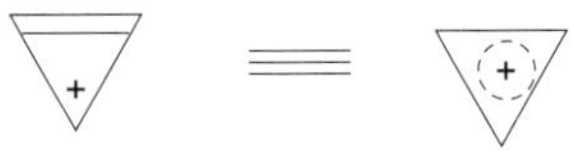　　环丙烯正离子

此外，一些具有交替单双键的单环多烯烃称为**轮烯（annulene）**。关于轮烯的芳香性在此不作讨论。

学 习 指 导

6-1　本章要点

芳烃具有芳香性，所谓芳香性，从化学反应性上讲，是指高度不饱和，但异常稳定，一般条件下不易发生加成和氧化反应，却易发生取代反应。具有芳香性的化合物通常都含有苯环。

苯分子中的 6 个碳原子都是 sp^2 杂化的，除形成 6 个 C—C σ 键及 6 个 C—H σ 键外，6 个碳原子上 6 个未杂化的 p 轨道垂直于苯平面且相互平行重叠，形成一个包含 6 个碳原子的环状闭合的大 π 键，π 电子高度离域，使其具有高度的稳定性。

1. 苯及其同系物的主要反应

苯及其同系物的反应发生在苯环和侧链两个部位，如下所示：

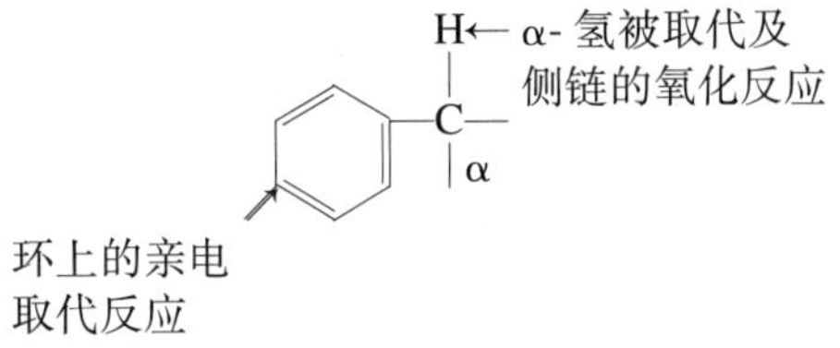

H← α-氢被取代及侧链的氧化反应

α

环上的亲电取代反应

（1）苯环上的亲电取代反应

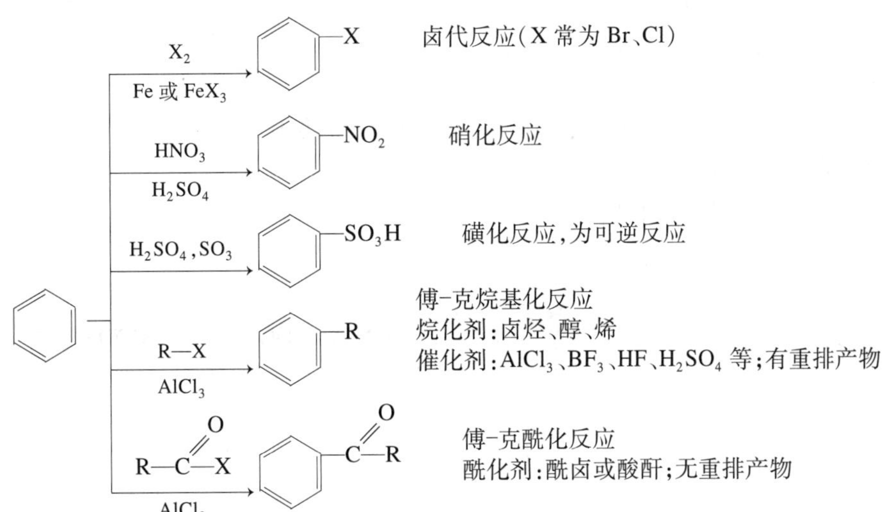

苯环在一定条件下也可发生加成反应和氧化反应。

（2）苯环侧链上的反应

$$C_6H_5COOH \xleftarrow{KMnO_4} C_6H_5-\underset{|}{\overset{H}{\overset{|}{C}}}-\underset{|}{\overset{|}{C}}- \xrightarrow[\text{过氧化物}]{NBS} C_6H_5-\underset{|}{\overset{Br}{\overset{|}{C}}}-\underset{|}{\overset{|}{C}}-$$

侧链卤代反应经过自由基活性中间体。几种自由基的相对稳定性次序为:

$$C_6H_5\dot{C}H_2 > CH_2{=}CH\dot{C}H_2 > (CH_3)_3\dot{C} > (CH_3)_2\dot{C}H > CH_3\dot{C}H_2 > \dot{C}H_3$$

2. 苯环上亲电取代反应的定位效应

(1)当苯环上连有邻、对位定位基时,亲电取代反应比苯容易进行(卤素除外),取代基主要进入其邻、对位。

箭头所示为取代基进入位置

Ⅰ为:$-\ddot{N}R_2$、$-\ddot{N}HR$、$-\ddot{N}H_2$、$-\ddot{O}R$、$-\ddot{N}HCOR$、$-R$、$-\ddot{X}$ 等

(2)当苯环上连有间位定位基时,亲电取代反应比苯难进行,取代基主要进入其间位。

箭头所示为取代基进入位置

Ⅱ为:$-\overset{+}{N}R_3$、$-NO_2$、$-C{\equiv}N$、$-SO_3H$、$-\overset{O}{\overset{\|}{C}}-H(R)$、$-\overset{O}{\overset{\|}{C}}-OH(R)$ 等

3. 萘的主要反应

萘比苯更易发生取代、加成和氧化反应。萘的卤代、硝化反应主要得 α-取代物。萘的磺化得 α 和 β 两种取代物,其比例随温度不同而变化。

萘 $\xrightarrow[H_2SO_4]{HNO_3}$ α-硝基萘(NO_2)

萘 $\xrightarrow[FeBr_3]{Br_2}$ α-溴萘(Br)

萘 $\underset{<\,80\ ℃}{\overset{H_2SO_4}{\rightleftharpoons}}$ α-萘磺酸(SO_3H) $+ H_2O$

萘 $\underset{165\ ℃}{\overset{H_2SO_4}{\rightleftharpoons}}$ β-萘磺酸($-SO_3H$) $+ H_2O$

萘的氧化反应中较重要的是氧化成邻苯二甲酸酐。

4. 休克尔规则

具有平面环状共轭体系的化合物,其 π 电子数符合 $4n+2$ 规则时可能具有芳香性。

6-2 解题示例

【例1】 用箭头表示新引入基团进入苯环的主要位置:

(1) 间氯苯酚(OH、Cl)　(2) 对甲基苯甲酸(CH_3、COOH)　(3) $C_6H_5-C_6H_4-NO_2$　(4) $C_6H_5-COO-C_6H_5$

解:

(1) —OH 及—Cl 都是第一类定位基,两者的定位效应一致,此时新取代基进入的位置为最适宜的位置,如箭头所示。

(2) 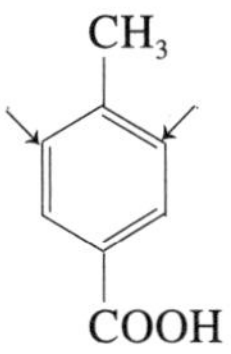 —CH_3 为第一类定位基，—COOH 为第二类定位基，两者的定位效应也一致，新取代基进入的位置如箭头所示。

(3) 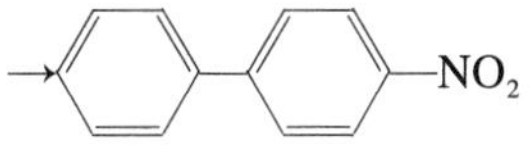 —NO_2 为第二类定位基，苯基有弱活化能力，此时，思路很容易被干扰，可能认为新取代基进入—NO_2 的间位。实际上，右边的苯环已被钝化，因此，新取代基进入的是左边的苯环，如箭头所示。

(4) 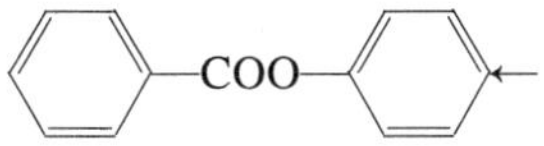 对左边苯环来说，—COOR 为第二类定位基，而对右边的苯环来说，—OCOR 为第一类定位基，因此，新取代基进入的是被活化的右边的苯环，如箭头所示。

【例 2】 以苯与适当的有机和无机试剂合成间硝基苯乙酮。

解：欲合成的目标物的苯环上含有 2 个间位定位基，且两者处于间位。无论先上哪一个基团，再进行亲电取代反应时，第二个基团都进入其间位。

但是，若先引入硝基，再进行傅-克酰化反应时（路线 a），由于硝基苯不能进行傅-克反应，故此条路线行不通。正确路线为 b，如下所示：

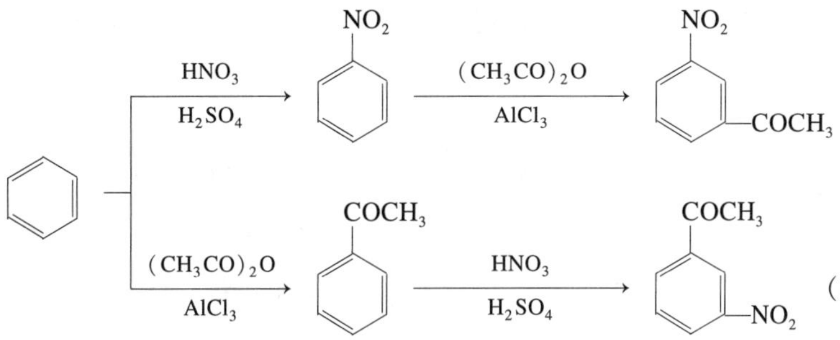

(a) 此条路线行不通

(b)

【例 3】 某不饱和烃 A，分子式为 C_9H_8，它能和 $AgNO_3$ 的氨溶液反应生成白色沉淀。A 催化加氢得 B（C_9H_{12}），B 用酸性高锰酸钾氧化生成酸性化合物 C（$C_8H_6O_4$）。将 C 加热得 D（$C_8H_4O_3$）。若将化合物 A 和丁-1，3-二烯作用得另一不饱和化合物 E。再将 E 催化脱氢生成 2-甲基联苯（ 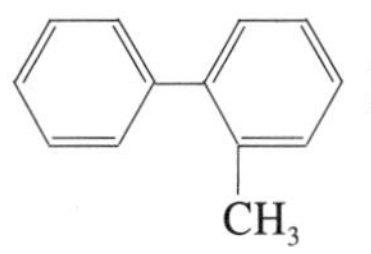 ）。试写出 A→E 的构造式及各步反应式。

解：根据 A 的碳氢比以及 A 可催化加氢，可知 A 结构中含有不饱和键，A 与 $AgNO_3$ 的氨溶液反应生成白色沉淀，提示 A 结构中含有 —C≡C—H 。

题中还给出以下信息：

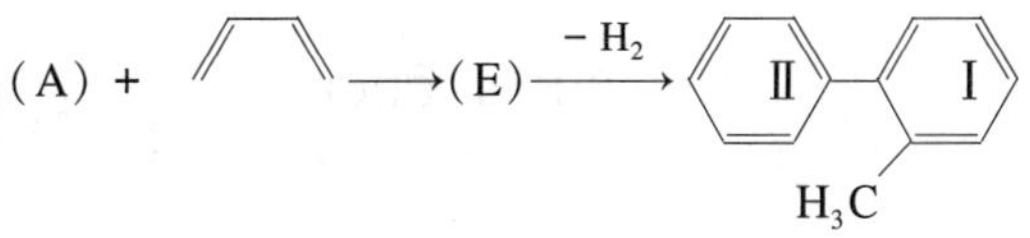

$$(A) + \text{(丁-1,3-二烯)} \longrightarrow (E) \xrightarrow{-H_2} \text{(2-甲基联苯，环 II、环 I)}$$

从此条信息可知，A 分子中含有 1 个苯环 Ⅰ。再从新形成的苯环 Ⅱ 和甲基的位置，推知甲基在乙炔基的邻位。综合上述分析，推知 A 的构造式为 （邻甲基苯基）—C≡CH，B→E 的结构及各步反应如下所示：

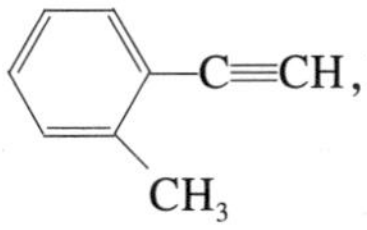

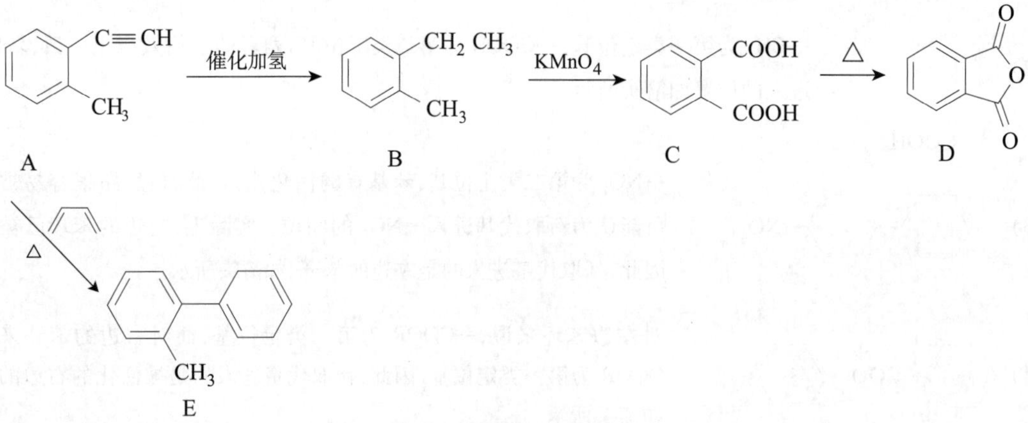

A → (催化加氢) B → ($KMnO_4$) C → (△) D

A → (丁二烯, △) E

【例4】 写出下列反应的主要产物：

(1) 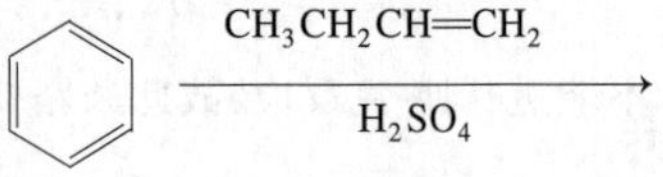 苯 $\xrightarrow[H_2SO_4]{CH_3CH_2CH=CH_2}$　　(2) 邻苯二甲酸酐 + 苯 $\xrightarrow{AlCl_3}$ $\xrightarrow[\triangle]{H_2SO_4}$

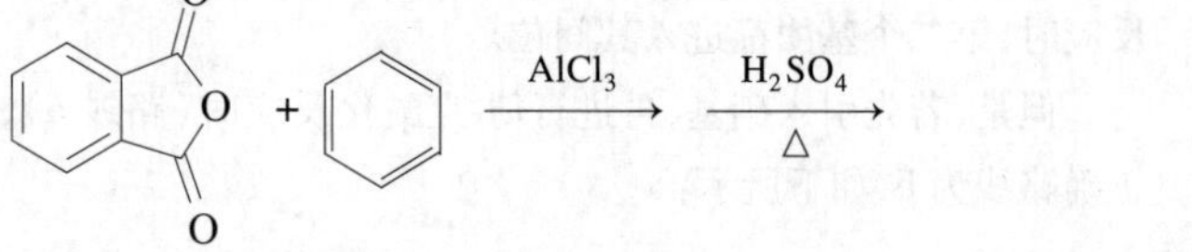

解:第(1)题是傅-克烷基化反应,烷基化剂丁-1-烯在酸的作用下生成碳正离子,该碳正离子与苯发生亲电取代反应得到仲丁基苯：

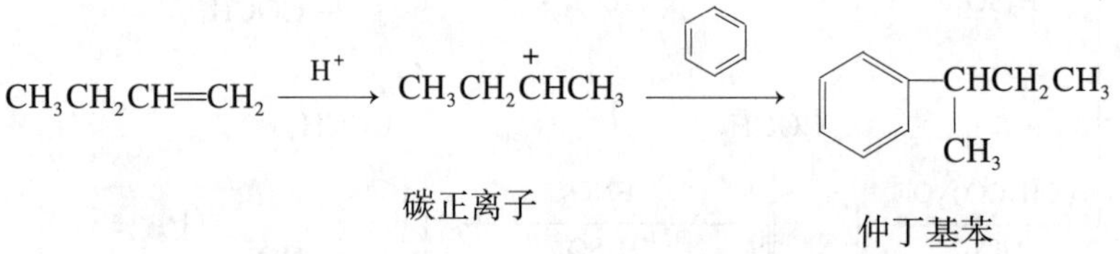

$$CH_3CH_2CH{=}CH_2 \xrightarrow{H^+} CH_3CH_2\overset{+}{C}HCH_3 \xrightarrow{苯} C_6H_5CH(CH_3)CH_2CH_3$$

碳正离子　　仲丁基苯

第(2)题是傅-克酰基化反应,酸酐作为酰基化试剂对苯环进行傅-克酰基化,得到的产物中还含有—COOH,在硫酸作用下,—COOH可继续对苯环再次进行傅-克酰基化：

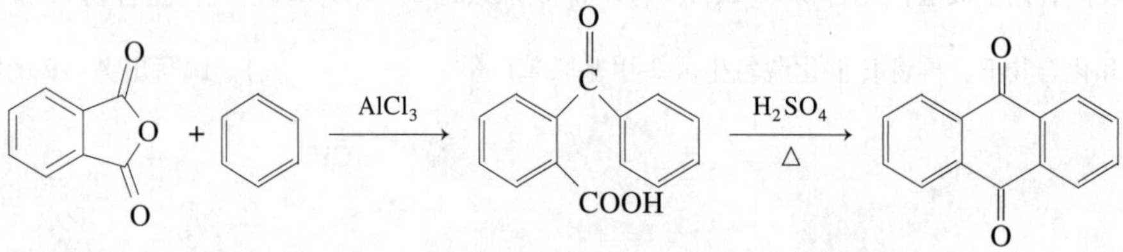

邻苯二甲酸酐 + 苯 $\xrightarrow{AlCl_3}$ 2-苯甲酰基苯甲酸(COOH) $\xrightarrow[\triangle]{H_2SO_4}$ 蒽醌

6-3 习题

1. 命名下列化合物：

(1) 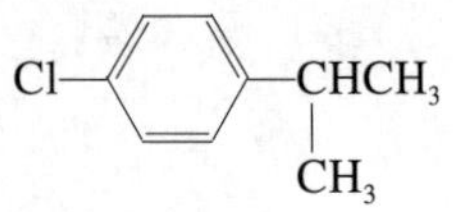 Cl—C_6H_4—$CH(CH_3)CH_3$　(2) 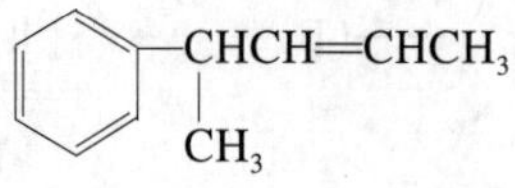 C_6H_5—$CH(CH_3)CH{=}CHCH_3$　(3) 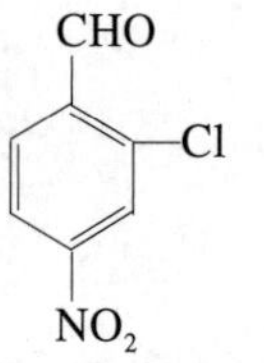 CHO、Cl、NO_2 取代苯

(4) 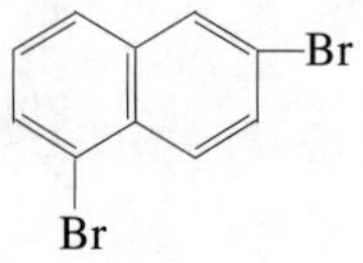 Br、Br 取代萘　(5) 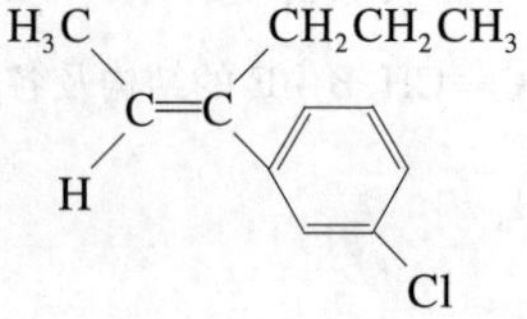 H_3C、H、$CH_2CH_2CH_3$ 取代 C=C,对氯苯基　(6) 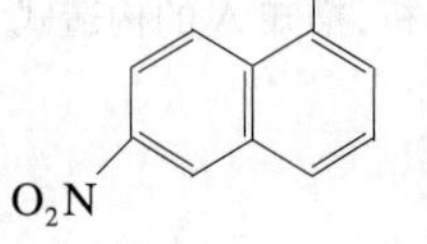 SO_3H、O_2N 取代萘

2. 排列下列自由基稳定性次序：

(1) $C_6H_5\dot{C}HCH_3$　　(2) $(C_6H_5)_2\dot{C}CH_3$　　(3) $CH_2{=}CH\dot{C}HCH_3$　　(4) $CH_3CH_2\dot{C}HCH_3$

3. 完成反应式(写出主要产物或试剂)：

(1) 苯 + $CH_3CH_2CH_2Cl$ $\xrightarrow{AlCl_3}$ ① $\xrightarrow[H^+]{KMnO_4}$ ②

(2) 乙苯(CH_2CH_3) $\xrightarrow[过氧化物]{NBS}$

(3) 邻甲基苯甲醚(OMe, CH_3) $\xrightarrow[H_2SO_4]{HNO_3}$

(4) 对甲基苯乙烯($CH{=}CH_2$, CH_3) $\xrightarrow[\triangle]{KMnO_4/H^+}$ ①；$\xrightarrow{Br_2/CCl_4}$ ②

(5) 苯 + 环戊烯 $\xrightarrow{HF}$

(6) 甲苯(CH_3) $\xrightarrow{①}$ 对甲基苯磺酸(CH_3, SO_3H) $\xrightarrow[FeCl_3]{Cl_2}$ ②

(7) 联苯(CH_2COCl) $\xrightarrow{AlCl_3}$

(8) 1-甲基萘(CH_3) $\xrightarrow{Br_2/FeBr_3}$

4. 某烃 A(C_8H_{10})用高锰酸钾氧化得 B($C_8H_6O_4$)。B 进行硝化反应主要得一种一硝基化合物。试推测 A、B 的结构。

5. 以苯或甲苯为原料合成(无机试剂任选)以下物质：

(1) 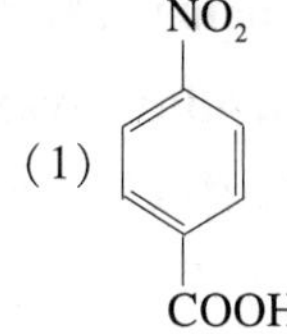

(2) SO_3H, NO_2, CH_3

(3) O_2N—苯环—CH_2—苯环

7 卤代烃

烃分子中一个或几个氢原子被卤原子取代后生成的化合物称为**卤代烃(alkyl halides)**,简称**卤烃(halides)**,可用通式 RX 表示。

7.1 卤代烃的分类和命名

7.1.1 分类

根据卤原子所连的烃基结构的不同,可将卤烃分成饱和卤烃、不饱和卤烃和卤代芳烃。

$RCH_2—X$	$RCH=CH—X$	$C_6H_5—X$
饱和卤烃(卤代烷) saturated halides	不饱和卤烃(卤代烯烃) unsaturated halides	卤代芳烃 arylhalides

在卤代烯烃中有两种重要类型——烯丙型卤代烃和乙烯型卤代烃:

烯丙型卤代烃	乙烯型卤代烃
$CH_2=CHCH_2—X$	$CH_2=CH—X$
$RCH=CHCH_2—X$	$RCH=CH—X$
(卤原子连在α-碳上)	(卤原子直接与双键碳相连)

这两种卤代烃各有自己的特殊结构,它们在化学性质上有极大的差异。

根据卤素所连接的碳原子种类的不同,可将卤烃分成**一级(伯,1°)**、**二级(仲,2°)**、**三级(叔,3°)**卤代烃。

$RCH_2—X$	$R_2CH—X$	$R_3C—X$
一级卤代烃(伯卤代烃,1° 卤烃) a primary alkyl halide	二级卤代烃(仲卤代烃,2° 卤烃) a secondary alkyl halide	三级卤代烃(叔卤代烃,3° 卤烃) a tertiary alkyl halide

根据分子中所含卤原子数目的多少,可将卤烃分成一卤代烃和多卤代烃;根据卤烃分子中卤原子的种类不同,也可将卤烃分为氯代烃、溴代烃、碘代烃等。

7.1.2 命名

IUPAC 系统命名按名称的构词方法主要可分为**官能团类别名(functional class name)**、**取代名(substitutive name)**、**并合名(fusion name)**、**置换名(replacement name)**和**加合名(additive name)**等,其中取代名是表示母体结构骨架原子上或官能团上一个或多个氢被其他原子或基团取代而形成的化合物名称,是现在最主要的命名法。官能团类别名是早期较多采用的命名,现多改用取代名。现以卤烃为例说明。

1. 官能团类别命名法

一卤代烃的官能团类别命名法是由与卤原子相连的烃基后随类别名“卤化物”“溴化物”等而构

成，通常“化物”二字省略。官能团类别命名法只适用于一些简单的卤代烃。例如：

$CH_3CH_2CH_2CH_2Cl$	CH_3CH_2Br	$(CH_3)_3C—Cl$	$C_6H_5CH_2Cl$
（正）丁基氯 *n*-butyl chloride	乙基溴 ethyl bromide	叔丁基氯 *tert*-butyl chloride	苄（基）氯 benzyl chloride

某些多卤代烃常使用俗名。例如：

$CHCl_3$	CHI_3
氯仿 chloroform	碘仿 iodoform

2. 取代命名法

以相应的烃作母体，把卤原子作为取代基，命名的基本原则与一般烃类相同，当取代基种类较多时，应将取代基按英文字母顺序排列。芳烃的卤代物通常以芳烃为母体，适当的时候将卤代芳基作为取代基。例如：

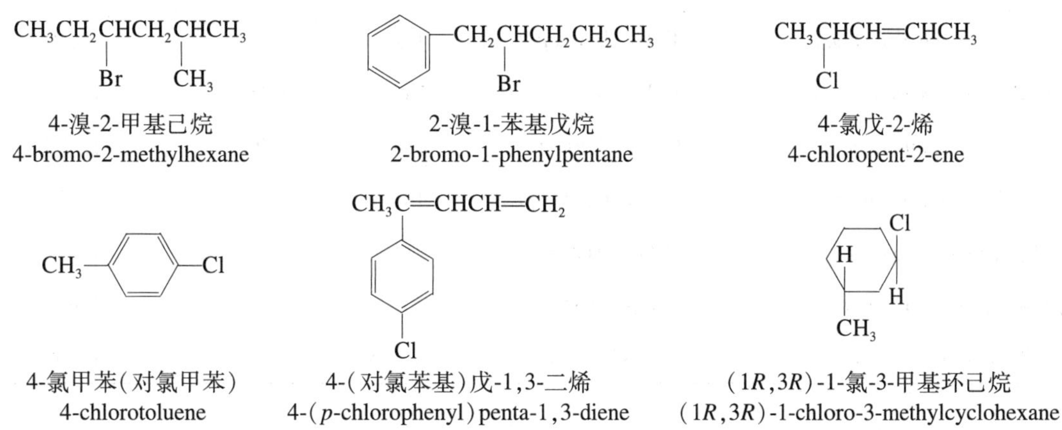

7.2 卤代烃的物理性质

由于C—X键具有较强的极性，使卤代烃分子间的引力增大，从而使卤代烃的沸点升高，相对密度增加。卤代烃的沸点比同数碳的相应烷烃高，在烃基相同的卤代烃中，碘代物的沸点最高，氟代烃的沸点最低。在室温下，除氟甲烷、氟乙烷、氟丙烷、氯甲烷、溴甲烷是气体外，常见的卤代烃为液体，15碳以上的卤代烃为固体。

一卤代烃的密度大于碳原子数相同的烷烃，随着碳原子数的增加，这种差异逐渐减小。分子中卤原子增多，密度增大。

所有卤烃都不溶于水而易溶于有机溶剂中。表7-1是一些卤烃的物理常数。

表7-1　一些卤代烃的物理常数

化合物名称	结构式	沸点/℃	熔点/℃	相对密度（液态）
氯甲烷（chloromethane）	CH_3Cl	−23.7	−97	0.920
溴甲烷（bromomethane）	CH_3Br	4.6	−93	1.732
碘甲烷（iodomethane）	CH_3I	42.3	−64	2.279

续表

化合物名称	结构式	沸点/℃	熔点/℃	相对密度(液态)
氯乙烷(chloroethane)	CH_3CH_2Cl	13.1	-139	0.910
溴乙烷(bromoethane)	CH_3CH_2Br	38.4	-119	1.430
碘乙烷(iodoethane)	CH_3CH_2I	72.3	-111	1.933
正-氯丙烷(*n*-propylchloride)	$CH_3CH_2CH_2Cl$	46.4	-123	0.890
正-溴丙烷(*n*-propylbromide)	$CH_3CH_2CH_2Br$	71	-110	1.353
正-碘丙烷(*n*-propyliodide)	$CH_3CH_2CH_2I$	102	-101	1.747
氯苯(chlorobenzene)	C_6H_5Cl	132	-45	1.106 6
溴苯(bromobenzene)	C_6H_5Br	155.5	-30.6	1.495
碘苯(iodobenzene)	C_6H_5I	188.5	-29	1.832
邻氯甲苯(*o*-chlorotoluene)	$CH_3C_6H_4Cl$(*o*-)	159	-36	1.081 7
间氯甲苯(*m*-chlorotoluene)	$CH_3C_6H_4Cl$(*m*-)	162	-48	1.072 2
对氯甲苯(*p*-chlorotoluene)	$CH_3C_6H_4Cl$(*p*-)	162	7	1.069 7
邻溴甲苯(*o*-bromotoluene)	$CH_3C_6H_4Br$(*o*-)	182	-26	1.422
间溴甲苯(*m*-bromotoluene)	$CH_3C_6H_4Br$(*m*-)	184	-40	1.409 9
对溴甲苯(*p*-bromotoluene)	$CH_3C_6H_4Br$(*p*-)	184	28	1.389 8
邻碘甲苯(*o*-iodotoluene)	$CH_3C_6H_4I$(*o*-)	211	—	1.697
间碘甲苯(*m*-iodotoluene)	$CH_3C_6H_4I$(*m*-)	204	—	1.698
对碘甲苯(*p*-iodotoluene)	$CH_3C_6H_4I$(*p*-)	211.5	35	1.706

7.3 卤代烃的化学性质

卤原子是卤代烃的官能团。由于卤原子的电负性较大,使得碳卤键具有较大的极性($C^{\delta^+}\rightarrow X^{\delta^-}$),在外界条件的作用下,碳卤键易发生异裂,故卤代烃的化学性质较活泼,主要反应有亲核取代反应、消除反应和与金属反应,上述反应均涉及碳卤键的断裂。

7.3.1 亲核性取代反应

由于卤原子的吸电子诱导作用导致 α 碳带部分正电荷,这就使得带有负电荷的离子或带有未共用电子对的分子能进攻该碳原子导致 C—X 键断裂,卤素则带着电子对离去。反应的结果是卤素被其他原子或基团取代。这些进攻试剂均具有较大的电子云密度,称为**亲核性试剂(nucleophilic reagent)**,用 Nu：或 Nu^- 表示,由亲核试剂进攻而引起的取代反应,称**亲核性取代反应(nucleophilic substitution)**,常用英文缩写 S_N 表示,亲核取代反应可用通式表示为:

$$\underset{\text{亲核试剂}}{Nu^-} + \underset{\text{底物}}{R-\overset{\delta^+}{C}H_2-\overset{\delta^-}{X}} \longrightarrow \underset{\text{产物}}{RCH_2-Nu} + \underset{\text{离去基团}}{X^-}$$

受亲核试剂进攻的对象(在此是卤代烃)称**反应底物(reactant substance or substrate)**,带着一对电子离去的原子或基团(在此是 X^-)称**离去基团(leaving group)**。取代反应是在与卤原子相连的那个碳原子上进行的,此碳原子常称为**中心碳原子**。

1. 常见亲核取代反应

(1) 与水反应

卤代烃与水共热,卤原子被羟基取代生成相应的醇。

$$R—X + H_2\ddot{O} \rightleftharpoons \underset{\text{醇}}{R—OH} + HX$$

反应中水既作亲核试剂又作溶剂,这种亲核取代反应常称为**溶剂解(solvolysis)**。卤烃与水作用生成醇的反应俗称卤烃的水解反应。

卤烃的水解反应是一个可逆反应。在可逆反应中,为了使反应平衡向生成物方向移动,通常采用两种方法:一是使反应物之一过量,二是及时地移去生成物。在卤烃水解反应中,一般用 NaOH 或 KOH 水溶液来代替水。因为 OH^- 是比水强的亲核试剂,同时碱可以中和反应中生成的 HX,从而加速了反应,并可提高醇的产率,例如:

$$\underset{\text{2-溴丙烷}}{(CH_3)_2CHBr} + NaOH \xrightarrow{\text{水溶液}} \underset{\text{异丙醇}}{(CH_3)_2CHOH} + NaBr$$

(2) 与醇钠反应

卤代烃与醇反应,卤原子被烷氧负离子(RO^-)取代,生成相应的醚。由于醇解反应难以进行完全,若用相应的醇钠(RONa)代替醇作试剂,可以加速反应。这是制备醚的一种方法,称**威廉姆逊合成(Williamson synthesis)**。

$$R—X + R'ONa \longrightarrow R—O—R' + NaX$$

例如溴乙烷在乙醇钠中反应生成醚比在乙醇中反应快一万倍。

$$\underset{\text{溴乙烷}}{CH_3CH_2Br} + \underset{\text{叔丁醇钠}}{(CH_3)_3C—ONa} \longrightarrow \underset{\text{叔丁基乙基醚}}{CH_3CH_2OC(CH_3)_3}$$

(3) 与氨(胺)反应

卤代烃与氨(NH_3)作用,卤原子被氨基(NH_2)取代,生成有机胺,此反应常称为卤烃的氨解反应。因为胺具有碱性,可与生成的 HX 形成铵盐,用 NaOH 等强碱处理,可将产物胺游离出来。

$$R—X + \ddot{N}H_3 \rightleftharpoons \underset{\text{铵盐}}{R—\overset{+}{N}H_3 \cdot \overset{-}{X}}$$

$$R—\overset{+}{N}H_2—H + \overset{-}{\ddot{O}}H \rightleftharpoons \underset{\text{胺}}{RNH_2} + H_2O$$

(4) 与氰化钠(钾)反应

卤烃与氰化钠(钾)反应,卤原子被氰基(—CN)取代生成腈(nitrile)。产物腈比原料卤烃增加一个碳原子,是增长碳链的一种方法。例如:

$$\underset{\text{1-氯丁烷}}{CH_3CH_2CH_2CH_2—Cl} + NaCN \xrightarrow{\triangle} \underset{\text{戊腈}}{CH_3(CH_2)_2CH_2—CN} + NaCl$$

氰基还可以转变成其他官能团(见第 11 章)。

卤烃与醇钠、氰化钠及碱性水溶液反应时一般不用3°卤烃。

(5) 与硝酸银反应

卤代烃与 $AgNO_3$ 醇溶液反应生成卤化银沉淀,该反应可用于卤烃的定性鉴别。

$$R—X + AgNO_3 \xrightarrow{\text{醇溶液}} RONO_2 + AgX\downarrow$$

与硝酸银反应时,卤代烃的活性次序是:

$$3°R—X > 2°R—X > 1°R—X$$

$$R—I > R—Br > R—Cl$$

叔卤烃生成卤化银沉淀最快(立即反应),伯卤烃反应最慢(需要加热)。

2. 亲核性取代反应机理

(1) 双分子亲核性取代反应

以溴甲烷在氢氧化钠稀碱溶液中水解生成甲醇的反应为例。

$$CH_3Br + NaOH \xrightarrow{H_2O} CH_3OH + NaBr$$

实验表明,上述反应的反应速率与溴甲烷和碱的浓度成正比,即:

$$v = k[CH_3Br][OH^-]$$

这种反应速率与两个反应物的浓度有关的反应称为双分子反应(动力学上称二级反应)。上述反应为双分子亲核取代反应,以 S_N2 表示。其机理可表示为:

$$HO^- + H_3C—Br \longrightarrow \left[HO^{\delta-}\cdots CH_3 \cdots Br^{\delta-}\right]^{\neq} \longrightarrow HO—CH_3 + :Br^-$$

过渡态

研究表明,OH^- 从溴原子背面沿着 C—Br 键的键轴进攻碳原子。在逐渐接近的过程中,C—O 键部分地形成,C—Br 键逐渐伸长和变弱,甲基上的 3 个氢原子也向溴原子一方逐渐偏转,当偏转到 3 个氢原子与碳原子在同一平面上,羟基与溴在平面两边时,形成了过渡态。在过渡态时,碳原子的杂化状态已从原来的 sp^3 转变成 sp^2。最后 C—O 键形成,溴形成溴负离子离去,碳原子又恢复了 sp^3 杂化状态,3 个氢原子也完全偏到离去前的溴原子一边,这样就完成了取代反应。因此可以看到,S_N2 反应是连续进行的,即旧键的断裂和新键的形成同时发生,羟基并不是占据了原来溴原子的位置。

如果中心碳原子(卤代烷的 α-碳)是手性碳,那么得到的产物醇的构型与原来卤烃的构型相反,即构型发生了转化,这一过程称**瓦尔顿转化(Walden inversion)**,就好像伞被大风吹得向外翻转一样。

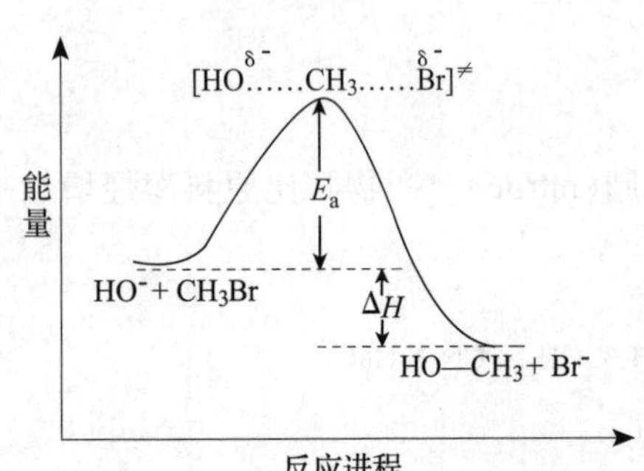

图 7-1　S_N2 反应的能量曲线图

在反应体系中,体系的能量也发生着变化,其能量变化曲线如图 7-1 所示。当 OH^- 从背面进攻碳原子时,要克服氢原子的阻力,体系能量升高,到达过渡态时,能量达到最高点。随着 C—O 键的生成,溴原子逐渐离开,体系能量逐渐降低。

由于过渡态的形成需要外界提供能量,因此,过渡态的形成是整个反应的关键。过渡态时轨道的重叠情况如图 7-2 所示。

$\overset{\delta^-}{HO} \cdots \overset{\delta^-}{Br}$

图 7-2　S_N2 过渡态

总之，S_N2 反应的特点是：反应一步完成，旧键的断裂和新键的形成同时发生；反应速率与卤烃和亲核试剂浓度均有关；反应过程中可能伴随构型的转化。

(2) 单分子亲核性取代反应

以叔丁基溴与碱性水溶液作用生成叔丁醇的反应为例：

$$(CH_3)_3C—Br + NaOH \xrightarrow{H_2O} (CH_3)_3C—OH + NaBr$$

实验表明，叔丁基溴的浓度加倍或减半，反应速率也加倍或减半，碱的浓度改变时，对反应速率几乎无影响，即：

$$v=k[(CH_3)_3CBr]$$

既然反应速率与 OH^- 浓度无关，就意味着决定反应速率的一步与试剂无关，只取决于卤烃分子中 C—X 键的断裂难易。因此，可以设想，该反应是按如下机理进行的：

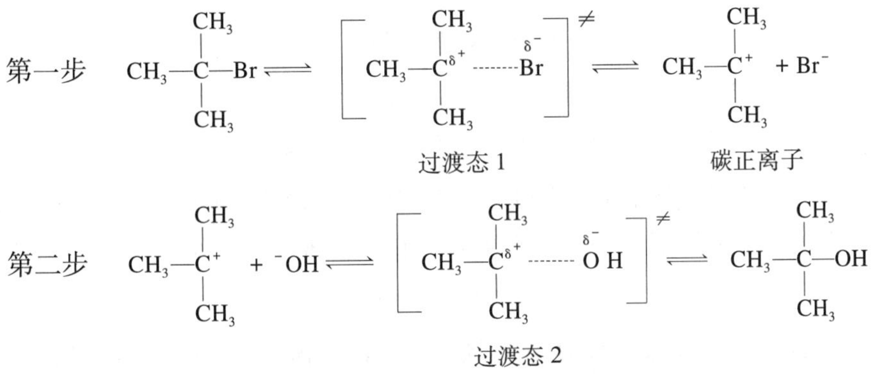

第一步

$$(CH_3)_3C—Br \rightleftharpoons \left[(CH_3)_3C^{\delta^+} \cdots\cdots \overset{\delta^-}{Br} \right]^{\neq} \rightleftharpoons (CH_3)_3C^+ + Br^-$$

过渡态 1　　碳正离子

第二步

$$(CH_3)_3C^+ + {}^-OH \rightleftharpoons \left[(CH_3)_3C^{\delta^+} \cdots\cdots \overset{\delta^-}{O}H \right]^{\neq} \rightleftharpoons (CH_3)_3C—OH$$

过渡态 2

以上两步反应中，第一步反应速率较慢，是反应速率决定步骤。这一步中仅涉及一种分子(卤烃)，而与碱(OH^-)无关。像这种反应速率只与两种反应物之一的浓度有关的反应称单分子反应，单分子亲核取代反应以 S_N1 表示。

S_N1 反应机理中能量变化曲线如图 7-3 所示。

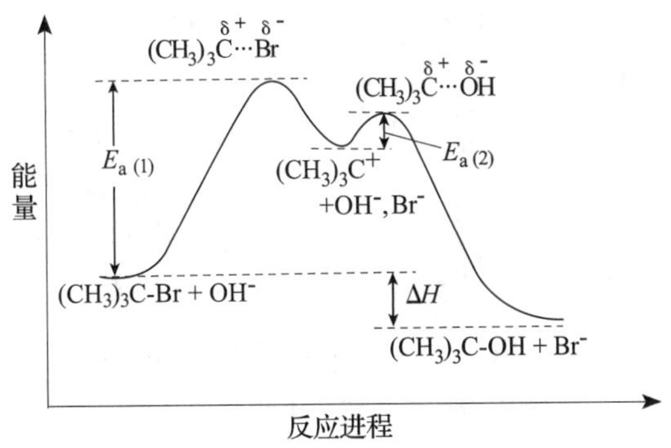

图 7-3　S_N1 反应的能量曲线图

从图 7-3 中可以看出：反应分两步进行，第一步反应的活化能较第二步大，因此，决定整个反应速率的步骤是 C—X 键断裂形成碳正离子这一步，而与碱(OH^-)无关。

在 S_N1 反应中有碳正离子中间体生成,因此,S_N1 反应常伴随重排产物的生成。由于碳正离子为 sp^2 杂化的近平面结构(见3.5.1),因此,当具有光学活性的2°或3°卤烃在手性碳上发生 S_N1 反应时,由于负离子从碳正离子两边进攻的概率相等,故得到等量的一对对映体,也就是说有可能发生消旋现象。

总之,S_N1 反应的特点是:单分子反应;反应分两步进行;有活性中间体碳正离子生成,因此可能有重排反应发生;当离去基团所在的中心碳原子为手性碳时,可能发生消旋化现象。

3. 影响亲核性取代反应的因素

卤代烃的 S_N 反应按哪种机理进行,影响因素很多,情况也很复杂,在此仅作简单介绍。

(1) 烃基结构

下面是一些溴代烷进行亲核性取代反应的相对速率(见表7-2)。

表7-2 亲核性取代反应的相对速率

	CH_3Br	CH_3CH_2Br	$(CH_3)_2CHBr$	$(CH_3)_3CBr$
S_N1 相对速率($R—Br + H_2O$)	1.0	1.7	45	10^8
S_N2 相对速率($R—Br + I^-$)	150	1	0.01	0.001

从表7-2中可以看出,当反应按 S_N1 机理进行时,其相对速率为:

$$(CH_3)_3CBr > (CH_3)_2CHBr > CH_3CH_2Br > CH_3Br$$

当反应按 S_N2 机理进行时,其相对速率为:

$$CH_3Br > CH_3CH_2Br > (CH_3)_2CHBr > (CH_3)_3CBr$$

在 S_N1 反应中,决定反应速率的是生成碳正离子的第一步,而碳正离子的稳定性次序是3° > 2° > 1° > $^+CH_3$,因此出现上述反应活性次序。一般来说,当按 S_N1 机理进行反应时,卤烃的活性次序是:

$$3° > 2° > 1° > CH_3X$$

在 S_N2 反应中,亲核试剂进攻 α-C 时,α-C 周围愈拥挤,则进攻试剂接近 α-C 时的阻力就愈大,反应速率就愈慢。几个卤代烃与亲核试剂反应时的空间位阻分别如图7-4所示。

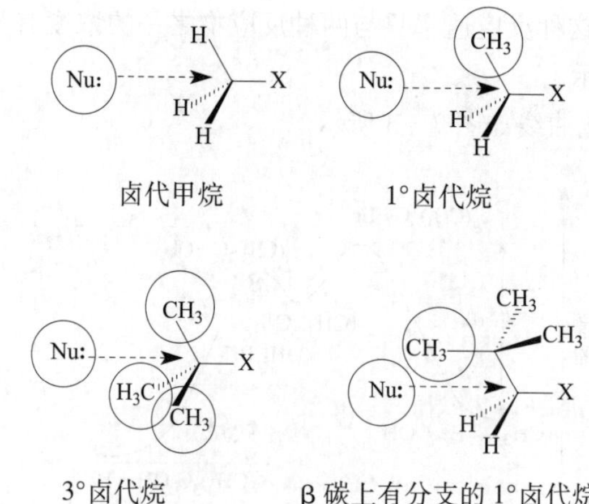

图7-4 S_N2 反应中的空间效应

随着 α-C 上烷基的增加,空间障碍增大,反应速率将下降。

因此,在 S_N2 反应中,R—X 的反应活性次序一般是:

$$CH_3X > 1° > 2° > 3°$$

综上所述,1°卤代烃易按 S_N2 机理反应,3°卤烃一般按 S_N1 机理反应,2°卤烃则两者兼而有之。

(2) 亲核试剂的浓度

对于 S_N1 机理来说,由于决定反应速率的步骤是 C—X 键离解生成碳正离子这一步,所以试剂的浓度对 S_N1 反应速率没有什么影响。相反,S_N2 反应的速率与试剂的浓度成正比,因此,试剂的浓度愈大,反应速率愈快。

(3) 离去基团的影响

亲核取代反应无论按哪种机理进行,离去基团总要带着一对电子离去。C—X 键越弱,X^- 越容易离去,而这对 S_N1 和 S_N2 都是有利的。4 种卤原子的离去倾向是:

$$—I > —Br > —Cl > —F$$

因此,4 种卤烃进行亲核取代反应的速率次序是:

$$R—I > R—Br > R—Cl > R—F$$

(4) 溶剂极性的影响

一般来说,溶剂的极性较大时,能加速卤烃的离解,有利于反应按 S_N1 机理进行,而对 S_N2 反应是不利的。

7.3.2 消除反应

1. 消除反应实例

(1) 脱卤化氢

卤代烃和氢氧化钠的醇溶液共热时,分子内脱去 1 分子卤化氢生成烯烃。例如:

$$\underset{\text{Br}}{CH_3—\overset{\alpha}{C}H}—\underset{\text{H}}{\overset{\beta}{C}H_2} \xrightarrow[\text{醇液}]{NaOH} CH_3CH{=}CH_2 + HBr$$

像这种从分子中失去 1 个简单分子而形成不饱和键的反应称为**消除反应(elimination)**,常以 E 表示。一般情况下,卤烃的亲核取代反应与消除反应是两个同时进行、相互竞争的反应。

上述消除反应中,卤原子与 β 碳原子上的氢(β-H)一起脱去,故此种消除反应又称 **β 消除反应**。

当卤代烃的 β 碳原子上有多种 β-H 时,消除反应就存在方向问题。大量事实表明,卤原子总是优先与含氢较少的 β 碳上的氢一起消除,或者说,主要生成双键碳上连有取代基较多的烯烃(这种烯烃较稳定,参见 3.5.1)。这一经验规律称为**查依采夫规则(Saytzeff rule)**。例如:

$$CH_3CH_2\underset{\text{Br}}{CHCH_3} \xrightarrow[\text{乙醇}]{KOH} \underset{\substack{81\% \\ \text{丁-2-烯}}}{CH_3CH{=}CHCH_3} + \underset{\substack{19\% \\ \text{丁-1-烯}}}{CH_3CH_2CH{=}CH_2}$$

我们可以通过**超共轭(hyperconjugation)**来理解产物烯烃的稳定性。

所谓超共轭也是一种电子的离域现象。当碳氢 σ 键与碳碳双键直接相连时,C—Hσ 轨道和 π 轨道之间也会发生部分重叠作用,形成一个共轭体系(以丙烯分子为例,其超共轭如图 7-5 所示),这种共轭体系称为超共轭体系,又称 σ-π 共轭体系。在这样的体系中,电子的离域作用称为超共轭。σ-π 共轭体系和 π-π 共轭体系不同,前者是 σ 轨道斜着和 π 轨道之间形成的,后者是两个平行的 π 轨道之间形成的,因此前者轨道之间重叠程度较小,故超共轭比 π-π 共轭作用要弱得多,但是它的存在已为近代物理方法所证实。

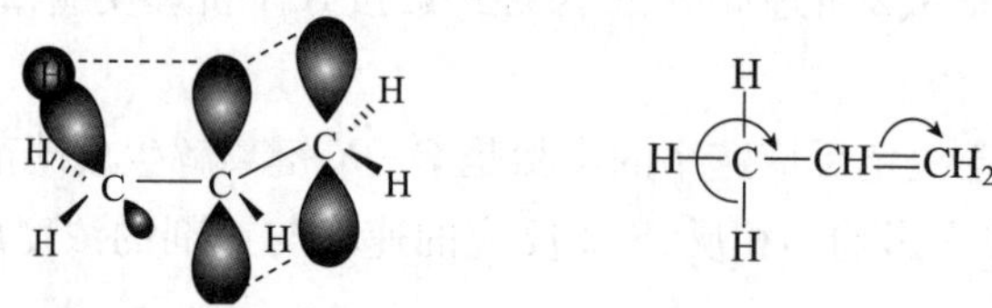

图7-5 丙烯分子中的超共轭

再来看看2-溴丁烷消除得到的产物丁-2-烯(1)及丁-1-烯(2):

$$\underset{(1)}{H-\overset{H}{\underset{H}{C}}-CH=CH-\overset{H}{\underset{H}{C}}-H} \qquad \underset{(2)}{CH_3-\overset{H}{\underset{H}{C}}-CH=CH_2}$$

在产物(1)中,与双键碳直接相连的 C—H 键有6个,而在产物(2)中,与双键碳直接相连的 C—H 键只有2个,因此,产物(1)中 C—H 键与双键发生超共轭的概率比(2)要大一些,即(1)比(2)稳定性大一些。故该消除反应以稳定性较大的(1)为主要产物。

(2) 脱卤素

邻二卤代烃与锌粉在乙醇中共热能消除卤素生成烯烃。例如:

$$\underset{Br}{CH_2}-\underset{Br}{CH_2} \xrightarrow[\text{乙醇}]{Zn,\triangle} CH_2=CH_2 + ZnBr_2$$

2. 消除反应机理

消除反应也有单分子消除(E1)和双分子消除(E2)两种机理。

(1) 双分子消除机理

在双分子消除反应中,碱(B^-)试剂进攻 β-H,并逐渐形成过渡态。随着反应的进行,碱试剂与 β-H 完全结合成 BH 而离去,卤素则带着一对电子离去,与此同时,在 α-C 和 β-C 之间形成双键。例如:

$$:B^- + -\overset{H}{\underset{|}{\overset{|\beta}{C}}}-\underset{X}{\overset{|\alpha}{C}}- \longrightarrow \left[\begin{array}{c} \overset{\delta-}{B}\text{----}H \\ -C\text{===}C- \\ X^{\delta-} \end{array}\right]^{\neq} \longrightarrow \;>C=C<\; + HB + X^-$$

过渡态

可以看出,新键的形成和旧键的断裂同时进行(反应一步完成)。过渡态时涉及两种分子,是二级反应,故该类反应称双分子消除反应,以E2表示。

虽然E2和 S_N2 机理相似,但比较一下就可看出E2和 S_N2 的不同之处。在E2反应中,碱试剂是拉 β-H,而在 S_N2 反应中,亲核试剂是进攻 α-C。因此,E2和 S_N2 往往相互伴随,相互竞争。

(2) 单分子消除机理

单分子消除反应和 S_N1 反应也很相似,反应也是分两步进行的,现以叔丁基氯在碱性条件下的消除反应为例说明。

第一步,卤烃离解成碳正离子:

$$CH_3-\overset{CH_3}{\underset{CH_3}{C}}-Cl \xrightarrow{\text{慢}} CH_3-\overset{CH_3}{\underset{CH_3}{C^+}} + Cl^-$$

第二步，生成的碳正离子不像 S_N1 反应那样和碱试剂（例如 OH^-）结合，而是碱试剂（例如 OH^-）夺取其 β-C 上的氢形成产物烯烃：

$$H_3C-\overset{CH_3}{\underset{CH_2-H}{C^+}} + OH^- \longrightarrow H_3C-\overset{CH_3}{\underset{CH_2}{C}}\!\!= + H_2O$$

以上两步反应中，第一步是反应速率决定步骤。由于决定反应速率的一步只与反应物卤烃的浓度有关，而与试剂浓度无关，是一级反应，故称该类反应为单分子消除反应，以 E1 表示。

无论发生 E1 反应还是 E2 反应，卤烃的反应活性顺序均为：

叔卤烃 > 仲卤烃 > 伯卤烃

7.3.3 与金属镁反应

卤烃在无水乙醚中与镁反应，生成烃基卤化镁：

$$R—X + Mg \xrightarrow{\text{无水乙醚}} \underset{\text{烃基卤化镁}}{R—MgX}$$

这种有机金属化合物是法国著名化学家格林雅（F. A. V. Grignard，1871—1935）首先制得的，故称为**格林雅（Grignard）试剂**，简称**格氏试剂**。制备格氏试剂时，卤烃的活性为 RI>RBr>RCl。

格氏试剂能与许多含活性氢的物质（如水、醇、氨、酸等）作用，格氏试剂被分解生成烃。例如，格氏试剂遇水被分解成烃和镁的碱式卤化物：

$$\overset{\delta^-}{R}—\overset{\delta^+}{MgX} + \underset{\substack{\text{较强的酸}\\(pK_a=15.7)}}{HO—H} \longrightarrow \underset{\substack{\text{较弱的酸}\\(pK_a\text{为 50 左右})}}{R—H} + MgX(OH)$$

凡是酸性比 R—H 强的化合物都可与 R—MgX 发生上述类似的反应。

$$\overset{\delta^-}{R}—\overset{\delta^+}{MgX} + \begin{matrix} H—X \\ H—OR' \\ H—C\equiv CR' \\ H—NH_2 \end{matrix} \longrightarrow R—H + \begin{matrix} MgX_2 \\ MgX(OR') \\ R'—C\equiv CMgX \\ MgX(NH_2) \end{matrix}$$

因此，在制备格氏试剂时，溶剂必须不含水、醇等，仪器要干燥。

7.4 消除反应和取代反应的竞争

亲核取代反应和消除反应往往是同时发生的两类反应，那么能否控制这两种并存而又相互竞争的反应呢？一般来说，要完全控制比较困难，但还是有一些规律性的东西可供参考。

（1）3°卤烃易消除

3°卤烃易发生消除反应（特别是在碱性条件下），而 1°卤烃若控制条件可主要发生取代反应。因此，要制备烯烃时，最好选用 3°卤烃；若要通过卤烃的取代反应来制备醇、醚和腈时，最好选用 1°卤烃。

（2）试剂的碱性越强、浓度越大，越有利于消除，反之则越有利于取代

试剂的碱性越强、浓度越大，就越有利于拉 β-H 而发生消除反应。

常见的几种碱有 $NaNH_2$、NaOR、NaOH 等,它们的碱性按此次序递减。

(3) 一般来说,溶剂的极性低有利于消除,溶剂的极性高有利于取代

一般情况下,卤烃的取代反应常在碱性水溶液中进行,消除反应常在碱性醇溶液中进行。

(4) 温度升高将提高消除反应的比例

虽然升高温度对消除或取代反应都应该是有利的,但是由于消除反应中要涉及 C—H 键断裂,需要较高的活化能,因此升高温度更有利于消除反应。

7.5 卤代烃中卤原子的活泼性

卤代烃中卤原子的活性和直接与卤原子相连的烃基的结构有很大关系。可通过观察卤烃与硝酸银醇溶液反应生成卤化银沉淀的快慢判断卤原子的活性:

化合物举例

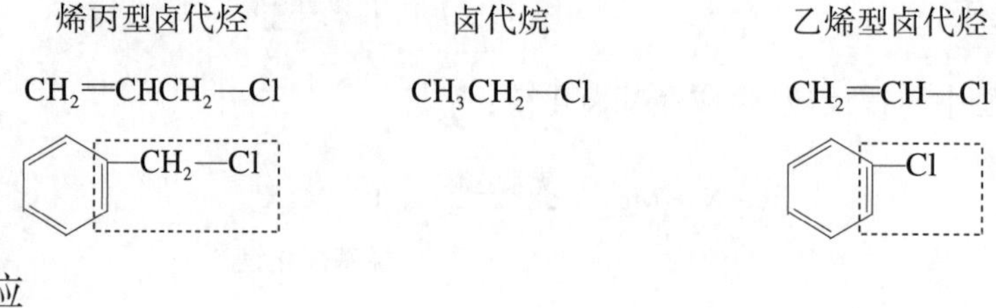

与 $AgNO_3$ 反应

烯丙型卤代烃	卤代烷	乙烯型卤代烃
室温下立即 产生 AgX↓	室温不反应 加热后产生 AgX↓	室温不反应 加热也不反应

根据大量实验现象发现,卤代烃的活泼性一般为:

烯丙型卤烃 > 卤代烷 > 乙烯型卤烃

怎样解释上述活性次序呢?

首先以氯乙烯为例说明乙烯型卤代烃中的卤原子为什么不活泼。在氯乙烯分子中,卤原子与 sp^2 杂化的碳直接相连,卤原子中未用电子对所处的 p 轨道可以和碳碳双键的 π 轨道形成 p-π 共轭体系,如图 7-6 所示。p-π 共轭的结果使得氯原子的 p 电子向双键一边偏移,这样,碳氯键有部分双键特征,碳原子和氯原子的结合比卤代烷中牢固。因此,氯原子不活泼。

烯丙型卤烃中的卤原子为什么特别活泼呢?这也可以通过 p-π 共轭效应来解释,现以烯丙基氯为例说明。烯丙基氯中的氯离解后生成烯丙基碳正离子,在此碳正离子中,带正电荷的碳上的空 p 轨道与相邻的碳碳双键的 π 轨道平行重叠,使 π 电子离域,结果使中心碳原子上的正电荷得以分散,碳正离子趋于稳定而容易形成,也就是说,烯丙基氯中的氯较"活泼"。烯丙基碳正离子中的电子离域如图 7-7 所示。

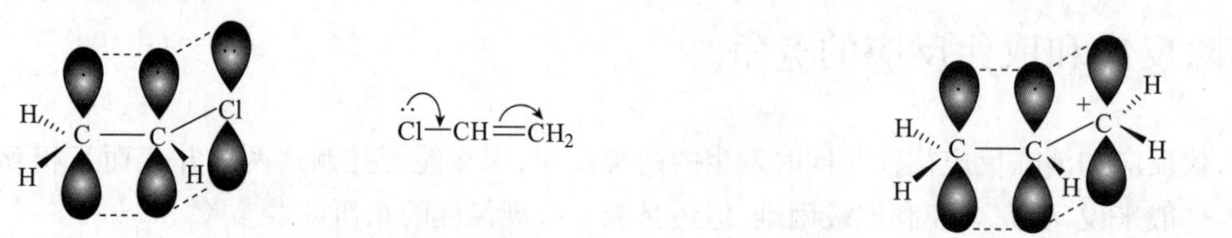

图 7-6 氯乙烯分子中的 p-π 共轭　　　　图 7-7 烯丙基碳正离子中的电子离域

学 习 指 导

7-1 本章要点

卤代烃分子中卤原子的电负性较大,卤原子的吸电子作用使得 C—X 键电子云偏向卤原子,与卤原子相连的碳

原子由于带部分正电荷而易受亲核试剂进攻发生亲核取代反应；吸电子诱导效应的传递使得 β-H 也有一定“酸性”，在碱性条件下易受 B^-（B：）进攻而与卤原子一起脱去，发生消除反应。另外，卤代烃还易与金属镁作用生成格氏试剂。

—C(β)—C(α)—X（β-C 上连 H）

亲核试剂进攻 α-C，发生 S_N 反应

碱进攻β-H，发生脱 HX 的 E 反应

1. 亲核取代反应

（1）反应通式

$$\underset{\text{底物}}{R—X} + \underset{\text{亲核试剂}}{Nu^-} \longrightarrow \underset{\text{产物}}{R—Nu} + \underset{\text{离去基团}}{X^-}$$

（2）一些有代表性的 S_N 反应

表 7-3 某些亲核性取代反应及应用

底物	亲核试剂	取代产物	应用
R—X	$NaOH/H_2O$	ROH（醇）	水解反应
	NaOR	ROR′（醚）	威廉姆逊合成
	NaCN	RCN（腈）	腈水解可制得羧酸，增加 1 个碳原子
	NaC≡CR′（炔钠）	RC≡CR′	可制得增长碳链的炔烃
	NaI（丙酮）	RI	碘代烃的制法
	$AgONO_2$（醇液）	$RONO_2$（硝酸酯）+AgX↓	可用于卤烃的定性鉴别
	$H—NH_2$	$R—\overset{+}{N}H_3 \xrightarrow{OH^-} R—NH_2$（胺）	

（3）反应机理及影响因素

表 7-4 亲核取代反应特点及影响因素

		S_N1	S_N2
两种机理及特点	反应机理	$R—X \rightleftharpoons R^+ + X^-$ $R^+ + Nu^- \longrightarrow RNu$	$RX + Nu^- \longrightarrow [\overset{\delta^-}{Nu}\cdots R\cdots \overset{\delta^-}{X}]^{\neq}$ $\longrightarrow RNu + X^-$
	反应动力学	单分子反应，$v=k[RX]$	双分子反应，$v=k[RX][Nu^-]$
	活性中间体	碳正离子	无
	重排情况	可能有	无
	速率决定步骤	形成碳正离子的一步，即取决于碳正离子稳定性	过渡态的稳定性，即反应中心碳上的立体因素
	立体化学	可能发生外消旋化	可能发生构型转化
影响因素	卤烃结构	3°>2°>1°> CH_3X 卤乙烯、卤代苯型卤原子不活泼，烯丙型、苄型卤原子活泼 RI>RBr>RCl	CH_3X>1°>2°>3° 卤乙烯、卤代苯型卤原子不活泼，烯丙型、苄型卤原子活泼 RI>RBr>RCl
	溶剂	溶剂极性大有利于 S_N1 反应	
	亲核试剂	亲核性强（Nu：或 Nu^- 的给电子能力强）对 S_N2 有利	

2. 消除反应

(1) 反应通式

$$\underset{\text{H}\ \ \ \text{X}}{\overset{\beta\ \ \alpha}{-\text{C}-\text{C}-}} \xrightarrow{B^-} \text{C}=\text{C} + X^- + HB$$

(2) 反应主要特点

① 反应在碱催化下进行,常用的碱如 NaOH/醇、NaOEt/EtOH 等,在类似条件下,卤代烃也易发生亲核取代反应。

② 消除反应遵守查依采夫规则:消除含氢较少的 β—C 上的氢,优先生成稳定的烯烃。

(3) 消除反应机理

表 7-5 消除反应机理

	E1	E2
反应机理	$\text{H}-\text{C}-\text{C}-\text{X} \xrightarrow{慢} \text{H}-\text{C}-\overset{+}{\text{C}}- + X^-$；$B^- + \text{H}-\text{C}-\overset{+}{\text{C}}- \xrightarrow{快} \text{C}=\text{C} + HB$	$B^- + \text{H}-\text{C}-\text{C}-\text{X} \longrightarrow [\overset{\delta^-}{B}\cdots\text{H}\cdots\text{C}\cdots\text{C}\cdots\overset{\delta^-}{X}]^{\neq} \longrightarrow \text{C}=\text{C} + HB + X^-$
反应动力学	单分子反应,$v=k[RX]$	双分子反应,$v=k[RX][Nu^-]$
活性中间体	碳正离子	无
重排情况	可能有	无
速率决定步骤	形成碳正离子的一步	过渡态的稳定性
与 S_N 反应的区别	B^-不是与碳正离子结合,而是拉 β-H	B^-不是进攻 α-C,而是拉 β-H

3. 与金属镁的反应

通式: $R—X + Mg \xrightarrow{无水乙醚} R—MgX$

卤烃的活性:R—I > R—Br > R—Cl

格氏试剂与含活泼氢化合物的反应:

$$R—MgX + H—OH \longrightarrow R—H + MgX(OH)$$

凡是酸性比 R—H 强的化合物(如醇、酸、氨等)都可与 RMgX 发生上述反应。因此,制备格氏试剂时,仪器要干燥,溶剂醚必须不含水、醇等,且卤烃分子中不能含有—OH、—NH_2 等官能团。

4. S_N 反应与 E 反应的竞争

3°卤烃易消除,若要通过卤烃的 S_N 反应制醇、醚、腈时,最好选用 1°卤烃。

低极性溶剂、强碱性试剂有利于消除。

$$\underset{\text{H}\ \ \text{X}}{-\text{C}-\text{C}-} \xrightarrow{\text{KOH/醇}} \text{C}=\text{C} \quad (消除)$$

$$\underset{\text{H}\ \ \text{X}}{-\text{C}-\text{C}-} \xrightarrow{\text{NaOH}/H_2O} \underset{\text{H}\ \ \text{OH}}{-\text{C}-\text{C}-} \quad (取代)$$

7-2 解题示例

【例 1】 用系统命名法命名下列化合物:

(1) $\ce{Cl(H_3C)C=C(CH_2CH_3)(CH_2CH_2Cl)}$

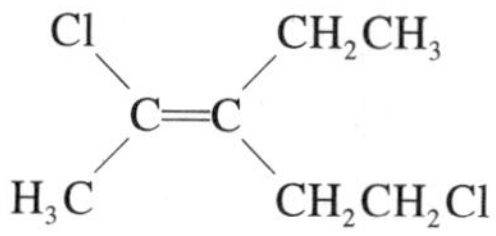

(2) 环己烷结构式：Br、H、H、CH_3

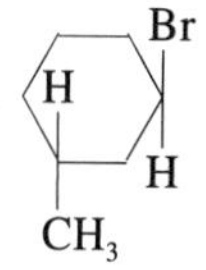

解：(1)该化合物是不饱和卤烃，本题选含有双键的最长碳链作为主链；从靠近双键一端开始编号；应标明构型。该化合物的正确名称是(E)-2,5-二氯-3-乙基戊-2-烯。该化合物不能用顺、反构型标记法标记其构型。

(2)该化合物有立体构型，命名时应将每个手性碳原子用 R、S 标明构型。化合物的正确名称是(1R,3R)1-溴-3-甲基环己烷。

初学者往往采用顺、反构型标记法标记其构型，这种标记方法是错误的。这是因为当环状化合物为手性分子时，应包括1对对映体，如果用"顺"或"反"来表示其构型，无法使得名称"唯一"。但当化合物存在对称因素而使得其不是手性分子时，可用顺、反法标记构型。如：

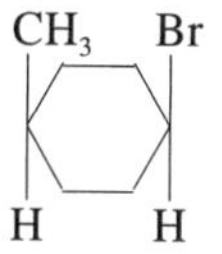

CH_3　Br　H　H　顺-1-溴-4-甲基环己烷

【**例 2**】 以下各步反应有无错误？简要说明之。

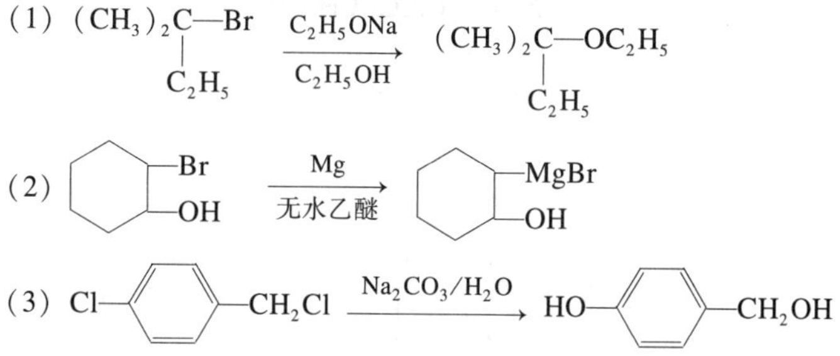

(1) $(CH_3)_2C(C_2H_5)—Br \xrightarrow[C_2H_5OH]{C_2H_5ONa} (CH_3)_2C(C_2H_5)—OC_2H_5$

(2) 2-溴环己醇（—Br，—OH）$\xrightarrow[\text{无水乙醚}]{Mg}$ （—MgBr，—OH）

(3) Cl—C_6H_4—$CH_2Cl \xrightarrow{Na_2CO_3/H_2O}$ HO—C_6H_4—CH_2OH

解：以上各步反应均有错误。

(1) 反应物是3°卤烃，在碱性条件下，主要发生消除反应，而不是取代反应，故产物应为$(CH_3)_2C=CHCH_3$。

(2) 卤烃与金属镁反应可制备格氏试剂，但该反应物分子中含有—OH，可分解格氏试剂，故得不到产物。

(3) 反应物分子中有两个卤原子，其中直接连在苯环上的Cl不活泼(乙烯型氯原子)，在此条件下不能水解。故正确产物应为Cl—C_6H_4—CH_2OH。

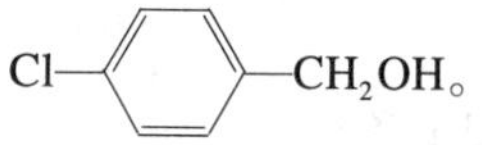

【**例 3**】 根据题意排列顺序(从大到小排列)。

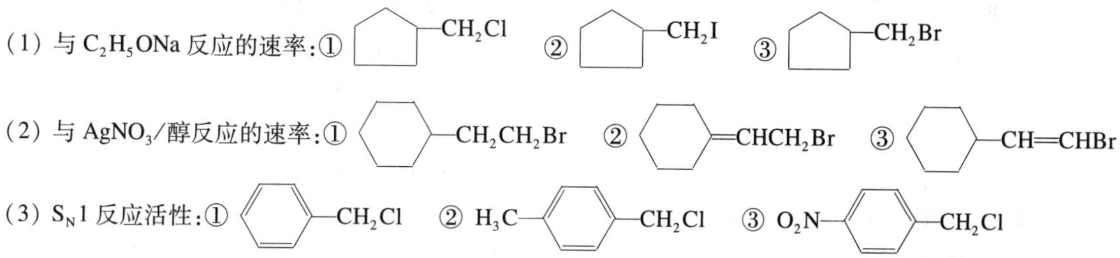

(1) 与C_2H_5ONa反应的速率：① 环戊基—CH_2Cl　② 环戊基—CH_2I　③ 环戊基—CH_2Br

(2) 与$AgNO_3$/醇反应的速率：① 环己基—CH_2CH_2Br　② 环己亚基$=CHCH_2Br$　③ 环己基—$CH=CHBr$

(3) S_N1反应活性：① C_6H_5—CH_2Cl　② H_3C—C_6H_4—CH_2Cl　③ O_2N—C_6H_4—CH_2Cl

解：(1) 3个反应物都是1°卤烃，与C_2H_5ONa发生S_N反应。3个卤烃的烃基部分相同，仅仅是卤原子的种类不同(即离去基团不同)。而卤原子离去的活性顺序是碘>溴>氯，所以上述3个化合物的反应速率顺序是②>③>①。

(2) 该反应也是S_N反应。3个反应物中的离去基团相同，故反应活性与烃基结构有关。①是一般的卤代烃，②是烯丙型卤烃，③是乙烯型卤代烃。由于卤烃的活泼性一般为烯丙型卤烃>卤代烷>乙烯型卤烃，因此上述3个化合物与$AgNO_3$/醇反应的速率顺序是②>①>③。

(3) 根据题意，3个化合物进行的是S_N1反应。这就是说，反应进行的难易取决于中间体碳正离子的稳定性，离解后生成的碳正离子越稳定,反应越易进行,即反应物活性越大。以上3个化合物离解后生成的虽然均为苄基型碳正离子,但这些碳正离子苯环上所连的取代基不同。因此,可以通过比较这些取代基连于苯环后对正电荷的分散是否有利来比较碳正离子的稳定性,若越有利于正电荷的分散,则该碳正离子越稳定,反应活性就越大;反之则越不稳定,反应活性就越小。

以上3个化合物离解后生成的相应碳正离子为:

$C_6H_5-\overset{+}{C}H_2$　　$H_3C-C_6H_4-\overset{+}{C}H_2$　　$O_2N-C_6H_4-\overset{+}{C}H_2$

1′　　2′　　3′

在2′中,苯环上连了1个供电子基—CH_3,与1′相比,—CH_3的供电子作用有利正电荷的分散,使其稳定性增加。

在3′中,苯环上连了1个强吸电子基—NO_2,—NO_2的强吸电子作用不利于正电荷分散,使其稳定性降低。

因此以上3个碳正离子的稳定性次序为2′>1′>3′。

这样,3个化合物进行S_N1反应的活性次序为②>①>③。

7-3 习题

1. 命名下列化合物。

(1) $CH_3CH{=}CBrCH_3$　　(2) $CH_2ClCCl_2CH_2CH_3$

(3) Br, Br —C_6H_3—CH_2CH_3　　(4) 环己烯—Cl

(5) C_2H_5, H, H, Br (环己烷)　　(6) CH_3; Cl—H; Cl—H; CH_2CH_3

2. 用反应式或结构式表示化合物结构或名词术语。

(1) 氯仿　　(2) 氯化苄

(3) 3°卤烃　　(4) 亲核试剂

(5) 威廉姆逊合成(Williamson synthesis)　　(6) THF

(7) 查依采夫规则(Saytzeff rule)　　(8) 格氏试剂

3. 写出1-溴丙烷与下列物质反应所得主要有机产物。

(1) $NaOH/H_2O$　　(2) KOH/醇液/△

(3) Mg/无水乙醚　　(4) (3)的产物+D_2O

(5) $CH_3C{\equiv}CNa$　　(6) CH_3NH_2

(7) NaCN　　(8) $AgNO_3$/醇

(9) CH_3COOAg　　(10) NaI/丙酮

4. 根据题意排列顺序(由大到小排列)。

(1) S_N2反应速率:

① 环己基—Br　　② 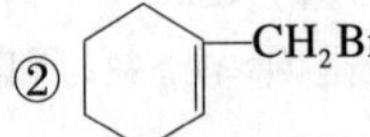　　③ 环己基—CH_2Br

(2) S_N1反应速率:

① 环戊基—$C(Br)(CH_3)_2$　　② 环戊基—$CH(CH_2Br)CH_3$　　③ 环戊基—$CH_2CHBrCH_3$

（3）制备格氏试剂时反应活性：

① 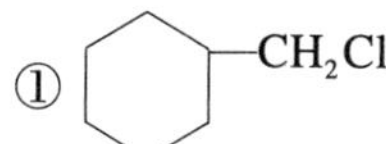

② 

③ CH_2I

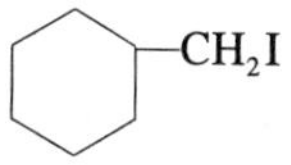

（4）消除反应速率：

① 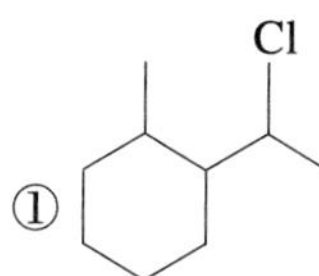

② 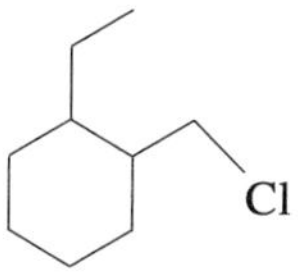 Cl

③ Cl

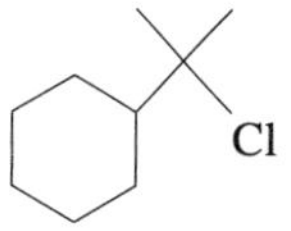

5. 完成反应式，写出主要产物或试剂。

（1）  $\xrightarrow[\text{过氧化物}]{NBS}$ （　　　） $\xrightarrow{KOH/ROH}$ （　　　）

（2） $C_6H_5CH_2CHCH_2CH_3$（Br） $\xrightarrow{KOH/醇}$ （　　　）

（3） $ClCH{=}CHCH_2Cl$ $\xrightarrow[CH_3OH]{CH_3ONa}$ （　　　）

（4） 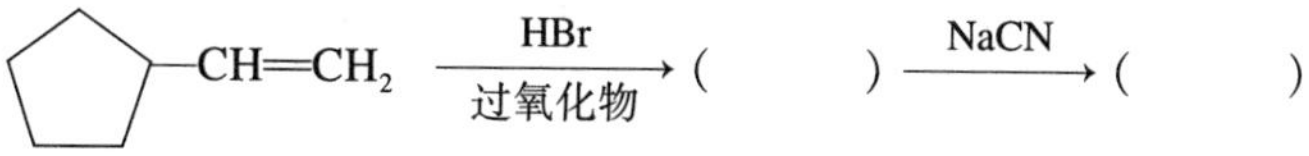 $-CH{=}CH_2$ $\xrightarrow[\text{过氧化物}]{HBr}$ （　　　） $\xrightarrow{NaCN}$ （　　　）

（5） 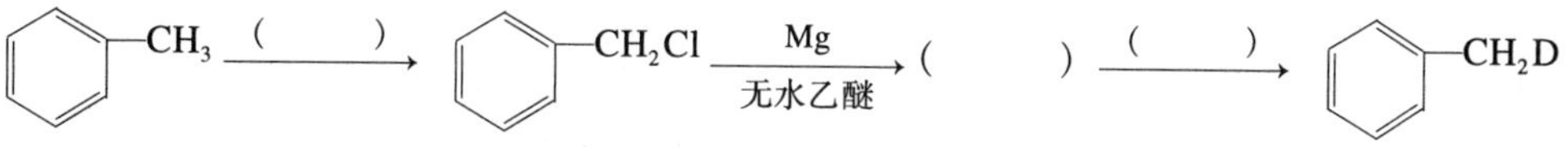 $-CH_3$ $\xrightarrow{(\quad)}$ $-CH_2Cl$ $\xrightarrow[\text{无水乙醚}]{Mg}$ （　　　） $\xrightarrow{(\quad)}$ $-CH_2D$

（6） $-CH_2Cl$ + $-C(CH_3)_3$ $\xrightarrow{AlCl_3}$ （　　　）

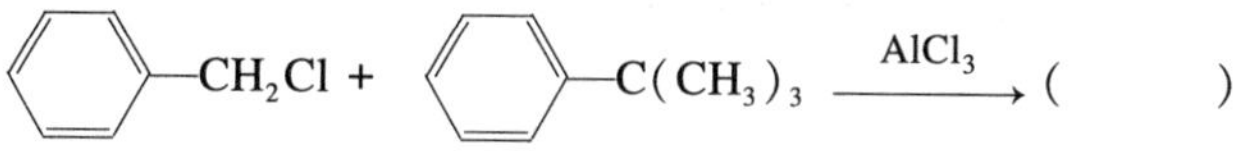

6. 某卤代物 A 的分子式为 $C_6H_{13}I$，A 用 KOH 醇溶液处理后得到产物 B，B 进行臭氧化反应，生成的产物与用 $KMnO_4/H^+$ 氧化生成的产物相同，试推测该卤代物的结构。

7. 合成题（无机试剂任选）。

（1） $CH_3CHBrCH_3 \longrightarrow CH_3CH_2CH_2Br$

（2）由环己烯合成 $-OH$

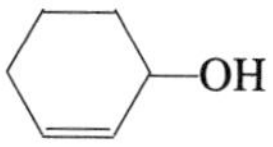

（3） Br $\longrightarrow$ Br Br Br

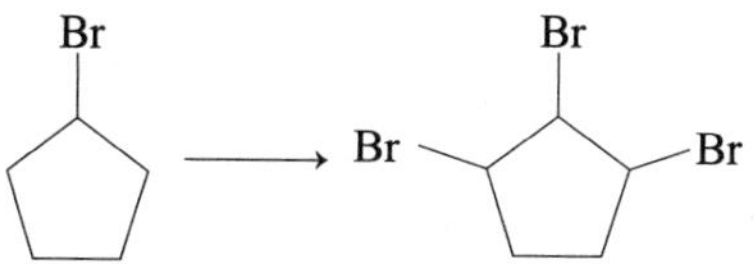

（4）由乙炔合成己-3-酮

8 醇和酚

醇(alcohol)和酚(phenol)都可看作是水分子中的一个氢原子被烃基取代所生成的化合物。氢被脂肪烃基取代得到的化合物称为醇,氢被芳基取代得到的化合物则称为酚。

H—O—H　　R—O—H（醇）　　Ar—O—H（酚）

醇和酚在结构上的共同特点是分子中都含有**羟基(—OH, hydroxy)**,羟基是醇和酚的官能团。醇分子中的羟基称醇羟基,酚分子中的羟基称酚羟基。

8.1 醇

醇类化合物广泛存在于自然界并在工业上有许多用处。甲醇是常用的有机溶剂,对人体有害。乙醇是重要的试剂和医药化工原料,医院中常用的消毒液就是70%的乙醇溶液。

8.1.1 醇的分类和命名

1. *分类*

醇有多种分类方法,通常可根据羟基所连碳原子的种类将醇分为一级醇(伯醇)、二级醇(仲醇)和三级醇(叔醇):

RCH_2—OH 伯醇(1°醇) primary alcohol　　R_2CH—OH 仲醇(2°醇) secondary alcohol　　R_3C—OH 叔醇(3°醇) tertiary alcohol

也可根据烃基的种类将醇分为饱和醇、不饱和醇和芳香醇:

$CH_3CH_2CH_2CH_2OH$ 饱和醇　　$H_2C{=}CHCH_2OH$ 不饱和醇　　$C_6H_5CH_2OH$ 芳香醇

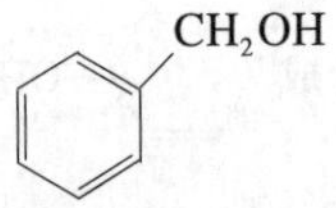

此外,还可根据分子中所含羟基的数目,将醇分为一元醇、二元醇和多元醇:

CH_3CH_2OH 乙醇(一元醇)　　$H_2C(OH)—CH_2(OH)$ 乙二醇(二元醇)　　$H_2C(OH)—CH(OH)—CH_2(OH)$ 丙三醇(多元醇)

2. *命名*

醇的系统命名采用取代命名和官能团类别命名。

(1) 官能团类别命名法

官能团类别命名法主要适用于结构简单的醇类。命名时将羟基所连接的烃基名称放在前面,后面加上一个“醇”字。例如:

$CH_3CH_2CH_2OH$　　环己醇（结构式：环己基—OH）　　$(CH_3)_3C—OH$

正丙醇　　环己醇　　叔丁醇

n-propyl alcohol　　cyclohexanyl alcohol　　*t*-butyl alcohol

（2）取代命名法

结构较复杂的醇采用取代命名法命名。采用取代命名法命名时遵循以下原则：选择连有羟基的最长碳链作为主链，根据主链的碳原子数称为“某醇”；从靠近羟基的一端进行编号，使羟基所连碳原子的序号尽可能小；将取代基的位次、数目、名称及羟基的位次依次标明。例如：

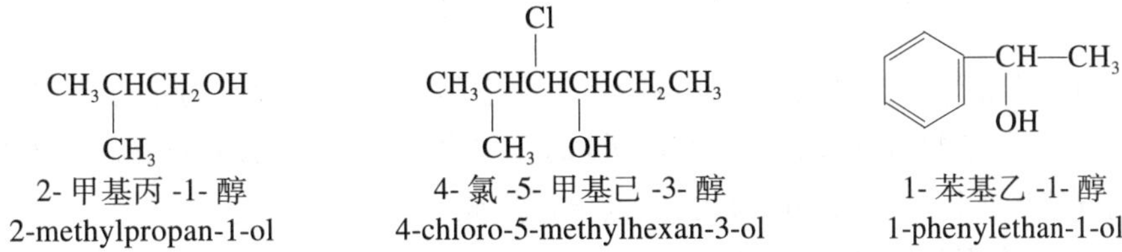

2-甲基丙-1-醇　　4-氯-5-甲基己-3-醇　　1-苯基乙-1-醇

2-methylpropan-1-ol　　4-chloro-5-methylhexan-3-ol　　1-phenylethan-1-ol

如果最长的碳链中含有完整的烯键和炔键，编号时应使羟基的位次最小；根据主链所含碳原子数称为“某烯(炔)醇”。例如：

$CH_2═CHCH(OH)CH_3$　　$HC≡CCH(CH_2CH_3)CH(OH)CH_3$

丁-3-烯-2-醇　　3-乙基戊-4-炔-2-醇

but-3-en-2-ol　　3-ethylpent-4-yn-2-ol

对具有特定构型的醇，命名时需标明其构型。例如：

（费歇尔投影式：上 $CH═CH_2$，左 H，右 OH，下 $CH_2C_6H_5$）　　（环己烷结构：C1 上 OH、H；C3 上 CH_3、H）

(*R*)-1-苯基丁-3-烯-2-醇　　(1*R*,3*R*)-3-甲基环己-1-醇

(*R*)-1-phenylbut-3-en-2-ol　　(1*R*,3*R*)-3-methylcyclohexan-1-ol

多元醇命名时应尽可能选择包括多个羟基在内的最长碳链作为主链。例如：

$CH_2(OH)CH(OH)CH_2(OH)$　　$CH_3CH(OH)CH(CH_2CH_2CH_3)CH_2OH$

丙-1,2,3-三醇(俗名甘油)　　2-丙基丁-1,3-二醇

propane-1,2,3-triol(glycerol)　　2-propylbutan-1,3-diol

8.1.2 醇的结构和物理性质

醇与水具有相似的结构和物理性质，醇羟基中的氧原子以及与其相连的碳原子均为 sp^3 杂化，C—O—H 键角接近 109°。甲醇分子的结构如右图所示：

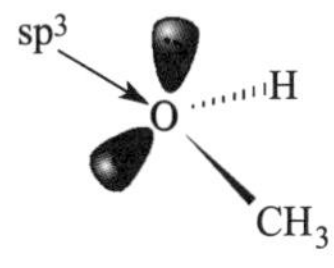

低级的一元醇为无色液体，具有特殊的气味；高于 11 个碳原子的醇在室温下为固体，多数醇无臭无味。除此以外，醇的物理性质还有以下两个重要特征：

（1）形成氢键

醇分子间能形成氢键，以缔合状态存在。要使液态醇汽化为单个气体分子，除克服分子间的范德

华引力外,还需要提供更多的能量去破坏“氢键”(氢键键能约为 25 kJ/mol),因此醇的沸点比相对分子质量相近的烷烃的沸点高。例如甲醇比乙烷的沸点高 153.6 ℃,而正丁醇比正戊烷的沸点高 81 ℃。

随着相对分子质量的增大,烃基增大,阻碍了“氢键”的形成,同时羟基在分子中所占的比例降低,醇分子间氢键缔合的程度减弱,沸点也与相应烷烃的沸点越来越接近。

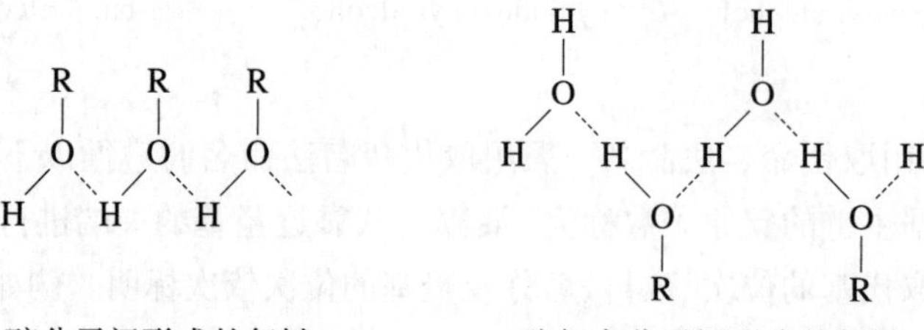

醇分子间形成的氢键　　醇与水分子间形成的氢键

低级醇如甲醇、乙醇等能与水以任意比例混溶。这也是由于低级醇可与水分子之间形成氢键的缘故。多元醇分子中羟基数目增多,与水形成氢键的部位增多,因此在水中的溶解度增大。例如丙三醇不仅可以与水互溶,而且具有很强的吸湿性,能滋润皮肤。

一些常见醇类的物理常数见表 8-1。

表 8-1　常见醇类的物理常数

名称	熔点/℃	沸点/℃	相对密度	溶解度/(g/100 mL H_2O)
甲醇	-97.8	64.7	0.792	∞
乙醇	-117.3	78.3	0.789	∞
丙醇	-127	97.8	0.804	∞
异丙醇	-86	82.3	0.789	∞
正丁醇	-89.6	117	0.810	7.9
正戊醇	-78.6	138	0.817	2.3
正己醇	-52	156.5	0.819	0.6
乙二醇	-17.4	197.5	1.115	∞
丙三醇	18	290	1.260	∞

(2) 形成结晶醇

低级醇和水类似,能与氯化钙、氯化镁和硫酸铜等一些无机盐形成结晶状化合物,称为结晶醇配合物,它们溶于水而不溶于有机溶剂。例如:

$CaCl_2 \cdot 4CH_3OH$　　$MgCl_2 \cdot 6CH_3OH$　　$CaCl_2 \cdot 4C_2H_5OH$　　$MgCl_2 \cdot 6C_2H_5OH$

因此,醇类化合物不能用氯化镁、氯化钙作干燥剂除去其中的水分。

8.1.3　醇的化学性质

醇的化学性质比较活泼,主要表现在以下几个方面:

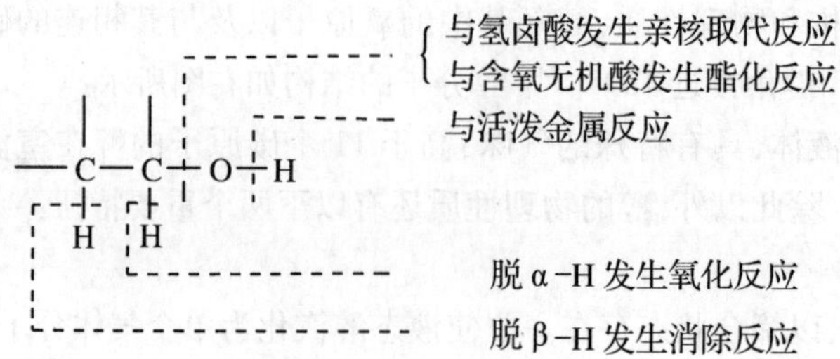

此外,邻二醇具有一些特殊的反应。

(一) 一元醇的化学性质

1. 氢氧键断裂的反应

醇与水相似,羟基上的氢原子具有一定程度的酸性,可以与活泼金属(Na、K 等)反应生成醇钠(钾),并放出氢气。醇钠遇水分解成原来的醇。

$$R—O—H + Na \longrightarrow \underset{\text{醇钠}}{R—ONa} + \frac{1}{2}H_2\uparrow$$

$$R—ONa + H_2O \rightleftharpoons ROH + NaOH$$

醇与钠(钾)的反应比水要缓慢得多,说明醇羟基中的氢不如水分子中的氢活泼,即醇的酸性比水弱(水的 pK_a 为 15.7,乙醇的 $pK_a \approx 16$),而其共轭碱醇钠(RONa)的碱性则比 NaOH 强。

$$\text{酸性:} ROH < H_2O \qquad \text{碱性:} RONa > NaOH$$

工业上利用上述反应及化学平衡的原理生产醇钠。在醇和氢氧化钠的反应体系中加入苯,使其形成苯、醇、水三元共沸物(bp. 64.8 ℃),将水不断带出而打破平衡,使反应向有利于生成醇钠的方向进行。

$$ROH + NaOH \rightleftharpoons RONa + H_2O$$

不同类型的醇与金属钠反应时,伯醇最快,仲醇其次,叔醇最慢。这表明它们的酸性次序是甲醇 > 伯醇 > 仲醇 > 叔醇。

醇也可与镁、铝等金属作用生成醇镁和醇铝。生成醇镁的反应需用少量碘催化:

$$2C_2H_5OH + Mg \xrightarrow{I_2} \underset{\text{乙醇镁}}{(C_2H_5O)_2Mg} + H_2\uparrow$$

$$(C_2H_5O)_2Mg + H_2O \longrightarrow 2C_2H_5OH + MgO$$

甲醇钠、乙醇钠和叔丁醇钾的碱性都比氢氧化钠(钾)强,遇水易分解,性质活泼。

2. 碳氧键断裂的反应

醇分子中碳氧键(C—O)的极性较大,在亲核试剂作用下表现出类似于卤代烷的性质,容易发生亲核取代和消除反应。

(1) 卤代反应

在氢卤酸、卤化磷和氯化亚砜等试剂的作用下,醇中的 C—O 键断裂,羟基被卤原子取代生成卤代烃。

醇与氢卤酸反应生成卤代烷和水。这是制备卤代烃的一种方法。

$$ROH + HX \rightleftharpoons RX + H_2O \quad (X = Cl、Br \text{ 或 } I)$$

氢卤酸的相对活性是 HI > HBr > HCl。

卤素负离子的亲核能力是 $I^- > Br^- > Cl^-$。

无水氯化锌和浓盐酸制成的溶液专称**卢卡斯(Lucas)试剂**。由于反应后生成的卤代烃不溶于卢卡斯试剂而呈现混浊或分层现象,可根据出现混浊或分层速率来区别含六个碳原子以下的伯、仲和叔醇。例如:

$$(CH_3)_3COH + HCl \xrightarrow[\text{室温,立即}]{ZnCl_2} (CH_3)_3CCl + H_2O$$

$$CH_3CH_2-\underset{\displaystyle OH}{\underset{|}{CH}}-CH_3 + HCl \xrightarrow[\text{室温,5 min}]{ZnCl_2} CH_3CH_2-\underset{\displaystyle Cl}{\underset{|}{CH}}-CH_3 + H_2O$$

$$CH_3CH_2CH_2CH_2OH + HCl \xrightarrow[\text{加热}]{ZnCl_2} CH_3CH_2CH_2CH_2Cl + H_2O$$

在醇和氢卤酸的反应中常伴随有重排产物。例如:

$$CH_3-\underset{\displaystyle CH_3}{\underset{|}{\overset{\displaystyle CH_3}{\overset{|}{C}}}}-\underset{\displaystyle OH}{\underset{|}{CH}}-CH_3 + HCl \longrightarrow \underset{\substack{\text{主要产物}\\(\text{重排产物})}}{CH_3-\underset{\displaystyle Cl}{\underset{|}{\overset{\displaystyle CH_3}{\overset{|}{C}}}}-\underset{\displaystyle CH_3}{\underset{|}{CH}}-CH_3} + \underset{\text{次要产物}}{CH_3-\underset{\displaystyle CH_3}{\underset{|}{\overset{\displaystyle CH_3}{\overset{|}{C}}}}-\underset{\displaystyle Cl}{\underset{|}{CH}}-CH_3}$$

鉴于以上事实,现认为一般情况下叔醇、仲醇和少部分伯醇(β-碳上连有支链)与氢卤酸的反应是按 S_N1 机理进行的。其过程可表示为:

$$ROH + H^+ \xrightleftharpoons{\text{快}} R\overset{+}{O}H_2$$

$$R\overset{+}{O}H_2 \xrightleftharpoons{\text{慢}} R^+ + H_2O$$

$$R^+ + X^- \xrightarrow{\text{快}} RX$$

由此可见,酸性条件有助于羟基的离去(C—O 键的断裂)和碳正离子的形成。活性中间体碳正离子的存在导致重排产物的生成,生成碳正离子的一步是反应速率的决定步骤。不同结构醇与氢卤酸反应的活性顺序是:

叔醇 > 仲醇 > 伯醇

醇与三卤化磷作用生成卤代烃,这是制备溴代烃或碘代烃常用的方法。

$$3ROH + PX_3 \longrightarrow 3RX + \underset{\text{亚磷酸}}{P(OH)_3}$$

醇与五卤化磷(PX_5)也可发生类似的反应。

醇与氯化亚砜($SOCl_2$)反应,可直接得到氯代烃。

$$ROH + SOCl_2 \xrightarrow[\triangle]{\text{醚}} RCl + SO_2\uparrow + HCl\uparrow$$

在反应过程中产生二氧化硫和氯化氢两种气体,这有利于反应向生成产物的方向进行。该反应不仅速率快,而且不生成其他有机副产物,且不生成重排产物,该法是实验室中制备氯代烃常用的方法。

(2) 脱水反应

在加热和催化剂的作用下醇可发生分子内及分子间脱水反应。

① 分子内脱水:醇在硫酸、氧化铝等试剂催化下发生分子内脱水生成烯烃。

$$CH_3CH_2OH \xrightarrow[170\ ℃]{96\%H_2SO_4} CH_2=CH_2$$

$$CH_3CH_2\underset{\displaystyle OH}{\underset{|}{C}}HCH_3 \xrightarrow[100\ ℃]{66\%H_2SO_4} \underset{\text{主要产物}}{CH_3CH=CHCH_3}$$

$$(CH_3)_3COH \xrightarrow[85\sim90\ ℃]{20\%H_2SO_4} (CH_3)_2C{=}CH_2$$

醇进行分子内脱水时遵循查依采夫规则，主要脱去含氢较少的 β 碳原子上的氢原子，即生成双键上带有较多烃基的烯烃。例如：

$$CH_3-\underset{OH}{\overset{CH_3}{C}}-CH_2CH_3 \xrightarrow[80\ ℃]{H_2SO_4} \underset{90\%}{(CH_3)_2C{=}CHCH_3} + \underset{10\%}{CH_2{=}\overset{CH_3}{C}CH_2CH_3}$$

当生成的产物存在顺反异构体时，产物通常以反式异构体为主。例如：

$$CH_3CH_2\underset{OH}{CH}CH_2CH_3 \xrightarrow{H_2SO_4} \underset{反\text{-}戊\text{-}2\text{-}烯\ \ 75\%}{\overset{H_3C\qquad H}{C{=}C}_{H\qquad CH_2CH_3}} + \underset{顺\text{-}戊\text{-}2\text{-}烯\ \ 25\%}{\overset{H_3C\qquad CH_2CH_3}{C{=}C}_{H\qquad H}}$$

醇在酸催化下的脱水反应一般是按照 E1 机理进行，醇脱水的难易程度与其结构有关，通常醇脱水的活性次序是 3°醇 > 2°醇 > 1°醇。醇在 H_2SO_4、H_3PO_4 等催化下的脱水反应常发生重排。例如：

$$CH_3CH_2\underset{CH_3}{CH}CH_2OH \xrightarrow[-H_2O]{H^+} \underset{次要产物}{CH_3CH_2\underset{CH_3}{C}{=}CH_2} + \underset{主要产物}{CH_3CH{=}C(CH_3)_2}$$

$$(CH_3)_3C\underset{OH}{CH}CH_3 \xrightarrow[-H_2O]{H^+} \underset{次要产物}{(CH_3)_3CCH{=}CH_2} + \underset{主要产物}{(CH_3)_2C{=}C(CH_3)_2}$$

将醇蒸气通过 Al_2O_3 进行脱水反应时不发生重排。例如：

$$CH_3CH_2CH_2CH_2OH \begin{cases} \xrightarrow[\triangle]{H_2SO_4} \underset{主要产物}{CH_3CH{=}CHCH_3} \\ \xrightarrow[\triangle]{Al_2O_3} \underset{主要产物}{CH_3CH_2CH{=}CH_2} \end{cases}$$

脱水后的产物如能形成共轭烯烃，则优先生成共轭烯烃。例如：

$$CH_2{=}CHCH_2\underset{OH}{CH}CH_2CH_3 \xrightarrow[\triangle]{Al_2O_3} \underset{(主)}{CH_2{=}CH-CH{=}CHCH_2CH_3} + \underset{(次)}{CH_2{=}CH-CH_2CH{=}CHCH_3}$$

② 分子间脱水：醇在浓硫酸或氧化铝催化下，还可发生分子间脱水反应生成醚。例如：

$$CH_3CH_2OH + CH_3CH_2OH \xrightarrow[或\ Al_2O_3/260\ ℃]{浓\ H_2SO_4/140\ ℃} CH_3CH_2OCH_2CH_3 + H_2O$$

醇在酸性条件下脱水，温度对脱水反应的方式有较大影响。通常较低的反应温度有利于分子间脱水成醚，而较高的反应温度有利于分子内脱水成烯。此外，醇的结构对脱水反应的方式也存在影响，叔醇主要发生分子内脱水成烯，而伯醇则较易发生分子间脱水成醚。

（3）与无机含氧酸的成酯反应

醇与含氧无机酸如硫酸、硝酸或磷酸等作用生成无机酸酯。例如：

$$C_2H_5OH + HOSO_3H \xrightarrow{< 100\ ℃} C_2H_5OSO_3H + H_2O$$

硫酸氢乙酯
(酸性硫酸酯)

$$2C_2H_5OSO_3H \xrightarrow{减压蒸馏} C_2H_5OSO_2OC_2H_5 + H_2SO_4$$

硫酸二乙酯

$$\underset{硫酸氢甲酯}{2CH_3OSO_3H} \xrightarrow{减压蒸馏} \underset{硫酸二甲酯}{CH_3OSO_2OCH_3} + H_2SO_4$$

硫酸二乙酯和硫酸二甲酯在有机合成上都是重要的烷基化试剂,硫酸二甲酯对呼吸器官和皮肤有强烈的刺激作用,使用时应在通风柜中进行。

某些硝酸酯和亚硝酸酯是血管扩张剂,例如三硝酸甘油酯和亚硝酸异戊酯。

$$\begin{array}{l} CH_2—OH \\ | \\ CH—OH \\ | \\ CH_2—OH \end{array} + 3HONO_2 \longrightarrow \begin{array}{l} CH_2—ONO_2 \\ | \\ CH—ONO_2 \\ | \\ CH_2—ONO_2 \end{array} + 3H_2O$$

三硝酸甘油酯

$$(CH_3)_2CHCH_2CH_2—OH + HONO \xrightarrow{H^+} (CH_3)_2CHCH_2CH_2ONO + H_2O$$

亚硝酸异戊酯

多元硝酸酯遇热会爆炸,使用时必须严格遵守安全规则。

3. 氧化和脱氢反应

醇可以被多种氧化剂氧化。醇的结构不同、氧化剂不同,氧化产物也各异。

(1) 醇与强氧化剂反应

醇与 $K_2Cr_2O_7$ 或 $KMnO_4$ 反应时,伯醇首先被氧化生成醛,生成的醛比醇更易被氧化而转变成羧酸,仲醇被氧化成酮。

$$RCH_2OH \xrightarrow[或\ KMnO_4]{K_2Cr_2O_7/H_2SO_4} \underset{醛}{RCHO} \xrightarrow[或\ KMnO_4]{K_2Cr_2O_7/H_2SO_4} \underset{羧酸}{RCOOH}$$

若想通过此法由伯醇制备醛,必须将生成的醛及时从反应体系中蒸出,以避免进一步被氧化成羧酸。此方法仅限于产物醛的沸点比原料醇的沸点低的情况,但一般收率较低,应用受到限制。例如:

$$\underset{bp.\ \ 97\ ℃}{CH_3CH_2CH_2OH} \xrightarrow[75\ ℃]{Na_2Cr_2O_7/H_2SO_4/H_2O} \underset{bp.\ \ 49\ ℃}{CH_3CH_2CHO}\quad 50\%$$

仲醇被氧化生成酮。酮较稳定,在同样条件下不易被继续氧化。例如:

$$R_2CHOH \xrightarrow[或\ KMnO_4]{K_2Cr_2O_7/H_2SO_4} R_2C{=}O$$

$$\underset{辛\text{-}2\text{-}醇}{CH_3(CH_2)_5\underset{\displaystyle OH}{\underset{|}{C}}HCH_3} \xrightarrow{K_2Cr_2O_7/H_2SO_4} \underset{辛\text{-}2\text{-}酮}{CH_3(CH_2)_5\underset{\displaystyle O}{\underset{\|}{C}}CH_3}\quad 92\%$$

叔醇在上述条件下难以被氧化。因此可根据醇与 $Na_2Cr_2O_7$ 反应前后颜色的变化区分伯醇、仲醇与叔醇。

(2) 醇与选择性氧化剂反应

醇与选择性氧化剂反应可将伯醇氧化成醛，仲醇氧化成酮，且对碳碳不饱和键无影响。常用的选择性氧化剂有**沙瑞特(Sarrett)试剂**[三氧化铬与吡啶形成的配合物，$CrO_3 \cdot (C_5H_5N)_2$]、**琼斯(Jones)试剂**（将三氧化铬溶于稀硫酸中，CrO_3·稀 H_2SO_4）和活性二氧化锰。例如：

$$CH_2{=}C(CH_3)(CH_2)_2CH{=}C(CH_3)(CH_2)_3CH_2OH \xrightarrow[CH_2Cl_2,\ 25\ ℃]{CrO_3 \cdot (C_5H_5N)_2} CH_2{=}C(CH_3)(CH_2)_2CH{=}C(CH_3)(CH_2)_3CHO$$

$$\text{(HO-取代甲基八氢萘)} \xrightarrow[\text{丙酮}]{CrO_3 \cdot \text{稀}\ H_2SO_4} \text{(相应酮)}$$

$$CH_3CH_2CH{=}CHCH_2OH \xrightarrow{MnO_2} CH_3CH_2CH{=}CHCHO$$

(3) 催化脱氢

伯醇或仲醇的蒸气在高温下通过铜、银或镍等催化剂即发生脱氢反应，分别生成醛或酮。例如：

$$CH_3CH_2OH \underset{250\sim350\ ℃}{\overset{Cu}{\rightleftharpoons}} CH_3CHO + H_2$$

$$CH_3CH(OH)CH_3 \underset{500\ ℃,\ 0.3\ MPa}{\overset{Cu}{\rightleftharpoons}} CH_3C(=O)CH_3 + H_2$$

叔醇分子中没有 α-H，不发生脱氢反应。

(二) 邻二醇的特殊性质

邻二醇是指分子中的两个羟基分别连在相邻的两个碳原子上的二元醇，也叫**1,2-二醇**或**α-二醇(1,2-diol or vicinal diol)**。例如：

$$CH_2(OH){-}CH_2(OH) \qquad CH_3{-}CH(OH){-}CH_2(OH)$$

乙二醇 ethane-1,2-diol　　丙-1,2-二醇 propane-1,2-diol

邻二醇除具有一元醇的化学性质外，还具有一些特殊的反应。

1. 氧化反应

邻二醇能与高碘酸或四醋酸铅等温和的氧化剂反应，结果两个羟基之间的碳碳键发生断裂，生成两分子羰基化合物。

$$R{-}CH(OH){-}CH(OH){-}R' \xrightarrow{HIO_4} RCHO + R'CHO + HIO_3 + H_2O$$

$$R{-}C(R')(OH){-}CH(OH){-}R'' \xrightarrow{HIO_4} RR'C{=}O + R''CHO + HIO_3 + H_2O$$

$$H_2C(OH){-}CH(OH){-}CH(OH)CH_3 + 2HIO_4 \longrightarrow H{-}C(=O){-}H + H{-}C(OH){=}O + O{=}C(H){-}CH_3$$

上述反应是定量进行的，每断裂一个邻二羟基间碳碳单键需要消耗 1 分子 HIO_4，因此该反应可用于邻二醇类的结构测定。

此外,邻羟基醇或邻羟基酮(醛)也可以被高碘酸氧化,例如:

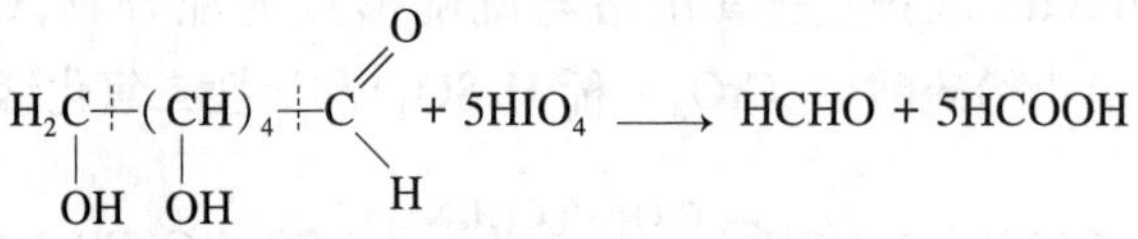

$$H_2\underset{\displaystyle OH}{\underset{|}{C}}\!+\!\underset{\displaystyle OH}{\underset{|}{(CH)_4}}\!+\!\overset{O}{\overset{\|}{C}}-H + 5HIO_4 \longrightarrow HCHO + 5HCOOH$$

2. 频哪醇重排

两个羟基都连在叔碳原子上的邻二醇称**频哪醇(pinacol)**。例如:

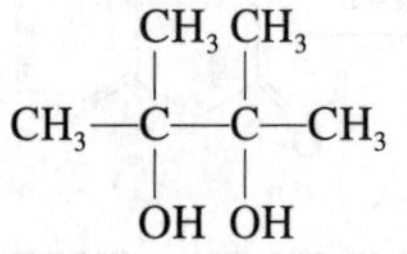

$$CH_3-\underset{\displaystyle OH}{\underset{|}{\overset{\displaystyle CH_3}{\overset{|}{C}}}}-\underset{\displaystyle OH}{\underset{|}{\overset{\displaystyle CH_3}{\overset{|}{C}}}}-CH_3$$

2,3-二甲基丁-2,3-二醇
2,3-dimethylbutane-2,3-diol

频哪醇在酸性试剂(硫酸或盐酸)的作用下脱去一分子水,碳架发生重排,生成**频哪酮(pinacolone)**,该反应称为**频哪醇重排(pinacol rearrangement)**。例如:

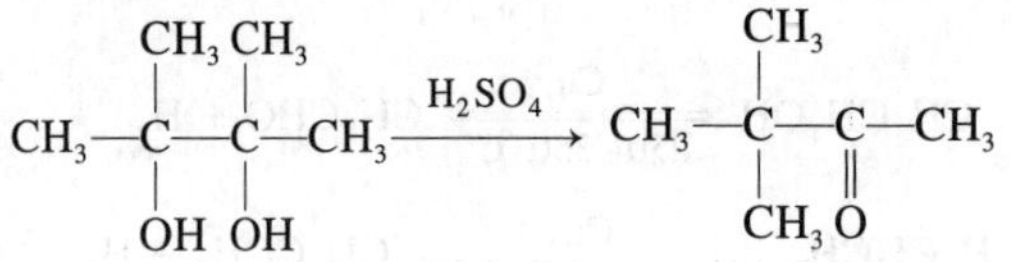

$$CH_3-\underset{\displaystyle OH}{\underset{|}{\overset{\displaystyle CH_3}{\overset{|}{C}}}}-\underset{\displaystyle OH}{\underset{|}{\overset{\displaystyle CH_3}{\overset{|}{C}}}}-CH_3 \xrightarrow{H_2SO_4} CH_3-\underset{\displaystyle CH_3}{\underset{|}{\overset{\displaystyle CH_3}{\overset{|}{C}}}}-\underset{\displaystyle O}{\underset{\|}{C}}-CH_3$$

2,3-二甲基丁-2,3-二醇(频哪醇)　　3,3-二甲基丁-2-酮(频哪酮)

其反应机理为:

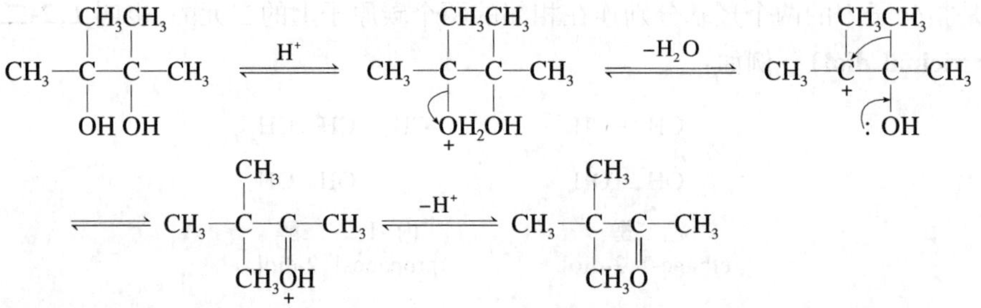

$$CH_3-\underset{\displaystyle OH}{\underset{|}{\overset{\displaystyle CH_3}{\overset{|}{C}}}}-\underset{\displaystyle OH}{\underset{|}{\overset{\displaystyle CH_3}{\overset{|}{C}}}}-CH_3 \overset{H^+}{\rightleftharpoons} CH_3-\underset{\displaystyle \overset{+}{O}H_2}{\underset{|}{\overset{\displaystyle CH_3}{\overset{|}{C}}}}-\underset{\displaystyle OH}{\underset{|}{\overset{\displaystyle CH_3}{\overset{|}{C}}}}-CH_3 \overset{-H_2O}{\rightleftharpoons} CH_3-\underset{+}{\overset{\displaystyle CH_3}{\overset{|}{C}}}-\underset{\displaystyle :OH}{\underset{|}{\overset{\displaystyle CH_3}{\overset{|}{C}}}}-CH_3$$

$$\rightleftharpoons CH_3-\underset{\displaystyle CH_3}{\underset{|}{\overset{\displaystyle CH_3}{\overset{|}{C}}}}-\underset{\displaystyle \overset{+}{O}H}{\underset{\|}{C}}-CH_3 \overset{-H^+}{\rightleftharpoons} CH_3-\underset{\displaystyle CH_3}{\underset{|}{\overset{\displaystyle CH_3}{\overset{|}{C}}}}-\underset{\displaystyle O}{\underset{\|}{C}}-CH_3$$

8.1.4 硫醇

醇分子中的氧原子被硫原子取代所生成的化合物称**硫醇(thiol)**,通式为R—SH,硫醇的官能团(—SH)称作巯基。

硫醇的命名与醇类似,将"醇"改为"硫醇"即可,有时也可将巯基作为取代基。例如:

CH_3SH	CH_3CH_2SH	$HSCH_2CH_2OH$
甲硫醇	乙硫醇	2-巯基乙-1-醇
methanethiol	ethanethiol	2-mercaptoethan-1-ol

硫醇易挥发且具有非常难闻的气味。硫醇分子间以及硫醇与水分子间均可形成氢键,但形成氢键的能力较醇弱,因此与相对分子质量相近的醇相比,硫醇的沸点和在水中的溶解度都远低于醇。例如,乙硫醇的沸点为37 ℃,乙醇的沸点则为78 ℃。

与醇相比,硫醇的化学性质主要有以下两方面特点。

(1) 酸性

由于硫原子半径比氧原子大,更易极化,增大了氢离子的离解程度,因此硫醇的酸性比醇强,能和氢氧化钠(钾)反应生成硫醇盐。

$$R—SH + NaOH \longrightarrow R—SNa + H_2O$$

硫醇可以和重金属离子如汞、铅、铜、银等生成不溶于水的硫醇盐。铅、汞等重金属离子如果与体内的酶结合,将导致酶失活而显示中毒症状,即所谓的重金属中毒。临床上常用含巯基的化合物如二巯基丙醇(BAL)、二巯基丁二酸钠等作为重金属解毒剂,它们进入体内后与重金属离子结合而使其排出体外,以达到解毒的目的。例如:

$$\begin{array}{l} CH_2SH \\ | \\ CHSH \\ | \\ CH_2OH \end{array} + Hg^{2+} \longrightarrow \begin{array}{l} CH_2—S \\ | \qquad\quad \rangle Hg \\ CH—S \\ | \\ CH_2OH \end{array} \downarrow$$

(2) 氧化反应

硫醇比醇易于被氧化,可被 Br_2、I_2 或空气中的 O_2 氧化生成二硫化物。

$$R—SH \xrightarrow{Br_2 \text{ 或 } I_2} R—S—S—R$$

在强氧化剂(如 HNO_3、$KMnO_4$)作用下,硫醇被氧化生成烷基亚磺酸,进而被氧化生成烷基磺酸。

$$R—SH \xrightarrow{\text{浓 } HNO_3} \underset{\text{烷基磺酸}}{R—SO_3H}$$

8.1.5 醇的制备

一些简单的醇如乙醇早期用粮食发酵的方法生产,甲醇用木材干馏法生产。随着石油化工业的发展,目前工业上多数醇由烯烃作原料制得。

(1) 由烯烃制备

烯烃在酸催化下与水发生加成反应得到醇。除乙烯制得伯醇外,其他烯烃水合的主要产物是仲醇和叔醇。

$$R—CH{=}CH_2 \xrightarrow[H^+]{H_2O} R—\underset{\underset{OH}{|}}{CH}—CH_3$$

烯烃发生硼氢化-氧化反应生成醇。通过该法可制得上述方法不能得到的伯醇。

$$R—CH{=}CH_2 \xrightarrow{BH_3} \xrightarrow[OH^-]{H_2O_2} R—CH_2CH_2OH$$

(2) 由卤烃制备

卤烃水解可得到醇,一般应用意义不大,只有一些较难得到的醇才用此法来制备。制备时通常选用1°卤烃, 2°卤烃收率不高,3°卤烃在碱性条件下易发生消除反应。

(3) 由格氏试剂制备

醛、酮分子中的羰基是极性基团,由于氧的电负性比碳强,故羰基中的 π 电子云偏向于氧,使羰基碳带部分正电荷。醛、酮可以与格氏试剂发生加成反应,水解后得到醇。用通式表示如下:

$$\overset{\delta^-}{R}—\overset{\delta^+}{MgX} + \rangle\overset{\delta^+}{C}{=}\overset{\delta^-}{O} \xrightarrow[\text{或四氢呋喃}]{\text{无水乙醚}} R—\underset{|}{\overset{|}{C}}—OMgX \xrightarrow[H^+]{H_2O} R—\underset{|}{\overset{|}{C}}—OH + Mg\begin{array}{l} OH \\ X \end{array}$$

具体反应见 10.4.1。

8.2 酚

自然界中的许多物质都含有酚类结构。酚不仅在工业上是重要的合成中间体,而且有些酚类化合物还具有药用价值。

8.2.1 酚的分类和命名

根据芳环上所连酚羟基的数目,可将酚分为一元酚、二元酚、三元酚等,通常将二元以上的酚称为多元酚。

酚的英文后缀和醇相同,都是-ol。把酚或二酚的后缀(-ol 或-diol)置于芳烃名称后就构成简单酚的名称。也可以将苯酚等作为这类化合物名称的后缀。有些酚也常用其俗名,如苯酚俗称石炭酸。

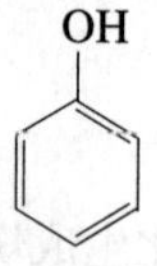

苯酚 (石炭酸) phenol	邻甲基苯酚 *o*-methylphenol	萘-2-酚(2-萘酚) naphthalen-2-ol(2-naphthol)	2,4,6-三硝基苯酚 (苦味酸) 2,4,6-trinitrophenol

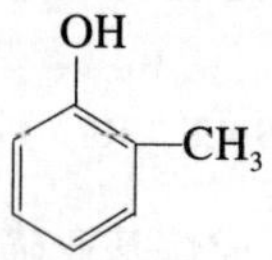

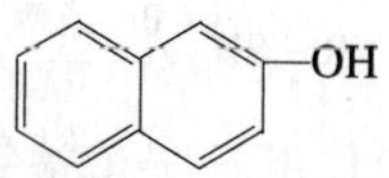

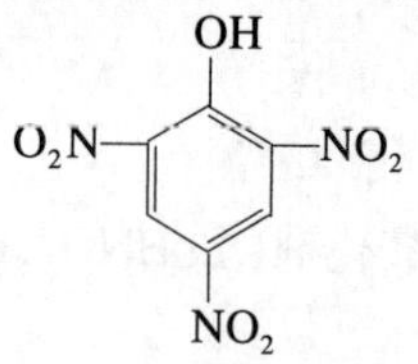

多元酚的命名类似于多元醇。例如:

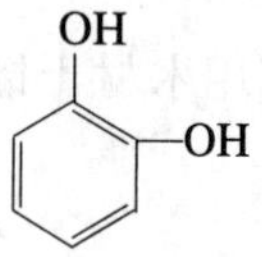

苯-1,2-二酚或邻苯二酚 (儿茶酚) benzene-1,2-diol(catechol)	苯-1,3-二酚或间苯二酚 benzene-1,3-diol(resorcinol)

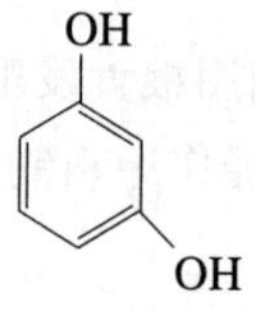

有时也将酚羟基作为取代基,例如:

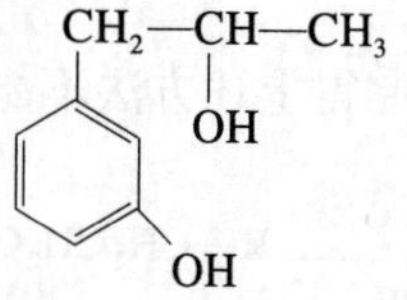

1-(3-羟基苯基)丙-2-醇 1-(3-hydroxy phenyl) propan-2-ol	4-羟基苯磺酸 4-hydroxybenzenesulfonic acid

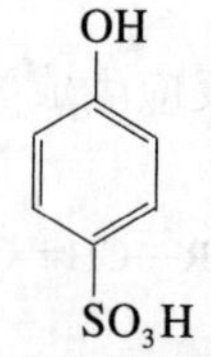

8.2.2 酚的结构

苯酚分子中的羟基直接与苯环相连,所有原子均在同一平面上。羟基上氧原子的未共用电子对能与苯环发生 p-π 共轭,使氧原子上的电子云向苯环上离域,导致苯环上的电子云密度升高,尤其是酚羟基邻、对位电子云密度升高的程度更大。

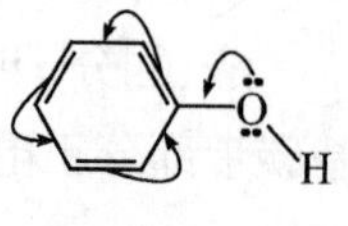

酚羟基对苯环的供电性使碳氧之间具有部分双键的性质,苯酚 C—O 键的键长比甲醇 C—O 键的键长短,其偶极方向也与醇相反。

(苯酚：C—O 键长 0.136 nm；$H_3C—OH$：C—O 键长 0.142 nm)

8.2.3 酚的物理性质

大多数酚在室温下为结晶性固体，少数取代酚为液体。由于酚羟基之间能形成氢键且酚羟基与水之间也能形成氢键，所以酚类化合物的沸点比相对分子质量相近的烃高得多，并在水中有一定的溶解度。多数酚具有强烈的气味，酚的毒性较大，口服致死量为 530 mg/kg。酚类本身无色，但很容易氧化成醌类化合物而呈粉红色。常见酚类的物理常数见表 8－2。

表 8－2 一些常见酚类的物理常数

化合物名称	熔点/℃	沸点/℃	溶解度/(g/100 g H_2O)(25 ℃)	pK_a 值
苯酚	41	182	9.3	10.0
邻甲苯酚	31	191	2.5	10.29
对氯苯酚	43	220	2.7	9.38
邻硝基苯酚	45	217	0.2	7.22
对硝基苯酚	114	分解	1.7	7.15
2,4-二硝基苯酚	113	分解	0.6	4.0
2,4,6-三硝基苯酚（苦味酸）	122	分解	1.4	强酸

8.2.4 酚的化学性质

酚类的化学反应主要发生在酚羟基和芳环上。由于羟基和芳基的相互作用、相互影响，酚在化学性质上与醇和芳烃存在着显著的差异。

(一) 酚羟基的反应

1. 酸性

苯酚具有酸性，它能与 5%的 NaOH 水溶液作用，生成的苯酚钠溶于水。

$$C_6H_5OH + NaOH \longrightarrow C_6H_5ONa + H_2O$$

苯酚钠

苯酚的酸性(pK_a = 10.0)比碳酸的酸性(pK_a = 6.35)还要弱，不能与碳酸氢钠反应。因此，向苯酚钠的水溶液中通入 CO_2 可将苯酚游离出来。

$$C_6H_5ONa + CO_2 + H_2O \longrightarrow C_6H_5OH + NaHCO_3$$

绝大多数的酚类化合物不溶和微溶于水，但能溶于碱的水溶液。在天然药物有效成分的提取过程中，常利用酚类化合物呈弱酸性的特点，在提取液中加入碱液使其转变成水溶性的酚钠，然后再加入酸将酚类化合物游离出来，以此达到分离提纯的目的。

以下是碳酸、苯酚、水和醇的 pK_a 值：

	H_2CO_3	C_6H_5OH	H_2O	ROH
pK_a	~6.35	10.0	15.7	16~19

酚的酸性比醇的酸性强,可通过酚或醇解离氢质子后形成的共轭碱的稳定性大小来解释这一原因。生成的共轭碱(即相应的负离子)越稳定,其相应共轭酸的酸性就越强。以苯酚和环己醇为例,它们在水溶液中存在如下平衡:

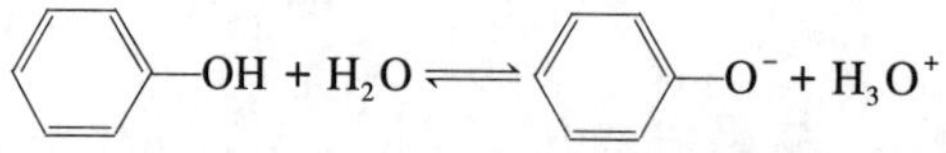

$$\text{-OH} + H_2O \rightleftharpoons \text{-O}^- + H_3O^+$$

苯氧负离子

$$\text{-OH} + H_2O \rightleftharpoons \text{-O}^- + H_3O^+$$

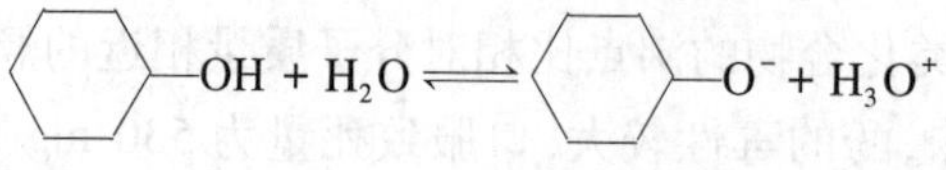

环己基氧负离子

在苯氧负离子中,氧原子与苯环碳原子相连,存在 p-π 共轭,氧原子上的负电荷通过 p-π 共轭分散到苯环上,使负离子得到稳定。

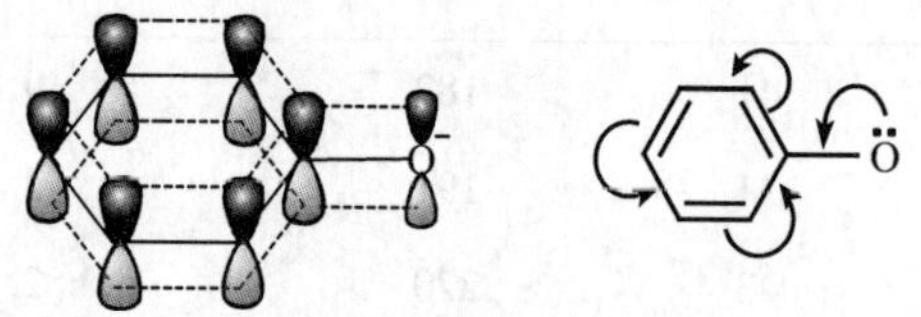

苯氧负离子的 p-π 共轭

在环己基氧负离子中,氧与 sp^3 碳原子相结合,不存在上述共轭作用,所以环己基氧负离子不如苯氧负离子稳定,因而苯酚的酸性比醇强。

取代酚的酸性与环上取代基的性质及其在环上的位置有关。一般来说,吸电子基使酸性增强,而给电子基使酸性降低,其原因是吸电子基利于负电荷的分散,从而稳定了苯氧负离子,而给电子基不利于负电荷的分散,使苯氧负离子不稳定。一些取代酚的 pK_a 值见表 8-3。

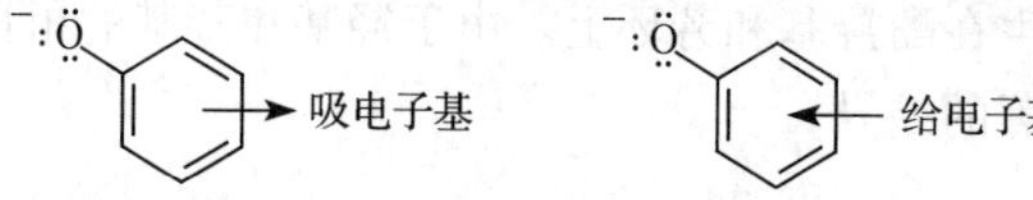

吸电子基　　　　给电子基

有利于负电荷分散　　　　不利于负电荷分散

表 8-3　一些取代酚的 pK_a 值(25 ℃)

取代基	邻	间	对
H	10.0	10.0	10.0
CH_3	10.29	10.09	10.26
Cl	8.48	9.02	9.38
CH_3O	9.98	9.65	10.21
NO_2	7.22	8.39	7.15

2. 酚醚的生成及克莱森重排

采用威廉姆逊合成法,用酚钒和卤代烃反应生成酚醚。

$$\text{-ONa} \xrightarrow{CH_3I} \text{-OCH}_3$$

甲基苯基醚(茴香醚)

$$C_6H_5ONa + BrCH_2CH=CH_2 \longrightarrow C_6H_5OCH_2CH=CH_2$$

烯丙基苯基醚

烯丙基苯基醚在高温下发生重排生成烯丙基取代酚，该重排反应称为**克莱森重排（Claisen rearrangement）**。例如：

$$C_6H_5O\overset{*}{C}H_2-CH=CH_2 \xrightarrow{200\ ℃} o\text{-}HOC_6H_4-CH_2-CH=\overset{*}{C}H_2$$

烯丙基苯基醚

克莱森重排是协同反应，历经一个六元环状过渡态。反应机理如下：

α β γ　→　[α β γ H]≠　→　α β γ H　$\xrightarrow{互变异构}$　OH γ β α

重排时烯丙基优先进入酚羟基的邻位；若两个邻位都被取代基占领，则烯丙基进入酚羟基的对位。例如：

$$C_6H_5O\underset{\alpha}{C}H_2\underset{\beta}{C}H=\underset{\gamma}{C}HCH_2CH_3 \xrightarrow{\triangle} o\text{-}HOC_6H_4-\underset{\gamma}{C}H(CH_2CH_3)\underset{\beta}{C}H=\underset{\alpha}{C}H_2$$

$$2,6\text{-}(H_3C)_2C_6H_3O-\overset{\alpha}{C}H_2-\overset{\beta}{C}H=\overset{\gamma}{C}H_2 \xrightarrow{200\ ℃} 4\text{-}(\overset{\alpha}{C}H_2-\overset{\beta}{C}H=\overset{\gamma}{C}H_2)\text{-}2,6\text{-}(H_3C)_2C_6H_2OH$$

3. 酚酯的生成和傅瑞斯重排

苯酚分子中氧上的电子云向芳环上转移，导致其亲核能力降低，不能直接与酸成酯，需要与酰氯或酸酐作用才能形成酚酯。例如：

$$C_6H_5OH + CH_3COCl\ 或\ (CH_3CO)_2O \longrightarrow C_6H_5OCOCH_3$$

酚酯在三氯化铝存在下加热，酰基重排到酚羟基的邻位或对位，该重排反应称为**傅瑞斯重排（Fries rearrangement）**。这是合成酚酮的一种重要方法。

$$C_6H_5O-\overset{O}{\overset{\|}{C}}-R \xrightarrow[\triangle]{AlCl_3} o\text{-}HOC_6H_4-\overset{O}{\overset{\|}{C}}-R + p\text{-}HOC_6H_4-C(=O)-R$$

通常高温有利于邻位产物的生成，低温则有利于对位产物的生成。例如：

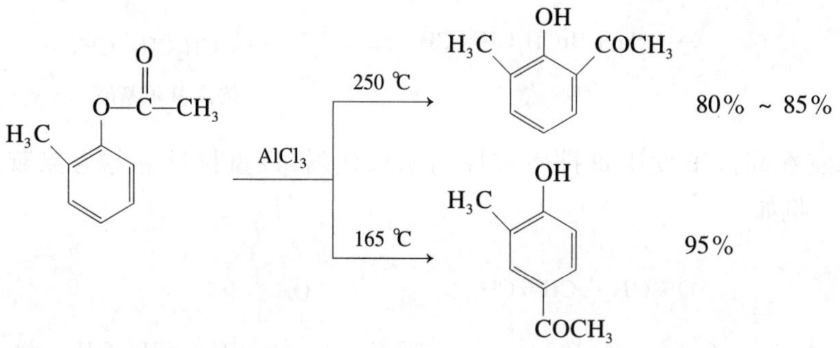

$$\text{邻甲基苯乙酸酯(o-}CH_3C_6H_4OCOCH_3) \xrightarrow{AlCl_3} \begin{cases} \xrightarrow{250\ ℃} \text{2-羟基-3-甲基苯乙酮}\ (H_3C,\ OH,\ COCH_3)\quad 80\%\sim85\% \\ \xrightarrow{165\ ℃} \text{4-羟基-3-甲基苯乙酮}\ (H_3C,\ OH,\ COCH_3)\quad 95\% \end{cases}$$

4. 与三氯化铁的显色反应

大多数酚能与三氯化铁溶液作用显示不同的颜色。例如苯酚遇三氯化铁溶液显蓝紫色。

$$6C_6H_5OH + FeCl_3 \longrightarrow \underset{\text{蓝紫色}}{H_3[Fe(C_6H_5O)_6]} + 3HCl$$

此反应可作为酚的定性鉴别反应。利用酚的这种性质可以将其与醇区别开。

实际上,大多数具有烯醇结构的化合物遇三氯化铁溶液都可发生显色反应。在酚类化合物的结构中也存在烯醇结构:

$$\underset{\text{烯醇结构}}{-\overset{|}{C}=\overset{|}{C}-OH} \qquad \underset{\text{酚}}{C_6H_5-OH}$$

(二)芳环上的亲电取代反应

羟基是致活基团,使苯环活化,因此苯酚比苯容易发生芳环上的亲电取代反应。

1. 卤代反应

苯酚和溴水在室温下很快反应,生成2,4,6-三溴苯酚沉淀,由于反应灵敏,现象明显且定量进行,故可用于酚类化合物的定性和定量分析。

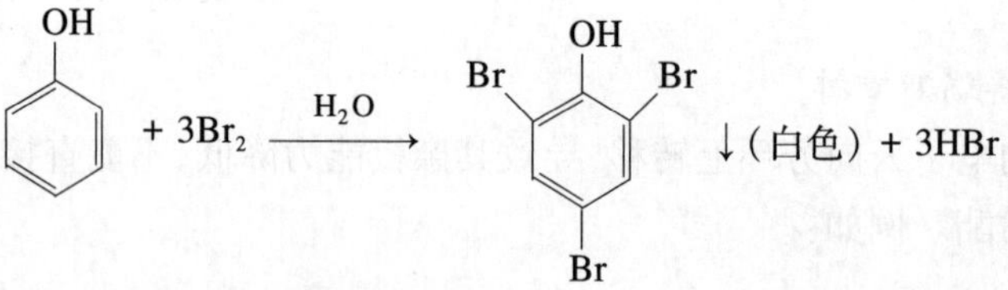

$$C_6H_5OH + 3Br_2 \xrightarrow{H_2O} \text{2,4,6-三溴苯酚}\downarrow(\text{白色}) + 3HBr$$

若在低温和非极性溶剂如二硫化碳或四氯化碳中反应,同时控制溴的用量,则可得到一溴代物。

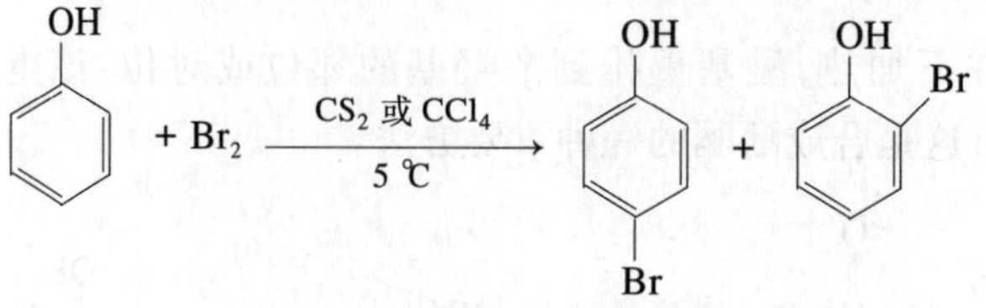

$$C_6H_5OH + Br_2 \xrightarrow[5\ ℃]{CS_2\ \text{或}\ CCl_4} \underset{\text{主要产物}}{\text{对溴苯酚}} + \text{邻溴苯酚}$$

2. 磺化反应

苯酚与浓硫酸在15~25 ℃反应时主要产物是邻羟基苯磺酸,而在100 ℃下与浓硫酸反应时主要产物是对羟基苯磺酸。邻或对位异构体进一步磺化,均得到4-羟基苯-1,3-二磺酸。

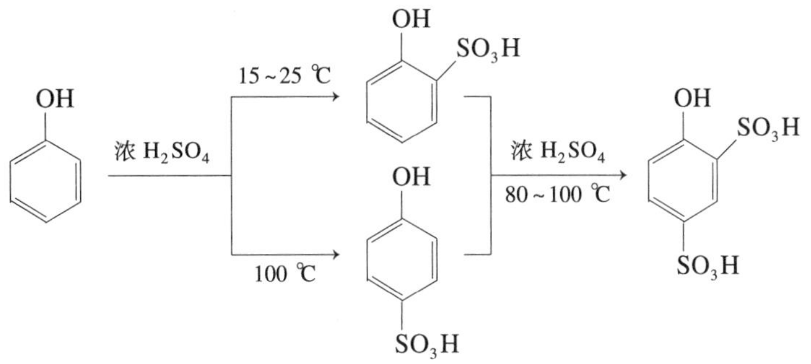

由于磺化反应是可逆反应，磺酸基受热时又可被除去，因此磺酸基可用作芳核上某些位置的保护基。

3. 硝化反应

苯酚和稀硝酸在室温下就容易发生硝化反应，得到邻硝基苯酚和对硝基苯酚的混合物。

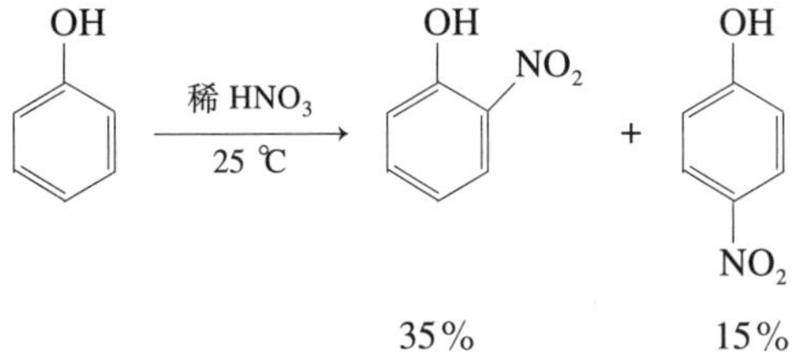

35%　　15%

由于邻硝基苯酚可形成分子内氢键，不再与水形成氢键，故水溶性小，挥发性大，可随水蒸气蒸出；而对硝基苯酚则通过分子间氢键形成缔合体，挥发性小，不易随水蒸气挥发而留在残液中。因此可通过水蒸气蒸馏来分离两种异构体。

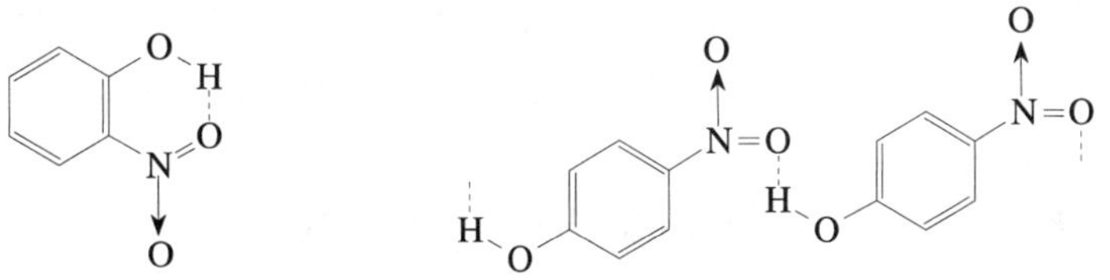

分子内氢键　　分子间氢键

4. 傅-克反应

酚很容易进行傅-克反应，酚类的傅-克反应通常不用 $AlCl_3$ 作为催化剂，因为三氯化铝容易与酚羟基生成配合物而使催化剂失去活性，且一般收率较低，在合成上没有意义。常用 BF_3 和 HF 等作为催化剂，有时也可直接与羧酸反应。例如：

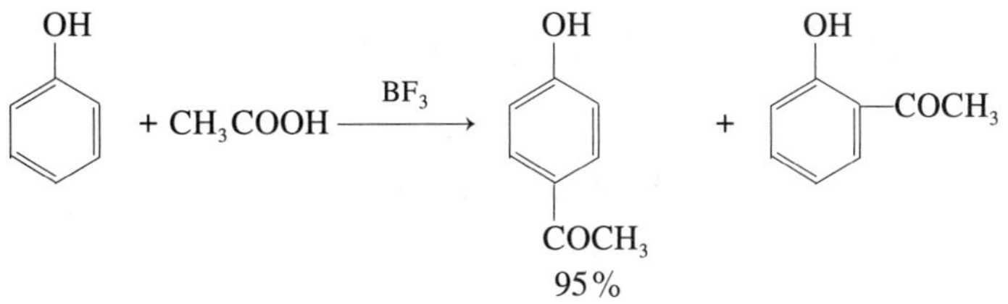

95%

（三）氧化反应

酚类化合物很容易被氧化，不仅易被强氧化剂如重铬酸钾等氧化，还可被空气中的氧所氧化。这也是苯酚在空气中久置后颜色逐渐加深的原因。

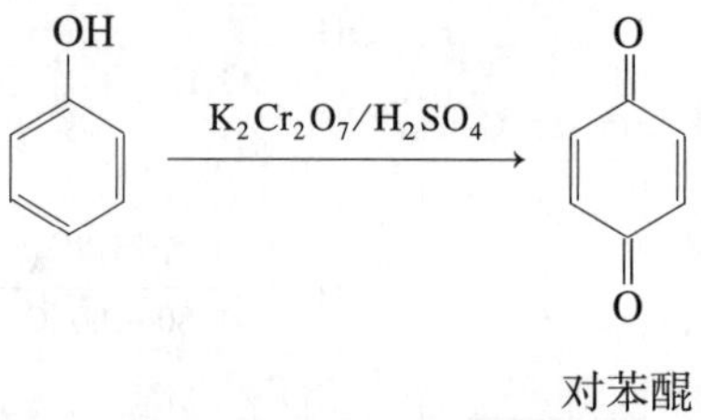

$$\text{C}_6\text{H}_5\text{OH} \xrightarrow{K_2Cr_2O_7/H_2SO_4} \text{对苯醌}$$

对苯醌

多元酚更容易被氧化。邻苯二酚和对苯二酚在室温下就可被温和的氧化剂(如氧化银、溴化银等)氧化成邻苯醌和对苯醌。

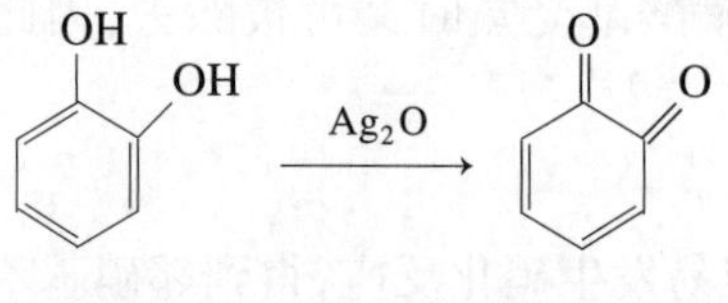

$$\text{邻苯二酚} \xrightarrow{Ag_2O} \text{邻苯醌}$$

邻苯二酚（儿茶酚）　　邻苯醌

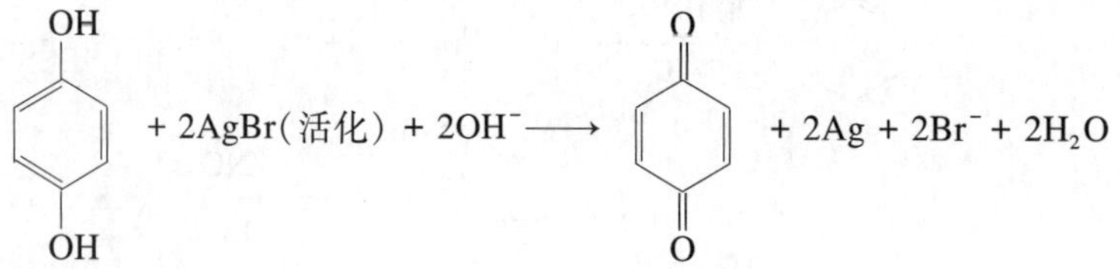

$$\text{对苯二酚} + 2AgBr(\text{活化}) + 2OH^- \longrightarrow \text{对苯醌} + 2Ag + 2Br^- + 2H_2O$$

对苯二酚　　对苯醌

8.2.5　酚的制备

早年,苯酚和甲苯酚主要来源于煤焦油。随着需求量的增长,现在苯酚等的主要来源是通过合成得到。由于目前还没有将羟基直接引入苯环的方法,所以常需要通过官能团的转换途径得到酚。

(1) 芳香磺酸盐碱熔融法

苯磺酸钠和氢氧化钠熔融后首先得到钠盐,再经酸化即得到苯酚,其反应式如下:

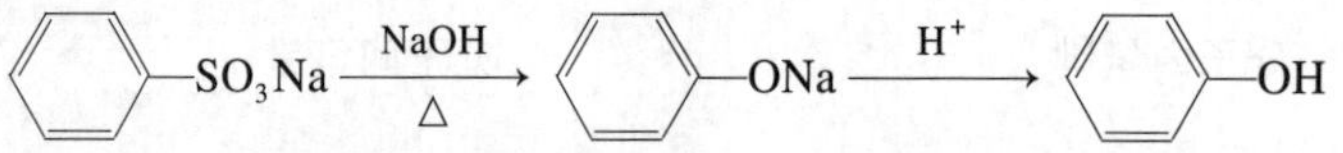

$$C_6H_5-SO_3Na \xrightarrow[\triangle]{NaOH} C_6H_5-ONa \xrightarrow{H^+} C_6H_5-OH$$

反应需在高温下进行,因此其应用范围受到限制。当芳环上有—X、$-NO_2$、—COOH 等官能团时,不能用此法,因在高温和强碱条件下,这些官能团也要发生反应。

(2) 异丙苯法

这是20世纪40年代初发展起来的工业生产苯酚的方法。在过氧化物或紫外线的催化下,异丙苯被空气氧化为过氧化物,后者经酸处理即可分解成苯酚和丙酮。

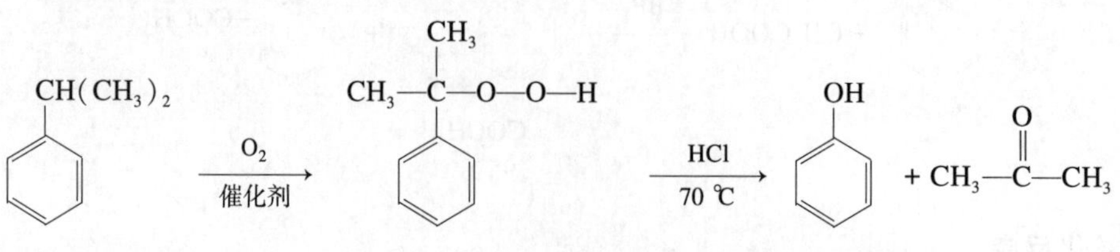

$$C_6H_5CH(CH_3)_2 \xrightarrow[\text{催化剂}]{O_2} CH_3-\underset{C_6H_5}{\overset{CH_3}{C}}-O-O-H \xrightarrow[70\ ℃]{HCl} C_6H_5OH + CH_3-\overset{O}{\overset{\|}{C}}-CH_3$$

此法在制得苯酚的同时,还可得到另一个重要的工业原料丙酮,可谓"一箭双雕"。该法已成为目前工业上生产苯酚的重要方法。

(3) 卤代芳烃水解法

卤代芳烃的卤原子很不活泼,需在高温高压及催化剂存在下与稀碱水溶液作用生成酚。

$$C_6H_5-Cl + NaOH \xrightarrow[350 \sim 370\ ℃,加压]{Cu} C_6H_5-ONa \xrightarrow{H^+} C_6H_5-OH$$

该法对设备的要求较高,且反应条件苛刻。但是当芳环上卤原子的邻、对位上有硝基、三氟甲基等强的吸电子基时,水解较易进行。例如:

$$O_2N-C_6H_4-Cl + NaOH \xrightarrow[回流]{H_2O} O_2N-C_6H_4-ONa \xrightarrow{H^+} O_2N-C_6H_4-OH$$

学 习 指 导

8-1 本章要点

1. 醇类

醇的化学性质主要归因于官能团羟基,醇分子中易发生反应的部位如下所示:

$$R-\overset{\beta}{CH}(③H)-\overset{\alpha}{CH}(④H) \mid ② \mid O \mid ① \mid H$$

① O—H 键断裂,与金属反应

② C—O 键断裂,羟基被取代

③ C—O 键和 β C—H 键同时断裂,发生消除反应

④ 被氧化

主要反应为:

ROH—

- $\xrightarrow{Na}$ $R-ONa + \frac{1}{2}H_2$ 　醇的反应性:甲醇 > 1° 醇 > 2° 醇 > 3° 醇
- $\xrightarrow[S_N 反应]{HX}$ $R-X$ 　HX 的反应性:HI > HBr > HCl
- $\xrightarrow{H^+/-H_2O}$ 烯 　醇的反应性:3° 醇 > 2° 醇 > 1° 醇,遵守查依采夫规则；醚 　只适于制备简单醚
- $\xrightarrow[或\ Na_2Cr_2O_7]{KMnO_4}$ 酸或酮 　1° 醇氧化成醛,醛再氧化成酸；2° 醇氧化成酮；3° 醇不反应
- $-\underset{OH}{C}-\underset{OH}{C}- \xrightarrow{HIO_4} 2\ >C=O$ 　用于测定邻二醇的结构

2. 硫醇

酸性比醇强　$RSH \xrightarrow{NaOH/H_2O} RSNa$

3. 酚类

酚类的化学性质主要有羟基的反应及芳环上的亲电性取代反应,主要反应为:

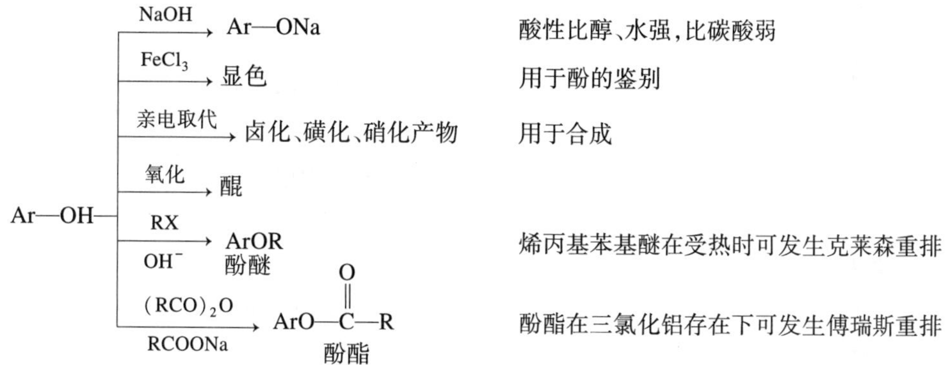

Ar—OH—

- $\xrightarrow{NaOH}$ Ar—ONa 　酸性比醇、水强,比碳酸弱
- $\xrightarrow{FeCl_3}$ 显色 　用于酚的鉴别
- $\xrightarrow{亲电取代}$ 卤化、磺化、硝化产物 　用于合成
- $\xrightarrow{氧化}$ 醌
- $\xrightarrow[OH^-]{RX}$ ArOR 酚醚 　烯丙基苯基醚在受热时可发生克莱森重排
- $\xrightarrow[RCOONa]{(RCO)_2O}$ $ArO-\overset{O}{\overset{\|}{C}}-R$ 酚酯 　酚酯在三氯化铝存在下可发生傅瑞斯重排

4. 酚的制备

(1) 磺酸盐碱熔融法　　(2) 卤代芳烃水解法　　(3) 异丙苯法

8-2 解题示例

【例1】 正戊烷和正丁醇的相对分子质量分别为72和74,沸点却分别为38 ℃和118 ℃,试加以解释。

解:相对分子质量比较接近的分子,它们的沸点往往与分子间的作用力有关。正戊烷是非极性分子,分子间作用力只表现为范德华引力;正丁醇的分子间作用力除范德华引力外还有氢键。分子间作用力越大,沸点越高。

【例2】 比较下列化合物的反应活性次序:①与金属钠反应　②在硫酸催化下脱水成烯

A. 丁-1-醇　　B. 丁-2-醇　　C. 2-甲基丁-2-醇

解:① 醇与金属钠的反应是O—H断裂的反应,伯、仲、叔三种醇的反应活性依次减弱,因此上述三个化合物的反应活性次序是A>B>C。

② 醇在硫酸催化下脱水成烯的反应,首先是醇羟基被质子化脱去一分子水而形成碳正离子,然后再消去β-质子而生成烯。上述三个化合物脱水后分别生成伯、仲和叔碳正离子,三种碳正离子的稳定性次序是叔碳正离子>仲碳正离子>伯碳正离子。因此,脱水反应活性次序是C>B>A。

【例3】 排列下列化合物的酸性次序,并简要说明之。

① 间氯苯酚　② 苯酚　③ 间硝基苯酚　④ 间甲苯酚

解:酚类化合物的酸性强弱与其质子解离后形成的苯氧负离子的稳定性有关。生成的苯氧负离子的稳定性越大,则酸性越强。吸电子基的存在,有利于分散所形成的相应负离子上的负电荷,使负离子稳定性增加,酸性增强。硝基和氯都是吸电子基,故①和③的酸性都比苯酚强。但因硝基吸电子能力强于氯,所以③的酸性比①强。甲基是供电子基,它的存在不利于所形成的负离子上负电荷的分散,使其负离子不如苯酚的负离子稳定,故间甲苯酚的酸性比苯酚弱。所以,上述化合物的酸性次序是③>①>②>④。

【例4】 由苯酚合成邻溴苯酚。

解:苯酚与溴水反应灵敏,立即生成2,4,6-三溴苯酚。要得到邻溴苯酚,需设法先用其他的原子团占据酚羟基对位和一个邻位(这种基团应可以再除去)。磺化反应是可逆反应,磺酸基受热时又可除去,因此可引入磺酸基占位。合成路线如下:

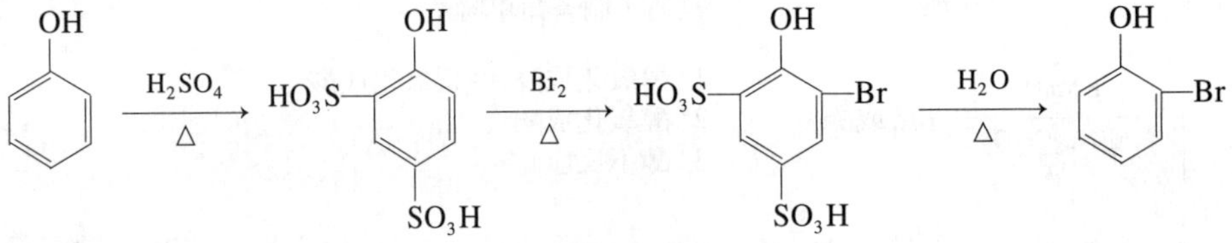

$$\text{C}_6\text{H}_5\text{OH} \xrightarrow[\triangle]{H_2SO_4} \text{2-OH-1-}HO_3S\text{-5-}SO_3H\text{苯} \xrightarrow[\triangle]{Br_2} \text{(OH, }HO_3S\text{, Br, }SO_3H\text{)苯} \xrightarrow[\triangle]{H_2O} \text{邻溴苯酚 (OH, Br)}$$

8-3 习题

1. 命名下列化合物。

(1) 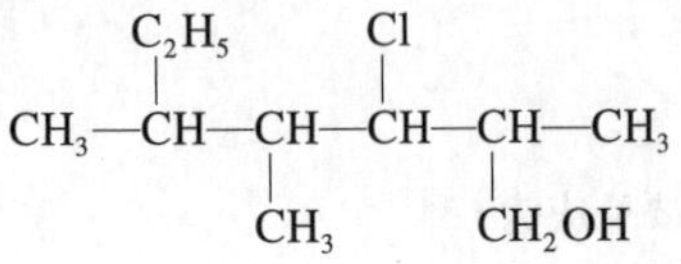 $CH_3-CH(C_2H_5)-CH(CH_3)-CH(Cl)-CH(CH_2OH)-CH_3$

(2) $C_6H_5-CH_2-C(OH)(CH_3)-CH_2CH_2CH_3$

(3) 环己烷环(H、H_3C 与 H、OH 分别连于环上1,4位)

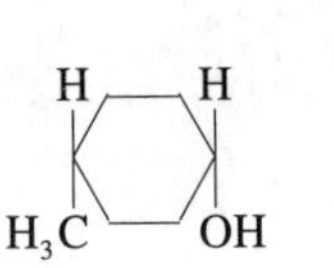

(4) 苯环:CH_3、OH(间位于异丙基)、$CH(CH_3)_2$

(5) 苯环:OH、NO_2、CH_3(依次相邻)

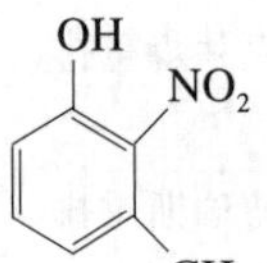

(6) 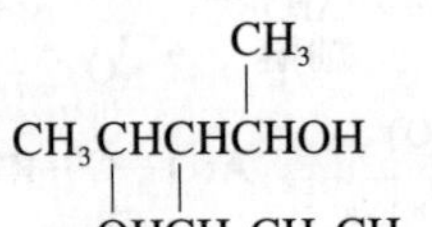 $CH_3CH(OH)CH(CH_2CH_2CH_3)CH(CH_3)OH$ 即 $CH_3CHCHCHOH$(上连 CH_3,下连 $OHCH_2CH_2CH_3$)

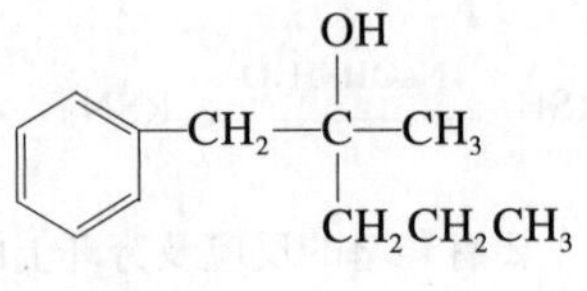

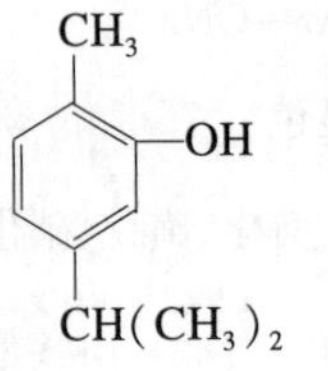

(7) $CH_3CH_2CH_2CHCH_2OH$ (取代基 $CH=CH_2$ 连于 CH 上)

(8) 2,4-二氯-1-萘酚结构式(OH, Cl, Cl)

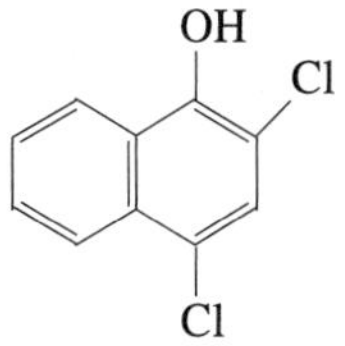

2. 写出下列化合物的结构式。

(1) 4-甲基环己-1-醇　(2) 己-2,4-二醇

(3) 2-乙基丁-2-烯-1-醇　(4) 苄醇

(5) 苦味酸　(6) 苯-1,3-二酚

(7) 硫酸二乙酯　(8) 丙硫醇

3. 按要求将下列化合物排列成序。

(1) 比较沸点:A. 戊-1-醇　B. 2-甲基丁-2-醇　C. 3-甲基丁-2-醇

(2) 比较在水中的溶解度:A. 丁-1,4-二醇　B. 1-氯丁烷　C. 丁-1-醇

(3) 比较酸性强弱顺序:A. 苯酚　B. 对甲苯酚　C. 苯甲醇　D. 对硝基苯酚　E. 水

4. 写出下列反应的主要产物或试剂。

(1) $CH_3CH=CHCH_2CH_2CH_2OH \xrightarrow[\triangle,H^+]{KMnO_4}$ ①

(2) 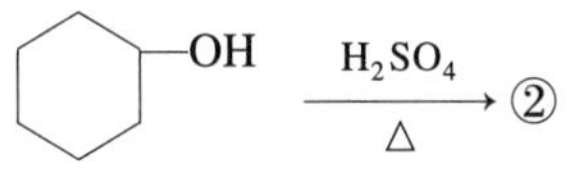 环己醇(环己基—OH) $\xrightarrow[\triangle]{H_2SO_4}$ ②

(3) $(CH_3)_2CH-CH(OH)-CH_3 \xrightarrow{③} (CH_3)_2C=CHCH_3 \xrightarrow{H_2O/H^+}$ ④

(4) 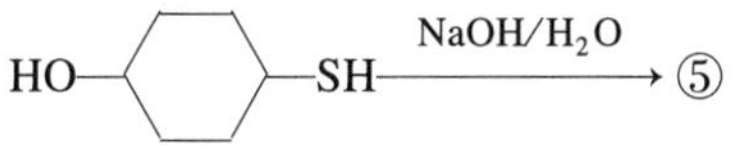 HO—(环己基)—SH $\xrightarrow{NaOH/H_2O}$ ⑤

(5) HO—(苯环)—CH_3 $\xrightarrow{Br_2/H_2O}$ ⑥

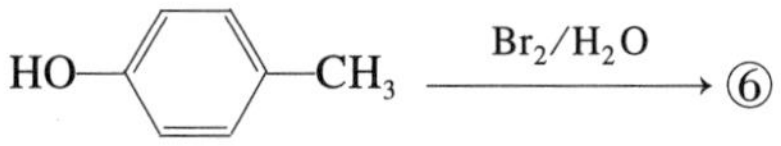

(6) $C_6H_5-CH_2CH(OH)CH_3 \xrightarrow[\triangle]{H^+}$ ⑦

(7) 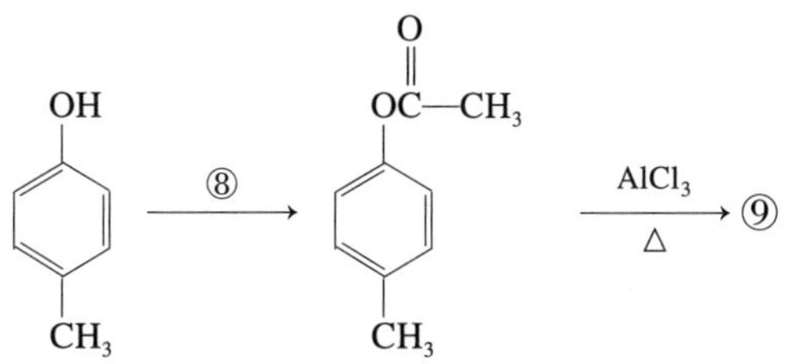 对甲苯酚(OH, CH_3) $\xrightarrow{⑧}$ 对甲苯基乙酸酯($OC(=O)-CH_3$, CH_3) $\xrightarrow[\triangle]{AlCl_3}$ ⑨

(8) 苯基—$OCH_2CH=CHCH_3$ $\xrightarrow[\triangle]{}$ ⑩

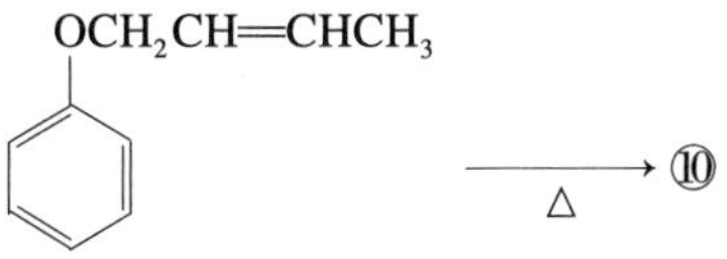

5. 下列化合物中哪些能形成分子内氢键?哪些能形成分子间氢键?

① 对硝基苯酚　② 邻硝基苯酚　③ 对溴苯酚　④ 邻氯苯酚

6. 用高碘酸氧化 A、B、C 三个邻二醇后分别得到如下产物:

A：一种化合物戊-3-酮；

B：两种不同的醛正丁醛和正丙醛；

C：甲醛和戊-3-酮。

试推测各邻二醇的构造式。

7. 实现下列转化，必要试剂自选：

(1) 将甲苯转化成苯甲醇。

(2) 将甲苯转化成对甲苯酚。

(3) 由苯酚合成对溴苯甲醚。

8. 化合物 A 的分子式为 C_7H_8O，不溶于水、稀盐酸及 $NaHCO_3$ 水溶液，但能溶于稀 NaOH 水溶液。当用溴水处理 A 时，它迅速生成分子式为 $C_7H_5OBr_3$ 的化合物，试推测 A 的结构。

9. 中性化合物 A($C_8H_{16}O_2$)，与 Na 作用放出 H_2，与 PBr_3 作用生成相应的化合物 $C_8H_{14}Br_2$；A 被 $KMnO_4$ 氧化生成 $C_8H_{12}O_2$；A 与浓 H_2SO_4 一起共热脱水生成 B(C_8H_{12})。B 可使溴水和碱性 $KMnO_4$ 溶液褪色；B 在低温下与 H_2SO_4 作用再水解，则生成 A 的同分异构体 C，C 与浓 H_2SO_4 一起共热也生成 B，但 C 不能被 $KMnO_4$ 氧化，B 氧化生成己-2,5-二酮和乙二酸。试写出 A、B 和 C 的构造式。

10. 用适当的原料合成下列化合物：

(1) 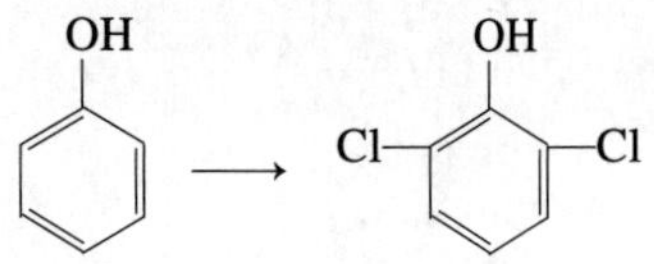 苯酚(OH) ⟶ 2,6-二氯苯酚(OH；两侧 Cl)

(2) 对甲苯酚(OH，CH_3) ⟶ 2-仲丁基-4-甲基苯酚(OH，$CHCH_2CH_3$ 带 CH_3 支链，CH_3)

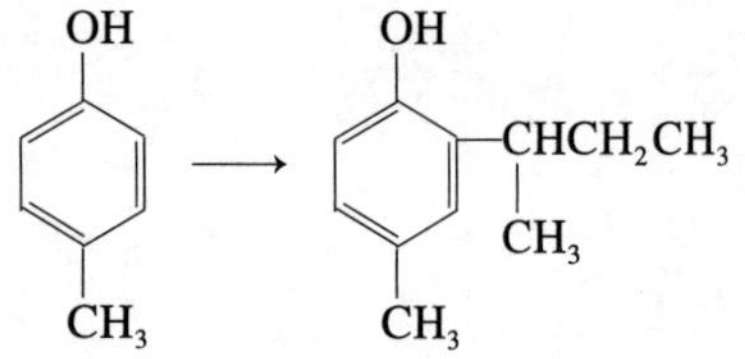

9 醚和环氧化合物

醚(ether)可看作是水分子中的两个氢原子被烃基取代的产物。其通式为：

H—O—H　　　　R—O—R′
醚(ether)

醚分子中的—O—键称作**醚键**，是醚的官能团。

9.1 醚的分类和命名

醚类化合物是实验室和工业上常用的溶剂。例如乙醚不仅是常用的溶剂，还可作为麻醉剂使用。有些醚类化合物具有特殊的香味，可用作香料，例如甲基苯基醚(又称茴香醚)。

$CH_3CH_2—O—CH_2CH_3$
乙醚
ethyl ether

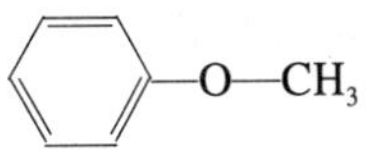

$C_6H_5—O—CH_3$
甲基苯基醚
methyl phenyl ether

9.1.1 醚的分类

根据醚键所连接的两个烃基的结构，可将醚分为：

简单醚：与氧相连的两个烃基相同，通式为 R—O—R 或 Ar—O—Ar，又称对称醚。

混合醚：与氧相连的两个烃基不同，通式为 R—O—R′、R—O—Ar、Ar—O—Ar′，又称不对称醚。

环醚：氧原子是环的一部分，例如：

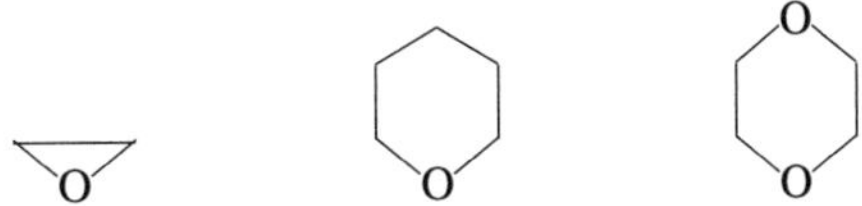

其中三元环醚，如环氧乙烷，性质较特殊，称为**环氧化合物(epoxide)**。

9.1.2 醚的命名

对于结构简单的醚，采用官能团类别命名法命名，先写出烃基的名称，再加上“醚”字即可。简单醚命名时习惯上常将“基”和“二”字省去，例如：

$CH_3—O—CH_3$
二甲基醚(甲醚)
methyl ether

$CH_3CH_2—O—CH_2CH_3$
二乙基醚(乙醚)
ethyl ether

Ph—O—Ph
二苯基醚(苯醚)
phenyl ether

对于混合醚，也是在两个烃基的名称后加“醚”字，烃基按英文字母顺序排列，例如：

$CH_3—O—CH_2CH_3$
乙基甲基醚
ethyl methyl ether

$CH_3—O—CH_2—CH=CH_2$
烯丙基甲基醚
allyl methyl ether

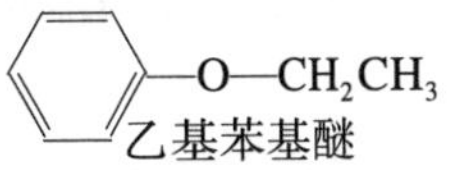

$C_6H_5—O—CH_2CH_3$
乙基苯基醚
ethyl phenyl ether

结构比较复杂的醚,可按取代命名法当作烃的衍生物来命名,将烷基与氧一起作为取代基,称为烷氧基。常见的烷氧基如:

$CH_3O—$ 甲氧基(methoxy)　　$CH_3CH_2O—$ 乙氧基(ethoxy)

命名时以烃为母体。例如:

$CH_3CH(OCH_3)CH_2CH_2CH_3$
2-甲氧基戊烷
2-methoxypentane

$CH_3O—CH_2—CH=CH_2$
3-甲氧基丙-1-烯
3-methoxyprop-1-ene

饱和五元环和六元环的环醚的命名一般作为杂环化合物的氢化物来命名。"噁"表示"氧杂","噻"表示"硫杂"。简单的环氧化合物看作烯烃的氧化物,较复杂的环氧化合物用取代命名法命名,取代基英文前缀为"epoxy-",中文为"环氧"或"氧桥"。例如:

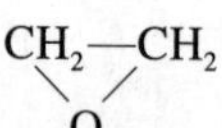

环氧乙烷(乙烯氧化物)
epoxy ethane(ethylene oxide)

1,2-环氧丙烷(1,2-氧桥丙烷)
1,2-epoxypropane

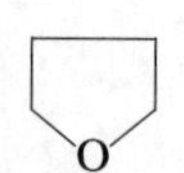

四氢呋喃(THF)
tetrahydrofuran

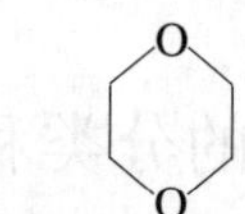

1,4-二噁环己烷(二氧六环)
1,4 dioxane

9.2 醚的结构和物理性质

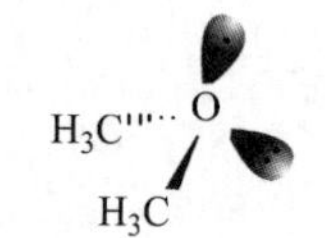

醚分子中的氧原子为 sp^3 杂化,两个未共用电子对处在 sp^3 杂化轨道中。两个 C—O 键的夹角与水分子中两个 O—H 键的夹角相似。如甲醚分子(见右图)中两个 C—O 键的夹角为 111.7°,而水分子中两个 O—H 键的夹角为 104.5°。

大多数醚在室温下为液体,有特殊气味。醚分子间不能以氢键缔合,因此沸点比同碳数的醇低得多。例如,乙醚的沸点为 34.6 ℃,而正丁醇的沸点为 117.3 ℃。

大多数的醚难溶或不溶于水,但小分子的醚可与水形成分子间氢键,故其在水中的溶解度与同碳数的醇相近。例如乙醚与正丁醇在水中的溶解度均约为 8 g/100 mL。

低级醚具有高度的挥发性,易燃、易爆。例如乙醚,其蒸气与空气可形成爆炸性混合气体,在电火花引发下即可引起爆炸。

9.3 醚的化学性质

醚分子中氧原子的两端均与烃基相连,整个分子的极性较小,因此醚较稳定,不与氧化剂、还原剂、强碱、稀酸、金属钠等反应。但醚的稳定性也是相对的,在一定条件下可以发生一些特有的反应。

9.3.1 𬭩盐的生成

醚分子中的氧原子具有未共用电子对,因此醚能接受强酸(浓盐酸或浓硫酸)中的氢质子生成**𬭩盐(oxonium salt)**。

$$C_2H_5—\ddot{\underset{..}{O}}—C_2H_5 + H—Cl \longrightarrow [C_2H_5—\underset{H}{\underset{|}{O}}—C_2H_5]^+ Cl^-$$

𬭩盐

𬭩盐是一种弱碱和强酸形成的盐,在浓酸中稳定,如用冰水稀释,𬭩盐则分解析出原来的醚。例如:

$$[C_2H_5—\underset{H}{\underset{|}{O}}—C_2H_5]^+ Cl^- + H_2O \longrightarrow C_2H_5—O—C_2H_5 + H_3O^+ + Cl^-$$

9.3.2 醚键的断裂

在较高温度下，强酸（如氢卤酸）可使醚键发生断裂，生成卤代烃和醇。如有过量氢卤酸存在，则醇也转变成卤代烃。

$$R-O-R' + HI \xrightarrow{\triangle} R-I + R'-OH \xrightarrow[HI]{过量} R'-I$$

不同的氢卤酸使醚键断裂的能力为 HI>HBr>HCl。

混合醚断裂时，如果两个烃基都是脂肪族烃基，一般是较小的烃基与卤素形成卤代烃；芳基烷基醚一般发生烷氧键断裂，生成卤代烃和酚。例如：

$$CH_3OCH(CH_3)_2 + HI \xrightarrow[\triangle]{} CH_3I + (CH_3)_2CHOH$$

$$C_6H_5-OCH_3 + HI \xrightarrow[\triangle]{} C_6H_5-OH + CH_3I$$

9.3.3 过氧化物的形成

醚对一般氧化剂稳定，但长时间与空气接触或在光照条件下，醚会慢慢发生自动氧化生成**过氧化物（peroxide）**。一般认为氧化发生在醚的 α-碳原子上。

$$CH_3CH_2-O-CH_2CH_3 + O_2 \longrightarrow CH_3-\underset{\underset{O-OH}{|}}{CH}-O-CH_2CH_3$$

过氧化物不稳定，受热时容易分解，且沸点比醚高，因此蒸馏乙醚时不能蒸干，以免发生危险。醚类化合物应避光保存于棕色瓶中。久置的乙醚或其他醚类在使用前应进行检查，若能使 KI-淀粉试纸变蓝或使 $FeSO_4$-KCNS 混合液显红色，则表明醚中含有过氧化物。若加入适当还原剂（如 $FeSO_4$ 稀硫酸溶液）并振摇，可以除去过氧化物。

9.4 环氧化合物的开环反应

环氧化合物中最简单的化合物是环氧乙烷。同环丙烷结构类似，环氧乙烷的环张力较大，性质活泼，容易发生开环反应。

现以环氧乙烷为例，讨论环氧化合物的开环反应。

环氧乙烷在酸或碱催化下可以与多种含有活泼氢的物质或亲核试剂作用开环，生成各类相应的化合物。在开环反应中，试剂中的负离子或带有部分负电荷的原子或基团总是与碳原子相连，其他部分与氧结合。例如：

环氧乙烷 →

$$\xrightarrow{H_2O/H^+} HOCH_2CH_2OH \quad 乙二醇$$

$$\xrightarrow{C_2H_5OH/H^+} CH_3CH_2OCH_2CH_2OH \quad 2\text{-}乙氧基乙醇$$

$$\xrightarrow{HX} XCH_2CH_2OH \quad 2\text{-}卤代乙醇$$

$$\xrightarrow{NH_3} H_2NCH_2CH_2OH \quad 2\text{-}氨基乙醇$$

$$\xrightarrow{HCN} NCCH_2CH_2OH \quad 3\text{-}羟基丙腈$$

$$\xrightarrow{RMgX} RCH_2CH_2OMgX \xrightarrow[H^+]{H_2O} RCH_2CH_2OH \quad 增加两个碳的醇$$

环氧乙烷发生开环反应时,无论亲核试剂进攻哪一个碳原子,所得产物均相同。但当不对称的环氧化合物发生开环反应时,就存在开环反应的方向问题。开环反应的方向与反应条件有关。

在酸性条件下开环,亲核试剂主要进攻连接取代基较多的碳原子。例如:

$$CH_3CH\overset{\times}{-}CH_2(\text{—O—}) \xrightarrow[H^+]{C_2H_5OH} CH_3CH(OC_2H_5)—CH_2OH$$

在碱性条件下,亲核试剂进攻位阻较小的碳原子。例如:

$$(CH_3)_2C—\overset{\times}{}CH_2(\text{—O—}) \xrightarrow[C_2H_5OH]{C_2H_5ONa} (CH_3)_2C(OH)—CH_2OC_2H_5$$

由于环氧化合物开环时,试剂总是从环氧的背面进攻,因此,一般得到反式开环的产物。例如:

$$\text{环氧环己烷} \xrightarrow{HCl} \text{2-氯环己醇(Cl, OH)} \quad (dl\text{ 体})$$

9.5 醚的制备

9.5.1 醇分子间脱水

在浓硫酸作用下,醇发生分子间脱水生成醚。例如:

$$C_2H_5OH \xrightarrow[140\ ℃]{浓\ H_2SO_4} CH_3CH_2OCH_2CH_3 + H_2O$$

此法适用于由伯醇制备简单醚,仲醇或叔醇易发生消除反应生成烯烃。

9.5.2 威廉姆逊合成法

由卤烃和醇钠作用可得到醚:

$$RX + R'ONa \longrightarrow ROR' + NaX$$

此法广泛用于混合醚的制备,也可用于制备简单醚。但要注意,选择原料时应选用伯或仲卤代烃,叔卤代烃在此反应条件下主要发生消除反应生成烯烃。

9.5.3 环醚的制备

环醚中最简单而又最重要的环氧乙烷可以乙烯为原料,通过以下两种途径制得:

$$CH_2=CH_2 \xrightarrow[H_2O]{Cl_2} CH_2(OH)—CH_2Cl \xrightarrow{Ca(OH)_2} CH_2—CH_2(\text{—O—}) + CaCl_2 + H_2O$$

$$CH_2=CH_2 \xrightarrow[Ag]{1/2O_2} CH_2—CH_2(\text{—O—})$$

9.6 冠醚

冠醚(**crown ether**)是分子中具有$\leftarrow OCH_2CH_2 \rightarrow$重复单位的环状醚。因最初合成的冠醚形状似皇冠,故称为冠醚,又称大环多醚。

冠醚是 20 世纪 70 年代以后发展起来的具有特殊配合性质的化合物。冠醚有其特有的命名法,可表示为 X—冠—Y。其中,X 代表环上的原子总数,Y 代表氧原子数。例如:

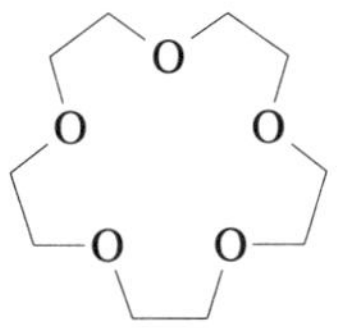

15-冠-5
15-crown-5

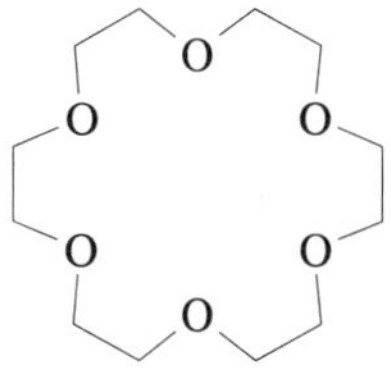

18-冠-6
18-crown-6

冠醚的一个重要特点是可以和金属离子形成配合物。不同的冠醚分子中空穴大小不同,可络合不同的金属离子,因此具有较高的选择性,常用来定量地测定某些金属离子。例如,18-冠-6 中的空穴直径是 0. 26 ~ 0. 32 nm,与钾离子直径相近,因此,可与 $KMnO_4$ 中的 K^+形成稳定的配合物,留下 MnO_4^- 赤裸在外,这样更利于反应有效地进行。

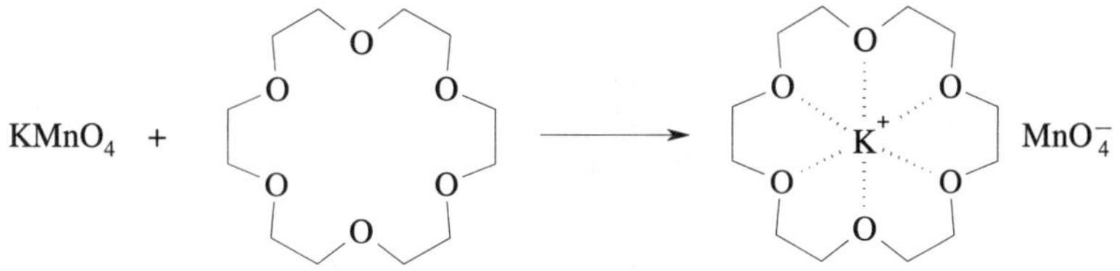

$KMnO_4$ + [18-冠-6] ⟶ [K⁺配合物] MnO_4^-

大环多醚的另一个性质是具有相转移作用,因此冠醚常被用作**相转移催化剂**(**phase transfer catalyst**,简称 **PTC**)。这是因为冠醚的内圈有很多氧原子能和水形成氢键,故有亲水性;而它的外圈都是碳氢,有憎水性。这样它能将水相中的试剂包在内圈带到有机相中反应,加速了非均相有机反应的速率。

应用 PTC 不仅使反应速率加快,选择性增强,也可提高产率。但冠醚的合成较困难,并且毒性较大,对皮肤和眼睛都有刺激性,因此应用受到限制。冠醚主要用于元素有机化合物的制备及反应机理的研究。

9.7 硫醚

醚分子中的氧原子被硫原子取代后所生成的化合物称为**硫醚**(**thioether**),其通式为 **R−S−R′**。

硫醚的命名与醚类似,只需在醚字前加一个“硫”字即可。例如:

CH_3SCH_3	$CH_3SC_2H_5$	C_6H_5—S—CH_3
(二)甲硫醚 dimethyl sulfide	乙基甲基硫醚 ethyl methyl sulfide	甲基苯基硫醚 methyl phenyl sulfide

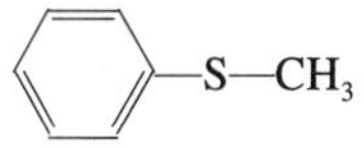

硫醚不溶于水,是有特殊气味的无色液体,可溶于醇和醚中,沸点比相应的醚高。

硫醚的化学性质也与醚相似。例如,可与浓硫酸反应形成**锍盐**(**sulfonium salt**),锍盐用水稀释

后又分解成原来的硫醚,反应式为:

$$R—S—R' + H_2SO_4 \longrightarrow [\underset{H}{R—S—R'}]^+ HSO_4^- \xrightarrow{H_2O} R—S—R' + H_3O^+ + HSO_4^-$$

硫醚也可被氧化,氧化时首先得到亚砜,亚砜进一步被氧化成砜,其反应过程为:

$$R—S—R \xrightarrow{[O]} \underset{\text{亚砜}}{R—SO—R} \xrightarrow{[O]} \underset{\text{砜}}{R—SO_2—R}$$

例如:

$$\underset{\text{甲硫醚}}{CH_3—S—CH_3} + H_2O_2 \longrightarrow \underset{\text{二甲亚砜}}{CH_3\overset{\overset{O}{\|}}{S}CH_3}$$

二甲亚砜(简称 DMSO)是一种无色液体。它不仅是一种良好的溶剂和试剂,还有较强的穿透力,可促使药物渗入皮肤,因此可用作透皮吸收药物的促渗剂。

学 习 指 导

9-1 本章要点

1. 醚的反应

$$R—\ddot{O}—R \xrightarrow{\text{浓} H_2SO_4} R—\overset{+}{O}(H)—R \quad \text{镁盐,溶于硫酸}$$

$$R—\ddot{O}—R \xrightarrow{HI} R—OH + R—I \quad \text{较小的烃基与 I 结合}$$

$$R—CH_2—\ddot{O}—R \xrightarrow{O_2} R—\underset{O—OH}{CH}—O—R \quad \text{过氧化物,干燥时易爆炸}$$

2. 环氧化合物的开环反应

$$\underset{\text{(O 桥连)}}{CH_2—CH_2} \xrightarrow{H—Y} \underset{OH\quad Y}{CH_2—CH_2}$$

$Y = X、OH、OR、NH_2、CN$ 等

$$\underset{\text{(O 桥连)}}{CH_2—CH_2} \xrightarrow[\text{② } H_3O^+]{\text{① R—MgX/ 无水乙醚}} \underset{\text{醇}}{R—CH_2CH_2OH} \quad \text{增加两个碳原子}$$

$$CH_3—\overset{\delta^+}{CH}—\overset{\delta^+}{CH_2}\ (\text{O}^{\delta^-}\text{ 桥连}) \xrightarrow{\overset{\delta^+}{X}—\overset{\delta^-}{Y}} \begin{cases} \text{碱性条件} \rightarrow CH_3—\underset{O—X}{CH}—\overset{Y}{CH_2} \\ \text{酸性条件} \rightarrow CH_3—\overset{Y}{CH}—\underset{O—X}{CH_2} \end{cases}$$

9-2 阶段小结——卤代烃、醇、醚的结构与化学性质的关系

卤代烃、醇、醚虽然是三类含不同官能团的化合物,但是在结构和反应类型上还是有不少相似之处的,现将其简单归纳如下:

(1) 官能团都是以单键和碳原子相连:

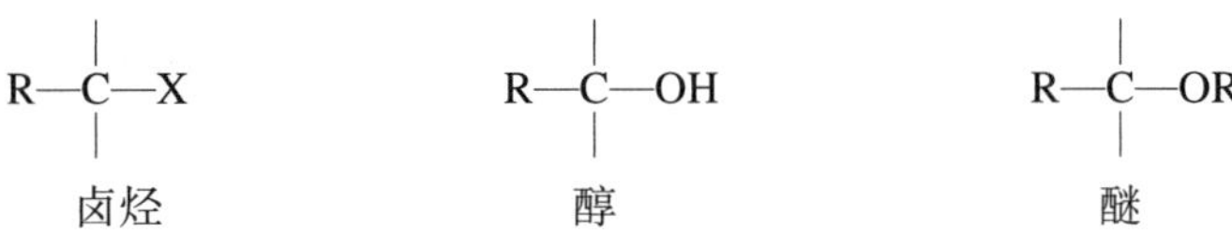

(2) —X、—OH、—OR 都是吸电子基,故与官能团直接相连的碳原子都带部分正电荷,因而都可发生亲核取代反应。但由于吸电子能力不同,进行亲核取代反应的条件及影响反应速率的因素有所不同。

S_N 反应

	$H-C_{\beta}\rightarrow C_{\alpha}^{\delta^+}\rightarrow X$	$H-C_{\beta}\rightarrow C_{\alpha}^{\delta^+}\rightarrow OH$	$H-C_{\beta}\rightarrow C_{\alpha}^{\delta^+}\rightarrow OR$
亲核试剂	HOH(NaOH)、NH_3、NaCN、RONa 等	HX(氢卤酸)或 NaX + H_2SO_4	HI、HBr

(3) 卤烃和醇都可发生消除反应,但反应条件不同,消除反应的取向都遵循查依采夫规则。

E 反应

$$\underset{H\quad X}{-C-C-}\xrightarrow{-HX}\;>C=C<$$

$$\underset{H\quad OH}{-C-C-}\xrightarrow{-H_2O}\;>C=C<$$

	卤烃	醇
反应条件:	强碱	酸(一般用浓 H_2SO_4)
反应性:	3° > 2° > 1° 卤代烃	3° > 2° > 1° 醇

9-3 解题示例

【例 1】 由不超过 4 个碳的烯烃合成 $CH_3CH_2OC(CH_3)_3$。

解:混合醚的制备主要采用威廉姆逊合成法。根据题意,有以下两种组合方式:

$$CH_3CH_2-O-C(CH_3)_3 \Rightarrow \begin{cases} \text{A}\quad CH_3CH_2Br + NaOC(CH_3)_3 \\ \text{B}\quad CH_3CH_2ONa + BrC(CH_3)_3 \end{cases}$$

B 途径中,$(CH_3)_3CBr$ 是三级卤烃,在强碱性作用下易发生消除反应生成烯烃,得不到预期的醚。因此应选用 A 途径,首先将烯烃转化成相应的卤烃和醇。合成路线如下:

$$CH_2{=}CH_2 \xrightarrow{HBr} CH_3CH_2Br$$

$$CH_2{=}C(CH_3)_2 \xrightarrow{H_2O/H^+} (CH_3)_3C-OH \xrightarrow{Na} (CH_3)_3C-ONa$$

$$CH_3CH_2Br + (CH_3)_3C-ONa \longrightarrow CH_3CH_2OC(CH_3)_3$$

【例 2】 由丙醇和适当的有机物合成正戊醇。

解:原料是 3 个碳的醇,产物为增加了两个碳的伯醇。因此,可考虑用格氏试剂与环氧乙烷反应来制备。首先要将丙醇转化成卤代烷,然后制成格氏试剂。合成路线如下:

$$CH_3CH_2CH_2OH \xrightarrow{HBr} CH_3CH_2CH_2Br \xrightarrow[\text{无水乙醚}]{Mg} CH_3CH_2CH_2MgBr \xrightarrow{\text{环氧乙烷}} \xrightarrow{H_2O/H^+} CH_3CH_2CH_2CH_2CH_2OH$$

9-4 习题

1. 命名下列化合物:

(1) $CH_3CH_2OCH_2CH{=}CH_2$

(2) $CH_3\underset{OCH_3}{CH}CH_2CH{=}CHCH_2OH$

(3) 2-甲基苯基乙基醚结构式（苯环上连 $-O-C_2H_5$，邻位连 CH_3） 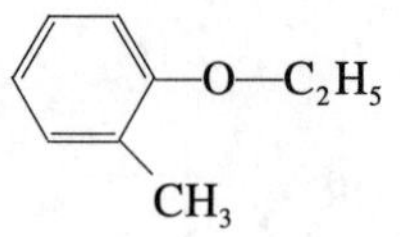　　(4) 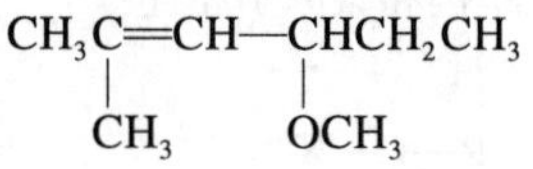 $CH_3C(CH_3)=CH-CH(OCH_3)CH_2CH_3$

2. 写出下列物质的构造式：

(1) 乙基异丙基醚　　(2) 烯丙基醚

(3) 乙硫醚　　(4) DMSO

3. 将下列化合物按沸点从大到小排列成序：

① $CH_3CH_2OCH_3$　② $CH_2(OH)CH_2CH_2OH$　③ $CH_2(OH)CH_2CH_2OCH_3$

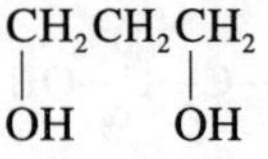

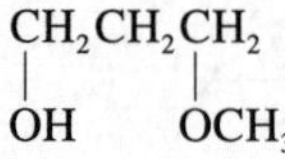

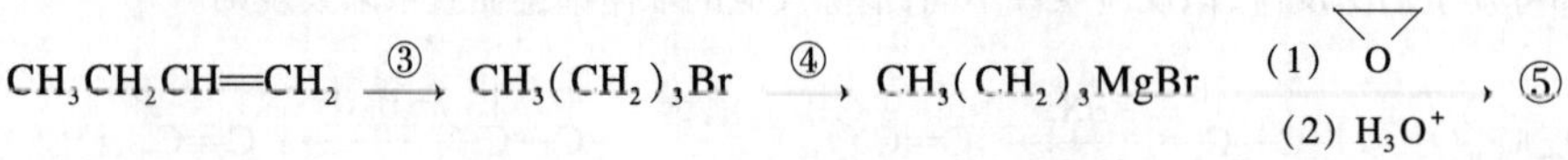

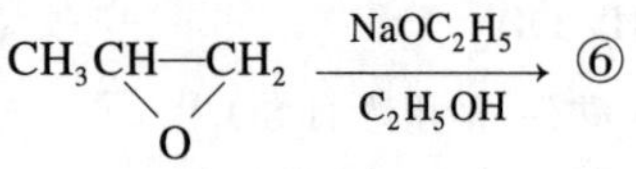

4. 写出主要产物或试剂：

(1) 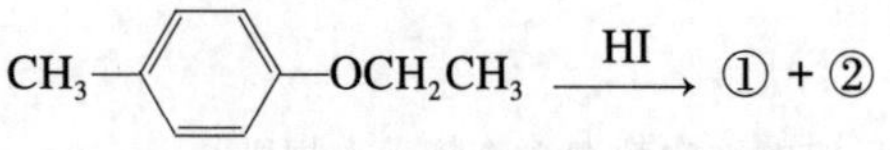 $CH_3-C_6H_4-OCH_2CH_3$（对位）$\xrightarrow{HI}$ ① + ②

(2) $CH_3CH_2CH=CH_2 \xrightarrow{③} CH_3(CH_2)_3Br \xrightarrow{④} CH_3(CH_2)_3MgBr \xrightarrow[(2)\ H_3O^+]{(1)\ 环氧乙烷}$ ⑤

(3) CH_3CH-CH_2（环氧）$\xrightarrow[C_2H_5OH]{NaOC_2H_5}$ ⑥

(4) CH_3CH-CH_2（环氧）$\xrightarrow{⑦} CH_3CH(OH)CH_2OH$

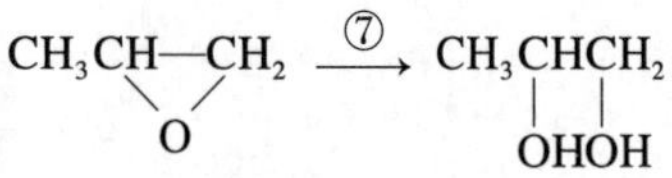

5. 化合物 A($C_8H_{10}O$)与金属 Na 不反应，遇 $FeCl_3$亦不显色。用 HI 处理 A 生成 B 和 C。B 遇溴水立即生成白色沉淀。C 经 NaOH 水解后，再用 $CrO_3 \cdot H_2SO_4$(稀)处理，生成醛 D。试推测 A、B、C、D 的结构。

6. 化合物 A 的化学式为 $C_5H_{10}O$，不溶于水，与溴的四氯化碳溶液或金属钠都不反应，与稀盐酸或稀氢氧化钠溶液反应得化合物 B($C_5H_{12}O_2$)，B 与等量的高碘酸反应得甲醛和丁酮。试推测 A、B 的结构。

7. 用苯、甲苯及不超过 4 个碳的有机物为原料合成下列化合物：

(1) $CH_3OC(CH_3)_3$　　(2) $(CH_3)_2CHOCH_2CH=CH_2$

(3) 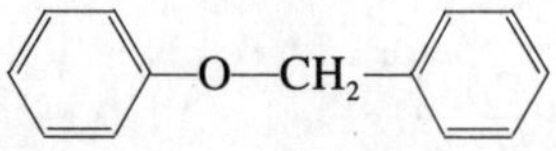 $C_6H_5-O-CH_2-C_6H_5$

8. 用不超过 2 个碳原子的有机物为原料合成下列化合物：

(1) $CH_3CH_2CH_2CH_2OH$　　(2) 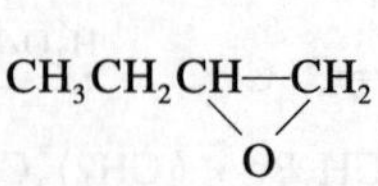 $CH_3CH_2CH-CH_2$（环氧）

9. 合成下面两种醚时，采取什么样的组合方式好？

(1) 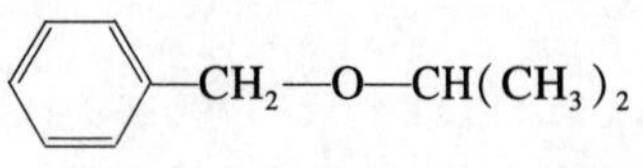 $C_6H_5-CH_2-O-CH(CH_3)_2$　　(2) 2,6-二硝基-4-硝基苯基环己基醚结构式（O_2N 在 4 位，两个 NO_2 在 2、6 位，苯环经 O 连环己基）

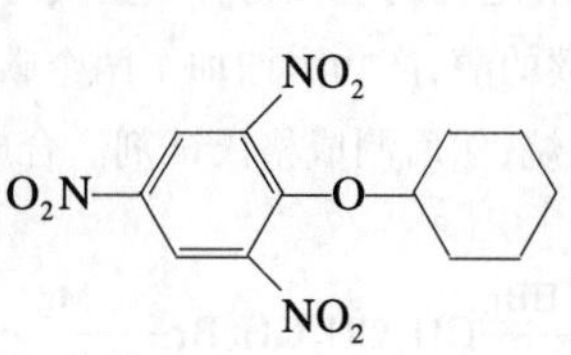

10 醛、酮和醌

醛(**aldehyde**)和**酮**(**ketone**)都是分子中含有**羰基**(**carbonyl group**)的化合物,羰基与1个烃基及1个氢相连的化合物称为醛,与两个烃基相连的化合物称为酮,醛和酮统称为羰基化合物。

$$\underset{\text{羰基}}{-\overset{\overset{\displaystyle O}{\|}}{C}-} \qquad \underset{\text{醛}}{R(H)-\overset{\overset{\displaystyle O}{\|}}{C}-H} \qquad \underset{\text{酮}}{R-\overset{\overset{\displaystyle O}{\|}}{C}-R'}$$

—CHO为醛的官能团,称为醛基;—CO—为酮的官能团,称为酮羰基,也称酮基。

醌(**quinone**)是一类特殊的环状不饱和二酮类化合物。

10.1 醛、酮的分类和命名

根据羰基所连接的烃基的结构,可将醛酮分为脂肪族醛酮、芳香族醛酮以及脂环醛酮;根据烃基的饱和程度将醛酮分为饱和醛酮和不饱和醛酮;根据分子中所含羰基的数目,可将醛酮分为一元醛酮、二元醛酮等;此外,还可根据羰基所连接的两个烃基是否相同,将一元酮分为简单酮和混合酮(两个烃基不同)。

醛酮的系统命名常采用取代命名法和官能团类别命名法命名。

1. 官能团类别命名法

醛的官能团类别命名与醇相似,例如:

HCHO	CH_3CH_2CHO	$CH_3CH_2CH_2CHO$	C_6H_5—CHO
甲醛 formaldehyde	丙醛 propionaldehyde	正丁醛 *n*-butyraldehyde	苯甲醛 benzaldehyde

酮则按羰基所连的两个烃基来命名,例如:

$CH_3\overset{\overset{\displaystyle O}{\|}}{C}-CH_2CH_3$	$C_6H_5-\overset{\overset{\displaystyle O}{\|}}{C}-C_6H_5$
乙基甲基(甲)酮 ethyl methyl ketone	二苯酮(二苯甲酮) diphenyl ketone

2. 取代命名法

醛酮的取代命名法也与醇类似,命名时选择包括羰基的最长碳链作为主链,称为"某醛"或"某酮";从靠近羰基的一端开始编号,醛基总是位于碳链的一端,因此不用标明其位次,酮则必须注明羰基位次。例如:

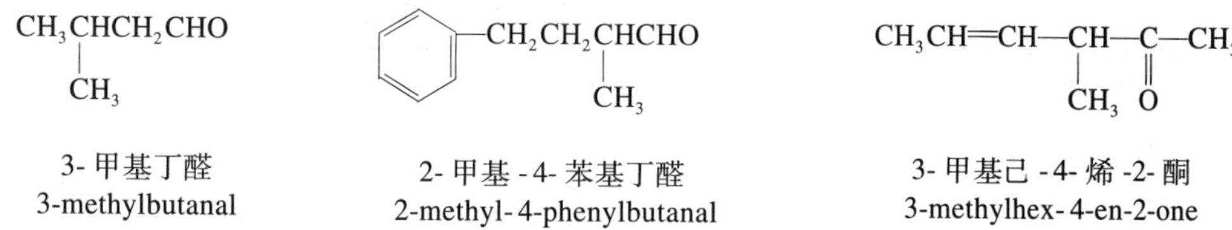

3-甲基丁醛
3-methylbutanal

2-甲基-4-苯基丁醛
2-methyl-4-phenylbutanal

3-甲基己-4-烯-2-酮
3-methylhex-4-en-2-one

$CH_3COCH_2COCH_3$

戊-2,4-二酮
pentane-2,4-dione

Ph—C(H)(CH_3)—CHO

(*S*)-2-苯基丙醛
(*S*)-2-phenylpropanal

CH_3—C_6H_4—$COCH_2CH_3$

1-(4-甲基苯基)丙-1-酮
1-(p-tolyl)propan-1-one

环酮命名时,羰基在环内的称为环某酮,羰基在环外的则将环作为取代基。例如:

3-甲基环己-1-酮
3-methylcyclohexan-1-one

3-甲基环己(烷)甲醛
3-methylcyclohexanecarbaldehyde

此外,也可用希腊字母α、β、γ、δ等依次表示和羰基相连的碳原子的位次。例如:

PhCH(OH)CHO

α-羟基苯乙醛
α-2-hydroxy-2-phenylacetaldehyde

$CH_3CH{=}CHCHO$

α-丁烯醛
α-but-2-enal

10.2 羰基的结构

羰基中的碳原子为 sp^2 杂化状态,3个 sp^2 杂化轨道分别和与其相连的3个原子发生轨道重叠形成σ键,这3个σ键处于同一平面上,同时碳原子上未参与杂化的p轨道与氧原子上的p轨道在侧面相互重叠形成一根π键,该π键垂直于这3个σ键所在的平面。

由于碳原子与氧原子的电负性不同,氧周围电子云密度比碳周围的电子云密度高,所以羰基具有极性,碳带部分正电荷,氧带部分负电荷。如图10-1所示。

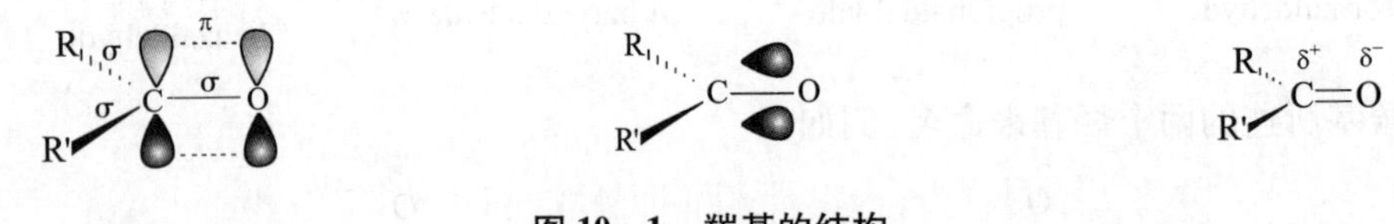

图10-1 羰基的结构

10.3 醛、酮的物理性质

甲醛在室温下为气体,市售的福尔马林(formalin)是其40%的水溶液,具有杀菌、防腐的功效,其余的醛、酮为液体或固体;醛、酮分子之间不能形成氢键,因此其沸点比相应的醇低得多;由于醛、酮是极性分子,偶极间的静电吸引力使其沸点高于相对分子质量相当的烃。一些醛、酮、烃、醇的沸点见表10-1。

表10-1 一些醛、酮、烃、醇的沸点比较表

化合物	相对分子质量	沸点/℃
甲醛	30	-21.5
甲醇	32	64.5

续表

化合物	相对分子质量	沸点/℃
乙烷	30	-88.5
丙醛	58	49
丙酮	58	56
正丙醇	60	97
正丁烷	58	0
丁醛	72	76
丁酮	72	80
正丁醇	74	118
正戊烷	72	36

醛、酮分子中羰基上的氧原子可以与水形成氢键，因此低级醛、酮在水中有一定的溶解度，甲醛、乙醛和丙酮都能与水混溶，丙酮是一个常用的有机溶剂。当醛、酮分子中烃基部分增大时，其在水中溶解度很快下降，六个碳以上的醛、酮几乎不溶于水。

脂肪醛、酮的密度小于1，芳香醛、酮的密度大于1。

10.4 醛、酮的化学性质

羰基是一个极性的不饱和基团，碳原子上带有部分正电荷，因此醛、酮容易发生亲核加成反应，这是醛、酮最典型的一类反应。受羰基的影响，羰基的α-氢原子酸性增强，可发生羟醛缩合、卤代等反应。除此以外，醛、酮还可发生氧化还原反应以及其他一些反应。

10.4.1 亲核性加成反应

醛、酮与亲核试剂发生加成反应时，一般是试剂中带负电荷的部分首先进攻羰基碳原子，结果试剂中带负电荷的部分加到羰基碳上，带正电荷的部分加到羰基氧上。这类反应称**亲核性加成反应**(**nucleophilic addition**)。反应通式为：

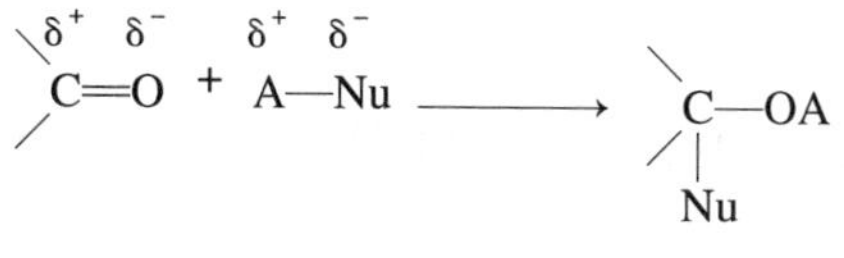

$$\overset{\delta^+}{>C}=\overset{\delta^-}{O} + \overset{\delta^+}{A}-\overset{\delta^-}{Nu} \longrightarrow >C(Nu)-OA$$

1. 与氢氰酸加成

醛、酮与氢氰酸反应生成α-羟基腈(α-hydroxynitrile)，又称α-氰醇(α-cyanohydrin)，例如：

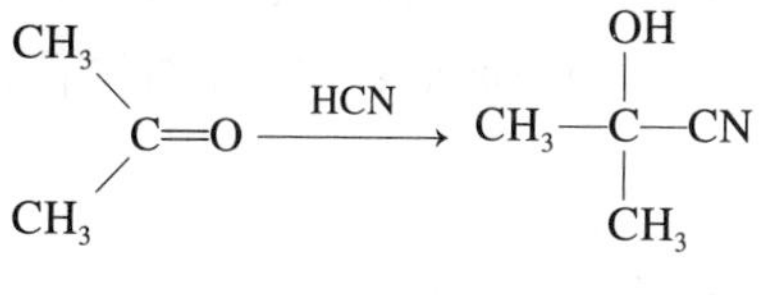

$$(CH_3)_2C=O \xrightarrow{HCN} CH_3-\underset{CH_3}{\overset{OH}{C}}-CN$$

大多数醛、脂肪族甲基酮以及含有8个碳原子以下的环酮都可与HCN发生加成反应。

人们发现，丙酮与氢氰酸的反应，如果不加酸或碱时，在3~4 h内只有一半原料起反应；如果在反应中加入酸则反应速率减慢，加入大量酸则放置几天也不反应；如加1滴氢氧化钾溶液，反应在2 min内即可完成。这些事实表明，碱的存在能催化反应。

氢氰酸是种很弱的酸,在溶液中存在下列平衡:

$$HCN \underset{H^+}{\overset{OH^-}{\rightleftharpoons}} H^+ + CN^-$$

显然,酸的存在降低了 CN^- 的浓度,而碱的存在能增加 CN^- 的浓度。既然碱能加速反应,说明醛、酮与 HCN 的加成反应中,CN^- 的浓度起着重要的作用。一般认为,碱催化下氢氰酸对羰基加成反应的机理为:

$$HCN + OH^- \overset{快}{\rightleftharpoons} CN^- + H_2O$$

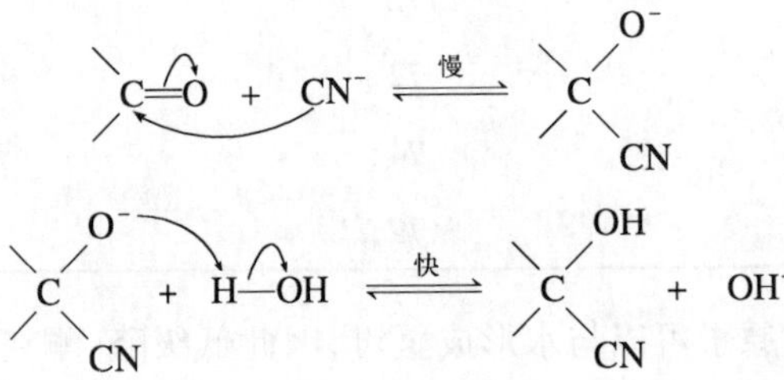

$$>C{=}O + CN^- \overset{慢}{\rightleftharpoons} >C(O^-)(CN)$$

$$>C(O^-)(CN) + H{-}OH \overset{快}{\rightleftharpoons} >C(OH)(CN) + OH^-$$

反应中,CN^- 作为亲核试剂进攻羰基中带部分正电荷的碳,形成氧负离子,随后氧负离子接受水中质子得到产物。

由于氢氰酸挥发性大,有剧毒,使用不方便,实验室中常将醛、酮与氰化钾或氰化钠的溶液混合,然后再加入无机酸进行反应。例如:

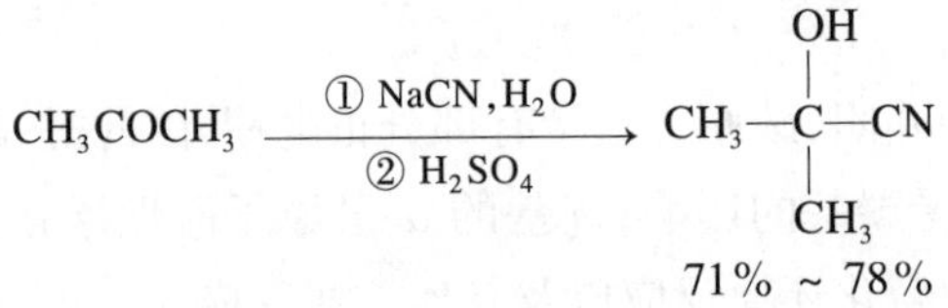

$$CH_3COCH_3 \xrightarrow[② H_2SO_4]{① NaCN, H_2O} CH_3{-}C(OH)(CH_3){-}CN \quad 71\% \sim 78\%$$

不同结构的醛、酮与同一种亲核试剂进行加成反应时,反应活性有差异。脂肪族醛、酮的反应活性次序为:

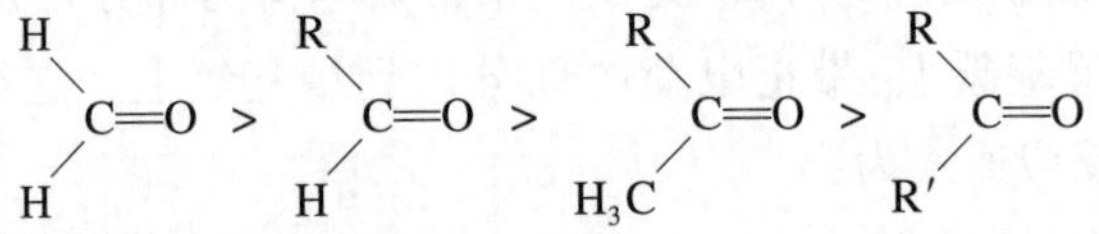

$$(H)(H)C{=}O > (R)(H)C{=}O > (R)(H_3C)C{=}O > (R)(R')C{=}O$$

这是以下两种因素综合作用的结果:

① 电性因素　烷基是供电子基,与羰基相连后,降低了羰基碳的正电性,因而不利于亲核加成反应的进行。

② 立体因素　当烷基与羰基碳相连后,不仅降低了羰基碳的正电性,同时也增大了空间位阻,使亲核试剂不易接近羰基碳,即不利于亲核加成反应的进行。

芳香醛、酮主要考虑芳环上取代基的电性效应。芳环上若连有吸电子基,则使羰基碳的正电性增加,反应活性增加;若连有给电子基,则使羰基碳的正电性降低,反应活性也降低。例如:

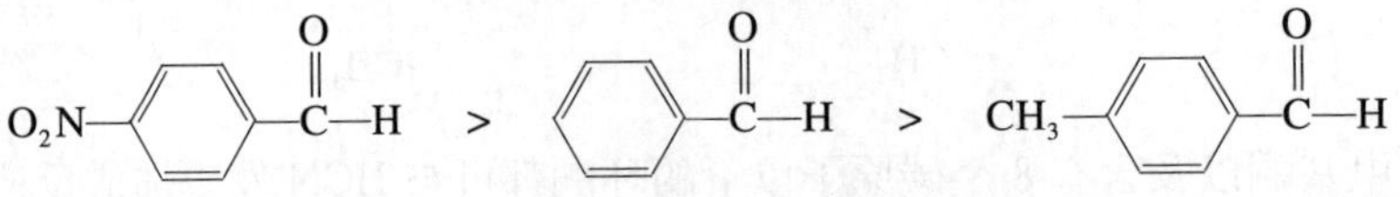

$$O_2N{-}C_6H_4{-}CHO > C_6H_5{-}CHO > CH_3{-}C_6H_4{-}CHO$$

2. 与亚硫酸氢钠加成

醛、酮可与饱和亚硫酸氢钠溶液(40%)反应,生成 α-羟基磺酸钠。α-羟基磺酸钠不溶于饱和的亚硫酸氢钠溶液而析出白色结晶。因反应前后有明显的现象变化,所以该反应可用于一些醛、酮的鉴

别,例如:

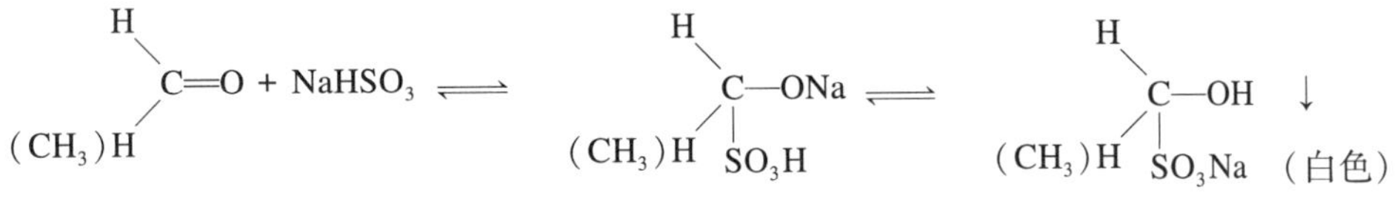

$$\text{H(CH}_3\text{)C=O} + NaHSO_3 \rightleftharpoons \text{H(CH}_3\text{)C(ONa)SO}_3\text{H} \rightleftharpoons \text{H(CH}_3\text{)C(OH)SO}_3\text{Na}\downarrow \text{(白色)}$$

α-羟基磺酸钠

醛、脂肪族甲基酮以及 8 个碳原子以下的环酮可发生上述反应。

该反应是可逆反应,常加入过量的饱和亚硫酸氢钠溶液,促使反应向右移动。加成物 α-羟基磺酸钠遇酸或碱又可恢复成原来的醛或酮,利用这一性质可以分离和提纯醛、酮:

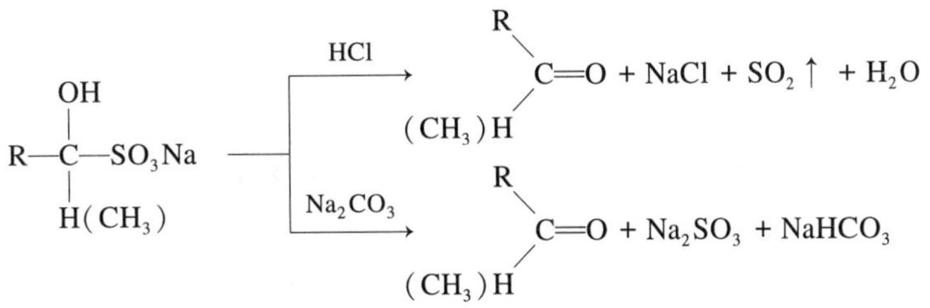

$$\text{R—C(OH)(H(CH}_3\text{))—SO}_3\text{Na} \xrightarrow{HCl} \text{R(H(CH}_3\text{))C=O} + NaCl + SO_2\uparrow + H_2O$$

$$\text{R—C(OH)(H(CH}_3\text{))—SO}_3\text{Na} \xrightarrow{Na_2CO_3} \text{R(H(CH}_3\text{))C=O} + Na_2SO_3 + NaHCO_3$$

3. 与水加成

醛、酮与水加成生成水合物,称为**偕二醇(geminal diol)**:

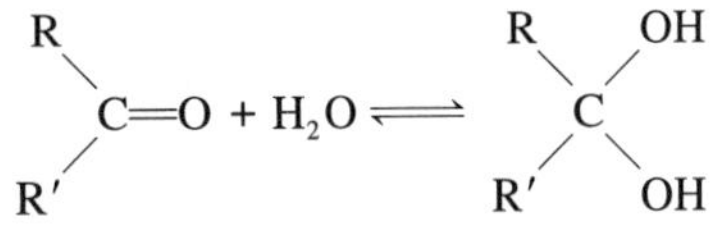

$$\text{RR}'\text{C=O} + H_2O \rightleftharpoons \text{RR}'\text{C(OH)}_2$$

在一般条件下偕二醇不稳定,容易脱水生成醛、酮。对于多数醛、酮来说,平衡偏向于反应物醛、酮一边。个别醛、酮例如甲醛水溶液几乎全部以水合物形式存在,但水合物在分离过程中容易脱水。

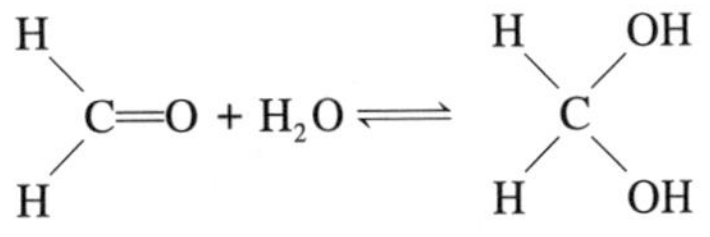

$$\text{HHC=O} + H_2O \rightleftharpoons \underset{\sim 100\%}{\text{HHC(OH)}_2}$$

4. 与醇加成

在干燥氯化氢或浓硫酸的作用下,一分子醛与一分子醇发生加成反应,生成**半缩醛(hemiacetal)**。半缩醛一般不稳定(环状的半缩醛较稳定),易分解成原来的醛,因此不易分离出来。半缩醛可继续与另一分子醇反应,失去一分子水而生成稳定的**缩醛(acetal)**。反应式如下:

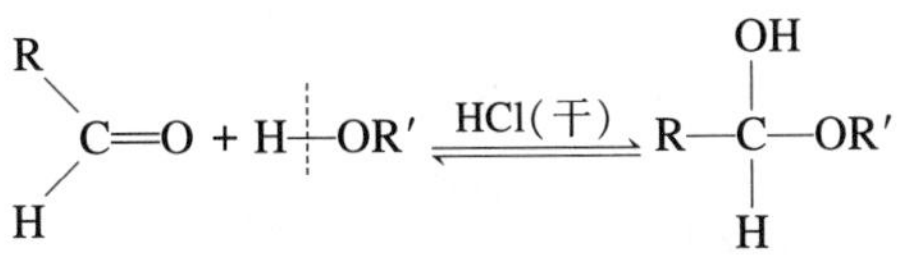

$$\text{RHC=O} + \text{H—OR}' \xrightleftharpoons{\text{HCl(干)}} \text{R—C(OH)(H)—OR}'$$

半缩醛(不稳定)

$$\text{R—C(OR}'\text{)(H)—OH} + \text{H—OR}' \xrightleftharpoons{\text{HCl(干)}} \text{R—C(OR}'\text{)(H)—OR}' + H_2O$$

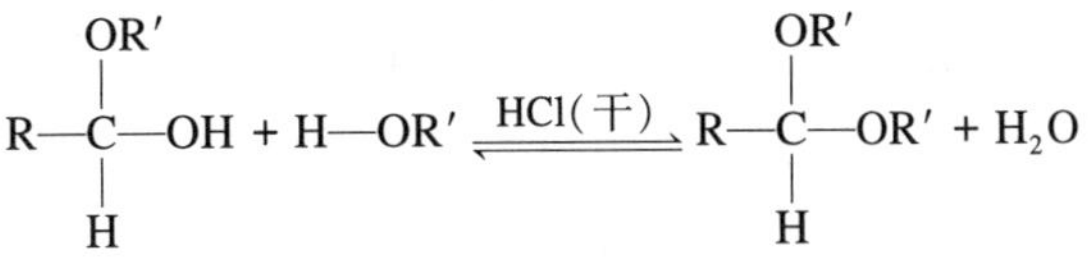

缩醛

例如：

$$CH_3CHO \xrightarrow[\text{干燥 HCl}]{2C_2H_5OH} CH_3CH(OC_2H_5)_2$$

乙醛二乙基缩醛

酮也可以与醇作用生成半缩酮和缩酮，但反应缓慢得多，常要设法移去生成的水。例如：

$$(CH_3)_2C{=}O + 2CH_3CH_2OH \overset{H^+}{\rightleftharpoons} (CH_3)_2C(OC_2H_5)_2 + \underset{(\text{不断除去})}{H_2O}$$

丙酮二乙基缩醛
76%

在合成中常用乙二醇和醛、酮作用生成环状的缩醛、缩酮，例如：

$$PhCH_2(CH_3)C{=}O + HOCH_2CH_2OH \xrightarrow[C_6H_6]{p\text{-}CH_3C_6H_4SO_3H} PhCH_2(CH_3)C\langle O\text{-}CH_2CH_2\text{-}O\rangle$$

78%

缩醛与缩酮对碱、氧化剂稳定，但在稀酸中易水解恢复成原来的醛、酮。

$$R(R''H)C(OR')_2 + H_2O \xrightarrow{H^+} R(R''H)C{=}O + 2R'OH$$

在有机合成中常利用这一性质来保护醛基. 例如，将 $CH_3CH{=}CHCHO$ 转化成 $CH_3\underset{OH}{CH}\underset{OH}{CH}CHO$ 时可用如下路线：

$$CH_3CH{=}CHCHO \xrightarrow[\text{干燥 HCl}]{C_2H_5OH} CH_3CH{=}CHCH(OC_2H_5)_2 \xrightarrow[KMnO_4]{\text{稀、冷}} CH_3\underset{OH}{CH}\underset{OH}{CH}{-}CH(OC_2H_5)_2 \xrightarrow[H^+]{H_2O} CH_3\underset{OH}{CH}\underset{OH}{CH}CHO$$

上述转化中，如果不将醛基先保护起来，直接用稀冷 $KMnO_4$ 氧化，分子中醛基会被氧化成羧酸，从而得不到目的产物。

5. 与格氏试剂反应

格氏试剂中的碳镁键是极性键，碳带部分负电荷，镁带部分正电荷，因此与镁相连的碳具有亲核性，极易与羰基化合物发生亲核加成反应。反应通式为：

$$\overset{\delta^+}{C}{=}\overset{\delta^-}{O} + \overset{\delta^-}{R}{-}\overset{\delta^+}{MgX} \xrightarrow{\text{无水乙醚}} \underset{R}{C}{-}OMgX \xrightarrow{H_3O^+} \underset{R}{C}{-}OH + Mg(OH)X$$

格氏试剂与甲醛、其他醛或酮反应，分别得到相应的伯醇、仲醇或叔醇，这是合成醇常用的方法。例如：

$$(CH_3)_2CHCH_2{-}MgBr + \underset{\text{甲醛}}{HCHO} \xrightarrow[\text{② } H_3O^+]{\text{① 无水乙醚}} (CH_3)_2CHCH_2CH_2OH \quad \text{伯醇}$$

$$CH_3CH_2—MgCl + \underset{\text{醛}}{CH_3CH_2—CHO} \xrightarrow[\text{② } H_3O^+]{\text{① 无水乙醚}} CH_3CH_2—\underset{\underset{OH}{|}}{CH}—CH_2CH_3 \quad \text{仲醇}$$

$$CH_3CH_2CH_2MgBr + \underset{\text{酮}}{CH_3\overset{\overset{O}{\|}}{C}CH_3} \xrightarrow[\text{② } H_3O^+]{\text{① 无水乙醚}} CH_3\overset{\overset{CH_3}{|}}{\underset{\underset{OH}{|}}{C}}—CH_2CH_2CH_3 \quad \text{叔醇}$$

6. 与氨的衍生物反应

醛、酮与氨的衍生物如**羟氨、肼、苯肼及氨基脲**等作用,分别生成**肟、腙、苯腙、缩氨脲**。其反应过程为:

$$\gt C{=}O + H_2\ddot{N}—G \longrightarrow \left[\gt C\begin{matrix}OH\\NHG\end{matrix}\right] \xrightarrow{-H_2O} \gt C{=}N—G$$

例如:

$$(CH_3)_2C{=}O + \underset{\text{羟胺}}{H_2N—OH} \longrightarrow \underset{\substack{\text{肟}\\ \text{oxime}}}{(CH_3)_2C{=}N—OH} + H_2O$$

$$C_6H_5—CHO + \underset{\text{肼}}{H_2N—NH_2} \longrightarrow \underset{\substack{\text{腙}\\ \text{hydrazone}}}{C_6H_5—CH{=}N—NH_2} + H_2O$$

$$CH_3CHO + \underset{\text{苯肼}}{H_2N—NH—C_6H_5} \longrightarrow \underset{\substack{\text{苯腙}\\ \text{phenylhydrazone}}}{CH_3CH{=}N—NH—C_6H_5} + H_2O$$

$$C_6H_{10}{=}O + \underset{\text{氨基脲}}{H_2NNH\overset{\overset{O}{\|}}{C}—NH_2} \longrightarrow \underset{\substack{\text{缩氨脲}\\ \text{semicarbazone}}}{C_6H_{10}{=}NNH—\overset{\overset{O}{\|}}{C}—NH_2} + H_2O$$

羟胺、肼等氨的衍生物称作羰基试剂。它们与醛、酮的加成产物都是很好的结晶,具有固定的熔点,通过测定其熔点就可以知道它是由哪一种醛或酮所生成的,因而常用来鉴别醛、酮。此外,肟、腙等在稀酸作用下能够水解为原来的醛和酮,所以也可利用这一性质来分离和提纯醛、酮。

10.4.2 α-氢原子的反应

醛、酮分子中的α-氢原子通常称为α-活泼氢,受羰基的影响,具有酸性,从其 pK_a 值可以看出,醛、酮α-氢原子的酸性比末端炔氢的酸性还强,致使醛、酮可发生羟醛缩合、卤代等反应。

	CH_3COCH_3	$HC{\equiv}CH$	$CH_2{=}CH_2$	CH_3CH_3
pK_a	20	25	~38	~50

1. 羟醛缩合反应

在稀酸或稀碱作用下(常用的是稀碱),一分子醛的α氢原子加到另一分子醛的羰基氧原子上,其余部分加到羰基碳上,生成β-羟基醛,这一反应称为**羟醛缩合(aldol condensation)**或称醇醛缩合。例如,乙醛在稀碱作用下缩合生成β-羟基丁醛:

$$2CH_3CHO \xrightarrow[4\sim5\ ℃]{5\%\sim10\%NaOH} \underset{50\%}{CH_3\overset{OH}{\overset{|}{C}}HCH_2\overset{O}{\overset{\|}{C}}H}$$

当生成的β-羟基醛分子中仍存在α-氢时,在受热或在酸的作用下即发生分子内脱水反应生成α,β-不饱和醛:

$$CH_3\overset{OH}{\overset{|}{C}}HCH_2\overset{O}{\overset{\|}{C}}H \xrightarrow{\triangle} \underset{2\text{-丁烯醛}(\alpha,\beta\text{-不饱和醛})}{CH_3CH{=\!=}CHCHO}$$

含有α-氢原子的酮在稀碱作用下也可发生类似反应,即羟酮缩合反应。例如:

$$2CH_3COCH_3 \xrightarrow{Ba(OH)_2} (CH_3)_2\overset{OH}{\overset{|}{C}}CH_2\overset{O}{\overset{\|}{C}}CH_3$$

该反应收率较低。如果反应在索氏(Soxhlet)提取器中进行,使缩合产物不断离开反应平衡体系,产率可由5%提高到70%。

羟醛缩合的机理为:在稀碱催化下,碱夺取醛(或酮)分子中的α-氢,形成碳负离子,接着碳负离子作为亲核试剂进攻另一分子醛(或酮)的羰基碳,生成氧负离子,最后氧负离子从溶剂中夺取氢,生成β-羟基醛(或酮)。下面以乙醛为例说明羟醛缩合的反应机理:

$$\underset{H}{\overset{}{\underset{|}{C}}}H_2CHO + OH^- \underset{}{\overset{快}{\rightleftharpoons}} [^-CH_2CHO \longleftrightarrow CH_2{=\!=}CHO^-] + H_2O$$

$$^-CH_2CHO + CH_3\overset{O}{\overset{\|}{C}}H \overset{慢}{\rightleftharpoons} CH_3\overset{O^-}{\overset{|}{C}}HCH_2\overset{O}{\overset{\|}{C}}H$$

$$CH_3\overset{O^-}{\overset{|}{C}}HCH_2\overset{O}{\overset{\|}{C}}H + H_2O \overset{快}{\rightleftharpoons} CH_3\overset{OH}{\overset{|}{C}}HCH_2\overset{O}{\overset{\|}{C}}H$$

两种不同的含有α-氢原子的醛或酮进行缩合反应,可生成四种不同的缩合产物,由于分离困难,实用意义不大。若使用一种含有α-氢原子的醛或酮与另一种不含有α-氢原子的醛或酮进行**交叉羟醛缩合(crossed aldol condensation)**反应,则具有合成价值。例如:

$$HCHO + (CH_3)_2CHCH_2CHO \xrightarrow{K_2CO_3} \underset{52\%}{(CH_3)_2CH\underset{CH_2OH}{\underset{|}{C}}HCHO}$$

由芳香醛和含有α-氢原子的醛或酮之间进行的交叉羟醛缩合反应称为**克莱森-许密特(Claisen-Schmidt)**反应。例如:

$$PhCHO + CH_3CH_2CH_2CHO \xrightarrow{OH^-, H_2O} PhCH{=\!=}\underset{CH_2CH_3}{\underset{|}{C}}CHO$$

羟醛缩合反应不仅可以在分子间进行,也可以在分子内进行,结果生成环状化合物。例如:

$$CH_3\overset{O}{\overset{\|}{C}}CH_2CH_2CH_2CH_2\overset{O}{\overset{\|}{C}}CH_3 \xrightarrow[\triangle]{KOH, H_2O} \text{(1-甲基-2-乙酰基环戊烯: 环上带 }CH_3\text{ 和 }COCH_3\text{)}$$

由此可见，通过羟醛缩合反应可以制备 α，β-不饱和醛或酮，进一步还可以转变为其他化合物，羟醛缩合反应是有机合成中用于增长碳链的重要方法之一。

2. 卤代和卤仿反应

在酸或碱的催化下，醛、酮分子中的 α-氢原子可被卤素取代生成 α-卤代醛、酮。

在酸催化下，通过控制反应条件，可使上述反应停留在单取代阶段，得到一卤代物。例如：

$$CH_3COCH_3 + Br_2 \xrightarrow{CH_3COOH} CH_3COCH_2Br + HBr$$

在碱性条件下（常用次卤酸钠或卤素的碱溶液），卤代反应难以停留在单取代阶段，往往发生多取代反应。

$$(R)H-\overset{\overset{\large O}{\|}}{C}-CH_3 \xrightarrow{X_2, OH^- \text{ 或 } NaXO} (R)H-\overset{\overset{\large O}{\|}}{C}-CX_3$$

所生成的三卤代物在碱性溶液中不稳定，容易分解成卤仿和相应的羧酸盐。

$$(R)H-\overset{\overset{\large O}{\|}}{C}-CX_3 \xrightarrow{OH^-} (R)H-\overset{\overset{\large O}{\|}}{C}-O^- + \underset{\text{卤仿}}{CHX_3}$$

由于产物中有卤仿生成，故称上述反应为**卤仿反应（haloform reaction）**。若卤仿反应中的卤素是碘，则得到的碘仿为黄色沉淀，且有特殊气味，专称**碘仿反应（iodoform reaction）**。例如：

$$(CH_3)_3CCOCH_3 \xrightarrow{I_2/NaOH} (CH_3)_3CCOONa + CHI_3\downarrow$$

由于次碘酸钠是个氧化剂，能将具有 $CH_3\overset{\overset{\large OH}{|}}{C}H-$ 结构的醇氧化成含有 $CH_3-\overset{\overset{\large O}{\|}}{C}-$ 的醛或酮，所以凡具有 $CH_3-\overset{\overset{\large O}{\|}}{C}-$ 的醛、酮或具有 $CH_3-\overset{\overset{\large OH}{|}}{C}H-$ 结构的醇，均可发生碘仿反应。例如：

$$CH_3CH_2OH \xrightarrow{NaOI} CHI_3\downarrow + HCOONa$$

$$CH_3\overset{\overset{\large OH}{|}}{C}HCH_3 \xrightarrow{NaOI} CHI_3\downarrow + CH_3COONa$$

故碘仿反应可作为具有 $CH_3-\overset{\overset{\large OH}{|}}{C}H-$ 和 $CH_3-\overset{\overset{\large O}{\|}}{C}-$ 结构的化合物的鉴别反应。

10.4.3 氧化反应和还原反应

1. 氧化反应

醛容易被氧化，它除了可被 $KMnO_4$ 等强氧化剂氧化外，还可被比较弱的氧化剂如**杜伦（Tollen）试剂**、**斐林（Fehling）试剂**氧化成相应的羧酸。

杜伦试剂是氢氧化银的氨溶液，可将醛氧化成羧酸，并有银析出。如果反应器皿干净，银可在器皿内壁形成银镜，所以这个反应又称银镜反应。斐林试剂是由硫酸铜与酒石酸钾钠的碱溶液混合而成的，反应中 Cu^{2+} 被还原为砖红色的氧化亚铜沉淀析出，醛被氧化成羧酸，芳醛不与斐林试剂反应。例如：

$$RCHO+[Ag(NH_3)_2]^+OH^- \longrightarrow RCO_2^-NH_4^+ + Ag\downarrow + H_2O$$

$$R-\overset{O}{\overset{\|}{C}}-H + Cu^{2+} + NaOH + H_2O \longrightarrow RCOONa + Cu_2O\downarrow + H^+$$

由于上述反应前后有明显现象变化,故可用来区别醛和酮、脂肪醛和芳香醛。

杜伦试剂和斐林试剂都是弱氧化剂,且不能氧化碳碳双键。例如:

$$\text{(环己烯基)}-CHO \xrightarrow{[Ag(NH_3)_2]^+OH^-} \text{(环己烯基)}-COOH$$

在通常情况下,酮很难被氧化,若采用硝酸、高锰酸钾等强氧化剂在剧烈条件下氧化,则发生碳链断裂反应,生成多种相对分子质量较小的酸的混合物,在合成上无意义。环己酮在强氧化剂作用下被氧化成为己二酸,是工业上生产己二酸的有效方法,具有合成意义。

$$\text{(环己酮)}=O \xrightarrow{HNO_3, V_2O_5} \begin{matrix} CH_2CH_2COOH \\ | \\ CH_2CH_2COOH \end{matrix}$$

2. 还原反应

采用不同的还原剂,可将醛、酮分子中的羰基还原成醇羟基或亚甲基。

(1) 羰基还原成醇羟基

① 催化氢化　在反应条件下,分子中碳碳双键也可被还原。例如:

$$CH_3CH{=}CH-CHO \xrightarrow[Ni]{H_2} CH_3CH_2CH_2CH_2OH$$

② 金属氢化物作还原剂　常用的金属氢化物有**硼氢化钠(钾)(sodium borohydride)**、**氢化锂铝(lithium aluminum hydride)**。它们都是选择性还原剂,反应时分子中的碳碳双键可不被还原。例如:

$$CH_2{=}CH-CH_2-CH_2-CHO \xrightarrow[\text{或 } NaBH_4]{LiAlH_4} CH_2{=}CH-CH_2-CH_2-CH_2OH$$

③ 麦尔外英-彭杜尔夫还原　在异丙醇和异丙醇铝存在下,醛、酮被还原为醇,此反应称为**麦尔外英-彭杜尔夫(Meerwein-Ponndorf)还原**,其逆反应称**欧芬脑尔(Oppenauer)氧化**。分子中其他不饱和基团不受影响。例如:

$$\text{(环己烯酮)}{=}O + CH_3\overset{OH}{\overset{|}{C}H}CH_3 \xrightarrow{Al[OCH(CH_3)_2]_3} \text{(环己烯基)}-OH + CH_3\overset{O}{\overset{\|}{C}}CH_3$$

(2) 羰基还原成亚甲基

① 克莱门森还原　醛、酮与锌汞齐和浓盐酸一起回流反应,羰基被还原为亚甲基,此反应专称**克莱门森(Clemmensen)还原**。

$$\begin{matrix} R \\ \quad\diagdown \\ \quad C{=}O \\ \quad\diagup \\ (R)H \end{matrix} \xrightarrow[\triangle]{Zn\text{-}Hg, HCl} \begin{matrix} R \\ \quad\diagdown \\ \quad CH_2 \\ \quad\diagup \\ (R)H \end{matrix}$$

将此法与傅-克酰化反应结合起来,可在芳环上引入超过两个碳的直链烷基,避免用傅-克烷基化反应时可能发生重排和多烷基化的缺点。此法只适用于对酸稳定的化合物。例如:

$$PhCOCH_2CH_2CH_3 \xrightarrow[\triangle]{Zn\text{-}Hg, HCl} PhCH_2CH_2CH_2CH_3 \quad 80\%$$

② 乌尔夫-凯惜纳尔-黄鸣龙还原　将醛或酮与无水肼作用生成腙，然后将腙、醇钠及无水乙醇在封管或高压釜中加热到约 180 ℃，放出氮气而生成烃：

$$\text{(R)H—C(R)=O} \xrightarrow{NH_2NH_2} \text{(R)H—C(R)=NNH}_2 \xrightarrow[C_2H_5OH]{C_2H_5ONa} \text{(R)H—CH}_2\text{—R} + N_2$$

此法称为**乌尔夫-凯惜纳尔(Wolff-Kishner)还原法**。

后来我国著名化学家黄鸣龙对此反应进行了改进，用氢氧化钠(钾)、85%水合肼代替醇钠、无水肼，反应在常压下即可进行。改良后的方法专称**黄鸣龙改良法**。例如：

$$C_6H_5\text{—}\overset{O}{\overset{\|}{C}}\text{—}CH_2CH_3 \xrightarrow[(HOCH_2CH_2)_2O, \triangle]{NH_2NH_2, NaOH} C_6H_5\text{—}CH_2CH_2CH_3 \quad (82\%)$$

该法在碱性条件下进行，因此对碱稳定的化合物可用此法进行还原。目前此反应又得到了进一步改进，用二甲亚砜作溶剂，降低了反应温度，使其更适于工业生产。

3. 康尼查罗反应

不含 α-氢原子的醛在浓碱中发生反应，结果一分子醛被氧化成羧酸，另一分子醛被还原为伯醇，该反应称为**康尼查罗(Cannizzaro)反应**。例如：

$$2HCHO \xrightarrow{\text{浓 NaOH}} CH_3OH + HCOONa \xrightarrow{H^+} HCOOH$$

$$2\,C_6H_5\text{—}CHO \xrightarrow{\text{浓 NaOH}} C_6H_5\text{—}CH_2OH + C_6H_5\text{—}COONa \xrightarrow{H^+} C_6H_5\text{—}COOH$$

两种不同的不含 α-氢原子的醛在浓碱作用下发生**交叉康尼查罗反应**，产物为混合物。若两种醛中有一个是甲醛，则总是甲醛被氧化成酸而另一种醛被还原成醇。例如：

$$C_6H_5\text{—}CHO + HCHO \xrightarrow{\text{浓 NaOH}} C_6H_5\text{—}CH_2OH + HCOONa$$

季戊四醇是重要的医药化工原料，其合成中的最后一步即用了该反应：

$$HOCH_2\text{—}C(CH_2OH)_2\text{—}CHO + HCHO \xrightarrow{\text{浓 }OH^-} HOCH_2C(CH_2OH)_2\text{—}CH_2OH + HCOO^-$$

季戊四醇

10.4.4 其他反应

1. 魏悌希反应

醛、酮与魏悌希试剂作用脱去一个氧化三苯基膦分子生成烯烃，该反应称**魏悌希(Wittig)反应**。

例如:

$$\text{环己酮} + Ph_3P{=}CH_2 \longrightarrow \text{亚甲基环己烷} + Ph_3PO$$

这个方法的优点是操作简单、条件温和,且双键位置固定,因此在有机合成上特别是在天然产物的合成上被广泛应用。

魏悌希试剂是由具有亲核性的三苯基膦$(C_6H_5)_3P$与卤代烃作用制得的。三苯基膦首先与卤烃作用生成季鏻盐,再经强碱(如苯基锂或乙醇钠等)处理后即得魏悌希试剂。例如:

$$Ph_3P \xrightarrow{RCH_2Br} Ph_3P^+{-}CH_2RBr^- \xrightarrow[\text{或 } C_2H_5ONa,DMF]{PhLi,THF} Ph_3P^+{-}C^-HR$$

魏悌希试剂具有内𬭩盐的结构,可用下式表示:

$$(C_6H_5)_3\overset{+}{P}{-}\overset{-}{C}RR' \rightleftharpoons (C_6H_5)_3P{=}CRR'$$

ylide(内盐式)　　ylene(双键式)

2. 醛的显色反应

品红是一种红色染料,将SO_2通入品红水溶液后,品红的红色褪去成无色溶液,该溶液称**席夫(Schiff)试剂**。醛与席夫试剂作用可显紫红色,常用此显色反应鉴别醛类化合物。

10.5 醛、酮的制备

10.5.1 醇的氧化与脱氢

醇与选择性氧化剂反应,伯醇被氧化成醛,仲醇被氧化成酮,碳碳不饱和键不受影响。伯醇或仲醇发生脱氢反应,分别生成醛或酮(详见第8章)。

10.5.2 芳烃的氧化

侧链上具有α-氢原子的芳烃在合适的条件如MnO_2/H_2SO_4、$CrO_3/(CH_3CO)_2O$下进行氧化,侧链甲基被氧化为醛基,具有两个α-氢原子的烃则被氧化为酮。例如:

$$PhCH_3 \xrightarrow{MnO_2,H_2SO_4} PhCHO$$

$$PhCH_2CH_3 \xrightarrow{MnO_2,H_2SO_4} PhCOCH_3$$

10.5.3 傅-克反应

芳烃在无水三氯化铝等催化剂存在下与酰氯或酸酐反应得到芳酮:

$$ArH + RCOCl \xrightarrow{AlCl_3} ArCOR + HCl$$

10.5.4 瑞穆-梯曼反应

苯酚在氯仿及氢氧化钠的作用下反应,制得酚醛,称为**瑞穆-梯曼(Reimer-Tiemann)反应**。反应得到邻位和对位异构体的混合物,一般收率不高。

$$\text{C}_6\text{H}_5\text{OH} + CHCl_3 \xrightarrow[\text{② } H_3O^+]{\text{① NaOH}} \text{o-HOC}_6\text{H}_4\text{CHO} + \text{p-HOC}_6\text{H}_4\text{CHO}$$

20% ~ 25%　　8% ~ 12%

10.5.5 盖特曼-柯赫反应

在无水三氯化铝和氯化亚铜的催化下,芳烃与氯化氢和一氧化碳的混合气体作用,生成芳香醛的反应,称为**盖特曼-柯赫(Gattermann-Koch)**反应。

$$ArH + CO + HCl \xrightarrow[20\ ℃]{CuCl,AlCl_3} ArCHO$$

10.6 不饱和醛、酮

分子中含有碳碳双键的醛、酮称为不饱和醛、酮。根据分子中双键与羰基的相对位置不同,可将其分为α,β-不饱和醛酮、β,γ-不饱和醛酮等,其中α,β-不饱和醛酮具有一些特殊性质,在此主要介绍该类化合物的性质。

10.6.1 α,β-不饱和醛酮

在α,β-不饱和醛酮中,碳碳双键和羰基形成了一个共轭体系(见图10-2)。这种结构上的特点,使其具有一些特殊的化学性质。

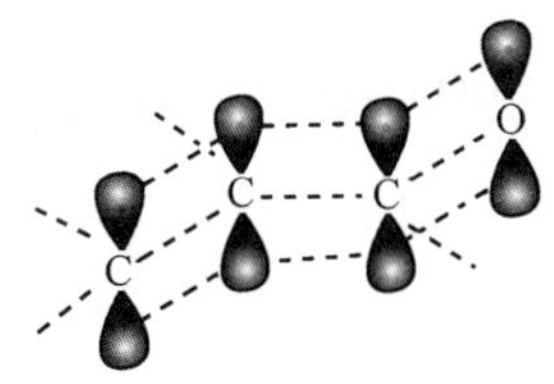

图10-2　α,β-不饱和醛酮的结构

1. 亲核加成反应

在α,β-不饱和醛、酮中,羰基的吸电子效应通过共轭作用的传递使β碳也带部分正电荷。因此进行亲核加成反应时,亲核试剂既可进攻羰基碳原子发生1,2-加成,也可进攻β碳原子发生1,4-加成:

$$\underset{\delta^+}{-\overset{|}{C}}=\overset{|}{C}-\underset{\delta^+}{\overset{|}{C}}=O + Nu^- \xrightarrow{1,2-加成} -\overset{|}{C}=\overset{|}{C}-\underset{Nu}{\overset{|}{C}}-O^-$$

$$\xrightarrow{1,4-加成} -\underset{Nu}{\overset{|}{C}}-\overset{|}{C}=\overset{|}{C}-O^-$$

关于亲核加成的取向问题,影响因素很多,情况也较复杂。在一般情况下,α,β-不饱和醛、酮与氢氰酸、水、醇、氨的衍生物等加成时,倾向于得到1,4-加成产物,例如:

$$CH_2{=}CH{-}\overset{O}{\overset{\|}{C}}{-}CH_3 + HCN \xrightarrow[1,4\text{-加成}]{OH^-} \left[\underset{CN}{\underset{|}{CH_2}}{-}CH{=}\overset{OH}{\overset{|}{C}}{-}CH_3\right] \longrightarrow \underset{CN}{\underset{|}{CH_2}}{-}CH_2{-}\overset{O}{\overset{\|}{C}}{-}CH_3$$

烯醇式　　　　酮式

α,β-不饱和醛、酮与有机锂、有机钠作用时,产物一般以1,2-加成为主。例如:

$$CH_2{=}CH{-}\overset{O}{\overset{\|}{C}}{-}CH_3 \xrightarrow[\text{②}\ H_3O^+]{\text{①}\ HC{\equiv}CNa} CH_2{=}CH{-}\underset{CH_3}{\underset{|}{\overset{OH}{\overset{|}{C}}}}{-}C{\equiv}CH$$

α,β-不饱和醛、酮与格氏试剂加成时以哪种产物为主取决于羰基旁烃基的体积以及格氏试剂的空间位阻,例如:

$$PhCH{=}CH{-}\overset{O}{\overset{\|}{C}}{-}H \xrightarrow[\text{②}\ H_3O^+]{\text{①}\ CH_3MgI} \underset{100\%}{PhCH{=}CH{-}\overset{OH}{\overset{|}{CH}}{-}CH_3}$$

$$PhCH{=}CH{-}\overset{O}{\overset{\|}{C}}{-}Ph \xrightarrow[\text{②}\ H_3O^+]{\text{①}\ PhMgBr} \underset{94\%}{Ph_2CH{-}CH_2{-}\overset{O}{\overset{\|}{C}}{-}Ph}$$

2. 亲电加成反应

羰基的吸电子作用不仅使碳碳双键的亲电加成反应活性降低,而且还控制了加成反应的取向。例如:

$$\overset{\delta^+}{C}H_2{=}\overset{\delta^-}{C}H{\rightarrow}\overset{\delta^+}{C}HO + H{-}Cl \longrightarrow \underset{Cl}{\underset{|}{CH_2}}{-}\underset{H}{\underset{|}{CH}}{-}CHO$$

3. 狄尔斯-阿尔特反应

α,β-不饱和醛、酮是很好的亲双烯体,可以和共轭二烯烃发生狄尔斯-阿尔特反应。例如:

$$CH_2{=}CH{-}CH{=}CH_2 + CH_2{=}CH{-}CHO \xrightarrow{100\ ℃} \underset{100\%}{\text{(3-环己烯甲醛)}}$$

10.6.2 烯酮

烯酮是一类具有聚集双键体系的不饱和酮,其中最简单的是乙烯酮($CH_2{=}C{=}O$)。乙烯酮是一种有毒气体,沸点为-48 ℃。乙烯酮极易聚合成二乙烯酮,在550~600 ℃时又可解聚:

$$2CH_2{=}C{=}O \rightleftharpoons \begin{array}{l} CH_2{=}C{-}O \\ \quad\ \ |\quad\ \ | \\ \ H_2C{-}C{=}O \end{array}$$

乙烯酮的性质非常活泼,易于和含有活泼氢的化合物(如水、醇、氨等)发生加成反应,反应时首先生成烯醇式中间体,再重排成酮式产物。

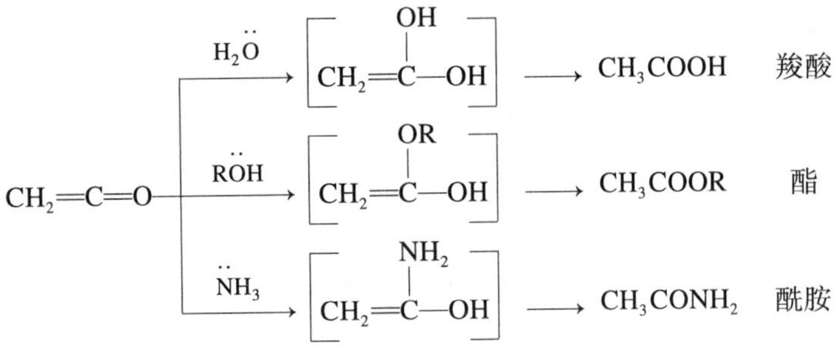

$$CH_2{=}C{=}O \xrightarrow{H_2\ddot{O}} \left[\begin{matrix} OH \\ | \\ CH_2{=}C{-}OH \end{matrix}\right] \longrightarrow CH_3COOH \quad \text{羧酸}$$

$$CH_2{=}C{=}O \xrightarrow{R\ddot{O}H} \left[\begin{matrix} OR \\ | \\ CH_2{=}C{-}OH \end{matrix}\right] \longrightarrow CH_3COOR \quad \text{酯}$$

$$CH_2{=}C{=}O \xrightarrow{\ddot{N}H_3} \left[\begin{matrix} NH_2 \\ | \\ CH_2{=}C{-}OH \end{matrix}\right] \longrightarrow CH_3CONH_2 \quad \text{酰胺}$$

在以上反应中，都是由乙酰基（$CH_3CO—$）取代了原来分子中的活泼氢原子，因此乙烯酮是一种良好的乙酰化试剂。

10.7 醌类

醌是一类具有共轭体系的环己二烯二酮类化合物，较常见的有苯醌、萘醌、蒽醌。例如：

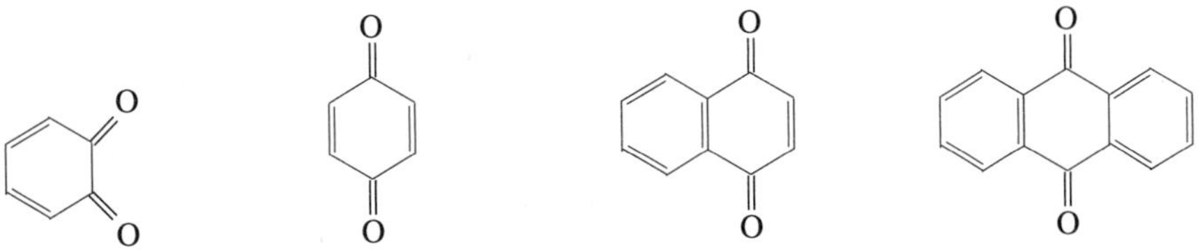

邻苯醌 *o*-benzoquinone　　对苯醌 *p*-benzoquinone　　萘-1,4-醌 naphthalene-1,4-dione　　蒽-9,10-醌 anthracene-9,10-dione

醌类化合物一般是通过一元酚、二元酚或芳胺类化合物氧化得到。例如：

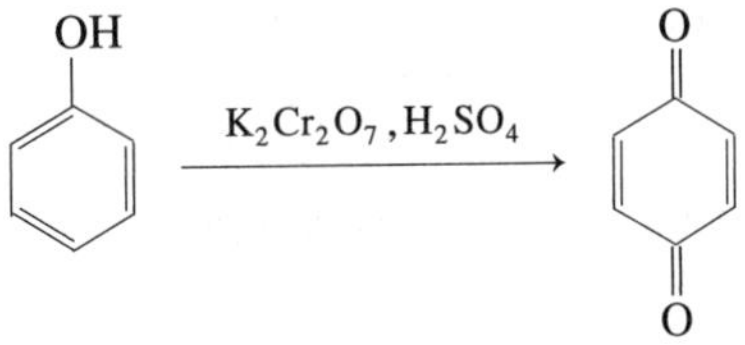

$$\text{苯酚} \xrightarrow{K_2Cr_2O_7,H_2SO_4} \text{对苯醌}$$

醌类化合物具有 α,β-不饱和二酮结构，能发生羰基的亲核加成反应、碳碳双键的亲电加成反应以及 1,4-共轭加成反应或 1,6-共轭加成反应。

10.7.1 羰基的亲核加成反应

对苯醌能与两分子羟胺缩合，生成双肟，这也进一步证明了醌类化合物具有二元羰基化合物的结构特征。

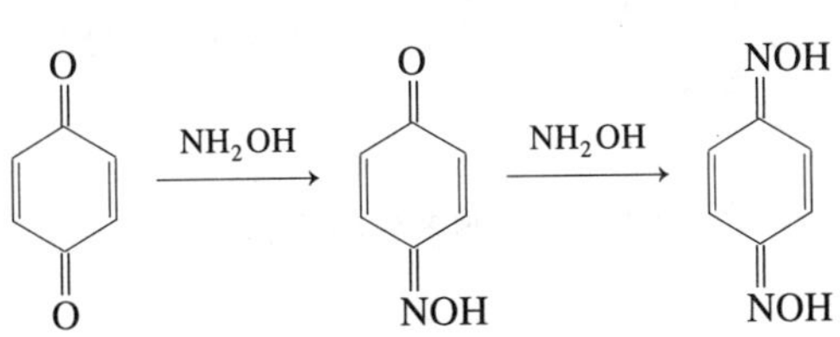

$$\text{对苯醌} \xrightarrow{NH_2OH} \text{对苯醌单肟（NOH）} \xrightarrow{NH_2OH} \text{对苯醌双肟（NOH, NOH）}$$

10.7.2 碳碳双键的加成反应

苯醌可与溴发生烯键的加成反应，生成二溴或四溴化物。

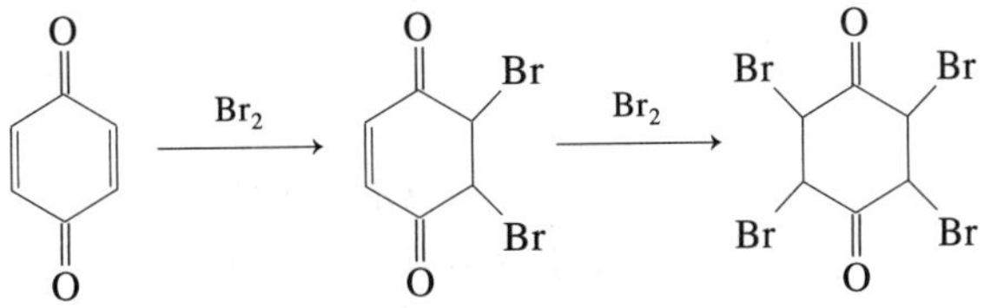

$$\text{对苯醌} \xrightarrow{Br_2} \text{二溴化物（Br, Br）} \xrightarrow{Br_2} \text{四溴化物（Br, Br, Br, Br）}$$

10.7.3 共轭加成反应

醌可与氯化氢等发生1,4-加成反应,例如:

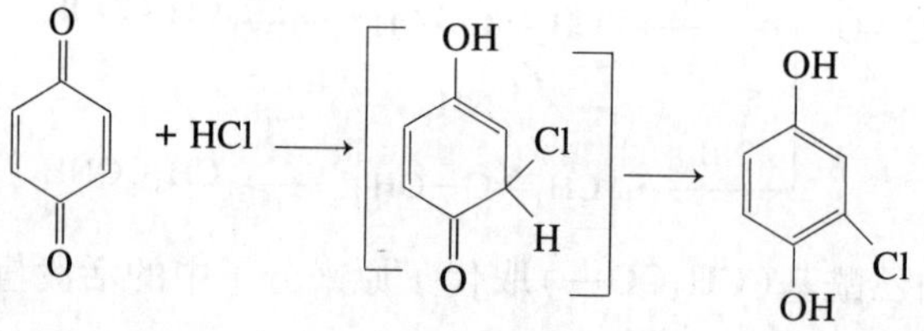

$$\text{对苯醌} + HCl \longrightarrow \left[\text{(OH, Cl, H, O 中间体)}\right] \longrightarrow \text{2-氯-1,4-苯二酚}$$

对苯醌在亚硫酸水溶液内很容易被还原为对苯二酚(又称氢醌),此为1,6-加成反应:

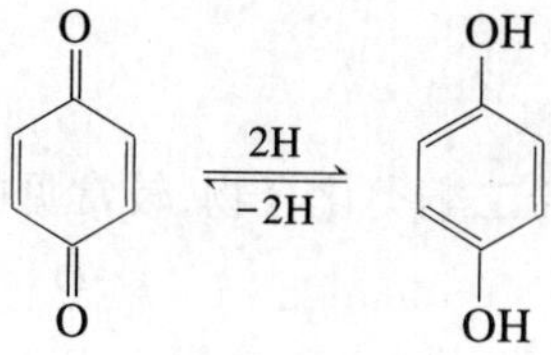

$$\text{对苯醌} \underset{-2H}{\overset{2H}{\rightleftharpoons}} \text{对苯二酚}$$

学习指导

10-1 本章要点

1. 醛、酮的反应

醛、酮的反应主要表现在以下三个方面:

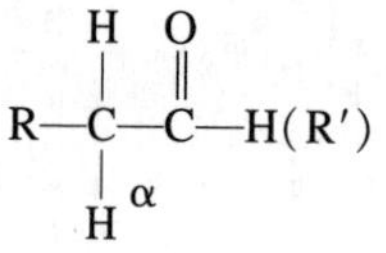

$$R-\underset{H}{\overset{H}{C}}{}_{\alpha}-\overset{O}{\overset{\|}{C}}-H(R')$$

① 羰基与亲核试剂发生加成反应
② α-H较活泼,可发生一系列反应
③ 氧化、还原反应

(1) 亲核加成反应

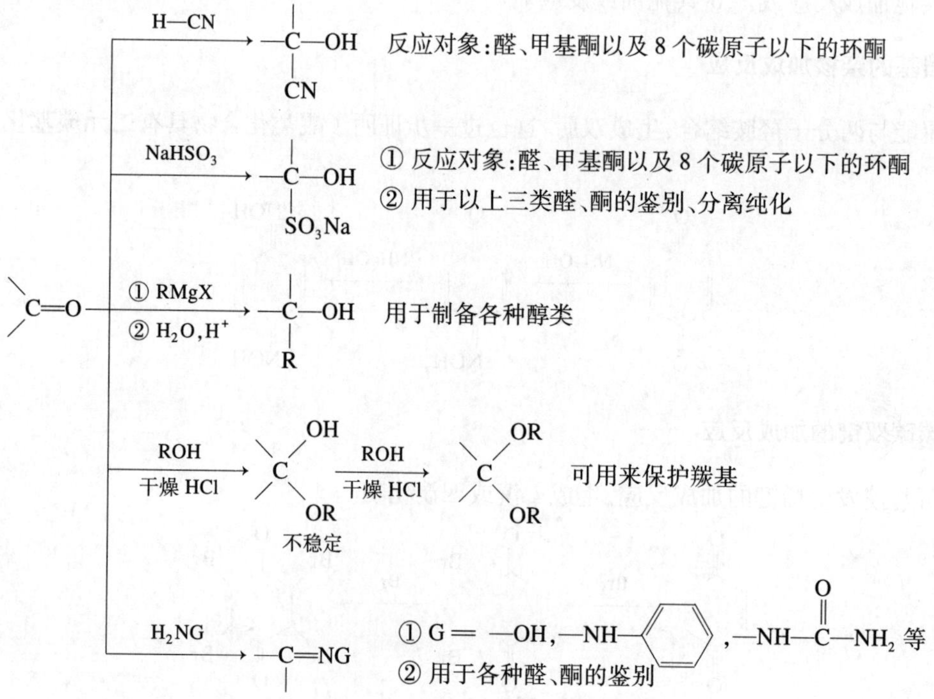

$>C=O$:

- $\xrightarrow{H-CN}$ $-\underset{CN}{\overset{|}{C}}-OH$ 反应对象:醛、甲基酮以及8个碳原子以下的环酮
- $\xrightarrow{NaHSO_3}$ $-\underset{SO_3Na}{\overset{|}{C}}-OH$ ① 反应对象:醛、甲基酮以及8个碳原子以下的环酮 ② 用于以上三类醛、酮的鉴别、分离纯化
- $\xrightarrow[\text{② } H_2O, H^+]{\text{① } RMgX}$ $-\underset{R}{\overset{|}{C}}-OH$ 用于制备各种醇类
- $\xrightarrow[\text{干燥 HCl}]{ROH}$ $>C<\begin{matrix}OH\\OR\end{matrix}$(不稳定) $\xrightarrow[\text{干燥 HCl}]{ROH}$ $>C<\begin{matrix}OR\\OR\end{matrix}$ 可用来保护羰基
- $\xrightarrow{H_2NG}$ $-\underset{|}{C}=NG$ ① G = —OH, —NH—C_6H_5, $-NH-\overset{O}{\overset{\|}{C}}-NH_2$ 等 ② 用于各种醛、酮的鉴别

（2）α-氢的反应

① 羟醛缩合

$$2RCH_2CHO \xrightarrow{\text{稀 } OH^-} RCH_2\underset{OH}{CH}-\overset{R}{\underset{H}{C}}-CHO \xrightarrow{\triangle} R-CH_2CH=\underset{R}{C}-CHO$$

β-羟基醛　　α,β-不饱和醛

② 卤仿反应

$$R\overset{O}{\overset{\|}{C}}-CH_3 \xrightarrow{NaOX} RCOONa + CHX_3\downarrow$$

凡具有 $CH_3-\overset{OH}{CH}-$ 或 $CH_3-\overset{O}{\overset{\|}{C}}-$ 结构的化合物均可反应，故可用于这两类化合物的鉴别

（3）氧化反应

$$RCHO \xrightarrow[\text{或 } Na_2Cr_2O_7/H_2SO_4]{KMnO_4/H^+} RCOOH$$

$$R_2C=O \xrightarrow[\text{或 } Na_2Cr_2O_7/H_2SO_4]{KMnO_4/H^+} \text{碳链断裂得混合物}$$

$$R-\overset{O}{\overset{\|}{C}}-H \xrightarrow[\text{（杜伦试剂）}]{[Ag(NH_3)_2]^+OH^-} R-\overset{O}{\overset{\|}{C}}-ONH_4 + Ag\downarrow$$ 用于鉴别醛、酮

$$R-\overset{O}{\overset{\|}{C}}-H \xrightarrow[\text{（斐林试剂）}]{Cu^{2+},OH^-} R-\overset{O}{\overset{\|}{C}}-O^- + Cu_2O\downarrow$$ 用于鉴别脂肪醛和芳香醛

棕红色

（4）还原反应

$$>C=O \xrightarrow{\text{还原成}} >CHOH$$ 异丙醇铝、硼氢化钠只还原 $>C=O$，不还原 $>C=C<$

$$>C=O \xrightarrow{\text{还原成}} >CH_2$$

① 克莱门森还原适用于对酸稳定的化合物

② 乌尔夫-凯惜纳尔-黄鸣龙法适用于对碱稳定的化合物

（5）康尼查罗反应

$$2C_6H_5CHO \xrightarrow{\text{浓 } OH^-} C_6H_5CH_2OH + C_6H_5COO^-$$

无α-氢的醛才可发生该反应，若其中1个为甲醛，总是甲醛被氧化成酸

2. α,β-不饱和醛、酮的反应

$$-\overset{|}{C}=\overset{|}{C}-\underset{|}{C}=O \xrightarrow{HCN} -\overset{|}{\underset{CN}{C}}-\overset{|}{C}H-\underset{|}{C}=O$$ 1,4-亲核加成

$$-\overset{|}{C}=\overset{|}{C}-\underset{|}{C}=O \xrightarrow{R-MgX} -\overset{|}{C}=\overset{|}{C}-\overset{OMgX}{\underset{|}{C}}-R$$ 1,2-亲核加成

$$-\overset{|}{C}=\overset{|}{C}-\underset{|}{C}=O \xrightarrow{HCl} -\overset{|}{\underset{Cl}{C}}-\overset{|}{\underset{H}{C}}-\underset{|}{C}=O$$ 亲电加成

3. 醌的反应

醌可分别在羰基或双键上发生加成反应,还可发生1,4-加成或1,6-加成反应。

10-2 解题示例

【例1】 根据以下信息,推测A、B、C的结构。

A($C_{10}H_{12}O$)与苯肼反应有棕黄色固体产生;A与杜伦试剂不反应;A用I_2/NaOH处理,生成黄色沉淀B并同时得到C;C用$KMnO_4/H^+$处理生成苯甲酸。

解: 从A可与苯肼反应,提示A为羰基化合物;A不与$Ag(NH_3)_2^+$反应,又提示A不是醛而是酮;A与I_2/NaOH有黄色沉淀产生,提示A具有甲基酮结构;最后根据C被$KMnO_4/H^+$氧化后得到苯甲酸,进而可推知A分子中含有苯环,且只有1个侧链;而A的分子式为$C_{10}H_{12}O$,那么,去掉1个苯环后,余下的支链为4个碳,且具有甲基酮结构,故该支链只能为—$CH(CH_3)COCH_3$或—$CH_2CH_2COCH_3$。综合上述情况,可推知:

A. C_6H_5—$CH(CH_3)$—C(=O)—CH_3 或 C_6H_5—CH_2CH_2—C(=O)—CH_3 B. CHI_3

C. C_6H_5—$CH(CH_3)COOH$ 或 C_6H_5—CH_2CH_2COOH

【例2】 化合物A($C_{11}H_{14}O_2$)不与碱作用,但与酸性水溶液作用可生成B($C_9H_{10}O$)及乙二醇,B与羟胺作用生成肟,而与杜伦试剂作用生成C。B与重铬酸钾硫酸液作用生成对苯二甲酸,试推测A、B、C可能的构造。

解: 根据题意,首先,A在酸性条件下水解得B和乙二醇,B又能与羟胺作用生成肟,说明B是醛或酮。因此可推测A是缩醛或缩酮。其次,由于B能与杜伦试剂作用,则说明B是醛,那么又可推知A是缩醛。再根据B被氧化后生成对苯二甲酸可知道B分子中含有苯环,且苯环上有两个取代基,它们在苯环上处于对位。最后根据B的分子式为$C_9H_{10}O$,可推知B有两种可能的构造:

B CH_3—C_6H_4—CH_2CHO 或 C_2H_5—C_6H_4—CHO

那么A和C的可能构造式分别为:

A CH_3—C_6H_4—CH_2CH(O—CH_2)(O—CH_2)(环) 或 C_2H_5—C_6H_4—CH(O—CH_2)(O—CH_2)(环)

C CH_3—C_6H_4—CH_2COOH 或 C_2H_5—C_6H_4—COOH

【例3】 用苯和不超过3个碳的有机物合成 C_6H_5—C(OH)$(CH_3)_2$ 。

解: 目标化合物是叔醇。从目前学过的知识来考虑,应选用酮与格氏试剂反应。根据题目所给的原料来看,可用以下两种方法。

第一种组合的具体路线如下:

$$C_6H_6 \xrightarrow[AlCl_3]{CH_3COCl} C_6H_5\text{—}C(=O)\text{—}CH_3 \xrightarrow[\text{无水乙醚}]{CH_3MgBr} \xrightarrow{H_3O^+} C_6H_5\text{—}C(OH)(CH_3)\text{—}CH_3$$

第二种组合的具体路线如下:

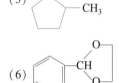

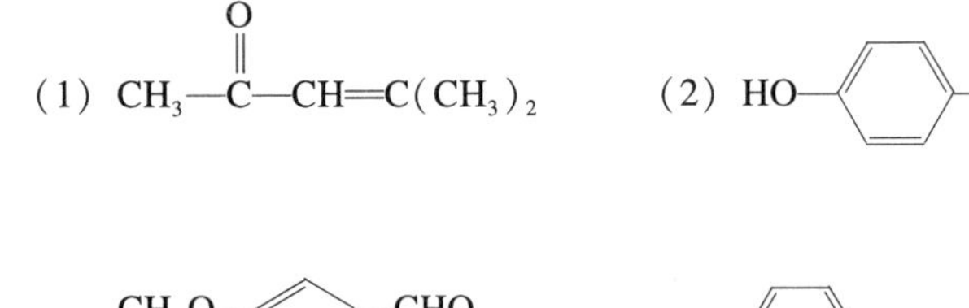

10-3　习题

1. 命名下列化合物：

(1) $CH_3-\overset{O}{\overset{\|}{C}}-CH=C(CH_3)_2$　　(2) HO—⟨苯环⟩—CHO　　(3) 2-甲基环戊酮结构（环戊酮，C=O 邻位 —CH_3）

(4) CH_3O—、HO—、—CHO 取代的苯环　　(5) $C_6H_5-CH_2CH(CH_3)-\overset{O}{\overset{\|}{C}}CH_3$　　(6) C_6H_5—CH（O—CH₂CH₂—O 环）

2. 写出下列化合物的构造式：

(1) 环己酮肟　　(2) 丙酮缩氨脲　　(3) 丙酮二乙基缩醛

(4) 苯甲醛苯腙　　(5) 乙烯酮　　(6) 对苯醌

3. 下列化合物中，哪些能与亚硫酸氢钠发生加成反应？

(1) 丙醛　　(2) 戊-2-酮　　(3) 2,2,4,4-四甲基戊-3-酮　　(4) 二苯酮

4. 下列化合物中，哪些可发生碘仿反应？

(1) CH_3CH_2CHO　　(2) $CH_3CH(OH)CH_2CH_3$

(3) $CH_3CH_2CH_2OH$　　(4) $CH_3CH_2COCH_3$

(5) $C_6H_5COCH_3$　　(6) $CH_3COCH_2CH_2COCH_3$

(7) $C_6H_5CH(OH)CH_3$　　(8) $C_6H_5CH_2CH_2OH$

(9) C_6H_5CHO　　(10) $C_6H_5CH_2CH_2CHO$

5. 下列化合物中，哪些可与杜伦试剂反应？哪些可与斐林试剂反应？

(1) C_6H_5CHO　　(2) CH_3CH_2CHO　　(3) $C_6H_5COCH_3$

(4) $CH_3CH_2COCH_3$　　(5) 环己基—CHO　　(6) 环己酮（环己烷=O）

6. 试写出苯甲醛与下列试剂反应（如果能反应）的主要产物：

(1) 杜伦试剂　　(2) $K_2Cr_2O_7/H^+$　　(3) $KMnO_4/H^+$

(4) H_2/Ni　　(5) $LiAlH_4$　　(6) $NaBH_4$

(7) C_6H_5MgBr　　(8) $NaHSO_3$　　(9) HCN

(10) NH_2-OH　　(11) ⟨苯环⟩—$NHNH_2$　　(12) $NH_2NHCONH_2$

(13) HOC_2H_4OH/干燥 HCl　　(14) 斐林试剂

7. 用环己酮代替苯甲醛回答习题 6 的问题。

8. 写出下列反应主要产物：

(1) $CH_3CH_2CH_2CHO \xrightarrow[\triangle]{稀\ OH^-}$　　(2) ⟨苯环⟩—CHO $+ CH_3CHO \xrightarrow{稀\ OH^-}$

(3) $(CH_3)_3CCHO+HCHO \xrightarrow{浓\ OH^-}$　　(4) 环戊基—$COCH_3 \xrightarrow{I_2+NaOH}$

(5) $CH_3COCH_2CH_2CHO \xrightarrow{稀\ OH^-}$

(6) $CH_2{=}CH{-}CHO + CH_3CH_2MgBr \xrightarrow{无水乙醚}$

(7) $CH_3CH_2CH_2CH_2COCH_2CH_2CH_3 \xrightarrow{NaBH_4}$

(8) $CH_3CH{=}CHCOCH_3 + HCN \longrightarrow$

(9) 对苯醌 $+ 2NH_2NHCONH_2 \longrightarrow$

9. 化合物 A(C_8H_8O)不溶于 NaOH 溶液,与苯肼、NaOI 作用均为正反应;与杜伦试剂作用为负反应。A 用 NH_2NH_2/NaOH/$(HOCH_2CH_2)_2O$/△ 处理,生成 B;B 用 $KMnO_4/H^+$ 氧化,生成苯甲酸。试推测 A、B 的结构。

10. 试由指定原料合成产物(无机试剂任选):

(1) 由甲苯和两个碳的有机物合成 $C_6H_5CH_2CH_2CH_2OH$;

(2) 由环己醇和乙醇合成 1-乙基环己醇(环己烷环上同一碳连 OH 和 C_2H_5)。

11. 利用合适的醛或酮以及格氏试剂制备下列化合物:

(1) 2-苯乙-1-醇　(2) 戊-3-醇　(3) 三苯甲醇　(4) 1-苯基环己-1-醇

12. 化合物 A($C_{10}H_{12}O_3$)不溶于水和稀 $NaHCO_3$ 水溶液,但溶于 NaOH 水溶液中。将 A 和稀盐酸溶液煮沸后进行水蒸气蒸馏得到化合物 B($C_8H_8O_2$),B 与碘及氢氧化钠溶液作用后生成一种黄色沉淀和化合物 C($C_7H_6O_3$)。C 可溶于 $NaHCO_3$ 水溶液,试写出 A、B 和 C 的结构式。

11 羧酸及取代羧酸

羧酸(carboxylic acid)广泛存在于自然界并具有明显的酸性。羧酸分子中烃基上的氢被其他原子或基团取代的化合物称作**取代羧酸(substituted carboxylic acid)**,简称取代酸。

11.1 羧酸

羧酸的通式为 $R-\overset{\overset{\large O}{\|}}{C}-OH$ (或简写为 RCOOH),COOH 称为羧基,是羧酸的官能团,分子中的 RCO 部分称作酰基。

11.1.1 羧酸的分类和命名

按分子中烃基结构的不同,可将羧酸分为脂肪酸、芳香酸,饱和酸及不饱和酸;根据分子中所含羧基的数目可将羧酸分为一元酸、二元酸及多元酸。此外,还可根据烃基部分所含取代基的不同将羧酸分为羟基酸、氨基酸及卤代酸等(见 11.2.1)。

羧酸系统命名法的命名原则与醛类相似:选择含有羧基的最长碳链作为主链;由羧基的碳原子开始编号,取代基位次用 2,3,4,5……数字表示,通常亦可用 α,β,γ,δ, …,ω 表示,ω 表示末端取代。例如:

$CH_3\overset{\overset{\large O}{\|}}{C}-OH$

乙酸
acetic acid

$\overset{5}{C}H_3\overset{4}{C}H_2\overset{3}{C}H(CH_3)\overset{2}{C}H_2\overset{1}{C}OOH$

3-甲基戊酸
3-methyl pentoic acid

不饱和酸命名时,按主链碳原子的数目称某烯(炔)酸,编号从羧基开始。二元酸命名时,选择含有两个羧基在内的最长碳链作为主链,称为某二酸。如:

$CH_3CH{=}CHCOOH$

丁-2-烯酸
but-2-enoic acid

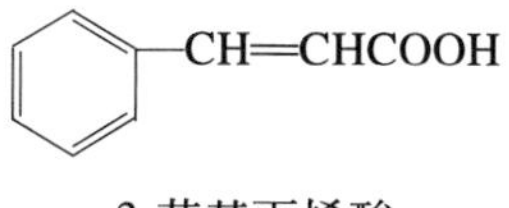

$C_6H_5-CH{=}CHCOOH$

3-苯基丙烯酸
3-phenylpropenoic acid

$HOOCCH_2CH_2COOH$

丁二酸
butanedioic acid

芳香酸的命名通常以苯甲酸等作为母体,加上其他取代基的名称和位次。如:

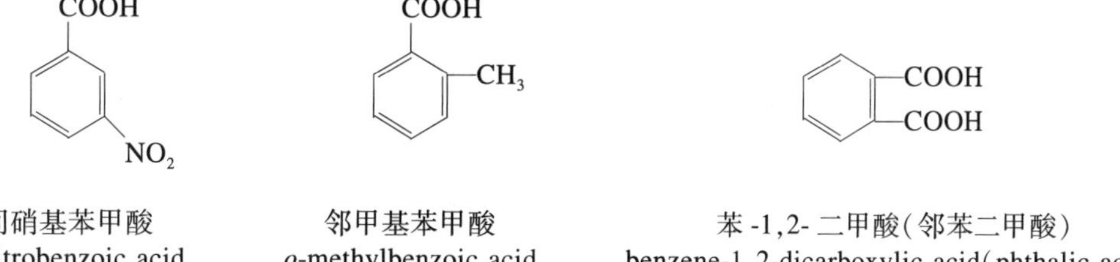

间硝基苯甲酸
m-nitrobenzoic acid

邻甲基苯甲酸
o-methylbenzoic acid

苯-1,2-二甲酸(邻苯二甲酸)
benzene-1,2-dicarboxylic acid(phthalic acid)

有些羧酸有俗名,俗名通常根据它们的来源而得。例如上述例子中的丁-2-烯酸又称为巴豆酸,3-苯基丙烯酸又称为肉桂酸。其他例子如:

HCOOH	CH_3COOH	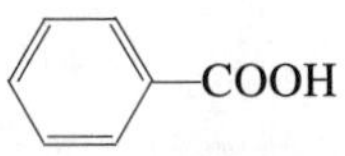 C_6H_5—COOH	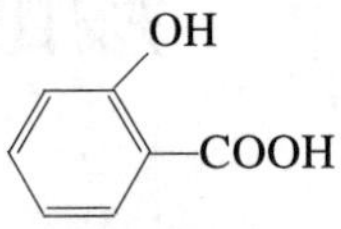 邻-HO-C_6H_4—COOH
蚁酸	醋酸	安息香酸	水杨酸
formic acid	acetic acid	benzoic acid	salicylic acid

11.1.2 羧酸的物理性质

低级脂肪酸是具有强烈刺激性气味的液体,易溶于水;羧酸同系列中随着分子中碳原子数目的增加,水溶性减小;高级脂肪酸是蜡状固体,无味、不溶于水;芳香酸是结晶性固体,不溶于水。

羧酸的沸点随相对分子质量的增加而升高,羧酸的沸点比相应相对分子质量的醇还要高,这是由于羧酸往往以二聚体形式存在,由液体转变为气体,要破坏两个氢键,需要较高的能量。

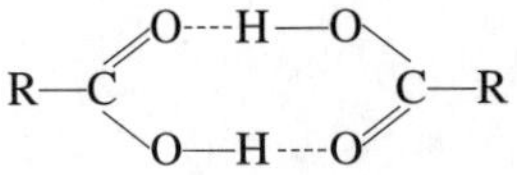

R—C(=O···H—O)(—O—H···O=)C—R

11.1.3 羧酸的结构

羧酸分子中,羧基碳原子为 sp^2 杂化形式,其 3 个 sp^2 杂化轨道分别与碳原子(甲酸中为氢原子)和 2 个氧原子形成共平面的 3 个 σ 键,未经杂化的 p 轨道与羰基氧原子的 p 轨道重叠,形成 π 键。羟基氧原子上占有一对未共用电子的 p 轨道可与羰基的 π 键形成 p-π 共轭体系。

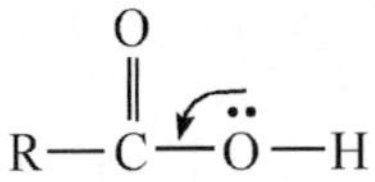

R—C(=O)—Ö—H

由于 p-π 共轭的结果使碳氧双键及碳氧单键的键长趋于平均化,因此,羧酸中的羰基和羟基除了具有它们原有的性质外,还表现出两种基团相互影响所产生的性质。

11.1.4 羧酸的化学性质

1. 酸性

羧酸具有明显的酸性,在水溶液中存在下列平衡:

$$RCOOH \rightleftharpoons RCOO^- + H^+$$

羧酸可与氢氧化钠、碳酸氢钠作用生成盐:

$$H_2O + RCOONa \xleftarrow{NaOH} RCOOH \xrightarrow{NaHCO_3} RCOONa + CO_2\uparrow + H_2O$$

羧酸的酸性较一般强无机酸弱,但比碳酸强,羧酸、碳酸、酚、醇及炔的酸性次序如下:

	RCOOH	>	H_2CO_3	>	C_6H_5—OH	>	R—OH	>	HC≡CH
pK_a	4~5		6.4		10		16~19		25

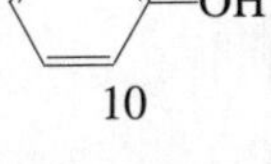

羧酸具有较强的酸性与它的结构有关。羧酸解离后产生的酸根负离子中,负电荷可通过 p-π 共轭作用分散到两个电负性较强的羧基氧上,使羧酸根趋向稳定(图 11-1)。

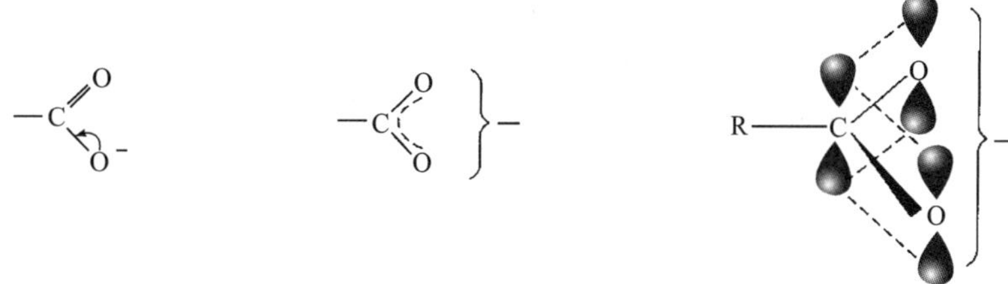

图 11-1 羧酸根负离子的 p-π 共轭

羧酸分子中烃基上引入不同基团会影响羧酸的酸性强度。一些羧酸的 pK_a 值见表 11-1。

表 11-1 一些羧酸的 pK_a 值

结构式	pK_a 值	结构式	pK_a 值
HCOOH	3.75	O_2NCH_2COOH	1.08
CH_3COOH	4.76	FCH_2COOH	2.59
CH_3CH_2COOH	4.87	$ClCH_2COOH$	2.86
$(CH_3)_2CHCOOH$	4.86	$BrCH_2COOH$	2.94
$(CH_3)_3CCOOH$	5.05	$Cl_2CHCOOH$	1.29

从上表可以看出,乙酸分子中引入烷基使酸性减弱,引入卤素、硝基使酸性增强,这是诱导效应作用的结果。通过测定取代乙酸的 pK_a 值,将常见基团诱导效应的强弱排列如下:

吸电子基团: $NO_2 > CN > F > Cl > Br > I > C{\equiv}C > OCH_3 > C_6H_5 > C{=}C > H$

斥电子基团:$(CH_3)_3C > (CH_3)_2CH > CH_3CH_2 > CH_3 > H$

一般引入的取代基的吸电子诱导效应越强,相应羧酸的酸性就越强(参见表 11-1)。

诱导效应有加和性。碳链上引入的吸电子取代基数目越多,相应羧酸的酸性越强。例如:

$$\begin{array}{lcccc} & Cl_3CCOOH > & Cl_2CHCOOH > & ClCH_2COOH > & CH_3COOH \\ pK_a & 0.63 & 1.29 & 2.86 & 4.76 \end{array}$$

诱导效应沿碳链传递时,随距离的增加,其影响将迅速减弱。例如:

$$\begin{array}{lcccc} & CH_3CH_2\underset{\large Cl}{\underset{|}{C}}HCOOH > & CH_3\underset{\large Cl}{\underset{|}{C}}HCH_2COOH > & \underset{\large Cl}{\underset{|}{C}}H_2CH_2CH_2COOH > & CH_3CH_2CH_2COOH \\ pK_a & 2.80 & 4.06 & 4.52 & 4.81 \end{array}$$

取代基对芳香酸的酸性有类似的影响,例如:

$$\begin{array}{lccc} & C_6H_5\text{—}COOH & CH_3\text{—}C_6H_4\text{—}COOH & O_2N\text{—}C_6H_4\text{—}COOH \\ pK_a & 4.20 & 4.38 & 3.42 \end{array}$$

与脂肪取代酸不同的是,芳香酸的酸性不仅与芳环上取代基的诱导效应有关,同时与取代基的共轭效应有关,取代基对芳香酸酸性的影响是其共轭效应与诱导效应共同作用的结果。通常当羧基的对位和间位有吸电子取代基时,酸性增强,当对位和间位有斥电子取代基时酸性减弱,且取代基在对位时对酸性的影响比间位大。当羧基的邻位有取代基时,无论是吸电子基还是斥电子基,通常酸性都增强(邻位效应),其原因较复杂,在此不予讨论。一些取代苯甲酸的 pK_a 值见表 11-2。

表 11-2 一些取代苯甲酸的 pK_a 值

取代基	邻	间	对	取代基	邻	间	对
H	4.20	4.20	4.20	Br	2.85	3.81	3.97
CH_3	3.91	4.27	4.38	OH	2.98	4.08	4.57
F	3.27	3.86	4.13	OCH_3	4.09	4.09	4.47
Cl	2.92	3.83	3.97	NO_2	2.21	3.49	3.42

羧酸的酸性在有机化合物的分离、纯化等方面有广泛的用途。羧酸盐一般可溶于水而不溶于非极性溶剂,羧酸盐遇强酸时又生成原来的羧酸。根据这一性质可将羧酸与其他不溶于水的有机物质分离。

2. 羧酸衍生物的形成

羧基中的羟基可以被卤素(X)、酰氧基(RCOO)、烃氧基(RO)以及氨基(NH_2)或取代氨基(NHR、NR_2)取代而形成羧酸衍生物酰卤、酸酐、酯和酰胺。

$$\underset{\text{酰卤}}{\mathrm{R\overset{O}{\overset{\|}{C}}X}} \qquad \underset{\text{酸酐}}{\mathrm{R\overset{O}{\overset{\|}{C}}{-}O{-}\overset{O}{\overset{\|}{C}}R}} \qquad \underset{\text{酯}}{\mathrm{R\overset{O}{\overset{\|}{C}}{-}OR}} \qquad \underset{\text{酰胺}}{\mathrm{R\overset{O}{\overset{\|}{C}}NH_2(NHR,NR_2)}}$$

(1) 酯的形成

羧酸和醇在无机强酸(如硫酸)催化下发生反应,生成酯(ester)和水,该反应称为**酯化反应(esterification)**。如:

$$CH_3COOH + CH_3CH_2OH \underset{}{\overset{\text{浓 }H_2SO_4}{\rightleftharpoons}} \underset{\text{乙酸乙酯}}{CH_3COOC_2H_5} + H_2O$$

羧酸的酯化反应是可逆反应,通常加入过量的廉价原料,或在反应中不断除去生成的酯或水,使平衡向右移动,以增加酯的产率。例如:

$$C_6H_5\overset{O}{\overset{\|}{C}}{-}OH + H{-}\overset{18}{O}{-}CH_3 \overset{H^+}{\rightleftharpoons} C_6H_5\overset{O}{\overset{\|}{C}}{-}\overset{18}{O}{-}CH_3 + H_2O$$

根据上述事实认为,酯化反应消除的水一般是由羧酸提供羟基和醇提供的氢结合而成的。但3°醇有例外。

在酸催化下的酯化反应一般按以下机理进行:

$$\mathrm{R\overset{O}{\overset{\|}{C}}{-}OH} \overset{H^+}{\rightleftharpoons} \underset{①}{\mathrm{R{-}\overset{{}^{+}OH}{\overset{\|}{C}}{-}OH}} \overset{R'\ddot{O}H}{\rightleftharpoons} \underset{②}{\mathrm{R{-}\underset{HO^{+}{-}R'}{\overset{OH}{C}}{-}OH}} \overset{H^+\text{转移}}{\rightleftharpoons}$$

$$\underset{③}{\mathrm{R{-}\underset{OR'}{\overset{:O{-}H}{C}}{-}\overset{+}{O}H_2}} \overset{-H_2O}{\rightleftharpoons} \underset{④}{\mathrm{R{-}\overset{{}^{+}O{-}H}{\overset{\|}{C}}{-}OR'}} \overset{-H^+}{\rightleftharpoons} \mathrm{R\overset{O}{\overset{\|}{C}}{-}OR'}$$

首先，催化剂提供质子与羧基中的羰基氧原子结合形成锌盐①，接着，醇羟基氧原子上的未共用电子向①进行亲核进攻，生成四面体中间体②，②转移质子得③，③消除 1 分子水得④，④脱质子得产物酯。因而，酯化反应是一个经过亲核加成再消除的过程。因反应中间体是一个四面体结构，故空间位阻对反应速率的影响较大。

不同的醇和羧酸进行酯化反应的活性顺序为：

醇：1°> 2°> 3°

酸：$CH_3COOH > RCH_2COOH > R_2CHCOOH > R_3CCOOH$

显然，酯化反应的难易与醇和羧酸分子中烃基的立体障碍大小有关，立体障碍越大，酯化反应越困难，反应速率越慢。

(2) 酰卤的形成

羧酸可以与三卤化磷、五卤化磷、氯化亚砜等反应形成酰卤(acylhalide)。

$$RCOOH + SOCl_2 \longrightarrow RCOCl + SO_2\uparrow + HCl\uparrow$$

生成的酰卤遇水易分解，故反应需在无水条件下进行。

(3) 酸酐的形成

一元羧酸(除甲酸外)在强去水剂如 P_2O_5 等作用下发生分子内脱水生成酸酐(anhydride)。

$$RC(=O)\text{—}OH + H\text{—}OC(=O)R \xrightleftharpoons[\triangle]{P_2O_5} (RC(=O))_2O + H_2O$$

这是制备简单酸酐常用的方法。

由于酸酐易吸水，有时也用酸酐或酰氯作为去水剂制备其他高级酸酐。例如：

$$2C_6H_{13}COOH + (CH_3CO)_2O \xrightleftharpoons[\triangle]{} (C_6H_{13}CO)_2O + 2CH_3COOH$$

(4) 酰胺的形成

羧酸与氨先形成铵盐，然后经热分解，分子内脱水后生成酰胺(amide)。

$$RCOOH \xrightarrow{NH_3} RCOONH_4 \xrightarrow[\triangle]{P_2O_5} RCONH_2$$

3. 还原反应

羧酸很难被还原，用氢化锂铝可将羧酸还原为伯醇。

$$RCOOH \xrightarrow{LiAlH_4} RCH_2OH$$

氢化锂铝是一种选择性还原剂，对不饱和羧酸分子中的双键、叁键不产生影响。例如：

$$CH_2{=}CHCH_2COOH \xrightarrow[\text{② } H_3O^+]{\text{① } LiAlH_4} CH_2{=}CHCH_2CH_2OH$$

4. α-氢的反应

受羧基的影响，羧酸 α-碳上的氢原子较为活泼，能被卤原子取代。但与醛、酮 α-氢原子的卤代反应相比反应较难进行，通常需在少量红磷或硫的存在下进行反应。例如：

$$CH_3CH_2CH_2COOH + Br_2 \xrightarrow[\text{或P(红)}]{PBr_3} CH_3CH_2CHBrCOOH + HBr$$

5. 脱羧反应

羧酸分子中脱去羧基放出二氧化碳的反应称作**脱羧反应(decarboxylation)**。一般脂肪酸难以脱羧,但当羧酸 α-碳上连有吸电子基团(如硝基、卤素、酰基)等时就容易脱羧。如 β-羰基酸加热即可放出二氧化碳:

$$RCOCH_2COOH \xrightarrow{\triangle} R—COCH_3 + CO_2$$

$$\text{2-甲基-2-羧基环戊酮} \xrightarrow[\triangle]{-CO_2} \text{2-甲基环戊酮}$$

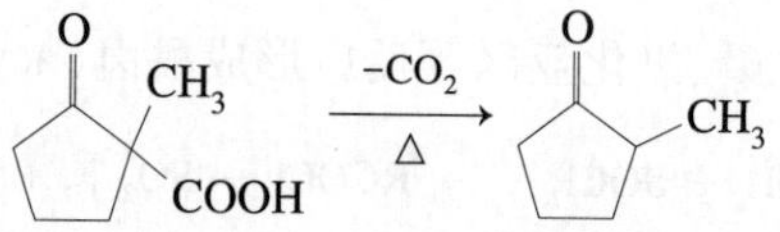

芳香酸的脱羧较脂肪酸容易,尤其是邻、对位上连有吸电子基时更易脱羧。例如:

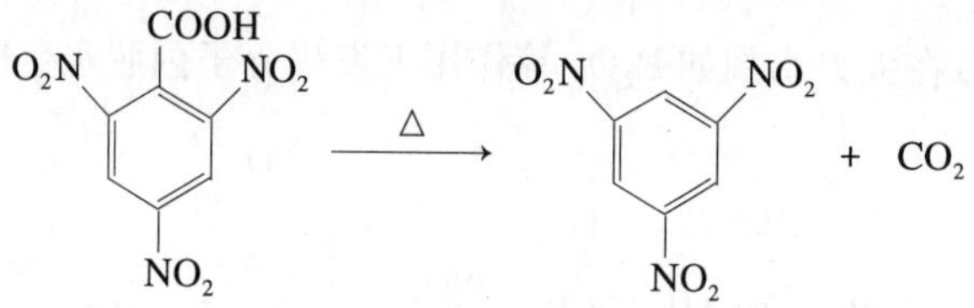

$$\text{2,4,6-三硝基苯甲酸} \xrightarrow{\triangle} \text{1,3,5-三硝基苯} + CO_2$$

6. 二元酸受热后的变化

二元酸对热敏感,二元酸受热后随着两个羧基的距离不同会发生不同的反应,生成的产物各异。

两个羧基直接相连或只间隔一个碳原子的二元酸,受热易脱羧生成一元羧酸。例如:

$$HOOC—COOH \xrightarrow{\triangle} HCOOH + CO_2\uparrow$$

$$HOOC—CH_2—COOH \xrightarrow{\triangle} CH_3COOH + CO_2\uparrow$$

两个羧基间隔 2 个或 3 个碳原子的二元羧酸,受热易发生脱水反应,生成环状酸酐。例如:

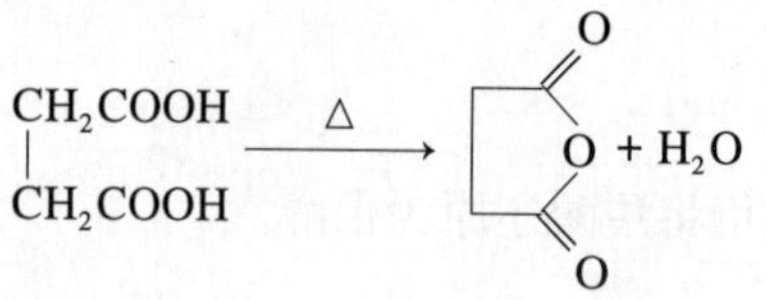

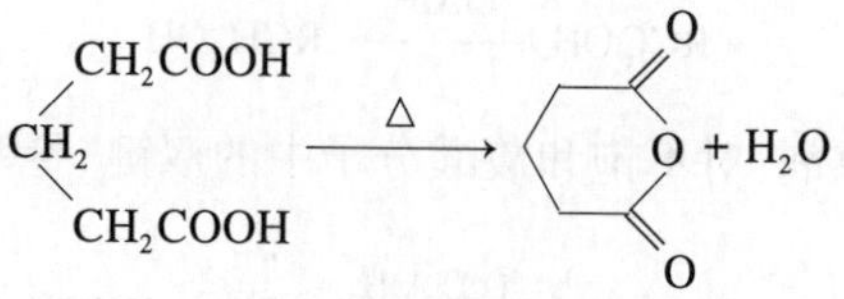

$$CH_2COOH—CH_2COOH \xrightarrow{\triangle} \text{丁二酸酐} + H_2O$$

$$CH_2COOH—CH_2—CH_2COOH \xrightarrow{\triangle} \text{戊二酸酐} + H_2O$$

两个羧基间隔 4 个或 5 个碳原子的二元羧酸受热发生脱水、脱羧反应,生成环酮。例如:

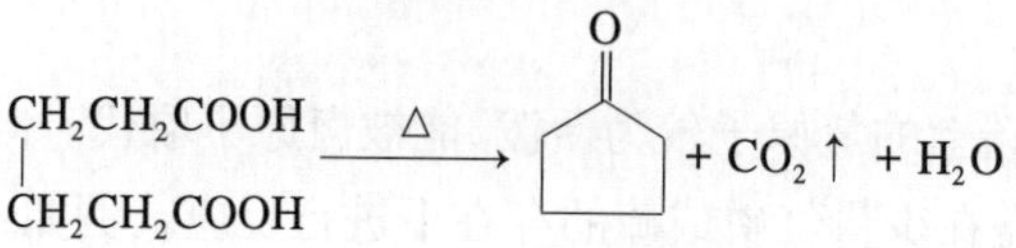

$$CH_2CH_2COOH—CH_2CH_2COOH \xrightarrow{\triangle} \text{环戊酮} + CO_2\uparrow + H_2O$$

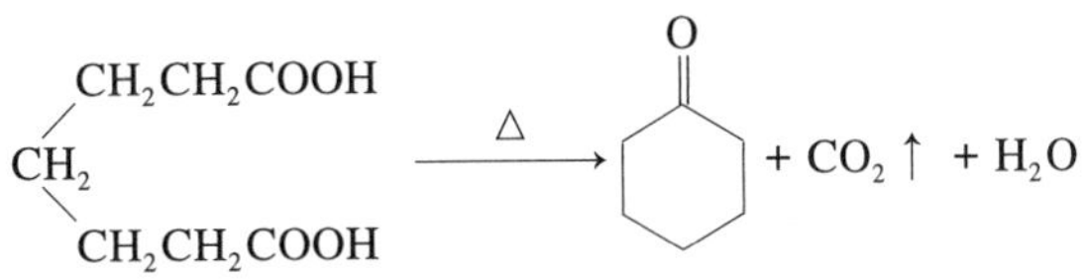

$$CH_2(CH_2CH_2COOH)_2 \xrightarrow{\triangle} \text{环己酮} + CO_2\uparrow + H_2O$$

两个羧基间隔 5 个以上碳原子的二元酸，在高温时发生分子间脱水反应，形成聚酸酐，一般不形成环酮。

11.2 取代羧酸

11.2.1 取代羧酸的分类和命名

根据取代基的种类可将取代酸分为卤代酸、羟基酸、氨基酸等；根据取代基在分子中的位置，又可将取代酸分为 α,β,γ,…,ω 卤代酸、羟基酸、氨基酸。如：

$$R-\underset{\displaystyle Z}{\underset{|}{CH}}-(CH_2)_nCOOH$$

Z =	—X	—OH	$—NH_2$	
	卤代酸	羟基酸	氨基酸	
	(halo acid)	(hydroxy acid)	(amino acid)	
$n=0$		1	2	…
	α-取代酸	β-取代酸	γ-取代酸	

此外，含有酚羟基的取代芳香酸称为酚酸(hydroxy benzoic acid)，如水杨酸(见 11.1)。

氨基酸则可根据其分子中所含氨基和羧基的数目，进一步分为中性氨基酸、酸性氨基酸和碱性氨基酸，中性氨基酸分子中氨基与羧基数目相等；酸性氨基酸分子中羧基数目多于氨基；碱性氨基酸分子中氨基数目多于羧基。如：

H_2NCH_2COOH 中性氨基酸

$HOOCCH_2\underset{NH_2}{CH}COOH$ 酸性氨基酸

$H_2N(CH_2)_4\underset{NH_2}{CH}COOH$ 碱性氨基酸

取代酸的系统命名是以羧酸为母体，卤素、羟基、氨基等为取代基进行的。命名时，将取代基所在的碳原子的位次(用 α,β,γ,…,ω 或 1,2,3……表示)及取代基的数目、名称，依次写在母体羧酸名称之前。如：

$CH_3CH_2\underset{Cl}{CH}CH_2COOH$
3-氯戊酸(β-氯戊酸)
3-chloropentanoic acid

$CH_3\underset{OH}{CH}COOH$
2-羟基丙酸(α-羟基丙酸)
2-hydroxypropanoic acid

许多天然存在的羟基酸和酚酸习惯上用俗称，而氨基酸通常用其俗名，表 11－3 和表 11－4 分别给出了常见的一些羟基酸、酚酸和氨基酸的俗名。

表 11－3 一些羟基酸和酚酸的结构和名称

结 构	英 文 名	中 文 名	俗 名
$CH_3\underset{OH}{CH}COOH$	lactic acid	α-羟基丙酸 (2-羟基丙酸)	乳酸

续表

结　构	英 文 名	中 文 名	俗　名
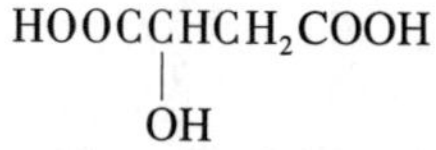 $HOOCCH(OH)CH_2COOH$	malic acid	α-羟基丁二酸 (2-羟基丁二酸)	苹果酸
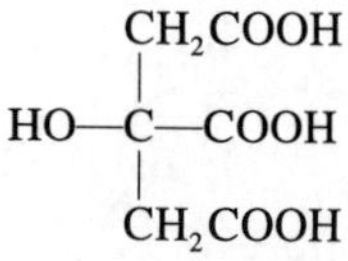 $HO-C(CH_2COOH)_2-COOH$	citric acid	2-羟基丙烷-1,2,3-三甲酸	柠檬酸 (枸橼酸)
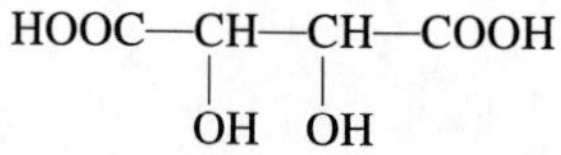 $HOOC-CH(OH)-CH(OH)-COOH$	tartaric acid	α,β-二羟基丁二酸 (2,3-二羟基丁二酸)	酒石酸
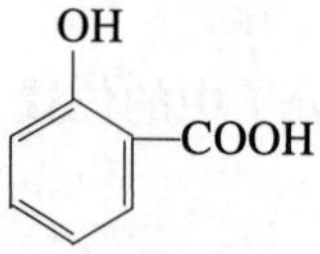 (邻羟基苯甲酸结构式：OH, COOH)	salicylic acid	2-羟基苯甲酸 (邻羟基苯甲酸)	水杨酸
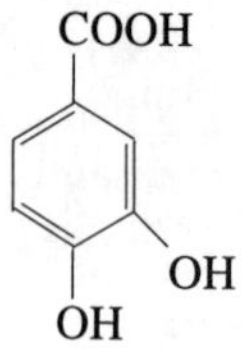 (结构式：COOH, OH, OH)	protocatechuic acid	3,4-二羟基苯甲酸	原儿茶酸
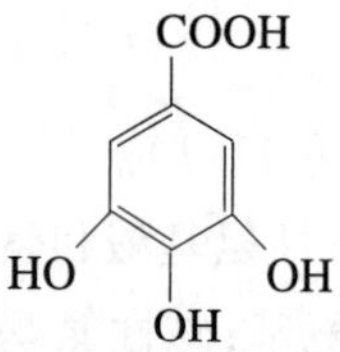 (结构式：COOH, HO, OH, OH)	gallic acid	3,4,5-三羟基苯甲酸	没食子酸 (五倍子酸)

11.2.2 卤代酸

1. 卤代酸在稀碱溶液中的反应

α-卤代酸与各种亲核试剂可发生亲核取代反应,如可通过 α-溴代丙酸制备 α-羟基丙酸、α-氰基丙酸及 α-氨基丙酸。

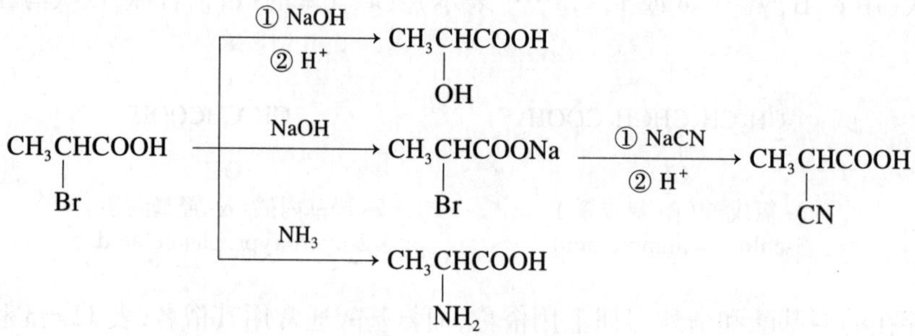

$$CH_3CH(Br)COOH \xrightarrow[\text{② } H^+]{\text{① NaOH}} CH_3CH(OH)COOH$$

$$CH_3CH(Br)COOH \xrightarrow{NaOH} CH_3CH(Br)COONa \xrightarrow[\text{② } H^+]{\text{① NaCN}} CH_3CH(CN)COOH$$

$$CH_3CH(Br)COOH \xrightarrow{NH_3} CH_3CH(NH_2)COOH$$

β-卤代酸在碱性溶液中易脱卤化氢生成 α,β-不饱和酸。例如:

$$CH_3CH_2CH(Br)CH_2COOH \xrightarrow{NaOH/H_2O} CH_3CH_2CH{=}CHCOONa \xrightarrow{H^+} CH_3CH_2CH{=}CHCOOH$$

γ-和 δ-卤代酸在碱作用下,先形成羧酸盐,再发生 S_N2 反应生成五元或六元内酯。如:

$$ClCH_2CH_2CH_2COOH \xrightarrow{Na_2CO_3/H_2O} ClCH_2CH_2CH_2COO^- \longrightarrow \text{(γ-丁内酯)}$$

丁-4-内酯(γ-丁内酯)

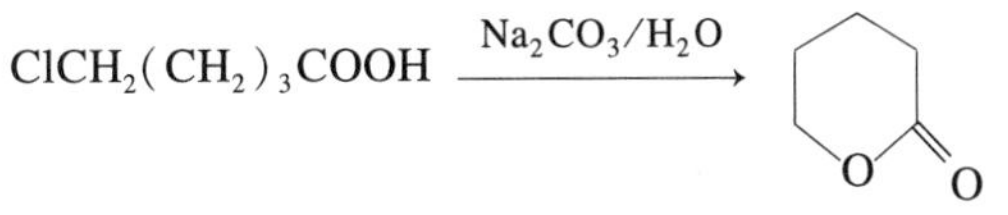

$$ClCH_2(CH_2)_3COOH \xrightarrow{Na_2CO_3/H_2O} \text{(δ-戊内酯)}$$

戊-5-内酯(δ-戊内酯)

δ-戊内酯不如γ-丁内酯稳定,δ-戊内酯在室温下放置即可开环生成δ-羟基酸。

2. 达参缩合

达参缩合(Darzen condensation)是指醛或酮在强碱(如醇钠、氨基钠等)存在下和一个α-卤代酸酯作用,生成α,β-环氧酸酯的反应,如:

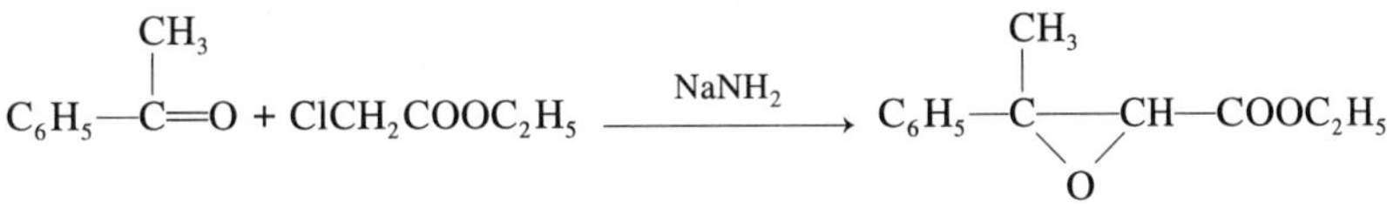

$$C_6H_5-C(CH_3)=O + ClCH_2COOC_2H_5 \xrightarrow{NaNH_2} C_6H_5-C(CH_3)\overset{O}{—}CH-COOC_2H_5$$

α,β-环氧酸酯可用来制备醛或酮,因为它在很温和的条件下水解得游离酸,但所得游离酸很不稳定,受热脱羧得醛或酮:

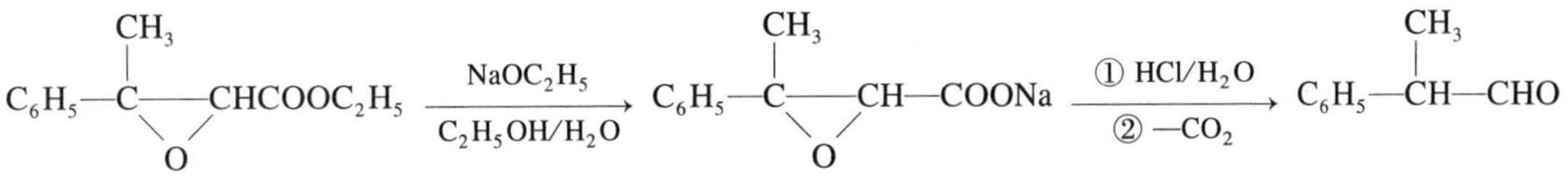

$$C_6H_5-C(CH_3)\overset{O}{—}CHCOOC_2H_5 \xrightarrow[C_2H_5OH/H_2O]{NaOC_2H_5} C_6H_5-C(CH_3)\overset{O}{—}CH-COONa \xrightarrow[②\ -CO_2]{①\ HCl/H_2O} C_6H_5-CH(CH_3)-CHO$$

11.2.3 羟基酸和酚酸

1. 羟基酸的反应

α-羟基酸受热发生分子间失水形成交酯。例如:

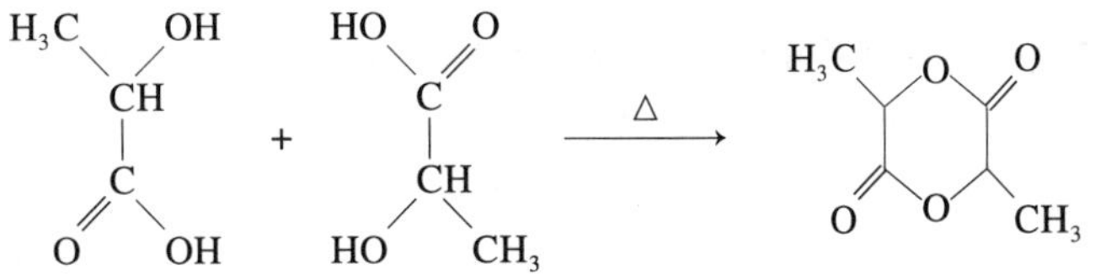

$$CH_3CH(OH)COOH + HOOCCH(OH)CH_3 \xrightarrow{\triangle} \text{丙交酯}$$

丙交酯

β-羟基酸受热发生分子内脱水形成α,β-不饱和酸。例如:

$$CH_3CH(OH)CH_2COOH \xrightarrow[-H_2O]{\triangle} CH_3CH=CHCOOH$$

γ-羟基酸和δ-羟基酸受热易形成内酯。例如:

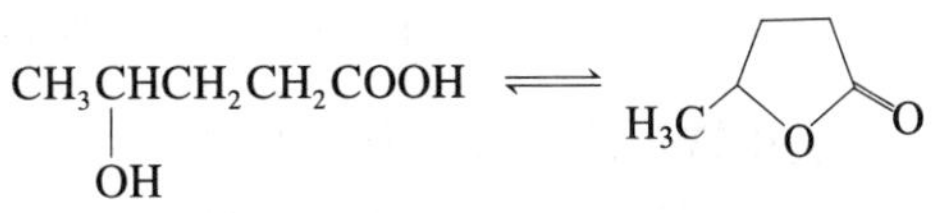

$$CH_3CH(OH)CH_2CH_2COOH \rightleftharpoons \text{(γ-戊内酯,} H_3C\text{取代)}$$

γ-羟基酸和δ-羟基酸在中性或酸性条件下形成内酯,在碱性条件下可开环生成羧酸盐,酸化后又生成内酯。

2. 羟基酸的制备

α-羟基酸可由α-卤代酸水解或醛酮与氢氰酸加成再水解得到。例如:

$$CH_3CHO \xrightarrow{HCN} \xrightarrow{H_2O/H^+} CH_3\underset{\displaystyle OH}{\underset{|}{C}H}COOH$$

β-羟基酸可通过β-卤代醇与氰化钠反应后再水解得到。例如:

$$HOCH_2CH_2Cl+NaCN \longrightarrow HOCH_2CH_2CN \xrightarrow[H_2O]{NaOH} HOCH_2CH_2COOH$$

醛、酮与α-溴代酸酯和锌在惰性溶液中作用可得到β-羟基酸酯,这一反应称**瑞佛马斯基反应**(**Reformatsky reaction**)。例如:

$$\text{环己酮}(=O) + BrCH_2COOC_2H_5 \xrightarrow[C_6H_6]{Zn} \text{1-(OZnBr)-1-}(CH_2COOC_2H_5)\text{环己烷} \xrightarrow{H_2O} \text{1-(OH)-1-}(CH_2COOC_2H_5)\text{环己烷}$$

反应可使用脂肪或芳香醛、酮,α-溴代酸酯的α-碳上有芳基或烷基均可进行反应,该反应是制备β-羟基酸酯及其衍生物的常用方法,β-羟基酸酯经水解可得β-羟基酸。

$$C_6H_5CHO + BrCH_2COOC_2H_5 \xrightarrow[\text{② } H^+]{\text{① Zn}} C_6H_5\underset{}{\overset{OH}{\overset{|}{C}H}}CH_2COOC_2H_5 \xrightarrow{H_2O/OH^-} C_6H_5\overset{OH}{\overset{|}{C}H}CH_2COOH$$

3. 酚酸

含有酚羟基的取代芳香酸称酚酸,如水杨酸。

酚酸具有芳香酸和酚的典型反应,羧基和酚羟基能分别成酯成盐。有些酚酸受热时易脱羧生成酚。例如:

$$\text{3,4,5-三羟基苯甲酸(HO, OH, OH; COOH)} \xrightarrow{\triangle} \text{1,2,3-苯三酚(HO, OH, OH)} + CO_2$$

水杨酸可通过**柯尔伯-许密特(Kolbe-Schmidt)反应**制备,即将干燥的酚钠与二氧化碳在加温、加压下生成水杨酸钠,经酸化即得水杨酸。

$$C_6H_5ONa + CO_2 \xrightarrow[\text{加压}]{125 \sim 150\ ℃} o\text{-}HOC_6H_4COONa \xrightarrow{H^+} o\text{-}HOC_6H_4COOH$$

苯酚钾在200 ℃以上及加压下与二氧化碳反应得对羟基苯甲酸。

$$C_6H_5OK + CO_2 \xrightarrow[\text{加压}]{200\ ℃} p\text{-}HOC_6H_4COOK \xrightarrow{H^+} p\text{-}HOC_6H_4COOH$$

水杨酸是无色针状结晶,与三氯化铁水溶液反应显蓝紫色。水杨酸有多种用途,是制备燃料、香料、药品的重要原料,如解热镇痛药阿司匹林(aspirin)即是水杨酸的乙酰化产物。

$$o\text{-}HOC_6H_4COOH \xrightarrow[H_2SO_4]{(CH_3CO)_2O} o\text{-}CH_3COOC_6H_4COOH\ (\text{COOH, OCOCH}_3)$$

11.2.4 氨基酸

氨基酸是分子中同时含有氨基和羧基的一类化合物。氨基酸是一类具有重要意义的化合物，尤其是 α-氨基酸，它是构成生命的首要物质——蛋白质的基本组成单元，是人体必不可少的物质，有些则可直接药用。

用盐酸或硫酸使蛋白质水解，经分离可得到二十多种 α-氨基酸，参见表 11－4。

表 11－4 常见 α-氨基酸的结构、名称及等电点

	俗 名	结构简式	英文名	等电点	中文名
中性氨基酸	甘氨酸	$CH_2(NH_2)COOH$	glycine	5.97	氨基乙酸
	丙氨酸	$CH_3CH(NH_2)COOH$	alanine	6.00	α-氨基丙酸
	丝氨酸	$CH_2(OH)CH(NH_2)COOH$	serine	5.68	α-氨基-β-羟基丙酸
	半胱氨酸	$CH_2(SH)CH(NH_2)COOH$	cysteine	5.05	α-氨基-β-巯基丙酸
	胱氨酸	$S-CH_2CH(NH_2)COOH$ | $S-CH_2CH(NH_2)COOH$	cystine	4.80	双-β-硫代-α-氨基丙酸
	*苏氨酸	$CH_3CH(OH)CH(NH_2)COOH$	threonine	6.53	α-氨基-β-羟基丁酸
	*缬氨酸	$(CH_3)_2CHCH(NH_2)COOH$	valine	5.96	α-氨基-β-甲基丁酸
	*蛋氨酸	$CH_3SCH_2CH_2CH(NH_2)COOH$	methionine	5.74	α-氨基-γ-甲硫基丁酸
	*亮氨酸	$(CH_3)_2CHCH_2CH(NH_2)COOH$	leucine	6.02	α-氨基-γ-甲基戊酸
	*异亮氨酸	$CH_3CH_2CH(CH_3)CH(NH_2)COOH$	isoleucine	5.98	α-氨基-β-甲基戊酸
	*苯丙氨酸	(苯环)$-CH_2CH(NH_2)COOH$	phenylalanine	5.48	α-氨基-β-苯基丙酸
	酪氨酸	$HO-$(苯环)$-CH_2CH(NH_2)COOH$	tyrosine	5.66	α-氨基-β-(对羟苯基)丙酸
	脯氨酸	(吡咯烷环，N—H，2-位 COOH)	proline	6.30	吡咯烷-2-甲酸
	*色氨酸	(吲哚环，N—H，3-位)$-CH_2CH(NH_2)COOH$	tryptophan	5.98	α-氨基-β-(吲哚-3-基)丙酸
碱性氨基酸	精氨酸	$H_2N-C(=NH)-NH(CH_2)_3CH(NH_2)COOH$	arginine	10.76	α-氨基-δ-胍基戊酸
	*赖氨酸	$H_2N(CH_2)_4CH(NH_2)COOH$	lysine	9.74	α,ω-二氨基己酸
	组氨酸	(咪唑环，N—H)$-CH_2-CH(NH_2)COOH$	histidine	7.59	α-氨基-β-(咪唑-5-基)丙酸
酸性氨基酸	天门冬氨酸	$HOOCCH_2CH(NH_2)COOH$	aspartic acid	2.77	α-氨基丁二酸
	谷氨酸	$HOOCCH_2CH_2CH(NH_2)COOH$	glutamic acid	3.22	α-氨基戊二酸

表中带“＊”的氨基酸是人体内不能合成的，必须由食物供给，称必需氨基酸。

α-氨基酸均为白色晶体，具有较高熔点（一般在 200~300 ℃）并大多在熔化时分解，故 α-氨基酸都有固定的分解点。由于它们的熔点比较接近，通过测定熔点不足以鉴别它们。除胱氨酸和酪氨酸外，大多数 α-氨基酸能溶于水而不溶于乙醚、苯、石油醚等有机溶剂。α-氨基酸的高熔点和溶解行为都显示了盐类化合物的特性。

天然产的α-氨基酸,除甘氨酸外都具有旋光性。

氨基酸除具有氨基和羧基的一些化学性质外,也具有两种官能团相互作用、相互影响的一些特性。

1. 两性及等电点

中性氨基酸含有 1 个羧基及 1 个氨基,氨基(碱性基团)和羧基(酸性基团)可以相互作用而成盐:

$$\underset{\displaystyle NH_2}{RCHCOOH} \rightleftharpoons \underset{\displaystyle {}^{+}NH_3}{R—CH—COO^-}$$

这种由分子内部的酸性基团和碱性基团作用而成的盐称为**内盐**。由于这种分子同时具有两种离子的性质,所以是两性离子,具有高熔点或分解点及不溶于有机溶剂的特点。

氨基酸在水溶液中可以可逆地离解为正离子或负离子,前者称为碱(式)离解,后者称为酸(式)离解:

$$\underset{\displaystyle NH_2}{RCHCOO^-} \underset{OH^-}{\overset{H^+}{\rightleftharpoons}} \underset{\displaystyle {}^{+}NH_3}{R—CH—COO^-} \underset{OH^-}{\overset{H^+}{\rightleftharpoons}} \underset{\displaystyle {}^{+}NH_3}{RCHCOOH}$$

	负离子	两性离子	正离子
水中溶解情况:	溶于水	不溶于水	溶于水

离解的方向和程度决定于溶液的 pH。如在某个中性氨基酸的水溶液中加酸时,则酸离解受到抑制,碱式离解加强,当 $pH<1$ 时,氨基酸几乎全部成为正离子,反之,如在水溶液中加碱,碱式离解受到抑制,平衡向酸式离解方向移动。当 $pH>11$ 时,氨基酸几乎全为负离子。这就是氨基酸既溶于强酸又溶于强碱溶液的原因。

由于氨基酸在不同 pH 的水溶液中带电情况不同,因而在电场中的行为也不同。一般来说,中性氨基酸在酸性溶液中因呈正离子状态而向负极移动,反之,在碱性溶液中则呈负离子状态而向正极移动。就某一氨基酸而言,当将溶液调至某一特定的 pH 时,氨基酸分子酸式离解和碱式离解的趋向相当,此时它以电中性的内盐形式存在,在电场中既不向正极移动,也不向负极移动。这时溶液的 pH 就称作该氨基酸的**等电点(isoelectric point)**。

等电点是氨基酸的一个重要物理常数,每个氨基酸都有固定的等电点(见表 11－4),一般中性氨基酸的等电点在 5.0~6.5 之间,酸性氨基酸等电点在 2.7~3.2 之间,碱性氨基酸等电点在 9.5~10.7 之间。中性氨基酸等电点偏酸是由于羧基的酸离解略大于氨基的碱离解,因而溶液必须偏酸才能使两种离解的趋向相当。

在等电点时,以内盐形式存在的氨基酸溶解度最小,从溶液中析出沉淀。因此,可以用调节等电点的方法鉴别氨基酸或分离氨基酸的混合物。

2. 氨基酸受热后的变化

氨基酸受热时可发生与羟基酸相似的反应。氨基与羧基的相对距离不同时,产物也不同。

α-氨基酸受热时,可发生分子间的交互脱水而生成六元环的交酰胺,交酰胺又称二酮吡嗪。

$$2\underset{\displaystyle NH_2}{CH_3CHCOOH} \xrightarrow{\triangle} \text{交酰胺}$$

交酰胺

β-氨基酸受热时,分子内发生脱氨反应生成α,β-不饱和酸:

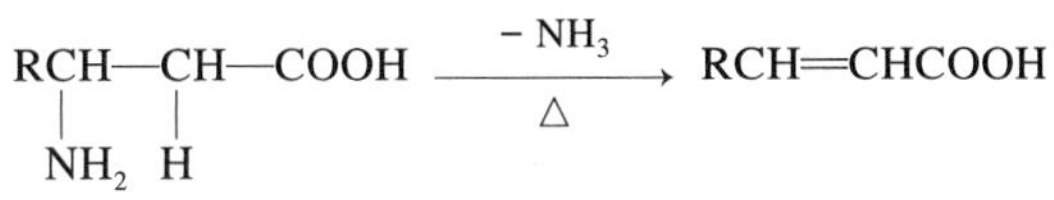

$$\underset{\substack{| \\ NH_2}}{RCH}-\underset{\substack{| \\ H}}{CH}-COOH \xrightarrow[\triangle]{-NH_3} RCH=CHCOOH$$

γ-或δ-氨基酸加热至熔点时,发生分子内脱水反应,生成γ-内酰胺或δ-内酰胺:

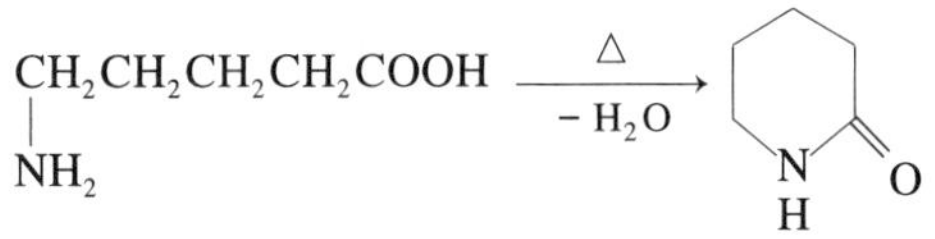

$$\underset{\substack{| \\ NH_2}}{CH_2}CH_2CH_2CH_2COOH \xrightarrow[-H_2O]{\triangle} \text{(δ-戊内酰胺)}$$

3. 显色反应

氨基酸(脯氨酸与羟脯氨酸除外)与水合茚三酮水溶液(或醇液)共热,生成蓝紫色物质,这是检验氨基酸的灵敏方法,其反应过程如下:

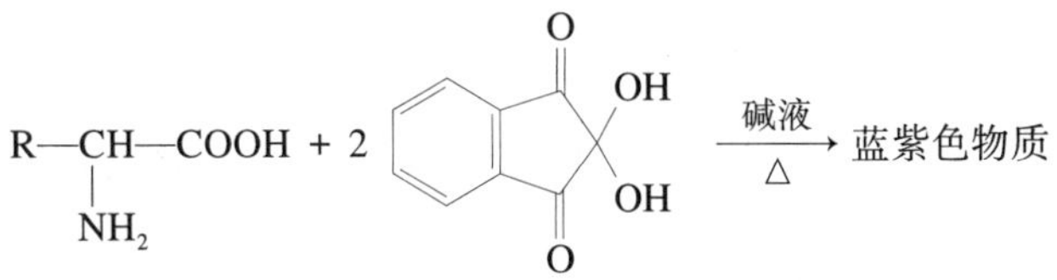

$$R-\underset{\substack{| \\ NH_2}}{CH}-COOH + 2\ \text{(水合茚三酮)} \xrightarrow[\triangle]{\text{碱液}} \text{蓝紫色物质}$$

用柱层析、纸层析或薄层层析法分离氨基酸时,常用水合茚三酮作为显色剂。

4. 肽与蛋白质

α-氨基酸分子间氨基与羧基脱水,生成以酰胺键相连的化合物,称为**肽(peptide)**。肽分子中的酰胺键(—CONH—)称为**肽键**。

最简单的肽是由两个氨基酸缩合而成的,称为二肽。二肽分子中仍存在游离的氨基和羧基,故能与另一分子氨基酸继续缩合成三肽,再继续缩合生成四肽、五肽等。由多个氨基酸缩合而成的肽称为多肽。其通式为:

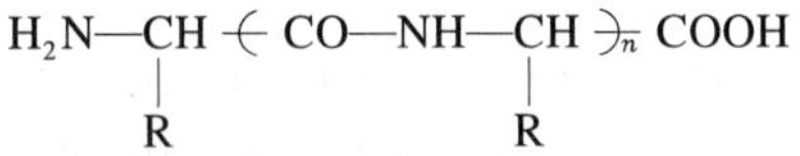

$$H_2N-\underset{\substack{| \\ R}}{CH}\left(CO-NH-\underset{\substack{| \\ R}}{CH} \right)_n COOH$$

由两个不同氨基酸脱水可形成两种二肽,如甘氨酸与丙氨酸脱水缩合,可生成如下两种不同结构的二肽:

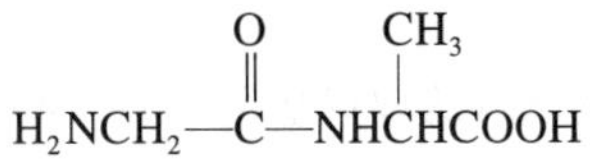

$$H_2NCH_2-\overset{\substack{O \\ \|}}{C}-NH\overset{\substack{CH_3 \\ |}}{C}HCOOH \qquad CH_3\overset{\substack{NH_2 \\ |}}{C}H-\overset{\substack{O \\ \|}}{C}-NHCH_2COOH$$

甘氨酰丙氨酸(简称甘-丙) 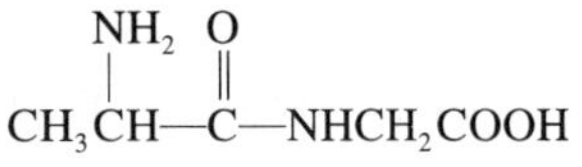　　丙氨酰甘氨酸(简称丙-甘)

多肽化合物与蛋白质都是以α-氨基酸为基本组成单位的,它们之间并无严格区别,一般将相对分子质量在10 000以下的称为多肽。蛋白质具有更长的肽链,相对分子质量更高,所含氨基酸单元多在100以上,结构也更复杂。至今为止,蛋白质水解仍然是得到各种α-氨基酸的重要途径。

学 习 指 导

11-1 本章要点

1. 羧酸

羧酸的化学性质表现在以下几个方面:

α-氢被取代→H O；C=O←还原；O—H 酸性；C—O 羟基被取代生成羧酸衍生物

$$\begin{array}{c} \text{H} \quad \text{O} \\ | \quad \| \\ -\text{C}-\text{C}-\text{O}-\text{H} \\ | \end{array}$$

(1) 酸性

$$\text{R}-\overset{\text{O}}{\overset{\|}{\text{C}}}-\text{O}-\text{H} \rightleftharpoons \text{R}-\overset{\text{O}}{\overset{\|}{\text{C}}}-\text{O}^- + \text{H}^+$$ 酸性比酚强,可与 $NaOH$、$NaHCO_3$ 成盐

酸性的强弱受烃基上取代基的影响,能使酸根负离子稳定的因素可增加羧酸的酸性,反之,酸性减弱。

(2) α-氢被卤代

$$\text{RCH}_2\text{COOH} \xrightarrow[\text{P}]{\text{X}_2} \underset{\text{X}}{\underset{|}{\text{RCHCOOH}}}$$

(3) 其他反应

$$\text{RCOOH} \xrightarrow[\text{H}^+]{\text{R'OH}} \text{R}-\overset{\text{O}}{\overset{\|}{\text{C}}}-\text{OR}'$$ 酯 可逆反应

$$\text{RCOOH} \xrightarrow[\text{(或 PCl}_5\text{, SOCl}_2\text{)}]{\text{PCl}_3} \text{R}-\overset{\text{O}}{\overset{\|}{\text{C}}}-\text{Cl}$$ 酰氯

$$\text{RCOOH} \xrightarrow[\triangle]{\text{P}_2\text{O}_5} (\text{RCO})_2\text{O}$$ 酸酐

$$\text{RCOOH} \xrightarrow{\text{NH}_3} \text{R}\overset{\text{O}}{\overset{\|}{\text{C}}}-\text{ONH}_4 \xrightarrow[\triangle]{\text{H}_2\text{O}} \text{R}\overset{\text{O}}{\overset{\|}{\text{C}}}-\text{NH}_2$$ 酰胺

$$\text{RCOOH} \xrightarrow{\text{LiAlH}_4} \xrightarrow{\text{H}_2\text{O}} \text{RCH}_2\text{OH}$$ 醇

(4) 二元酸受热后的变化

$$\text{HOOC}-(\text{CH}_2)_n-\text{COOH}$$

二元酸

当 $n = 0,1$ 时,脱羧成酸

当 $n = 2,3$ 时,脱水成环状酸酐

当 $n = 4,5$ 时,脱水、脱羧成环酮

2. 取代羧酸

(1) 取代羧酸的系统命名法以羧酸为母体,卤素、羟基和氨基等作为取代基;羟基酸、氨基酸常用俗名。

(2) 卤代酸中的卤素可被亲核试剂取代。如:

$$\underset{\text{X}}{\underset{|}{\text{RCHCOOH}}} \xrightarrow[\triangle]{\text{H}_2\text{O}} \underset{\text{OH}}{\underset{|}{\text{RCHCOOH}}}$$

$$\underset{\text{X}}{\underset{|}{\text{RCHCOOH}}} \xrightarrow{\text{NH}_3} \underset{\text{NH}_2}{\underset{|}{\text{RCHCOOH}}}$$

$$\underset{\text{X}}{\underset{|}{\text{RCHCOOH}}} \xrightarrow[\text{② NaCN}]{\text{① Na}_2\text{CO}_3} \underset{\text{CN}}{\underset{|}{\text{RCHCOOH}}}$$

各种卤代酸在碱性溶液中受热水解产物不同,α-卤代酸水解得 α-羟基酸,如上所示。β-卤代酸消除卤化氢生成 α、β-不饱和酸,γ-卤代酸和 δ-卤代酸形成内酯。

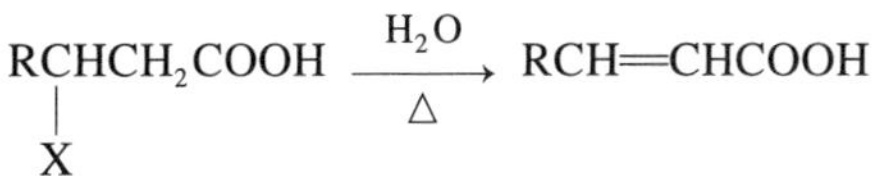

$$\underset{\substack{|\\X}}{RCH}CH_2COOH \xrightarrow[\triangle]{H_2O} RCH{=}CHCOOH$$

β-卤代酸

$$\underset{\substack{|\\X}}{RCH}(CH_2)_{n+1}COOH \xrightarrow[\triangle]{Na_2CO_3} \begin{array}{l} (CH_2)_n—C(=O) \\ \quad | \qquad\quad\ \ O \\ CH_2——CH—R \end{array}$$

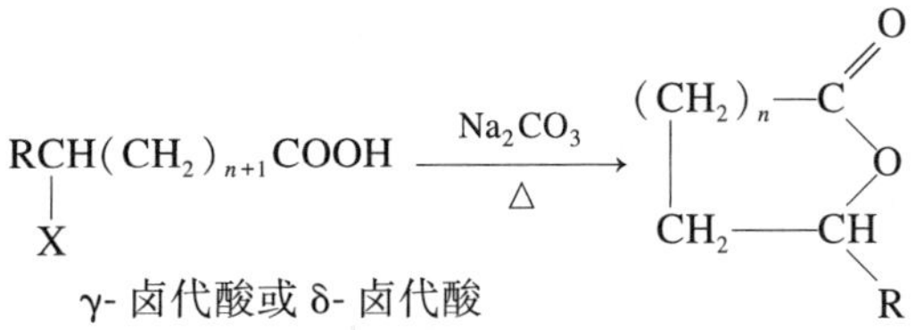

$n = 1$ γ-丁内酯

$n = 2$ δ-戊内酯

γ-卤代酸或δ-卤代酸

(3) 羟基酸受热发生脱水反应,α-羟基酸分子间脱水生成交酯;β-羟基酸生成α,β-不饱和酸;γ-羟基酸或δ-羟基酸则分子内脱水成内酯。

(4) 氨基酸是两性化合物,与酸、碱都能成盐,本身还可成内盐。氨基酸在等电点时,溶解度最小,易从溶液中析出。氨基酸受热时,α-氨基酸可生成交酰胺,β-氨基酸脱氨生成α,β-不饱和酸,γ-氨基酸或δ-氨基酸则生成内酰胺。氨基酸可通过肽键形成肽。

11-2 阶段小结——电性效应

有机化合物官能团之间的相互影响主要表现为电性因素和立体因素,电性因素主要包括诱导效应(I)和共轭作用。如:

酸性:$Cl{\leftarrow}CH_2{\leftarrow}\overset{\displaystyle O}{\overset{\|}{C}}OH > HCH_2—\overset{\displaystyle O}{\overset{\|}{C}}OH$,这是Cl的$-I$效应影响的结果。

X活泼性:$CH_3CH{=}CH—\ddot{X} < CH_3CH_2CH_2X$,这是共轭作用影响的结果。

与亲核试剂反应活性:$H\overset{\displaystyle O}{\overset{\|}{C}}—H > R—\overset{\displaystyle O}{\overset{\|}{C}}—H > R—\overset{\displaystyle O}{\overset{\|}{C}}—CH_3 > R—\overset{\displaystyle O}{\overset{\|}{C}}—R$,这主要是立体因素影响的结果。

现就诱导效应和共轭作用简单作一个小结。

1. 诱导效应

诱导效应可分$-I$效应和$+I$效应。吸电子基具有吸电子的诱导效应,称$-I$效应;斥电子基具有给电子诱导效应,称$+I$效应。诱导效应沿σ键传递时,随碳链的增长而迅速减弱。诱导效应还与吸(斥)电子基的数目及吸(斥)电子的能力有关,吸(斥)电子基团数目越多,吸(斥)电子能力越强,则$-I(+I)$效应越大。原子或基团的吸(斥)电子能力强弱与它们电负性的大小有关。如以乙酸作母体,通过测定取代乙酸的pK_a值,可得常见基团的诱导效应顺序如下:

吸电子基:$NO_2 > CN > F > Cl > Br > I > C{\equiv}CR > OCH_3 > C_6H_5 > C{=}C > H$

斥电子基:$(CH_3)_3C > (CH_3)_2CH > CH_3CH_2 > CH_3 > H$

2. 共轭作用

共轭作用存在于共轭体系中,前面几章已讨论过的共轭体系有:

(1) π-π共轭

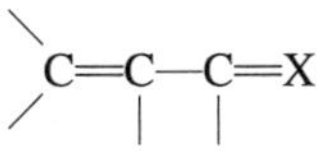

$$>C{=}\underset{|}{C}—\underset{|}{C}{=}X \qquad X = C, O, S, NR$$

(2) p-π共轭

① 多电子p-π共轭 $>C{=}\underset{|}{C}—\ddot{Y}$,$Y = \ddot{O}H、\ddot{S}H、\ddot{N}H_2(R)、\ddot{X}、\overset{..}{\overset{-}{C}}—$

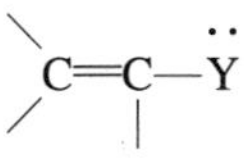

② 缺电子p-π共轭 $>C{=}C—\overset{+}{C}<$

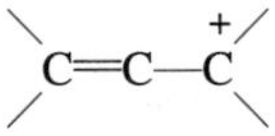

③ 等电子 p-π 共轭 $\gt C{=}C{-}\dot{C}\lt$

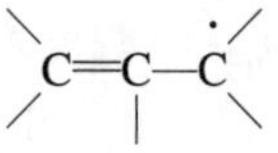

关于这些共轭体系中轨道重叠的示意图见有关章节。

共轭体系的一端受外界影响时,不论共轭体系距离多长,都可将这种影响从共轭体系的一端传至另一端。如α,β-不饱和醛、酮的1,4-加成反应等。

在醛羰基与 C_6 之间插入了4个碳原子的共轭双烯体系,C_6 上的氢原子却仍很活泼,能发生α-活泼氢的反应。

存在共轭体系的分子或反应活性中间体较稳定,这对有机化合物的反应方向影响很明显。如:

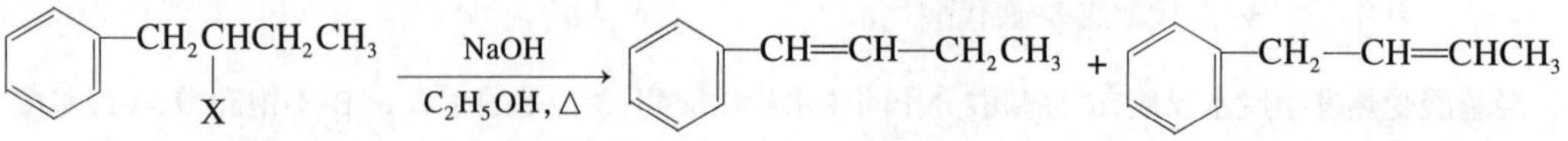

$$C_6H_5-CH_2\underset{X}{CH}CH_2CH_3 \xrightarrow[C_2H_5OH,\ \triangle]{NaOH} C_6H_5-CH{=}CH-CH_2CH_3 + C_6H_5-CH_2-CH{=}CHCH_3$$

(主要)　　(极少)

学习上述电性效应的目的不仅是为了熟悉这些名词、术语,更重要的是在分析有机化合物结构与性质关系、预测反应方向时,逐渐学会灵活运用这些知识。

11-3 解题示例

【例1】 将下列各组化合物按酸性由强到弱排列成序。

1. A. $(CH_3)_2CHCH_2COOH$　B. FCH_2COOH　C. O_2NCH_2COOH　D. ICH_2COOH
2. A. p-$NO_2C_6H_4COOH$　B. $C_6H_5CH_2OH$　C. C_6H_5COOH　D. C_6H_5OH

解:第1题,4个化合物都是脂肪酸,可分别看作是乙酸分子中α-碳上有1个H被$-CH(CH_3)_2$、$-F$、$-NO_2$、$-I$取代。

$-CH(CH_3)_2$是供电子基,使酸性减弱。其余3个均为吸电子基,它们吸电子能力的大小是$-NO_2>-F>-I$。因此,4个化合物的酸性次序是C>B>D>A。

第2题,这4个化合物中,A、C是芳酸,在A中,—COOH对位有1个吸电子的$-NO_2$,使酸性增强,故酸性是A>C。D是酚,酸性比羧酸弱,而B是醇,故其酸性最弱。因此,4个化合物的酸性次序是A>C>D>B。

【例2】 完成反应:

$$CH_3-CH_2COOH \xrightarrow[\text{红磷}]{Br_2} (A) \xrightarrow[H_2O]{NaOH} (B) \xrightarrow{\triangle} (C)$$

解:羧酸在红磷存在下加溴,发生α-溴代反应,因此A应为α-溴代酸,α-溴代酸水解得α-羟基酸B,α-羟基酸加热形成交酯C。故A、B、C应为:

A. 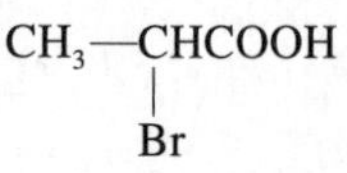 $CH_3-\underset{Br}{CH}COOH$　B. 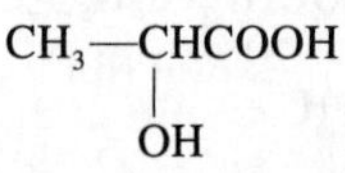 $CH_3-\underset{OH}{CH}COOH$　C. 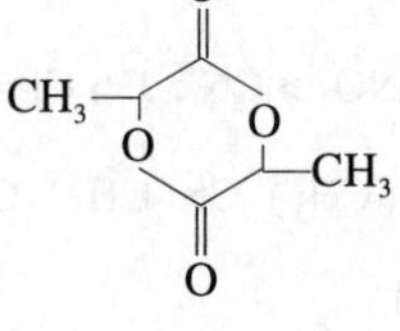 (交酯:六元环,含两个O和两个C=O,环上各带一个 CH_3)

【例3】 鉴别下列化合物:

(1) 水杨酸(邻羟基苯甲酸:苯环上连 OH 与 COOH)　(2) 乙酰水杨酸(苯环上连 $OCOCH_3$ 与 COOH)

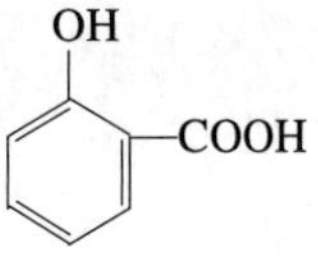

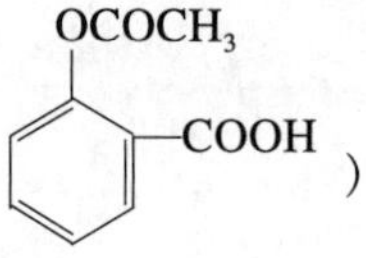

(3) 水杨酸甲酯(苯环上连 OH 与 $COOCH_3$)

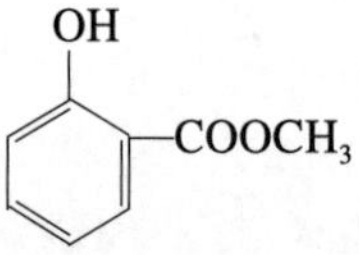

解:羧酸的酸性比碳酸强,因而遇 $NaHCO_3$ 可放出 CO_2,酚能使 $FeCl_3$ 水溶液显色。

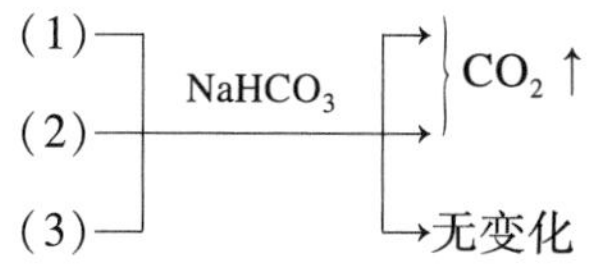

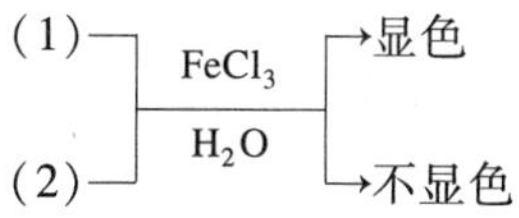

(1)、(2)、(3) $\xrightarrow{NaHCO_3}$ (1)、(2) $CO_2\uparrow$；(3) 无变化

(1)、(2) $\xrightarrow[H_2O]{FeCl_3}$ (1) 显色；(2) 不显色

【例 4】 以苯为原料合成阿司匹林(乙酰水杨酸)。

解:首先写出原料及产物的结构:

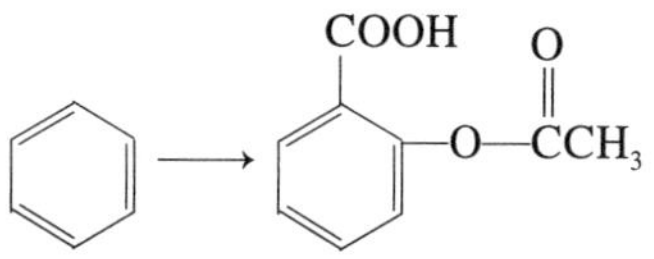

苯 ⟶ 邻位 COOH、—O—C(=O)CH$_3$ 取代的苯环（乙酰水杨酸）

比较两个结构可知,欲得到产物,需在苯环上引入两个官能团,一是羟基,一是酯基。酯可看作是酚的酰化产物,所以,引入酯基实质就是引入 1 个酚羟基,以酚钠为原料,通过柯尔伯-许密特反应可合成酚酸:

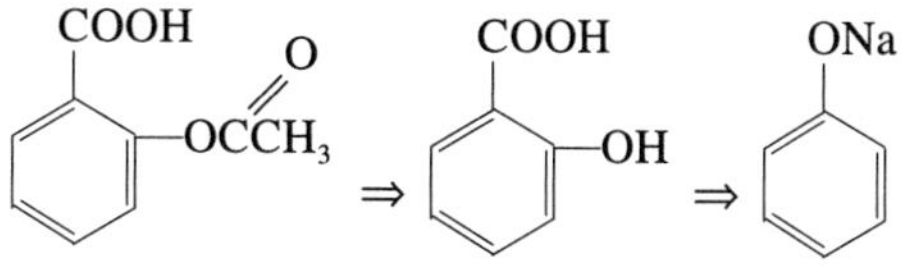

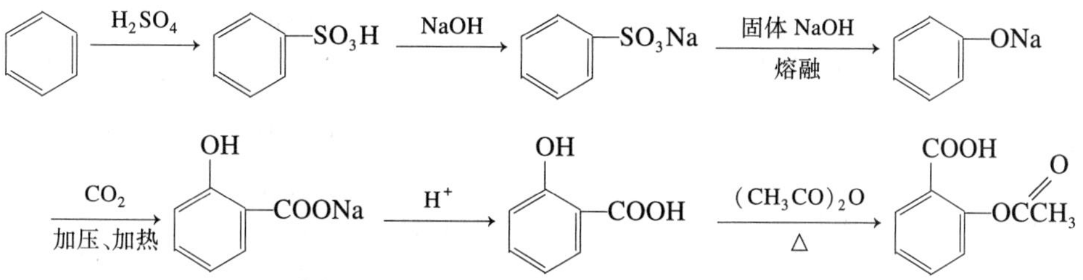

邻-COOH、OCCH$_3$(=O) 苯 ⇒ 邻-COOH、OH 苯 ⇒ ONa 苯

苯 $\xrightarrow{H_2SO_4}$ 苯—SO$_3$H $\xrightarrow{NaOH}$ 苯—SO$_3$Na $\xrightarrow[\text{熔融}]{\text{固体 NaOH}}$ 苯—ONa

$\xrightarrow[\text{加压、加热}]{CO_2}$ 邻-OH、COONa 苯 $\xrightarrow{H^+}$ 邻-OH、COOH 苯 $\xrightarrow[\triangle]{(CH_3CO)_2O}$ 邻-COOH、OCCH$_3$(=O) 苯

11-4 习题

1. 命名下列化合物:

(1) 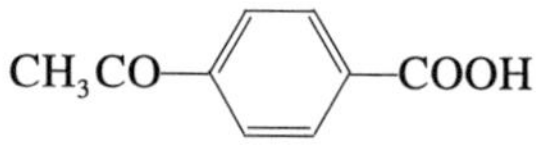 CH$_3$CO—C$_6$H$_4$—COOH（对位）

(2) 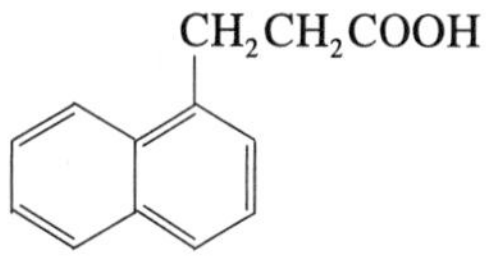 1-位带 CH$_2$CH$_2$COOH 的萘

(3) CH$_3$CHCH$_2$CH$_2$CHCOOH（2 位碳上 OH，5 位碳上 CH$_3$）
     | |
     OH   CH$_3$

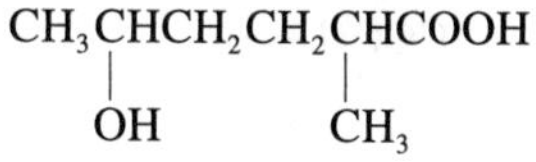

(4) 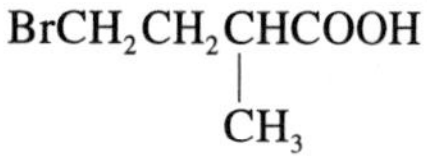 BrCH$_2$CH$_2$CHCOOH
               |
              CH$_3$

(5) 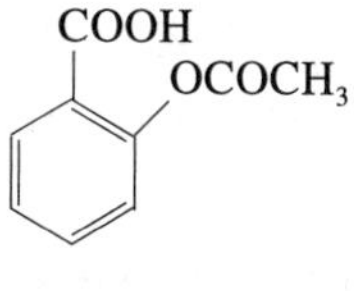 邻位 COOH、OCOCH$_3$ 取代的苯

(6) 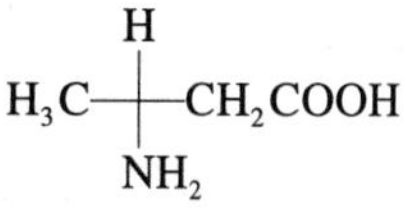 H$_3$C—C(H)(NH$_2$)—CH$_2$COOH（费歇尔投影式：上 H，下 NH$_2$）

(7) 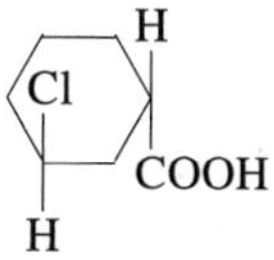 环己烷，Cl、H 与 COOH、H 取代（椅式/环状结构）

(8) 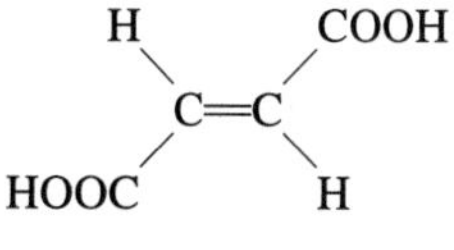 H(COOH)C=C(H)... ：H、HOOC 在左侧碳上，COOH、H 在右侧碳上

(9) 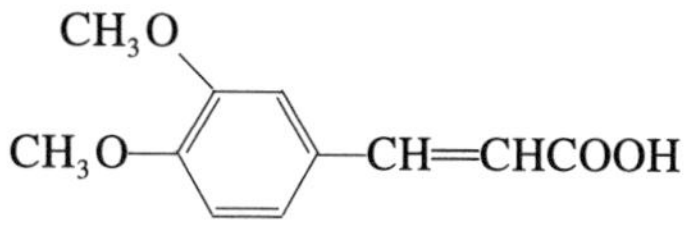 CH$_3$O、CH$_3$O 取代苯—CH=CHCOOH

(10) 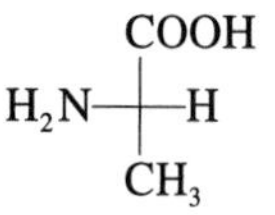 COOH 上，H$_2$N—C—H，CH$_3$ 下（费歇尔投影式）

2. 写出下列化合物的结构式:

(1) 酒石酸　　(2) 对羟基苯甲酸　　(3) 间苯二甲酸

(4) 没食子酸　　(5) 水杨酸乙酯　　(6) 二肽

3. 将下列化合物按酸性由大到小排列成序：

(1) A. 4-氯丁酸　B. 正丁酸　C. 2-氯丁酸　D. 3-氯丁酸

(2) A. 丙酸　B. 3-硝基丙酸　C. 3-碘丙酸　D. 3-氰基丙酸

(3) A. 氯乙酸　B. 三氯乙酸　C. 乙酸　D. 二氯乙酸

(4) A. 对硝基苯甲酸　B. 对甲基苯甲酸　C. 对氯苯甲酸　D. 2,4-二硝基苯甲酸

4. 根据题意回答问题：

(1) 下列化合物中酸性最强的是

A. 丙炔　B. 正丙醇　C. 正丙硫醇　D. 丙酸

(2) 下列化合物中沸点最高的是

A. 丙酰胺　B. 乙酸甲酯　C. 丙酰氯　D. 丙酸酐

5. 用简单化学方法区别下列各组化合物：

(1) 水杨酸　2-羟基环己烷甲酸

(2) α-氨基戊酸　α-羟基戊酸　α-溴代戊酸

(3) α-氨基丙酸　脲

6. 完成下列反应：

(1) $CH_3CH_2COOH \xrightarrow{NaHCO_3}$；$CH_3CH_2COOH \xrightarrow[\text{② } H_2O]{\text{① } LiAlH_4}$；$CH_3CH_2COOH \xrightarrow[H_2SO_4]{C_2H_5OH}$

(2) 邻苯二甲酸（苯环邻位两个 COOH） $\xrightarrow{\triangle}$

(3) 环戊烷-1,1-二甲酸（环戊烷同一碳上两个 COOH） $\xrightarrow{\triangle}$

(4) $CH_3CH_2CH(OH)CH_2COOH \xrightarrow[\triangle]{}$

(5) $CH_3CH(OH)CH_2CH_2COOH \xrightarrow[\triangle]{}$

(6) $BrCH_2CH_2CH_2COOH \xrightarrow{Na_2CO_3, H_2O}$

(7) $CH_3CH(Br)COOH \xrightarrow[\triangle]{Na_2CO_3, H_2O}$

(8) γ-丁内酯（五元环，环 O 与 C=O 相连） $\xrightarrow[\text{② } H_3O^+]{\text{① } NaOH/H_2O, \triangle}$

(9) $(CH_3)_2C(NH_2)(CH_2)_3COOH \xrightarrow[\triangle]{}$

7. 化合物 A($C_7H_6O_3$)能溶于 NaOH 及 Na_2CO_3 水溶液，遇 $FeCl_3$ 有颜色反应。A 与乙酸酐反应生成 B($C_9H_8O_4$)；A 在酸催化下与甲醇作用生成 C($C_8H_8O_3$)；C 用冷的稀硝酸硝化后主要得一种一元硝基化合物。试推测 A、B、C 的结构。

8. 化合物 A($C_9H_8O_3$)能溶于 NaOH 和 Na_2CO_3溶液，与 $FeCl_3$ 作用呈红色，能使溴的四氯化碳溶液褪色。用碘甲烷处理 A 后的产物再经高锰酸钾氧化得到对甲氧基苯甲酸，试推测 A 的结构。

9. 实现下列转化(无机试剂任选)：

(1) 甲苯转化成苯乙酸　　(2) 乙醛转化成正丁酸

12 羧酸衍生物

羧酸分子中的羟基被其他基团取代后所产生的化合物称为**羧酸衍生物(carboxylic acid derivatives)**,包括酰卤(acyl halide)、酸酐(carboxylic anhydride)、酯(ester)和酰胺(amide),另外腈(nitrile)也通常包括在羧酸衍生物中。其结构通式为:

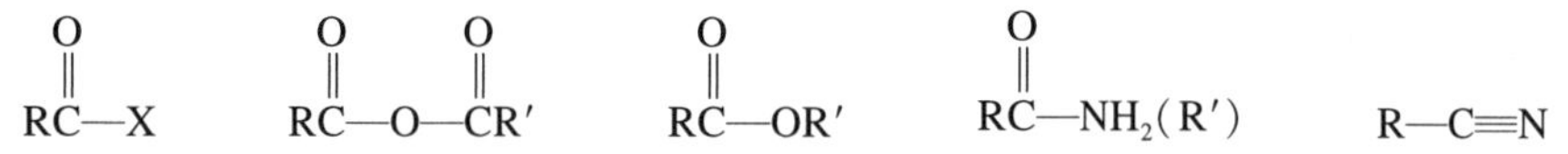

$$\underset{\text{酰卤}}{\mathrm{R\overset{O}{\overset{\|}{C}}-X}}\qquad \underset{\text{酸酐}}{\mathrm{R\overset{O}{\overset{\|}{C}}-O-\overset{O}{\overset{\|}{C}}R'}}\qquad \underset{\text{酯}}{\mathrm{R\overset{O}{\overset{\|}{C}}-OR'}}\qquad \underset{\text{酰胺}}{\mathrm{R\overset{O}{\overset{\|}{C}}-NH_2(R')}}\qquad \underset{\text{腈}}{\mathrm{R-C\equiv N}}$$

除腈外,羧酸衍生物分子中都含有酰基(RCO—,acyl)。同时,在酰基的碳原子上,都连有 1 个电负性比碳大的原子(N、O、X),因此,它们具有相似的化学性质。

许多药物分子中都具有酯、酰胺等结构。例如,局部麻醉药盐酸普鲁卡因分子中含有酯的结构,抗生素青霉素分子中含有酰胺结构。

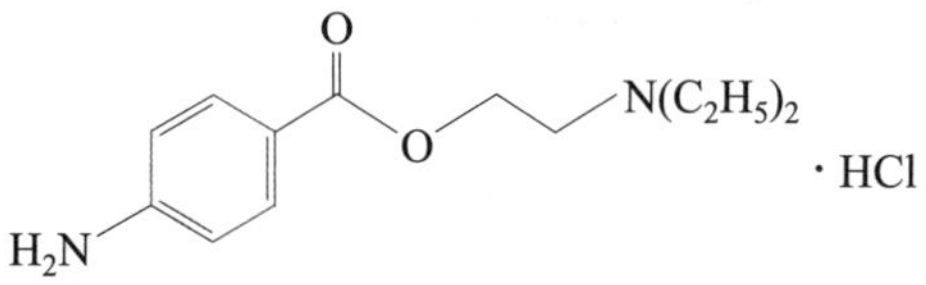

$H_2N-C_6H_4-COO-CH_2CH_2-N(C_2H_5)_2\cdot HCl$

盐酸普鲁卡因
procaine hydrochloride

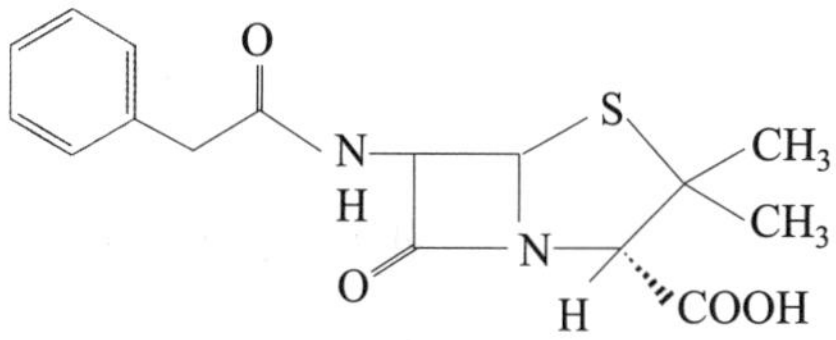

青霉素
benzylpenicillin

12.1 羧酸衍生物的命名

酰卤是根据分子中所含的酰基和卤素来命名的。例如:

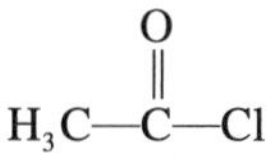

$\mathrm{H_3C-\overset{O}{\overset{\|}{C}}-Cl}$

乙酰氯
acetyl chloride

$\mathrm{H_3C-C_6H_4-\overset{O}{\overset{\|}{C}}-Br}$

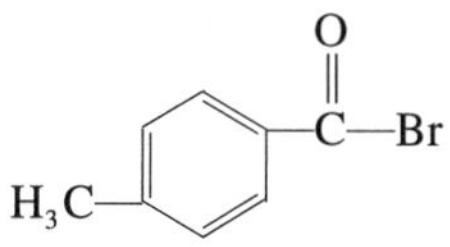

对甲基苯甲酰溴
p-methylbenzoic bromide

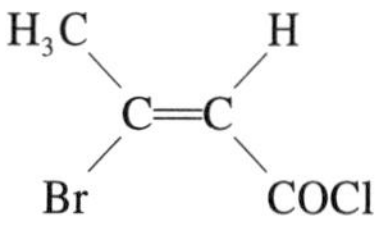

$\mathrm{(H_3C)(Br)C{=}C(H)(COCl)}$

(*Z*)-3-溴丁-2-烯酰氯
(*Z*)-3-bromobut-2-enoyl chloride

酰胺亦是根据分子中所含的酰基来命名的,当酰胺氮上有取代基时,在基团名称前加 N 标明。例如:

$\mathrm{H\overset{O}{\overset{\|}{C}}NH(CH_3)_2}$

N,*N*-二甲基甲酰胺(DMF)
N,*N*-dimethyl formamide

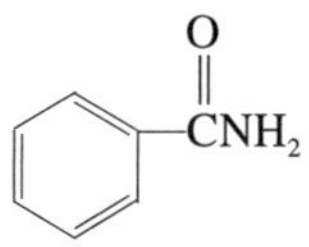

$\mathrm{C_6H_5-\overset{O}{\overset{\|}{C}}NH_2}$

苯甲酰胺
benzamide

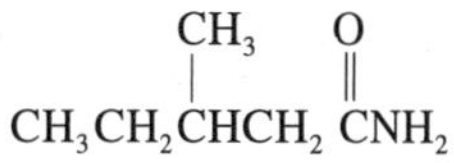

$\mathrm{CH_3CH_2\overset{CH_3}{\overset{|}{C}}HCH_2\overset{O}{\overset{\|}{C}}NH_2}$

3-甲基戊酰胺
3-methylpentanamide

酸酐和腈根据它们水解所得的相应酸来命名。命名混合酸酐(水解后生成两种不同的羧酸)时,将两个酸的名称按字母顺序排列。例如：

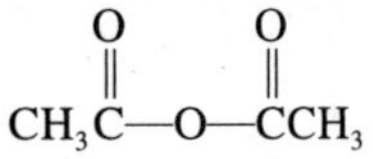

$CH_3C(=O)—O—C(=O)CH_3$
乙(酸)酐
acetic anhydride

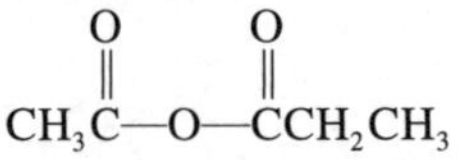

$CH_3C(=O)—O—C(=O)CH_2CH_3$
乙丙酐
acetic propanoic anhydride

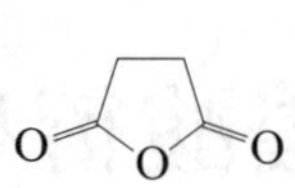

丁二酸酐
butanedioic anhydride

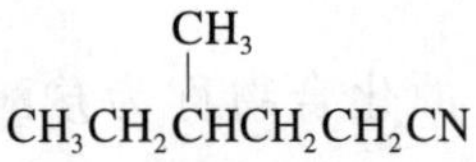

$CH_3CH_2CH(CH_3)CH_2CH_2CN$
4-甲基己腈
4-methyl hexanenitrile

$NCCH_2CH_2CH_2CN$
戊二腈
pentaneditrile

酯根据其水解所得的相应的酸和醇来命名。如：

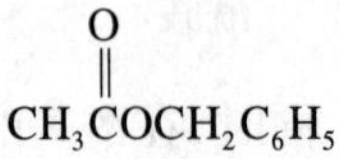

$CH_3C(=O)OCH_2C_6H_5$
乙酸苯甲酯(醋酸苄酯)
benzyl acetate

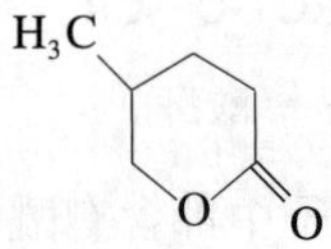

4-甲基戊-5-内酯
4-methylpentano-5-lactone

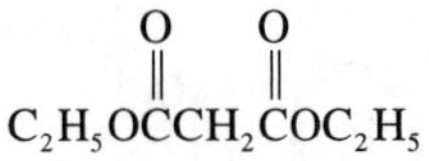

$C_2H_5OC(=O)CH_2C(=O)OC_2H_5$
丙二酸二乙酯
diethyl propanedioate

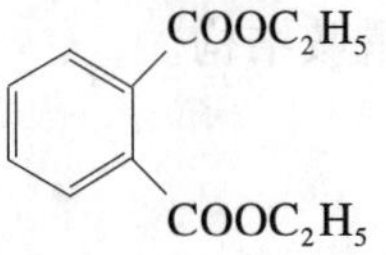

$C_6H_4(COOC_2H_5)_2$
邻苯二甲酸二乙酯
diethyl phthalate

在命名多个官能团的化合物时，需选择一个官能团作为母体，将其他官能团作为取代基。选择母体的优先次序一般为羧酸 > 磺酸 > 酸酐 > 酯 > 酰卤 > 酰胺 > 腈 > 醛 > 酮 > 醇 > 酚 > 胺 > 醚。

羧酸衍生物的官能团作为取代基的名称如下：

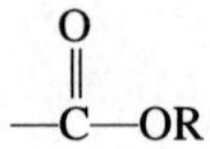

$—C(=O)—OR$	$—C(=O)—R$	$—C(=O)—NH_2$	$—C(=O)—Cl$	$—CN$
烷氧羰基	酰基	氨甲酰基(氨基羰基)	氯羰基	氰基

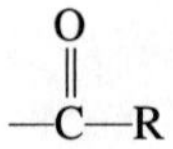

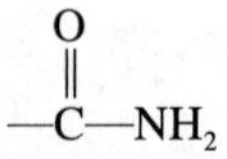

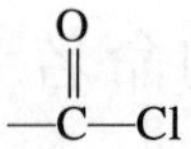

例如：

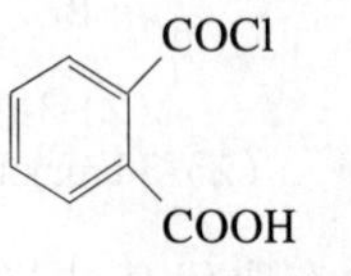

2-氯羰基苯甲酸
2-chlorocarbonylbenzoic acid

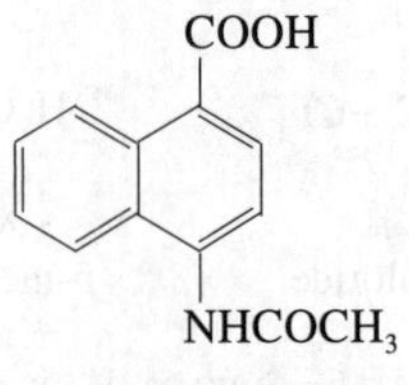

4-乙酰氨基萘-1-甲酸
4-acetaminonaphthalene-1-carboxylic acid

12.2 羧酸衍生物的物理性质

酰卤中常用的是酰氯，低级的酰氯为液体，具有刺激性气味，高级酰氯为固体。酰氯的沸点较相应羧酸低，因为酰氯分子中没有羟基，不能通过氢键缔合。酰氯相对密度都大于1，不溶于水，低级酰氯遇水剧烈水解。

低级酸酐为无色液体,有不愉快的刺激性气味,可以蒸馏而不分解。高级酸酐为固体,无气味。

低级的酯通常为液体,易挥发并具有特殊的香味。酯在水中的溶解度较小,但能溶于一般的有机溶剂。

```
      O      O
     //  ⋰   \\
R—C      H      C—NH2
    \   /      /
     N        R
     H
```

酰胺分子间可通过氢键缔合,因而沸点较高,除甲酰胺外,酰胺均为固体。当酰胺氮上的氢都被烃基取代后,由于分子间不能形成氢键,熔点和沸点都降低。如乙酰胺沸点为 221 ℃,*N*,*N*-二甲基甲酰胺沸点为 169 ℃。低级的酰胺能溶于水,腈由于具有较高极性,在水中的溶解度也较大,因此 *N*,*N*-二甲基甲酰胺、*N*,*N*-二甲基乙酰胺和乙腈通常用作良好的非质子性溶剂。一些羧酸衍生物的物理常数见表 12-1。

表 12-1　一些羧酸衍生物的物理常数

化合物名称	沸点/℃	熔点/℃	化合物名称	沸点/℃	熔点/℃
乙酰氯(acetyl chloride)	51	-112	乙酰胺(acetamide)	221	82
丙酰氯(propanoyl chloride)	80	-94	丙酰胺(propanamide)	213	79
苯甲酰氯(benzoyl chloride)	197	-1	邻苯二甲酰亚胺(phthalamide)	366	238
乙酰溴(acetyl bromide)	76	-96	乙酸酐(acetic anhydride)	140	-73
甲酸乙酯(ethyl formate)	54	-80	邻苯二甲酸酐	284	131
乙酸甲酯(methyl acetate)	57.5	-98	(1,2-benzenedicarboxylic anhydride)		
乙酸乙酯(ethyl acetate)	77	-84	乙腈(acetonitrile)	82	-45
正丁酸乙酯(ethyl butyrate)	121	-93	丙腈(propanonitrile)	97	-92
乙酸苄酯(benzyl acetate)	214	-51	丁腈(butanonitrile)	117.5	-112
苯甲酸乙酯(ethyl benzoate)	213	-35	苯甲腈(benzonitrile)	190	-13

12.3 羧酸衍生物的化学性质

羧酸衍生物由于结构上的相似性使其具有相似的化学性质,其反应机理大多数也相同,只是在反应活泼性上有所差别。

12.3.1 水解、醇解和氨(胺)解反应

1. 水解

酰氯、酸酐、酯和酰胺均可发生**水解(hydrolysis)反应**,生成相应的羧酸。例如:

$$\left.\begin{array}{l}\mathrm{RCOCl}\\ \mathrm{RCOOOCR'}\\ \mathrm{RCOOR'}\\ \mathrm{RCONHR'}\end{array}\right\}\xrightarrow{H_2O}\mathrm{RCOOH}+\left\{\begin{array}{l}\mathrm{HCl}\\ \mathrm{R'COOH}\\ \mathrm{R'OH}\\ \mathrm{R'NH_2}\end{array}\right.$$

由于这些羧酸衍生物分子中与酰基相连的原子或基团不同,所以发生水解反应的难易亦不同。

低级的酰氯极易水解;酸酐水解反应比酰氯温和,但比酯易水解。由于酸酐不溶于水,故其在室温下水解很慢,但选择适宜的溶剂或加热使酸酐与水成均相,则可使水解较易进行;酯的水解必须在

酸或碱的催化下进行。酯在酸性条件下的水解是酯化反应的逆反应,由于是平衡反应,故反应不完全。在碱性条件下,酯的水解反应是不可逆的,在此反应中,碱既是催化剂又是反应试剂,常称此反应为**皂化反应(saponification)**;酰胺的水解需较强的条件,必须在酸或碱存在和加热的条件下才能水解生成相应的羧酸和胺(氨气)。

可以看出,羧酸衍生物发生水解反应时其反应活性的次序为酰氯>酸酐>酯>酰胺。

羧酸衍生物的醇解、氨(胺)解反应也存在上述活性次序。

由于羧酸衍生物可被水解,故含有这些结构的药物在保存和使用中应注意防止水解,一般均需密封于干燥阴凉处贮放。

腈在酸性或碱性条件下水解成酰胺并进一步水解生成羧酸和氨气。

$$RC{\equiv}N \xrightarrow[H^+或OH^-]{H_2O} RCONH_2 \xrightarrow[H^+或OH^-]{H_2O} RCOOH$$

例如:

$$\text{邻甲基苯甲腈(2-}CH_3C_6H_4CN) \xrightarrow[H_2O]{H^+} \text{邻甲基苯甲酸(2-}CH_3C_6H_4COOH)$$

2. 醇解

羧酸衍生物经过**醇解(alcoholysis)反应**生成相应的酯,其反应通式为:

$$\left.\begin{matrix} R-\overset{O}{\overset{\|}{C}}-Cl \\ R-\overset{O}{\overset{\|}{C}}-O-\overset{O}{\overset{\|}{C}}-R \\ R-\overset{O}{\overset{\|}{C}}-OR' \\ R-\overset{O}{\overset{\|}{C}}-NH_2(R') \end{matrix}\right] \xrightarrow{R''OH} RCOOR'' + \left[\begin{matrix} HCl \\ RCOOH \\ R'OH \\ NH_3(R'NH_2) \end{matrix}\right.$$

酰氯是一个优良的酰化剂,与醇反应很快生成酯,常用来合成一些难以通过酸直接酯化得到的酯,如酚酯、位阻较大的叔醇酯。

$$(CH_3)_3C\overset{O}{\overset{\|}{C}}Cl + C_6H_5OH \xrightarrow{\text{吡啶}} (CH_3)_3C\overset{O}{\overset{\|}{C}}-O-C_6H_5 + \text{吡啶}\cdot HCl$$

酸酐的醇解较酰氯温和,可用酸或碱催化反应,这也是制备酯的常用方法。

$$(CH_3\overset{O}{\overset{\|}{C}})_2O + \text{邻羟基苯甲酸} \xrightarrow{H_2SO_4} \text{邻乙酰氧基苯甲酸(}OCOCH_3,\ COOH) + CH_3\overset{O}{\overset{\|}{C}}OH$$

通过酰卤、酸酐的醇解可在醇分子中引入酰基,此类反应常称为酰化反应。酰氯、酸酐是常用的酰化剂。

酯的醇解生成新的酯和醇,该反应称**酯交换反应(transesterification)**,常用于制备不能用直接酯化方法合成的酯,如酚酯、烯醇酯等。反应需在酸或碱催化下进行。例如:

$$CH_3\overset{O}{\overset{\|}{C}}-O\underset{CH_3}{\underset{|}{C}}=CH_2 + \text{环己酮} \xrightarrow[\triangle,\ 12\ h]{p\text{-}CH_3C_6H_4SO_3H} CH_3\overset{O}{\overset{\|}{C}}-O-\text{(1-环己烯基)} + CH_3\overset{O}{\overset{\|}{C}}CH_3$$

通过酯交换反应,可以从简单酯制备结构复杂的酯。例如:

$$H_2N-C_6H_4-COOC_2H_5 + HOCH_2CH_2N(C_2H_5)_2 \longrightarrow H_2N-C_6H_4-COOCH_2CH_2N(C_2H_5)_2 + C_2H_5OH$$

普鲁卡因(局部麻醉药)

3. 氨解

酰氯、酸酐和酯都能与胺(氨)发生**氨解(ammonolysis)反应**生成相应的酰胺或取代酰胺,其反应通式为:

$$\left.\begin{array}{l} R-\overset{O}{\overset{\|}{C}}-Cl \\ R-\overset{O}{\overset{\|}{C}}-O-\overset{O}{\overset{\|}{C}}-R \\ R-\overset{O}{\overset{\|}{C}}-OR' \end{array}\right] \xrightarrow{NH_3(R''NH_2)} RCONH_2(R'') + \left[\begin{array}{l} NH_4Cl \\ RCOONH_4 \\ R'OH \end{array}\right.$$

酰氯与氨或胺迅速反应,生成酰胺和 HCl,生成的 HCl 与原料胺生成盐,消耗过多的原料胺,因此常采用碱(如 NaOH、吡啶或 *N*,*N*-二甲基苯胺等)中和反应中生成的 HCl。

$$C_6H_5-COCl + \text{哌啶(NH)} \xrightarrow{NaOH} C_6H_5-\overset{O}{\overset{\|}{C}}-N\text{(哌啶基)} + NaCl + H_2O$$

酸酐也比较容易与氨(胺)反应生成酰胺和一分子的羧酸,反应中常加入三乙胺以中和生成的酸。这个反应常用于芳香一级胺或二级胺的乙酰化(使用乙酸酐)。例如:

$$HO-C_6H_4-NH_2 + (CH_3CO)_2O \longrightarrow HO-C_6H_4-NHCOCH_3$$

对乙酰氨基苯酚(扑热息痛)

4. 水解、醇解、氨(胺)解的反应机理

酰卤、酸酐、酯和酰胺的水解、醇解和胺解的反应机理很多是类似的。同醛、酮羰基相似,羧酸衍生物中的羰基也容易受到亲核试剂的进攻,形成四面体中间体,此中间体不稳定,消除离去基团得到取代产物。整个过程是经过亲核加成-消除机理完成的。

$$R-\overset{O}{\overset{\|}{C}}-L + Nu^- \longrightarrow R-\underset{Nu}{\underset{|}{\overset{O^-}{\overset{|}{C}}}}-L \longrightarrow R-\overset{O}{\overset{\|}{C}}-Nu + L^-$$

离去基团:L = Cl,OCOR,OR′,NH_2

亲核试剂:$Nu^- = OH^-(H_2O)$,$^-OR'(R'OH)$,$^-NH_2(NH_3)$

现以酯的碱性水解反应为例来加以讨论。在碱性条件下酯水解的反应机理如下:

$$R\overset{O}{\overset{\|}{C}}OR' + OH^- \rightleftharpoons R-\underset{OH}{\underset{|}{\overset{O^-}{\overset{|}{C}}}}-OR' \rightleftharpoons R\overset{O}{\overset{\|}{C}}OH + {}^-OR' \longrightarrow RCOO^- + R'OH$$

OH^-先与酯羰基碳加成,形成四面体中间体,然后消除烷氧负离子得到羧酸。酯以断裂酰氧键的方式进行水解可以从下面的反应中得到证实。

$$CH_3\overset{\overset{\displaystyle O}{\|}}{C}—{}^{18}OC_2H_5 + OH^- \xrightarrow{H_2O} CH_3COO^- + C_2H_5{}^{18}OH$$

在酯碱性水解的加成-消除机理中,第一步加成从平面型的羰基转变成带负电荷的四面体中间体,羰基碳原子由 sp^2 杂化状态变为 sp^3 杂化状态,这将增加位阻,R 和 OR′体积的增大都会使水解速率减慢。另外,第一步加成反应得到的四面体中间体是一个负离子,因此羰基附近的碳上连有吸电子基团可以使负离子稳定,故有利于反应进行。

上述机理的第二步,如果离去基团易离去,则反应速率越快。当反应物为酰氯、酸酐、酯和酰胺时,它们的离去基团分别为 Cl^-、$RCOO^-$、RO^-、NH_2^-。这些离去基团的碱性强弱次序是 $Cl^- < RCOO^- < RO^- < NH_2^-$。离去基团的碱性越弱越容易离去。因此,离去基团的离去能力是 $Cl^- > RCOO^- > RO^- > NH_2^-$。所以羧酸衍生物在碱性条件下进行水解、醇解、氨解反应的活性次序为酰卤>酸酐>酯>酰胺。

12.3.2 还原反应

1. 氢化锂铝还原

$LiAlH_4$ 能还原羧酸衍生物,酰氯、酸酐和酯被还原生成伯醇,而酰胺和腈则被还原为胺。用 $LiAlH_4$ 作还原剂时,羧酸衍生物分子中存在的碳碳双键不受影响。如:

$$H_2C{=}CHCH_2COOC_2H_5 \xrightarrow[\text{乙醚}]{LiAlH_4} \xrightarrow{H_3O^+} H_2C{=}CHCH_2CH_2OH + C_2H_5OH$$

$$\text{(2-甲氧基苯氧基)}OCH_2CONH_2 \xrightarrow{LiAlH_4} \xrightarrow{H_3O^+} \text{(2-甲氧基苯氧基)}OCH_2CH_2NH_2$$

$$C_6H_5—CH_2CN \xrightarrow{LiAlH_4} \xrightarrow{H_3O^+} C_6H_5—CH_2CH_2NH_2$$

此外,采用催化氢化方法也能将腈还原为伯胺。

$$CH_3CH_2CH_2CN + 2H_2 \xrightarrow{Ni} CH_3CH_2CH_2CH_2NH_2$$

2. 罗森孟德还原

用降低了活性的钯催化剂($Pd\text{-}BaSO_4$,硫-喹啉)催化氢化可将酰氯还原成醛,此反应称为**罗森孟德还原(Rosenmund reduction)**。分子中存在的硝基、卤素和酯基等基团不受影响。例如:

$$\text{4-氯-2-萘甲酰氯 (COCl, Cl)} \xrightarrow[\text{硫-喹啉}]{H_2,Pd\text{-}BaSO_4} \text{4-氯-2-萘甲醛 (CHO, Cl)}$$

12.3.3 酯与格氏试剂的反应

酯与格氏试剂反应,首先得到酮,酮继续与格氏试剂作用生成叔醇。例如:

$$CH_3\overset{\overset{\displaystyle CH_3}{|}}{C}H—\overset{\overset{\displaystyle O}{\|}}{C}OC_2H_5 \xrightarrow[\text{② } H_2O/H^+]{\text{① } CH_3MgX} CH_3\overset{\overset{\displaystyle CH_3}{|}}{C}H—\underset{\underset{\displaystyle CH_3}{|}}{\overset{\overset{\displaystyle OH}{|}}{C}}—CH_3$$

12.3.4 酰胺的特殊性质

1. 酸碱性

酰胺分子中，氮原子与酰基直接相连，受酰基的影响，氮上的孤对电子向羰基离域而使氮原子上的电子云密度降低，接受质子的能力减弱。

$$R-\overset{\overset{O}{\|}}{C}-\ddot{N}H_2$$

酰胺水溶液不显碱性，不能使石蕊试纸变色，一般认为酰胺是中性化合物。

如果氨分子中两个氢原子同时被酰基取代则生成酰亚胺，由于氮上连有两个酰基，酰亚胺分子中氮上的电子云密度大大降低，不但不显示碱性，其氮上的氢还显示弱酸性，能与 NaOH(KOH)反应生成酰亚胺的盐。如：

$$\text{邻苯二甲酰亚胺(NH)} + KOH \longrightarrow \text{邻苯二甲酰亚胺钾}(\overset{-}{N}\overset{+}{K}) + H_2O$$

2. 霍夫曼重排反应

氮原子上没有取代的酰胺在 NaOH 或 KOH 水溶液中与卤素反应，失去羰基而生成比酰胺少一个碳原子的伯胺，这个反应称作酰胺的**霍夫曼重排反应(Hofmann rearrangement)**，也称为霍夫曼降解反应。

$$RCONH_2 + 2NaOH + Br_2 \longrightarrow RNH_2 + CO_2 + 2NaBr + H_2O$$

该反应收率较高，产品较纯，可用来制备比酰胺减少一个碳原子的伯胺。例如：

$$o\text{-}C_6H_4(CONH_2)(COOH) \xrightarrow{Br_2+NaOH} \xrightarrow{H^+} o\text{-}C_6H_4(NH_2)(COOH)$$

3. 脱水反应

一级酰胺在脱水剂如 P_2O_5 或 $SOCl_2$ 存在下加热，则分子内脱水生成腈。例如：

$$C_6H_5-CONH_2 \xrightarrow{P_2O_5} C_6H_5-CN$$

12.3.5 酯缩合反应

酯中羰基的 α-H 与醛酮相似，具有弱酸性。在强碱性条件下生成碳负离子(烯醇负离子)，该碳负离子对另一酯羰基进行亲核加成-消除反应而生成 β-酮酸酯。此反应称**克莱森酯缩合(Claisen condensation)**。例如两分子乙酸乙酯在乙醇钠的作用下可生成乙酰乙酸乙酯。

$$2CH_3\overset{\overset{O}{\|}}{C}OC_2H_5 \xrightarrow[\text{②}\ H^+]{\text{①}\ C_2H_5ONa} CH_3\overset{\overset{O}{\|}}{C}CH_2\overset{\overset{O}{\|}}{C}OC_2H_5$$

一般认为，酯缩合反应的反应机理为：

$$(1)\quad \underset{pK_a\ 26}{CH_3\overset{O}{\overset{\|}{C}}OC_2H_5} \xrightarrow{NaOC_2H_5} {}^{-}CH_2\overset{O}{\overset{\|}{C}}OC_2H_5 + \underset{pK_a\ 16}{C_2H_5OH}$$

$$(2)\quad CH_3\overset{O}{\overset{\|}{C}}OC_2H_5 + {}^{-}CH_2\overset{O}{\overset{\|}{C}}OC_2H_5 \rightleftharpoons CH_3\underset{OC_2H_5}{\overset{O^-}{\overset{|}{\underset{|}{C}}}}-CH_2\overset{O}{\overset{\|}{C}}OC_2H_5 \xrightleftharpoons{-C_2H_5O^-} \underset{pK_a\ 11}{CH_3\overset{O}{\overset{\|}{C}}CH_2\overset{O}{\overset{\|}{C}}OC_2H_5}$$

$$(3)\quad CH_3\overset{O}{\overset{\|}{C}}CH_2\overset{O}{\overset{\|}{C}}OC_2H_5 \xrightarrow{NaOC_2H_5} \left[CH_3\overset{O}{\overset{\|}{C}}\overset{-}{C}H\overset{O}{\overset{\|}{C}}OC_2H_5\right]Na^+ + C_2H_5OH \xrightarrow{H^+} CH_3\overset{O}{\overset{\|}{C}}CH_2\overset{O}{\overset{\|}{C}}OC_2H_5$$

反应中(1)、(2)两步平衡偏向于左边,但第(3)步在过量 $NaOC_2H_5$ 的作用下有利于产物转变为乙酰乙酸乙酯的钠盐,使平衡向右移动。反应得到的乙酰乙酸乙酯钠盐经酸化得缩合产物。

当酯的分子中存在两个酯基,且间隔4个及4个以上碳原子时,在强碱性条件下可发生分子内酯缩合反应,形成五元或六元环状化合物。此反应称作**狄克曼缩合(Dieckmann condensation)**。例如:

$$C_2H_5O\overset{O}{\overset{\|}{C}}(CH_2)_5\overset{O}{\overset{\|}{C}}OC_2H_5 \xrightarrow[\text{② } H^+]{\text{① } C_2H_5ONa} \text{2-氧代环己基}-\overset{O}{\overset{\|}{C}}OC_2H_5$$

可利用狄克曼缩合合成多种环状化合物。例如二元酸酯经缩合后得环状 β-酮酸酯,后者经水解、酸化、加热脱羧可得环酮。

$$H_5C_2O\overset{O}{\overset{\|}{C}}(CH_2)_4\overset{O}{\overset{\|}{C}}OC_2H_5 \xrightarrow[\text{② } H^+]{\text{① } C_2H_5ONa} \text{2-氧代环戊基}-\overset{O}{\overset{\|}{C}}OC_2H_5 \xrightarrow{OH^-} \xrightarrow[\triangle]{H^+} \text{环戊酮}$$

两个相同的酯进行缩合,产物比较单一。但当两个具有 α-H 的不同的酯进行缩合时,则产物不止一种。如果将一个具有 α-H 的酯和另一个不具有 α-H 的酯进行缩合反应,则可以得到比较单一的产物。如:

$$H\overset{O}{\overset{\|}{C}}OC_2H_5 + CH_3\overset{O}{\overset{\|}{C}}OC_2H_5 \xrightarrow[\text{② } H^+]{\text{① } C_2H_5ONa} H\overset{O}{\overset{\|}{C}}CH_2\overset{O}{\overset{\|}{C}}OC_2H_5$$

这种反应称为**交叉酯缩合反应(crossed ester condensation)**,常见的无 α-H 的酯有甲酸酯、苯甲酸酯、碳酸酯和草酸酯等,这些酯提供羰基,通过反应可以在具有 α-H 的酯的 α-位导入酰基。

12.4 乙酰乙酸乙酯及其在合成中的应用

乙酰乙酸乙酯又称 β-3-氧亚基丁酸乙酯,可由乙酸乙酯经克莱森酯缩合而得:

$$2CH_3COOC_2H_5 \xrightarrow[\text{② } H_3O^+]{\text{① } C_2H_5ONa} CH_3COCH_2COOC_2H_5$$

工业上用二乙烯酮与乙醇作用制备:

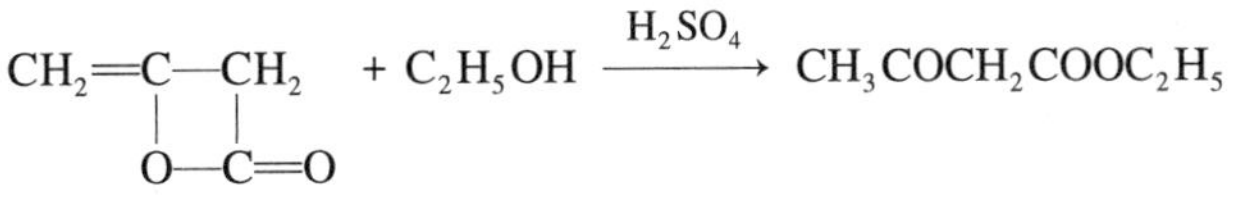

$$\underset{\substack{| \quad\ \ | \\ O-C=O}}{CH_2=C-CH_2} + C_2H_5OH \xrightarrow{H_2SO_4} CH_3COCH_2COOC_2H_5$$

1. 酮式-烯醇式互变异构

在通常情况下，乙酰乙酸乙酯显示出双重反应性能，它既能与氢氰酸、亚硫酸氢钠加成，与羟胺、苯肼试剂生成肟或腙，显示甲基酮的性质，又能使溴的四氯化碳溶液褪色，使三氯化铁溶液显色，表现出烯醇的性质。因此乙酰乙酸乙酯是以酮式与烯醇式两种形式存在的，它们之间存在下列动态平衡：

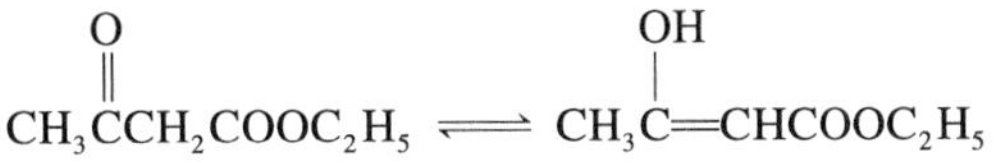

$$\underset{\text{酮式 }92.5\%}{CH_3\overset{O}{\overset{\|}{C}}CH_2COOC_2H_5} \rightleftharpoons \underset{\text{烯醇式 }7.5\%}{CH_3\overset{OH}{\overset{|}{C}}=CHCOOC_2H_5}$$

一般的醛、酮(如丙酮)也存在着烯醇式，但一般含量较低。乙酰乙酸乙酯中的烯醇式含量较高的原因，一方面可能是由于通过分子内氢键形成一个较稳定的六元环，另一方面烯醇式羟基氧原子上的未共用电子对与碳碳双键和碳氧双键形成共轭体系，电子的离域可降低分子的能量。

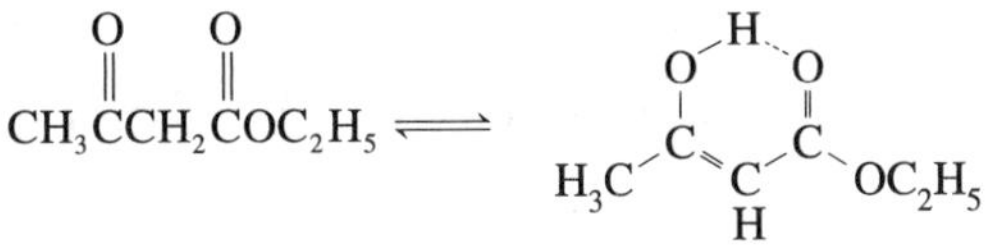

$$\underset{\text{酮式}}{CH_3\overset{O}{\overset{\|}{C}}CH_2\overset{O}{\overset{\|}{C}}OC_2H_5} \rightleftharpoons \underset{\text{烯醇式}}{H_3C-\overset{O\cdots H\cdots O}{C=CH-C}-OC_2H_5}$$

在溶液中，酮式和烯醇式平衡混合物中烯醇式的含量随分子结构、溶剂、浓度、温度的不同而异。表 12－2 列出了一些酮、酮酸酯及其类似物的烯醇式的含量。从表中可以看出，受到两个羰基及其类似基团(如 CN、COOR)活化的亚甲基(甲叉基)化合物，其烯醇式的含量高，其中 β-二酮的烯醇式含量最高。

表 12－2 一些化合物的烯醇式含量

酮式	烯醇式	烯醇式含量/%
CH_3COCH_3	$CH_2=\overset{OH}{\overset{\vert}{C}}CH_3$	0.000 15
$CH_3\overset{O}{\overset{\Vert}{C}}CH_2\overset{O}{\overset{\Vert}{C}}OC_2H_5$	$CH_3\overset{OH}{\overset{\vert}{C}}=CH\overset{O}{\overset{\Vert}{C}}OC_2H_5$	7.5
$CH_3\overset{O}{\overset{\Vert}{C}}CH_2\overset{O}{\overset{\Vert}{C}}CH_3$	$CH_3\overset{OH}{\overset{\vert}{C}}=CH\overset{O}{\overset{\Vert}{C}}CH_3$	76.0
$Ph\overset{O}{\overset{\Vert}{C}}CH_2\overset{O}{\overset{\Vert}{C}}CH_3$	$Ph\overset{OH}{\overset{\vert}{C}}=CH\overset{O}{\overset{\Vert}{C}}CH_3$	90.0

2. 酮式分解和酸式分解

乙酰乙酸乙酯在不同条件下与碱作用，可分解得到不同的产物。

$$\underset{\text{酮式分解}}{CH_3\overset{O}{\overset{\|}{C}}CH_2 \nmid \overset{O}{\overset{\|}{C}}OC_2H_5} \qquad \underset{\text{酸式分解}}{CH_3\overset{O}{\overset{\|}{C}} \nmid CH_2\overset{O}{\overset{\|}{C}}OC_2H_5}$$

在稀碱水溶液中,乙酰乙酸乙酯水解为乙酰乙酸盐,酸化后在加热的情况下,由于生成的β-酮酸不稳定而分解为酮,此反应称为乙酰乙酸乙酯的酮式分解。

$$CH_3\overset{O}{\overset{\|}{C}}CH_2\overset{O}{\overset{\|}{C}}OC_2H_5 \xrightarrow{\text{稀 NaOH}} CH_3\overset{O}{\overset{\|}{C}}CH_2\overset{O}{\overset{\|}{C}}ONa \xrightarrow[\triangle]{H^+} CH_3\overset{O}{\overset{\|}{C}}CH_3 + CO_2$$

乙酰乙酸乙酯与浓的强碱溶液共热,除酯基水解外,发生逆克莱森酯缩合反应,酸化后则得两分子乙酸,此反应称为乙酰乙酸乙酯的酸式分解。

$$CH_3\overset{O}{\overset{\|}{C}}CH_2\overset{O}{\overset{\|}{C}}OC_2H_5 \xrightarrow[\triangle]{\text{浓 NaOH}} 2CH_3\overset{O}{\overset{\|}{C}}ONa \xrightarrow{H^+} 2CH_3\overset{O}{\overset{\|}{C}}OH$$

3. 在合成中的应用

乙酰乙酸乙酯亚甲基上的氢具有酸性,在强碱作用下生成碳负离子,此碳负离子可作为亲核试剂与卤代烃发生亲核取代反应,结果在亚甲基上引入一个或两个烃基,然后在稀碱中发生酮式分解,得到各种甲基酮类化合物。

$$CH_3\overset{O}{\overset{\|}{C}}CH_2\overset{O}{\overset{\|}{C}}OC_2H_5 \xrightarrow{NaOC_2H_5} CH_3\overset{O}{\overset{\|}{C}}\overset{-}{C}HCOOC_2H_5 \xrightarrow{R-X} CH_3\overset{O}{\overset{\|}{C}}-\underset{R}{\underset{|}{CH}}-COOC_2H_5$$

$$CH_3\overset{O}{\overset{\|}{C}}-\underset{R}{\underset{|}{CH}}-COOC_2H_5 \xrightarrow[\text{② } H^+,\ \triangle]{\text{① } OH^-,\ H_2O} \boxed{RCH_2\overset{O}{\overset{\|}{C}}CH_3}$$

$$CH_3\overset{O}{\overset{\|}{C}}-\underset{R}{\underset{|}{CH}}-COOC_2H_5 \xrightarrow{NaOC_2H_5} CH_3\overset{O}{\overset{\|}{C}}-\underset{R}{\underset{|}{\overset{-}{C}}}-COOC_2H_5 \xrightarrow{R'X} CH_3\overset{O}{\overset{\|}{C}}-\underset{R}{\underset{|}{\overset{R'}{\overset{|}{C}}}}-\overset{O}{\overset{\|}{C}}OC_2H_5 \xrightarrow[\text{② } H^+,\ \triangle]{\text{① } OH^-,H_2O} \boxed{CH_3\overset{O}{\overset{\|}{C}}\underset{R}{\underset{|}{CH}}-R'}$$

引入两个不同烷基的次序一般是先大后小。

卤代烷可用伯卤代烷、仲卤代烷(包括烯丙型和苄型卤代烃)及卤代酸酯。叔卤代烷在实验条件下易发生消除反应,脱去卤化氢生成烯烃,故不能使用;卤代乙烯及一般的芳香卤化物,因卤素反应活性低而不宜使用。

一烷基或二烷基取代的乙酰乙酸乙酯也能发生酮式分解和酸式分解,例如:

$$CH_3\overset{O}{\overset{\|}{C}}-\underset{R}{\underset{|}{\overset{R'}{\overset{|}{C}}}}-COOC_2H_5 \xrightarrow{\text{酮式分解}} CH_3\overset{O}{\overset{\|}{C}}-\underset{R'}{\underset{|}{CH}}-R \quad (1)$$

$$CH_3\overset{O}{\overset{\|}{C}}-\underset{R}{\underset{|}{\overset{R'}{\overset{|}{C}}}}-COOC_2H_5 \xrightarrow{\text{酸式分解}} R-\underset{R'}{\underset{|}{C}}HCOOH \quad (2)$$

酮式分解得到的(1)是甲基酮,酸式分解得到的(2)是α-取代乙酸。

由于取代乙酸可由丙二酸二乙酯法制得(见12.5),因此在合成上用乙酰乙酸乙酯的酮式分解制甲基酮更常用。例如,由乙酰乙酸乙酯合成3-甲基戊-2-酮可采用以下合成路线:

$$CH_3COCH_2COOC_2H_5 \xrightarrow[\text{② } CH_3CH_2Br]{\text{① } C_2H_5ONa} CH_3CO\underset{C_2H_5}{\underset{|}{C}}HCOOC_2H_5 \xrightarrow[\text{② } CH_3I]{\text{① } C_2H_5ONa}$$

$$CH_3-\overset{O}{\overset{\|}{C}}-\underset{C_2H_5}{\underset{|}{\overset{CH_3}{\overset{|}{C}}}}-COOC_2H_5 \xrightarrow[\text{② }H^+,\ \triangle]{\text{① 稀 }OH^-} CH_3\overset{O}{\overset{\|}{C}}-\underset{C_2H_5}{\underset{|}{CH}}-CH_3$$

12.5 丙二酸二乙酯及其在合成中的应用

丙二酸二乙酯是无色有香味的液体,沸点为 199 ℃,微溶于水,是有机合成、药物合成的重要原料。

因丙二酸受热易脱羧生成乙酸,故一般不通过丙二酸直接酯化制备丙二酸二乙酯,而是由氯乙酸钠转化成氰基乙酸后,在酸性条件下与乙醇作用而得。

$$ClCH_2COOH \xrightarrow{Na_2CO_3} ClCH_2COONa \xrightarrow{NaCN} N\equiv C-CH_2COONa \xrightarrow[H^+]{C_2H_5OH} C_2H_5O\overset{O}{\overset{\|}{C}}CH_2\overset{O}{\overset{\|}{C}}OC_2H_5$$

丙二酸二乙酯分子中亚甲基上的氢受到两个酯基的影响呈现明显酸性(pK_a 为 13),故在碱作用下生成碳负离子,可与活泼卤代烃发生亲核取代反应,结果在 α-碳上引入烃基,再经水解并酸化加热脱羧后可得到取代的乙酸;一取代后的丙二酸二乙酯可进一步与强碱反应生成碳负离子后进一步烃基化,再经处理可得到二取代的乙酸。可用通式表示为:

$$H_2C(COOC_2H_5)_2 \xrightarrow{NaOC_2H_5} \xrightarrow{RX} R-CH(COOC_2H_5)_2 \xrightarrow[\text{② }H^+,\triangle]{\text{① }OH^-/H_2O} \underset{\text{一取代乙酸}}{R-CH_2COOH}$$

$$R-CH(COOC_2H_5)_2 \xrightarrow[\text{② }R'X]{\text{① }NaOC_2H_5} R-\underset{R'}{\underset{|}{C}}(COOC_2H_5)_2 \xrightarrow[\text{② }H^+,\ \triangle]{\text{① }OH^-/H_2O} \underset{\text{二取代乙酸}}{R'\overset{R}{\overset{|}{C}}HCOOH}$$

在烃基化反应中最好使用伯卤代烃,用仲卤代烃收率较低,而叔卤代烃主要发生消除反应,芳卤代烃则不反应。

通过上述反应可以制得各种取代乙酸,例如:

$$H_2C(COOC_2H_5)_2 \xrightarrow[\text{②}C_6H_5CH_2Br]{\text{①}NaOC_2H_5} C_6H_5CH_2CH(COOC_2H_5)_2 \xrightarrow[\text{②}H^+]{\text{①}OH^-/H_2O} C_6H_5CH_2-CH_2COOH$$

丙二酸二乙酯和二卤代烃反应,因反应投料量和操作次序的不同,可以制备二元酸或环烷烃羧酸。例如,1 mol 丙二酸二乙酯和 2 mol 醇钠反应可得到丙二酸二乙酯的双钠盐,该盐与 1 mol 双卤代烃反应可以制备三、四、五和六元环的环烷酸。例如:

$$H_2C(COOC_2H_5)_2 \xrightarrow{2NaOC_2H_5} C^{2-}(COOC_2H_5)_2 \xrightarrow{BrCH_2CH_2CH_2Br} \text{环丁烷}-1,1-(COOC_2H_5)_2 \xrightarrow[\text{②}H^+,\ \triangle]{\text{①}OH^-/H_2O} \text{环丁烷}-COOH$$

12.6 碳酸衍生物

碳酸不稳定,不能以游离形式存在。碳酸分子中一个羟基被其他基团取代后生成的化合物也不稳定,如氯甲酸、氨基甲酸、碳酸单酯等在一般条件下不能游离存在。但是当碳酸中的两个羟基都被其他基团取代后的衍生物一般是稳定的,这些化合物是有机合成及药物合成中常用的原料,常见的有以下几种:

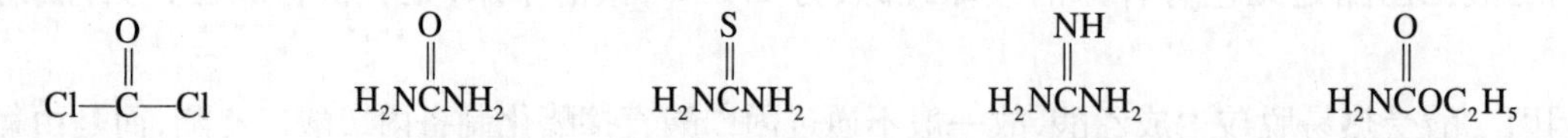

$Cl-\overset{\overset{O}{\|}}{C}-Cl$	$H_2N\overset{\overset{O}{\|}}{C}NH_2$	$H_2N\overset{\overset{S}{\|}}{C}NH_2$	$H_2N\overset{\overset{NH}{\|}}{C}NH_2$	$H_2N\overset{\overset{O}{\|}}{C}OC_2H_5$
碳酰氯	碳酰胺	硫代碳酰胺	亚氨基脲	氨基甲酸乙酯
光气(phosgene)	脲(urea)	硫脲(thiourea)	胍(guanidine)	(ethyl carbamate)

碳酰氯是碳酸的二酰氯,最初由一氧化碳和氯气在日光照射下作用制得,故又名光气。光气为无色气体,沸点为 7.6 ℃,通常将其加压液化后装在钢瓶中使用。光气有剧毒,曾被用作毒气,对人和动物的黏膜和呼吸道有强烈的刺激作用,可引起窒息。

光气具有酰氯的典型性质,易发生水解、醇解和氨(胺)解反应,是一个重要的有机合成原料。可用通式表示如下:

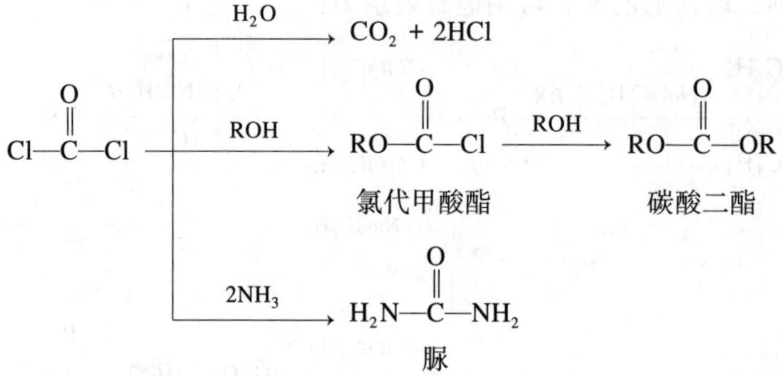

$$Cl-\overset{\overset{O}{\|}}{C}-Cl \xrightarrow{H_2O} CO_2 + 2HCl$$

$$Cl-\overset{\overset{O}{\|}}{C}-Cl \xrightarrow{ROH} \underset{\text{氯代甲酸酯}}{RO-\overset{\overset{O}{\|}}{C}-Cl} \xrightarrow{ROH} \underset{\text{碳酸二酯}}{RO-\overset{\overset{O}{\|}}{C}-OR}$$

$$Cl-\overset{\overset{O}{\|}}{C}-Cl \xrightarrow{2NH_3} \underset{\text{脲}}{H_2N-\overset{\overset{O}{\|}}{C}-NH_2}$$

脲是碳酸的二元酰胺,目前被用作重要的氮肥和有机合成原料。脲为无色长菱形结晶,熔点为 133 ℃,易溶于水,难溶于乙醚。

脲具有弱碱性,能与强酸成盐,但其水溶液不能使石蕊试纸变色。

脲在酸或碱的作用下均可水解,生成氨和二氧化碳:

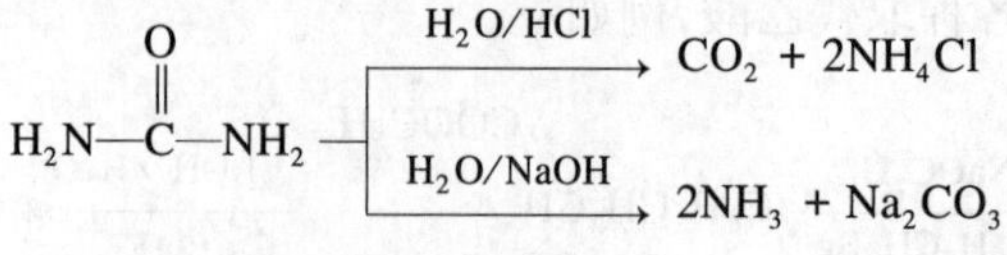

$$H_2N-\overset{\overset{O}{\|}}{C}-NH_2 \xrightarrow{H_2O/HCl} CO_2 + 2NH_4Cl$$

$$H_2N-\overset{\overset{O}{\|}}{C}-NH_2 \xrightarrow{H_2O/NaOH} 2NH_3 + Na_2CO_3$$

胍可以看作是脲分子中的氧原子被亚氨基取代后的产物,也称为亚氨基脲。

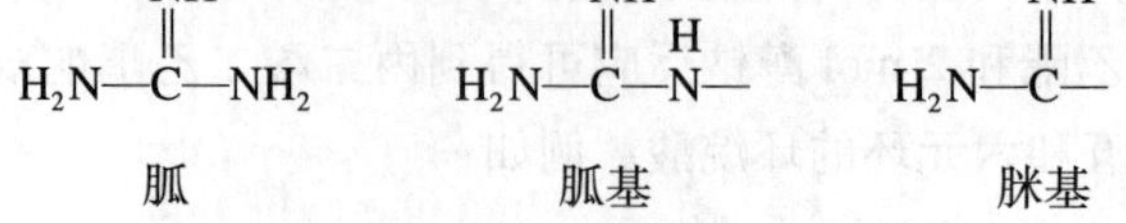

$H_2N-\overset{\overset{NH}{\|}}{C}-NH_2$	$H_2N-\overset{\overset{NH}{\|}}{C}-\overset{H}{N}-$	$H_2N-\overset{\overset{NH}{\|}}{C}-$
胍	胍基	脒基

胍是有机强碱(pK_a 13.8),其碱性与 KOH 相当,在空气中能吸收 CO_2 和水分生成稳定的碳酸盐。

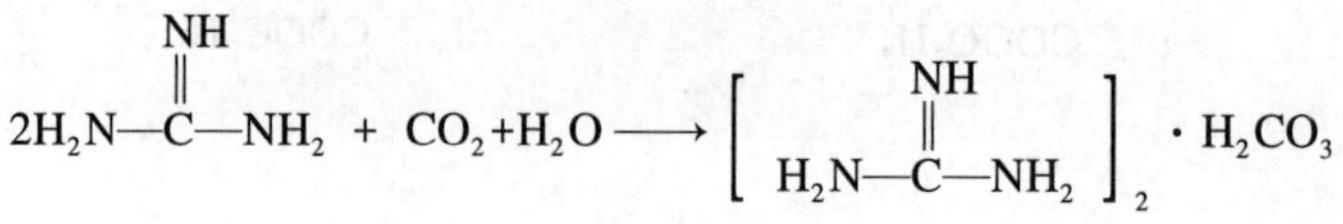

$$2H_2N-\overset{\overset{NH}{\|}}{C}-NH_2 + CO_2 + H_2O \longrightarrow \left[H_2N-\overset{\overset{NH}{\|}}{C}-NH_2\right]_2 \cdot H_2CO_3$$

胍结合一个质子后能形成稳定的胍正离子，故显示较强的碱性。

$$H_2N-\overset{\overset{\displaystyle NH}{\|}}{C}-NH_2 + H^+ \longrightarrow \left[(H_2N)_2C{=}\overset{+}{N}H_2 \longleftrightarrow H_2\overset{+}{N}{=}C(NH_2)-NH_2 \longleftrightarrow H_2\overset{+}{N}{=}C(NH_2)-NH_2 \right]$$

学 习 指 导

12-1 本章要点

羧酸衍生物通常是指羧酸分子中的—OH 被—X、—OCOR、—OR、—NH_2(R)取代而产生的化合物，依次称为酰卤、酸酐、酯和酰胺。酰胺脱水得到腈。

酰卤和酰胺是根据分子中所含酰基来命名的，酸酐和腈是根据它们水解所得的酸来命名的，酯则是根据水解所得的酸和醇来命名的。

羧酸衍生物分子中均含有 1 个酰基，且都有 1 个电负性较大的原子连接在羰基碳原子上，所以具有相似的化学性质。

1. 羧酸衍生物的水解、醇解、氨(胺)解反应活性不同，一般具有下列活性顺序：

$$RCOCl > (RCO)_2O > RCOOR' > RCONH_2$$

羧酸衍生物的水解、醇解、氨(胺)解反应机理类似，即经过亲核加成-消除历程。

2. 羧酸衍生物可以用氢化锂铝还原。酰氯经罗森孟德还原得醛。

$$R-\overset{\overset{\displaystyle O}{\|}}{C}-Cl + H_2 \xrightarrow[\text{硫-喹啉}]{Pd\text{-}BaSO_4} R-\overset{\overset{\displaystyle O}{\|}}{C}-H$$

3. 具有 α 活泼氢的酯在强碱作用下，经克莱森缩合生成 β-羰基酸酯。

$$RCH_2COOC_2H_5 \xrightarrow{C_2H_5ONa} \xrightarrow{H_3O^+} RCH_2\overset{\overset{\displaystyle O}{\|}}{C}\underset{\underset{\displaystyle R}{|}}{C}HCOOC_2H_5$$

六元或七元二酸酯经狄克曼缩合得环状酮酯，产物经水解、脱羧可转变成环酮。

4. 酰胺是中性化合物。一级酰胺可脱水生成腈；一级酰胺可发生霍夫曼重排反应生成少 1 个碳原子的伯胺。

$$RCN \xleftarrow{P_2O_5} RCONH_2 \xrightarrow{NaOX} RNH_2$$

5. 乙酰乙酸乙酯可由乙酸乙酯经克莱森酯缩合而得；乙酰乙酸乙酯存在酮式和烯醇式互变异构现象；在不同条件下，可分解得甲基酮和取代乙酸，在合成上用来制备取代乙酸和取代丙酮。

$$\begin{matrix}R \\ & \boxed{CHCOCH_3} \\ R'\end{matrix} \qquad \begin{matrix}R \\ & \boxed{CHCOOH} \\ R'\end{matrix}$$

框线中部分来自乙酰乙酸乙酯。

6. 丙二酸二乙酯由氯乙酸制得。采用丙二酸二乙酯可以制得比卤代烃增加 2 个碳原子的羧酸，包括一烃基取代或二烃基取代的乙酸。

12-2 阶段小结——碳链的增长、缩短和成环方法

有机化合物的合成一般涉及两个方面的内容：官能团之间的转化；碳链的变化，包括增长、缩短、成环等。因此，牢固掌握上述两方面的知识，对设计一条合理的合成路线非常重要。在此，我们将各章已讨论过的与碳链变化

有关的反应加以总结。

1. 碳链增长

(1) 增长 1 个碳原子

$$RX \xrightarrow{NaCN} RCN \begin{cases} \longrightarrow R{-}CH_2NH_2 \\ \longrightarrow R{-}CONH_2 \longrightarrow R{-}COOH \end{cases}$$

$$RX \xrightarrow{Mg} RMgX \begin{cases} \xrightarrow{①\ CO_2,②\ H_3O^+} R{-}COOH \\ \xrightarrow{①\ HCHO,②\ H_3O^+} R{-}CH_2OH \end{cases}$$

(2) 增长 2 个碳原子

$$R{-}X \xrightarrow{Mg} RMgX \xrightarrow{\text{环氧乙烷}} \xrightarrow{H_3O^+} R{-}CH_2CH_2OH$$

$$R{-}\overset{O}{\overset{\|}{C}}{-}H + R'CH_2{-}\overset{O}{\overset{\|}{C}}{-}H \xrightarrow{\text{稀 }OH^-} \xrightarrow{-H_2O} R{-}CH{=}\underset{R'}{\underset{|}{C}}{-}\overset{O}{\overset{\|}{C}}{-}H$$

$$R{-}\overset{O}{\overset{\|}{C}}{-}OR'' + R'CH_2{-}COOR'' \xrightarrow{C_2H_5ONa} \xrightarrow{H_3O^+} R\overset{O}{\overset{\|}{C}}{-}\underset{R'}{\underset{|}{CH}}{-}\overset{O}{\overset{\|}{C}}{-}OR''$$

羟醛缩合及酯缩合反应的产物,主链增长 2 个碳原子,α 碳上常有支链(R′)。

(3) 增长数个碳原子

通过格氏试剂与醛酮的反应,可得比 R—X 碳链增长 1 个、2 个或多个碳原子的醇(2°或 3°),增长的碳原子数目取决于所选用的醛酮。如:

$$RX \xrightarrow{Mg} RMgX \begin{cases} \xrightarrow{HCHO} R{-}CH_2OH \\ \xrightarrow{CH_3CHO} R{-}\underset{OH}{\underset{|}{CH}}{-}CH_3 \\ \xrightarrow{CH_3(\overset{|}{\underset{|}{C}})_n{-}\overset{O}{\overset{\|}{C}}{-}H(R')} R{-}\overset{H(R')}{\overset{|}{\underset{OH}{\underset{|}{C}}}}{-}(\overset{|}{\underset{|}{C}})_nCH_3 \end{cases} \quad n = 1,2,3,\cdots$$

2. 碳链的缩短

$$RCOCH_3 \xrightarrow[NaOH]{X_2} RCOONa \xrightarrow{H^+} \underset{\text{羧酸}}{RCOOH}\ (\text{缩短 1 个碳})$$

$$RCONH_2 \xrightarrow[NaOH]{X_2} \underset{\text{伯胺}}{R{-}NH_2}\ (\text{缩短 1 个碳})$$

$$RCH{=}CH_2 \xrightarrow{[O]} RCOOH \quad (\text{缩短 1 个碳})$$

3. 成环反应

(1) 通过狄尔斯-阿尔特反应可生成六元环,环上具有双键

$$\text{丁二烯} + \text{乙烯} \xrightarrow{\Delta} \text{环己烯}$$

(2) 分子内的酯缩合和羟醛缩合

$$CH_3\overset{O}{\overset{\|}{C}}CH_2CH_2\overset{O}{\overset{\|}{C}}CH_3 \xrightarrow{NaOH(稀)} \text{3-羟基-3-甲基环戊酮} \xrightarrow{-H_2O} \text{3-甲基环戊-2-烯酮}$$

$$CH_2(CH_2CH_2COOC_2H_5)_2 \xrightarrow[\text{② } H_3O^+]{\text{① } C_2H_5ONa} \text{2-乙氧羰基环己酮} \xrightarrow[\text{② } H^+/\triangle]{\text{① } NaOH/H_2O} \text{环己酮}$$

一般可通过上述反应制备五、六元环状化合物。

此外,己二酸及庚二酸在受热情况下也可转变为五元及六元的环酮。

在合成具体化合物时,需采用上述哪一种方法,应由所需合成目的产物及原料的种类、官能团位次及碳链构造特点而定。

12-3 解题示例

【例 1】 用系统命名法命名下列化合物:

(1) CH_3CH_2COCl　(2) 环戊基$-CON(CH_3)_2$　(3) CH_3COO-环己基

解:(1) 酰卤是根据分子中所含的酰基进行命名的,所以该化合物的名称是丙酰氯。

(2) 酰胺同样是根据分子中的酰基进行命名,并且要标出 N 上的取代基。该化合物的名称是 *N*,*N*-二甲基环戊甲酰胺。

(3) 酯根据水解所得的酸和醇而命名。该化合物的名称是乙酸环己酯。

【例 2】 完成下列方程式(写出主要产物或试剂、条件):

(1) $C_6H_5COOH \xrightarrow{SOCl_2} (A) \xrightarrow[\triangle]{NH_3} (B) \xrightarrow{NaOH+Br_2} (C)$

(2) $C_6H_5CONH_2 \xrightarrow[\triangle]{P_2O_5} (D)$

(3) 环己基$-COCl + (CH_3)_2CHNH_2 \longrightarrow (E)$

(4) $CH_2(COOC_2H_5)_2 \xrightarrow[\text{② (F)}]{\text{① } C_2H_5ONa} (G) \xrightarrow[\text{② (H)}]{\text{① } C_2H_5ONa} (C_2H_5)_2C(COOC_2H_5)_2 \xrightarrow[\text{② } H^+/\triangle]{\text{① NaOH}} (I)$

解:(1) (A) C_6H_5COCl　(B) $C_6H_5CONH_2$　(C) $C_6H_5NH_2$

(2) (D) C_6H_5CN　(3) (E) 环己基$-CONHCH(CH_3)_2$

(4) (F) C_2H_5Br　(G) $C_2H_5CH(COOC_2H_5)_2$　(H) C_2H_5Br　(I) $(C_2H_5)_2CHCOOH$

【例 3】 将丙烯转变为:(1) 己-3-醇;(2) 2-甲基戊-1-醇。

解:从丙烯转化成(1),碳链增长了 3 个碳原子,应用格氏试剂与醛反应可得所需目的物仲醇,可能的合成路线如下:

$$CH_3CH{=}CH_2 \xrightarrow[\text{过氧化物}]{HBr} CH_3CH_2CH_2Br \xrightarrow[\text{无水乙醚}]{Mg} \underset{②}{CH_3CH_2CH_2MgBr}$$

$$CH_3CH_2CH_2Br \xrightarrow{OH^-,\ H_2O} CH_3CH_2CH_2OH \xrightarrow{\text{控制氧化}} \underset{①}{CH_3CH_2CHO}$$

$$① + ② \xrightarrow{\text{无水乙醚}} \xrightarrow{H_3O^+} CH_3CH_2\overset{OH}{\overset{|}{C}}HCH_2CH_2CH_3$$

从丙烯转变成(2),主链增长了2个碳原子;另外,在目的产物官能团的α-碳原子上有支链,显然,应考虑用羟醛缩合法增长碳链,合成路线为:

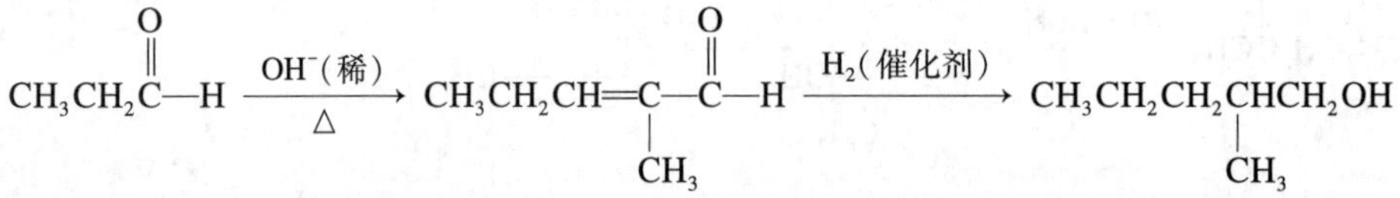

$$CH_3CH_2\overset{\overset{O}{\|}}{C}-H \xrightarrow[\triangle]{OH^-(稀)} CH_3CH_2CH=\underset{\underset{CH_3}{|}}{C}-\overset{\overset{O}{\|}}{C}-H \xrightarrow{H_2(催化剂)} CH_3CH_2CH_2\underset{\underset{CH_3}{|}}{C}HCH_2OH$$

【例4】 某化合物(A)能溶于水,但不溶于乙醚。(A)含元素C、H、N、O。(A)加热后得一化合物(B),(B)和NaOH溶液煮沸放出一种有气味的气体,残余物经酸化后得一个不含氮的物质(C),(C)与$LiAlH_4$反应后的物质用浓H_2SO_4处理,得一气体烯烃(D),该烯烃相对分子质量为56,臭氧化并还原水解后得1个醛和1个酮。试推测(A)、(B)、(C)、(D)的结构。

解:(D)是相对分子质量为56的烯烃,根据烯烃通式C_nH_{2n},可计算得到$12n+2n=56$,$n=4$,所以(D)的分子式为C_4H_8。(D)臭氧化、水解得1个醛和1个酮,故(D)的结构只能是$(CH_3)_2C=CH_2$。

(A) $(CH_3)_2CHCOO^-NH_4^+$　　(B) $(CH_3)_2CHCONH_2$

(C) $(CH_3)_2CHCOOH$　　(D) $(CH_3)_2C=CH_2$

12-4 习题

1. 命名下列化合物:

(1) 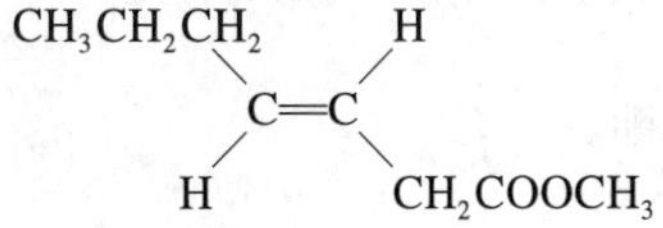 (Z-构型烯烃结构式:C=C 一端连 $CH_3CH_2CH_2$ 和 H,另一端连 H 和 CH_2COOCH_3,两 H 处于对角)

$$\begin{matrix} CH_3CH_2CH_2 & & H \\ & C=C & \\ H & & CH_2COOCH_3 \end{matrix}$$

(2) 环丁基$-CON(C_2H_5)_2$

(3) $ClCH_2CH_2COCl$　　(4) $NH_2COOC_2H_5$

(5) 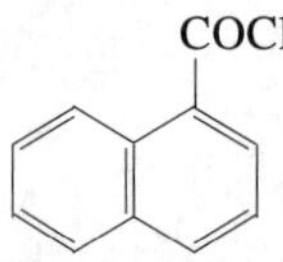 1-萘基$-COCl$　　(6) $(PhCO)_2O$

(7) $(CH_3)_2CHCH_2CONH_2$　　(8) $C_2H_5OOC(CH_2)_4COOH$

2. 写出下列化合物的构造式:

(1) 光气　　(2) DMF　　(3) 脲

(4) α-溴代丙酰溴　　(5) 乙酰苯胺　　(6) 邻苯二甲酸单乙酯

3. 写出下列反应的主要产物:

(1) 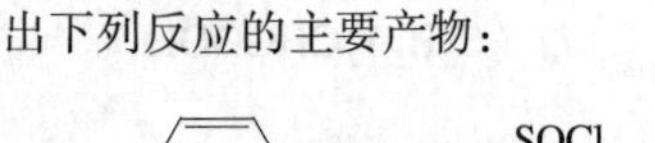 $H_3C-C_6H_4-COOH$(对位) $\xrightarrow{SOCl_2}$

(2) 邻苯二甲酸(苯环邻位两个 COOH) $\xrightarrow{(CH_3CO)_2O}$

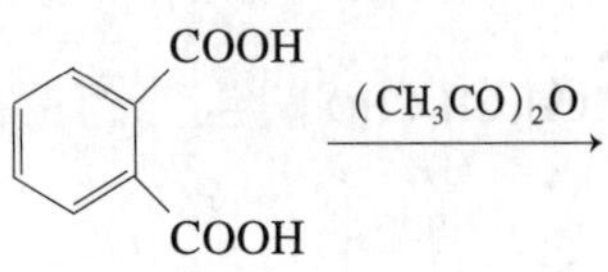

(3) 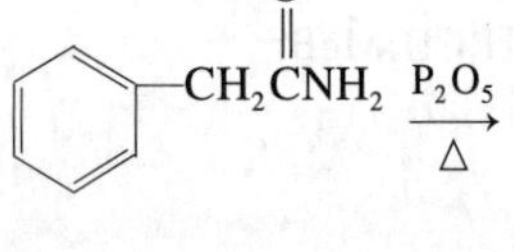 $C_6H_5-CH_2\overset{\overset{O}{\|}}{C}NH_2 \xrightarrow[\triangle]{P_2O_5}$

(4) $CH_3CH_2CH_2CN+H_2O \xrightarrow{OH^-}$

(5) 邻苯二甲酸酐 + $C_2H_5OH \xrightarrow{\triangle} \xrightarrow[H^+]{C_2H_5OH}$

(6) $CH_3CH_2OC(=O)(CH_2)_4C(=O)Cl \xrightarrow[\text{喹啉-S}]{H_2,Pd\text{-}BaSO_4}$

(7) $CH_3CH_2CH_2COOCH_3 \xrightarrow{2CH_3CH_2MgBr} \xrightarrow{H_3O^+}$

(8) $CH_3COOCH_3 \xrightarrow{H_2NCH_3}$

(9) $C_6H_5COOC_2H_5 \xrightarrow[②H_3O^+]{①LiAlH_4}$

(10) $C_6H_5CH_2CONH_2+Br_2+H_2O \xrightarrow[\triangle]{OH^-}$

4. 比较下列各组化合物的性质：

(1) 下列化合物碱性水解反应的相对速率：

A. CH_3COOCH_3　　B. $CH_3COOC_2H_5$

C. $CH_3COOCH(CH_3)_2$　　D. $CH_3COOC(CH_3)_3$

(2) 下列化合物碱性水解反应的相对速率：

A. $p\text{-}NO_2C_6H_4COOC_2H_5$　B. $p\text{-}ClC_6H_4COOC_2H_5$　C. $C_6H_5COOC_2H_5$　D. $p\text{-}CH_3C_6H_4COOC_2H_5$　E. $p\text{-}CH_3OC_6H_4COOC_2H_5$

(3) 下列化合物碱性水解反应的活性大小：

A. $CH_3CH(Cl)COOCH_3$　　B. $CH_3CH(CH_3)COOCH_3$

C. $CH_3CH(OCH_3)COOCH_3$　　D. $CH_3CH(CN)COOCH_3$

(4) 将下列化合物按烯醇式含量多少排列成序：

A. $CH_3COCH_2COCH_3$　　B. $C_6H_5COCH_2COCH_3$

C. $CH_3COCH_2COC(CH_3)_3$　　D. $C_6H_5COCH_2COCF_3$

5. 指出下列反应式中可能存在的错误：

(1) $ClCH_2CH(CH_3)COOCH_3 \xrightarrow[①]{OH^-} ClCH_2CH(CH_3)COO^- \xrightarrow[②]{(CH_3)_3CCl} ClCH_2CH(CH_3)COOC(CH_3)_2$

(2) $CH_3COOH \xrightarrow[①]{C_2H_5OH} CH_3COOC_2H_5 \xrightarrow[②]{Br_2,P} BrCH_2COOC_2H_5$

(3) $CH_3CH(NH_2)COOH \xrightarrow[①]{SOCl_2} CH_2CH(NH_2)COCl \xrightarrow[②]{C_2H_5OH} CH_3CH(NH_2)COOC_2H_5$

6. 某化合物A(C_7H_{12})经催化氢化生成B(C_7H_{14})。A臭氧化后在锌粉存在下进行水解生成C($C_7H_{12}O_2$),C能被湿的氧化银氧化成D($C_7H_{12}O_3$)。D在碳酸钾溶液中用碘处理生成碘仿和化合物E($C_6H_{10}O_4$)。E加热被转变成为F($C_6H_8O_3$),F在水解时又生成E。D经克莱门森还原后生成3-甲基己酸,写出A~F的结构式。

7. 化合物A的分子式是$C_5H_6O_3$,与乙醇作用得到两个互为异构体的化合物B和C,B和C分别与氯化亚砜作用后再加入乙醇,则两者生成同一化合物D。试推出A~D的结构。

8. 选择适当卤代烷,用丙二酸酯法合成下列化合物:

(1) 戊酸　　(2) 苯丙酸

(3) 环丁烷甲酸　　(4) 庚二酸

9. 由乙酰乙酸乙酯合成下列化合物:

(1) 6-甲基庚-2-酮　　(2) 3-乙基戊-2-酮

(3) 3,6-二甲基辛-2,7-二酮

13 有机含氮化合物

有机含氮化合物在自然界中分布广泛，在前面有关章节已介绍了酰胺、腈和肟等含氮化合物，本章主要讨论硝基化合物、胺类、重氮化合物和偶氮化合物。

13.1 硝基化合物

硝基化合物(nitro compound)是烃分子中的氢被硝基取代的衍生物。通式为：

$$\underset{\text{烃}}{(Ar)R—H} \qquad \underset{\text{硝基化合物}}{(Ar)R—NO_2}$$

13.1.1 分类、命名和物理性质

在硝基化合物中，碳原子和氮原子相连接，根据所连烃基的不同，可将硝基化合物分为脂肪族硝基化合物和芳香族硝基化合物；命名时以烃为母体，硝基为取代基。如：

CH_3NO_2 硝基甲烷 nitromethane；$(CH_3)_2CH—NO_2$ 2-硝基丙烷 2-nitropropane；硝基苯 nitrobenzene；4-硝基甲苯 4-nitrotoluene；邻硝基苯乙酮 *o*-nitroacetophenone

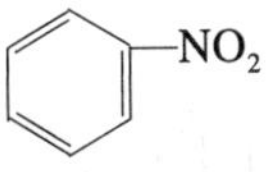

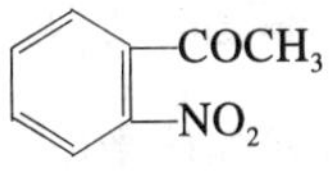

脂肪族硝基化合物是无色并具有香味的液体，但其应用较少(硝基甲烷等少数化合物除外)。芳烃的一硝基化合物是无色或淡黄色的液体或固体，有苦杏仁味。多硝基化合物多数是黄色晶体。硝基化合物不溶于水，溶于有机溶剂，比水重。多硝基化合物通常具有爆炸性，可用作炸药。有的多硝基化合物有强烈香味，可作香料，有的可用作药物合成原料或中间体，有的药物分子中就含有硝基苯环的结构片断。例如：

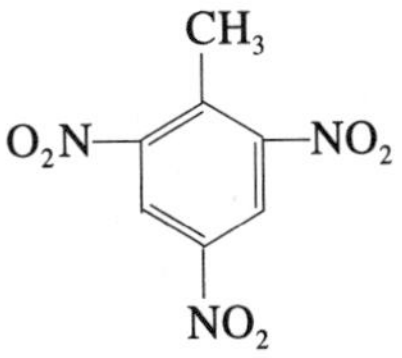

2,4,6-三硝基甲苯
简称 TNT，是一种烈性炸药

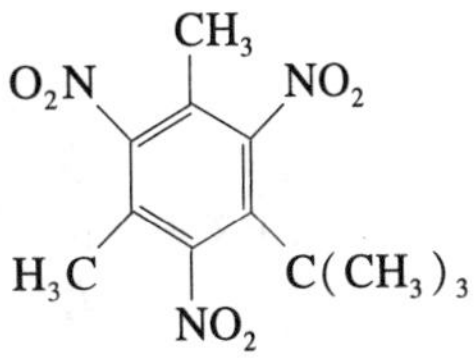

二甲苯麝香(人造麝香)
可用作香料

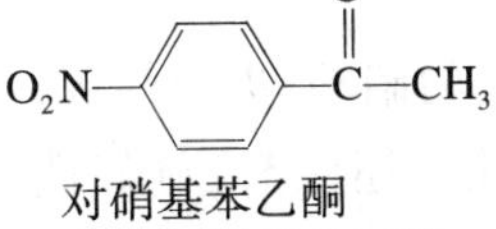

对硝基苯乙酮
合成氯霉素的原料

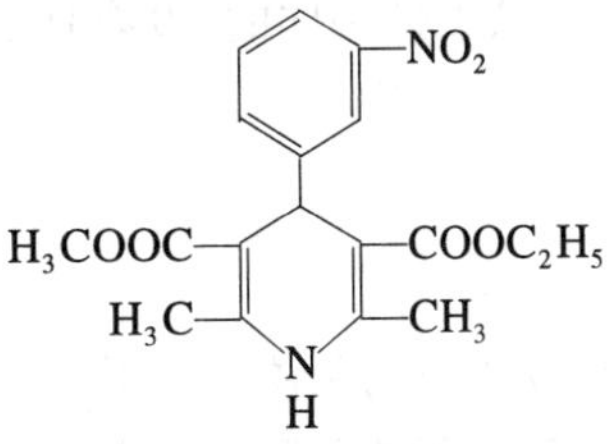

尼群地平(nitrendipine)
抗高血压药

由于芳香族硝基化合物比较重要,故在此主要讨论芳香族硝基化合物。表13-1列出了一些常见硝基化合物的物理常数。

表13-1　一些常见硝基化合物的物理常数

化合物名称	结构式	熔点/℃	沸点/℃
硝基甲烷(nitromethane)	CH_3NO_2	-28.5	100.8
硝基乙烷(nitroethane)	$CH_3CH_2NO_2$	-50	115
1-硝基丙烷(1-nitropropane)	$CH_3CH_2CH_2NO_2$	-108	131.5
2-硝基丙烷(2-nitropropane)	$(CH_3)_2CHNO_2$	-93	120
硝基苯(nitrobenzene)	$C_6H_5NO_2$	5.7	210.8
间-二硝基苯(*m*-dinitrobenzene)	1,3-$C_6H_4(NO_2)_2$	89.8	303(102.6 kPa)
1,3,5-三硝基苯(1,3,5-trinitrobenzene)	1,3,5-$C_6H_3(NO_2)_3$	122	315
邻硝基甲苯(*o*-nitrotoluene)	1,2-$CH_3C_6H_4NO_2$	-4	222.3
对硝基甲苯(*p*-nitrotoluene)	1,4-$CH_3C_6H_4NO_2$	54.5	238.3
2,4-二硝基甲苯(2,4-dinitrotoluene)	1,2,4-$CH_3C_6H_3(NO_2)_2$	71	300
2,4,6-三硝基甲苯(2,4,6-trinitrotoluene)	1,2,4,6-$CH_3C_6H_2(NO_2)_3$	82	分解

13.1.2　硝基的结构

根据八隅体学说,硝基化合物的结构可表示如下:

$$(Ar)R\overset{\times}{\ }\ddot{N}\ \ddot{O}\quad 即\quad (Ar)R—N\begin{matrix}\nearrow\!\!=O\\ \searrow O\end{matrix}$$

但是物理方法证明硝基是对称的结构,而且两个氧原子和氮原子之间的距离是等同的,都是0.121 nm。这说明了硝基中1个氧原子上的p电子和 N═O 双键中的π电子相互作用,两个氮氧键发生了平均化,因此硝基化合物的结构最好用下面的式子表示:

$$(Ar)R—\overset{+}{N}\begin{matrix}O^{\frac{1}{2}-}\\ O^{\frac{1}{2}-}\end{matrix}\quad 或\quad (Ar)R—\overset{+}{N}\begin{matrix}\diagup O^{\frac{1}{2}-}\\ \diagdown O^{\frac{1}{2}-}\end{matrix}$$

然而为了书写方便起见,习惯上硝基还是采用含有1个双键和1个半极性键的式子来表示。但应记住:硝基中两个氧原子是一样的,没有什么区别。

13.1.3　化学性质

1. 硝基的还原

硝基是个很容易被还原的基团。尤其是直接连在苯环上的硝基,更容易被还原。还原产物随着还原剂和介质的不同而有所差异。催化氢化或利用酸性的化学还原剂(例如铁或锌和稀盐酸,氯化亚锡和盐酸等),可将硝基还原成氨基,这是工业上制备芳香伯胺常用的方法。例如:

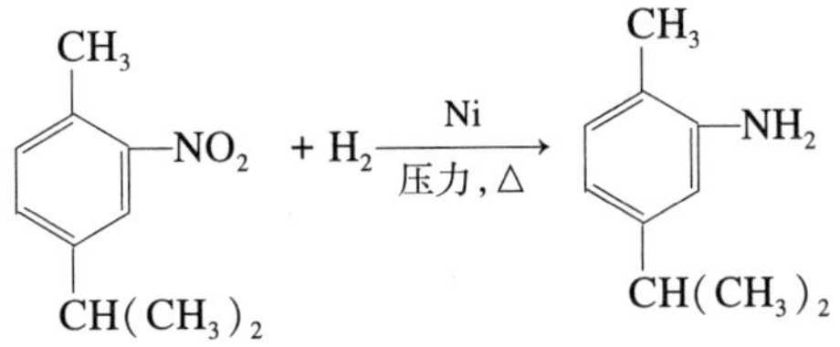

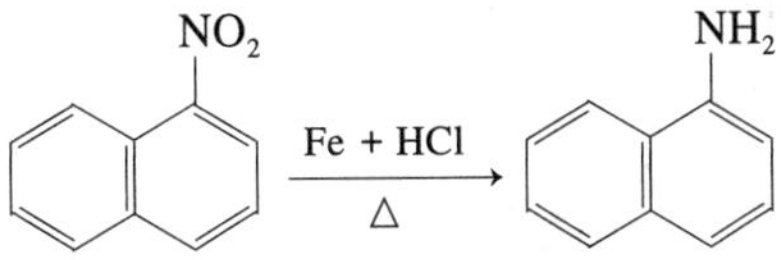

$$C_6H_5NO_2 \xrightarrow[\triangle,\text{加压}]{H_2/Ni} C_6H_5NH_2$$

$$\text{2-硝基-4-异丙基甲苯} + H_2 \xrightarrow[\text{压力},\triangle]{Ni} \text{2-氨基-4-异丙基甲苯}$$

（反应物：苯环上有 CH_3、NO_2、$CH(CH_3)_2$；产物：苯环上有 CH_3、NH_2、$CH(CH_3)_2$）

$$\text{1-硝基萘} \xrightarrow[\triangle]{Fe + HCl} \text{1-萘胺}$$

铁和盐酸作还原剂，价格便宜，但会产生大量铁泥，已限制使用。

当芳环上有可被还原的其他取代基时，用氯化亚锡和盐酸还原特别有用，因为它只将硝基还原成为氨基。例如：

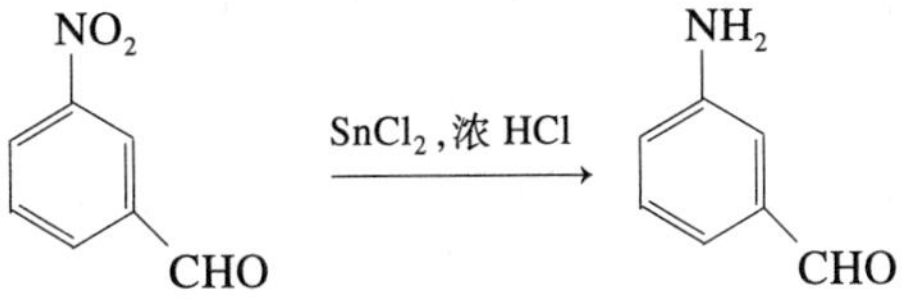

$$\text{间硝基苯甲醛（}NO_2\text{，}CHO\text{）} \xrightarrow{SnCl_2,\text{浓 }HCl} \text{间氨基苯甲醛（}NH_2\text{，}CHO\text{）}$$

钠或铵的硫化物或多硫化物，如硫化钠、硫化铵、硫氢化钠、硫氢化铵或多硫化铵等可以选择性地将多硝基化合物中的 1 个硝基还原成氨基。例如：

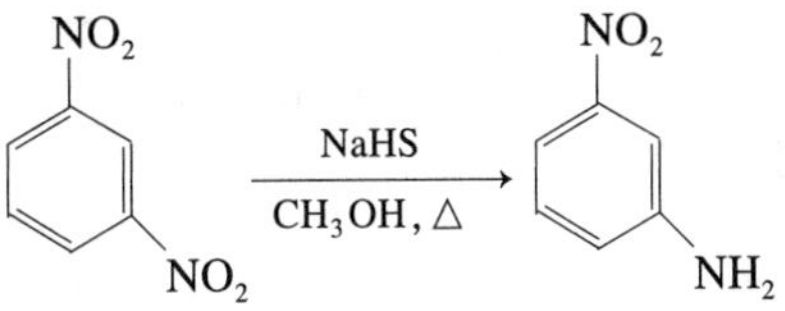

$$\text{间二硝基苯（}NO_2\text{，}NO_2\text{）} \xrightarrow[CH_3OH,\triangle]{NaHS} \text{间硝基苯胺（}NO_2\text{，}NH_2\text{）}$$

硝基苯在碱性条件下还原，可得双分子还原产物，如：

$$C_6H_5\text{—}NO_2 \xrightarrow{Zn/NaOH} C_6H_5\text{—NH—NH—}C_6H_5$$

氢化偶氮苯

产物氢化偶氮苯若用酸处理可发生重排，主要生成联苯胺，这是联苯胺型化合物的常用制备方法。

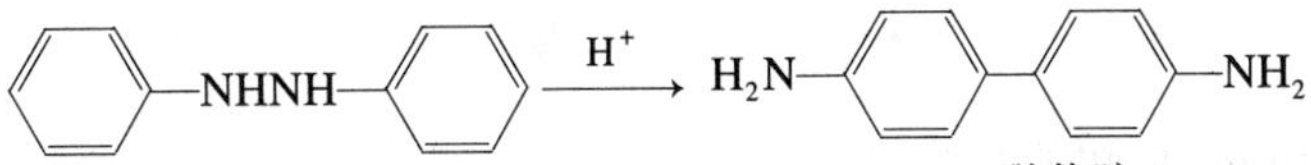

$$C_6H_5\text{—NHNH—}C_6H_5 \xrightarrow{H^+} H_2N\text{—}C_6H_4\text{—}C_6H_4\text{—}NH_2$$

联苯胺

2. 芳香硝基化合物苯环上的亲核取代反应

硝基是个强吸电子基团，它的吸电子作用使硝基邻、对位上的电子云密度比间位更加明显地降低，从而使得邻对位容易发生亲核取代反应。如下面的水解反应说明了这一点。

$$C_6H_5Cl \xrightarrow[360\ ℃,\text{加压}]{10\%NaOH} \xrightarrow{H^+} C_6H_5OH$$

$$\text{p-ClC}_6\text{H}_4\text{NO}_2 \xrightarrow[135\sim160\ ℃]{NaOH,H_2O} \xrightarrow{H^+} \text{p-HOC}_6\text{H}_4\text{NO}_2$$

$$\text{2,4-(NO}_2)_2\text{C}_6\text{H}_3\text{Cl} \xrightarrow[100\ ℃]{Na_2CO_3} \xrightarrow{H^+} \text{2,4-(NO}_2)_2\text{C}_6\text{H}_3\text{OH}$$

$$\text{2,4,6-(NO}_2)_3\text{C}_6\text{H}_2\text{Cl} \xrightarrow[\text{室温}]{H_2O} \xrightarrow{H^+} \text{2,4,6-(NO}_2)_3\text{C}_6\text{H}_2\text{OH}$$

除了羟基,其他带负电荷或含有孤对电子的亲核试剂如 CH_3O^-、HS^-、$\ddot{N}H_3$(R) 等也能发生芳环的亲核取代反应。例如:

$$\text{2,4-(NO}_2)_2\text{C}_6\text{H}_3\text{Cl} \xrightarrow[CH_3OH]{CH_3ONa} \text{2,4-(NO}_2)_2\text{C}_6\text{H}_3\text{OCH}_3$$

$$\text{2,4-(NO}_2)_2\text{C}_6\text{H}_3\text{Cl} \xrightarrow{CH_3NH_2} \text{2,4-(NO}_2)_2\text{C}_6\text{H}_3\text{NHCH}_3$$

此外,硝基还可使处于其邻、对位的酚羟基酸性增加。

13.2 胺类

胺(amine)可看作是氨分子中的氢被烃基取代的产物,其通式如下:

NH_3	Ar(R)—NH_2
氨	胺

氨基(—NH_2)(amino)是胺的官能团。

13.2.1 胺的分类和命名

根据胺中氨基所连的烃基不同可将其分为脂肪胺与芳香胺;根据氮上所连烃基数目不同可将其分为1°胺、2°胺、3°胺。

NH_3	RNH_2	R_2NH	R_3N
氨	1°胺(伯)	2°胺(仲)	3°胺(叔)
ammonia	primary amine	secondary amine	tertiary amine

若氮上连有 4 个烃基,氮带正电荷,则它与负离子组合成的化合物称季铵盐或季铵碱。

$R_4N^+X^-$
季铵盐
quaternary ammonium halide

$R_4N^+OH^-$
季铵碱
quaternary ammonium hydroxide

这里还要特别注意,1°胺、2°胺、3°胺与醇、卤代烷所用 1°、2°、3°的意义是不同的,胺的 1°、2°、3°是指氮所连烃基的数目,而醇、卤代烷的 1°、2°、3°是指与羟基、卤素相连的碳的种类(1°、2°、3°碳)。如叔丁醇是 3°醇,但叔丁胺为 1°胺。

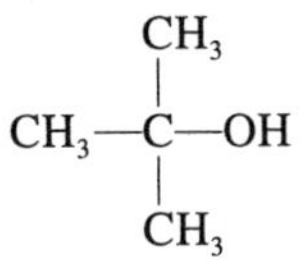

$$CH_3-\underset{CH_3}{\overset{CH_3}{\underset{|}{\overset{|}{C}}}}-OH$$
叔丁醇(3° 醇)

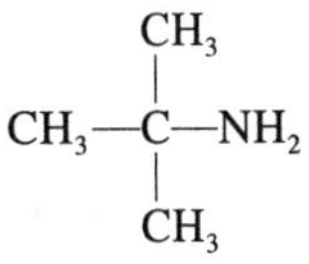

$$CH_3-\underset{CH_3}{\overset{CH_3}{\underset{|}{\overset{|}{C}}}}-NH_2$$
叔丁胺(1° 胺)

简单的胺命名时,以胺为母体,烃基作为取代基称为某胺。例如:

$CH_3CH_2NH_2$
乙胺
ethyl amine

$CH_3NHCH(CH_3)_2$
甲基异丙胺
methyl isopropyl amine

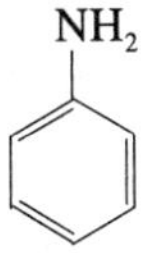

$C_6H_5NH_2$
苯胺
aniline

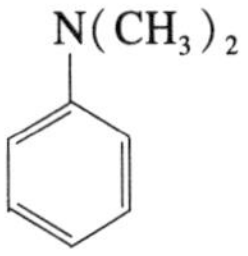

$C_6H_5N(CH_3)_2$
N,*N*-二甲基苯胺
N,*N*-dimethyl aniline

当烃基比较复杂时,采用取代命名法,即以烃作母体,氨基作为取代基来命名,例如:

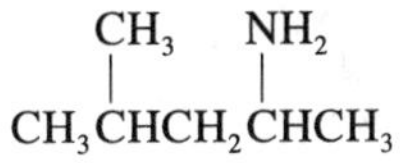

$$CH_3\overset{CH_3}{\overset{|}{C}}HCH_2\overset{NH_2}{\overset{|}{C}}HCH_3$$
2-氨基-4-甲基戊烷
2-amino-4-methylpentane

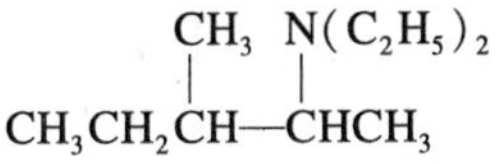

$$CH_3CH_2\overset{CH_3}{\overset{|}{C}}H-\overset{N(C_2H_5)_2}{\overset{|}{C}}HCH_3$$
2-二乙氨基-3-甲基戊烷
2-diethylamino-3-methylpentane

$C_2H_5NHCH_2CH_2NH_2$
N-乙基乙二胺
N-ethylethane-1,2-diamine

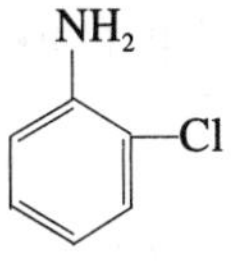

2-氯苯胺
2-chlorobenzenamine

胺盐及四级铵化合物的命名如下所示:

$CH_3NH_2 \cdot HCl$
甲胺盐酸盐
methanamine hydrochloride

$(C_6H_5NH_2)_2 \cdot H_2SO_4$
苯胺硫酸盐
benzenamine sulfate

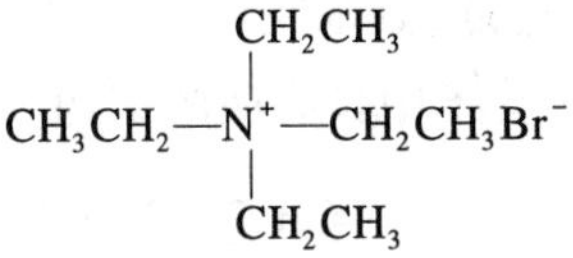

$$CH_3CH_2-\underset{CH_2CH_3}{\overset{CH_2CH_3}{\underset{|}{\overset{|}{N^+}}}}-CH_2CH_3Br^-$$
溴化四乙基铵
tetraethylammonium bromide

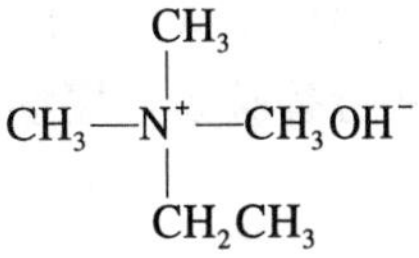

$$CH_3-\underset{CH_2CH_3}{\overset{CH_3}{\underset{|}{\overset{|}{N^+}}}}-CH_3OH^-$$
氢氧化乙基三甲基铵
ethyltrimethylammonium hydroxide

13.2.2 胺的结构和物理性质

在氨分子中,氮以 3 个 sp^3 轨道与氢的 s 轨道形成 σ 键,留下一对孤电子对占据另一 sp^3 轨道,H—N—H 的夹角为107.3°,脂肪胺具有类似的结构。孤电子对对于胺的化学性质是非常重要的,因为胺的碱性、亲核性都与它有关。

氨	甲胺	三甲胺
键角∠HNH = 107.3°	∠HNH = 105.9° ∠HNC = 112.9°	∠CNC = 108°

由于胺分子呈棱锥形,若氮所连3个基团不同,则该胺应具有手性。但实际上没有分离得到旋光异构体,这是因为这1对对映体很易相互转化。这种转化称为氮转化,所需能量很小,大约在25.1 kJ/mol左右。

过渡状态

季铵盐不能进行氮转化,因此可以分离得到稳定的旋光异构体。

镜面

S *R*

苯胺中的氮原子为不等性的 sp^3 杂化,未共用电子对所占据的轨道含有较多p轨道的成分。氮上的未共用电子对与苯环上的p轨道虽不平行,但可以共平面,并不妨碍与苯环产生共轭(图13-1)。

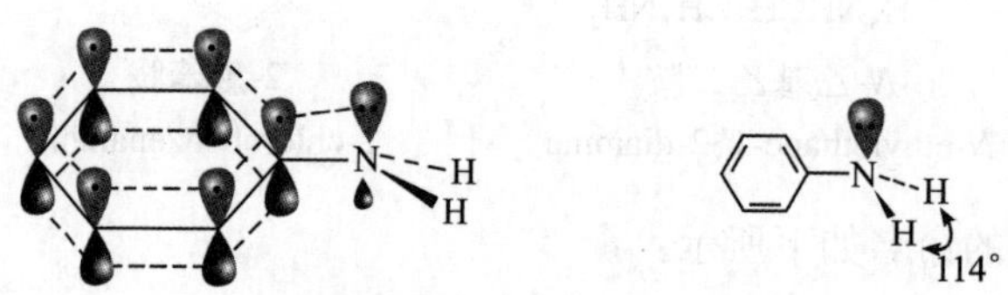

图13-1 苯胺的结构

低级胺呈气体或易挥发的液体,气味与氨相似,有的有鱼腥味,高级胺为固体。芳香胺为高沸点的液体或低熔点的固体,具有特殊的气味。有些芳香胺类有毒,如苯胺可以通过吸入、食入或透过皮肤吸收而致人中毒。有些芳香胺是致癌物质。但许多药物分子中具有胺的结构。例如:

$[H_2N-C_6H_4-COOCH_2CH_2N(C_2H_5)_2]\cdot HCl$

盐酸普鲁卡因(局部麻醉药)

procaine hydrochloride

$C_{10}H_7-OCH_2CHCH_2NHCH(CH_3)_2$ (OH) $\cdot HCl$

盐酸普萘洛尔(降压药),又名心得安

propranolol hydrochloride

胺与水能够形成氢键,一级和二级胺本身分子之间亦能形成氢键,由于氮的电负性不如氧强,胺的氢键不如醇的氢键强，因此，胺的沸点比相对分子质量相近的非极性化合物高，而比醇、羧酸的沸点低。一些胺的物理常数见表 13－2。

表 13－2　一些胺的物理常数

化合物名称	结构简式	相对分子质量	熔点/℃	沸点/℃	溶解度/(mol/L)	pK_b (25 ℃)
1°胺(primary amines)						
甲胺(methylamine)	CH_3NH_2	31	−94	−6	易溶	3.38
乙胺(ethylamine)	$CH_3CH_2NH_2$	45	−84	17	易溶	3.25
丙胺(propylamine)	$CH_3CH_2CH_2NH_2$	59	−83	49	易溶	3.3
异丙胺(isopropylamine)	$(CH_3)_2CHNH_2$	59	−101	33	易溶	3.28
丁胺(butylamine)	$CH_3(CH_2)_2CH_2NH_2$	73	−51	78	很溶	3.39
叔丁胺(*t*-butylamine)	$(CH_3)_3CNH_2$	73	−68	45	易溶	3.55
环己胺(cyclohexylamine)	$C_6H_{11}NH_2$	99	−17	134	微溶	3.36
苯胺(aniline)	$C_6H_5NH_2$	93	−6	184	0.40	9.40
对甲基苯胺(*p*-toluidine)	*p*-$CH_3C_6H_4NH_2$	107	44	200	微溶	8.90
对甲氧基苯胺(*p*-anisidine)	*p*-$CH_3OC_6H_4NH_2$	123	57	244	不溶	8.66
对氯苯胺(*p*-chloroaniline)	*p*-$ClC_6H_4NH_2$	127.5	70	232	不溶	10.00
对硝基苯胺(*p*-nitroaniline)	*p*-$NO_2C_6H_4NH_2$	138	148	232	不溶	13.00
2°胺(secondary amines)						
二甲胺(dimethylamine)	$(CH_3)_2NH$	45	−96	7	易溶	3.27
二乙胺(diethylamine)	$(CH_3CH_2)_2NH$	73	−48	56	易溶	3.02
二丙胺(dipropylamine)	$(CH_3CH_2CH_2)_2NH$	101	−40	110	易溶	3.02
N-甲基苯胺(*N*-methylaniline)	$C_6H_5NHCH_3$	107	−57	196	微溶	9.30
二苯胺(diphenylamine)	$(C_6H_5)_2NH$	169	53	302	不溶	13.8
3°胺(tertiary amines)						
三甲胺(trimethylamine)	$(CH_3)_3N$	59	−117	3.5	易溶	4.21
三乙胺(triethylamine)	$(CH_3CH_2)_3N$	101	−115	90	1.39	3.25
三丙胺(tripropylamine)	$(CH_3CH_2CH_2)_3N$	143	−90	156	微溶	3.36
N,*N*-二甲苯胺(*N*,*N*-dimethylaniline)	$C_6H_5N(CH_3)_2$	121	3	194	微溶	8.94

13.2.3　胺的化学性质

1. 碱性

胺中的氮原子和氨中一样，有 1 对孤电子对，能接受质子，因此胺具有碱性，是路易斯碱(电子给予体)。

$$R-\overset{|}{\underset{|}{N}}: + H^+ \underset{K_a}{\overset{K_b}{\rightleftharpoons}} R-\overset{|}{\underset{|}{N^+}}-H$$

胺的碱性大小既可用 K_b 来度量,也可用 K_a 来度量。胺的水溶液和氨水一样,呈碱性。

$$\ddot{N}H_3 + H—O—H \rightleftharpoons \overset{+}{N}H_4 + OH^-$$

$$R—\ddot{N}H_2 + H—O—H \rightleftharpoons R—\overset{+}{N}H_3 + OH^-$$

胺类碱性的强弱与其结构有关。其基本规律为:

① 脂肪胺的碱性比氨大　在水溶液中,脂肪胺中 2°胺的碱性最强,1°胺、3°胺次之,但它们的碱性均比氨强。例如:

化合物	$(CH_3)_2NH$	CH_3NH_2	$(CH_3)_3N$	NH_3
pK_a	10.73	10.65	9.78	9.24

由于烷基的给电子的诱导效应,使氮原子上的未共用电子对更易给出,所以脂肪胺的碱性都大于氨。但如果仅限此原因,胺的碱性顺序应为 $R_3N>R_2NH>RNH_2>NH_3$。实际上,这样的碱性顺序在气相确实观察到了。在水溶液中,除了烷基的给电子诱导效应以外,溶剂化效应也在起作用。当胺与质子形成铵正离子后,该离子与水形成氢键的能力对其溶剂化的强弱起着重要作用。在铵正离子中,氮上的氢原子越多,与水形成氢键的能力越强,则稳定化作用越大,碱性越强;反之则碱性越弱。3 种胺溶剂化作用的能力是伯胺>仲胺>叔胺。

综合上述两种影响碱性的因素,2°胺都处于居中的位置,两种因素共同作用的结果是 2°胺的碱性最强,1°胺、3°胺次之。

总的来说,胺是一类弱碱,它的盐和氢氧化钠等强碱作用时会放出游离的胺。如下所示:

$$R—\overset{+}{N}H_3X^- + NaOH \longrightarrow R—NH_2 + NaX + H_2O$$

可利用这一性质纯化胺类化合物。

② 芳香胺的碱性比氨小　这是由于苯环和相连的氨基之间存在电子效应,氮原子上电子云向苯环方向偏移,使氮原子周围电子云密度减小,接受质子的能力也随着减小,因而碱性减弱。同时苯环又占据较大的空间,阻止质子和氨基结合,故苯胺的碱性比氨弱得多,这和实际测定的 pK_a 大小顺序完全一致:

	CH_3NH_2	> NH_3	> C_6H_5—NH_2
pK_a	10.65	9.24	4.60

芳香胺的碱性强弱与氮原子所连的苯基(芳基)数目有关:

	C_6H_5—NH_2	> C_6H_5—NH—C_6H_5	> $(C_6H_5)_3N$
pK_a	4.60	1.0	近于中性

取代苯胺的碱性受取代基的影响。这种影响是基团的电子效应和空间效应等综合作用的结果。一些取代芳胺的碱性见表 13-3。

表 13－3　一些取代芳胺的 pK_a(25 ℃)

取代基	邻	间	对	取代基	邻	间	对
H	4.60	4.60	4.60	CH_3	4.39	4.96	5.12
NH_2	4.48	5.00	6.15	CH_3O	4.48	4.30	5.30
Cl	2.70	3.48	4.00	NO_2	-0.3	2.50	1.20
Br	2.48	3.60	3.85				

从表 13－3 看出，绝大多数取代基，无论是供电子基还是吸电子基，在氨基邻位时，碱性都比苯胺弱。

当氨基的间位、对位有供电子基（如甲基），使碱性增强；有吸电子基（如硝基），使碱性减弱。而且，取代基在对位比在间位的影响较为明显。如间硝基苯胺和对硝基苯胺：

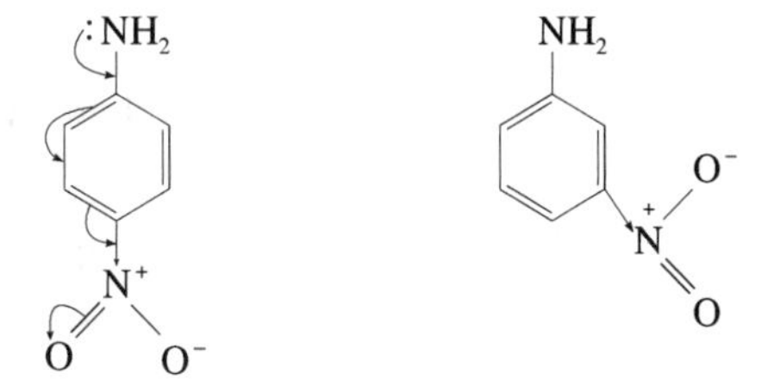

pK_a　　1.20　　2.50

$-I$ 及共轭作用　　$-I$ 效应

当吸电子的硝基处于氨基对位时，除了吸电子的$-I$ 效应外，它的吸电子共轭作用可通过苯环中的 π 键传递到氨基氮原子，使氮上孤电子对较多地移向苯环。而当硝基处于间位时，没有这种传递的可能，只呈现$-I$ 效应。

2. 酰化反应

一级和二级胺可用酰氯或酸酐酰化，例如：

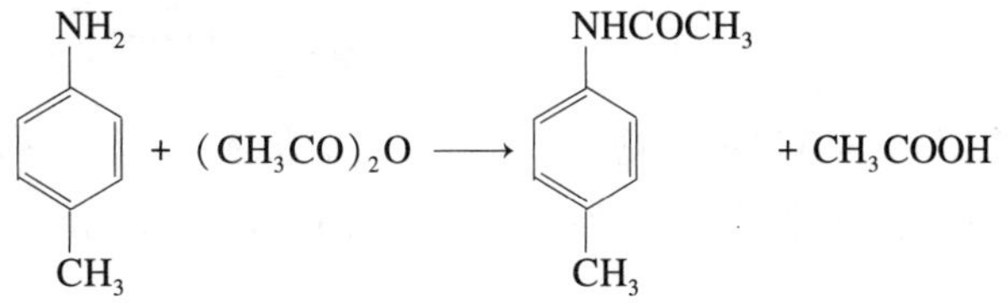

$$\text{对甲苯胺} + (CH_3CO)_2O \longrightarrow \text{N-乙酰对甲苯胺}(NHCOCH_3, CH_3) + CH_3COOH$$

产物酰胺绝大多数是结晶固体，具有一定的熔点。通过测定酰胺的熔点，可以推测原来的胺。因此可通过酰化反应来鉴定伯胺或仲胺。酰胺可在酸碱催化下水解除去酰基，因此常用酰化反应来保护芳香胺中的氨基。例如由对甲苯胺制备对氨基苯甲酸时，由于氨基易被氧化，可先在氨基上导入乙酰基生成不易被氧化的 *N*-乙酰对甲苯胺，然后再氧化甲基成酸，产物经水解即生成对氨基苯甲酸。

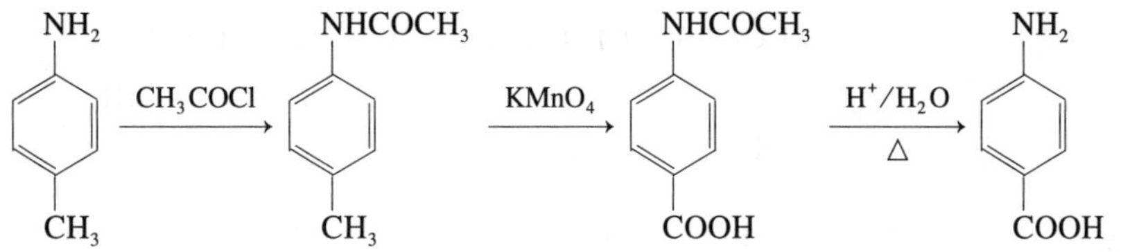

$$\text{对甲苯胺} \xrightarrow{CH_3COCl} \text{N-乙酰对甲苯胺} \xrightarrow{KMnO_4} \text{对乙酰氨基苯甲酸} \xrightarrow[\triangle]{H^+/H_2O} \text{对氨基苯甲酸}$$

3. 磺酰化反应

用芳香磺酰氯如苯磺酰氯、对甲苯磺酰氯，在氢氧化钠或氢氧化钾溶液存在下，与一级胺或二级胺反应，生成相应的磺酰胺；三级胺氮上无氢原子，则不发生反应。

$$
\left.\begin{matrix} RNH_2 \\ R_2NH \\ R_3N \end{matrix}\right\} + C_6H_5SO_2Cl \begin{cases} \xrightarrow{NaOH} RNHSO_2C_6H_5 \xrightarrow{NaOH} R\overset{-}{N}SO_2C_6H_5\ Na^+ \text{（水溶性盐）} \\ \xrightarrow{NaOH} R_2NSO_2C_6H_5 \text{（不溶于 NaOH）} \\ \xrightarrow{NaOH} \text{不反应} \end{cases}
$$

因为苯磺酰基是较强的吸电子基,由伯胺生成的苯磺酰胺受它的影响,氮上的氢原子具有一定的弱酸性,能与氢氧化钠作用生成盐而溶于碱的水溶液中。仲胺生成的苯磺酰胺,其氮上已没有氢原子,故不呈酸性,也就不能溶解于碱的水溶液中,利用这个性质可以鉴别或分离伯、仲、叔胺。这个反应称为**兴斯堡反应(Hinsberg reaction)**。在有机分析中通常用兴斯堡反应来证明某个胺是伯胺、仲胺还是叔胺,并将其称为兴斯堡试验。这是胺的分析方法之一。

4. *与亚硝酸反应*

胺类化合物可以与亚硝酸发生反应,但伯、仲、叔胺各有不同的反应结果和现象。脂肪胺与芳香胺的反应也存在差异。

芳香伯胺与亚硝酸在低温下反应,生成**重氮盐(diazonium salt)**,称为**重氮化反应(diazotization)**:

$$
C_6H_5NH_2 \xrightarrow[0\sim5\ ℃]{NaNO_2 + HCl} C_6H_5\overset{+}{N}{\equiv}NCl^- + NaCl + H_2O
$$

由于亚硝酸不稳定,通常采用亚硝酸钠和一强酸(盐酸或硫酸)作为亚硝化试剂。重氮化反应生成的芳香重氮盐溶于水,在低温(0~5 ℃)时较稳定,加热时水解成酚类。干燥的重氮盐稳定性很差,易爆炸,故制备后直接在水溶液中应用。

芳香重氮盐的用途广泛(详见 13.3)。芳香重氮盐与 β-萘酚反应,得到颜色较深的化合物,是鉴别芳香伯胺的一个特征反应。

$$
\beta\text{-萘酚(2-OH)} + Ar\overset{+}{N}{\equiv}NCl^- \longrightarrow \text{1-(N=NAr)-2-萘酚}
$$

红色偶氮化合物

脂肪伯胺与亚硝酸作用同样得到重氮盐,但脂肪重氮盐极不稳定,立即分解成碳正离子和氮分子。而此碳正离子可发生取代、重排、消除等各种反应生成醇、烯烃、卤烃等各种产物的混合物,在制备上无实际应用价值。如:

$$
\underset{}{CH_3(CH_2)_3NH_2} \xrightarrow[H_2O,25\ ℃]{NaNO_2,HCl} \underset{25\%}{CH_3(CH_2)_3OH} + \underset{13\%}{CH_3CH_2\overset{OH}{\overset{|}{C}}HCH_3} + \underset{5\%}{CH_3(CH_2)_3Cl} +
$$

$$
\underset{3\%}{CH_3CH_2\overset{Cl}{\overset{|}{C}}HCH_3} + \underset{26\%}{CH_3CH_2CH{=}CH_2} + \underset{3\%}{\text{顺-}(H_3C)HC{=}CH(CH_3)} + \underset{7\%}{\text{反-}(H_3C)HC{=}CH(CH_3)}
$$

但这一反应放出的氮气是定量的,因此可用于伯胺的定性与定量分析。

芳香仲胺和脂肪仲胺与亚硝酸反应,均在胺的氮原子上进行亚硝化得 *N*-亚硝基化合物,如:

$$
(C_2H_5)_2NH \xrightarrow[H_2SO_4]{NaNO_2} (C_2H_5)_2N{-}NO
$$

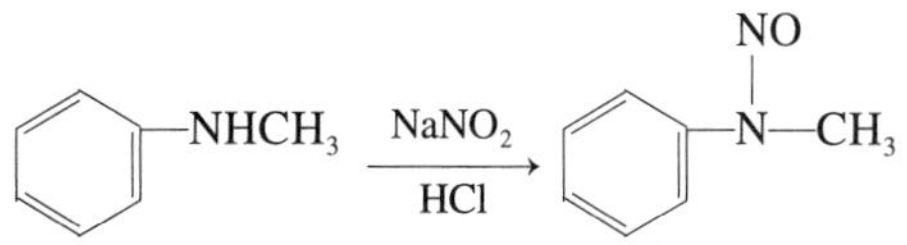

$$C_6H_5NHCH_3 \xrightarrow[HCl]{NaNO_2} C_6H_5N(NO)CH_3$$

N-亚硝基仲胺具有强烈的致癌作用，通常为黄色液体或固体，可用来鉴别仲胺。

脂肪叔胺与亚硝酸生成不稳定的易水解的亚硝酸盐。

$$R_3N + HNO_2 \longrightarrow [R_3\overset{+}{N}H]NO_2^-$$

芳香叔胺如 $C_6H_5N(CH_3)_2$ 与亚硝酸作用，除能生成不稳定的盐外，还生成苯环上发生亚硝化反应的产物。例如：

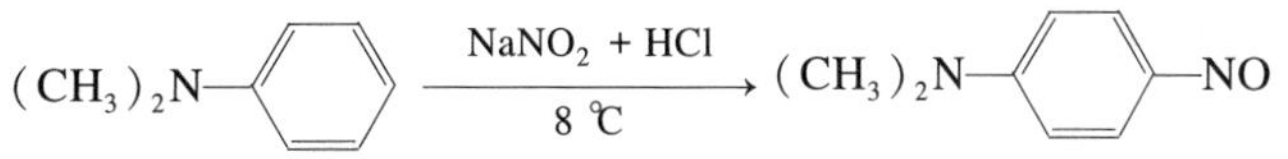

$$(CH_3)_2N-C_6H_5 \xrightarrow[8\ ℃]{NaNO_2 + HCl} (CH_3)_2N-C_6H_4-NO$$

对亚硝基-*N*,*N*-二甲基苯胺

对亚硝基-*N*,*N*-二甲基苯胺是绿色固体，常用于鉴别。

5. 氧化反应

脂肪族胺在常温下比较稳定，不易被空气氧化。但芳香胺则很易氧化，且氧化过程很复杂。苯胺在空气中放置，也会逐渐被氧化而使颜色变深。苯胺的氧化产物因所用氧化剂和反应条件不同而异。例如，苯胺用二氧化锰和硫酸氧化生成对苯醌：

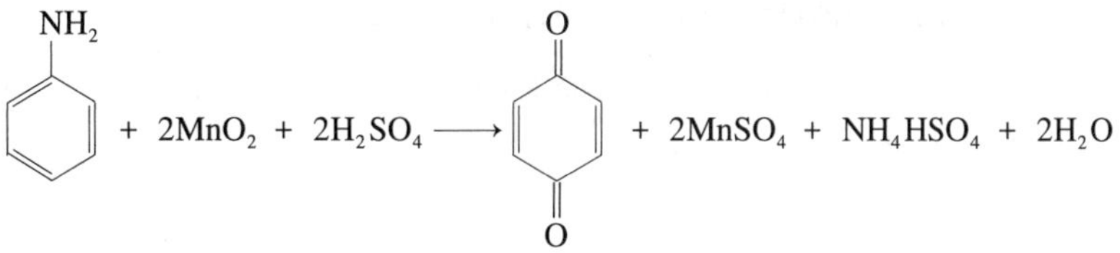

$$C_6H_5NH_2 + 2MnO_2 + 2H_2SO_4 \longrightarrow O{=}C_6H_4{=}O + 2MnSO_4 + NH_4HSO_4 + 2H_2O$$

对苯醌

若用酸性重铬酸钾氧化，可得苯胺黑。苯胺黑是种黑色染料，其结构很复杂。

6. 芳环上的取代反应

① 卤化　芳胺与氯或溴很容易发生取代反应。例如，在苯胺的水溶液中滴加溴水，立即生成 2,4,6-三溴苯胺白色沉淀。

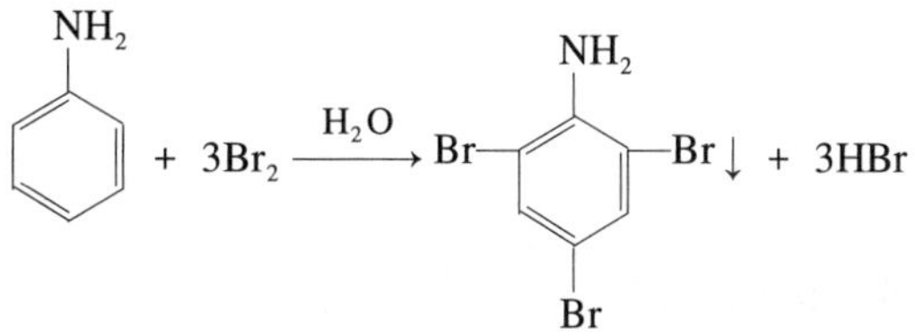

$$C_6H_5NH_2 + 3Br_2 \xrightarrow{H_2O} 2,4,6\text{-}Br_3C_6H_2NH_2\downarrow + 3HBr$$

此反应定量完成，可用于苯胺的定性和定量分析。其他芳胺也发生类似的反应。例如：

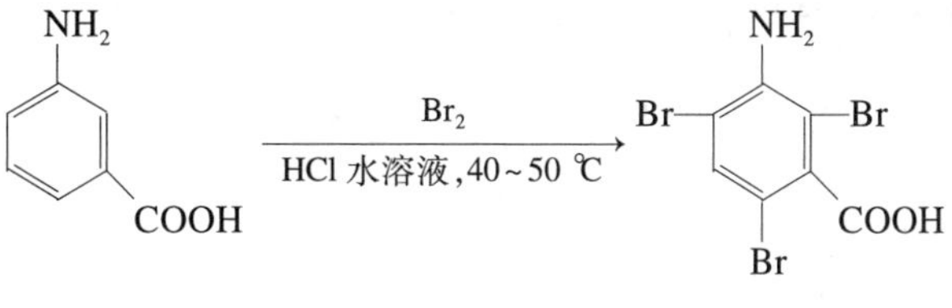

$$3\text{-}H_2NC_6H_4COOH \xrightarrow[\text{HCl 水溶液},40\sim50\ ℃]{Br_2} \text{2,4,6-三溴-3-氨基苯甲酸}$$

为了得到一取代物，可先用乙酰化反应保护氨基。氨基和乙酰氨基虽都是第一类定位基，但后者的定位效应比较弱。例如：

$$C_6H_5NH_2 \xrightarrow{(CH_3CO)_2O} C_6H_5NHCOCH_3 \xrightarrow{Br_2} p\text{-}BrC_6H_4NHCOCH_3 \xrightarrow[H^+或OH^-]{H_2O} p\text{-}BrC_6H_4NH_2$$

② 硝化　苯胺用硝酸硝化时，会发生氧化反应。为了避免此副反应，可先将芳胺溶于浓硫酸中，使之生成硫酸盐，然后再硝化。因为$-\overset{+}{N}H_3$是个强的间位定位基，使芳环钝化，从而防止了被氧化，但硝化产物主要是间位异构体。

$$C_6H_5NH_2 \xrightarrow{浓H_2SO_4} C_6H_5\overset{+}{N}H_3HSO_4^- \xrightarrow{HNO_3} m\text{-}O_2NC_6H_4\overset{+}{N}H_3HSO_4^- \xrightarrow{OH^-} m\text{-}O_2NC_6H_4NH_2$$

为了得到对位硝基苯胺，应先将氨基保护起来，然后再硝化。反应式如下：

$$C_6H_5NH_2 \xrightarrow{(CH_3CO)_2O} C_6H_5NHCOCH_3 \xrightarrow{H_2SO_4+HNO_3} p\text{-}O_2NC_6H_4NHCOCH_3 \xrightarrow[H^+]{H_2O} p\text{-}O_2NC_6H_4NH_2$$

制备邻硝基化合物，则需要先磺化，然后再硝化，最后将乙酰基和磺酸基水解去掉：

$$C_6H_5NH_2 \xrightarrow{(CH_3CO)_2O} C_6H_5NHCOCH_3 \xrightarrow{H_2SO_4} p\text{-}HO_3SC_6H_4NHCOCH_3 \xrightarrow[H_2SO_4]{HNO_3} 2\text{-}NO_2\text{-}4\text{-}SO_3H\text{-}C_6H_3NHCOCH_3 \xrightarrow[H^+]{H_2O} o\text{-}O_2NC_6H_4NH_2$$

③ 磺化和氯磺化　苯胺的磺化是将苯胺溶解于浓硫酸中，生成的苯胺硫酸盐在高温加热时脱去1分子水，并重排成对氨基苯磺酸。反应式如下：

$$C_6H_5NH_2 \xrightarrow{H_2SO_4} C_6H_5NH_2\cdot H_2SO_4 \xrightarrow[180\sim190\ ℃]{-H_2O} [C_6H_5NHSO_3H] \longrightarrow p\text{-}H_2NC_6H_4SO_3H\ 或\ p\text{-}\overset{+}{N}H_3C_6H_4SO_3^-\ (内盐)$$

这是工业上生产对氨基苯磺酸的方法。对氨基苯磺酸是白色晶体，其分子内氨基和磺酸基间形成内盐，故熔点较高，在280~300 ℃之间分解，微溶于冷水，较易溶于沸水，不溶于有机溶剂；呈酸性，能溶于氢氧化钠、碳酸钠溶液。它是合成药物、染料的中间体。

对氨基苯磺酰胺就是磺胺，是最简单的磺胺药物。它的合成过程为：

$$C_6H_5NHCOCH_3 \xrightarrow{Cl-SO_2OH} p\text{-}ClO_2SC_6H_4NHCOCH_3 \xrightarrow{NH_3} p\text{-}H_2NO_2SC_6H_4NHCOCH_3 \xrightarrow[H^+或OH^-]{H_2O} p\text{-}H_2NC_6H_4SO_2NH_2\ (磺胺)$$

13.2.4 季铵盐和季铵碱

将叔胺与卤代烷加热，形成季铵盐。例如：

$$n\text{-}C_{16}H_{33}Br + (CH_3)_3N \xrightarrow{\triangle} n\text{-}C_{16}H_{33}\overset{+}{N}(CH_3)_3Br^-$$

溴化正十六烷基三甲铵

$$C_6H_5CH_2Cl + (CH_3)_3N \xrightarrow{\triangle} C_6H_5CH_2\overset{+}{N}(CH_3)_3Cl^-$$

氯化苄基三甲铵

季铵盐为白色结晶固体，具有盐的性质，易溶于水，不溶于非极性有机溶剂，熔点高，常在熔融时分解。带有长链的季铵盐的主要用途是作表面活性剂（具有去污、杀菌和抗静电能力）以及作为相转移催化剂（PTC）。

季铵盐与强碱作用存在下列平衡：

$$[R_4N]^+X^- + KOH \rightleftharpoons [R_4N]^+OH^- + KX$$

反应若在醇溶液中进行，由于碱金属卤化物不溶于醇，平衡向右移动，可得到季铵碱。一般常用湿氧化银代替氢氧化钾，因为碘化银可以沉淀下来，这样反应可顺利进行，并获得较纯的季铵碱。例如：

$$2[(CH_3)_4N]^+I^- + Ag_2O \xrightarrow{H_2O} 2[(CH_3)_4N]^+OH^- + 2AgI\downarrow$$

季铵碱是强碱，其碱性强度相当于氢氧化钠或氢氧化钾；能吸收空气中的二氧化碳，易潮解，易溶于水；和酸发生中和作用形成季铵盐。

季铵碱加热时（高于 125 ℃）将发生分解，分解产物和烃基有关。例如氢氧化四甲铵受热时分解成甲醇和三甲胺。

$$[(CH_3)_4N]^+OH^- \xrightarrow{\triangle} (CH_3)_3N + CH_3OH$$

烃基 β-碳上含有氢的季铵碱则分解成烯烃、叔胺和水。例如：

$$[\overset{\beta}{C}H_3CH_2-N(CH_3)_3]^+OH^- \xrightarrow{\triangle} CH_2{=}CH_2 + (CH_3)_3N + H_2O$$

产生的烯烃是由烃基脱 β-氢而成的。当烃基结构较复杂时，反应总是主要生成双键上带有较少烷基的烯烃。例如：

$$CH_3CH_2\overset{\beta'}{C}H_2-\underset{}{CH}(\overset{\beta}{C}H_3)-N^+(CH_3)_3OH^- \xrightarrow{\triangle} \underset{96\%}{CH_3CH_2CH_2CH{=}CH_2} + \underset{4\%}{CH_3CH_2CH{=}CHCH_3}$$

1-（β）甲基-1-三甲铵基环己烷氢氧化物（β′ 为环上碳）$\xrightarrow{\triangle}$ 亚甲基环己烷（99%）+ 1-甲基环己烯（1%）

由于氮原子上带有正电荷,在季铵碱按 E2 机理进行热分解时,它的强吸电子效应通过诱导方式,影响到 β-碳原子,从而使 β-氢原子的电子云密度有所降低(酸性增加),容易受到碱性试剂的进攻,其过渡态有类似于碳负离子的性质。反应通式如下:

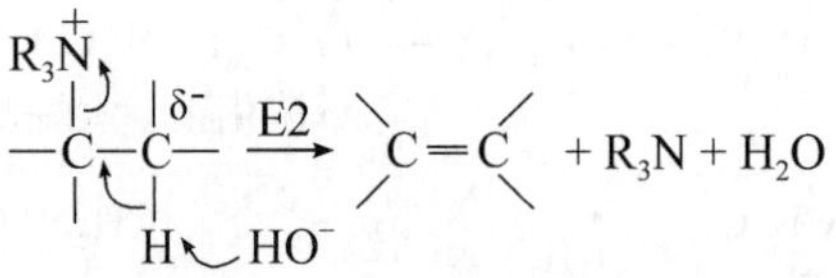

$$R_3\overset{+}{N}-\underset{|}{\overset{|}{C}}-\underset{\underset{H\ \ HO^-}{|}}{\overset{|\delta^-}{C}}- \xrightarrow{E2} \ >C=C<\ + R_3N + H_2O$$

如果在 β-碳原子上连有烷基,一方面烷基的立体障碍使试剂向 β-氢原子的进攻受到影响,另一方面,烷基的供电子性能使 β-碳原子的电子云密度增大,这样 β-氢原子就不易被碱性试剂进攻。所以当下面的季铵碱在按 E2 历程进行热分解时,将优先生成乙烯。

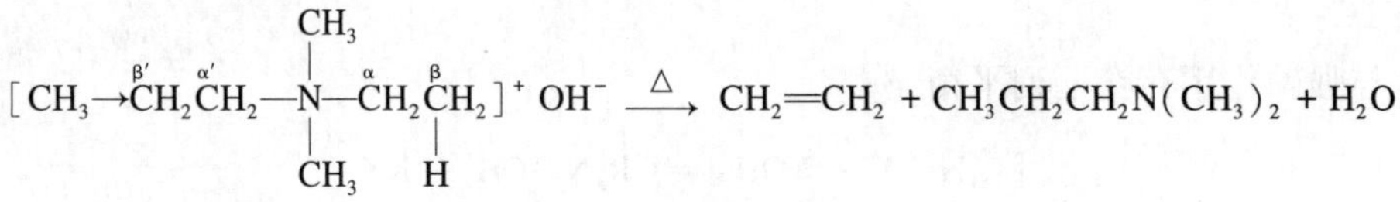

$$[CH_3\rightarrow\overset{\beta'}{C}H_2\overset{\alpha'}{C}H_2-\underset{CH_3}{\overset{CH_3}{N}}-\overset{\alpha}{C}H_2\underset{H}{\overset{\beta}{C}H_2}]^+ OH^- \xrightarrow{\triangle} CH_2{=}CH_2 + CH_3CH_2CH_2N(CH_3)_2 + H_2O$$

通常被消除的 β-氢原子的反应难易顺序(由易到难)是:

$$-CH_3 > -CH_2R > -CHR_2$$

季铵碱这个消除取向正好与卤代烷的消除取向(查依采夫规则)相反,俗称**霍夫曼(Hofmann)消除规则**。正由于季铵碱的消除方向是有规则的,因而霍夫曼消除规则常用于测定胺的结构及制备烯。例如某个未知结构的胺,可能为一级、二级或三级胺,用足量的碘甲烷处理,生成季铵盐,可从碘甲烷的消耗量判断原料是哪一级胺。然后用湿氧化银处理,得季铵碱,继而加热分解,从生成的烯烃结构便可倒推原来胺的结构。

如环己胺是一级胺,因而用碘甲烷处理将消耗 3 mol 碘甲烷,然后经湿氧化银处理,加热分解将得环己烯和三甲胺。

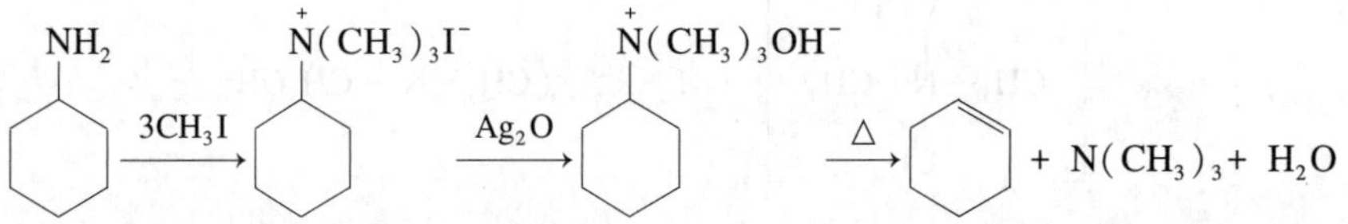

$$C_6H_{11}NH_2 \xrightarrow{3CH_3I} C_6H_{11}\overset{+}{N}(CH_3)_3I^- \xrightarrow{Ag_2O} C_6H_{11}\overset{+}{N}(CH_3)_3OH^- \xrightarrow{\triangle} \text{环己烯} + N(CH_3)_3 + H_2O$$

又如,某胺分子式为 $C_6H_{13}N$,制成季铵盐时,每次只消耗 1 mol 碘甲烷,经两次霍夫曼消除,生成戊-1,4-二烯和三甲胺,则原来胺的可能结构为:

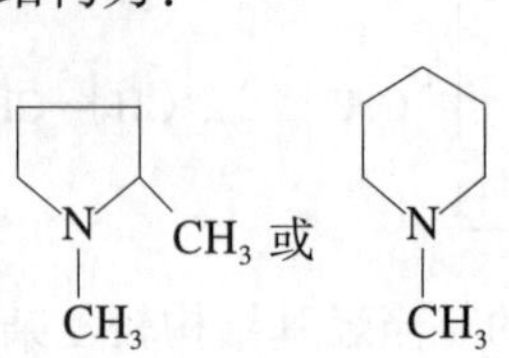

N-甲基-2-甲基吡咯烷(N–CH_3,2-CH_3) 或 N-甲基哌啶(N–CH_3)

以前者为例,其反应式为:

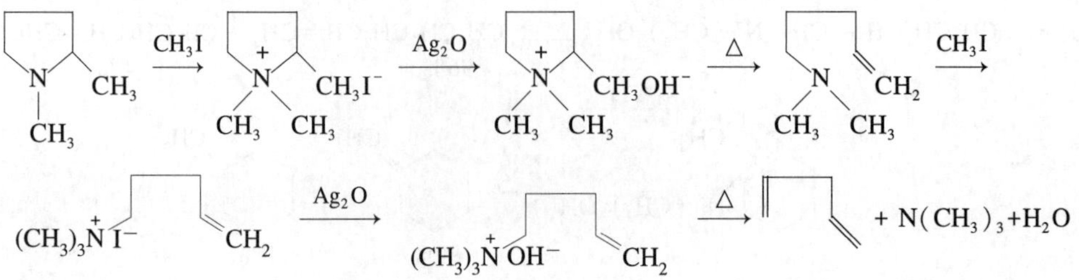

$$\text{1,2-二甲基吡咯烷} \xrightarrow{CH_3I} \text{N,N-二甲基-2-甲基吡咯烷鎓}\ CH_3I^- \xrightarrow{Ag_2O} \overset{+}{N}(CH_3)_2\ CH_3OH^- \xrightarrow{\triangle} (CH_3)_2N-CH_2CH_2CH_2CH{=}CH_2 \xrightarrow{CH_3I}$$

$$(CH_3)_3\overset{+}{N}I^-\ \cdots\ CH_2 \xrightarrow{Ag_2O} (CH_3)_3\overset{+}{N}OH^-\ \cdots\ CH_2 \xrightarrow{\triangle} CH_2{=}CHCH_2CH{=}CH_2 + N(CH_3)_3 + H_2O$$

13.2.5 胺的制备

胺类化合物的制备方法很多，除了通过前面有关章节介绍的硝基化合物、腈和酰胺的还原，霍夫曼重排反应制备胺外，还可采用**还原氨化**（**reductive amination**）和**盖布瑞尔合成**（**Gabriel synthesis**）等方法制备胺。

酮或醛在氨或伯胺存在下进行催化氢化可直接得到伯胺或仲胺，这个过程称还原氨化。例如：

$$\text{环己酮}\xrightarrow[H_2,Ni]{NH_3}\text{环己基}-NH_2$$

邻苯二甲酰亚胺分子中亚氨基上的氢原子受两个酰基的影响，有弱酸性（$pK_a=9$），可以和碱作用生成盐，后者与卤代烃等烃化剂反应生成 *N*-烃基邻苯二甲酰亚胺，然后水解可得纯的伯胺，该方法称为盖布瑞尔合成法。

$$\text{邻苯二甲酰亚胺(NH)}\xrightarrow{KOH}\text{NK}\xrightarrow{RX}\text{N—R}\xrightarrow[H_2O]{NaOH}\text{邻苯二甲酸钠(COONa, COONa)}+RNH_2$$

也可用水合肼代替氢氧化钠，在温和的回流条件下反应，因为肼比胺的碱性略强，能和胺发生交换，使胺游离析出。

$$\text{N—R(邻苯二甲酰亚胺)}+NH_2NH_2\cdot H_2O\longrightarrow\text{邻苯二甲酰肼(NH—NH)}+RNH_2+H_2O$$

13.3 重氮化合物与偶氮化合物

重氮盐是离子型化合物，溶于水。从 13.2.3 已知，脂肪族重氮盐极不稳定，在制备上无实用价值。而芳香族重氮盐在低温溶液中较稳定，可以发生一些反应。在此介绍芳香重氮盐的一些反应。

芳香重氮盐在合成上的用途很广，其主要发生两类反应：一类是放出氮气的取代反应；另一类是不放氮的偶联反应。

13.3.1 取代反应

1. 被卤素或氰基取代

芳香重氮盐与 KI 共热，可得较好收率的碘代物，例如：

$$C_6H_5N_2^+HSO_4^-\xrightarrow[90\ ℃]{KI}C_6H_5I+N_2\uparrow$$

重氮盐在氯化亚铜、溴化亚铜或氰化亚铜的存在下能分解生成相应的氯代、溴代或氰代芳烃。此反应称**桑德迈尔反应**（**Sandmeyer reaction**）。例如：

$$C_6H_5N_2^+Cl^- \xrightarrow[HCl]{CuCl} C_6H_5Cl + N_2\uparrow$$

$$m\text{-}CH_3C_6H_4N_2^+Br^- \xrightarrow[HBr]{CuBr} m\text{-}CH_3C_6H_4Br + N_2\uparrow$$

$$o\text{-}CH_3C_6H_4N_2^+Cl^- \xrightarrow[KCN/50\ ℃]{CuCN} o\text{-}CH_3C_6H_4CN + N_2\uparrow$$

由于苯的直接氰化是不可能的,因此由重氮盐引入氰基是较重要的方法,通过它再水解,即可得到芳酸。例如:

$$p\text{-}FC_6H_4NH_2 \xrightarrow[0\sim5\ ℃]{HCl+NaNO_2} p\text{-}FC_6H_4N_2^+Cl^- \xrightarrow[NaCN]{CuCN} p\text{-}FC_6H_4CN \xrightarrow[H^+,\ \Delta]{H_2O} p\text{-}FC_6H_4COOH$$

若要在芳环上引入氟,需先制成氟硼酸重氮盐,其稳定性高,可以自溶液中分离出来。小心加热分解氟硼酸重氮盐得氟代芳烃。此反应称**席曼反应(Schiemann reaction)**。如:

$$\text{4-溴-1-萘胺 } (NH_2,\ Br) \xrightarrow[②\ HBF_4]{①\ NaNO_2,HCl,0\sim5\ ℃} \text{4-溴萘-1-重氮 } N_2^+BF_4^- \xrightarrow{150\sim155\ ℃} \text{1-氟-4-溴萘 } (F,\ Br)$$

2. *被羟基取代*

重氮盐在酸性水溶液中加热时,放出氮气生成酚。

$$ArN_2^+X^- + H_2O \xrightarrow[\Delta]{H^+} Ar{-}OH + N_2\uparrow + HX$$

因反应经过 Ar^+ 中间体,Ar^+ 不仅可和水反应,也可和其他亲核试剂反应,为了减少副反应,常用亲核性弱的硫酸制备重氮盐,用尿素除去过量的亚硝酸,然后将其加热沸腾即可得较纯的酚。例如:

$$m\text{-}O_2NC_6H_4NH_2 \xrightarrow[H_2O,0\sim5\ ℃]{H_2SO_4,NaNO_2} m\text{-}O_2NC_6H_4N_2^+HSO_4^- \xrightarrow[H_2O,100\ ℃]{H_2SO_4} m\text{-}O_2NC_6H_4OH$$

间硝基苯酚 74%~79%(总)

3. *被氢取代*

重氮盐与次磷酸 H_3PO_2 或乙醇反应可得到氢置换重氮基的产物。乙醇不如次磷酸有效,因为它会产生一些醚的副产物。反应式如下:

$$ArN_2^+X^- + H_3PO_2 + H_2O \longrightarrow ArH + H_3PO_3 + HX + N_2\uparrow$$

$$ArN_2^+X^- + CH_3CH_2OH \longrightarrow ArH + N_2\uparrow + HX + CH_3CHO$$

这个反应实际上是个去氨基反应，可利用该反应合成一些特殊的化合物。例如直接由苯溴化合成1,3,5-三溴苯是不可能的，但由苯胺先溴化成2,4,6-三溴苯胺，再进行上述去氨基化反应就很容易得到目的物。例如：

$$C_6H_5NH_2 \xrightarrow[H_2O]{Br_2} 2,4,6\text{-}Br_3C_6H_2NH_2 \xrightarrow[H_2O,0\sim5\ ℃]{H_2SO_4,NaNO_2} 2,4,6\text{-}Br_3C_6H_2N_2^+HSO_4^- \xrightarrow{H_3PO_2} 1,3,5\text{-}Br_3C_6H_3$$

13.3.2 偶联反应

芳香族重氮盐是弱的亲电试剂，它们可以和有高度致活基团的芳香族化合物发生偶合得到偶氮化合物。这种反应称为**重氮偶联反应(azocoupling reaction)**。这类芳香族化合物一般为酚或3°芳胺。例如：

$$C_6H_5\overset{+}{N}{\equiv}NCl^- \xrightarrow[NaOH,H_2O,0℃]{C_6H_5OH} C_6H_5-N{=}N-C_6H_4-OH$$

对羟基偶氮苯(橙色)

$$C_6H_5\overset{+}{N}{\equiv}NCl^- \xrightarrow[CH_3COONa,H_2O,0℃]{C_6H_5N(CH_3)_2} C_6H_5-N{=}N-C_6H_4-N(CH_3)_2$$

对二甲氨基偶氮苯(黄色)

重氮盐主要取代羟基(或氨基)的对位，如对位被其他取代基占据，则取代在邻位。如：

$$C_6H_5N_2^+Cl^- + p\text{-}HOC_6H_4CH_3 \longrightarrow C_6H_5-N{=}N-C_6H_3(OH)(CH_3)$$

偶联反应需要适当的pH条件，酚或芳胺都是在碱性时活性最强，而重氮盐在碱性条件下可形成重氮酸盐，就不能进行偶联反应。

$$Ar-\overset{+}{N}{\equiv}NCl^- \xrightarrow{NaOH} Ar-N{=}N-O^-\ Na^+$$

重氮酸钠

因此，偶合反应的适宜pH条件是：芳胺为弱酸至中性(pH为5~7)，酚为弱碱性(pH为 8~9)。

1°与2°芳胺虽具有活化的芳环，但氨基很容易与重氮盐发生*N*-偶联，所得主要产物不是偶氮化合物，而是重氮氨基芳烃。重氮氨基芳烃在芳胺的盐酸盐催化下温和加热可使其重排为氨基偶氮芳烃。例如：

$$C_6H_5\overset{+}{N}{\equiv}NX^- + C_6H_5NH_2 \longrightarrow C_6H_5-N{=}N-NH-C_6H_5 \xrightarrow[30\sim45\ ℃]{C_6H_5\overset{+}{N}H_3Cl^-} C_6H_5-N{=}N-C_6H_4-NH_2$$

重氮氨基苯 82% ~ 85%　　　对氨基偶氮苯

偶氮芳烃有鲜艳的颜色，因为偶氮键 —N=N— 使两个芳环共轭，大大扩展了π电子离域的范围,使得在可见区域吸收光,因而显示颜色。正因为如此,偶氮芳烃现已广泛用来作为染料。染料必须能溶于水才能进行染色,同时还要能结合到极性纤维(棉、毛、丝、尼龙)的表面,所以作为染料的偶氮化合物常带有一个或多个 $—SO_3^-Na^+$ 。许多染料是由萘胺与萘酚的衍生物偶合得到的。如橙色Ⅱ就是由对氨基苯磺酸的重氮盐与 β-萘酚偶合制得的。

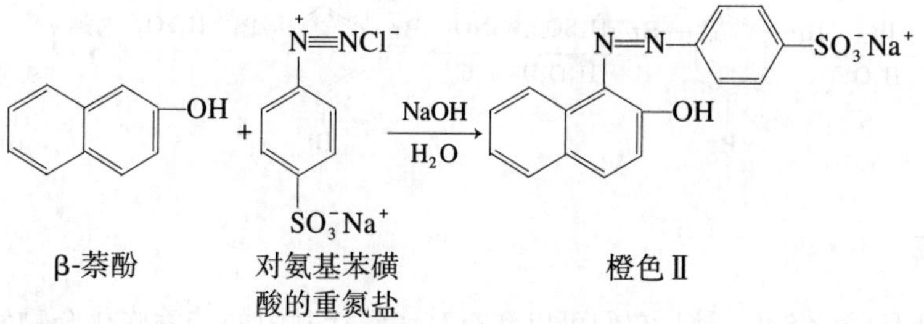

$$\beta\text{-萘酚} + \text{对氨基苯磺酸的重氮盐}\ (\overset{+}{N}{\equiv}NCl^-,\ SO_3^-Na^+) \xrightarrow[H_2O]{NaOH} \text{橙色Ⅱ}\ (N{=}N—C_6H_4—SO_3^-Na^+,\ OH)$$

β-萘酚　　对氨基苯磺酸的重氮盐　　橙色Ⅱ

学 习 指 导

13-1　本章要点

1. 硝基化合物的主要反应

(1) 还原反应

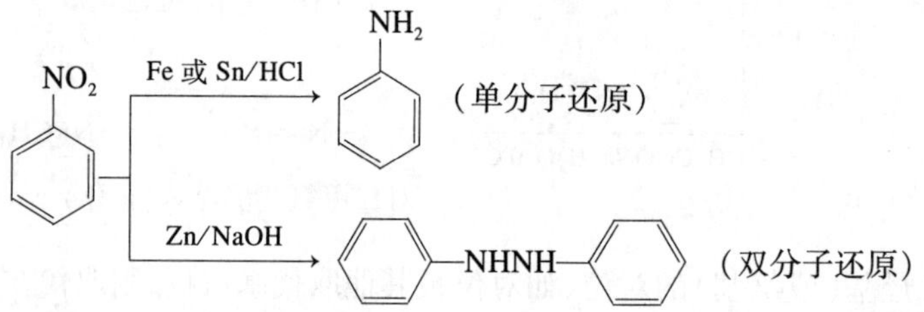

$$C_6H_5NO_2 \xrightarrow{Fe\ 或\ Sn/HCl} C_6H_5NH_2 \quad (\text{单分子还原})$$

$$C_6H_5NO_2 \xrightarrow{Zn/NaOH} C_6H_5—NHNH—C_6H_5 \quad (\text{双分子还原})$$

硝基还原可用多种不同的还原剂,如 H_2/催化剂、Fe+HCl、$SnCl_2$+HCl、NaHS、Na_2S 等,它们的特点各不相同,是制备芳胺的主要方法。

(2) 亲核取代

硝基是强吸电子基,硝基的存在使处在其邻、对位的卤素增加活泼性,容易发生亲核取代反应。

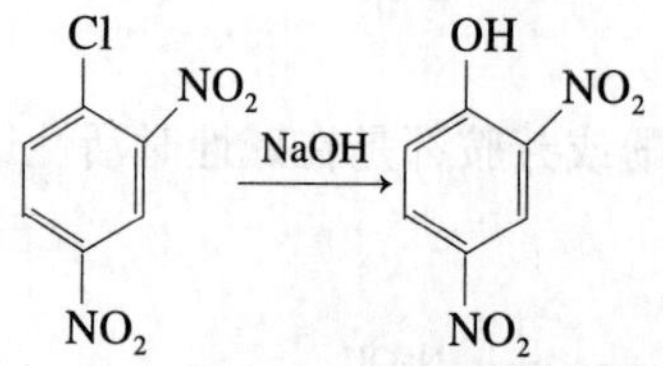

$$\text{2,4-}(NO_2)_2C_6H_3Cl \xrightarrow{NaOH} \text{2,4-}(NO_2)_2C_6H_3OH$$

2. 胺类化合物的分类及命名

根据胺中氮上所连烃基的数目,可将其分为伯、仲、叔胺及季铵盐。

简单的胺以胺为母体,烃基作取代基命名。比较复杂的胺采用取代命名法可用烷烃作为母体、氨基作取代基命名。

3. 胺的化学性质

(1) 碱性

$$(Ar)R—NH_2 \overset{HX}{\rightleftharpoons} (Ar)R—\overset{+}{N}H_3X^-$$

胺的碱性强弱与其结构有关:

① 脂肪胺的碱性比氨大

$$R_2NH > RNH_2、R_3N > NH_3$$

② 芳香胺的碱性比氨小

$$RNH_2 > NH_3 > C_6H_5\text{—}NH_2$$

③ 取代苯胺的碱性　取代苯胺所连取代基一般若为供电子基，则碱性增加；若为吸电子基，则碱性降低。

(2) 酰化

在合成中为防止氨基的氧化往往用酰基化来保护氨基。

$$RNH_2 \xrightarrow[\text{或}(R'CO)_2O]{R'COCl} R'CONHR$$

$$R_2NH \xrightarrow[\text{或}(R'CO)_2O]{R'COCl} R'CONR_2$$

$$R_3N \xrightarrow[\text{或}(R'CO)_2O]{R'COCl} \text{不反应}$$

(3) 与亚硝酸的反应

$$RNH_2 \xrightarrow{HNO_2} [R\text{—}\overset{+}{N}\equiv N] \xrightarrow{H_2O} N_2 + \text{醇和烯的混合物}$$

$$R_2NH \xrightarrow{HNO_2} R_2N\text{—}N\text{=}O \quad N\text{-亚硝基胺}$$

$$Ar\text{—}NH_2 \xrightarrow[\text{低温}]{HNO_2} Ar\text{—}\overset{+}{N}\equiv N\ X^-\text{，重氮盐，遇 β- 萘酚有橙红色沉淀产生}$$

$$Ar\text{—}NHR \xrightarrow{HNO_2} Ar\text{—}N(R)\text{—}N\text{=}O \quad N\text{-亚硝基胺}$$

$$C_6H_5\text{—}NR_2 \xrightarrow{HNO_2} O\text{=}N\text{—}C_6H_4\text{—}NR_2 \quad \text{对亚硝基化合物}$$

由于亚硝酸与伯、仲、叔胺反应的现象不同，与亚硝酸的反应常被用于鉴别这三类胺。

(4) 氧化反应

芳胺很易被氧化，随氧化剂活性不同，可得到不同的产物。如苯胺用弱氧化剂(MnO_2+H_2SO_4)氧化，则得到对苯醌；若用强氧化剂氧化则得到苯胺黑。

(5) 芳环上的取代反应

由于受氨基的影响，苯环上的电子云密度增加，很易发生环上的亲电取代反应。

4. 季铵盐及季铵碱

叔胺和卤代烷作用生成季铵盐：$R_3N+RX \longrightarrow [R_4N]^+X^-$

带有长链烷基的季铵盐可被用作表面活性剂和相转移催化剂。

季铵盐与湿氧化银作用可得季铵碱。季铵碱是强碱，其碱性相当于 NaOH 或 KOH。

$$2[R_4N]^+X^- + Ag_2O \xrightarrow{H_2O} 2[R_4N]^+OH^- + 2AgX$$

季铵碱加热时，会发生消除反应，生成烯烃。

$$\text{—}\underset{|}{\overset{H}{\overset{|}{C}}}\text{—}\underset{{}^+N(CH_3)_3OH^-}{\underset{|}{\overset{|}{C}}}\text{—} \xrightarrow{\triangle} \gt C\text{=}C\lt + (CH_3)_3N + H_2O$$

通常生成的是取代基较少的烯烃(霍夫曼规则)。

5. 重氮化合物和偶氮化合物

当 1°胺用冷的亚硝酸处理时，生成重氮盐。烷基重氮盐是不稳定的，芳基重氮盐可以用来制备多种取代芳香族化合物。芳香族重氮盐的反应主要分为两大类：

(1) 取代反应(放 N_2 反应)

$$Ar—NH_2 \xrightarrow[HX,5\ ℃以下]{NaNO_2} Ar\overset{+}{N}_2X^- \begin{cases} \xrightarrow{H_2O/\triangle} ArOH + N_2\uparrow \\ \xrightarrow{KI} ArI + N_2\uparrow \\ \xrightarrow{HBF_4} ArN_2^+BF_4^- \xrightarrow{\triangle} ArF + N_2\uparrow \\ \xrightarrow{CuCl} ArCl + N_2\uparrow \\ \xrightarrow{CuBr} ArBr + N_2\uparrow \\ \xrightarrow{CuCN} ArCN + N_2\uparrow \\ \xrightarrow{H_3PO_2} ArH + N_2\uparrow \end{cases}$$

(2) 偶联反应(不放 N_2 反应)

重氮盐可以和活泼的芳香族化合物(芳胺或酚)作用,发生苯环上的亲电取代反应,生成偶氮化合物。偶联反应中,ArN_2^+ 主要进入对位,如对位已有基团占据,则进入邻位。

$$ArN_2^+X^- + C_6H_5—G \longrightarrow Ar—N=N—C_6H_4—G$$

(G 为强推电子基,如 OH,NR_2,NHR,NH_2)

在偶联反应中要注意不同反应物对酸碱性的要求。例如:

$$C_6H_5\overset{+}{N}_2Cl^- \begin{cases} \xrightarrow[弱碱性]{C_6H_5—OH} C_6H_5—N=N—C_6H_4—OH \\ \xrightarrow[中性或弱酸性]{C_6H_5—N(CH_3)_2} C_6H_5—N=N—C_6H_4—N(CH_3)_2 \end{cases}$$

13-2 阶段小结——官能团的主要鉴别反应

已学过的各类官能团化合物的主要鉴别反应见表 13-4。

表 13-4 一些官能团的主要鉴别反应

各类化合物	试 剂	现 象	产 物
$>C=C<$	Br_2/CCl_4	褪色	$—\underset{Br}{C}—\underset{Br}{C}—$
$—C\equiv C—$	Br_2/CCl_4	褪色	$\underset{Br}{>C}=\overset{Br}{C<}$ 或 $—\overset{Br}{\underset{Br}{C}}—\overset{Br}{\underset{Br}{C}}—$
$—C\equiv C—H$	$AgNO_3/NH_3\cdot H_2O$	白色沉淀	$—C\equiv CAg$
—X(R—X)	$AgNO_3$/醇	沉淀	AgX
$—\overset{H}{\underset{H(R)}{C}}—OH$ 1°,2°	$K_2Cr_2O_7/H^+$	绿色	$\underset{橘黄}{Cr^{6+}} \longrightarrow \underset{绿}{Cr^{3+}}$

续表

各类化合物	试剂	现象	产物
$-\overset{O}{\overset{\|\|}{C}}-H(R)$	$H_2N-NH-C_6H_3(NO_2)_2$（2,4-二硝基苯肼）	黄色沉淀	$>C=N-NH-C_6H_3(NO_2)_2$
$-\overset{O}{\overset{\|\|}{C}}-H$	$AgNO_3/NH_3 \cdot H_2O$	银镜	Ag
$CH_3-\overset{O}{\overset{\|\|}{C}}-H(R)$ $CH_3-\underset{\|}{CH}-OH$	I_2,NaOH	黄色沉淀	CHI_3
$R-NH_2$	$NaNO_2$,HCl/低温	生成气体	N_2
$Ar-NH_2$	① $NaNO_2$,HCl ② β-萘酚	深红色沉淀	1-(Ar-N=N-)-2-萘酚
R_2NH Ar_2NH	$NaNO_2$,HCl/低温	黄色油状物	R_2N-NO Ar_2N-NO
$C_6H_5-N(CH_3)_2$	① $NaNO_2$,HCl/低温 ② OH^-	绿色	$(CH_3)_2N-C_6H_4-NO$
$Ar-OH$	$FeCl_3$	显色	$[(ArO)_6Fe]^{3-}$

上述各类官能团化合物的鉴别反应一般适用于较简单的化合物，现在确定化合物中官能团一般都采用红外光谱法(见第 18 章)。

13-3 解题示例

【例 1】 将下列化合物转化为正丁胺。

(1) 1-溴丁烷 (2) 正戊酰胺 (3) 丙-1-醇

解: (1) 原料是卤烃，产物是伯胺，且碳原子数未变，可用盖布瑞尔合成法：

$$\text{邻苯二甲酰亚胺钾} \xrightarrow{CH_3CH_2CH_2CH_2Br} \text{N-正丁基邻苯二甲酰亚胺}(N-CH_2CH_2CH_2CH_3) \xrightarrow[H_2O]{NaOH} CH_3CH_2CH_2CH_2NH_2$$

(2) 原料是酰胺，而产物是比原料少 1 个碳的伯胺，故可用霍夫曼降解法：

$$CH_3CH_2CH_2CH_2CONH_2 \xrightarrow[NaOH]{Br_2} CH_3CH_2CH_2CH_2NH_2$$

(3) 产物是比原料增加 1 个碳的伯胺，可用腈还原法，因此，首先将原料醇转变成卤烃。

$$CH_3CH_2CH_2OH \xrightarrow{SOCl_2} CH_3CH_2CH_2Cl \xrightarrow{NaCN} CH_3CH_2CH_2CN \xrightarrow{H_2/Ni} CH_3CH_2CH_2CH_2NH_2$$

【例 2】 试用反应式表示下列合成。

(1) 由苯合成间硝基碘苯 (2) 由甲苯合成 3,5-二溴甲苯。

解:(1)

$$C_6H_6 \xrightarrow[H_2SO_4]{HNO_3} C_6H_5NO_2 \xrightarrow[\text{发烟 }HNO_3]{\text{浓 }H_2SO_4} m\text{-}C_6H_4(NO_2)_2 \xrightarrow{NaSH} m\text{-}O_2N-C_6H_4-NH_2 \xrightarrow[HCl,0\sim5\ ℃]{NaNO_2}$$

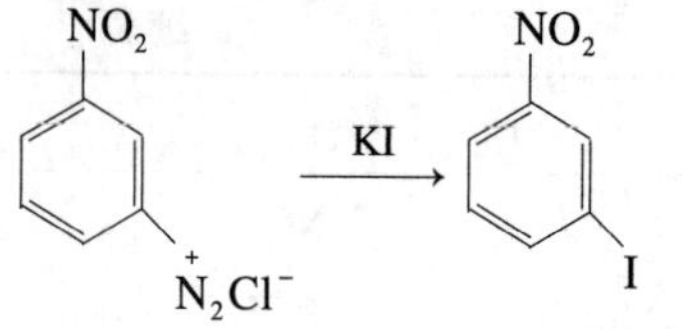

NO_2 NO_2

$\xrightarrow{KI}$

$\overset{+}{N}_2Cl^-$ I

(2) CH_3 $\xrightarrow[H_2SO_4]{HNO_3}$ CH_3 / NO_2 $\xrightarrow{Fe/HCl}$ CH_3 / NH_2 $\xrightarrow{Br_2/H_2O}$ CH_3 / Br, Br / NH_2 $\xrightarrow[HCl,0\sim5\ ℃]{NaNO_2}$ CH_3 / Br, Br / $\overset{+}{N}_2Cl^-$

$\xrightarrow{H_3PO_2}$ CH_3 / Br, Br

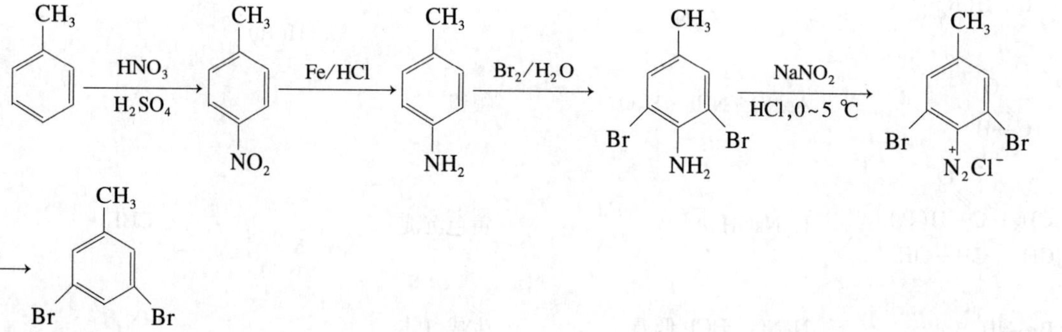

13-4 习题

1. 命名下列化合物:

(1) $[(CH_3)_2CH]_2CHNH_2$

(2) 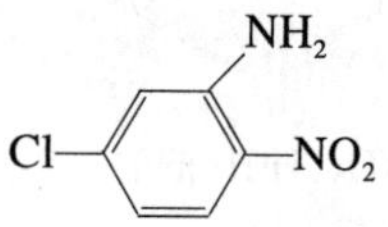 NH_2 / Cl—⟨苯环⟩—NO_2

(3) $(C_2H_5)_2\overset{+}{N}H_2OH^-$

(4) 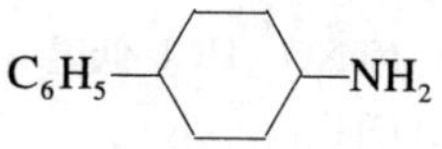 C_6H_5—⟨环己烷⟩—NH_2

(5) $CH_3CH_2\underset{}{CH}(CH_3)—CH(CH_3)NHCH_3$

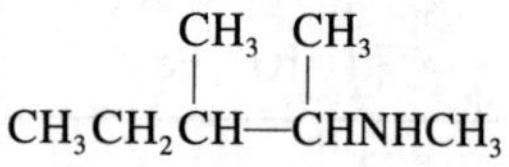

(6) 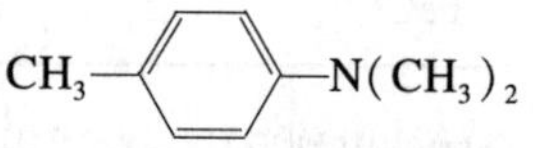 CH_3—⟨苯环⟩—$N(CH_3)_2$

(7) 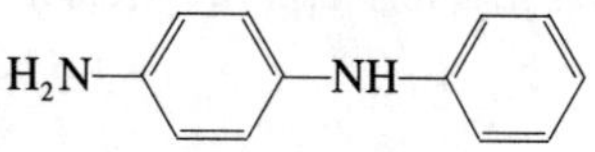 H_2N—⟨苯环⟩—NH—⟨苯环⟩

(8) $(CH_3)_2CHCH_2\overset{+}{N}(CH_3)_3I^-$

2. 写出下列化合物的构造式:

(1) *N*-正丙基环己胺
(2) 5-硝基苯-1,3-二胺
(3) 对氨基苯甲酸乙酯
(4) 苄胺
(5) 氯化苯铵
(6) β-苯基乙胺

3. 比较碱性,并依强弱排成序:

(1) 甲胺①、二甲胺②、苯胺③、二苯胺④

(2) 氢氧化四甲铵①、乙酰胺②、苯胺③、对甲苯胺④

(3) 苯胺①、对甲氧基苯胺②、对硝基苯胺③

4. 试说明如何将下列化合物转变为正丙胺:

(1) 1-溴丙烷
(2) 丙-1-醇
(3) 乙醇
(4) 正丁酰胺

5. 完成下列反应式(写出主要产物或试剂):

(1) 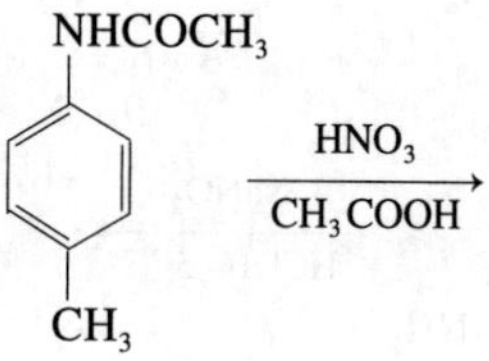 $NHCOCH_3$ / CH_3 $\xrightarrow[CH_3COOH]{HNO_3}$

(2) 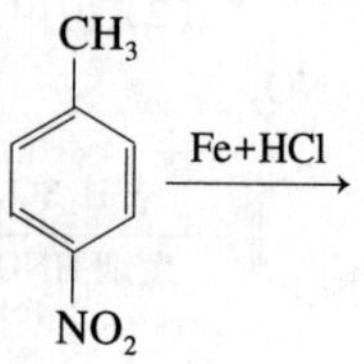 CH_3 / NO_2 $\xrightarrow{Fe+HCl}$

(3) 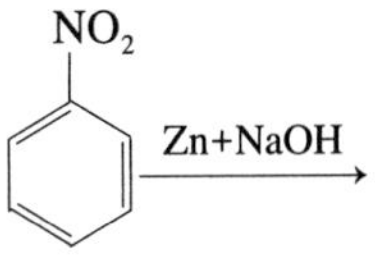 硝基苯 $\xrightarrow{Zn+NaOH}$

(4)  对硝基氯苯 $+CH_3NH_2 \xrightarrow[160\ ℃]{醇溶液}$

(5) $CH_3CH_2\overset{+}{N}(CH_3)_2—CH_2CH_2CH_3OH^- \xrightarrow{\triangle}$

(6) 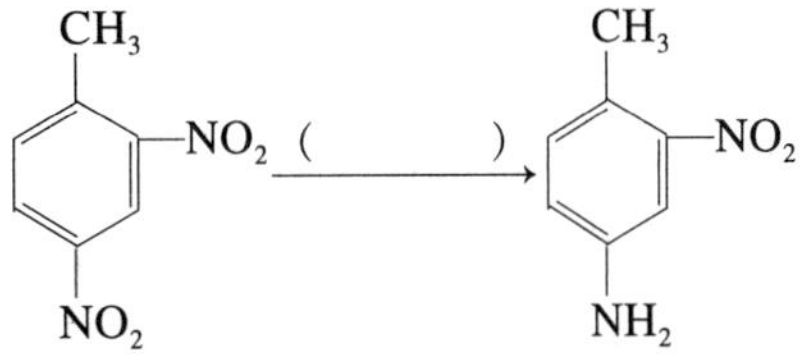 2,4-二硝基甲苯 $\xrightarrow{(\qquad)}$ 4-氨基-2-硝基甲苯

(7) 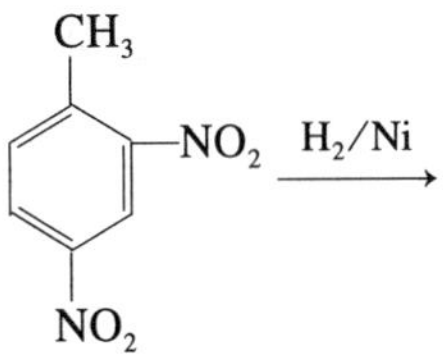 2,4-二硝基甲苯 $\xrightarrow{H_2/Ni}$

(8) 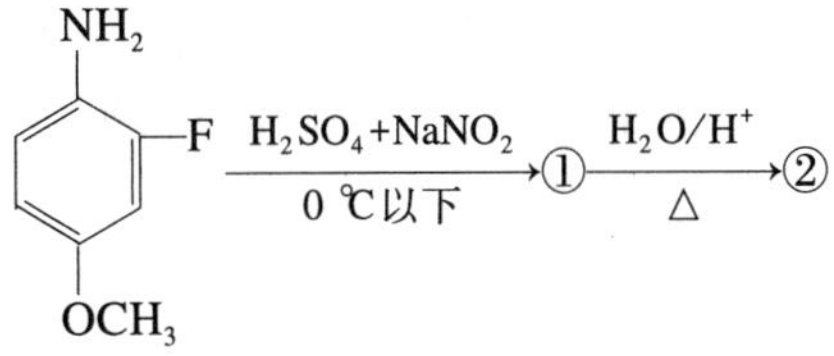 2-氟-4-甲氧基苯胺 $\xrightarrow[0\ ℃以下]{H_2SO_4+NaNO_2}$ ① $\xrightarrow[\triangle]{H_2O/H^+}$ ②

(9) 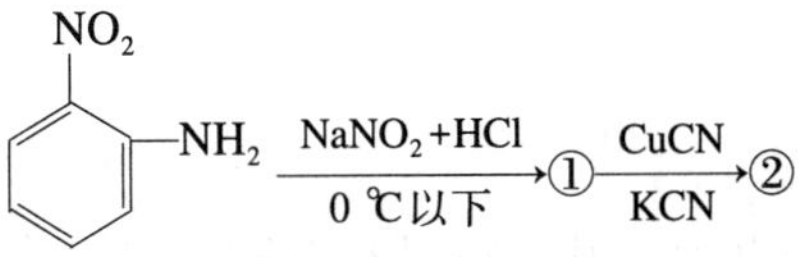 邻硝基苯胺 $\xrightarrow[0\ ℃以下]{NaNO_2+HCl}$ ① $\xrightarrow[KCN]{CuCN}$ ②

6. 从指定原料合成(适当有机试剂、无机试剂任选):

(1) 从间二硝基苯合成间硝基碘苯

(2) 从对硝基甲苯合成4-甲基-2-硝基苯胺

7. 化合物A、B的分子式都为$C_5H_{11}N$,并都是五元环,它们互为同分异构体。化合物A和B分别经下列反应各得到不同的产物。试推测A、B的可能结构式。

$$\left.\begin{matrix}A\\B\end{matrix}(C_5H_{11}N)\right\}\xrightarrow{2CH_3I}\xrightarrow{Ag_2O}\xrightarrow{\triangle}\xrightarrow{CH_3I}\xrightarrow{Ag_2O}\xrightarrow{\triangle}\xrightarrow[②\ Zn,H_2O]{①\ O_3}\begin{cases}2HCHO + OHCCH_2CHO\\2HCHO + CH_3\overset{O}{\overset{\|}{C}}CHO\end{cases}$$

14 杂环化合物

杂环化合物(heterocyclic compound)是指环状有机化合物中,构成环的原子除碳原子外,还含有其他原子的化合物。这种除碳原子以外的其他原子称为杂原子。常见的杂原子有氮、氧、硫等。

内酯、酸酐、内酰胺等化合物都属于杂环化合物,但这些化合物在性质上与链状化合物相似,已在相关章节中讨论。本章所讨论的杂环化合物一般都具有芳香结构,即**芳杂环化合物(aromatic heterocyclic compound)**。如吡啶、呋喃、喹啉等。

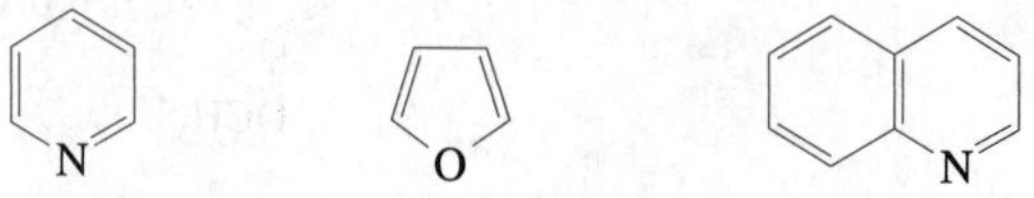

吡啶 pyridine　　呋喃 furan　　喹啉 quinoline

自然界中杂环化合物分布很广,并且很多都具有重要的生理作用,如植物中的叶绿素、花色素,动物血液中的血红素,核酸以及蛋白质中的某些氨基酸,一些中草药有效成分中的生物碱中都含有杂环,一些抗生素、抗菌药及合成药物中也含有杂环。杂环化合物数目巨大,在理论和实际中都有重要意义。

14.1 杂环化合物的分类和命名

杂环化合物数目很多,一般可以根据环的大小将它们分为五元杂环、六元杂环等;根据环的数目,将它们分为单杂环和稠杂环等;根据所含杂原子的数目,将它们分为含一个杂原子和多个杂原子的杂环等。

杂环化合物的命名比较复杂。IUPAC(1979 年)原则规定,保留 45 个杂环化合物的俗名。我国采用"**音译法**"对这 45 个俗名进行音译,选用同音汉字加"口"旁组成音译名,其中"口"代表环的结构,并以此作为基础,对杂环化合物进行命名。在此,仅介绍一些常见的有俗名的单杂环及有特定名称的稠杂环化合物的命名。

14.1.1 有特定名称的杂环名称及编号

1. 含 1 个杂原子的五元及六元单杂环

常见的含 1 个杂原子的五元及六元单杂环的俗名及编号为:

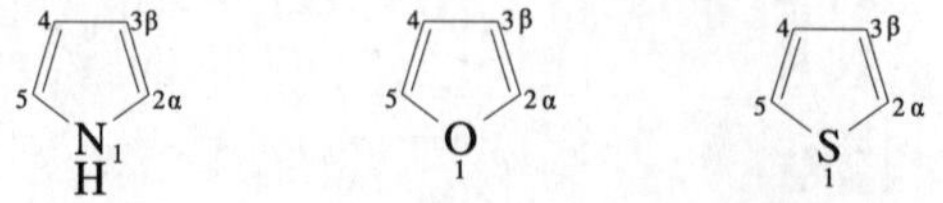

吡咯 pyrrole　　呋喃 furan　　噻吩 thiophene

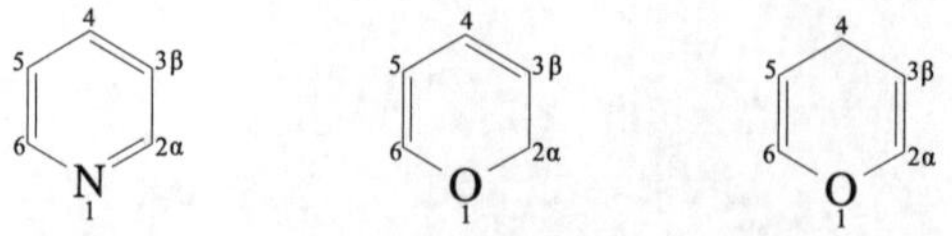

吡啶 pyridine　　2*H*-吡喃 2*H*-pyran　　4*H*-吡喃 4*H*-pyran

可以看出,含 1 个杂原子的五元、六元单杂环编号时从杂原子开始。如果环上只有一个杂原子,也可以用 α、β、γ 进行编号。环上有取代基时应尽量给取代基以最小编号。例如:

2-溴吡咯(α-溴吡咯) 2-bromopyrrole

5-硝基呋喃-2-甲醛 5-nitrofuran-2-carbaldehyde

噻吩-2-磺酸 thiophene-2-sulfonic acid

2-甲基吡啶 2-methylpyridine

2. 含 2 个杂原子的五元及六元单杂环

常见的含 2 个杂原子的五元及六元单杂环的俗名及编号为:

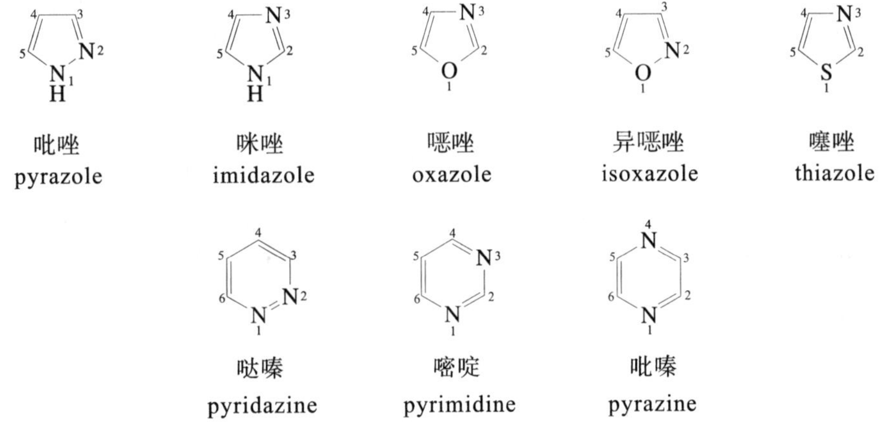

吡唑 pyrazole　咪唑 imidazole　噁唑 oxazole　异噁唑 isoxazole　噻唑 thiazole

哒嗪 pyridazine　嘧啶 pyrimidine　吡嗪 pyrazine

含 2 个及多个杂原子的杂环,编号时从杂原子开始,按 O、S、—NH—、—N═的顺序决定优先的杂原子,并使另外的杂原子编号尽量小,若环上有取代基,则在此基础上尽量给取代基最小的编号。例如:

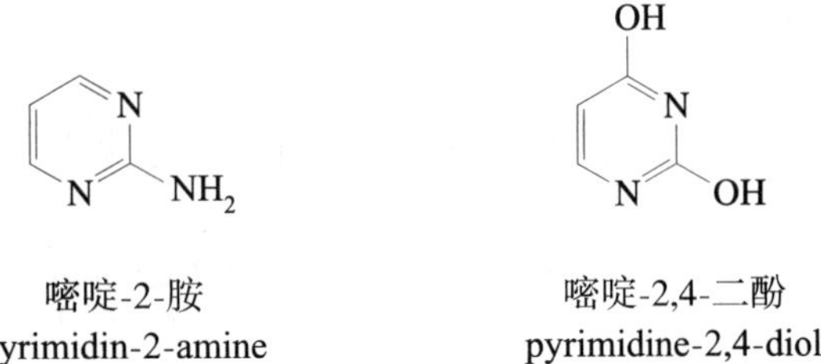

嘧啶-2-胺 pyrimidin-2-amine　嘧啶-2,4-二酚 pyrimidine-2,4-diol

3. 有特定俗名的稠杂环

有特定俗名的稠杂环一般有特定的编号方式,以下列举几个具有特定名称的稠杂环的俗名、编号及化合物的名称:

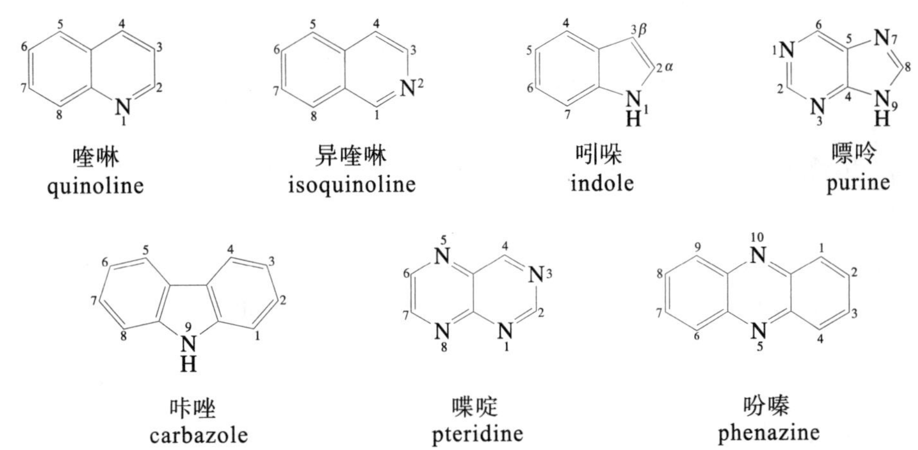

喹啉 quinoline　异喹啉 isoquinoline　吲哚 indole　嘌呤 purine

咔唑 carbazole　喋啶 pteridine　吩嗪 phenazine

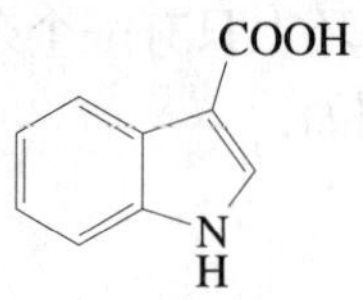

吲哚–3–甲酸
indole-3-carboxylic acid

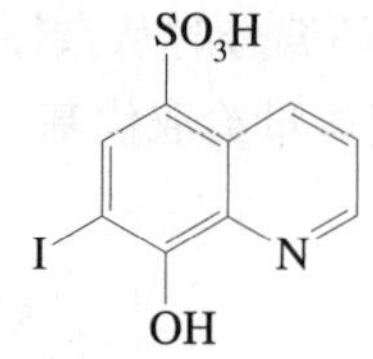

8–羟基–7–碘喹啉–5–磺酸
8-hydroxy-7-iodoquinoline-5-sulfonic acid

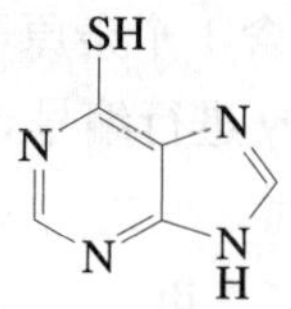

嘌呤-6-硫酚（6-巯基嘌呤）
purine-6-thiol（6-mercaptopurine）

14.1.2 标氢和活泼氢

以上提及的45个杂环的名称中包括了这样的含义:杂环中拥有最多数目的非聚集双键。当杂环满足了这个条件后,环中仍然有饱和的碳原子或氮原子,则这个饱和的原子上所连接的氢原子称为“标氢”或“指示氢”。用其编号加H(大写斜体)表示。例如:

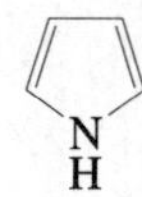
1*H*-吡咯
1*H*-pyrrole

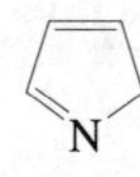
2*H*-吡咯
2*H*-pyrrole

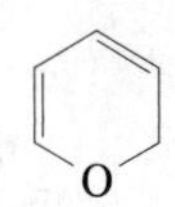
2*H*-吡喃
2*H*-pyran

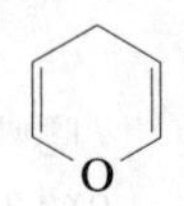
4*H*-吡喃
4*H*-pyran

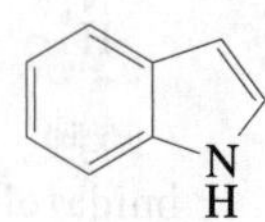
1*H*-吲哚
1*H*-indole

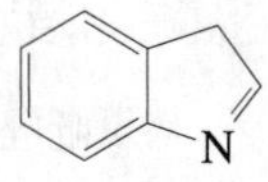

3*H*-吲哚
3*H*-indole

含有活泼氢的杂环及其衍生物可能存在互变异构体,结构不同,名称也不同,命名时需要标明。例如:

9*H*-嘌呤
9*H*-purine

7*H*-嘌呤
7*H*-purine

5-甲基吡唑
5-methylpyrazole

3-甲基吡唑
3-methylpyrazole

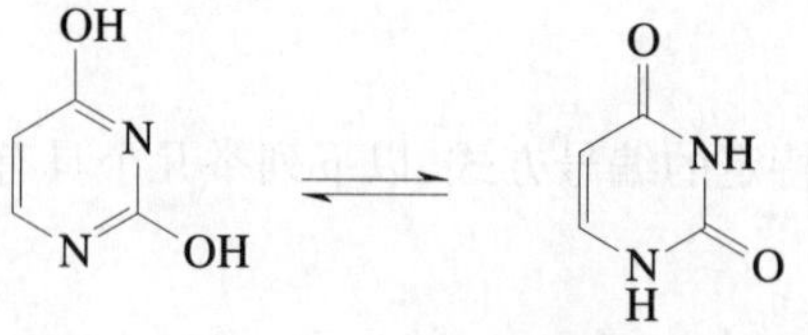

嘧啶-2,4-二酚
pyrimidine-2,4-diol

嘧啶-2,4-二酮
pyrimidine-2,4-dione

14.2 六元杂环化合物

六元杂环化合物是杂环类化合物中最重要的部分,尤其是含氮的六元杂环化合物,如吡啶、嘧啶等,它们的衍生物广泛存在于自然界,很多合成药物中也含有吡啶环和嘧啶环。

14.2.1 吡啶

吡啶是具有特殊臭味的无色液体,沸点为115.5 ℃,相对密度为0.982,能与水、乙醇、乙醚等以任意比混溶,是性能良好的溶剂和脱羧剂,吡啶存在于煤焦油和骨焦油中,吡啶衍生物在自然界中广泛存在(如尼古丁),许多药物也含有吡啶环,如治疗结核病的药物雷米封,治疗脑外伤、脑震荡和脑炎后遗症的药物吡硫醇(脑复新)等。

吡啶 pyridine　　尼古丁 nicotine　　异烟肼(雷米封) isoniazid (rimifon)　　吡硫醇 pyritinol

1. 结构和物理性质

与苯相似,吡啶环上 5 个碳原子和 1 个 N 原子都是 sp^2 杂化,处于同一平面,相互之间以 sp^2 杂化轨道相互重叠形成 6 个 σ 键,此外,每个原子还各有 1 个 p 轨道(其中各有 1 个电子)垂直于环平面,6 个 p 轨道相互重叠形成了 6 原子 6π 电子的环状封闭的共轭体系,使其具有芳香性(图 14-1),N 原子上的孤对电子在 sp^2 杂化轨道中。另外,由于吡啶环中氮原子的电负性比碳原子大,导致吡啶整个环上的电子云密度以及电子平均化程度都不如苯高,并且由于氮原子的引入,使氮原子邻、对位的电子云密度降低较多,所以吡啶的芳香亲电取代反应要比苯难,且主要发生在 3-位。氮原子起了第二类定位基的作用(相当于苯环上引入了硝基),见图 14-2。

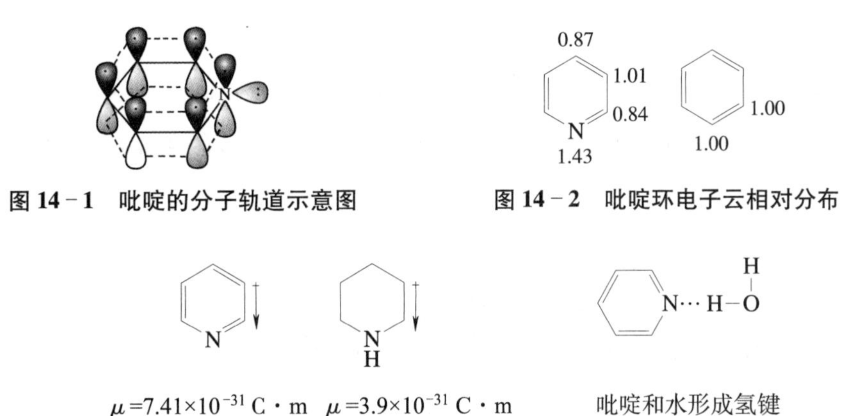

图 14-1　吡啶的分子轨道示意图　　**图 14-2　吡啶环电子云相对分布**

由于氮原子的电负性较大,使得吡啶具有较强的极性,其偶极矩数值较大。同时由于 N 原子上有一对电子处于 sp^2 杂化轨道中,可以和水形成氢键,所以吡啶可以和水混溶。吡啶也可以和各种有机溶剂混溶,同时可以溶解很多极性的或者非极性的化合物,甚至可以溶解一些无机盐,吡啶是良好的溶剂。

2. 化学性质

(1) 碱性和亲核性

由于吡啶氮原子上的未共用电子对处于 sp^2 杂化轨道中,不参与形成共轭体系,故能与强酸或路易斯酸结合,使吡啶具有弱碱性和亲核性($pK_b = 8.8$)。吡啶碱性比吡咯强,也比苯胺($pK_b = 9.4$)强,但比脂肪族胺弱。以下是几个化合物的 pK_a 值:

	苯胺	< 吡啶	< 氨	< 三乙胺	< 哌啶
pK_a	4.70	5.19	9.24	10.6	11.2

吡啶与强酸可以形成稳定的盐,吡啶也可与路易斯酸(如三氧化硫)成盐,吡啶还具有叔胺的某

些性质。例如：

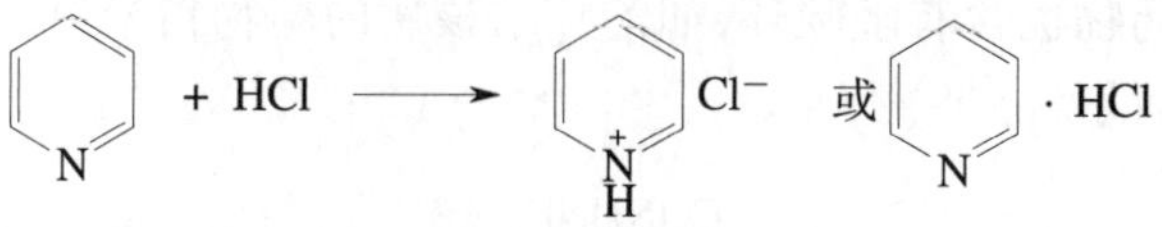

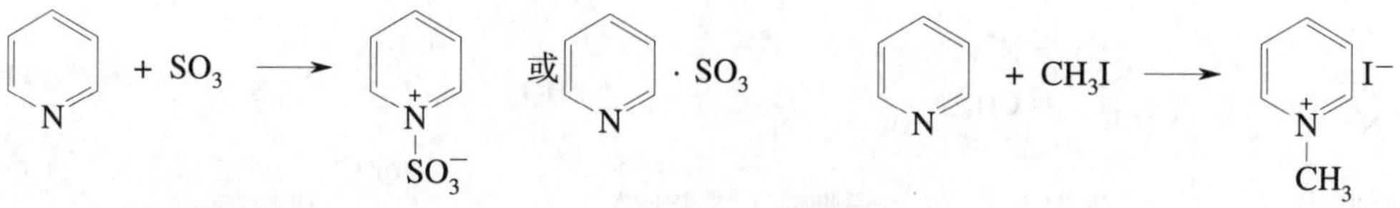

(2) 亲电取代反应

吡啶的芳环上可发生亲电取代反应,但由于吡啶环上的氮原子的吸电子作用,使得环上电子云密度降低,因而亲电取代反应的活性比苯低(与硝基苯相当)。吡啶不能发生傅-克反应。

吡啶的亲电取代反应主要在3(β)-位,取代反应需剧烈的条件,一般需200~350 ℃。例如：

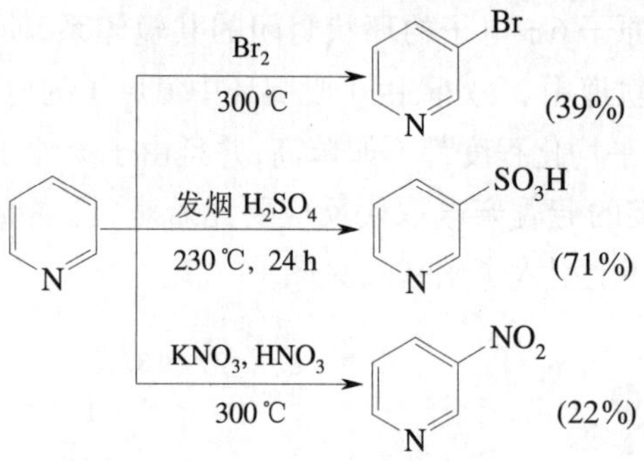

当吡啶环上有第一类定位基时,亲电取代反应比较容易发生,新取代基进入的位置由第一类定位基决定。例如：

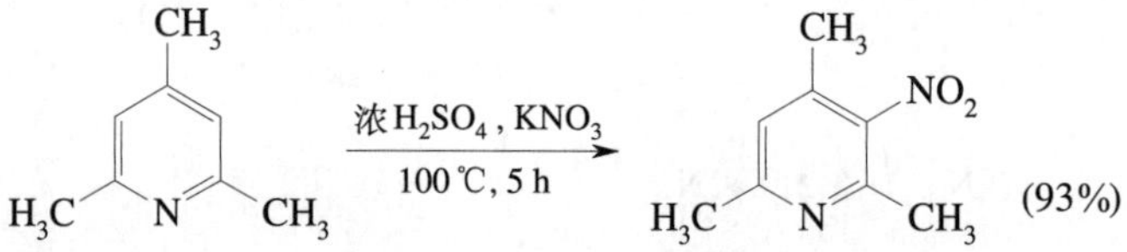

(3) 亲核取代反应

由于N的吸电子作用使得吡啶能发生环上的亲核取代反应。例如吡啶2、4位的H可以被强碱(如$NaNH_2$、PhLi等)取代,取代吡啶2、4、6位上的卤素可以被亲核性试剂取代：

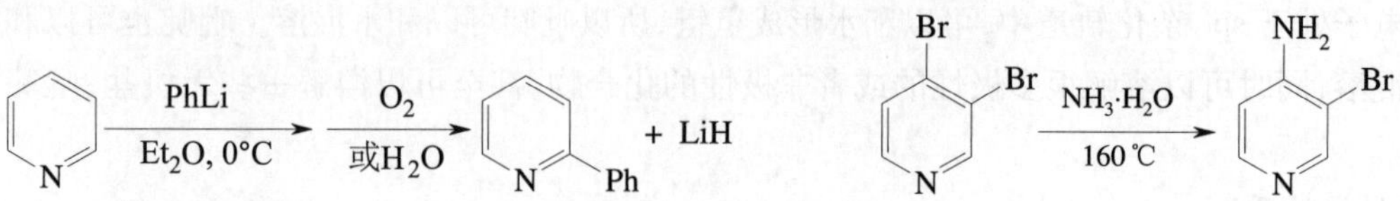

(4) 氧化和还原反应

吡啶环上的电子云密度因氮原子的存在而降低,故难于失去电子被氧化。当吡啶环上有烷基或芳基侧链时,总是侧链先被氧化而吡啶环不被破坏。例如：

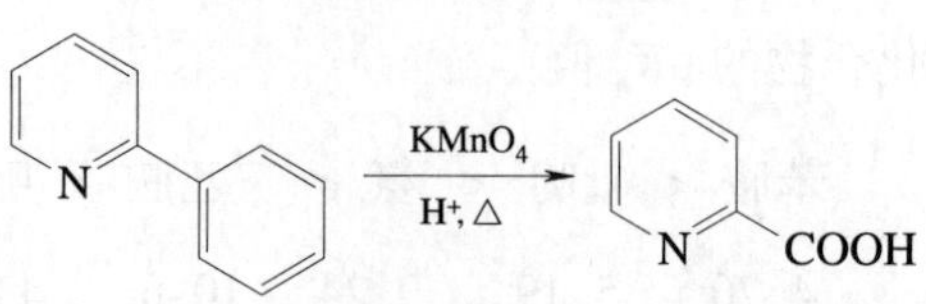

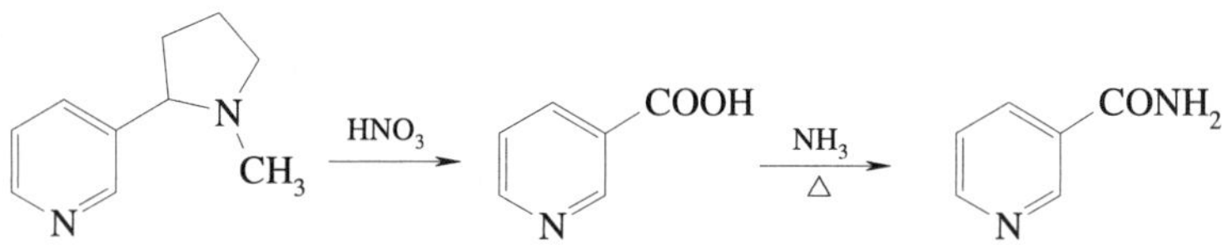

尼古丁（烟碱） $\xrightarrow{HNO_3}$ 烟酸 $\xrightarrow[\triangle]{NH_3}$ 烟酰胺

在特殊的氧化条件下，吡啶被氧化生成 1-氧化物。如吡啶与过氧酸或过氧化氢作用时，可得到合成上很有用的中间体——吡啶 1-氧化物。与吡啶不同，吡啶 1-氧化物比较容易发生亲电取代反应，同时也能发生亲核取代反应，并且取代反应都发生在 2 位或 4 位。吡啶 1-氧化物是一个非常重要的化合物，可通过反应在其吡啶环 2 位或 4 位上引入不同的基团，然后，用三氯化磷或其他方法处理，将 1-氧化物中的氧除去，所以通过吡啶 1-氧化物的活化和定位作用，可以为合成某些取代吡啶提供一条可行的途径。例如：

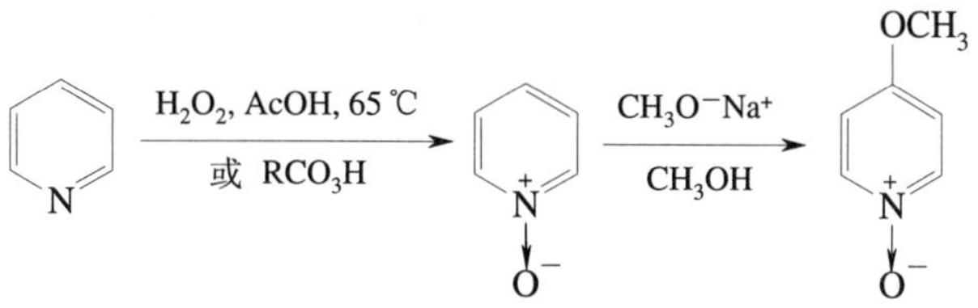

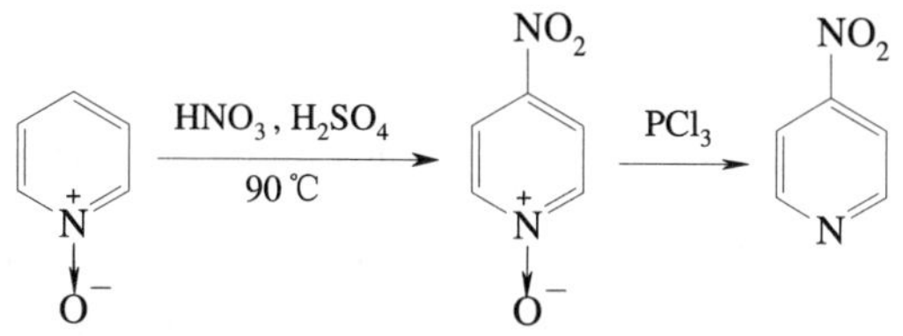

$$\xrightarrow[\text{或 } RCO_3H]{H_2O_2,\ AcOH,\ 65\ ℃} \qquad \xrightarrow[CH_3OH]{CH_3O^-Na^+}$$

$$\xrightarrow[90\ ℃]{HNO_3,\ H_2SO_4} \qquad \xrightarrow{PCl_3}$$

吡啶也因环碳电子云密度较低，使得其比苯容易还原，例如：

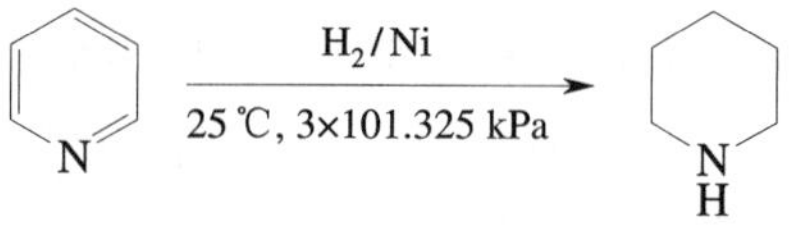

$$\xrightarrow[25\ ℃,\ 3\times101.325\ kPa]{H_2/Ni}$$

六氢吡啶（piperidine，哌啶）

14.2.2 吡喃

吡喃是最简单的含氧六元杂环化合物，但自然界中常见的是其羰基衍生物——吡喃酮。

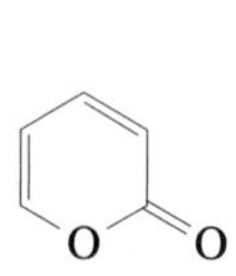

α-吡喃酮　　γ-吡喃酮

α-pyrone　　γ-pyrone

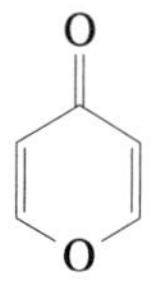

实验证明，由于吡喃酮中存在 p-π 共轭体系，导致它们都不显示羰基的典型反应，如不与羰基试剂反应，能与质子或路易斯酸反应成盐及被甲基化等。

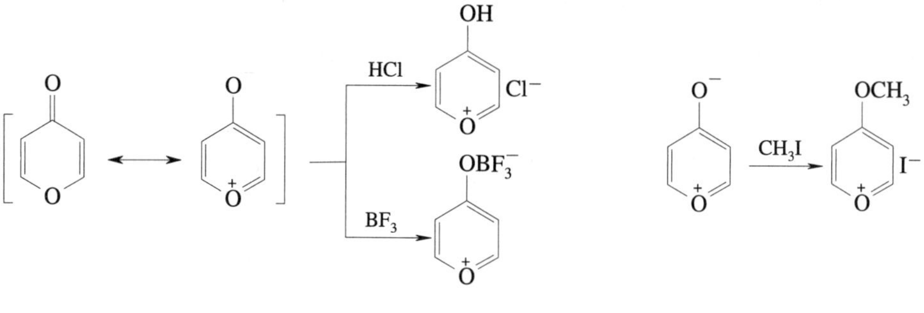

HCl　Cl^-　OBF_3^-　BF_3　CH_3I　I^-

α-吡喃酮和γ-吡喃酮衍生物广泛存在于自然界,如可用作香料的香豆素,黄酮类化合物如槲皮素等。

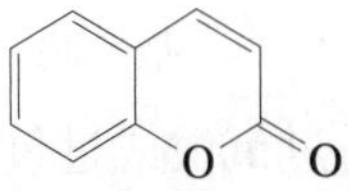

香豆素
coumarin

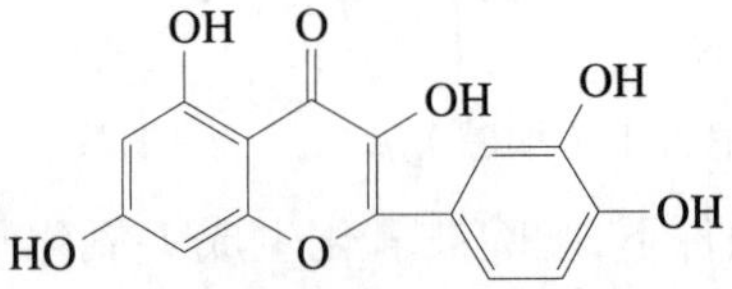

槲皮素
quercetin

14.2.3 含2个杂原子的六元单杂环

含有两个氮原子的六元杂环体系称作二嗪类,因两个氮原子在环中的相对位置不同,二嗪类有三种异构体,其中以嘧啶最为重要。其结构和名称为:

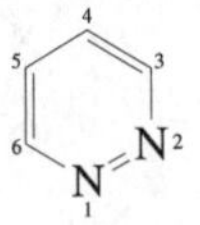

哒嗪
pyridazime

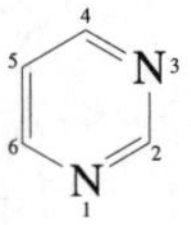

嘧啶
pyrimidine

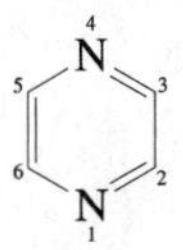

吡嗪
pyrazine

与吡啶相似,二嗪类化合物都是平面型分子。所有碳原子和氮原子都是 sp^2 杂化的,每个原子未参与杂化的 p 轨道(每个 p 轨道有一个电子)侧面重叠形成大 π 键,两个氮原子各有一对未共用电子对在 sp^2 杂化轨道中。二嗪类化合物具有芳香性,属于芳香杂环化合物。

哒嗪、嘧啶和吡嗪是许多重要杂环化合物的母核,其中以嘧啶环系最为重要,广泛存在于动植物中,并在动植物的新陈代谢中起重要作用。如核酸中的碱基有三种含嘧啶的衍生物,某些维生素及合成药物(如磺胺药物及巴比妥药物等)中都含有嘧啶环系。

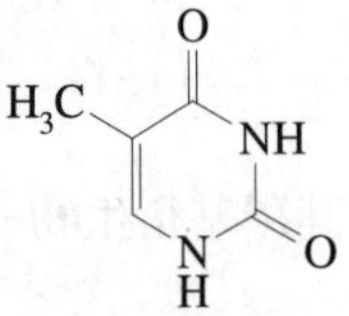

胸腺嘧啶
thymine

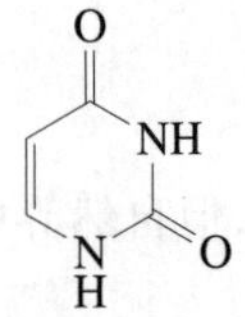

尿嘧啶
uracil

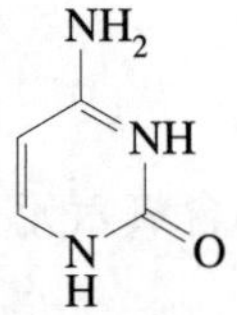

胞嘧啶
cytosine

14.3 五元杂环化合物

14.3.1 含1个杂原子的五元杂环化合物

最重要的含一个杂原子的五元杂环化合物是吡咯、呋喃和噻吩:

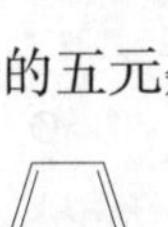

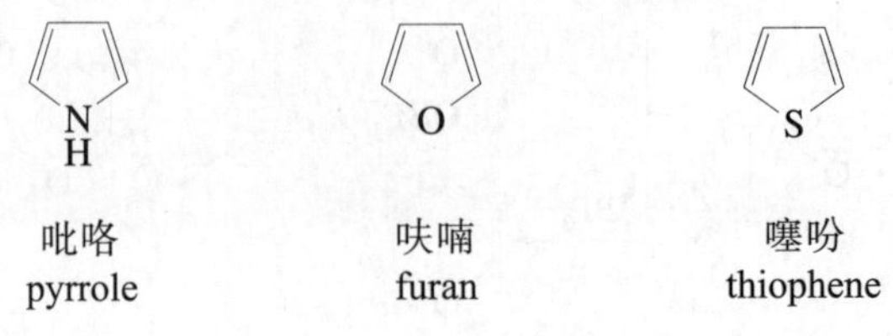

吡咯
pyrrole

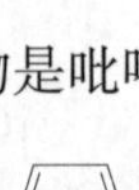

呋喃
furan

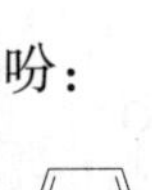

噻吩
thiophene

吡咯、呋喃、噻吩分别存在于木焦油、煤焦油和骨焦油中，它们都是无色的液体。五元杂环化合物重要性在于它们的衍生物，而不在于它们的单体，它们的衍生物不但种类繁多，而且有些是重要的工业原料，有些具有重要的生理作用。如叶绿素、血红素及维生素 B_{12} 中都存在吡咯结构，卟吩胆色素原在生物体内通过特定酶的作用可转变成卟啉、叶绿素和维生素 B_{12} 等重要生物活性物质，另外还有一些合成药物如治疗肠炎的痢特灵（呋喃唑酮）等，它们的结构如下：

HO2CH2CH2C
CH2COOH
CH2NH2
N
H

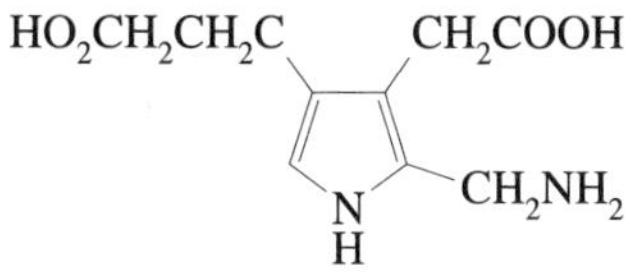

卟吩胆色素原
porphobilinogen

O2N
O
C
H
N
N
O
O

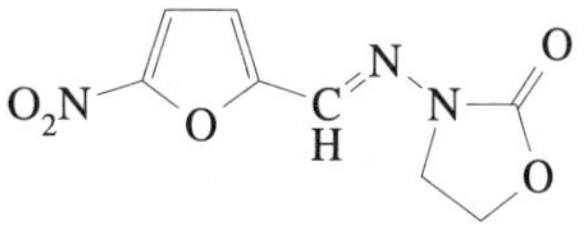

呋喃唑酮（痢特灵）
furazolidone

1. 结构和芳香性

近代物理方法测知，吡咯、呋喃、噻吩都是平面型分子，成环的 5 个原子都是 sp^2 杂化的，杂环中碳原子之间以及碳原子与杂原子之间都以 σ 键相连，每个碳原子及杂原子都剩余 1 个未参与杂化的 p 轨道，这些 p 轨道相互侧面重叠形成封闭的大 π 键；由于环碳原子的 p 轨道中各有 1 个电子，杂原子的 p 轨道中有 2 个电子，大 π 键的 π 电子数符合 $4n+2$ 规则，因此这些杂环具有一定程度的芳香性。呋喃和噻吩杂原子上未参与成键的 sp^2 杂化轨道各有一对未共用电子对（如图 14－3），而吡咯 N 上这个 sp^2 杂化轨道则与氢形成 N—H σ 键。

N—H
O

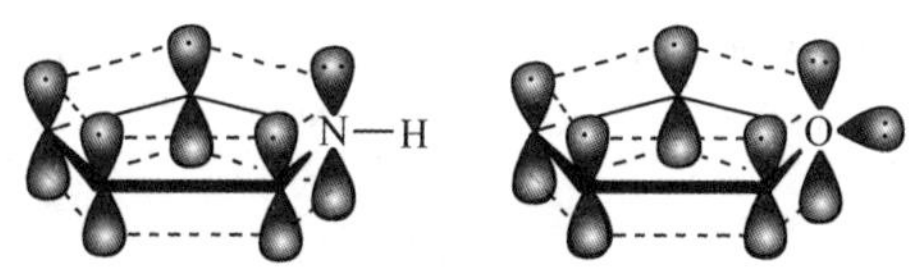

图 14－3 吡咯、呋喃的分子轨道示意图

与苯不同的是，这几个化合物中由于环上杂原子电负性比碳原子电负性大，其电子云不是完全平均化的，各键的键长也不相等，因此稳定性比苯环要差，如呋喃、吡咯遇强酸易开环。同时由于形成 5 原子 6 电子的 π 键，其电子云密度比苯大，因此，它们进行亲电取代反应的活性比苯强。

3 个五元杂环的键长数据（单位 nm）为：

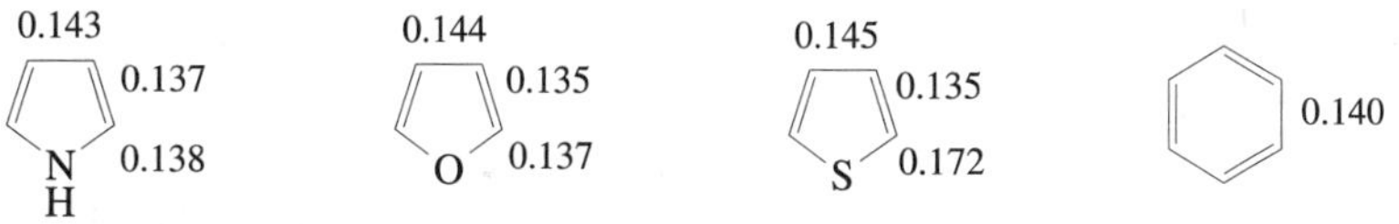

0.143
0.137
0.138
N
H
0.144
0.135
0.137
O
0.145
0.135
0.172
S
0.140

2. 化学性质

（1）亲电取代反应

吡咯、呋喃、噻吩都属于富电子芳香杂环，环碳原子上的电子云密度都比苯高，容易发生亲电取代反应，其活性顺序为吡咯>呋喃>噻吩>>苯。由于环稳定性差，故亲电取代反应需在较弱的亲电试剂和温和的条件下进行。若在强酸性条件下，吡咯和呋喃会因发生质子化而被破坏。另外，反应主要发生在 α 位上，β 位产物较少。

① 卤代反应

反应需在低温、试剂的浓度很低的条件下才可以顺利进行。

N
H
Br2
0 ℃，乙醇
Br
Br
Br
Br
N
H

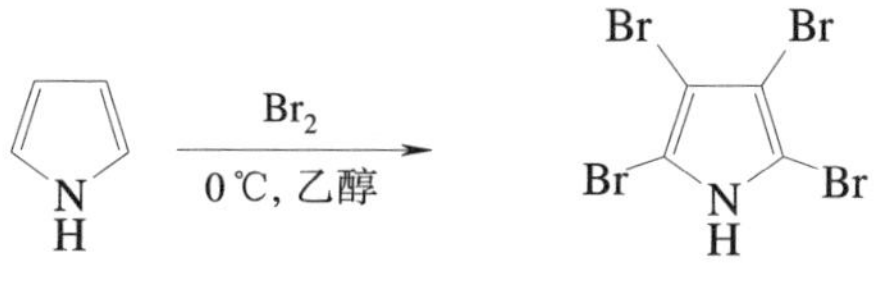

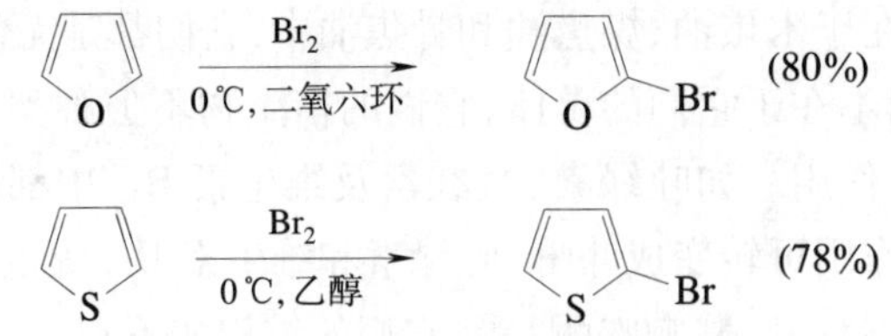

呋喃 $\xrightarrow[0℃,二氧六环]{Br_2}$ 2-溴呋喃 (80%)

噻吩 $\xrightarrow[0℃,乙醇]{Br_2}$ 2-溴噻吩 (78%)

② 硝化反应

由于呋喃、吡咯对酸、氧化剂等较敏感,故不能用硝酸或混酸作为硝化剂进行硝化反应,只能用较温和的非质子性的硝乙酐作为硝化试剂,并且在低温条件下进行反应。

$$CH_3COCCH_3 (\text{O}\ \text{O}) + HNO_3 \xrightarrow{-10\ ℃} CH_3CONO_2 (\text{O}) + CH_3COOH$$

吡咯 $\xrightarrow[NaOH,\ Ac_2O,\ 5℃]{CH_3COONO_2}$ 2-硝基吡咯 83% + 3-硝基吡咯 7%

呋喃 $\xrightarrow[-5\sim-30℃]{CH_3COONO_2}$ 2-硝基呋喃 (35%)

噻吩 $\xrightarrow[Ac_2O,\ 0℃]{CH_3COONO_2}$ 2-硝基噻吩 70% + 3-硝基噻吩 5%

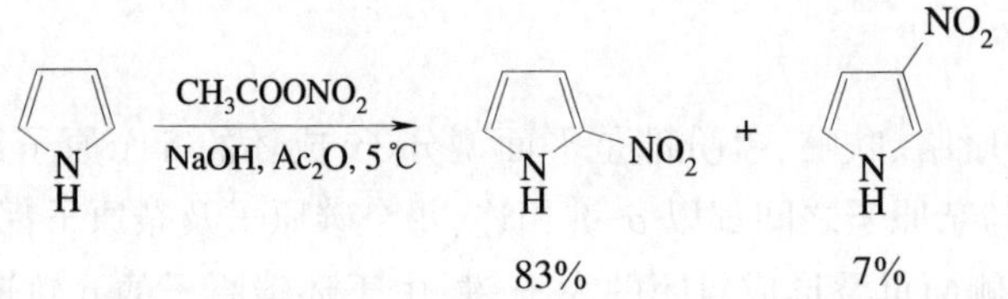

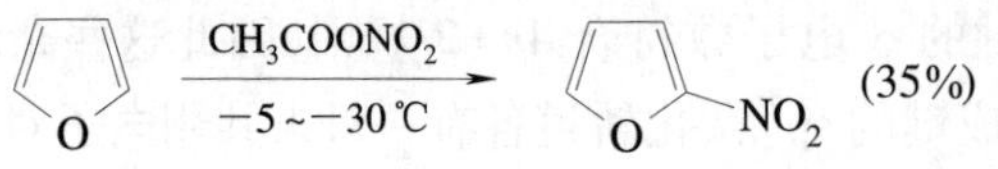

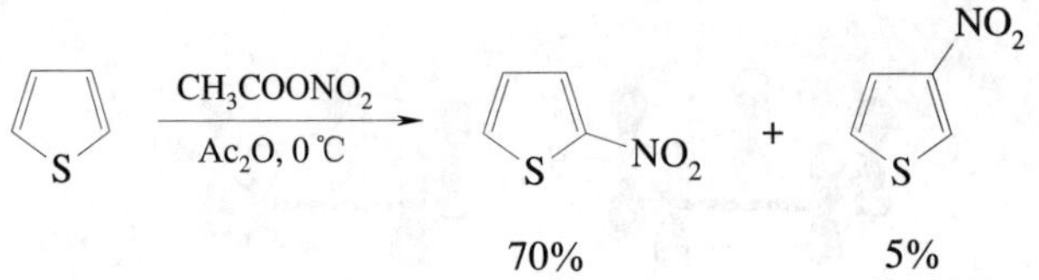

③ 磺化反应

吡咯和呋喃的磺化反应也需要使用比较温和的非质子性的磺化试剂,如吡啶三氧化硫加合物作为磺化试剂。例如:

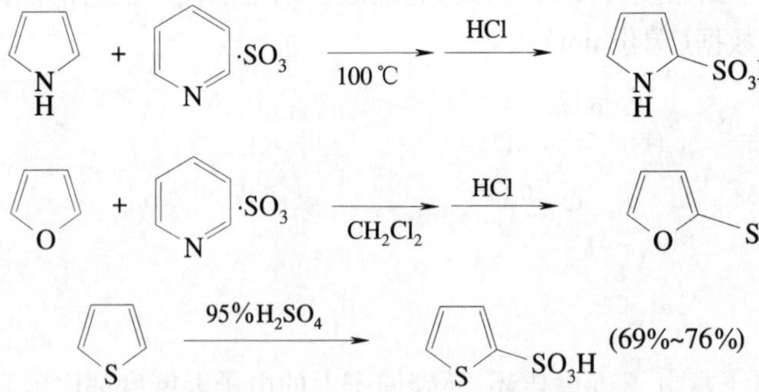

吡咯 + 吡啶·SO_3 $\xrightarrow{100℃}$ $\xrightarrow{HCl}$ 吡咯-2-磺酸(SO_3H)

呋喃 + 吡啶·SO_3 $\xrightarrow{CH_2Cl_2}$ $\xrightarrow{HCl}$ 呋喃-2-磺酸(SO_3H)

噻吩 $\xrightarrow{95\%H_2SO_4}$ 噻吩-2-磺酸(SO_3H) (69%~76%)

由于噻吩比较稳定,可直接用硫酸进行磺化反应。利用此反应可以把煤焦油中共存的苯和噻吩分离开来。

(2) 吡咯和呋喃的特殊反应

由于吡咯氮上的孤对电子参与共轭,使其接受质子的能力降低,因此碱性很弱,相反,氮上的氢则具有弱酸性($pK_a = 17.5$),能与金属钾或 KOH 作用生成钾盐。

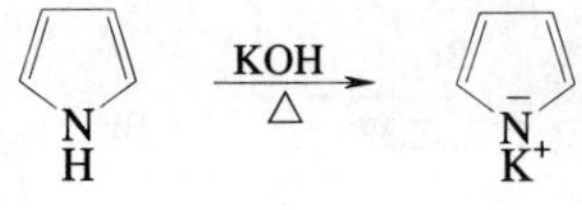

吡咯 $\xrightarrow[\triangle]{KOH}$ 吡咯钾($\bar{N}$ K^+)

吡咯被加氢饱和后，因共轭体系被破坏而变成脂肪族仲胺结构，碱性增强。

吡咯还可发生与苯酚类似的反应，如可以发生瑞穆-梯曼反应和与重氮盐的偶合反应。

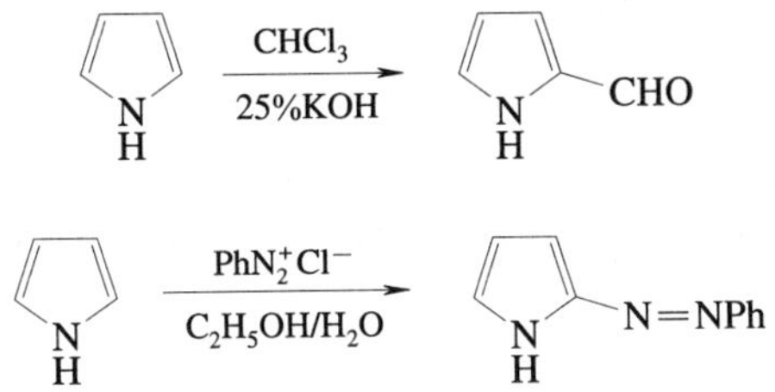

$CHCl_3$ / 25%KOH → CHO

$PhN_2^+Cl^-$ / C_2H_5OH/H_2O → N=NPh

呋喃的芳香性较差，可以发生典型的双烯加成，即狄尔斯-阿尔特反应。

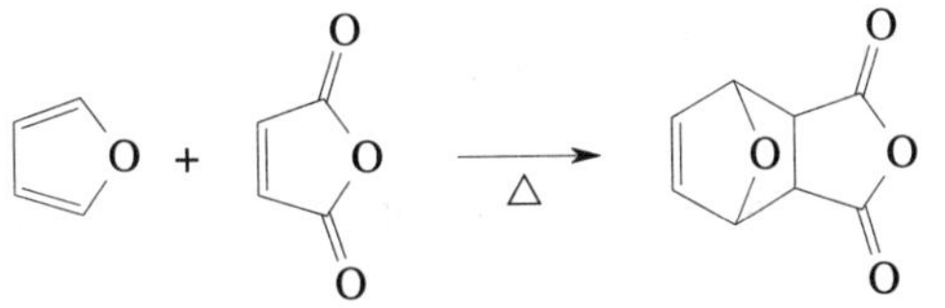

(3) 呋喃甲醛

呋喃甲醛（俗称糠醛）是重要的呋喃衍生物，其为无色透明液体，沸点为 167.1 ℃，在空气中逐渐变为黄棕色，能溶于醇、醚等有机溶剂，本身也是一个良好的溶剂。该化合物也是一种重要的化工原料，在石油、医药、塑料及橡胶工业中有着广泛的应用。可从谷糠、玉米芯等农副产品中经提取而大量获得。

糠醛结构与苯甲醛类似，表现出无 α-氢醛的性质，如可以发生康尼查罗反应、羟醛缩合反应等。

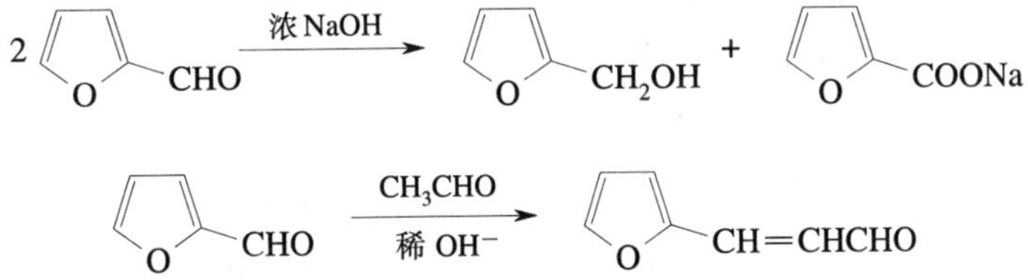

2 CHO —浓 NaOH→ CH_2OH + COONa

CHO —CH_3CHO / 稀 OH^-→ CH=CHCHO

14.3.2 含 2 个杂原子的五元杂环化合物

五元杂环中含 2 个杂原子的体系称作**唑（azole）**，根据杂原子在环上的位置不同又可分为 1,2-唑、1,3-唑。最常见的含 2 个杂原子的五元杂环化合物有噻唑、咪唑和吡唑，此外还有噁唑及异噁唑。

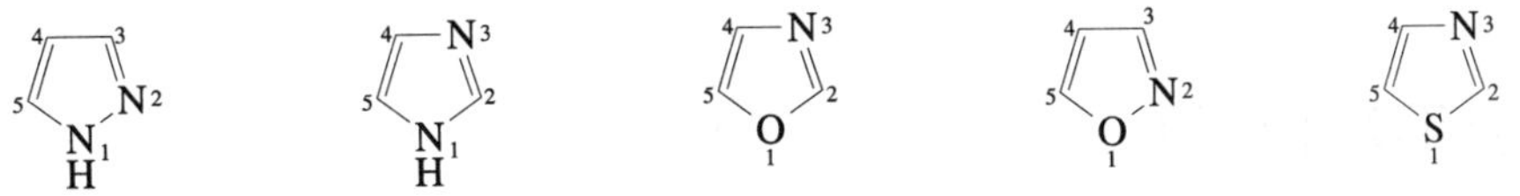

吡唑　咪唑　噁唑　异噁唑　噻唑

唑类化合物可以看作是吡咯、呋喃和噻吩环上 2 位或 3 位的 CH 换成了氮原子，现以咪唑为例说明它们的结构。咪唑环上的 2 个 N 均为 sp^2 杂化，其中 1 位 N 的未参与杂化的 p 轨道中有一对电子，而 3 位 N 的 p 轨道中有 1 个电子，它们与 C 上 p 轨道的电子共轭形成环状的大 π 键，具有芳香性。

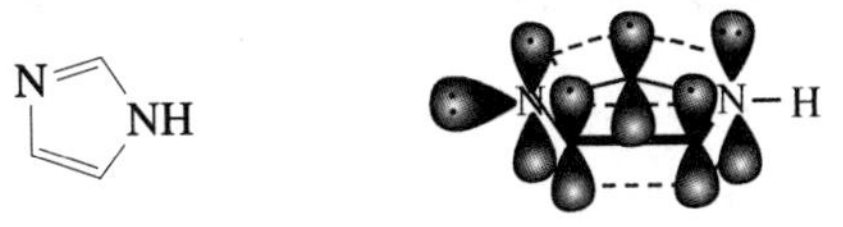

5个唑类化合物沸点相差较大,其中吡唑和咪唑沸点较高(分别为186~188 ℃和257 ℃,噻唑为116.8 ℃),因为它们可以形成分子间氢键。唑类化合物的水溶性比吡咯、呋喃和噻吩大,因为引入一个氮原子后增加了其与水形成氢键的能力。

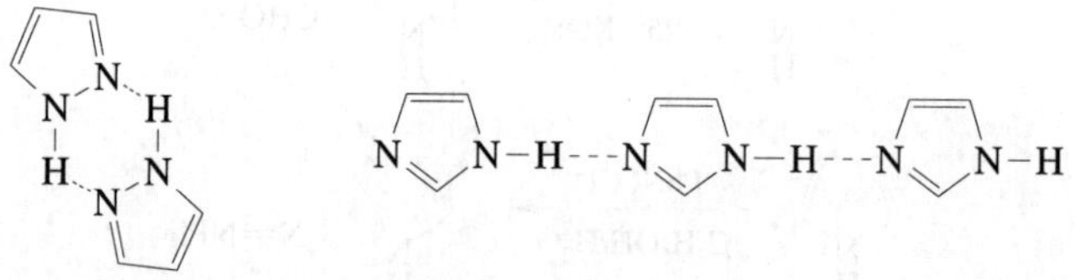

唑类化合物2位或3位的氮原子上的孤电子对未参与共轭,可以接受质子,因此吡唑、咪唑和噻唑都具有弱碱性,其碱性都比吡咯强。1,3-唑类的碱性比1,2-唑类强,在1,3-唑中,咪唑碱性最强,噁唑最弱。以下是这几种化合物的共轭酸的 pK_a 值:

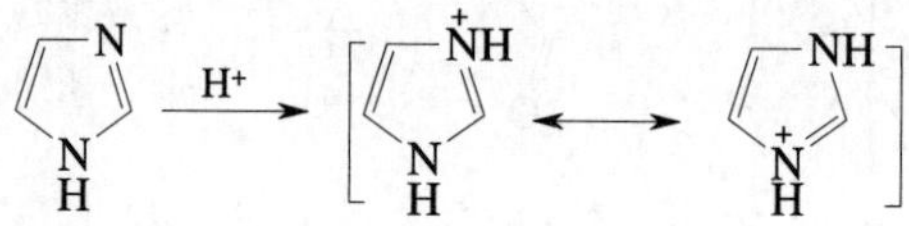

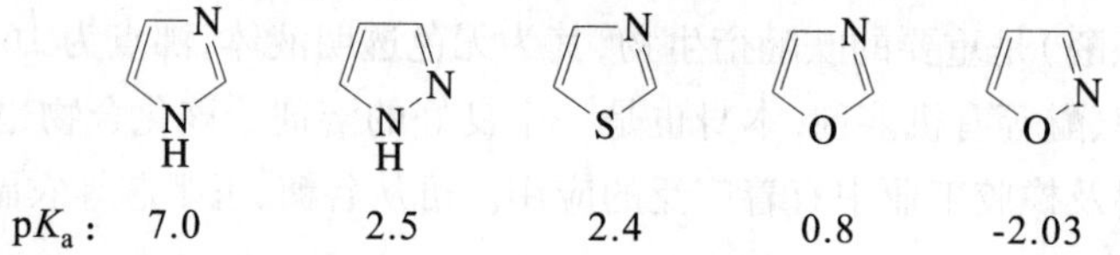

pK_a: 7.0　2.5　2.4　0.8　-2.03

吡唑和咪唑均存在互变异构现象,如甲基吡唑和甲基咪唑:

5-甲基吡唑　3-甲基吡唑

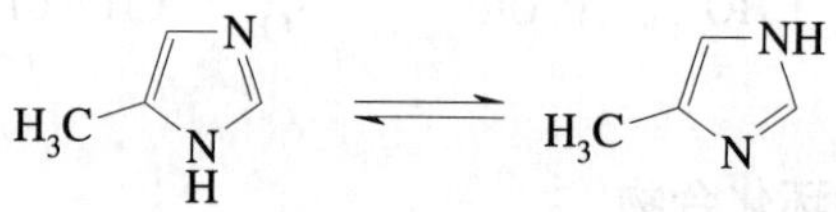

5-甲基咪唑　4-甲基咪唑

咪唑的4位和5位是等同的,吡唑的3位和5位是等同的。当N上的氢被其他原子或基团取代后,这种互变异构就不存在了。

14.4 稠杂环类化合物

14.4.1 喹啉和异喹啉

喹啉和异喹啉都是由苯环与吡啶环稠合而成的化合物,两者是同分异构体,存在于煤焦油和骨焦油中。1834年首次从煤焦油中分离出喹啉,稍后,用碱干馏抗疟药物奎宁(quinine)也得到喹啉,喹啉因此得名。喹啉与异喹啉环系是重要的苯稠杂环化合物。喹啉衍生物在医药中起着十分重要的作用。如存在于金鸡纳树根、皮中的金鸡纳碱(也称奎宁),存在于罂粟等中的吗啡等。

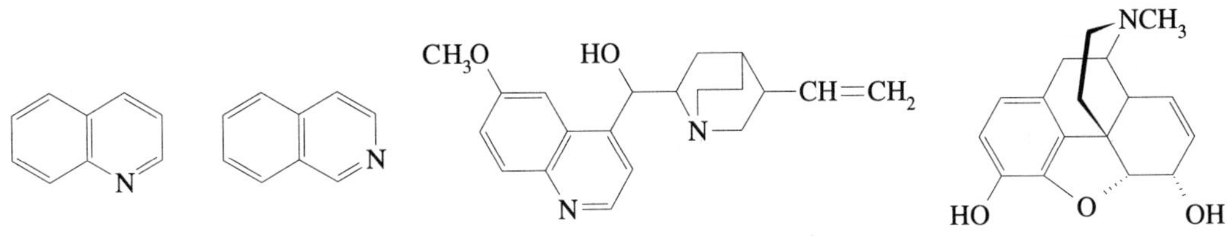

喹啉
quinoline

异喹啉
isoquinoline

CH_3O　HO　$CH=CH_2$　N　N

奎宁
quinine

NCH_3　HO　O　OH

吗啡
morphine

1. 结构与物理性质

喹啉和异喹啉分子中苯环与吡啶环上的所有原子形成一个相互重叠的含有 10 个电子的芳香大体系，其结构为平面型分子，类似于萘和吡啶，可看成是萘的含氮类似物。喹啉与异喹啉分子中氮原子上的未共用电子对所在的轨道与吡啶类似，均位于 sp^2 杂化轨道，未参与环上的共轭体系，亦可将其看作三级胺。

喹啉和异喹啉都呈弱碱性，它们的 pK_a 分别为 4.9 和 5.4，与吡啶接近，二者都能和强酸反应形成盐。喹啉和异喹啉能与大多数有机溶剂混溶，难溶于冷水，易溶于热水。与吡啶相比，它们的水溶性明显降低。

2. 化学性质

(1) 亲电取代反应

喹啉和异喹啉的亲电取代反应比吡啶容易，反应主要发生在苯环上，这是由于二者分子中苯环的电子密度高于吡啶环，在强酸条件下进行亲电取代反应时，杂环氮上接受质子带正电荷，因此亲电取代反应发生在较为活泼的苯环上。与萘类似，反应主要发生在 5 位与 8 位。

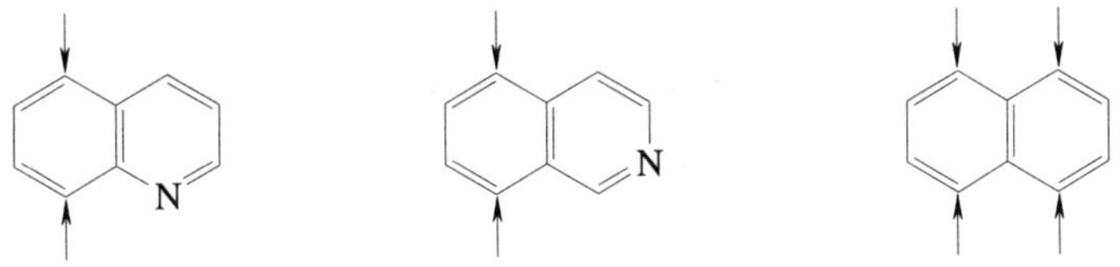

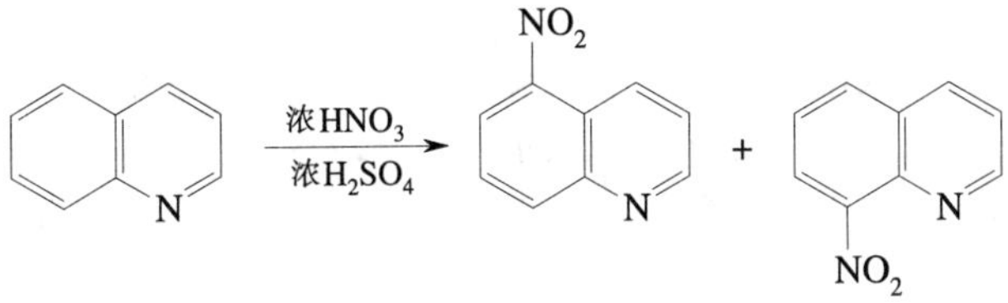

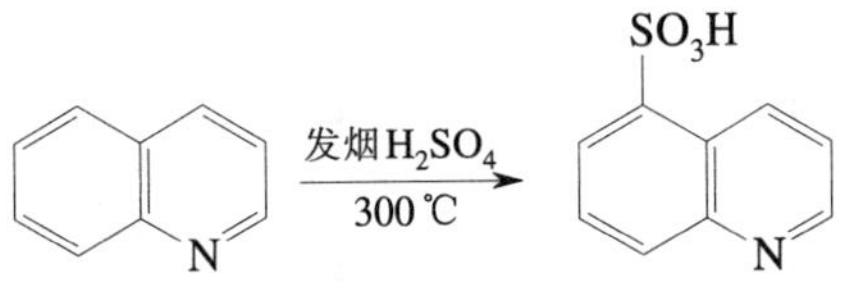

$$\text{喹啉} \xrightarrow[\text{浓}H_2SO_4]{\text{浓}HNO_3} \text{5-}NO_2\text{-喹啉} + \text{8-}NO_2\text{-喹啉}$$

$$\text{喹啉} \xrightarrow[300\,^\circ C]{\text{发烟}H_2SO_4} \text{5-}SO_3H\text{-喹啉}$$

(2) 亲核取代反应

喹啉与异喹啉的亲核取代反应主要在吡啶环上进行，喹啉取代主要发生在 C_2 位或 C_4 位上，异喹啉主要在 C_1 位上。例如：

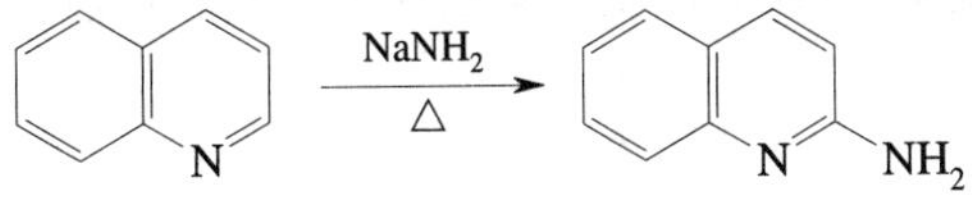

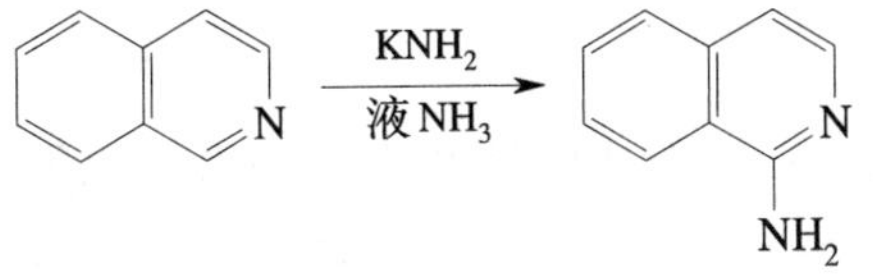

$$\text{喹啉} \xrightarrow[\triangle]{NaNH_2} \text{2-}NH_2\text{-喹啉}$$

$$\text{异喹啉} \xrightarrow[\text{液}NH_3]{KNH_2} \text{1-}NH_2\text{-异喹啉}$$

(3) 氧化与还原反应

喹啉及异喹啉与大多数氧化剂不发生反应,与高锰酸钾能发生反应,氧化反应发生在苯环上;喹啉、异喹啉可被催化加氢,反应优先发生在吡啶环上。例如:

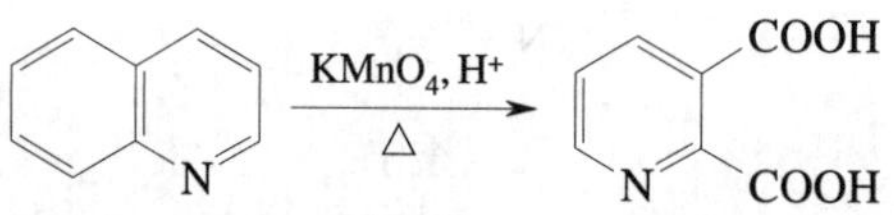

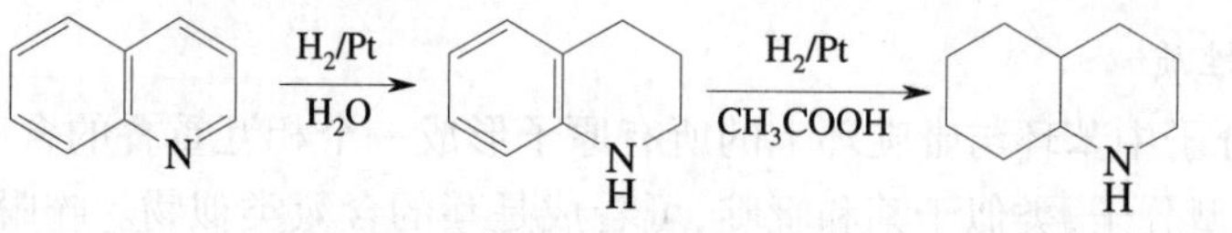

$$\text{喹啉} \xrightarrow[\triangle]{KMnO_4,\ H^+} \text{2,3-吡啶二甲酸(COOH, COOH)}$$

$$\text{喹啉} \xrightarrow[H_2O]{H_2/Pt} \text{1,2,3,4-四氢喹啉} \xrightarrow[CH_3COOH]{H_2/Pt} \text{十氢喹啉}$$

1,2,3,4-四氢喹啉　　十氢喹啉

3. 喹啉的合成

合成喹啉及其衍生物的方法是**斯克劳普(Z. H. Skraup)合成法**。该法以苯胺(或其他芳胺)、甘油、硫酸和硝基苯(相应于所用芳胺)为原料。例如:

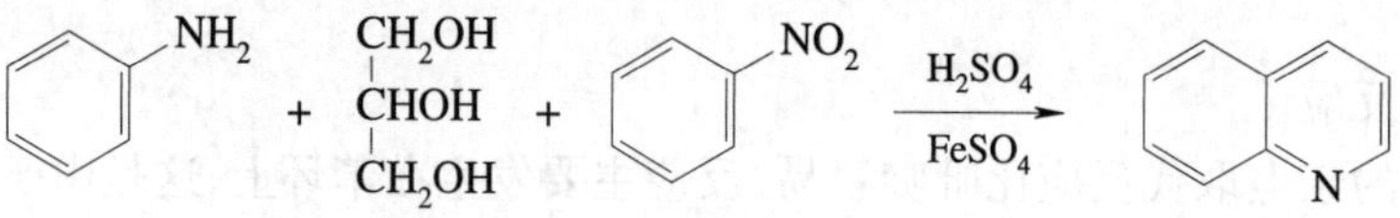

$$C_6H_5NH_2 + \begin{matrix}CH_2OH\\ CHOH\\ CH_2OH\end{matrix} + C_6H_5NO_2 \xrightarrow[FeSO_4]{H_2SO_4} \text{喹啉}$$

反应经过以下步骤,甘油在浓硫酸作用下脱水生成丙烯醛:

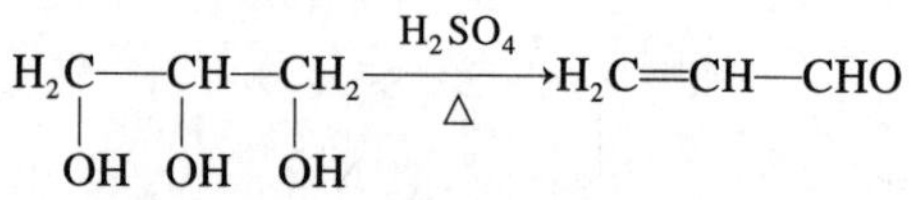

$$\underset{OH}{H_2C}-\underset{OH}{CH}-\underset{OH}{CH_2} \xrightarrow[\triangle]{H_2SO_4} H_2C{=}CH-CHO$$

苯胺作为亲核试剂对丙烯醛进行麦克尔加成:

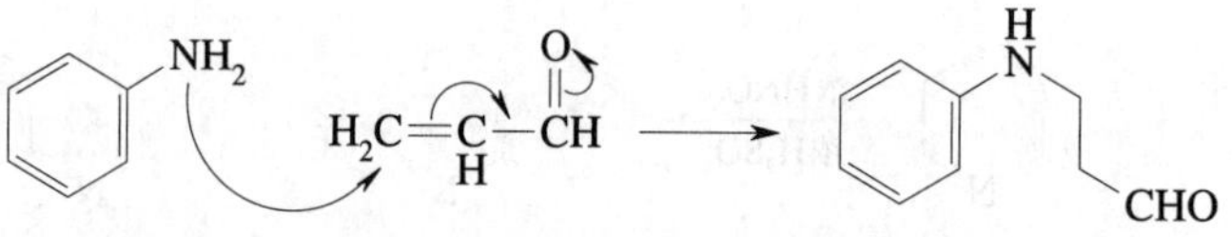

$$C_6H_5NH_2 + H_2C{=}\underset{H}{C}-\overset{O}{\overset{\|}{C}}H \longrightarrow C_6H_5NH-CH_2CH_2-CHO$$

质子化的醛对苯环进行亲电取代,再脱水成1,2-二氢喹啉:

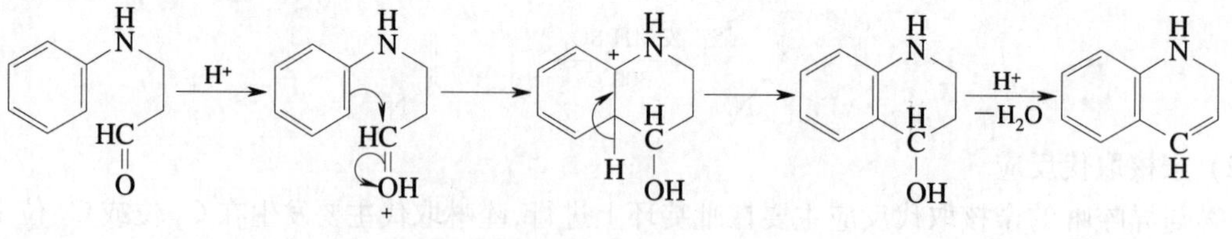

$$C_6H_5NHCH_2CH_2\overset{O}{\overset{\|}{C}}H \xrightarrow{H^+} C_6H_5NHCH_2CH_2HC{=}\overset{+}{O}H \longrightarrow \cdots \longrightarrow \text{4-羟基-1,2,3,4-四氢喹啉} \xrightarrow[-H_2O]{H^+} \text{1,2-二氢喹啉}$$

二氢喹啉与硝基苯作用脱氢成喹啉,硝基苯被还原成苯胺,继续进行反应。

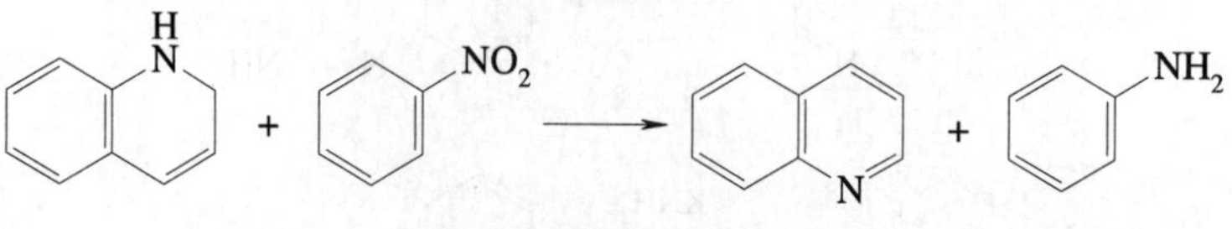

$$\text{1,2-二氢喹啉} + C_6H_5NO_2 \longrightarrow \text{喹啉} + C_6H_5NH_2$$

喹啉衍生物通常不是以喹啉,而是用取代的苯胺为原料来合成的。可采用不同的α,β-不饱和醛、酮代替甘油与取代的苯胺反应,也可用磷酸或其他酸代替硫酸作催化剂。例如:

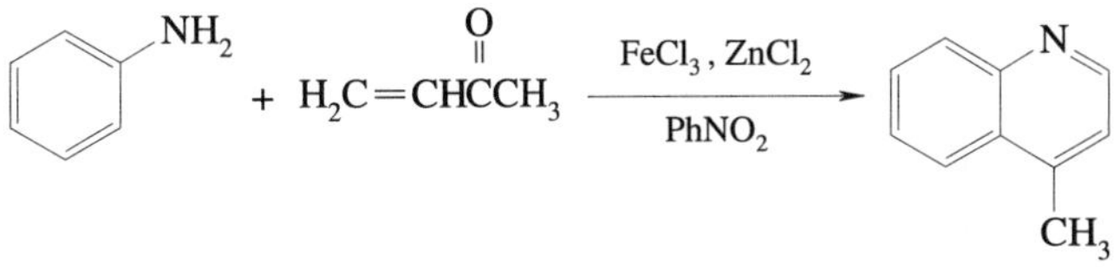

$$C_6H_5NH_2 + H_2C{=}CHCOCH_3 \xrightarrow[PhNO_2]{FeCl_3,\ ZnCl_2} \text{4-甲基喹啉}$$

14.4.2 吲哚

吲哚是吡咯与苯环稠合而成的稠环化合物，吲哚衍生物在自然界中存在很广，如哺乳动物和人脑中的重要物质5-羟色胺、褪黑素中都含有吲哚结构。

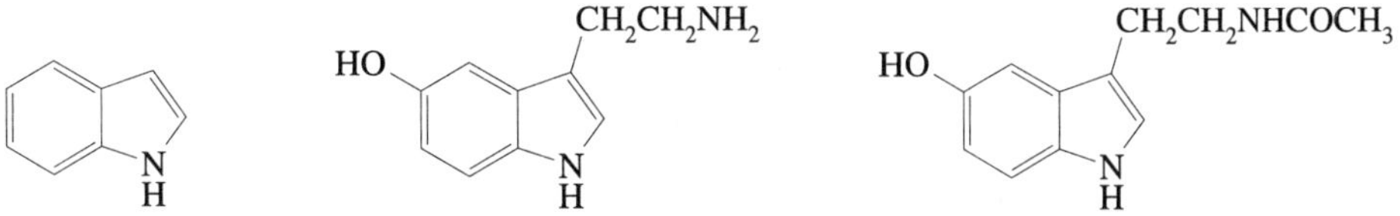

吲哚
indole

5-羟色胺（5-HT）
5-hydroxytryptamine

褪黑素
melatonin

由于苯环的影响，与吡咯比较，吲哚水溶性降低，碱性减弱，亲电取代反应活性增强，其亲电取代反应主要发生在β位。例如：

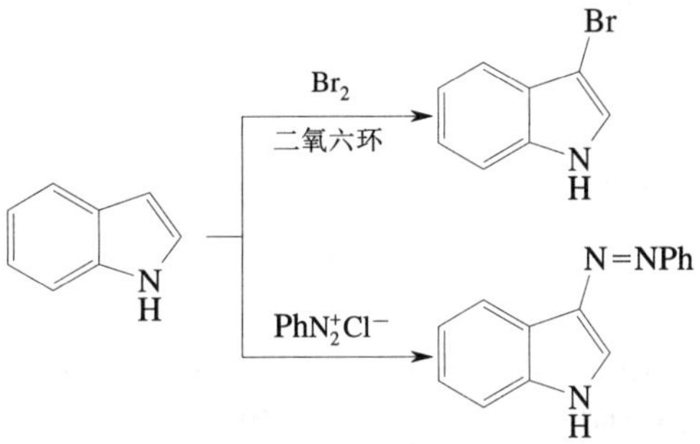

$$\text{吲哚} \xrightarrow[\text{二氧六环}]{Br_2} \text{3-溴吲哚}$$

$$\text{吲哚} \xrightarrow{PhN_2^+Cl^-} \text{3-(N=NPh)吲哚}$$

14.4.3 嘌呤

嘌呤是由一个嘧啶环和一个咪唑环稠合而成的化合物，它存在于能起着合成蛋白质和遗传信息作用的核酸和核苷酸中。如核苷酸中的另外两个碱基就是嘌呤衍生物。

嘌呤还广泛存在于动植物体内，比如具有兴奋作用的植物性生物碱咖啡因、茶碱、可可碱都含有嘌呤环系。嘌呤环类化合物还有抗肿瘤、抗病毒、抗过敏、降胆固醇、利尿、强心、扩张支气管等作用。因此嘌呤衍生物在生命过程中起着非常重要的作用。

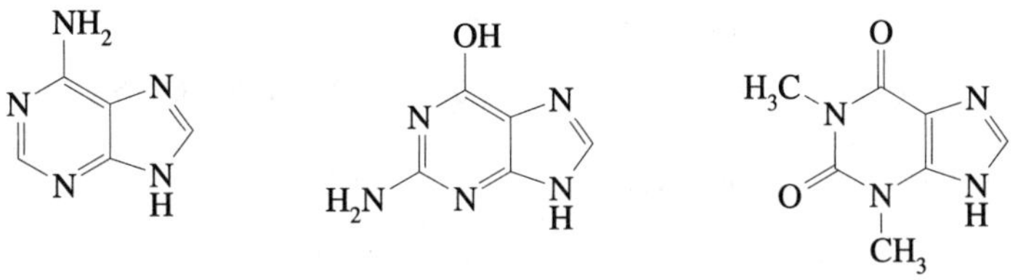

腺嘌呤
adenine

鸟嘌呤
guanine

茶碱
theophylline

学 习 指 导

14-1 本章要点

1. 杂环化合物命名包括母核命名及环上原子的编号,杂环母核常根据其英文名称音译。

2. 吡啶为一弱碱;吡啶亲电取代反应在比较剧烈的条件下进行,取代基进入β-位,但不能发生傅-克反应;吡啶可以与氨基钠($NaNH_2$)等亲核试剂在α-位或γ-位起亲核取代反应。

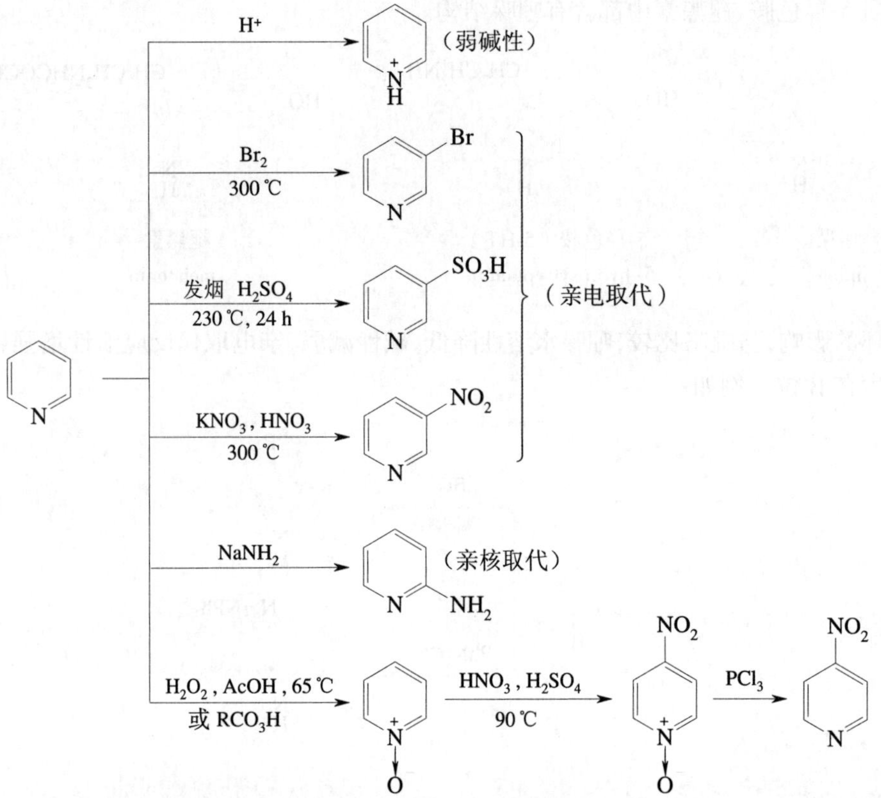

H+
(弱碱性)
Br₂
300 ℃
Br
发烟 H₂SO₄
230 ℃, 24 h
SO₃H
(亲电取代)
KNO₃, HNO₃
300 ℃
NO₂
NaNH₂
(亲核取代)
NH₂
H₂O₂, AcOH, 65 ℃
或 RCO₃H
HNO₃, H₂SO₄
90 ℃
PCl₃
NO₂

3. 吡咯、呋喃、噻吩均为闭合的共轭体系,π电子数为6,符合休克尔规则,具有芳香性,其环上电子云密度大于苯环,易发生亲电取代反应,单取代一般在α-位,吡咯和呋喃易开环,磺化时用吡啶三氧化硫作为磺化剂,硝化时所用试剂为硝酸乙酰酯。吡咯氮上氢具有弱酸性。

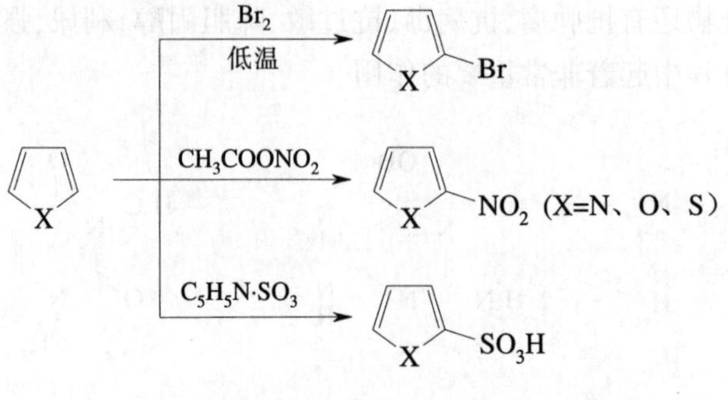

Br₂
低温
Br
CH₃COONO₂
NO₂ (X=N、O、S)
C₅H₅N·SO₃
SO₃H

4. 喹啉既有苯的性质又有吡啶的性质,还有因为二者相互影响带来的性质;喹啉亲电反应主要发生在苯环上(5-位和8-位),亲核反应主要发生在吡啶环上(2-位或4-位);苯环比吡啶环易氧化,而吡啶较苯易发生还原反应。

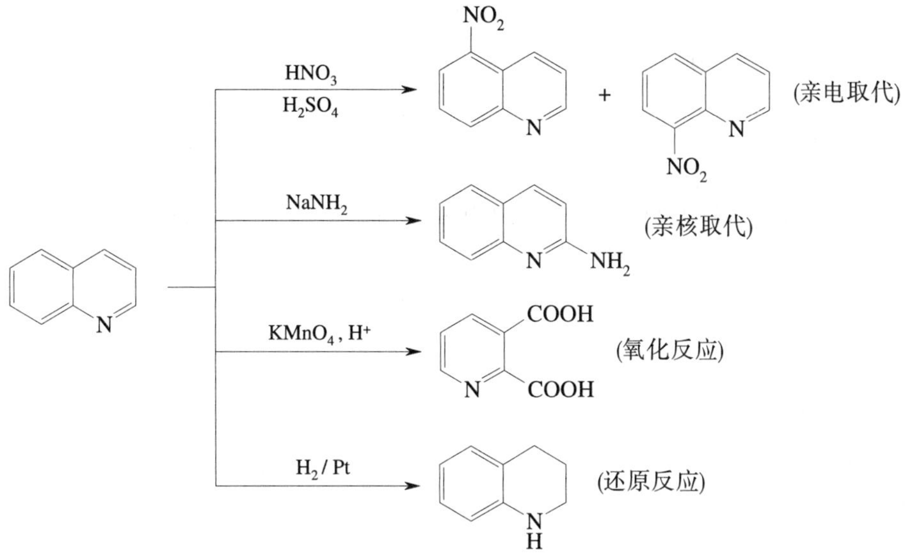

HNO_3 / H_2SO_4 (亲电取代)

$NaNH_2$ (亲核取代)

$KMnO_4$, H^+ (氧化反应)

H_2 / Pt (还原反应)

5. α-吡喃酮和 γ-吡喃酮分子中的羰基失去了正常的羰基性质。它们与酸或卤代烷反应形成盐。

14-2 解题示例

【例 1】为什么吡咯比苯容易进行环上的亲电取代反应，而吡啶比苯难进行环上的亲电取代反应？

解：在吡咯中，5 个原子共享 6 个 π 键电子，是多 π 芳环，环上电子云密度比苯大，故吡咯比苯容易进行环上的亲电取代反应；在吡啶中，由于 N 的吸电子效应，使环上的电子云密度有所降低，所以比苯难进行环上的亲电取代反应。

【例 2】比较下列各组化合物的碱性：

（1） 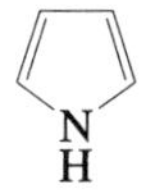 和 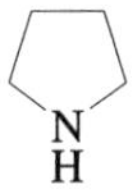 （2） 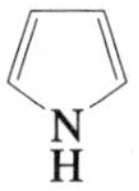 和

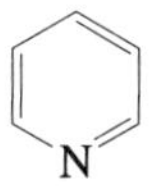

解：（1）吡咯中，氮上的 1 对孤对电子用来形成共轭的大 π 键，难于接受质子，而四氢吡咯不存在共轭体系，相当于二级胺，其氮上的 1 对电子可以用来与质子结合，因此它们的碱性：

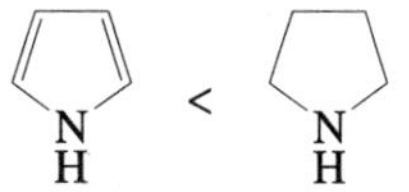

<

（2）吡啶氮上的 1 对电子存在于 sp^2 杂化轨道中，不参与形成共轭体系，可以接受质子，而吡咯氮上 1 对电子参与形成共轭体系，因此它们的碱性：

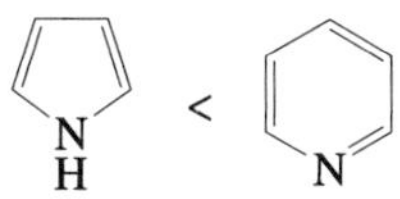

<

【例 3】命名下列化合物：

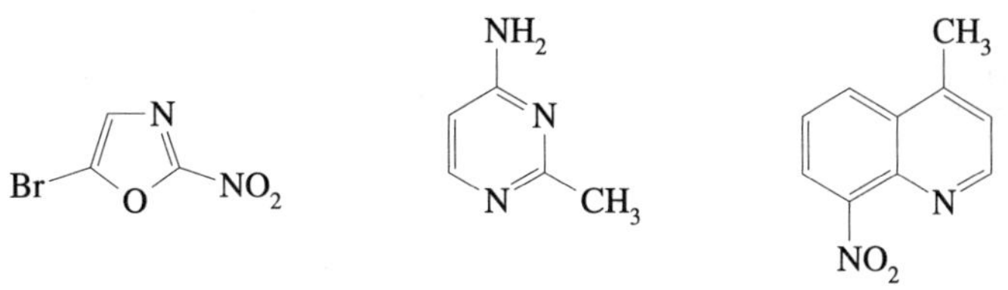

解：杂环化合物的命名包括母环的命名（其中包括母环的名称和编号）和取代基的命名；母环编号有规定的顺序，以上 3 个化合物的编号及名称为：

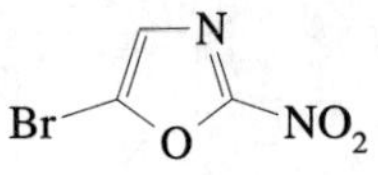

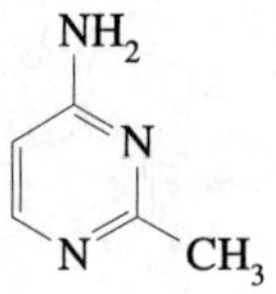

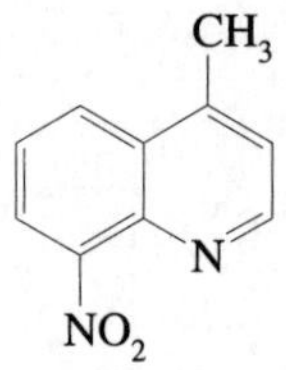

5-溴-2-硝基噁唑　　2-甲基嘧啶-4-胺　　4-甲基-8-硝基喹啉

14-3　习题

1. 命名下列化合物：

(1) 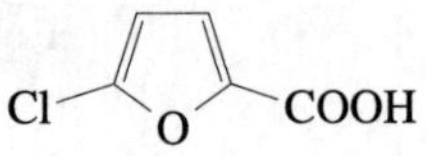　　(2)

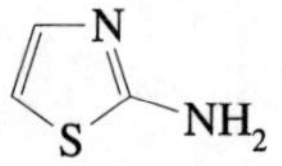

(3) 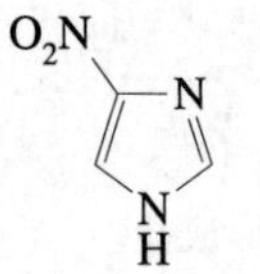　　(4)

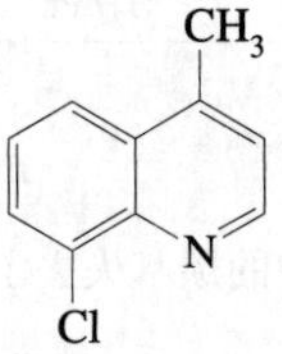

(5) 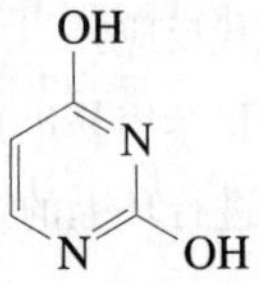　　(6) 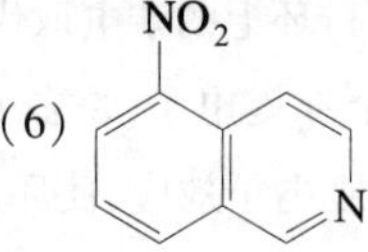

2. 写出下列化合物的结构式：

(1) α-硝基噻吩　　(2) 吡啶-3-甲酸

(3) 2-氯吡咯　　(4) 喹啉-8-酚

(5) 2,6-二甲基嘌呤　　(6) 2,4-二氯嘧啶

3. 用化学方法完成下列各项：

(1) 除去混在甲苯中的少量吡啶　　(2) 除去混在吡啶中的少量六氢吡啶

(3) 除去混在苯中的少量噻吩

4. 写出下列反应的产物：

(1) 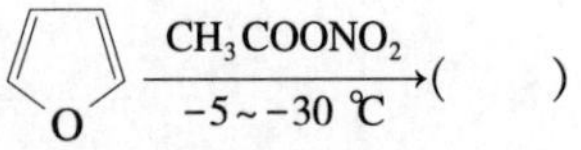 $\xrightarrow[-5\sim-30\ ℃]{CH_3COONO_2}$ (　　)　　(2) 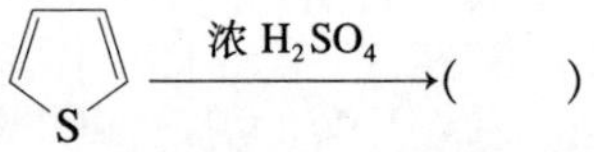 $\xrightarrow{浓\ H_2SO_4}$ (　　)

(3) $\xrightarrow[②\ HCl]{①\ C_5H_5N \cdot SO_3}$ 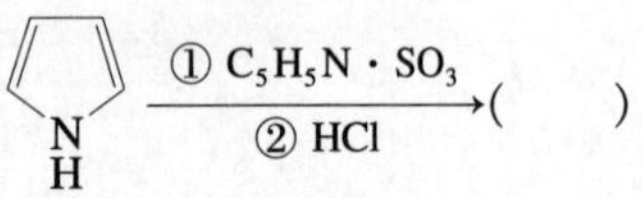 (　　)　　(4) 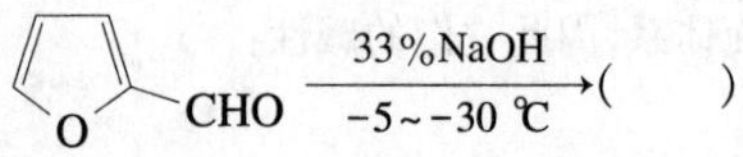 CHO $\xrightarrow[-5\sim-30\ ℃]{33\%NaOH}$ (　　)

(5) $\xrightarrow[Ag_2SO_4]{Br_2, H_2SO_4}$ (　　)　　(6) 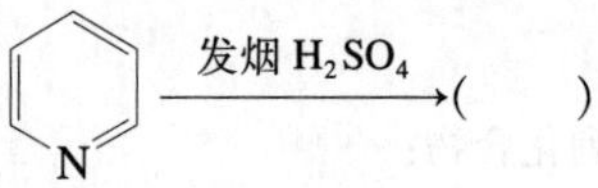 $\xrightarrow{发烟\ H_2SO_4}$ (　　)

(7) 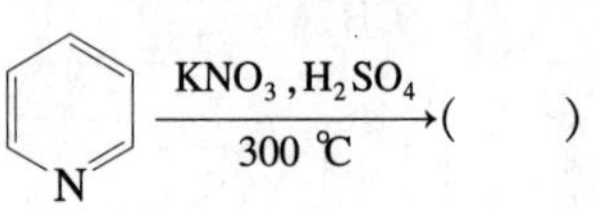 $\xrightarrow[300\ ℃]{KNO_3, H_2SO_4}$ (　　)　　(8) 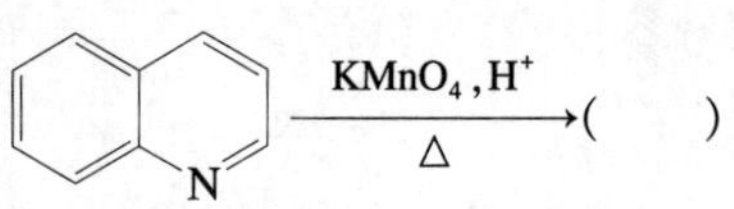 $\xrightarrow[\triangle]{KMnO_4, H^+}$ (　　)

(9) 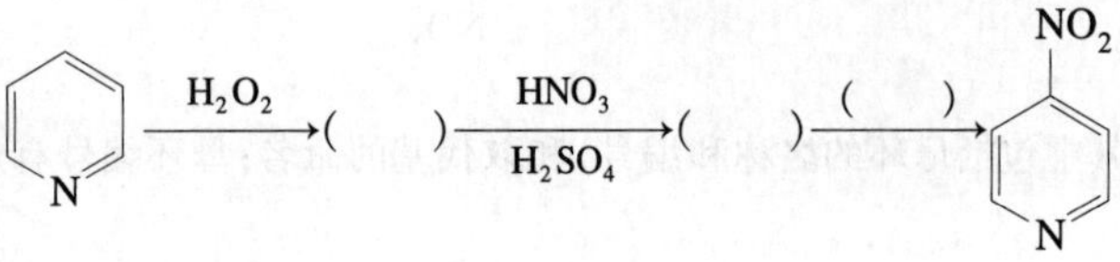 $\xrightarrow{H_2O_2}$ (　　) $\xrightarrow[H_2SO_4]{HNO_3}$ (　　) $\xrightarrow{(\quad)}$ NO_2

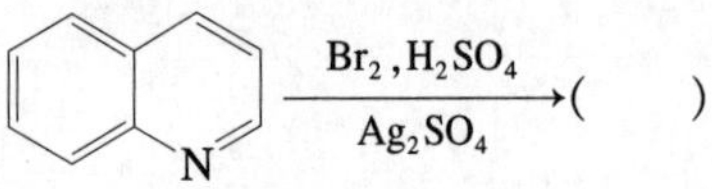

5. 比较下列化合物的碱性：

(1) 甲胺、氨、苯胺、乙酰胺　　　　(2) 吡咯、吲哚、吡啶

6. 某杂环化合物(分子式为 C_6H_6OS)能生成肟，但不与硝酸银的氨溶液作用，它与 I_2/NaOH 作用后，生成噻吩-2-甲酸，写出原化合物的结构。

7. 组胺(histamine)分子中，哪个氮原子碱性最强？写出强弱顺序并说明理由。

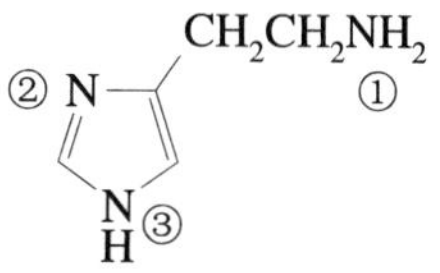

$CH_2CH_2NH_2$ ①

② N

N ③
H

15 糖类化合物

15.1 概述

糖(saccharide)也称作**碳水化合物(carbohydrate)**,是自然界存在较广泛的一类化合物,也是与人类生活关系十分密切的一类化合物。植物中的纤维素、淀粉、蔗糖以及为人类生命活动提供主要能量的葡萄糖等都是糖类化合物。

最初分析得知糖类化合物都含有碳、氢、氧三种元素,且分子中氢原子与氧原子的数目比为 2∶1,故将糖的通式写成 $C_n(H_2O)_m$,因而也把糖称为碳水化合物,如葡萄糖的分子式为 $C_6(H_2O)_6$。后来发现有一些糖类化合物不符合此通式,如鼠李糖分子式为 $C_6H_{12}O_5$,有些非糖类化合物分子组成符合此通式,如乙酸(分子式为 $C_2H_4O_2$)、甲醛(分子式为 CH_2O),故碳水化合物一词并不能准确反映糖的结构,但仍然沿用至今。从结构上看,糖类化合物是多羟基醛、多羟基酮或它们的缩聚物。

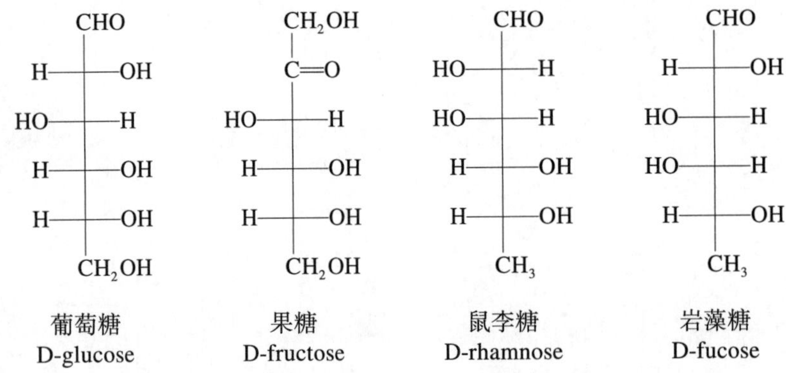

葡萄糖 D-glucose　果糖 D-fructose　鼠李糖 D-rhamnose　岩藻糖 D-fucose

根据糖类水解的情况,可将糖分为三类,即单糖、低聚糖和多糖。

单糖(monosaccharide)是最简单的糖,它不能再被水解成更小的糖分子,如葡萄糖、果糖等。

低聚糖(oligosaccharide)又称寡糖,是由 2~9 个单糖分子脱水缩聚而成的。

多糖(polysaccharide)是由多于 9 个的单糖分子脱水而成的,如淀粉、纤维素等。

15.2 单糖

单糖广泛存在于自然界,大多数为复杂天然产物的分解物。单糖分为醛糖和酮糖,分子中含有醛基的糖称为**醛糖(aldose)**,分子中含有酮羰基的糖称为**酮糖(ketose)**,如葡萄糖为醛糖,果糖为酮糖。单糖可根据分子中碳原子的数目分为三碳糖、四碳糖、五碳糖等。葡萄糖是六碳糖,也是最重要的单糖。自然界最简单的醛糖是甘油醛,最简单的酮糖是 1,3-二羟基丙酮,碳原子数目最多的单糖是 9 个碳的壬酮糖。在体内以戊糖和己糖最为常见。有些糖的羟基可被氢原子或氨基取代,如脱氧糖和组成节肢动物甲壳质的氨基糖,它们也是生物体内重要的糖类,如 2-脱氧核糖、2-氨基葡萄糖。

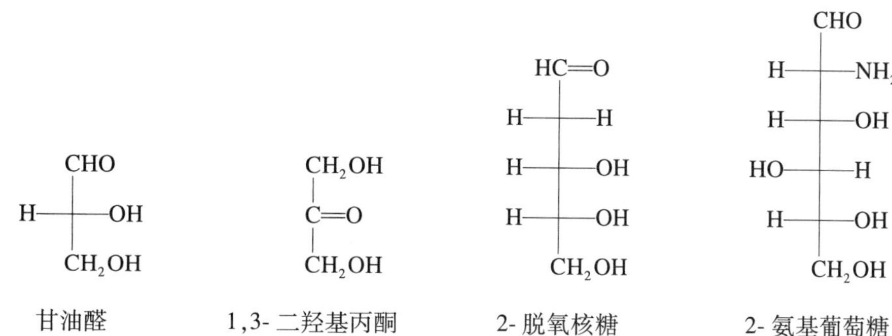

甘油醛　　1,3-二羟基丙酮　　2-脱氧核糖　　2-氨基葡萄糖

15.2.1 单糖的结构

1. 单糖的开链结构

最简单的醛糖为甘油醛，甘油醛分子中有 1 个手性碳，存在 1 对对映异构体。在甘油醛的费歇尔投影式中，将 2-位羟基在投影式右边的称为 D-型，将 2-位羟基在投影式左边的称为 L-型，其他的糖类化合物通过各种反应与甘油醛相对比，将它们写成费歇尔投影式后，其最大编号的手性碳上的—OH 在投影式右边的为 D-型，在左边的为 L-型。自然界存在的糖为 D-型。为方便起见，常将糖的费歇尔投影式中氢原子省略，羟基用短线表示。例如：

CHO / H—OH / CH_2OH　　CHO / HO—H / CH_2OH　　CHO / CH_2OH　　CHO / CH_2OH

D-(+)-甘油醛　　L-(−)-甘油醛　　D-(+)-葡萄糖　　L-(−)-葡萄糖

糖类化合物手性碳构型也可采用 *R*、*S* 标记法标记。

葡萄糖为六碳醛糖，分子式为 $C_6H_{12}O_6$，分子中有 4 个手性碳，有 $2^4=16$ 个立体异构体，其中 8 个为 D-型，8 个为 L-型，组成 8 对对映异构体。在这些光学异构体中，自然界中存在的只有 D-(+)-葡萄糖，D-(+)-甘露糖和 D-(+)-半乳糖，其余都是人工合成的。糖类化合物的开链结构一般都用费歇尔投影式表示。

D-(+)-葡萄糖和 D-(+)-甘露糖是非对映体的关系，它们之间的差别仅是 C_2 位的构型不同。像这种有多个手性碳的非对映异构体，彼此间仅有一个手性碳原子的构型不同，而其余的都相同者，又可称为**差向异构体(epimer)**。

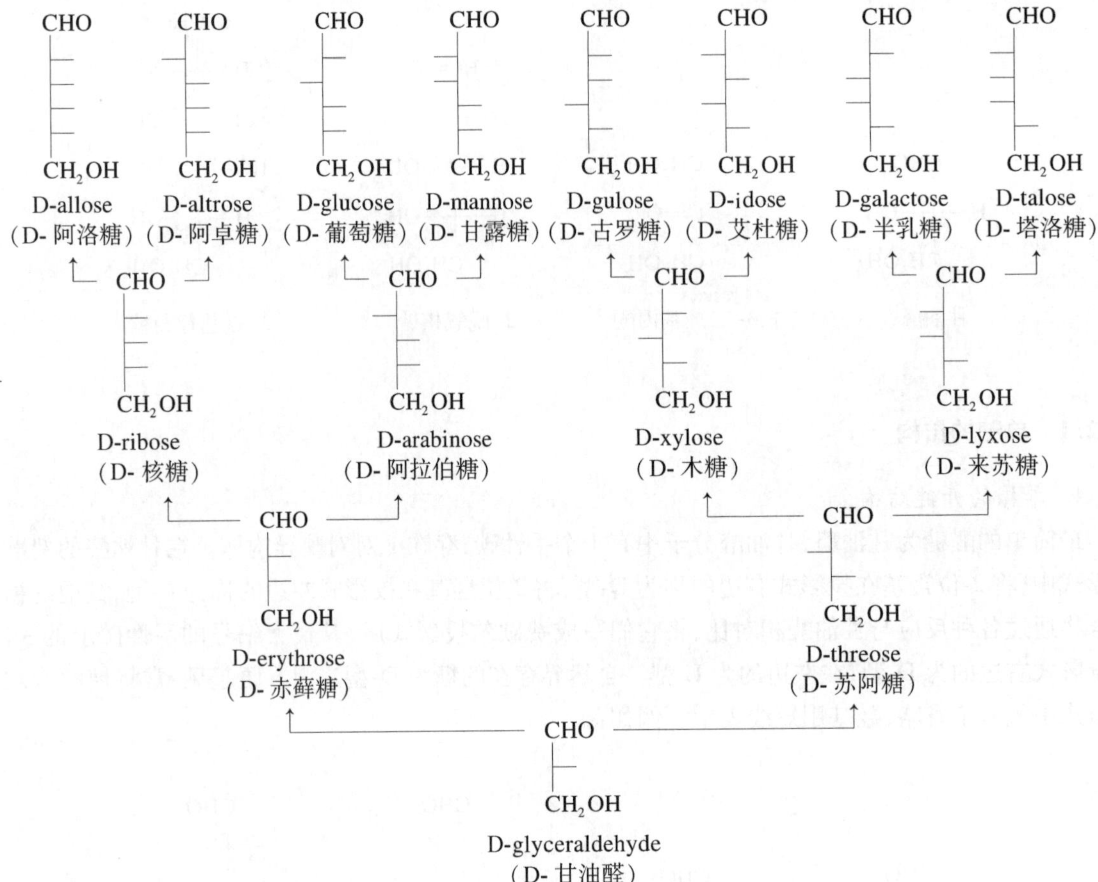

2. 单糖的环状结构和哈沃斯透视式

葡萄糖的开链结构表明其结构中含有羰基，但是这种开链结构与一些实验事实不符，如醛在干燥 HCl 存在下可与两分子甲醇反应生成缩醛，但葡萄糖只与一分子甲醇反应生成稳定的化合物；固体 D-葡萄糖在红外光谱中不出现羰基的伸缩振动峰，在核磁共振谱中也不显示与醛基相连的氢原子（H—CO—）的特征峰；D-(+)-葡萄糖在 50 ℃以下水溶液中结晶得到一个熔点为 146 ℃的晶体，其比旋光度为+112°，在 98~100 ℃的水溶液中结晶得到熔点为 150 ℃的晶体，其比旋光度为+18. 7°，将这两种晶体分别溶于水中，它们的比旋光度都逐渐变化到+52. 6°，这种比旋光度发生变化的现象称为**变旋现象（mutamerism）**。这些现象不能用糖的开链式结构说明。

联想到 γ-和 δ-羟基醛可以形成分子内的半缩醛和缩醛，葡萄糖分子中含有醛基和醇羟基，也可能形成环状分子内半缩醛。D-(+)-葡萄糖主要以 δ 氧环式形式存在，即 δ 碳原子上的羟基与醛基作用生成环状半缩醛。该环状半缩醛只与一分子甲醇反应即可生成缩醛。

HO—H, H—OH, HO—H, H—OH, H— (O 环), CH_2OH $\xrightarrow[\text{干燥 HCl}]{CH_3OH}$ H_3CO—H, H—OH, HO—H, H—OH, H— (O 环), CH_2OH

葡萄糖形成环状半缩醛结构时，产生了一个新的手性碳原子，即形成的半缩醛羟基有两种取向，一般将半缩醛羟基与决定构型的羟基（编号最大的手性碳上的羟基）在同侧的定为 α-异构体，在异侧的定为 β-异构体。α-D-(+)-葡萄糖的比旋光度为+112°，β-D-(+)-葡萄糖的比旋光度为+18. 7°。这两个异构体从结构上看只有 C_1 构型不同，称作**端基差向异构体（anomer）**。当把两个异构体溶于水中时，它们可以通过开链结构进行半缩醛形式的相互转化，最终达到平衡。平衡混合物中 α-异构体占 36%，β-异构体占 64%，开链结构占 0.02%，平衡混合物的比旋光度为+52.6°。

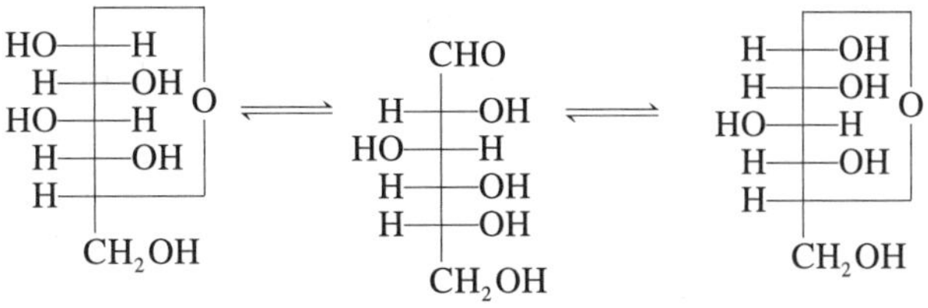

β-D-(+)-葡萄糖 $[\alpha]_D=+18.7°$　　开链结构　　α-D-(+)-葡萄糖 $[\alpha]_D=+112°$

糖的环状结构常以**哈沃斯(Haworth)透视式**表示。现以葡萄糖为例来说明哈沃斯式的写法。首先将费歇尔投影式向右侧转 90°，然后把碳链写成 6 元环形式，旋转 C_4—C_5 键使 C_5 上的羟基接近醛基，C_5 上的羟基从环平面的两侧进攻醛基，形成葡萄糖半缩醛形式的两种异构体。

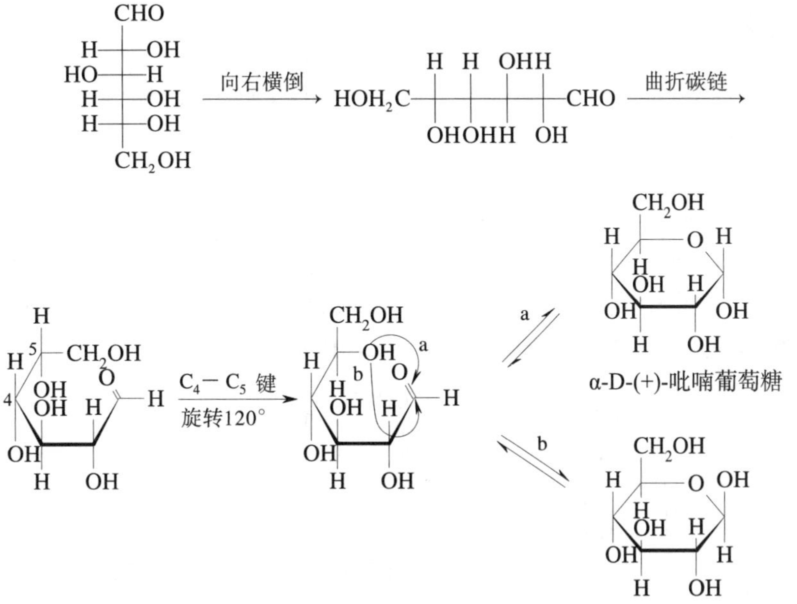

向右横倒　曲折碳链

C_4—C_5 键 旋转120°

α-D-(+)-吡喃葡萄糖

β-D-(+)-吡喃葡萄糖

除了 6 元环形式外，糖还可以以 5 元环形式存在。像上例以 5 个碳原子与 1 个氧原子形成的 6 元环，因形式上像吡喃，故称为吡喃糖；若以 4 个碳原子与 1 个氧原子形成 5 元环，形式上像呋喃，则称为呋喃糖，如 D-呋喃果糖。

β-D-呋喃果糖　　α-D-呋喃果糖

糖的开链式结构成环后，原来判断构型的标准(如 C_5—OH)因参与成环，已无法直接以其为标准来判断构型。此时，可根据 C_5 上的—CH_2OH 来判断构型：环顺时针排列时，C_5 上—CH_2OH 在环平面上方者为 D 型；C_5 上—CH_2OH 在环平面下方者为 L 型。若逆时针排列则相反。

在葡萄糖的哈沃斯式中，半缩醛羟基与—CH_2OH 在同侧的为 β-构型，在异侧的为 α-构型。在某些环中无参照的—CH_2OH，则以决定构型 D 或 L 的羟基为参照，半缩醛羟基与它在同侧的为 α-构型，在异侧的为 β-构型。

3. 单糖的构象

吡喃糖为六元环,与环己烷类似,椅式构象为其优势构象,环上的取代基中,—CH_2OH 为体积较大的基团,所以—CH_2OH 处在 *e* 键的为稳定构象。如 α-D-吡喃葡萄糖和 β-D-吡喃葡萄糖所对应的稳定构象分别为:

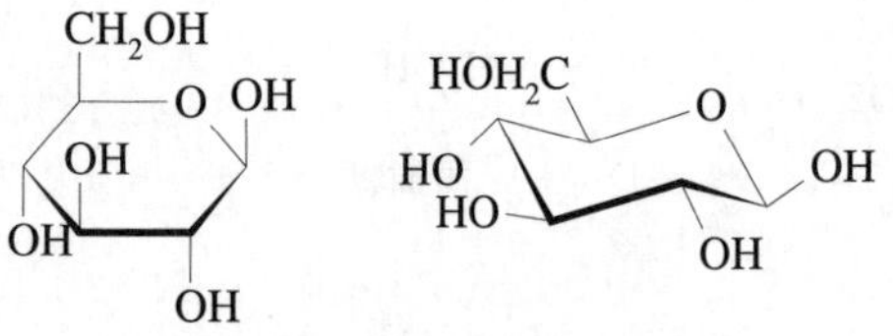

β-D-(+)-吡喃葡萄糖 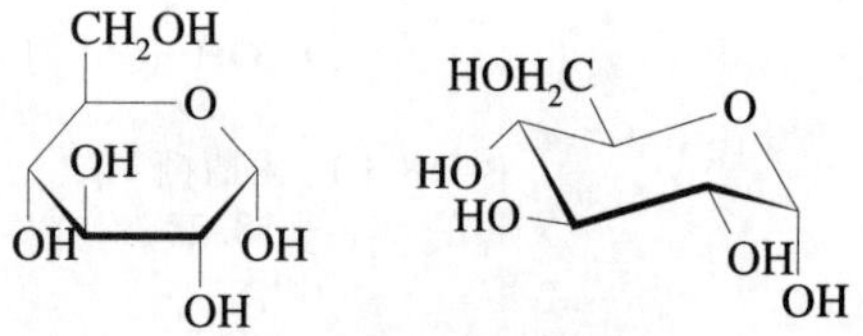　　　　α-D-(+)-吡喃葡萄糖

可以看出,在 α-异构体中,半缩醛羟基在 *a* 键,其他基团都在 *e* 键,而在 β-异构体中,所有的基团均在 *e* 键上,即 β-异构体比 α-异构体稳定。因此在葡萄糖水溶液平衡混合物中 β-异构体比较多,占 64%。

15.2.2 单糖的化学性质

单糖分子中含有羟基和羰基,除了具有一般醇和醛酮的性质外,还因它们处于同一分子内而相互影响,故又显示某些特殊性质。

1. 差向异构化

单糖用稀碱水溶液处理时,可发生异构化反应。如在碱(如氢氧化钡)作用下,D-葡萄糖可以部分转变为 D-甘露糖和 D-果糖(可能是通过烯二醇中间体相互转化),最后形成各种异构体的平衡混合物。D-葡萄糖和 D-甘露糖中有 3 个手性碳是相同的,只有 1 个不同,它们是差向异构体。单糖这种转化为差向异构体的过程称为**差向异构化(epimerization)**。

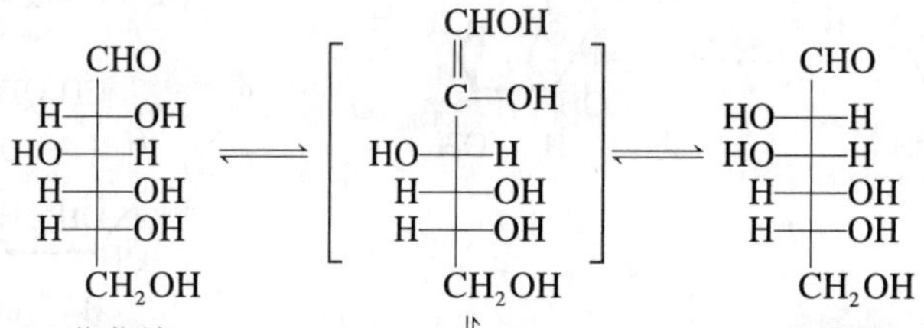

D-葡萄糖　　　　D-甘露糖

D-果糖

2. 氧化反应

单糖具有酮羰基或醛基,能被多种氧化剂氧化。杜伦试剂和斐林试剂可将醛糖氧化成糖酸,同时分别生成银镜和砖红色的 Cu_2O 沉淀;果糖在碱性条件下可发生差向异构化转变为醛糖,因此也可被这两种试剂氧化。能被杜伦试剂和斐林试剂氧化的糖称为**还原糖(reducing sugar)**。例如:

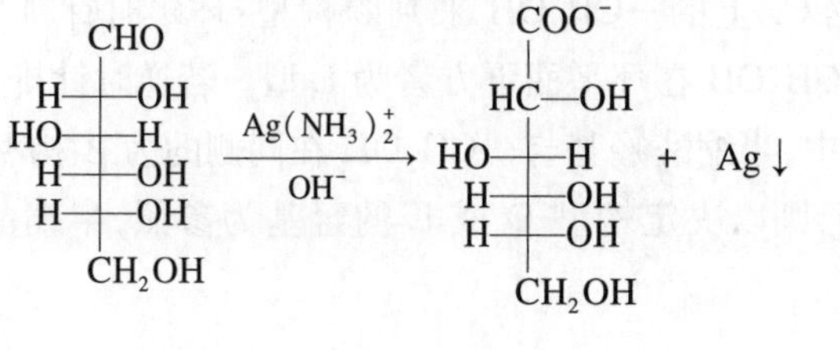

$$\xrightarrow[OH^-]{Ag(NH_3)_2^+} \quad + \ Ag\downarrow$$

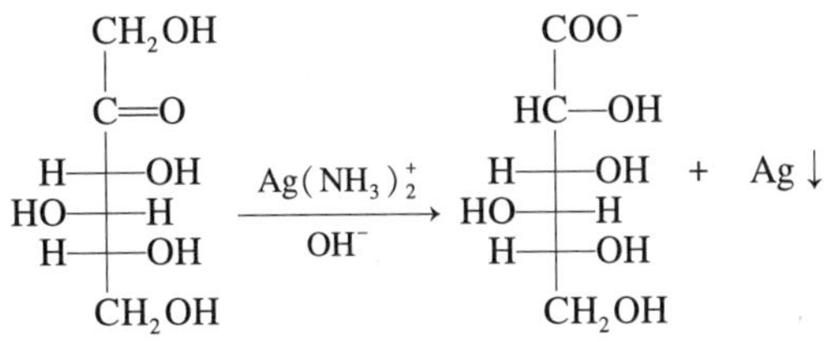

CH_2OH / $C{=}O$ / H—OH / HO—H / H—OH / CH_2OH $\xrightarrow[OH^-]{Ag(NH_3)_2^+}$ COO^- / HC—OH / H—OH / HO—H / H—OH / CH_2OH + Ag↓

溴的水溶液为弱氧化剂，可很快地与醛糖反应，选择性地将其醛基氧化成羧基，然后很快生成内酯。酮糖不发生此反应，因此可以利用溴水是否褪色来鉴别醛糖或酮糖。

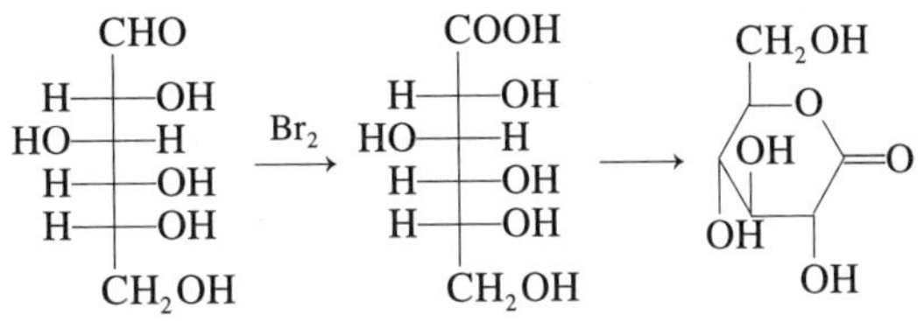

CHO / H—OH / HO—H / H—OH / H—OH / CH_2OH $\xrightarrow{Br_2}$ COOH / H—OH / HO—H / H—OH / H—OH / CH_2OH ⟶ （内酯：CH_2OH，O，OH，=O，OH，OH）

硝酸是强氧化剂，可以将糖的醛基和端基的—CH_2OH 都氧化为羧基，用于制备糖二酸。例如：

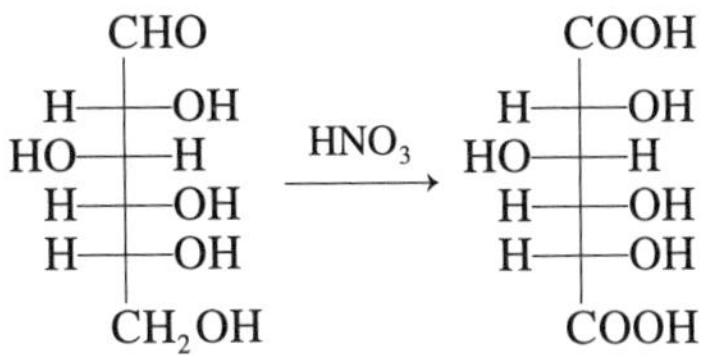

CHO / H—OH / HO—H / H—OH / H—OH / CH_2OH $\xrightarrow{HNO_3}$ COOH / H—OH / HO—H / H—OH / H—OH / COOH

另外糖也可被 HIO_4 氧化，如 D-葡萄糖被 HIO_4 氧化生成 5 分子甲酸和 1 分子甲醛。反应式为：

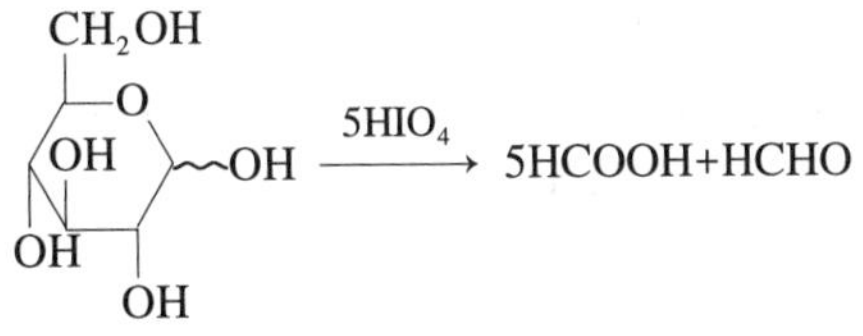

（吡喃葡萄糖：CH_2OH，O，OH，OH，OH，OH）$\xrightarrow{5HIO_4}$ 5HCOOH+HCHO

3. 形成糖脎

糖与苯肼反应生成苯腙，当苯肼过量时，可进一步反应生成**脎(osazone)**。例如：

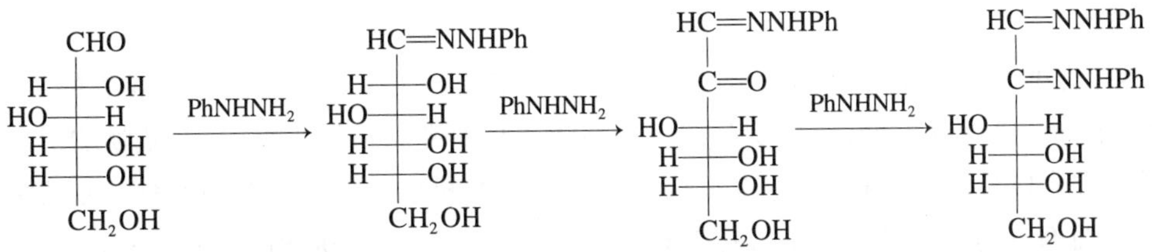

CHO / H—OH / HO—H / H—OH / H—OH / CH_2OH $\xrightarrow{PhNHNH_2}$ HC=NNHPh / H—OH / HO—H / H—OH / H—OH / CH_2OH $\xrightarrow{PhNHNH_2}$ HC=NNHPh / C=O / HO—H / H—OH / H—OH / CH_2OH $\xrightarrow{PhNHNH_2}$ HC=NNHPh / C=NNHPh / HO—H / H—OH / H—OH / CH_2OH

糖脎是不溶于水的黄色晶体，不同的糖成脎时间、结晶形状及形成的糖脎的熔点不同，可用于糖的定性鉴定。仅是 C_1、C_2 上结构不同的糖（其余碳的结构相同）可形成相同的糖脎，如 D-葡萄糖，D-果糖和 D-甘露糖与苯肼反应可形成相同的脎，它们的分子中，除 C_1、C_2 外，C_3、C_4、C_5 为相同的结构。

4. 糖苷的生成

糖以环状半缩醛形式存在，因此和其他半缩醛（酮）一样，糖类化合物可以进一步和另一分子的醇在干燥 HCl 存在下形成缩醛或缩酮化合物，称为**糖苷(glucosides)**。如在 HCl 存在下，D-(+)-葡萄糖与甲醇作用，可生成 2 个甲基取代物。

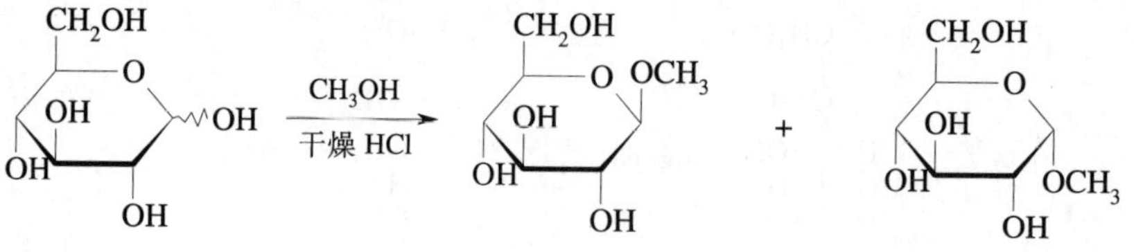

β-D-吡喃葡萄糖甲苷　　α-D-吡喃葡萄糖甲苷

糖苷分子结构可分为糖基和非糖两部分。糖部分称为糖基,非糖部分称为配糖基或苷元。糖苷与其他缩醛一样,是比较稳定的化合物,在水中不能转化为开链结构,没有变旋现象,也不能被杜伦试剂、斐林试剂氧化,但在酸性条件或酶的作用下,可水解成原来的糖。

糖苷广泛存在于自然界,多为中草药有效成分。如松针中的水杨苷、苦杏仁中的苦杏仁苷(扁桃苷)、蒲公英和槐花等中的用作高血压辅助治疗剂的芦丁等。

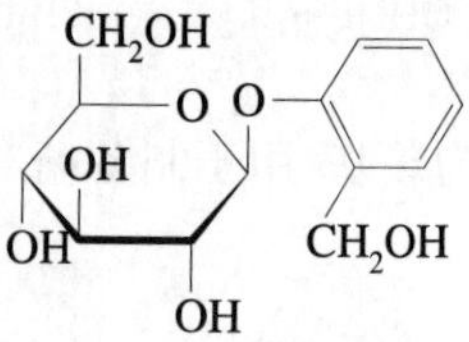

水杨苷(salicin) 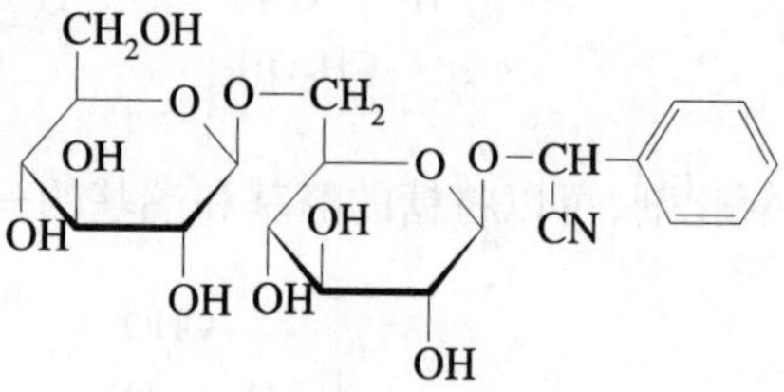　　苦杏仁苷(amygdalin)

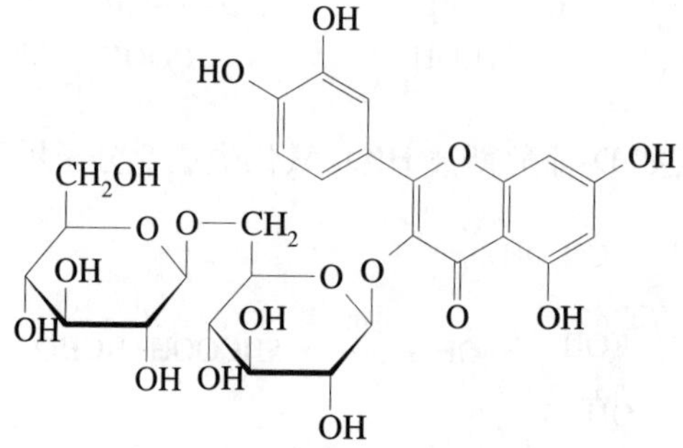

芦丁(sophorin, 芸香苷)

15.2.3　重要的单糖及其衍生物

1. 葡萄糖

自然界存在的葡萄糖主要是D-(+)-葡萄糖。葡萄糖是与人类生命活动密切相关的基础物质,也是在自然界中分布最广的单糖,它主要存在于葡萄汁及其他带甜味的水果中,在植物的根、茎、叶中都含有葡萄糖,并常以苷的形式存在,它也是构成多糖最基本的结构单位。人和动物的血液中也存在葡萄糖,因此葡萄糖也称为血糖。正常人每100 mL的血液中含80~100 mg的葡萄糖,若低于此值,会导致低血糖症,如血糖浓度过高或者在尿中出现葡萄糖时,表明有患糖尿病的可能。

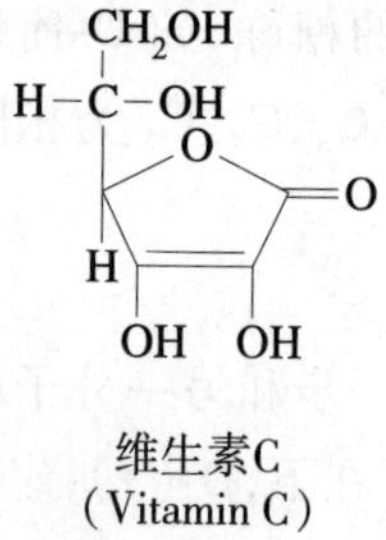

葡萄糖是重要的营养物质,是医院里使用最多的输液,它在体内通过代谢可以放出能量供机体的需要。

食物中的淀粉要在消化器官中转化成葡萄糖之后才能够被人体利用。工业上多用淀粉水解来制备葡萄糖,在医药上,葡萄糖是重要的营养剂,也是制剂中常用的稀释剂和辅料。

维生素C
(Vitamin C)

葡萄糖是人体内新陈代谢不可缺少的重要营养物质,为人和动物的生命活动提供能量,在医药、食品工业中也有重要用途,是制备葡萄糖酸钙和维生素C

的原料,在酶的作用下可以转化为维生素 C。

维生素 C(抗坏血酸)为无色晶体,熔点为 190~192 ℃,易溶于水,水溶液有酸味。从结构上讲,维生素 C 是酮酸内酯,但其酮为烯醇式,具有特殊的烯二醇结构。烯二醇是个强的还原剂,很容易失去氢而变成 α-二酮结构,维生素 C 具有重要的生理功能也正是因为其在体内能发生氧化还原作用。

2. 果糖

果糖是自然界中分布最广的己酮糖。它主要存在于蜂蜜和某些水果中,也可以与 D-(+)葡萄糖结合成蔗糖而存在。果糖的甜度比蔗糖和葡萄糖都甜,自然界中存在的果糖都为 D-(−)-果糖。

3. 核糖和 α-去氧核糖

核糖和 α-去氧核糖都是戊醛糖,它们的结构式分别如下:

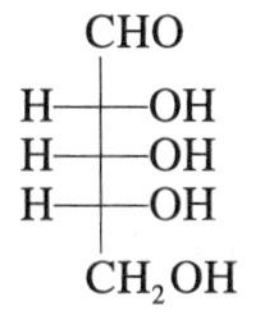

D-(−)-核糖 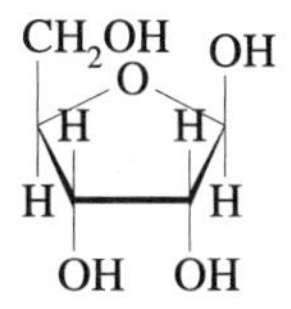　β-D-(−)-核糖 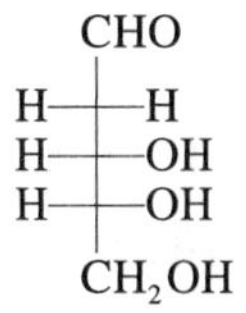　D-(−)-2-去氧核糖 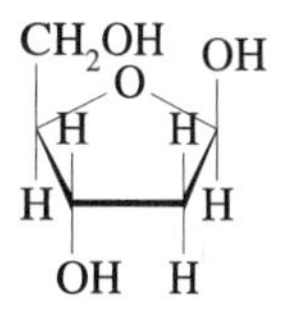　β-D-(−)-2-去氧核糖

它们在自然界中分别与磷酸和有机碱组成核糖核酸(RNA)或者 α-去氧核糖核酸(DNA)。

15.3 双糖

双糖(disaccharide)是最简单的低聚糖,可以看作是一分子糖的半缩醛羟基与另一分子糖的羟基脱水缩合的产物。双糖可水解成两分子单糖。双糖的物理性质类似于单糖,例如能形成结晶,易溶于水,具甜味,有旋光性等。根据是否具有还原性可将双糖分为还原性糖和非还原性糖。自然界存在的麦芽糖、纤维二糖、乳糖等为还原性糖,蔗糖、海藻糖等为非还原性糖。

1. (+)-麦芽糖

(+)-麦芽糖(maltose)是食用饴糖的主要成分,可用淀粉经淀粉酶水解而得。麦芽糖可被 α-葡萄糖苷酶水解成两分子的 D-葡萄糖,这种得自酵母的 α-葡萄糖苷酶只能水解 α-糖苷键,这说明麦芽糖由两分子的葡萄糖通过 α-糖苷键缩合,麦芽糖是还原性糖,能被杜伦试剂氧化,说明其分子中具有醛基。实验表明麦芽糖具有如下结构:

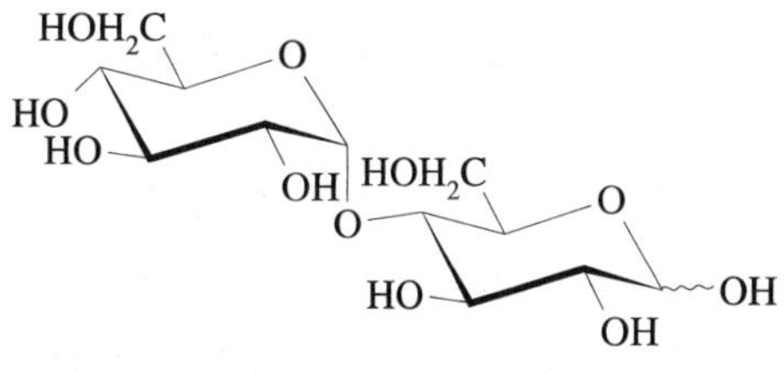

(+)-麦芽糖

(+)-麦芽糖是以 α-1,4 苷键(常可用 α-1→4 表示)连接的,是具有还原性的双糖。其全名为 4-*O*-(α-D-吡喃葡萄糖基)-D-吡喃葡萄糖。结晶状态的(+)-麦芽糖中,半缩醛羟基是 β-构型的,其比旋光度$[\alpha]_D$为+112°,但在水溶液中,它也像葡萄糖一样,存在变旋现象,部分变旋产生 α-(+)-麦芽糖,其比旋光度$[\alpha]_D$为+168°,最终达到平衡时$[\alpha]_D$为+136°。

2. (+)-乳糖

(+)-乳糖(lactose)存在于哺乳动物的乳汁中,人乳中含 7%~8%,牛奶中含 4%~5%。乳糖用苦杏仁酶水解时,可得等量的 D-葡萄糖和 D-半乳糖。

研究表明,乳糖是由一分子 β-D-吡喃半乳糖与一分子 D-吡喃葡萄糖通过 β-1→4 苷键相连而成

的,全名为 4-*O*-(β-D-吡喃半乳糖基)-D-吡喃葡萄糖,其结构为:

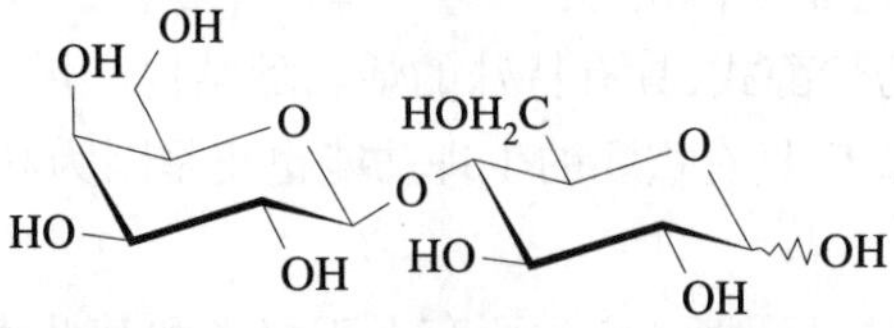

(+)–乳糖

由于其分子中的葡萄糖部分还保留有游离的半缩醛羟基,乳糖在溶液中也有变旋现象,也可形成糖脎,是还原糖。其α-体和β-体达到平衡时的比旋光度为 +55°,其纯的α-体和β-体的比旋光度分别为+90° 和 +35°。

3. (+)-纤维二糖

(+)-纤维二糖(cellobiose)是纤维素(棉纤维)水解的产物。其化学性质与(+)-麦芽糖相似,为还原糖,也有变旋现象。水解后生成两分子 D-(+)-吡喃葡萄糖。经与麦芽糖类似的一系列化学反应分析和结构确认得知:(+)-纤维二糖是以 β-1,4-糖苷键相连的。

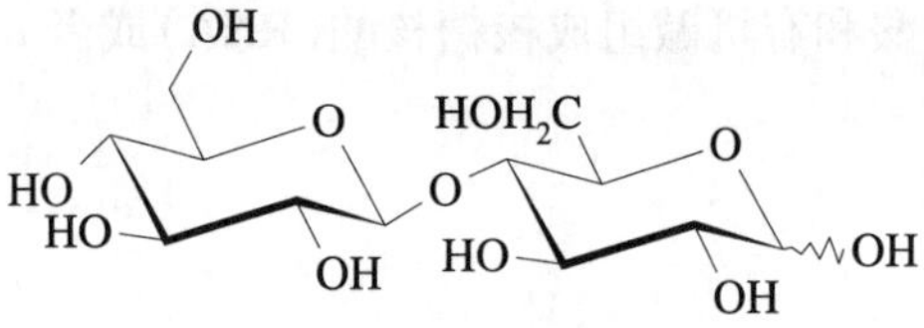

(+)–纤维二糖

与(+)-麦芽糖不同的是,(+)-纤维二糖不能被麦芽糖酶水解,而只能被苦杏仁酶(来自苦杏仁)水解,此酶是专一性断裂 β-糖苷键的糖苷酶。(+)-纤维二糖的全名为 4-*O*-(β- D-吡喃葡萄糖基)-D-吡喃葡萄糖。

(+)-纤维二糖与(+)-麦芽糖虽只是苷键的构型不同,但生理上却有很大差别。(+)-麦芽糖有甜味,可在人体内分解消化,而(+)-纤维二糖既无甜味,也不能被人体消化吸收。食草动物就不同,体内有水解 β-糖苷键的糖苷酶,所以可以以草为食,将纤维素最终水解为葡萄糖而供给肌体能量。

4. 蔗糖

蔗糖(sucrose)即为普通食用的白糖。为自然界分布最广的双糖,在甘蔗和甜菜中含量最多,故有蔗糖或甜菜糖之称。蔗糖的比旋光度为+66. 5°,无变旋现象,也不能还原杜伦试剂和斐林试剂,因此是非还原糖。

当(+)-蔗糖被稀酸水解时,产生等量的 D-葡萄糖和 D-果糖。该混合物的比旋光度为-19. 9°,水解后生成的 D-葡萄糖和 D-果糖混合物称为**转化糖(invertsugar)**,比蔗糖更甜。转化糖在蜂蜜中大量存在。(+)-蔗糖也可被麦芽糖酶水解,说明蔗糖具有 α-糖苷键;同时,其又可被转化酶水解(此酶是专一性地水解 β-D-果糖苷键的酶),以上说明(+)-蔗糖既是 α-D-葡萄糖苷,又是 β-D-果糖苷。随着鉴定技术的进步,经 X-射线等手段,确定了(+)-蔗糖为 α-D-吡喃葡萄糖基-β-D-呋喃果糖苷。当然,它同时也可称为 β-D-呋喃果糖基-α-D-吡喃葡萄糖苷。其结构式为:

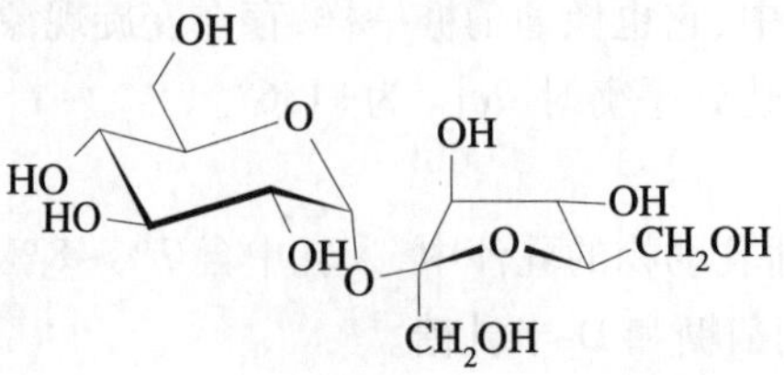

蔗糖

15.4 多糖

多糖是由几百乃至几千个单糖通过糖苷键连接而成的天然高分子化合物,相对分子质量在几万以上,如淀粉、纤维素等。多糖的最终水解产物是单糖。多糖的性质与单糖、双糖完全不同,多糖一般无变旋现象,无还原性,也不具有甜味,难溶于水。多糖中最重要的是淀粉和纤维素。

1. 淀粉

淀粉大量存在于植物的种子、茎和块根中,它是无色无味的颗粒,没有还原性,不溶于一般有机溶剂。在酸或酶作用下,淀粉可逐步裂解成小分子,首先生成相对分子质量较低的多糖混合物,称为糊精,继续水解得到麦芽糖和异麦芽糖,水解最终产物为 D-葡萄糖。

淀粉用热水处理后,可得到可溶性直链淀粉(约占 20%)和不溶性而膨胀的支链淀粉(约占 80%),由于直链淀粉用酸催化水解时只得到(+)-麦芽糖和 D-(+)-葡萄糖而没有纤维二糖,所以可认为直链淀粉是由葡萄糖的 α-1,4-苷键结合而成的长链。其结构为:

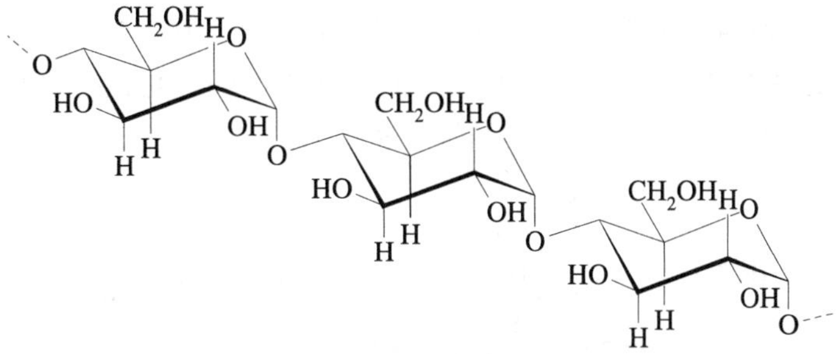

直链淀粉

直链淀粉的链不是伸开的一条直链,而是盘旋呈螺旋状的,每一圈约含 6 个葡萄糖单位。另外,主链也存在少量支链,如图 15-1 所示。

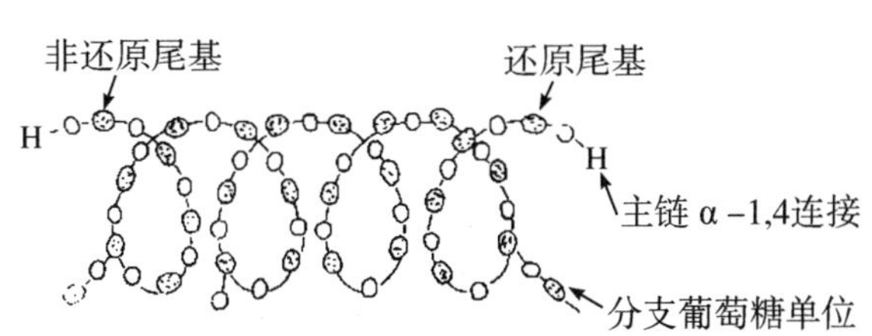

图 15-1 直链淀粉结构示意图

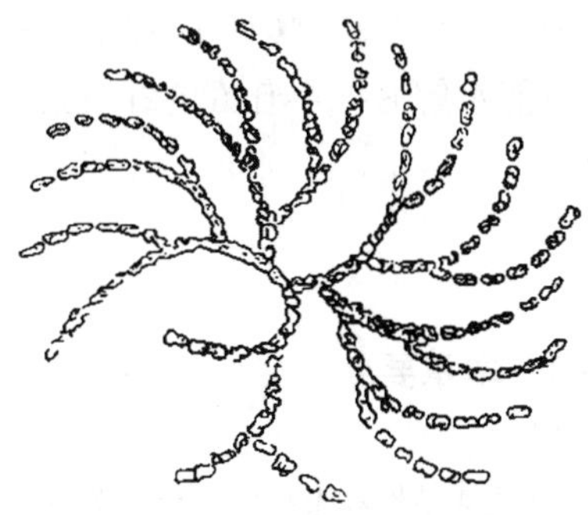

图 15-2 支链淀粉结构示意图

直链淀粉能与碘形成蓝色的配合物,这是由于可溶性淀粉的螺旋结构所形成的通道正好适合碘的分子。分析化学中的淀粉指示剂就是用可溶性淀粉制成的。

支链淀粉比直链淀粉的葡萄糖单位更多,相对分子质量更大(图 15-2)。因为支链淀粉在部分水解时得到(+)-麦芽糖和一些异麦芽糖——6-*O*-(α-D-吡喃葡萄糖基)-D-吡喃葡萄糖,所以支链淀粉除了由 D-葡萄糖以 α-1,4-苷键连接的主链外,还有通过 α-1,6-苷键或其他方式连接的支链,其结构如下所示:

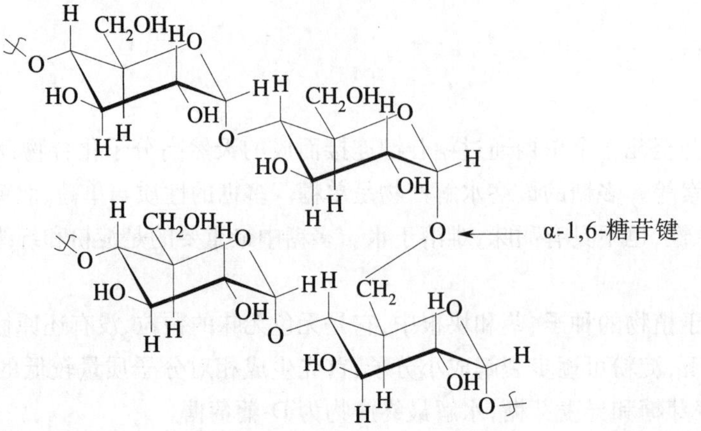

支链淀粉

2. 纤维素

纤维素是自然界中分布最广的多糖。它构成了植物细胞壁的纤维组织,如棉花中约含90%以上,木材中约含50%等。纤维素的纯品无色,无味,不溶于水和一般有机溶剂。与淀粉一样,纤维素也不具有还原性。它的基本结构单元也是葡萄糖,但与淀粉不同的是,它是由β-1,4-苷键连接而成的,另外相对分子质量也更高(约200万),其结构可表示为:

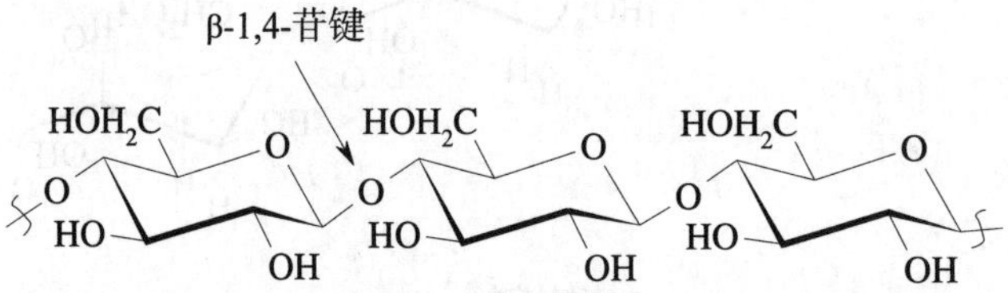

由于纤维素分子的长链能够依靠数目众多的氢键结合成纤维素束,几个纤维素束绞在一起形成绳索状结构,后者再定向排布形成肉眼可见的纤维。

纤维素水解比淀粉困难,需要高温、高压及无机酸的催化等条件,首先生成纤维二糖,进一步再水解成葡萄糖。食草动物(如羊、牛、马等)具有分解纤维素的酶,因此可以纤维素为食。由于人的消化道中没有能水解β-1,4-苷键的纤维素酶,所以人不能消化纤维素。

学 习 指 导

15-1 本章要点

1. 单糖

(1) 开链式结构及表示法——费歇尔投影式

葡萄糖为己醛糖,己醛糖共有16种异构体,天然葡萄糖只是其中的一种异构体。

单糖开链式结构可用费歇尔投影式表示,醛基或酮基放在上方,碳的编号从上端开始。如D-(+)-葡萄糖结构式如下所示:

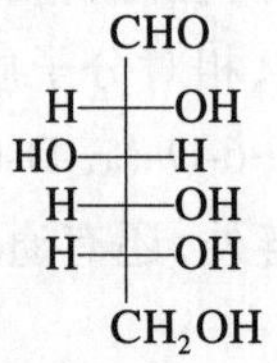

$$
\begin{array}{c}
\mathrm{CHO} \\
\mathrm{H}\!-\!\!\!\!-\!\!\!\!-\mathrm{OH} \\
\mathrm{HO}\!-\!\!\!\!-\!\!\!\!-\mathrm{H} \\
\mathrm{H}\!-\!\!\!\!-\!\!\!\!-\mathrm{OH} \\
\mathrm{H}\!-\!\!\!\!-\!\!\!\!-\mathrm{OH} \\
\mathrm{CH_2OH}
\end{array}
$$

(2) 构型

糖的每个手性碳可以用 *R*、*S* 标记其构型,但人们仍习惯用D、L系统来标记糖的构型。单糖分子中编号最大的手性碳(己醛糖是 C_5)上的羟基在右侧的称为 D- 型,在左侧的即称为 L-型。

(3) 环状结构及表示法——哈沃斯透视式

在溶液中糖的比旋光度会发生变化,逐步达到平衡,该现象称为糖的变旋现象。

由于糖分子中的羟基和羰基发生分子内加成反应,形成环状的半缩醛(酮),这种环状的半缩醛(酮)结构称为糖的环状结构(一般用哈沃斯透视式表示)。

形成环状结构后,原来的羰基碳原子变成了手性碳,这增加了糖的立体异构体的数目。如果含多个手性碳的 2 个分子只有 1 个手性碳构型不同,而其他手性碳构型完全相同,则将它们互称为差向异构体,C_1 位差向异构体又称为端基异构体,分别称为 α-体和 β-体。

单糖的 5 元环状结构称为呋喃糖,6 元环状结构称为吡喃糖。例如 D-(+)-葡萄糖与 D-(-)-果糖的哈沃斯式如下所示:

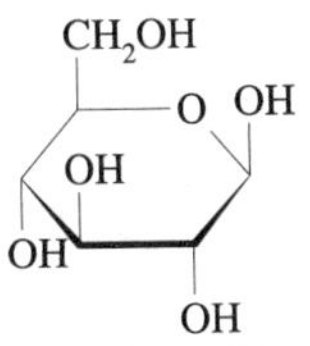

β-D-(+)-吡喃葡萄糖 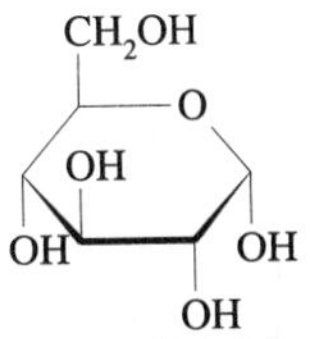　　α-D-(+)-吡喃葡萄糖 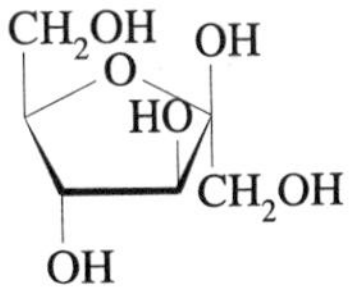　　β-D-呋喃果糖 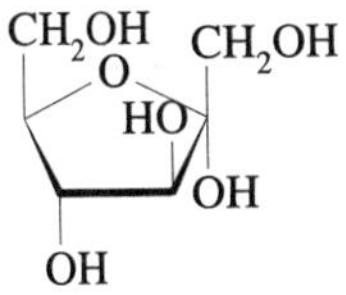　　α-D-呋喃果糖

在 D-(+)-葡萄糖中,β 体所有体积较大的基团都处于 *e* 键,而 α-体中 C_1 半缩醛羟基处于 *a* 键,因此 β-体比 α-体稳定。

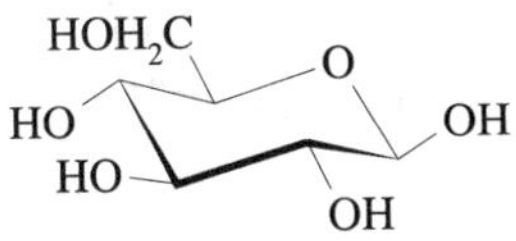

β-D-(+)-吡喃葡萄糖 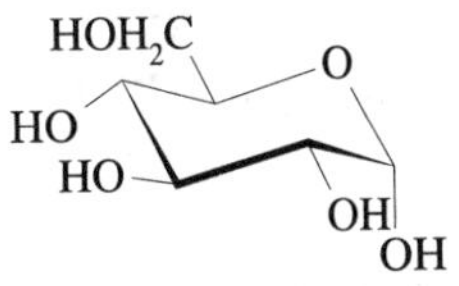　　α-D-(+)-吡喃葡萄糖

(4) 单糖的化学性质

单糖的化学性质主要有差向异构化、氧化反应、成脎反应以及糖苷的生成。

2. 双糖

由于组成双糖的单糖脱水方式不同,双糖可分为还原糖和非还原糖。

(1) 还原糖　由一个单糖分子中的半缩醛(酮)羟基与另一单糖羟基脱水而成,分子中仍存在一个半缩醛(酮)羟基,如麦芽糖、纤维二糖。

(2) 非还原糖　由 2 个单糖半缩醛(酮)羟基之间脱水而成,分子内不再有半缩醛羟基,如蔗糖。

3. 多糖

多糖中最重要的是淀粉和纤维素。

15-2 解题示例

【例 1】 写出 D-(+)-甘露糖的哈沃斯式(吡喃型),并写出其优势构象,其费歇尔投影式为:

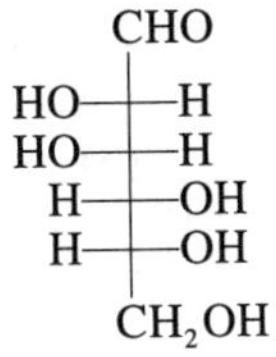

```
      CHO
  HO——H
  HO——H
   H——OH
   H——OH
     CH2OH
```

解:书写哈沃斯式的方法为(以吡喃型己醛糖为例):

① 将氧杂六元环写出,氧原子写在环的右上方,碳环顺时针编号。

② D-型糖 C_5 上的—CH_2OH 写在环平面上方,L 型则写在下方。

③ C_1 上的半缩醛羟基与—CH_2OH 处于环同侧者为 β-体,异侧者为 α-体。

④ 参照费歇尔投影式写上其他碳上的羟基,费歇尔投影式左侧的羟基在环的上方,右侧者在环的下方,其表示

方法见下例：

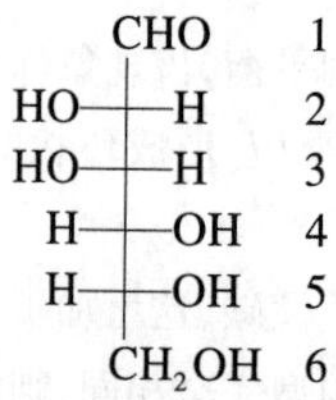

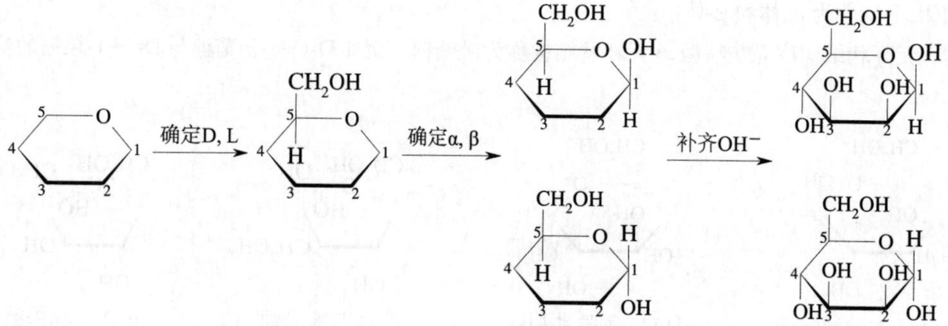

CHO 1
HO—H 2
HO—H 3
H—OH 4
H—OH 5
CH_2OH 6

确定D, L　　确定α, β　　补齐OH^-

对应的构象：

HOH_2C　O　OH　HO　HO　OH

HOH_2C　O　OH　HO　HO　OH

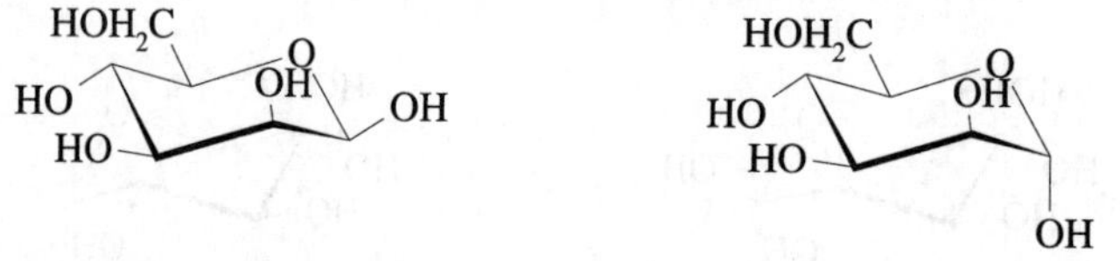

【例2】　写出果糖分别与下列试剂反应的可能产物：

(1) 杜伦试剂　　(2) 溴水　　(3) 苯肼　　(4) HIO_4

解：(1) 碱性条件下果糖发生差向异构化，存在下列平衡：

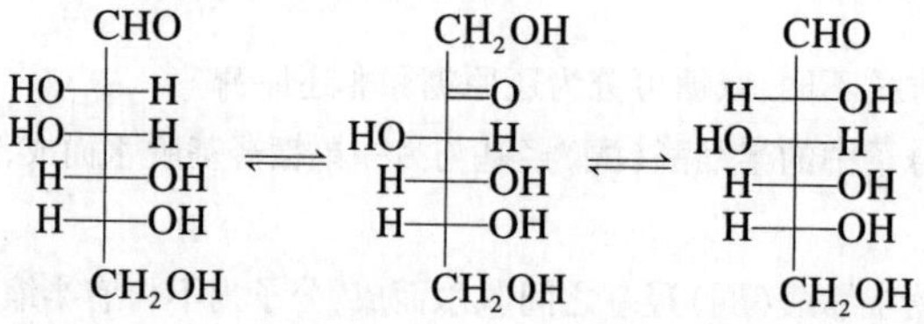

CHO		CH_2OH		CHO
HO—H	⇌	=O	⇌	H—OH
HO—H		HO—H		HO—H
H—OH		H—OH		H—OH
H—OH		H—OH		H—OH
CH_2OH		CH_2OH		CH_2OH

而在酸性条件下不存在此平衡，所以不被溴水氧化。所以(1)(3)的产物为：

(1)

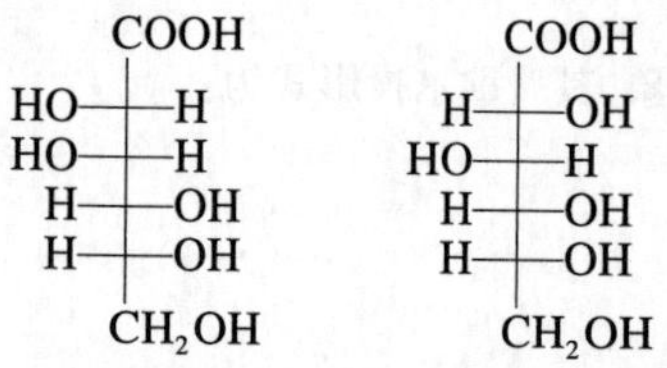

COOH	COOH
HO—H	H—OH
HO—H	HO—H
H—OH	H—OH
H—OH	H—OH
CH_2OH	CH_2OH

(3)

HC═NNHPh
═NNHPh
HO—H
H—OH
H—OH
CH_2OH

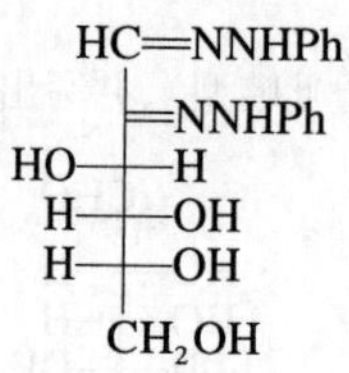

(4) HIO_4 能氧化邻二醇类化合物：

CH_2OH
=O
HO—H
H—OH
H—OH
CH_2OH

$$\xrightarrow{5HIO_4} 2HCHO + 3HCOOH + CO_2$$

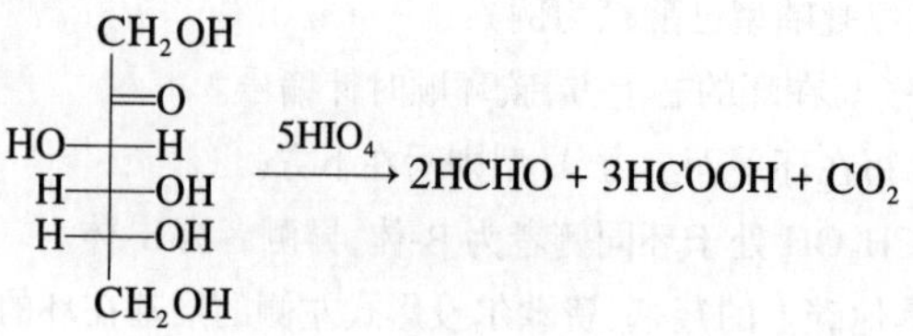

15-3 习题

1. 解释下列名词：

(1) 变旋现象　(2) 葡萄糖脎　(3) 端基异构体　(4) 差向异构化

2. 画出下列糖的费歇尔式或哈沃斯式：

(1) D-(+)-葡萄糖的对映体　(2) D-(+)-葡萄糖的 C_2 差向异构体

(3) β-D-(+)-吡喃葡萄糖的对映体

3. 用简便的方法区别下列化合物：

(1) D-吡喃葡萄糖甲苷和 2-*O*-甲基-D-吡喃葡萄糖

(2) D-葡萄糖和己六醇

(3) 葡萄糖二酸和 D-吡喃葡萄糖甲苷

(4) 葡萄糖和蔗糖

(5) 蔗糖和淀粉

(6) 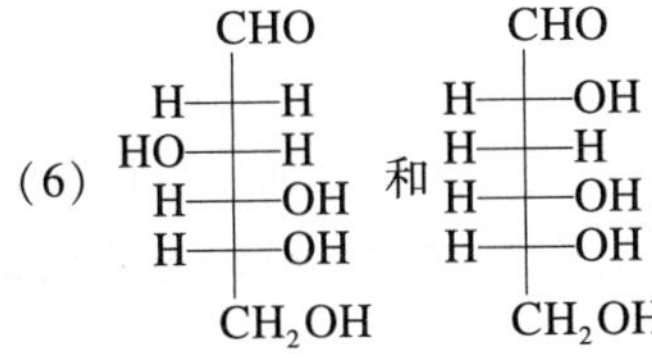

4. 写出 D-(+)-半乳糖与下列试剂反应的主要产物：

(1) H_2NOH　(2) $C_6H_5NHNH_2$(过量)　(3) Br_2/H_2O　(4) HNO_3

(5) $CH_3OH \cdot HCl$　(6) $NaBH_4$　(7) ①CN^-、②H^+,水解　(8) H_2/Ni

5. D-己醛糖用稀 HNO_3 氧化时,得到无光学活性的化合物,该己醛糖可能是什么结构?

6. D-半乳糖用碱处理还能得到什么产物?这些产物能用成脎反应区别吗?

7. 化合物 A($C_5H_{10}O_4$)为 D-戊醛糖,用 Br_2+H_2O 氧化得酸 B($C_5H_{10}O_5$),这个酸很容易形成内酯;化合物 A 与乙酸酐反应生成三乙酸酯,与 $PhNHNH_2$ 反应生成脎,用 HIO_4 氧化 A 消耗 2 分子 HIO_4,推测 A 和 B 的结构。

8. 有 2 个 D-四碳醛糖 A 和 B 可生成同样的糖脎,但是将 A 和 B 用硝酸氧化时,A 生成旋光性的四碳二元羧酸,B 生成无旋光性的四碳二元羧酸,试写出 A 和 B 的结构。

16 萜类和甾体化合物

16.1 萜类化合物

萜类化合物(terpenoid)多存在于植物体内。许多植物的花、果实、茎、叶及根部含有一些挥发性的有香味的物质,并且可以将它们提取出来用作香料或用作药物,如从玫瑰中提取的玫瑰油,从香茅草中提取的香茅油都是名贵的香料;薄荷油、桉叶油等都可用作药物。

16.1.1 结构及分类

萜类化合物可以看作是由 2 个或 2 个以上的异戊二烯单位按不同方式头尾相连而形成的化合物(头指靠近甲基支链一端,尾指远离甲基支链一端)。萜类化合物这种结构上的特点被称为**异戊二烯规律**。如苧烯和 α-蒎烯是由两个异戊二烯单元组合而成的。

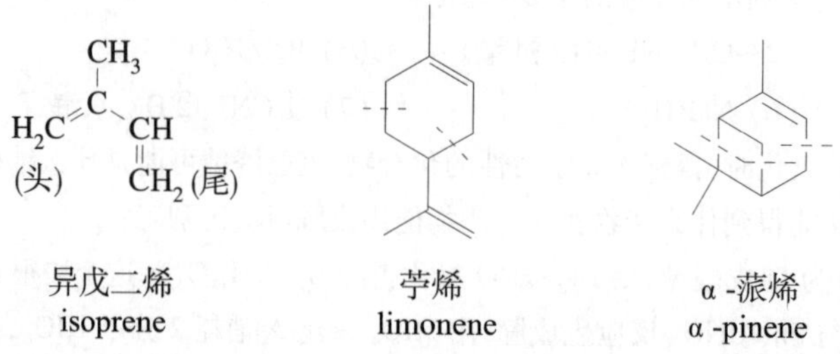

异戊二烯 isoprene　　苧烯 limonene　　α -蒎烯 α -pinene

可以看出,1 个单独的萜类化合物至少含有 2 个异戊二烯单位,即萜类化合物所含碳原子数为 10 或 5 的整数倍。异戊二烯规律只是对萜类化合物从结构形式上的划分,并不是说萜是由异戊二烯合成的。

习惯上根据萜类化合物分子中所含的异戊二烯单位数将其进行分类,见表 16-1。

表 16-1 萜类化合物的分类

异戊二烯分子的单位数	分子式	类 别
2	$C_{10}H_{16}$	单萜类
3	$C_{15}H_{24}$	倍半萜类
4	$C_{20}H_{32}$	二萜类
6	$C_{30}H_{48}$	三萜类
8	$C_{40}H_{64}$	四萜类
>8	$(C_5H_8)_n$, $n>8$	多萜类

16.1.2 单萜类化合物

单萜类化合物分子中含有 2 个异戊二烯单位,是萜类中最简单的化合物。根据其基本结构可分为链状单萜和环状单萜,环状单萜中又可分为单环单萜和双环单萜。

1. 链状单萜

链状单萜有如下基本碳架结构：

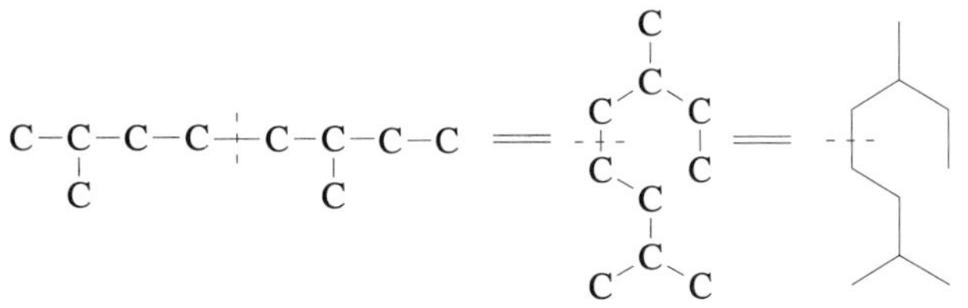

存在于月桂油中的月桂烯是萜烯类化合物，柠檬油中的柠檬醛，香茅油、玫瑰油中的香叶醇、橙花醇等是其含氧衍生物。

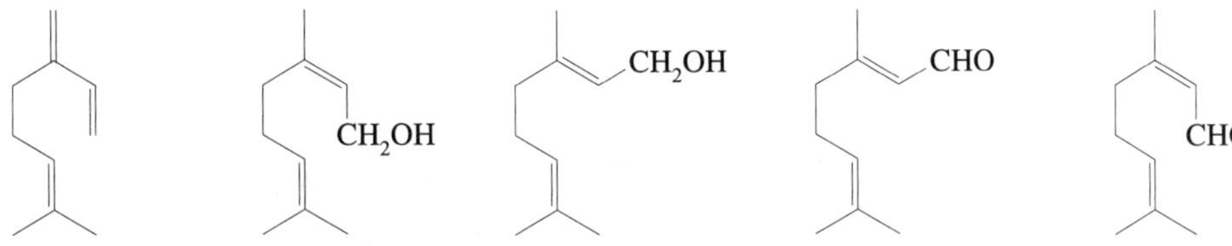

CH_2OH CH_2OH CHO CHO

月桂烯 myrcene　橙花醇 nerol　香叶醇 geraniol　香叶醛（柠檬醛a） geranial　橙花醛（柠檬醛b） neral

橙花醇和香叶醇互为几何异构体，为无色有玫瑰香气的无色液体，用来制造香料。香叶醇是蜜蜂的性外激素，当蜜蜂发现食物时，便分泌香叶醇以吸引其他蜜蜂。

柠檬醛是柠檬醛 a 和柠檬醛 b 两个几何异构体的混合物，存在于新鲜柠檬果皮压榨而得的柠檬油中，含量为 3%~5%，其中 E 型异构体占 90%，是制造香料和合成维生素 A 的原料。

2. 单环单萜

单环单萜类化合物是由 2 个异戊二烯单位聚合而成的六元环状化合物，多数可以看成是萜烷的衍生物，如苧烯、薄荷醇等。

苧烯又称为柠檬烯，分子中含 1 个手性碳原子，其右旋体存在于柠檬油中，左旋体存在于松针中，松节油中有其外消旋体。苧烯为无色液体，具柠檬香味，可用作香料。

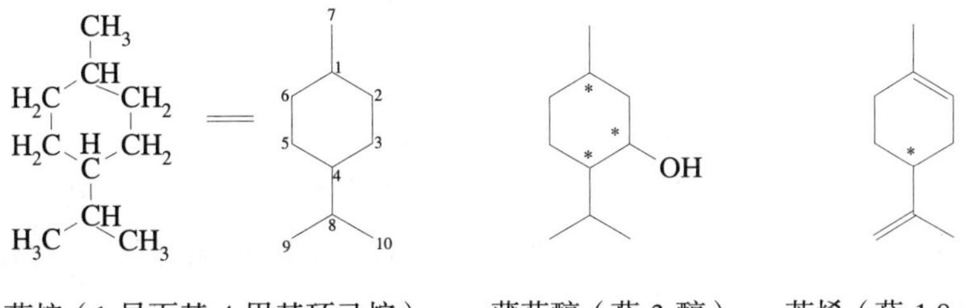

萜烷（1-异丙基-4-甲基环己烷） terpane　薄荷醇（萜-3-醇） menthol　苧烯（萜-1,8-二烯） limonene

薄荷醇具有清凉愉快的芳香气味，有杀菌和防腐作用，是医药、食品和香料工业不可缺少的重要原料，如制造清凉油、人丹、牙膏、糖果、烟酒等。薄荷醇分子中存在 3 个手性碳原子，有 4 对光学异构体，它们是(+)及(-)薄荷醇、(+)及(-)异薄荷醇、(+)及(-)新薄荷醇和(+)及(-)新异薄荷醇。

自然界中存在的主要是(-)-薄荷醇，它的 3 个手性碳的构型分别为 1R、3R、5S，其优势构象中取代基均处于 e 键，故比其他异构体稳定，其结构如下：

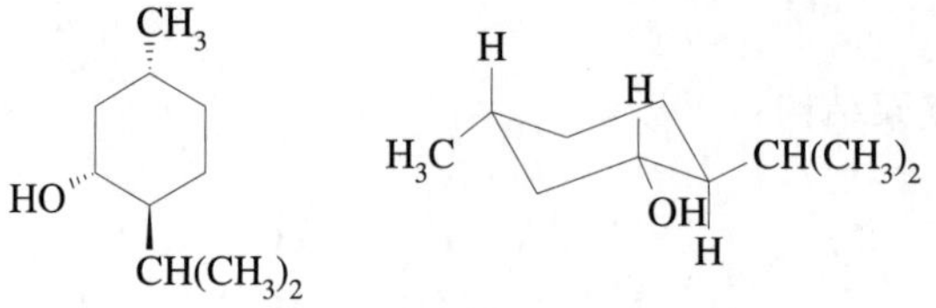

CH_3 HO $CH(CH_3)_2$ H H H_3C $CH(CH_3)_2$ OH H

(−)-薄荷醇

3. 双环单萜

在萜烷结构中，C_8 若分别与 C_1、C_2 或 C_3 相连，则可形成桥环化合物，它们是莰烷、蒎烷或蒈烷；若 C_4 与 C_6 连成桥键则形成苧烷，它们的基本碳骨架及编号如下：

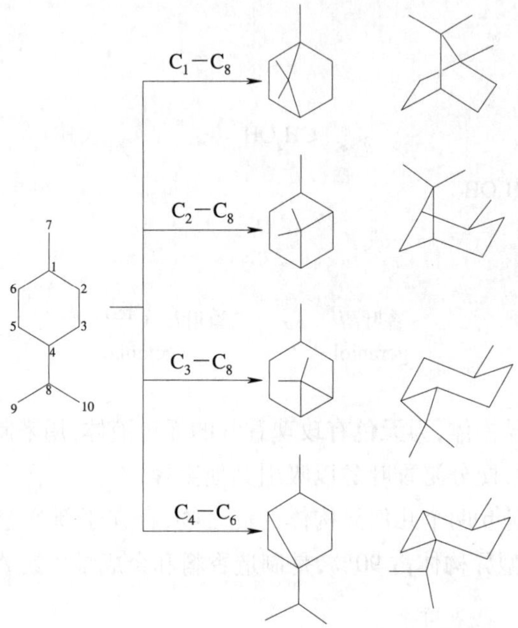

C_1-C_8 莰烷

C_2-C_8 蒎烷

C_3-C_8 蒈烷

C_4-C_6 苧烷

以这4种基本骨架为母体可以派生出许多衍生物，下面介绍几种重要的衍生物。

蒎烯是蒎烷的不饱和衍生物，含有一个烯键，根据烯键的位置不同可将蒎烯分为 α-蒎烯和 β-蒎烯。

α-蒎烯
α-pinene

β-蒎烯
β-pinene

蒎烯是松节油的主要成分，含量占松节油的80%~90%，其中以 α-蒎烯为主，含量可达60%，是天然存在的最多的一个萜类化合物。

樟脑(camphor)是双环单萜酮，化学名称为2-莰酮或 α-莰酮，是从樟科植物樟树中得到的，并由此而得名。樟脑为无色闪光结晶，熔点为179 ℃，沸点为207 ℃，易升华，具有特殊香味，难溶于水，易溶于有机溶剂。其结构为：

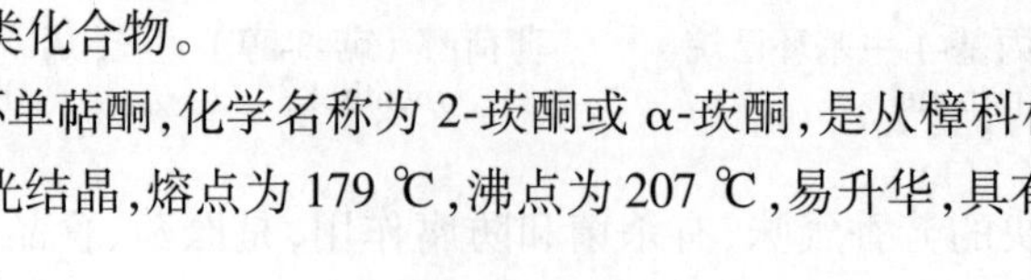

樟脑(α-莰酮)　　(−)-樟脑　　(+)-樟脑

樟脑分子中存在 2 个手性碳原子，但是由于桥环的存在，其实际上只存在 1 对对映异构体，自然界中存在的樟脑为右旋体，$[\alpha]_D$ 为+43°~+44°(10%乙醇)，人工合成的为外消旋体。樟脑有驱虫作用，可用于衣物的防虫剂。樟脑是呼吸及循环系统的兴奋剂，可作为呼吸或循环系统功能衰竭病人的急救药品，同时樟脑具有局部刺激和防腐作用，可用于治疗神经痛及冻疮。

樟脑分子中存在羰基，可以用 $NaBH_4$ 还原得到龙脑和异龙脑。其反应式为：

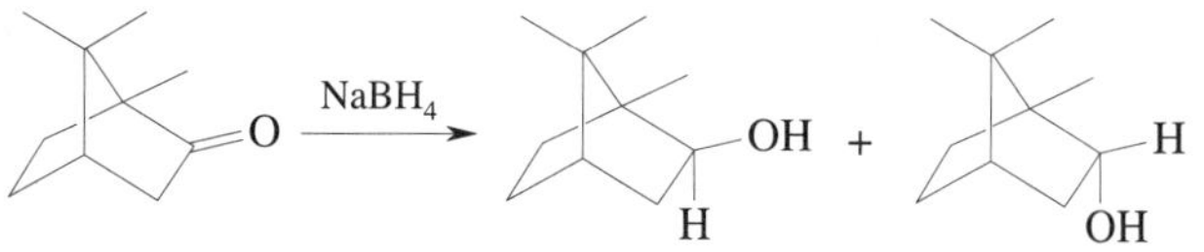

$NaBH_4$

(–)-樟脑 (–)-camphor　　异龙脑 isoborneol　　龙脑 borneol

龙脑又称莰醇，俗名冰片，异龙脑是龙脑的差向异构体。龙脑存在于某些植物的挥发油中，具有类似胡椒又似薄荷的香气，能升华，但挥发性较樟脑小，不溶于水，易溶于乙醚、乙醇、氯仿等有机溶剂。龙脑具有发汗、镇痉、止痛等作用，是人丹、冰硼散、六神丸等药物的主要成分之一。自然界存在的龙脑有左旋体和右旋体两种，合成品为外消旋体。

16.1.3　其他萜类化合物

1. 倍半萜

倍半萜类是含有 3 个异戊二烯单元的萜类化合物，具有链状和环状结构，基本碳架在 48 种以上。倍半萜类多数为液体，存在于挥发油中，它们的含氧衍生物（醇、酮、内酯）也广泛存在于挥发油中。例如：

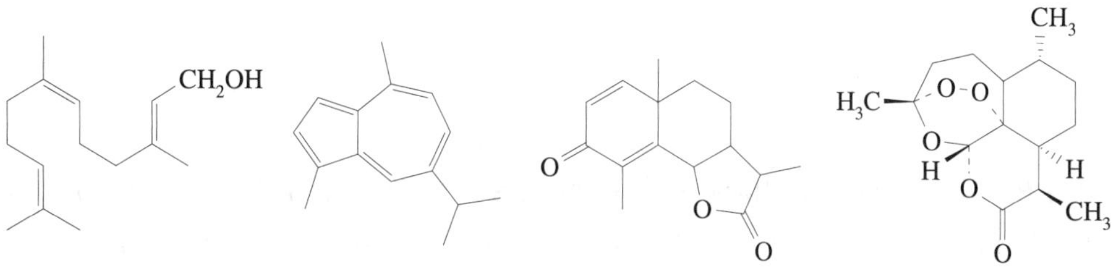

金合欢醇 farnesol　　愈创木薁 guaiazulene　　山道年 santonin　　青蒿素 artemisinin

金合欢醇又称法尼醇，为无色黏稠液体，bp. 为 125 ℃(在 66.5 Pa 的压强下)，有铃兰气味，存在于玫瑰油、茉莉油、金合欢油及橙花油中，是一种珍贵的香料，用于配制高级香精，另外还有保幼激素活性，用于抑制昆虫的变态和性成熟。愈创木薁存在于满山红、香樟或桉叶等挥发油中，能促进烫伤创面的愈合，用于烫伤膏及防晒霜中。山道年是三环倍半萜类化合物，存在于菊科植物蛔蒿的未开放的花蕾中，无色结晶，mp. 170 ℃，不溶于水，易溶于有机溶剂。山道年能兴奋蛔虫的神经节而使虫体发生痉挛性收缩，因而使其不能附着于肠壁，在泻药作用下使之排出体外，临床上用作驱蛔虫药。

青蒿素为白色针状结晶，mp. 156~157 ℃。易溶于氯仿、丙酮、苯、乙酸乙酯，可溶于乙醇、乙醚等。青蒿素是我国科研工作者于 1972 年首次从菊科植物黄花蒿叶中提取分离得到的含过氧桥的新型倍半萜内酯。青蒿素结构独特、高效低毒，具有清热解毒、抗肿瘤、抗菌、抗疟、增强免疫等药理作用，对脑型疟、恶性疟等有特效，是我国唯一获得国际认可的抗疟新药，已成为世界卫生组织推荐的治疗疟疾的理想药物。

2. 二萜

二萜是含有四个异戊二烯单元的萜类化合物。叶绿素水解产物植物醇是一个链状二萜。维生素

A是单环二萜,存在于蛋黄和鱼肝油中,是动物生长所必需的营养物质。维生素A的制剂贮存过久,会因构型转化而影响其活性。若转化为(13Z)-维生素A,其活性降低到原来的75%;若转化为(11Z)-维生素A,则失去活性。

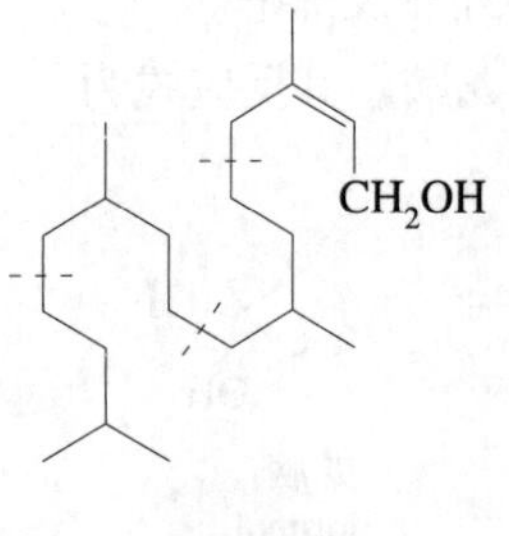

CH_2OH CH_2OH

植物醇
phytol

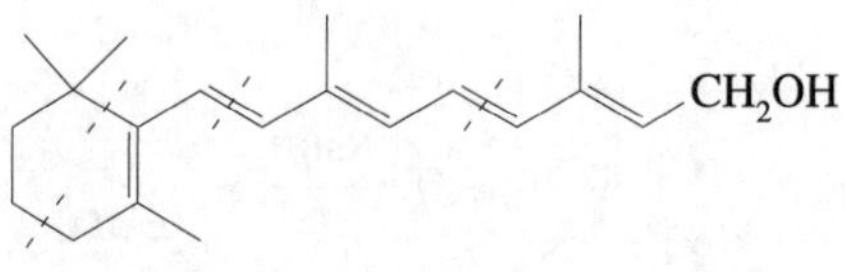

维生素A
vitamin A

3. 三萜

三萜可视为由6分子异戊二烯聚合而成的物质,在中草药中分布很广,多数是含氧衍生物,为树脂的主要组成部分之一。例如:

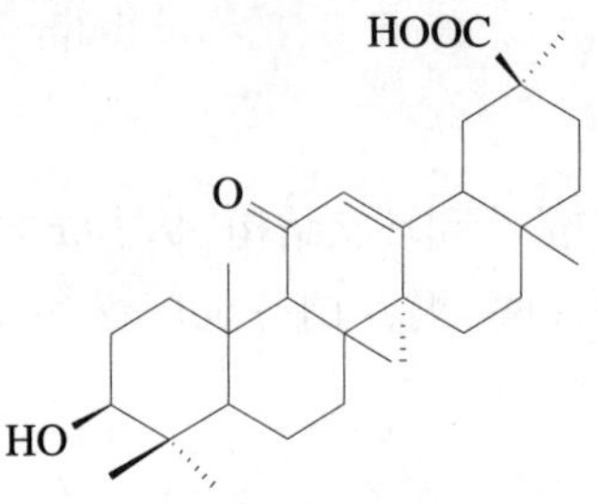

HOOC O HO

甘草次酸
glycyrrhetinic acid

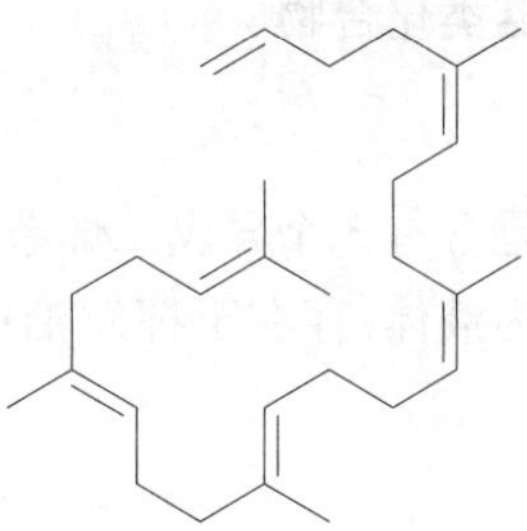

角鲨烯
squalene

角鲨烯存在于鲨鱼的鱼肝油和橄榄油、菜籽油、麦芽与酵母中,它是由一对3个异戊二烯单位头尾连接后的片断相互对称相连而成。甘草次酸是五环的三萜,与糖成苷后生成甘草酸。

16.2 甾体化合物

甾体化合物广泛存在于动植物体内,其中有些在动物生理活动中起着十分重要的作用,例如雄性激素睾丸素、雌性激素雌酮等。一些植物中所含的甾体化合物有的可以直接用作药物(例如毛地黄等所含的用作强心剂的毛地黄素),有的可作为合成甾体药物的原料(例如薯蓣皂素可用于合成可的松),因此甾体化合物在医药上是一类重要的化合物。

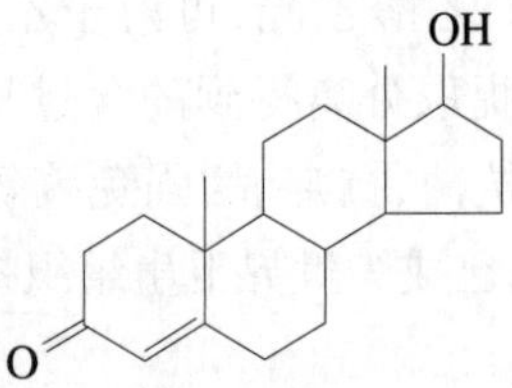

OH O O O O OH O HO HO

睾丸素
testosterone

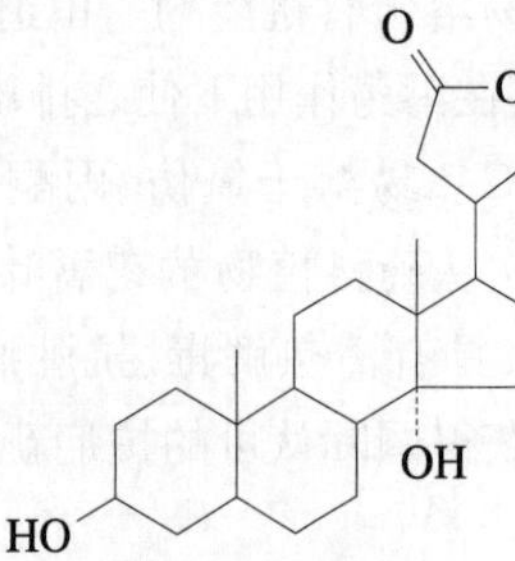

毛地黄素
digitoxigenin

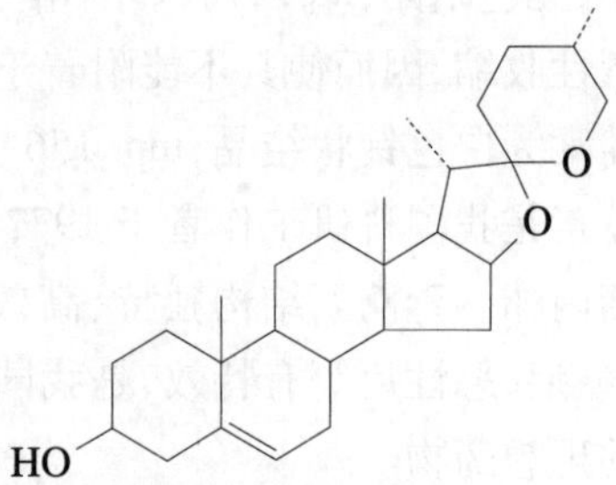

薯蓣皂素
diosgenin

16.2.1 甾体化合物的基本骨架和命名

甾族化合物的基本骨架及编号次序如下所示：

其基本碳架是由 1 个环戊烷骈多氢菲的母核和 3 个侧链构成的。甾体化合物的“甾”字，形象化地表示了这类化合物的基本碳架，即表示在含有 4 个稠合环“田”上面连有 3 个侧链“巛”。稠合的 4 个环自左至右分别标记为 A、B、C、D，所有的碳原子都按特殊规定给以编号。其中，在 13，10 位上有 2 个甲基，其编号分别是 18，19，所以称为 18、19 角甲基，17 位上的侧链可为不同数目的碳链或其含氧衍生物。

与普通有机化合物的命名一样，甾体化合物的命名也可分两部分：选择母核并命名之；标明衍生物中各取代基或官能团的位置、名称、数目及构型。

常见的甾体母核有 6 种，即甾烷、雌甾烷、雄甾烷、孕甾烷、胆烷及胆甾烷。

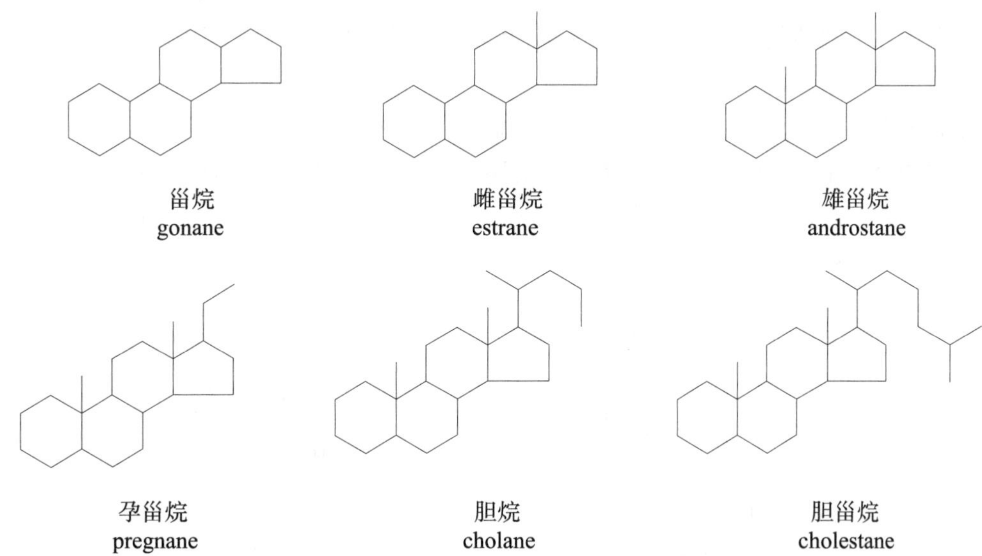

与母核碳架相连的基团，若在环平面的前面称 β-构型，用实线相连，若在环的后面，称 α-构型，用虚线相连。若用波纹线相连，则表示此基团的构型尚未确定，命名时则用希腊字母 ξ（读作“克西”）表示。

双键位置亦用所在碳原子的编号表示，如 1，3，5（10）三烯，代表 $C_1—C_2$、$C_3—C_4$ 及 $C_5—C_{10}$ 位存在双键，后者以区别于 $C_5—C_6$ 位双键。习惯上有时采用符号“Δ”（读作“德尔塔”）表示双键，如 Δ5 代表 $C_5—C_6$ 位存在双键（系统命名法不用）。现以实例说明如下：

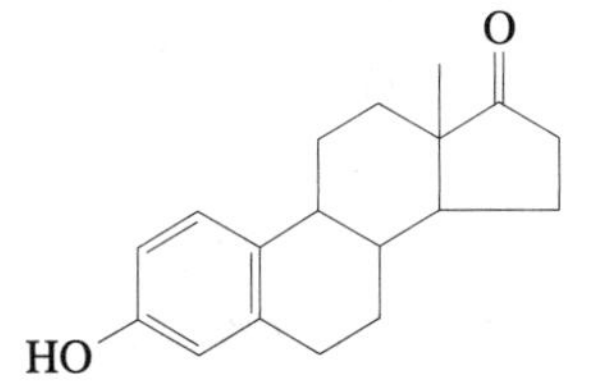

3-羟基雌甾-1,3,5(10)-三烯-17-酮
（雌酚酮，estrone）

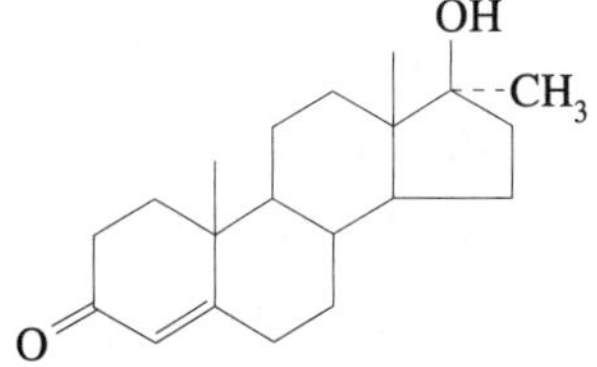

17 α –甲基 -17β-羟基雄甾-4-烯-3-酮
（甲基睾丸素，methyltestosterone）

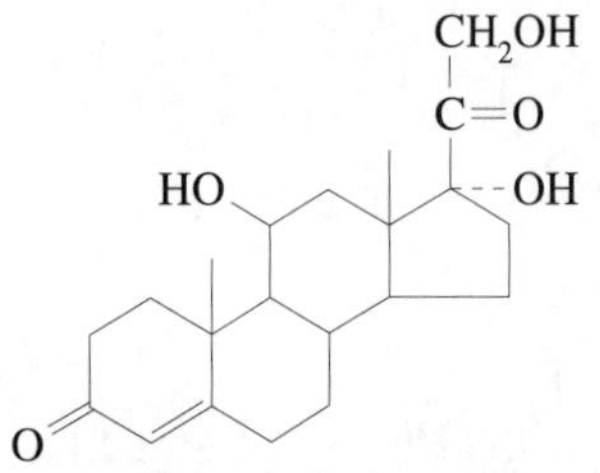

11β,17α,21-三羟基孕甾-4-烯-3,20-二酮
(氢化可的松，hydrocortisone)

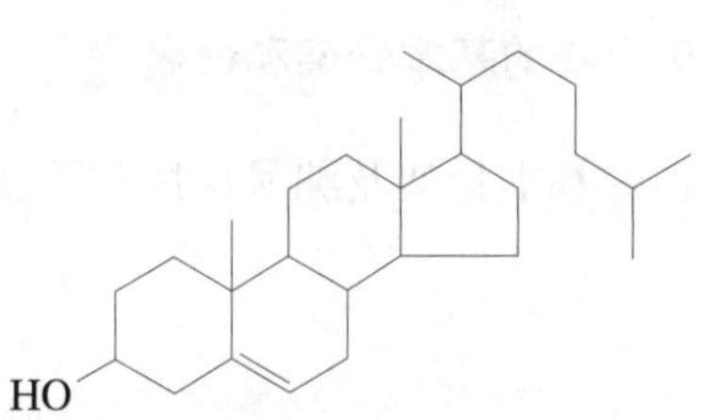

胆甾-5-烯-3β-醇
(胆固醇，cholesterol)

16.2.2 甾体化合物的构型和构象

甾体化合物碳架的构型取决于分子中碳环的稠合方式。仅就甾体母核而言,有6个手性碳原子,理论上应有64个构型异构体,但实际上由于环的存在使得异构体的数目大大减少。

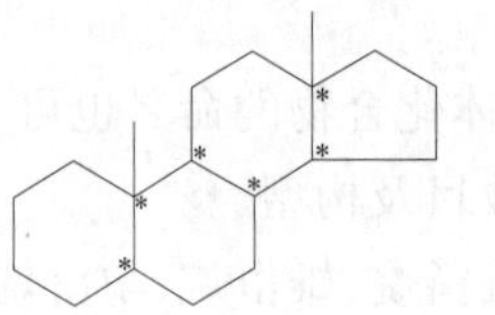

目前从自然界得到的仅两类,以胆甾烷为例,其异构体只有两种,一种是胆甾烷本身,另一种是粪甾烷。

无论是胆甾烷系(也称别系)化合物还是粪甾烷系(也称正系)化合物,它们的B和C环及C和D环都是反式稠合。而A和B环的稠合方式则有两种情况,一种为顺式稠合,即正系化合物,另一种是反式稠合,即别系化合物。这两类化合物的区别仅仅是A和B环的稠合方式不同。正系中的C_5—H在平面前方,称为5β-型,别系的C_5—H在平面后方,称为5α-型。

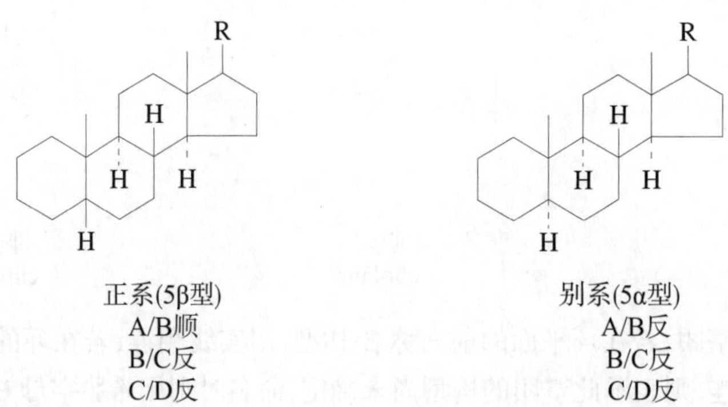

正系(5β型)
A/B顺
B/C反
C/D反

别系(5α型)
A/B反
B/C反
C/D反

在通常情况下,表示B/C和C/D反式稠合特征的8β-H,9α-H与14α-H均被省略,用5β-H或5α-H表明分属正系或别系即可。

在一些甾体化合物中,由于$C_{4(5)}$、$C_{5(10)}$或$C_{5(6)}$烯键的存在,区分A/B环稠合时构型的依据已不存在,四个碳环稠合的构型没有差异,也就无正系与别系的区别,例如雌酚酮、甲基睾丸素、氢化可的松、胆固醇等(它们的结构见命名部分)。

有关环己烷、十氢萘与环戊烷的构象情况也适用于甾体碳架。但因反式稠合环的存在增大了甾体碳架的刚性,使得分子内的环己烷环不能转环,故其*e*键与*a*键也不能互换。在一般情况下,正系和别系甾体碳架中的环己烷均取椅式构象。

正系和别系甾体化合物的构象如下:

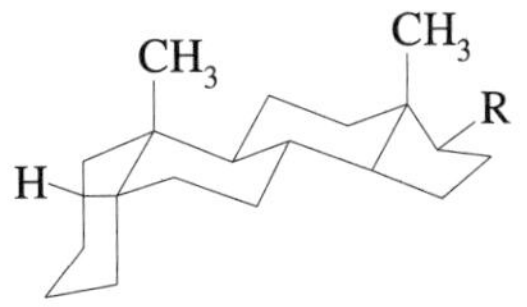

正系甾体碳架构象
A/B顺（e,a 稠合）
B/C反（e,e 稠合）

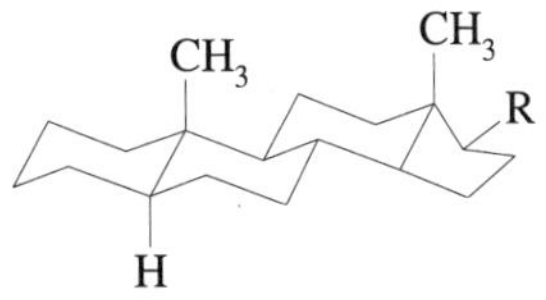

别系甾体碳架构象
A/B反（e,e 稠合）
B/C反（e,e 稠合）

16.2.3 甾体化合物举例

1. 胆甾醇(胆固醇)

胆甾醇是人体内胆石的主要成分，在动物和人体内，胆固醇大多以脂肪酸酯的形式存在，在植物体内常以糖苷形式存在。胆固醇是真核生物细胞膜的重要组分，生物膜的流动性与其有密切关系。胆固醇在细胞膜的脂质中的掺入可以防止磷脂的脂酰链的晶化，消除相变，同时，胆固醇又可在空间上堵住脂酰链的较大运动，使膜的流动性降低。因此，胆固醇可使膜的流动性适中。胆固醇还是生物合成胆甾酸和甾体激素等的前体，在体内有重要作用。但胆固醇摄入过多或代谢发生障碍，胆固醇会从血清中沉积在动脉血管壁上，导致冠心病和动脉粥样硬化症。不过，体内长期胆固醇偏低也会诱发疾病。胆固醇的结构见命名。

2. 性激素

某些甾体化合物具有性激素作用，性激素包括雄性激素、雌性激素和孕激素，它们是在睾丸或卵巢中产生的。雄性激素如睾丸素，雌性激素如雌酚酮、雌二醇以及与受孕有关的黄体酮（又名孕甾酮），部分结构为：

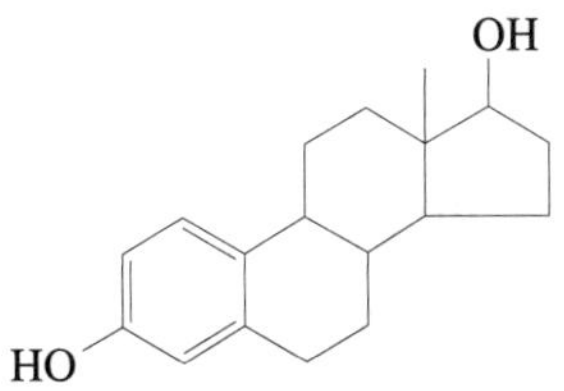

雌二醇
estradiol

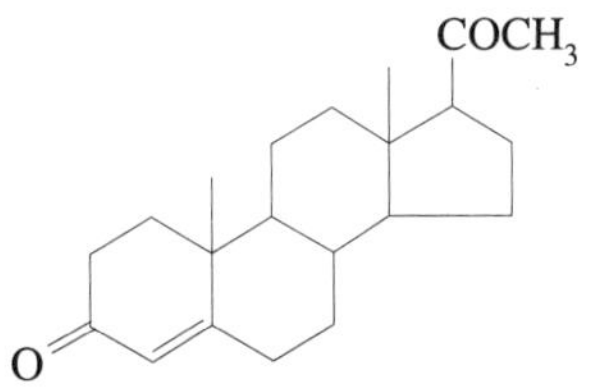

黄体酮
progesterone

3. 肾上腺皮质激素

这是甾体化合物中的另一种激素，存在于动物的肾上腺皮质中，缺乏它们可引起动物电解质（Na^+、K^+、Ca^{2+}）紊乱，机能失常，这类激素常用于调节机体电解质平衡及糖类新陈代谢，用于治疗关节炎、皮肤炎等，具体化合物如皮质甾酮、可的松。

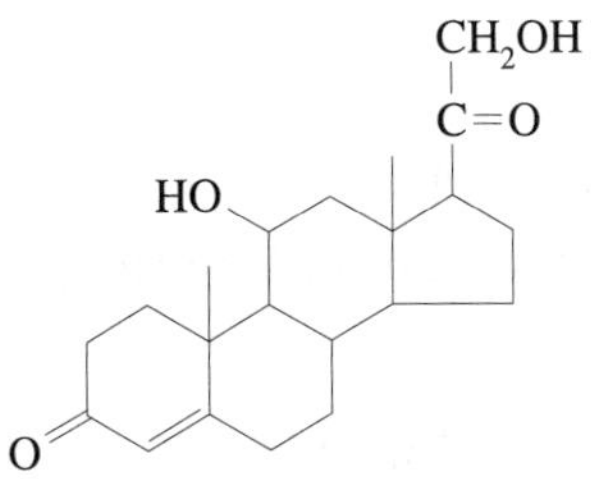

皮质甾酮
corticosterone

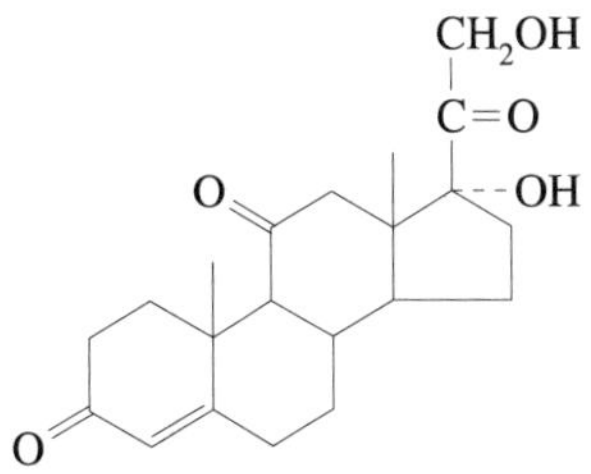

可的松
cortisone

学 习 指 导

16-1　本章要点

1. 萜类化合物

萜类化合物可看作是由 2 个或 2 个以上的异戊二烯单位按不同的方式头尾连接而成的化合物。根据分子中所含异戊二烯的单位数,将萜类化合物分为单萜、倍半萜、二萜等。

链状单萜:其基本碳架为

单环单萜:由 2 个异戊二烯单位构成的六元环,多数可看成是萜烷的衍生物,代表性化合物如薄荷醇。在(－)-薄荷醇的优势构象中,3 个取代基皆处在 *e* 键,故比它的其他构型异构体稳定。

双环单萜:双环单萜类化合物由萜烷分子中的 C_8 与环己烷环上的其他碳相连而成。从它们的优势构象分析,莰烷以船式构象存在有利于桥环的形成,而蒎烷、蒈烷则以椅式构象存在较稳定。它们的代表化合物有蒎烯、樟脑、龙脑及异龙脑。

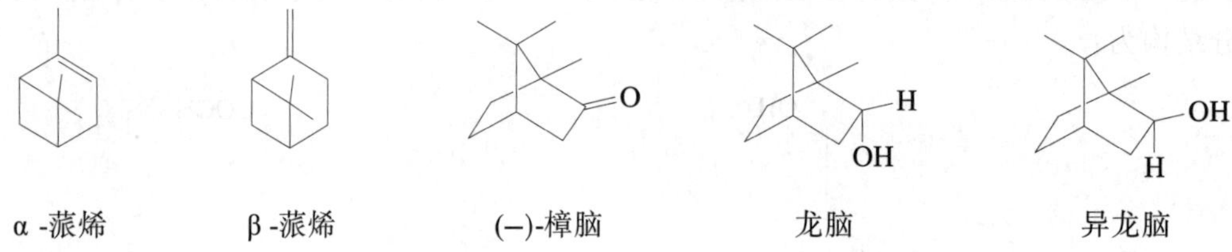

α-蒎烯　　β-蒎烯　　(–)-樟脑　　龙脑　　异龙脑

2. 甾体化合物

(1) 甾体化合物的基本碳架及命名

甾体化合物的基本碳架是由 1 个环戊烷骈多氢菲的母核和 3 个侧链构成,其结构及编号顺序如下:

常见的甾体母核有 6 种:甾烷、雌甾烷、雄甾烷、孕甾烷、胆烷及胆甾烷。

甾体化合物的命名可分两部分:首先是母核的选择与命名;其次是表明衍生物中各取代基或官能团的位置、名称、数目及构型。

与母核碳架相连的基团在环平面前方的称 β-构型,用实线表示,基团在环平面后方的称 α-构型,用虚线表示。在表示双键位置时,若双键有多种走向,为了区别起见,采用括弧标明第二个碳的编号,如 5(10)-烯代表 $C_5—C_{10}$ 位有碳碳双键,以区别于 $C_5—C_6$ 位双键。习惯上有时也用符号"Δ"表示双键,如 Δ5 代表 $C_5—C_6$ 位有碳碳双键。

(2) 甾体化合物碳架的构型和构象

大多数甾体化合物的构型都分属于粪甾烷系(也称正系)或胆甾烷系(也称别系)。各环稠合方式为:

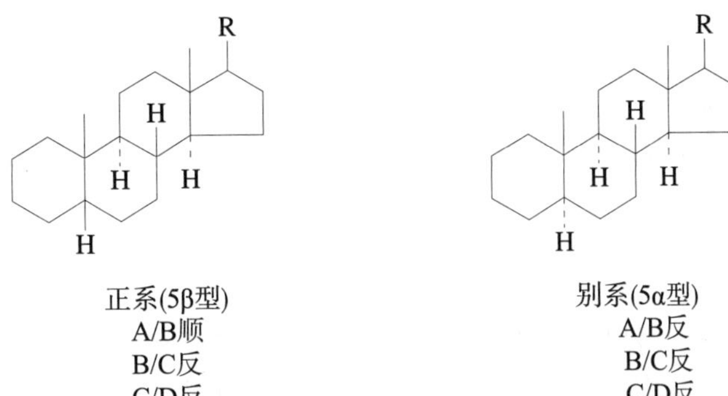

正系(5β型)
A/B顺
B/C反
C/D反

别系(5α型)
A/B反
B/C反
C/D反

由于稠合环之间存在反式稠合，不存在转环现象，故 *a* 键和 *e* 键不能互换，一种构型的甾体化合物只有一种构象。

16-2 习题

1. 举例说明下列名词术语：

(1) 甾体正系与别系异构体　　(2) 角甲基　　(3) 双环单萜

2. 标出构成下列化合物的异戊二烯单元：

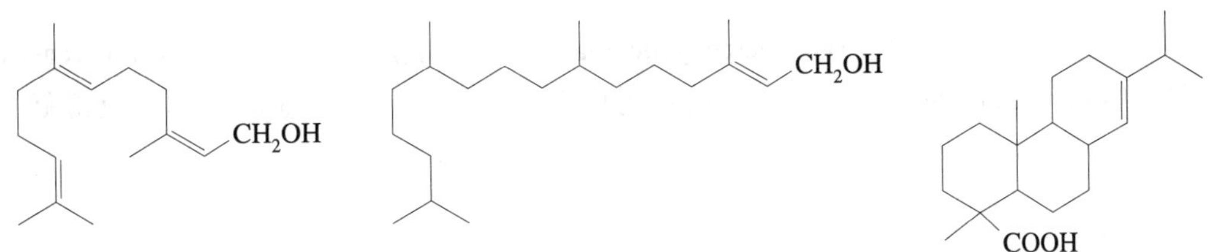

3. 写出下列化合物的构造式：

(1) α-蒎烯　　(2) 樟脑　　(3) 龙脑和异龙脑　　(4) 薄荷醇

4. 指出下列化合物命名中的错误，并改正。

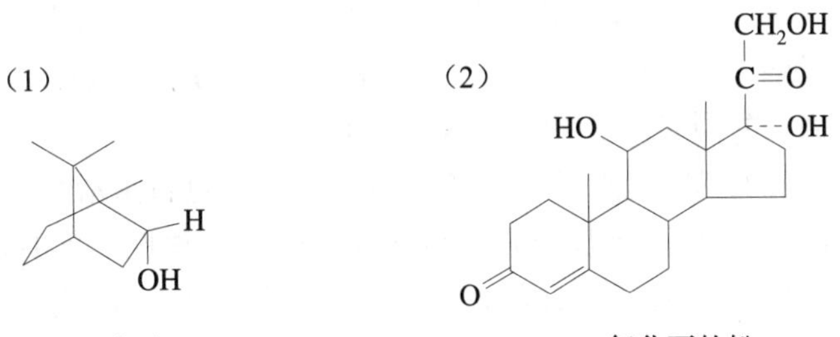

龙脑
1,7,7-三甲基二环庚-2-醇

氢化可的松
11α,17β,21-三羟基雌甾-4-烯-3,20-酮

17 周环反应

有机化学的一些化学反应例如狄尔斯-阿尔特反应、克莱森重排反应等，在反应过程中没有像正离子、负离子、自由基、卡宾、苯炔等反应活性中间体存在，且这些反应的速率对溶剂的极性不敏感，几乎不被酸或碱所催化，不被自由基引发剂加快，也不被自由基抑制剂减慢，因此，在这些反应过程中，旧的共价键断裂和新的共价键形成是同时发生于过渡态的结构中，为一步完成的多中心反应（即反应是一个协同过程），这种反应称为**协同反应（concerted reaction）**，若协同反应经历了一个环状过渡态，则称为**周环反应（pericyclic reaction）**。

典型的周环反应有**电环化反应（electrocyclic reaction）**，**环加成反应（cycloaddition reaction）**和**σ-迁移反应（sigmatropic reaction）**。本章只对周环反应中的电环化反应和环加成反应做一简单介绍。

17.1 分子轨道对称守恒原理

1965 年美国著名化学家伍德沃德（R. B. Woodward）及量子化学家霍夫曼（R. Hoffmann）携手合作，在总结了大量有机合成经验规律的基础上，特别是在合成维生素 B_{12} 的过程中，把分子轨道理论引入周环反应的反应机理的研究，运用前线轨道理论和能级相关理论来分析周环反应，提出了分子轨道对称性守恒原理。伍德沃德与霍夫曼的工作是近代有机化学中的重大成就之一。为此，霍夫曼与前线轨道学说开拓者福井谦一共同获得了 1981 年诺贝尔化学奖。

分子轨道对称性守恒原理的基本论点是：化学反应是分子轨道进行重新组合的过程，在一个协同反应中，分子轨道的对称性是守恒的。当反应物和生成物的轨道对称性一致时，反应就能很快地进行，反应过程中分子轨道的对称性始终不变，因为只有这样，才能用最低的能量形成反应中的过渡态。因此分子轨道的对称性控制着整个反应的进程，而反应物总是倾向于保持其轨道对称性不变的方式发生反应，从而得到轨道对称性相同的产物。

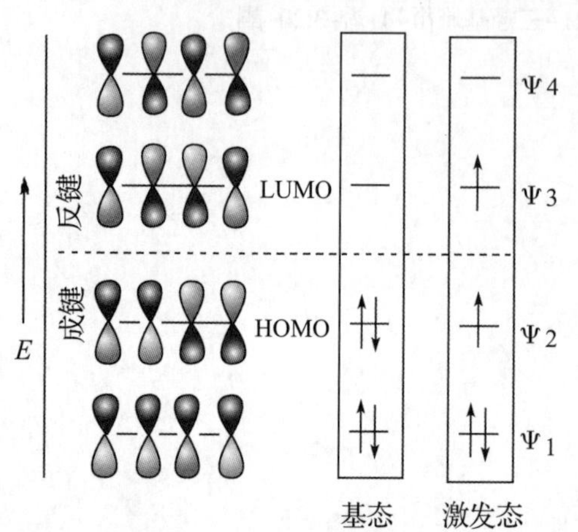

图 17－1　丁-1,3-二烯分子轨道和它的 HOMO、LUMO

关于轨道对称守恒的表述有多种，其中以**前线轨道（frontier orbitals）**法较为简单且常用，本章主要介绍前线轨道法。

所谓前线轨道一般指分子能量最高的电子占有轨道（HOMO）和能量最低的电子未占有轨道（LUMO）。例如在丁-1,3-二烯分子中，基态时，电子占有 Ψ_1、Ψ_2 轨道，Ψ_2 为 HOMO，Ψ_3 为 LUMO；激发态时，Ψ_3 为 HOMO，Ψ_4 为 LUMO（见图 17－1）。

在此，只考虑其 π 分子轨道。一般有几个碳的共轭多烯就有几个 π 轨道。分子的 HOMO 对其电子的束缚较为松弛，具有给电子的性质，而 LUMO 是空轨道，有接受电子的性质。化学键的形成主要是由前线轨道的相互作用所决定的。因此，考虑轨道的对称性，主要是前线轨道的对称性。

17.2 电环化反应

在光或热的作用下，开链的共轭烯烃两端形成 σ 键并环合转变为环状烯烃以及它的逆反应——环状烯烃开环变成共轭烯烃的反应，均称为电环化反应。例如，(*E*,*E*)-己-2,4-二烯和(*E*,*Z*,*E*)-辛-2,4,6-三烯的环化和逆反应：

由取代的丁-1,3-二烯环化为取代的环丁烯时，取代的丁-1,3-二烯两端碳原子的两个 π 电子转变为 σ-电子，形成 σ-键，碳原子由 sp^2 杂化转变为 sp^3 杂化，因此使得双烯两端的甲基或氢原子转变到环烯平面的上下方。

在由己-2,4-二烯体系环化为环丁烯体系的过程中，C_2—C_3 和 C_4—C_5 有两种可能的旋转方式：一种是向同一个方向旋转，叫作"顺旋"，一种是向相反的方向旋转，叫作"对旋"。

由于热反应是分子在基态发生的，因此取代的丁-1,3-二烯环化反应取决于其基态时的前线轨道。由于电环化反应是单分子反应，故只需考虑丁-1,3-二烯前线轨道中的 HOMO 就可以了。丁-1,3-二烯的 HOMO 在基态时是 Ψ_2，由于在丁-1,3-二烯 C_1 和 C_4 两端之间成键，分子轨道必须顺旋，才使 C_1 和 C_4 达到最大限度重叠，形成 σ-键。若发生对旋，C_1 和 C_4 分子轨道符号相反，不能重叠成键(图 17-2)。

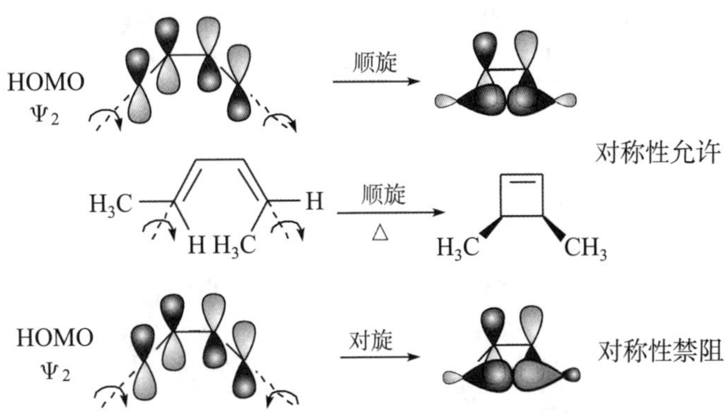

图 17-2　己-2,4-二烯热环化成取代环丁烯

而在光照条件下，丁-1,3-二烯吸收了光能使得 Ψ_2 轨道上的一个 π 电子激发到 Ψ_3 轨道上，这时 HOMO 由 Ψ_2 变成了 Ψ_3，而此时，对旋将有利于形成 σ-键，顺旋则阻碍反应发生(图 17-3)。

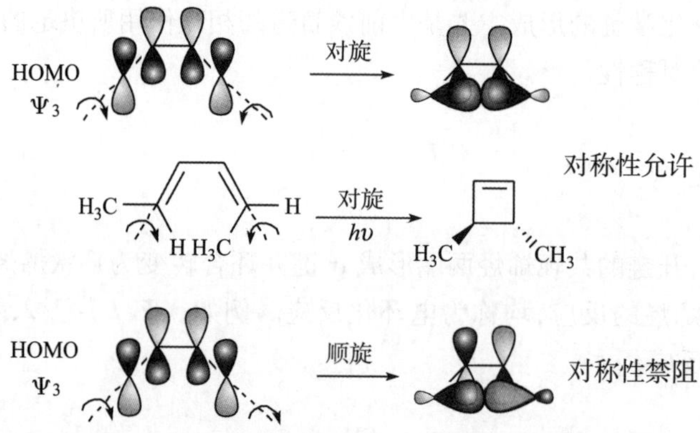

图 17-3　己-2,4-二烯光环化成取代环丁烯

用前线轨道理论处理己-1,3,5-三烯转变为环己-1,3-二烯将得到一致的结论,即基态时对旋方式为对称性允许的,而顺旋方式为对称性禁阻的(图 17-4,图 17-5)。

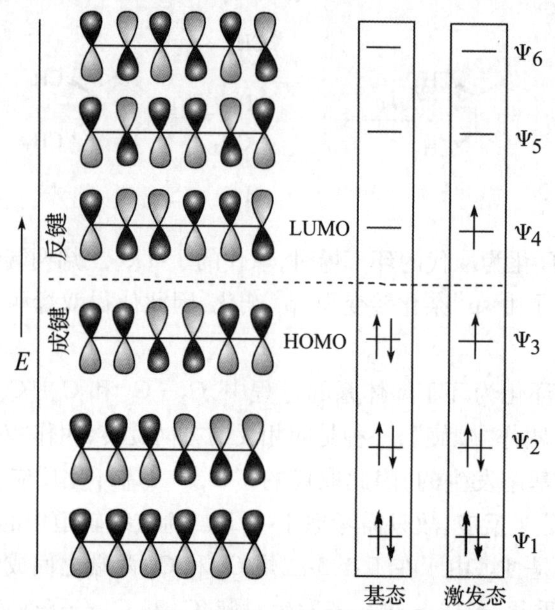

图 17-4　己-1,3,5-三烯的分子轨道和它的 HOMO、LUMO

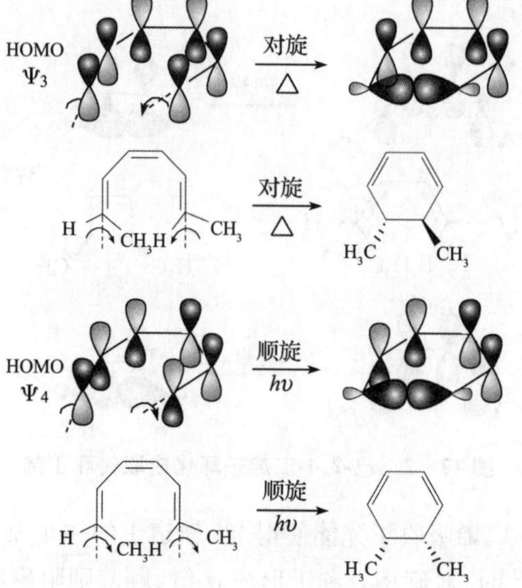

图 17-5　取代己-1,3,5-三烯的热和光环化反应

因此，可以总结出如下规则(表 17－1)：

表 17－1　电环化反应的选择规则

π 电子数	反应条件	方式
$4n$	加热	顺旋
	光照	对旋
$4n+2$	加热	对旋
	光照	顺旋

由于电环化反应属于基元反应，根据基元反应的微观可逆性原理，适合于环化反应的条件同样也适合于其逆反应——开环反应。

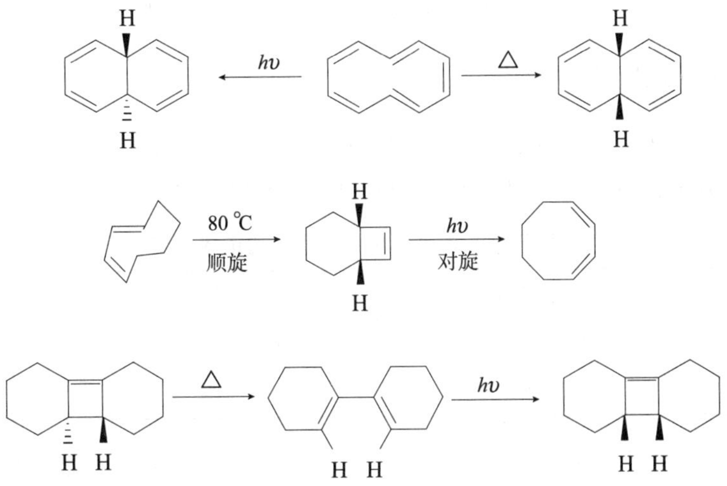

17.3　环加成反应

17.3.1　反应特点

环加成反应是指在加热或光照条件下，两个烯烃或共轭多烯烃或其他 π 体系的分子相互作用，形成一个稳定的环状化合物的反应。环加成反应过程中，没有小分子消除，只有新的 σ 键形成(由 π 电子形成)而没有原 σ 键的断裂。它是最重要的周环反应，具有周环反应的基本特点，其逆反应称为环消除反应。

环加成反应可根据参与反应的电子数进行分类，典型的环加成反应为[2+2]环加成反应和[4+2]环加成反应。

[2+2]环加成反应参与的电子数为两对 π 电子。最简单的环加成反应是两分子乙烯在光的作用下，彼此加成形成环丁烷，该反应也叫光二聚合反应，是制备四元环的一个很好的方法。但当把乙烯加热到中等温度时，反应并不发生。

[4+2]环加成反应参与的电子数一个为共轭双烯(4π 电子)，另一个为单烯(2π 电子)。狄尔斯-阿尔特反应是最重要的一类[4+2]环加成反应，该反应较容易进行并能成功地合成六元环、杂环和多环化合物，是非常重要的协同反应。

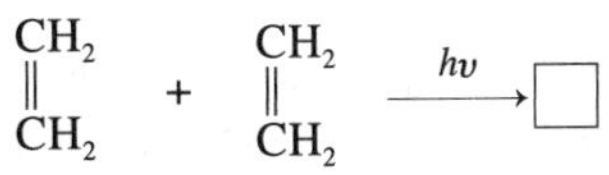

$$CH_2{=}CH_2 + CH_2{=}CH_2 \xrightarrow{h\nu} \square$$

CHO + $\xrightarrow{\triangle}$ CHO

17.3.2 环加成反应的理论要点

大多数环加成反应是双分子反应,前线轨道理论认为,两个分子之间的协同反应,遵循下列三项原则:

(1) 起决定作用的轨道是一个分子的HOMO和另一个分子的LUMO,反应过程中,电子从一个分子的HOMO进入另一个分子的LUMO。

(2) 对称性匹配原则。当两个分子相互作用形成σ键时,两个起决定作用的轨道必须有共同的对称性,即要求一个分子的HOMO与另一个分子的LUMO能发生同向重叠。

(3) 相互作用的两个轨道,能量必须接近,能量相差越小,反应越容易进行。

17.3.3 环加成反应的选择规律

环加成反应具有高度立体化学专属性。环加成反应能否进行和参与反应的总π电子数及反应条件(加热或光照)有关。按伍德沃德-霍夫曼规则,可将环加成反应的选择规律归纳于表17-2中。

表17-2 基态下环加成反应的选择规则

$(m+n)\pi$ 电子数	同面/同面	异面/异面	同面/异面
$4n$	对称性禁阻	对称性禁阻	对称性允许
$4n+2$	对称性允许	对称性允许	对称性禁阻

在前面讨论的电环化反应中,采用顺旋、对旋来表示它的立体选择性,而在环加成反应中,则采用同面、异面来表示它的立体选择性。加成时,体系中的π键以同一侧的两个轨道瓣发生加成称为“同面”(suprafacial)加成,可用符号“s”表示;反之,体系中的π键以异侧的两个轨道瓣发生加成称为“异面”(antarafacial)加成,可用符号“a”表示(图17-6)。

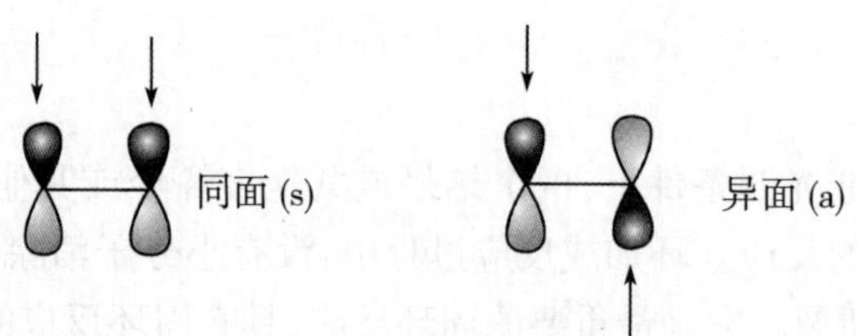

图17-6 同面和异面

或按以下方式描述:在环加成反应中,两个共轭体系(如乙烯)相互作用时,新的两个π键的生成可以有两种不同的途径:一种是新键的生成在反应体系的同一面,称为**同面环加成(suprafacial cycloaddition)**;另一种是新键的生成在反应体系的相反面,称为**异面环加成(antarafacial cycloaddition)**。

例如,正常的Diels-Alder反应可表示为 4_s+2_s,该式表示此反应有两个反应物,一个反应物出4个π电子,另一个反应物出2个π电子,它们发生的是同面-同面加成反应。

环加成反应的逆反应则称为环消除反应。根据微观可逆性原理，适合于环加成反应的条件同样也适合于环消除反应。

17.3.4 理论解释

从前线轨道观点可以分析环加成反应。环加成和环分解互为逆反应，它们遵守同一规律。以下用前线轨道理论来阐明[2+2]环加成反应和[4+2]环加成反应的立体化学选择规律的基本思路。

1. [2+2]环加成反应

最简单的[2+2]环加成反应的例子是2分子乙烯环加成生成环丁烷的反应，此反应在加热条件下不发生反应，而在光照条件下能顺利进行。这类反应涉及2个2π电子体系，故称为[2+2]环加成反应。

除乙烯外，一般单烯烃及取代烯烃衍生物在光照下的环加成反应都属于[2+2]环加成反应。例如：

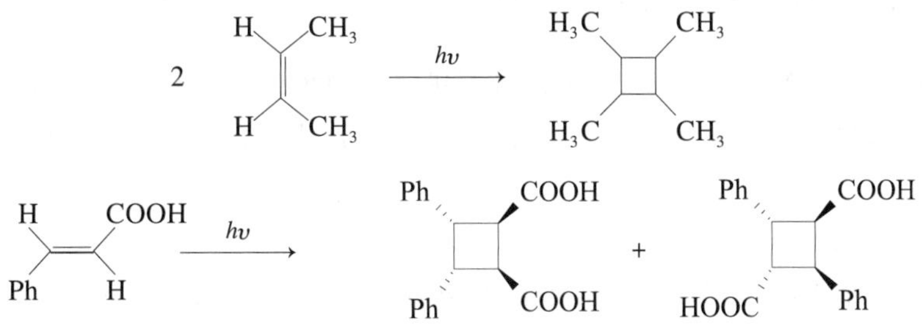

如果同一分子中含有两个双键时，在某些条件下，光照也可以发生分子内的[2+2]环加成反应。例如：

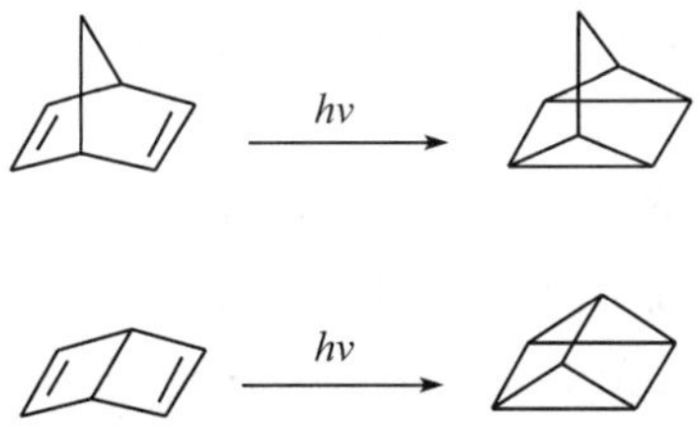

[2+2]环加成反应在加热的条件下不易发生，这是由分子轨道的对称性所决定的。以乙烯为例，图17－7所示为乙烯的π电子在基态和激发态中的构型。乙烯分子有两个轨道，一个是成键轨道，另一个是反键轨道，当分子处于基态时，两个电子均占据成键轨道。

按照前线轨道理论的要求，欲使两分子的乙烯发生环加成反应，必须由一个乙烯分子的HOMO和另一个乙烯分子的LUMO重叠，这样在能量上才是有利的，可形成一个稳定的过渡态，从而形成新的σ键。

在加热条件下，两分子乙烯发生[2+2]环加成反应，按照前线轨道理论，就要求一分子乙烯的HOMO（π轨道）与另一分子的乙烯的LUMO（π^*轨道）重叠，但π和π^*对称性相反，如图17－7所示：

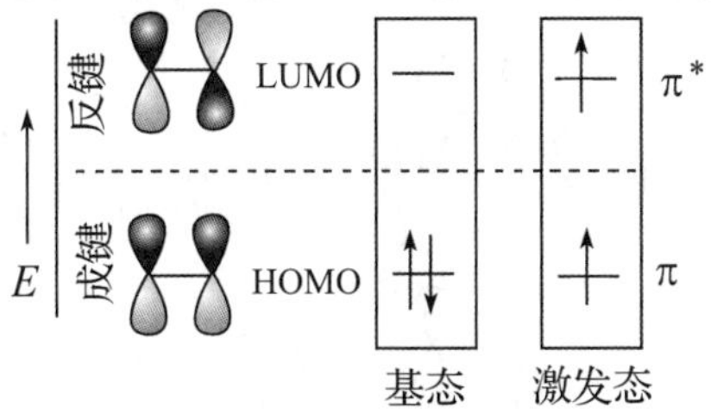

图17－7　乙烯的分子轨道

[2+2]环加成反应在光照条件下是对称允许的。在光照下,乙烯分子的LUMO是π^*,而另一个乙烯分子在激发态时由于电子组态的改变,π轨道中的一个电子被激发到π^*轨道,这时轨道成为HOMO,这样两个分子,一个是基态的(LUMO),另一个是激发态的(HOMO),其轨道的对称性是匹配的。因此,两分子乙烯在光照下(激发态下)进行环加成反应是对称允许的。如图17-8所示。

需要说明的是,上面对乙烯环加成的讨论,是假定环合是以同面-同面重叠方式进行的。从分子轨道的对称性来说,如果以采用同面-异面重叠方式,如图17-9所示,其热环加成反应的对称性是允许的。但对乙烯来说,由于几何形状的限制,反应却不可能发生。

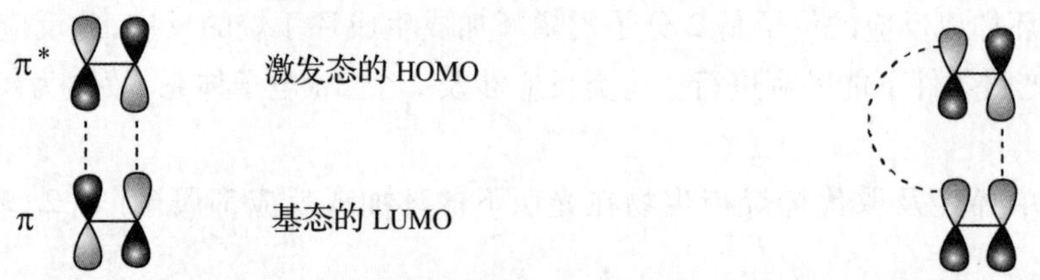

图17-8 对称允许的[2+2]光环化加成反应　　图17-9 [2+2]环加成,同面-异面的加成方式

然而对于更高级的共轭体系,如果生成的环足够大时,同面-同面和同面-异面这两种过程在几何上都是可能的,此时,轨道的对称性所能决定的不是环加成反应能否发生,而是它如何发生的问题,同面还是异面的问题。

2. [4+2]环加成反应

环加成反应中最常见的是[4+2]环加成反应,其参加反应的π电子数为$4n+2$。[4+2]环加成反应很容易进行,常常是自发的,或只需要微微加热就可以顺利进行。

双烯加成反应——Diels-Alder反应是典型的[4+2]环加成反应,为立体专一性的顺式加成反应,反应过程中双烯体和亲双烯体中取代基的立体关系均保持不变。这种立体专一性是由反应物前线轨道的对称性决定的。以丁-1,3-二烯和乙烯的双烯加成为例来分析[4+2]环加成反应。图17-7和图17-1分别为乙烯和丁二烯的分子轨道图。

乙烯和丁二烯之间发生热环加成反应时,分子轨道的重叠有两种可能:一种是丁二烯基态的HOMO(Ψ_2)和乙烯基态的LUMO(π^*)重叠;另一种是丁二烯基态的LUMO(Ψ_3)和乙烯基态的HOMO(π)重叠。如图17-10所示,无论采取哪一种方式,同面-同面方式的两种重叠都使符号相同的轨道半叶相互接近,都是对称允许的。

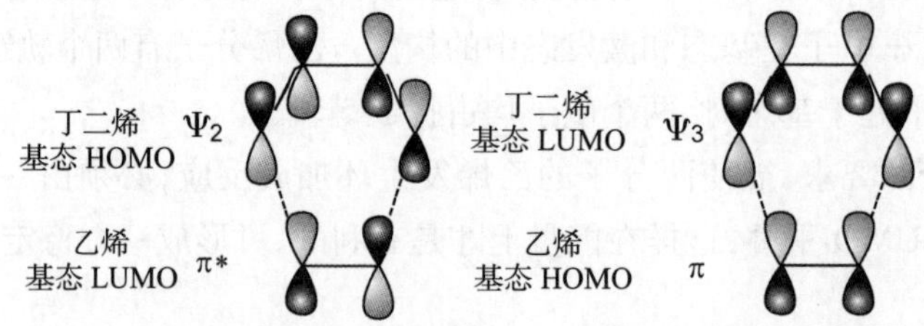

图17-10 对称允许的[4+2]环加成反应:丁二烯和乙烯加热条件下的环加成

从分子轨道的对称性考虑,光激发的环加成反应同面-同面加成是对称禁阻的。如图17-11所示。

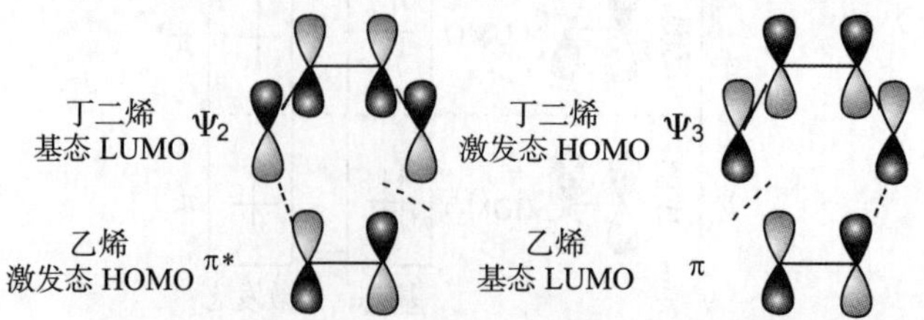

图17-11 对称禁阻的[4+2]环加成反应:丁二烯和乙烯光照条件下的环加成

前线轨道理论对其他 $4n$ 体系的分析和其他 $4n+2$ 体系的分析都将得出与表 17－2 相一致的结论。

17.3.5 环加成反应实例

Diels-Alder 反应不仅是[4+2]环加成反应的实例，而且在这个规则指导下，不仅它的反应机理得到了满意的解释，而且也由此实现了一系列得到满意结果的有机合成，在有机合成以及生物碱、药物合成中有广泛的应用。例如：

NC CN + NC CN —室温以下→ CN CN CN CN

CH_3 + $COOCH_3$ CH_2COOCH_3 —150 ℃ 甲苯→ H CH_3 $COOCH_3$ CH_2COOCH_3

雌甾类的骨架合成中，也应用了 Diels-Alder 反应：

OCH_3 + O O → H O H H O OCH_3

18 红外光谱和核磁共振谱

测定有机化合物的结构是有机化学研究的重要内容之一。获得物质结构信息的途径一般有两种。其一是化学法,就是利用被测化合物在一系列典型反应中的行为来推断它的结构。这种方法一般需要的样品较多、花费的时间较长。获取结构信息的途径之二为物理法,由于物理方法试样用量少,分析数据可靠、时间短,所以现在已成为研究有机化合物结构不可缺少的工具。在物理方法中,红外光谱、紫外光谱、核磁共振谱和质谱(俗称"四谱")是广泛采用的波谱方法。"四谱"中除质谱外,其他三种都与电磁波有关。

光是一种电磁波,具有波粒二象性,光的衍射、干涉及偏振等传播现象体现了光的波动性,光的发射和吸收体现了光的粒子性。电磁波的波长(λ)越短,则频率(v)越高,能量(ΔE)越大。它们之间的关系为:

$$v=\frac{c}{\lambda}, \qquad \Delta E=hv=\frac{hc}{\lambda}$$

式中,c 是光速,等于 $3\times10^{10}\ \mathrm{cm\cdot s^{-1}}$;频率($v$)的单位是赫兹(Hz);能量的单位是 J;$h$ 为普朗克(Planck)常数,等于 $6.626\times10^{-34}\ \mathrm{J\cdot s^{-1}}$。

分子是运动的,并且分子内的运动形式是多样的,如电子的运动、原子的振动和转动、原子核的自旋运动等等。在一定条件下,整个分子有一定的运动状态,各种运动状态均具有一定的能级(电子能级、振动能级和转动能级等的总和),并且能级是量子化的,分子获得能量后,可以从低能态跃迁到高能态。

根据波长可将电磁波分为以下几个区域(图 18-1),其常用单位为米(m)、厘米(cm)、微米(μm)、纳米(nm)。

X-射线	100 nm	远紫外	200 nm	近紫外	400 nm	可见光	800 nm	近红外	20 μm	远红外	500 μm	无线电波

图 18-1 电磁波的区域

当电磁波照射有机分子时,如果某一波长的能量恰好等于分子运动的两个能级之差,分子就吸收该能量的光子,发生能级跃迁。将不同波长与对应的吸光度作图,即可得到**吸收光谱(absorption spectroscopy)**。而各种能级变化需要的跃迁能量不同,因此就形成不同的吸收光谱。

紫外光的波长较短(一般为 100~400 nm),能量较高。当分子吸收紫外光时,会引起分子电子能级的跃迁,产生**紫外吸收光谱(ultraviolet spectroscopy, UV)**;红外光的波长较长(一般为 2.5~25 μm),能量较低,分子吸收红外光时,能引起分子中成键原子振动能级的跃迁,产生**红外吸收光谱(infrared spectroscopy, IR)**;在强磁场作用下,某些原子核能吸收无线电波,导致核自旋能级的跃迁,产生**核磁共振谱(nuclear magnetic resonance spectroscopy, NMR)**。

由于篇幅所限,本章仅讨论红外吸收光谱及核磁共振谱。

18.1　红外吸收光谱

18.1.1　基本原理

红外吸收光谱是由分子中成键原子的振动能级跃迁所产生的吸收光谱。分子中原子的振动包含**伸缩振动(streching vibration,υ)**和**弯曲振动(bending vibration,δ)**两大类。

伸缩振动是键长改变的振动,振动时没有键角的改变。根据振动方向,伸缩振动又可分为**对称伸缩振动(symmetrical,υ_s)**和**不对称伸缩振动(asmmetrical,υ_{as})**(图 18－2)。

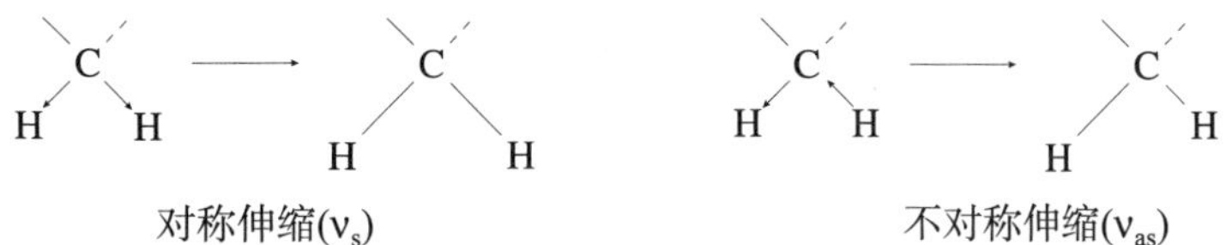

图 18－2　亚甲基的伸缩振动

弯曲振动是键角改变的振动,振动时键长没有变化,弯曲振动有**面内弯曲(δ_{ip})**和**面外弯曲(δ_{oop})** 2 种振动类型(图 18－3)。

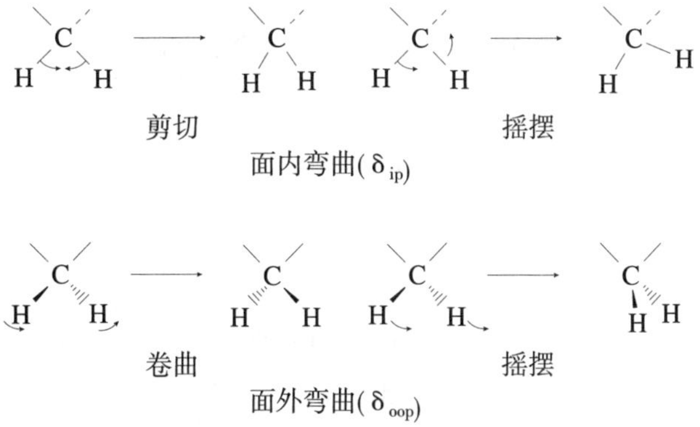

剪切　摇摆

面内弯曲(δ_{ip})

卷曲　摇摆

面外弯曲(δ_{oop})

图 18－3　亚甲基的弯曲振动

振动具有一定的能级,其能级差相应于红外区的能量。当照射分子的红外光能量($h\upsilon$)等于某种振动的能级差时,分子就吸收此红外光,该振动的振幅加大,从低能级跃迁到较高能级,并产生一个吸收峰。

最有用的红外吸收区域是:

$$\text{波长}(\lambda)=2.5\sim15.0\ \mu m(1\ \mu m=10^{-4}\ cm)$$

其相应的波数 σ(wave numbers,$\sigma=1/\lambda$,以 cm^{-1} 为单位)为 4 000~666 cm^{-1}。

分子振动能级的跃迁所吸收的红外光的频率可用红外测定系统检测和记录,产生相应的红外光谱图。

红外光谱图一般以波数(σ)或波长(λ)为横坐标,表示吸收峰的位置,用光的透过百分率(τ%)为纵坐标,表示吸收峰的强度。如图 18－4 所示。

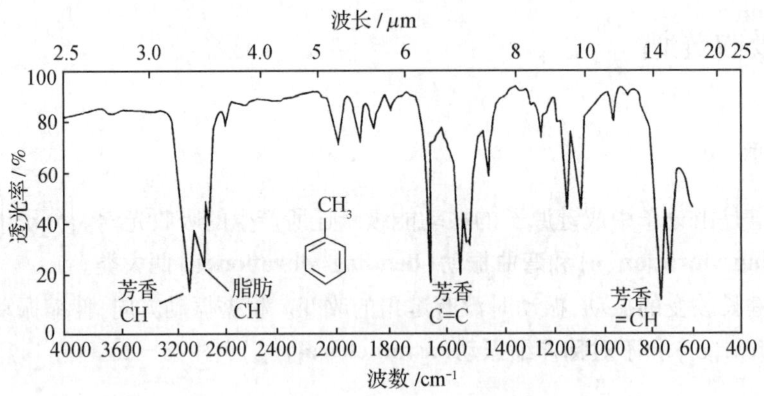

图18-4 甲苯的红外光谱

18.1.2 特征吸收峰

红外光谱图是分子作为整体产生的,即使简单的分子,它的振动方式也是极多的,因此在谱图中有许多吸收峰。某些化学键或基团在红外光谱的特定频区有吸收峰,这种吸收峰称为该化学键或基团的**特征吸收峰**,在谱图中,如某一特征频率处有吸收峰,则表示分子中存在某种化学键。表18-1列出各类键的特征吸收频率。吸收峰的强度一般分四种:强吸收(s)、中等吸收(m)、弱吸收(w)和强度可变(v)。

表18-1 各类键的特征吸收频率

键型	伸缩振动(cm^{-1})	弯曲振动(cm^{-1})
C—H 烷氢	2 960~2 850(s)	1 470~1 350(s)
C—H 烯氢	3 080~3 020(m)	1 000~675(s)
C—H 芳氢	3 100~3 000(v)	870~675(v)
C—H 醛氢	2 900,2 700(m,两个峰)	
C—H 炔氢	3 300(s)	
C≡C 炔	2 260~2 100(v)	
C≡N 腈	2 260~2 220(v)	
C=C 烯	1 680~1 620(v)	
C=C 芳香	1 600~1 450(v)	
C=O 酮	1 725~1 705(s)	
C=O 醛	1 740~1 720(s)	
C=O α,β-不饱和酮	1 685~1 665(s)	
C=O 芳酮	1 700~1 680(s)	
C=O 酯	1 750~1 735(s)	
C=O 酸	1 725~1 700(s)	
C=O 酰胺	1 690~1 650(s)	
O—H 醇(无氢键)	3 650~3 590(v)	
O—H 醇(氢键)	3 600~3 200(s 宽)	1 620~1 590(v)

续表

键型	伸缩振动(cm^{-1})	弯曲振动(cm^{-1})
O—H 酸	3 000~2 500(s 宽)	1 655~1 510(s)
N—H 胺	3 500~3 300(m)	
N—H 酰胺	3 500~3 350(m)	
C—O 醇、醚、酯	1 300~1 000(s)	
C—N 氨烷基	1 220~1 020(v)	
C—N 氨芳基	1 360~1 250(s)	
NO_2 硝基	1 560~1 515(s)	
	1 385~1 345(s)	

化学键的伸缩振动频率与成键原子的质量和键长有关,即:

$$\upsilon=\frac{1}{2\pi c}\sqrt{k(\frac{1}{m_1}+\frac{1}{m_2})}$$

式中,m_1和 m_2 是成键原子质量;k 为力常数,键长越短,键能越强,其力常数越大。

由此式可知,成键原子质量越小,力常数越大,该键的振动频率越高(即波数值越大)。碳碳单键、碳碳双键和碳碳叁键的力常数依次增加,因此,碳碳叁键吸收区频率较高(2 260~2 100 cm^{-1}),碳碳双键吸收区频率较低(1 800~1 390 cm^{-1})。由于氢原子质量小,因此,与氢原子构成的单键伸缩振动的吸收区频率较高(3 650~2 500 cm^{-1})。碳氢单键又可分几类:与叁键碳原子形成的碳氢键键长最短,吸收在高频区(3 300 cm^{-1});与双键碳原子形成的碳氢键键长较长,吸收在较低频区(3 080~3 020 cm^{-1});与饱和碳原子形成的碳氢键键更长,吸收在更低频区(2 960~2 850 cm^{-1})。可以说 3 000 cm^{-1} 是饱和碳形成的碳氢键及不饱和碳形成的碳氢键的吸收峰的分界线。另外醛氢(RCHO)在 2 900 cm^{-1} 和 2 700 cm^{-1} 有两个特征吸收峰,前者一般被遮蔽在饱和碳氢键的吸收峰内。

通常将整幅红外光谱图分为两大区域:功能基区(4 000~1 500 cm^{-1})和指纹区(<1 500 cm^{-1})。**功能基区(functional group region)**主要是各种化学键(即功能基)的伸缩振动吸收峰区。这一区域多为官能团的特征吸收峰,吸收峰受分子中其他结构的影响较小,彼此间很少重叠,容易辨认。它又分为三个小区:氢的单键区、叁键区和双键区。**指纹区(fingerprint region)**主要是各单键的伸缩振动和弯曲振动的吸收峰,指纹区中的吸收峰解析是很困难的,但它有很大用途。如果两个化合物的红外光谱图不仅在功能基区有相同的吸收峰,而且在指纹区的吸收谱带完全吻合,就表明两者是同一化合物。

18.1.3 谱图解析举例

1. 烷、烯和炔的红外吸收光谱图

烷烃分子只有C—C键和C—H键,烷烃的特征吸收峰主要是C—H键伸缩振动和弯曲振动产生的,伸缩振动在 2 960~2 850 cm^{-1} 之间,一般为强吸收,弯曲振动在 1 465~1 340 cm^{-1} 之间。

烯烃有C═C伸缩振动、═C—H伸缩振动和面外弯曲振动三种特征吸收。C═C伸缩振动吸收在 1 680~1 620 cm^{-1},强度和位置取决于双键碳原子上取代基的数目及性质。═C—H伸缩振动吸收在 3 100~3 010 cm^{-1},═C—H面外弯曲振动吸收在 1 000~800 cm^{-1}。

炔烃中C≡C的伸缩振动吸收在 2 260~2 100 cm^{-1},≡C—H伸缩振动吸收在 3 310~3 300 cm^{-1}(较强),≡C—H弯曲振动吸收在 700~600 cm^{-1}。图 18－5 为正辛烷、辛-1-烯及辛-1-炔的红外光谱图。

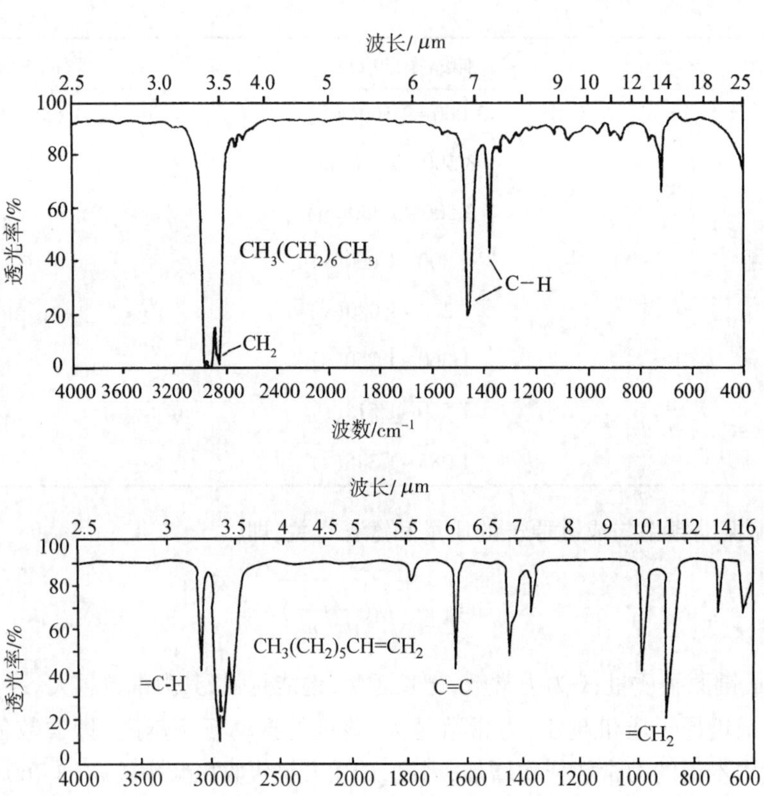

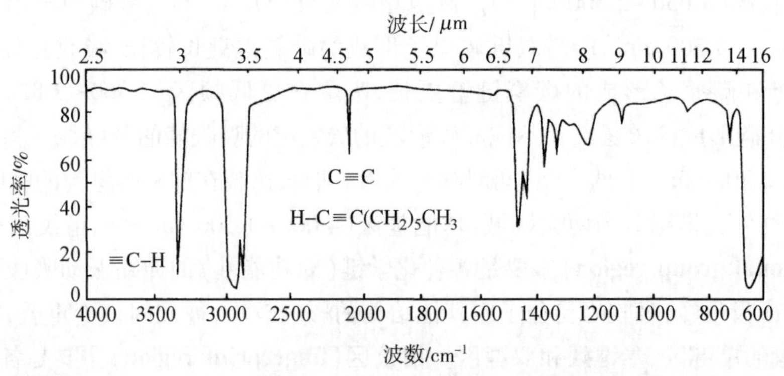

图 18－5　正辛烷、辛-1-烯及辛-1-炔的红外光谱图

2. 芳烃的红外吸收光谱图

芳烃芳环上 C—H 键伸缩振动吸收在 3 030 cm^{-1} 附近，C═C 骨架振动吸收在 1 600~1 400 cm^{-1} 处，在 900~600 cm^{-1} 处有 Ar—H 的面外弯曲振动吸收，其吸收峰的位置和苯环上取代基的数目及位置有关，一般可根据 870~675 cm^{-1} 区域内吸收峰的情况判别苯环的取代情况。单取代：在 710~690 cm^{-1} 和 770~730 cm^{-1} 处有 2 个强峰；邻位双取代：在 770~735 cm^{-1} 有 1 个强峰；间位双取代：在 710~690 cm^{-1} 和 810~750 cm^{-1} 有 2 个强峰；对位双取代：在 833~810 cm^{-1} 有 1 个强峰。有关图谱参见图 18－4 及图 18－7。

3. 醇和酚的红外吸收光谱图

醇中游离羟基（分子间未缔合）的伸缩振动吸收在 3 650~3 590 cm^{-1} 区间，峰形尖锐、强度不定，分子间缔合羟基的伸缩振动吸收约在 3 500~3 200 cm^{-1} 区间，峰形较宽（常与 N—H 伸缩振动吸收峰重叠），当化合物中含有水分时，在此谱带区域通常也会出现吸收干扰。醇分子中碳氧单键（C—O）的伸缩振动吸收峰通常出现在 1 260~1 000 cm^{-1} 区间。图 18－6 为己-1-醇的红外光谱图。

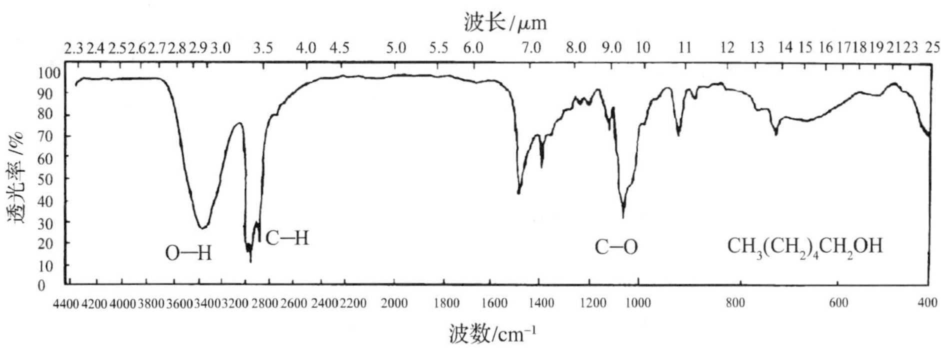

图 18－6　己-1-醇的红外光谱图

酚羟基 O—H 键的伸缩振动吸收峰，在极稀溶液中测定时在 3 611～3 603 cm^{-1} 区间内，峰形尖锐；在浓溶液中测定时，酚羟基之间因形成氢键而呈缔合态，O—H 伸缩振动吸收峰移向 3 500～3 200 cm^{-1} 区间，峰形较宽。一般情况下，两个吸收峰共存。酚的碳氧键 C—O 伸缩振动吸收峰出现在 1 250～1 220 cm^{-1} 范围内。图 18－7 为对甲基苯酚的红外吸收光谱图。

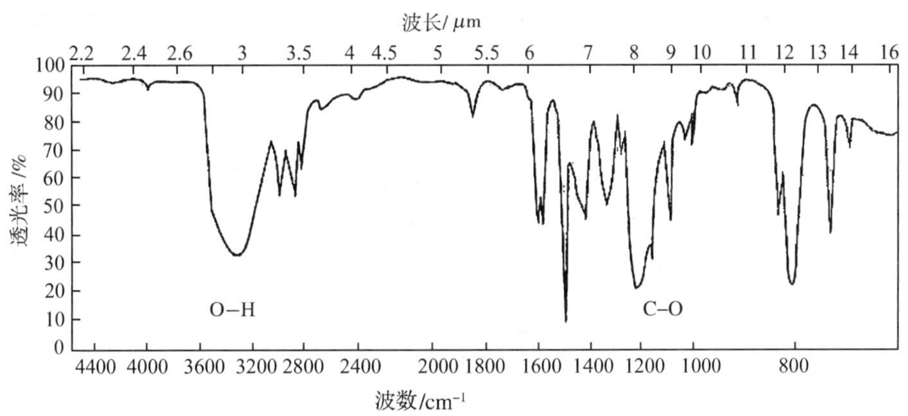

图 18－7　对甲基苯酚的红外光谱图

4. 醛和酮的红外吸收光谱图

羰基的伸缩振动吸收峰是红外光谱中最强的和最重要的吸收峰。图 18－8 是丁醛和丁酮的红外吸收光谱图。丁醛在 1 725 cm^{-1} 有羰基的强吸收峰，另外还存在醛氢的两个吸收峰：一个在 2 700 cm^{-1}，另一个在 2 900 cm^{-1}（它隐藏在 sp^3 碳氢键的吸收峰中）。丁酮羰基的吸收峰在 1 710 cm^{-1}，其频率略低于醛中羰基的吸收峰频率。共轭羰基或共轭的碳碳双键的伸缩振动频率向低频转移。

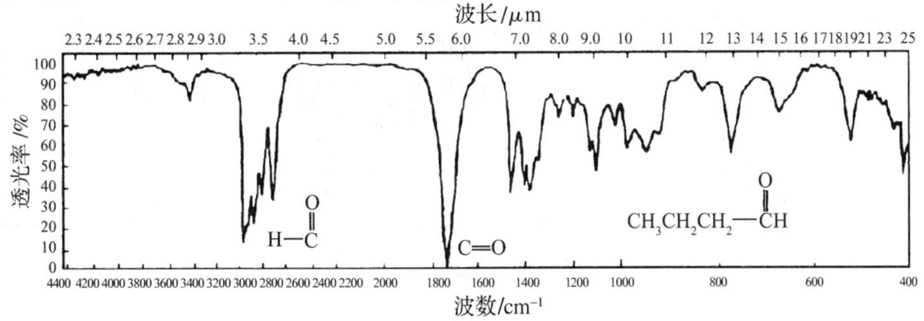

图 18－8－1　丁醛和丁酮的红外光谱图

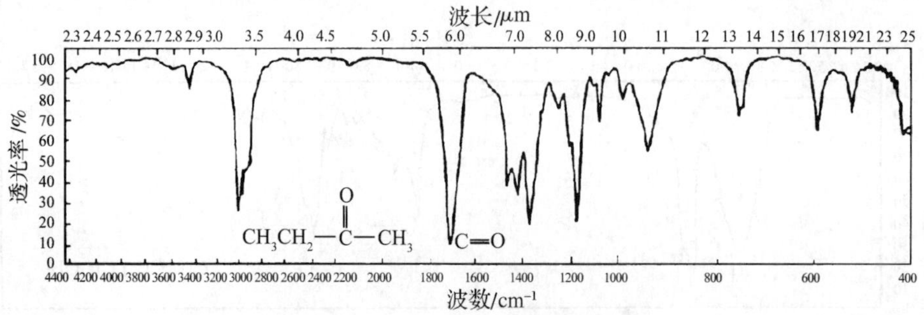

图 18-8-2 丁醛和丁酮的红外光谱图

5. 羰酸及其衍生物的红外吸收光谱图

羧酸的红外光谱图有两个重要特点:第一,由于羧基之间有极强的氢键,因此羧基中羟基单键的伸缩振动吸收峰从 3 300 cm^{-1} 开始一直扩展到 2 500 cm^{-1},一般碳氢键的吸收峰被遮蔽于其中。第二,羧基中羰基也有共轭和非共轭之分,非共轭羰基(如己酸中)吸收峰在 1 720~1 700 cm^{-1},共轭羰基(如苯甲酸中)吸收峰在 1 710~1 680 cm^{-1},向低频区转移。

酯的重要吸收峰是羰基和碳氧单键的伸缩振动吸收峰。羰基峰与一般酮中的羰基峰比较,向高频区转移,共轭后向低频区转移。图 18-9 为己酸、苯甲酸和苯甲酸乙酯的红外吸收光谱图。

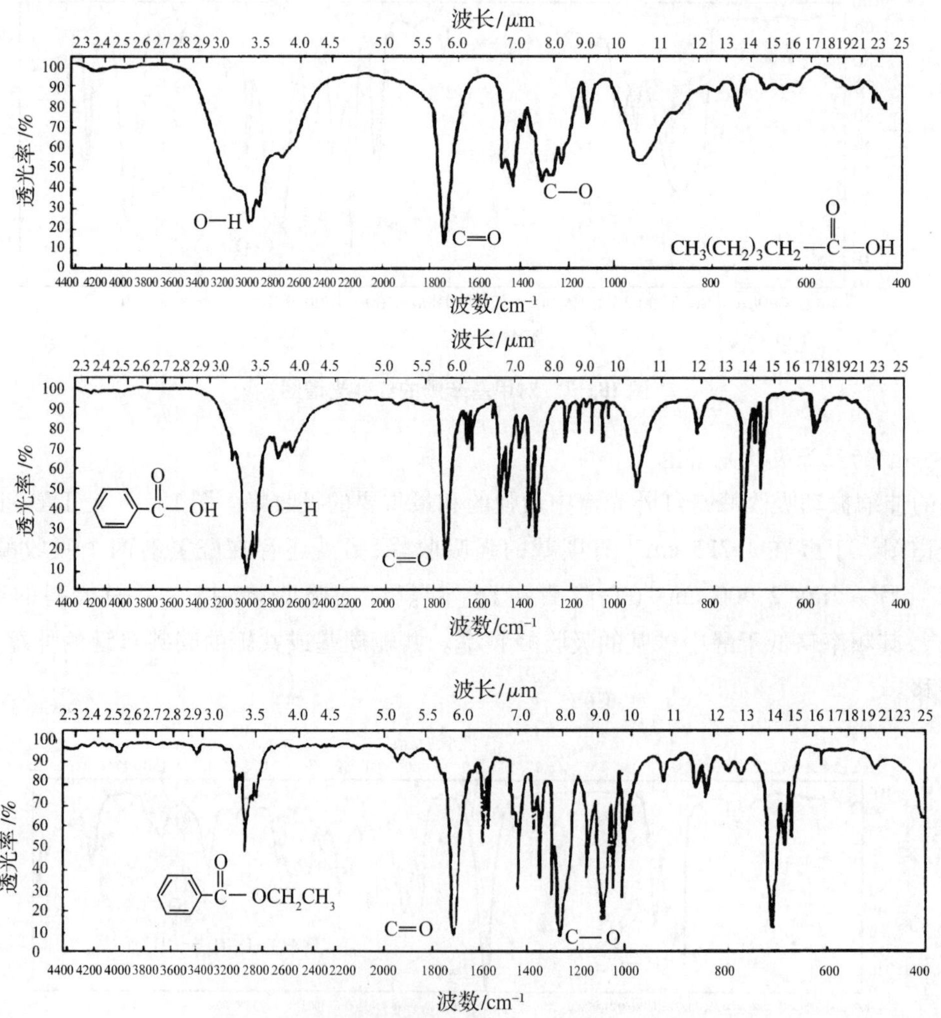

图 18-9 己酸、苯甲酸和苯甲酸乙酯的红外光谱图

18.2 核磁共振谱

核磁共振谱是由具有磁矩的原子核受电磁波辐射而发生跃迁所形成的吸收光谱。

电子能够自旋,质子也能自旋。原子的质量数为奇数的原子核,如^{1}H、^{13}C、^{19}F、^{31}P等,由于核中质子的自旋而在沿着核轴方向产生磁矩,因此可以发生核磁共振。而^{12}C、^{16}O、^{32}S等原子核不具磁性,故不发生核磁共振。在有机化学中,研究最多、应用最广的是氢原子核(^{1}H)的核磁共振谱^{1}H-NMR,又称质子磁共振谱 PMR,其次为碳原子核^{13}C的核磁共振谱^{13}C-NMR。

18.2.1 基本原理

氢核(^{1}H)的自旋量子数(I)为 1/2,因而在磁场中它有两种取向($2I+1$),如图 18-10。

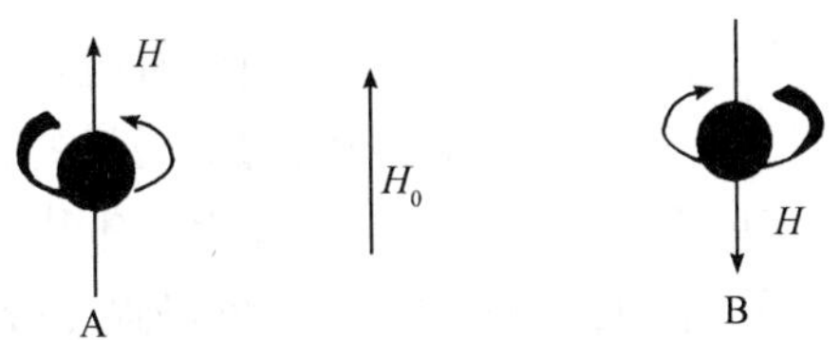

图 18-10 质子在外磁场(H_0)中的两种状态(A,B)

其中一种取向自旋磁矩与磁场方向一致,能量较低(低能态),另一种取向自旋磁矩与磁场方向相反,能量较高(高能态),两者能量之差为 ΔE,如图 18-11。

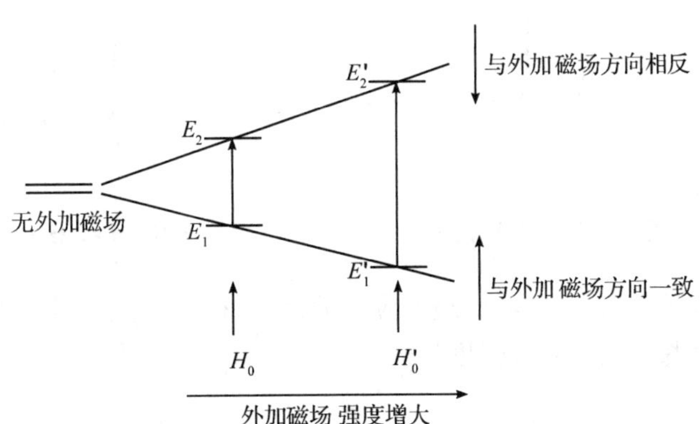

图 18-11 不同磁场强度时氢核两种自旋的能差

ΔE 与外加磁场强度(H_0)成正比,其关系式为:

$$\Delta E=\frac{hr}{2\pi}H_0$$

式中,r 为氢核特征常数,h 为 Planck 常数。

若用电磁波照射磁场中的质子,当电磁波的频率适当,其能量($h\upsilon$)恰好等于质子的两种取向的能量差 ΔE 时,质子就吸收电磁波的能量,从低能态跃迁到高能态,发生核磁共振吸收。此时:

$$\Delta E=h\upsilon \quad \upsilon=\frac{\Delta E}{h}=\frac{r}{2\pi}H_0$$

用来测定核磁共振的仪器称为核磁共振仪。核磁共振仪接收到核磁共振信号时,由记录器给出核磁共振谱图。按公式 $\upsilon=\frac{r}{2\pi}H_0$,无论是改变外加磁场强度($H_0$)还是改变电磁波的辐射频率($\upsilon$),均

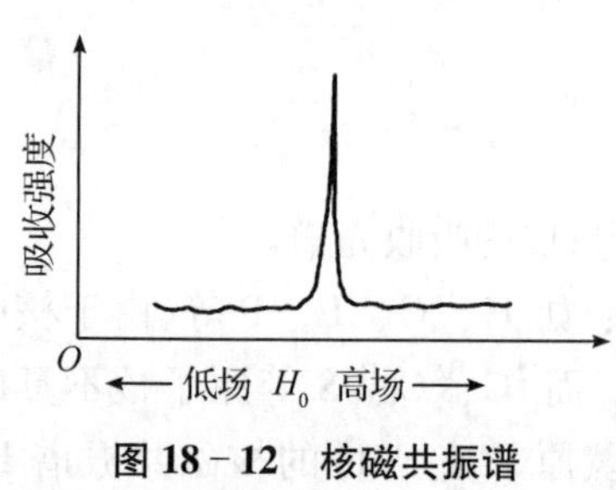

图 18-12 核磁共振谱

可以符合上述关系。所以核磁共振的测定方法有两种:一种是固定磁场改变频率,另一种是固定频率改变磁场。后者操作比较方便,即用固定频率的电磁波照射样品,调节磁场强度,当外加磁场强度(H_0)达到一定值时使 $\upsilon=\frac{r}{2\pi}H_0$,就能发生核磁共振吸收。在核磁共振谱图上,纵坐标为吸收能量的强度,横坐标为磁场强度,如图 18-12。

18.2.2 屏蔽效应和化学位移

有机化合物中质子的自旋能级差是一定的,所有质子似乎都在同一磁场强度下吸收能量。这样,在核磁共振谱中应该只有一个吸收峰。但事实上有机物中各种不同的质子吸收峰的位置是不一样的。例如甲醇分子中有2个不同的质子,即甲基(—CH_3)上的质子和羟基(—OH)上的质子,在甲醇的核磁共振谱中产生了2个吸收峰(见图 18-13),这是因为有机物分子中的质子周围还有电子,在外加磁场的作用下,可发生电子环流从而产生感应磁场,感应磁场的方向与外加磁场相反,因此使质子实际感受到的磁场要比外加磁场的强度稍弱些。为了发生核磁共振,必须提高外加磁场强度,去抵消电子运动产生的对抗磁场的作用,结果吸收峰就出现在磁场强度较高的位置。我们把质子的外围电子对抗外加磁场所起的作用,称为**屏蔽效应(shielding effect)**,如图 18-14 所示。

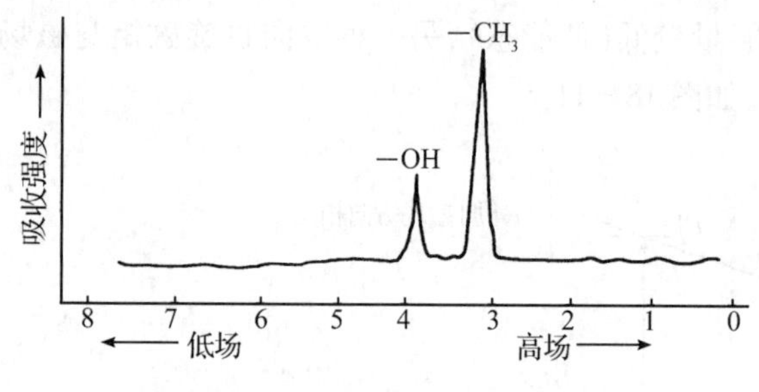

图 18-13 甲醇的 ^{1}H-NMR 谱图

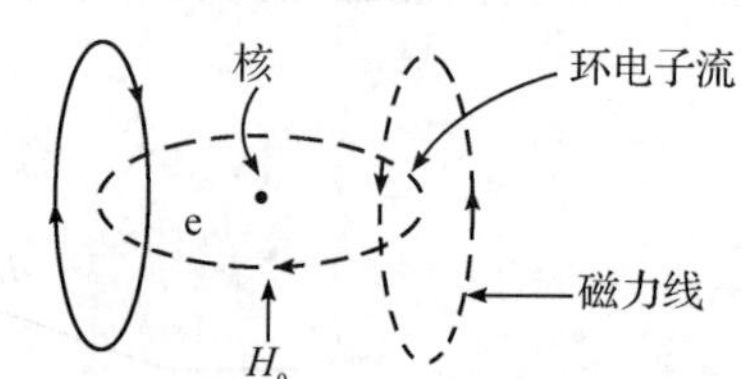

图 18-14 核外电子流动产生感应磁场

显然,质子周围的电子云密度越高,屏蔽效应越大,发生核磁共振所需的磁场强度越高;反之,屏蔽效应越小,发生核磁共振所需的磁场强度越低。

低场	H_0	高场
屏蔽效应小		屏蔽效应大

在甲醇分子中,由于氧原子的电负性比碳原子大,因此甲基上的质子比羟基上的质子有更大的电子云密度,也就是 CH_3 上的质子所受的屏蔽效应较大,而 OH 上的质子所受的屏蔽效应较小,即 CH_3 吸收峰在高场出现,OH 吸收峰在低场出现。

由于有机分子中各种质子受到不同程度的屏蔽效应,因而在核磁共振谱的不同位置上出现吸收峰。但这种屏蔽效应所造成的差异是很小的,难以精确地测出其绝对值,因而需要一个**参照物(reference compound)**来作对比,常用四甲基硅烷($(CH_3)_4Si$(tetramethylsilane,简写为 TMS)作为标准物质,并人为将其吸收峰出现的位置定为零。某一质子吸收峰的位置与标准物质子吸收峰位置之间的差异称为该质子的**化学位移(chemical shift)**,常以 δ 表示:

$$化学位移(\delta)=\frac{\upsilon_{样品}-\upsilon_{TMS}}{\upsilon_0(核磁共振仪所用频率)}\times 10^6$$

式中,$\upsilon_{样品}$ 为样品吸收峰的频率,υ_{TMS} 为四甲基硅烷吸收峰的频率。

由于所得数值很小,一般只有百万分之几,故乘以 10^6。在各种有机物分子中,与同一类基团相连的质子,它们都有大致相同的化学位移。表 18-2 列出了常见基团中质子的化学位移。

表 18-2 常见基团中质子的化学位移

常见基团质子	化学位移(δ)	常见基团质子	化学位移(δ)
RCH_3	0.9	$C{\equiv}C{-}CH_3$	1.8
R_2CH_2	1.3	$Ar{-}CH_3$	2.3
R_3CH	1.5	$R{-}COCH_3$	2.2
RCH_2Cl	3.5~4.0	$R{-}COOCH_3$	3.6
RCH_2Br	3.0~3.7	R—O—H	3.0~6.0
RCH_2I	2.0~3.5	Ar—O—H	6.0~8.0
$R{-}OCH_3$	3.2~3.5	R—CHO	9.0~10.0
C═C—H	5.0~5.3	R—COOH	10.5~11.5
C≡C—H	2.5	$R{-}NH_2$	1.0~4.0
Ar—H	6.5~8.0	$Ar{-}NH_2$	3.0~4.5
$C{=}C{-}CH_3$	1.7	$R_2N{-}CH_3$	2.2

化学位移是一个很重要的物理常数,它是分析分子中各类氢原子所处位置的重要依据。δ 值越大,表示屏蔽作用越小,吸收峰出现在低场。δ 值越小,则表示屏蔽作用越大,吸收峰出现在高场。

18.2.3 影响化学位移的因素

1. 电负性

电负性较大的元素能降低氢核周围电子云密度,即减小对氢核的屏蔽(**去屏蔽作用,deshielding**),增大了化学位移值,而电负性较小的元素则增加了屏蔽作用,降低了 δ 值。例如:

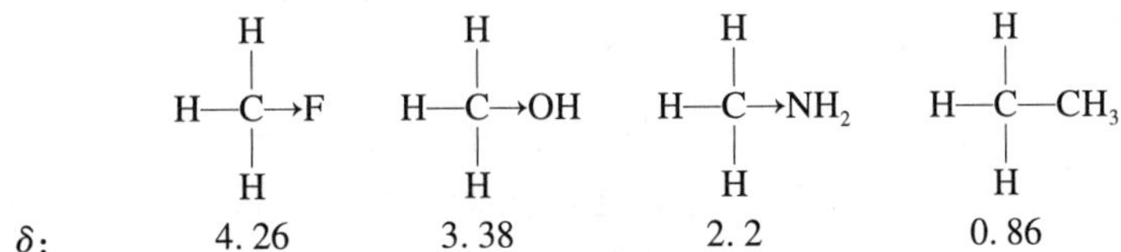

图 18-15 为碘甲烷的[1]H-NMR 谱图,它的质子信号 δ 为 2.10。因为硅的电负性比碳和碘小,所以 TMS 中质子外围有较多电子云,它的信号出现在高场(定为零点)。碘甲烷中的质子外围电子云相对较少,它的信号出现在较低场。该变化规律为:

$I{\leftarrow}CH_2{\leftarrow}H$ 核外有较少电子云　　$(CH_3)_3Si{\rightarrow}CH_2{\rightarrow}H$ 核外有较多电子云

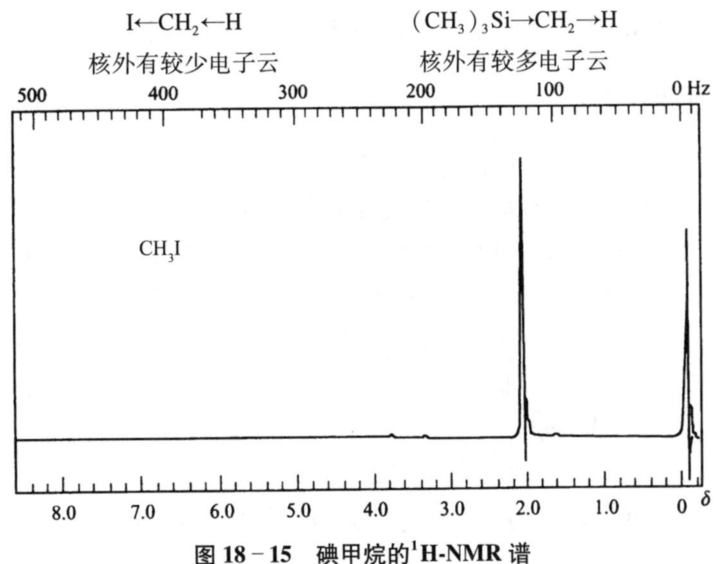

图 18-15 碘甲烷的 ^{1}H-NMR 谱

2. π键电子云屏蔽作用的各向异性

分子中某些基团的电子云排布不呈球形对称时,它对邻近的氢核产生一个各向异性的磁场,从而使某些空间位置上的氢核受屏蔽,而另一些空间位置上的氢核去屏蔽,这一现象称为**各向异性效应(anisotropic effect)**。例如,乙烯分子中碳碳双键上的π电子环流在外加磁场的影响下,产生一个感应磁场。该感应磁场在双键平面的上方和下方与外加磁场方向相反,是反磁的(diamagnetic),所以该区域为屏蔽区,但由于磁力线是闭合的,在双键周围侧面,感应磁场的方向却与外加磁场的方向一致,是顺磁的(paramagnetic),称去屏蔽区。由于连在双键碳上的氢在去屏蔽区(见图18-16),故它的δ值比烷烃中质子的δ值大,在较低场出现。

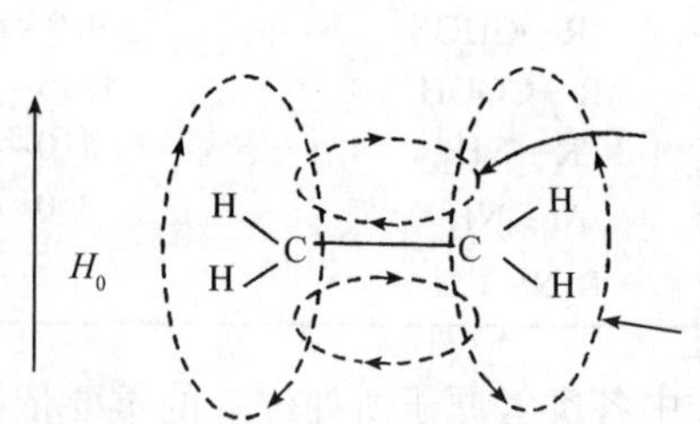

图18-16 乙烯的感应磁场对氢的去屏蔽作用

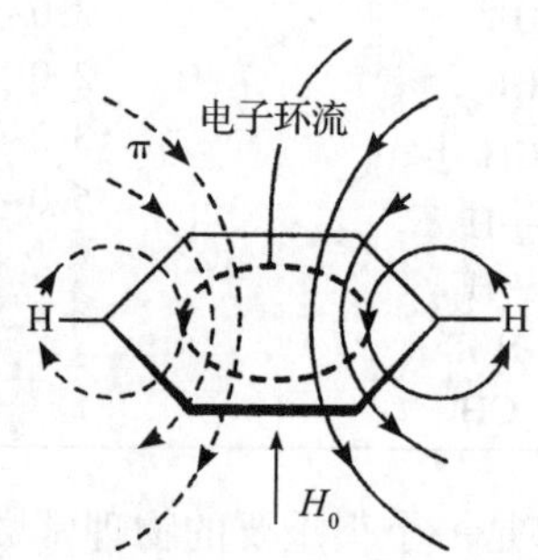

图18-17 芳环上π电子云产生的感应磁场及其去屏蔽作用

苯环π电子环流产生的感应磁场也使苯分子的整个空间划分为屏蔽区和去屏蔽区,苯环上的6个氢恰好都处于去屏蔽区(见图18-17),所以信号出现在低场,δ值大。

3. 氢键

氢键的形成能大大改变羟基或其他基团上氢核的化学位移。因为分子间的氢键的多少跟样品的浓度、溶剂的性能和纯度有很大的关系,所以羟基的化学位移可以在一个很大的范围内变动,一般来说,ROH的化学位移在0.5~4.5之间,而ArOH的化学位移在4.5~10之间。在核磁谱图内,羟基的峰也是比较宽的。羧酸类化合物在溶液中易形成分子间氢键,所以羧酸中—OH的氢化学位移在9~13之间。

分子内氢键同样可以影响羟基氢的化学位移。

4. 溶剂

核磁共振通常是在溶液中进行测定的,因此溶剂最好不含有^1H,常用的氘代溶剂有$CDCl_3$、CD_3OD、CD_3COCD_3、CD_3SOCD_3和D_2O。氘(D)在测定时不出现吸收峰。

18.2.4 自旋偶合和自旋裂分

在^1H-NMR谱图中,化合物的共振信号并不都是单峰(singlet,s),也可以分裂成两重峰(doublet,d)、三重峰(triplet,t)、四重峰(quarterlet,q),甚至是复杂的多重峰(multiplet,m)等。这种同一类质子吸收峰增多的现象称为裂分。图18-18为1,1-二氯乙烷的^1H-NMR谱图,它有两类氢,故有两组吸收峰,δ 1.95是甲基3个氢的峰,为双重峰,δ 5.60是二氯甲基中一个氢的峰,为四重峰。

吸收峰发生裂分的原因,是由于邻近质子的自旋相互干扰而引起,这种相互干扰叫作**自旋-自旋偶合(spin-spin coupling)**,简称**自旋偶合**。由自旋偶合引起的吸收峰的裂分叫作**自旋-自旋裂分(spin-spin splitting)**,简称**自旋裂分**。在1,1-二氯乙烷的谱图中,甲基裂分为双重峰的原因在于邻近碳原子上有氢,因而甲基氢的实感磁场又受到邻近氢核的影响。分子中所有氢原子在任何时刻约有一半氢核的磁矩与外磁场同向,另一半为反向。邻近氢核的小磁矩(H')叠加到外磁场(H_0)上,可稍

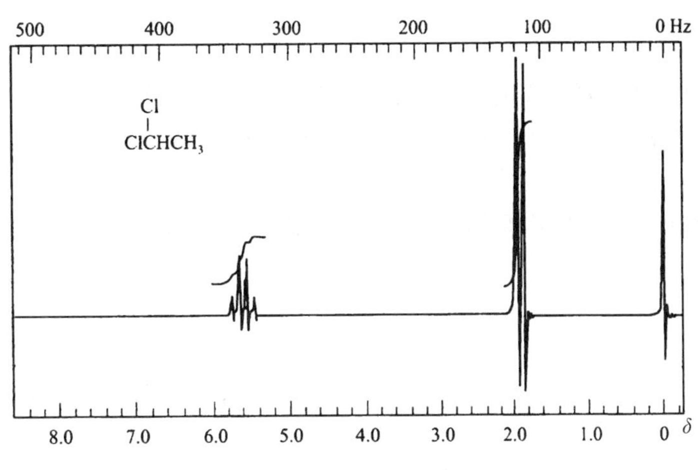

图 18-18 1,1-二氯乙烷的[1]H-NMR 谱

微提高或降低 H_0，对外磁场产生 2 种干扰方式：H_0+H'（同向）和 H_0-H'（反向）。当这两种磁场分别满足甲基氢的共振吸收条件时，就分别吸收能量，发生跃迁，显示出 2 个强度大约相等的峰（峰间距离约为 7 Hz）。同样，二氯甲基中的一个氢原子（δ 为 5.60）也受到邻近甲基中 3 个氢原子的干扰。3 个质子的磁矩相对于外磁场的排列有 8 种组合，对外磁场的干扰方式有 4 种：H_0+3H'，H_0+H'，H_0-H' 和 H_0-3H'，因此二氯甲基中氢原子的峰被裂分为四重峰，峰间距离也是 7 Hz。由于这 4 种方式的概率比为 1∶3∶3∶1，所以峰的面积比为 1∶3∶3∶1（见图 18-19）。

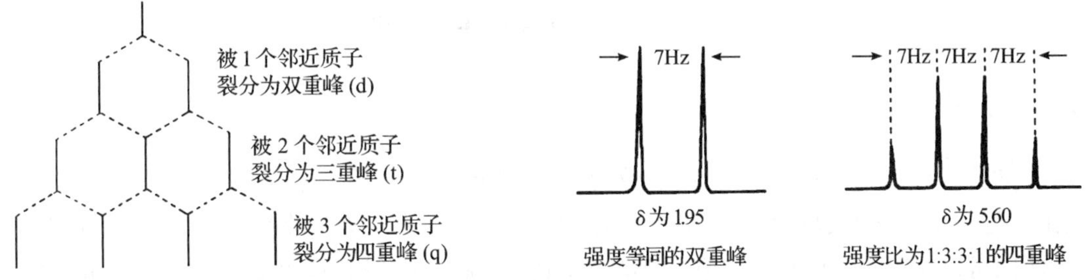

图 18-19 自旋偶合示意图

图 18-20 1,1-二氯乙烷中邻近氢原子间的偶合示意图

这种自旋偶合是通过共价键传递的，因此偶合程度依赖于间隔键的数目、类型和立体化学关系。用**偶合常数（coupling constant，**用 J 表示）来表示偶合程度，单位是 Hz。1,1-二氯乙烷中 $J=7$ Hz（见图 18-20）。饱和碳上氢原子间的偶合常数一般都是 7 Hz 左右。

峰的裂分数决定于邻近氢的数目：裂分数等于 $n+1$，n 是邻近碳上 δ 值相同或 J 值相同的氢原子数目。小峰的相对强度列在表 18-3 中。

表 18-3 n 个邻近氢原子引起峰裂分情况

n	$n+1$ 峰	峰的相对强度
0	单峰(s)	1
1	双重峰(d)	1∶1
2	三重峰(t)	1∶2∶1
3	四重峰(q)	1∶3∶3∶1
4	五重峰	1∶4∶6∶4∶1
5	六重峰	1∶5∶10∶10∶5∶1
6	七重峰	1∶6∶15∶20∶15∶6∶1

18.2.5 积分曲线

在^{1}H-NMR 谱图中,各组峰覆盖的面积与引起该吸收峰的氢核数成正比。峰面积可用自动积分仪测得的阶梯积分曲线表示。各个阶梯的高度比为不同化学位移的氢核数之比。当然,积分线高度并不告知每类氢的绝对数,只告知各类氢的相对比例。

图 18-21 为2-溴丙烷的^{1}H-NMR 谱,2 个甲基中的氢 δ 为 1.60,双重峰,中间氢 δ 为 4.00,七重峰。七重峰左右两侧的峰强度较小,没有出现,在放大后可看到。两类氢积分曲线的高度比约为 1∶6。

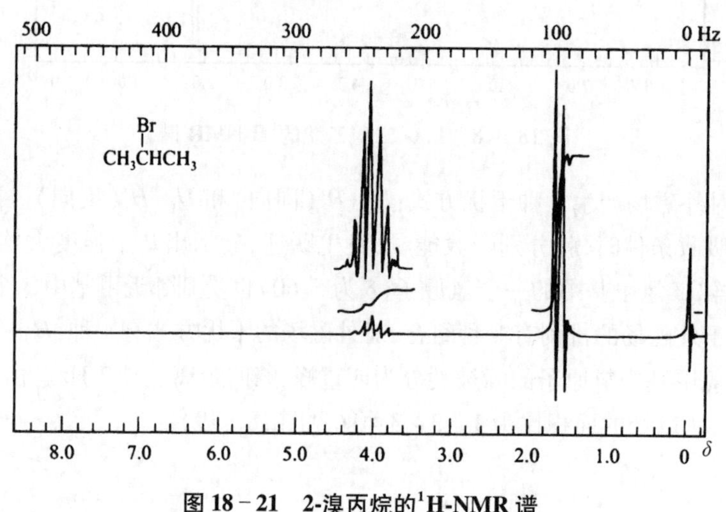

图 18-21　2-溴丙烷的^{1}H-NMR 谱

18.2.6 碳-13 核磁共振谱

碳-13 的原子核也有自旋,其自旋量子数为 1/2,因此与氢原子一样,也有核磁共振现象。碳-13 的自然丰度约为 1%,即样品中所有碳原子约有 1%是碳-13。由于分子数是巨大的,而原子的分布是随机的,所以可以认为分子中每个碳原子都有 1%概率是碳-13。这样就可测到代表整个分子的碳-13 核磁共振谱(^{13}C-NMR)。

^{13}C-NMR 谱的基本原理与^{1}H-NMR 谱相同。在外磁场中,^{13}C 核吸收电磁波(在无线电波区),从低能级跃到高能级,碳核受到环境影响,也有屏蔽效应(抗磁)和去屏蔽效应(顺磁)。也用 TMS 作为参考物。吸收峰位置也用化学位移(δ)值表示。

现代^{13}C-核磁共振仪在收集数据后,经计算机处理,给出化合物的谱图。图 18-22 是 4-甲基戊-2-酮的两张谱图。图(a)中有 5 个峰(δ78 附近的峰是溶剂 $CDCl_3$ 的峰),它们是该化合物的 5 类碳的吸收峰。其中 δ219 是羰基碳信号,其去屏蔽效应最强,在最低场;δ23 是远离羰基的甲基碳,其受到的屏蔽效应最强,在最高场;δ30 是邻接羰基的甲基碳,在较高场;亚甲基碳在 δ53,次甲基碳在 δ25。

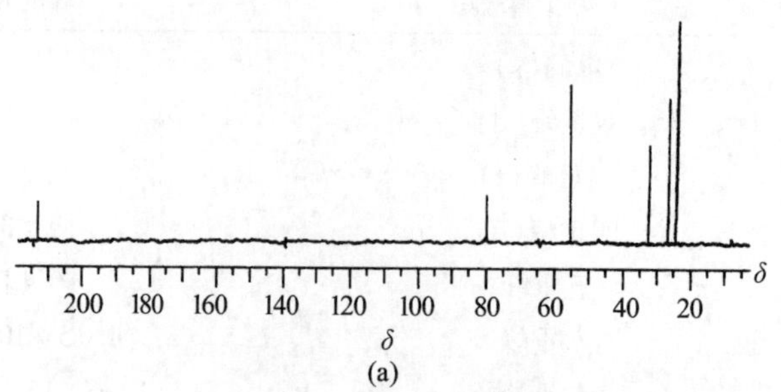

(a)

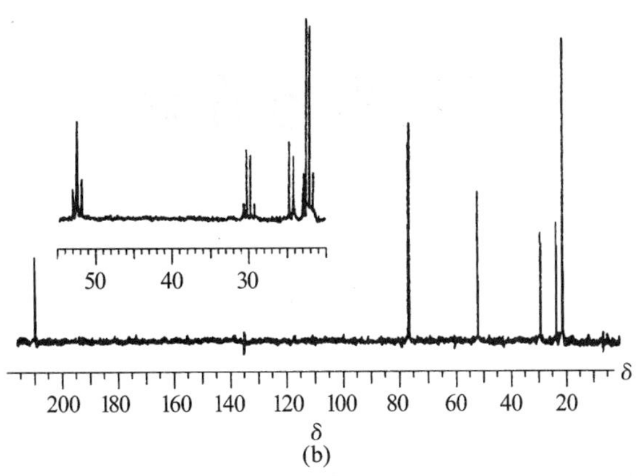

图 18－22　4-甲基戊-2-酮的 ^{13}C-NMR 谱

碳与氢会偶合，偶合方式类似于氢核间的偶合。例如碳上有一个氢，其峰裂分为双重峰，有 2 个氢，裂分为三重峰等。偶合常数很大，J 为 100～300 Hz，这就使得谱图很复杂。为了简化谱图，可在测定时施加另一种电磁波，使所有氢核发生跃迁。由于氢核不断地在高能级与低能级之间来回共振，因此在任何一个能级上都没有足够时间来影响碳核所感受到的磁场，这称为去偶合法。图 18－22 谱图(a)就是用此法得到的 5 个单峰。在图 18－22 谱图(b)中看到 ^{13}C 和氢之间偶合造成的裂分峰，但使用了一种技术使偶合常数大为下降，另外也消除了更远氢的远距偶合。在此谱图中，甲基碳为四重峰，亚甲基碳为三重峰，次甲基碳为双重峰，羰基碳为单峰，因为它不与氢相连。

碳和碳间不偶合，因为 ^{13}C 的自然丰度很小，在同一分子中，相近碳都是 ^{13}C 的概率很低。^{13}C-NMR 谱另有两个特性：碳的 δ 值范围(～200)远大于氢(～20)，因此解析更易，这就使其成为测定有机物结构的有力工具；另外在 ^{13}C-NMR 谱中没有积分曲线，峰的强度(用高度表)与碳数无关，却正比于碳上相连的氢数，含氢碳一般比无氢碳有更强的峰(高度更高)。因此在 ^{13}C-NMR 谱中，只提供有几类碳的信息，没有提供各类碳的相对比例。各类碳的化学位移典型值列在表 18－4 中。伯、仲、叔碳的 δ 值表明，在类似环境中，取代基较多的碳有更高的 δ 值。

表 18－4　^{13}C-NMR 谱中各类碳(黑体)的化学位移值

碳的类型	δ	碳的类型	δ
$RCH_2\mathbf{CH_3}$	13～16	$R\mathbf{C}\equiv CH$	74～85
$R\mathbf{CH_2}CH_3$	13～25	$RCH=\mathbf{CH_2}$	115～120
$R_3\mathbf{CH}$	25～38	$R\mathbf{CH}=CH_2$	125～140
$\mathbf{CH_3}COR$	～30	$R\mathbf{C}\equiv N$	117～125
$\mathbf{CH_3}COOR$	～20	ArH	125～150
$R\mathbf{CH_2}Cl$	40～45	$R\mathbf{C}OOR'$	170～175
$R\mathbf{CH_2}Br$	28～35	$R\mathbf{C}OOH$	177～185
$R\mathbf{CH_2}NH_2$	37～45	$R\mathbf{C}HO$	190～200
$R\mathbf{CH_2}OH$	50～64	$R\mathbf{C}OR'$	205～220
$RC\equiv\mathbf{CH}$	67～70		

习题参考答案

第1章

1. 略
2. 略
3. (1) CH_3CHCl_2, $C_2H_4Cl_2$ (2) $CH_3CH_2OCH_2CH_3$, $C_4H_{10}O$ (3) $CH_2{=}CH_2$, C_2H_4

   (4) $CH_3C{\equiv}CH$, C_3H_4 (5) 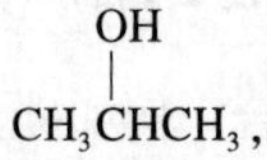 $CH_3CH(OH)CH_3$, C_3H_8O (6) 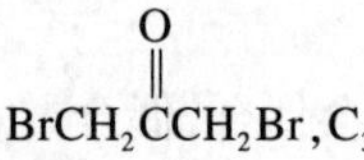 $BrCH_2C(=O)CH_2Br$, $C_3H_4Br_2O$
4. (1)与(5),(2)与(8),(3)与(7),(4)与(6)
5. (1)与(8),(2)与(5),(3)与(6),(4)与(7)
6. (1) $CH_3{-}Cl > CH_3{-}Br > CH_3{-}I$ (2) $CH_3CH_2{-}OH > CH_3CH_2{-}NH_2$
7. (1)、(2)、(3)、(4)、(6) 有极性,(5)无极性

第2章

1. (1) 3,3-二乙基戊烷 (2) 4-异丙基-5-丙基癸烷 (3) 6-乙基-2,2,7-三甲基壬烷

   (4) 2,7,7-三甲基-6-丙基壬烷 (5) 2,2,3,3-四甲基戊烷 (6) 3,4-二乙基-2,5-二甲基己烷
2. (1) $CH_3CH_2{-}$ (2) $(CH_3)_2CH{-}$ (3) $(CH_3)_3C{-}$ (4) $(CH_3)_2CHCH_2CH_2{-}$
3. (1) 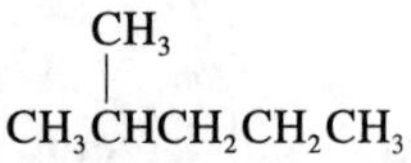 $CH_3CH(CH_3)CH_2CH_2CH_3$ (2) 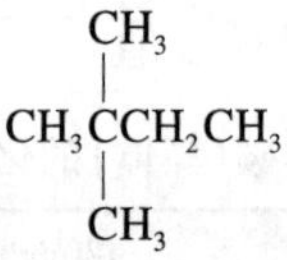 $CH_3C(CH_3)_2CH_2CH_3$ (3) $CH_3CH(CH_3)CH(CH_3)CH_3$ 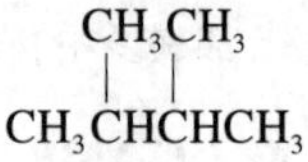 (4) 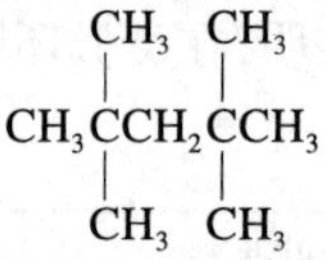 $CH_3C(CH_3)_2CH_2C(CH_3)_2CH_3$
4. 略
5. (1) 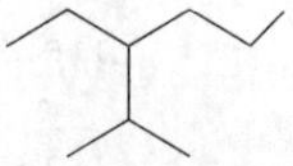 ,错误,正确名称为3-乙基-2-甲基己烷

   (2) 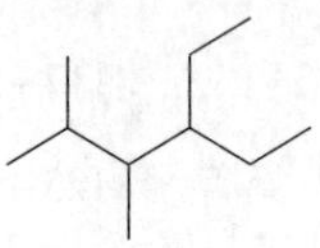 ,正确

   (3) 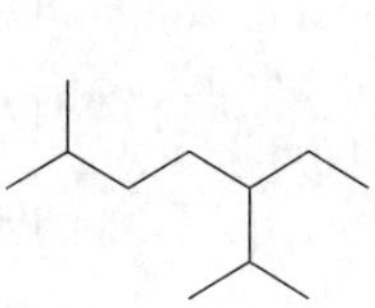 ,错误,正确名称为3-乙基-2,6-二甲基庚烷

   (4) 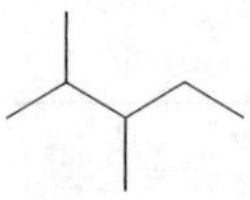 ,错误,正确名称为2,3-二甲基戊烷
6. (2)>(3)>(1)

7. 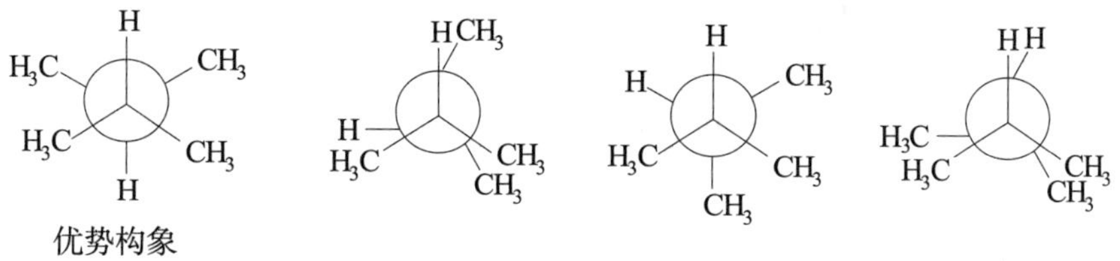

8. （1）$CH_3-\overset{CH_3}{\overset{|}{\underset{\underset{CH_3}{|}}{C}}}-CH_3$　（2）$CH_3CH_2CH_2CH_2CH_3$　（3）$CH_3\underset{\underset{CH_3}{|}}{C}HCH_2CH_3$

第 3 章

1. 略
2. （1）2-甲基-3-甲亚基戊烷　（2）顺-1,3-二甲基环己烷　（3）(*E*)-3,5-二甲基庚-3-烯
（4）(*E*)-5-乙基-4,8-二甲基壬-4-烯　（5）3,4-二乙基-5-甲基己-1-烯　（6）3-环丁基-2-甲基戊烷
3. （1）、(3)、(5)、(6)无,(2)、(4)有　（2）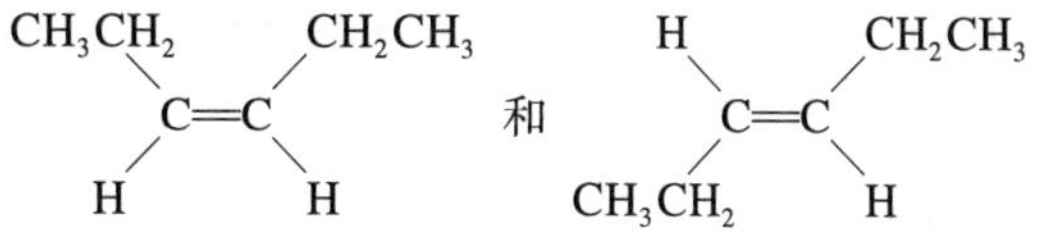

（4）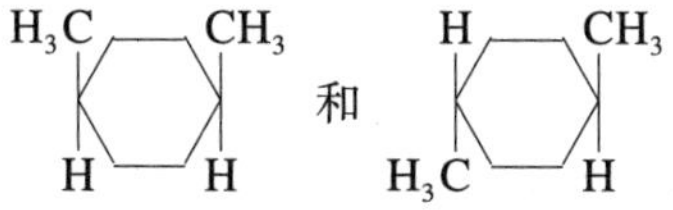

4. (3)>(2)>(1)
5. （1）① $(H_5C_2)_2CBrCH_3$　② $(H_5C_2)_2CBrCH_2Br$　③ $(H_5C_2)_2C{=}O + H_2O + CO_2$
④ $(H_5C_2)_2\underset{\underset{OSO_2OH}{|}}{C}CH_3$　⑤ $(H_5C_2)_2\underset{\underset{OH}{|}}{C}CH_3$　⑥ $(H_5C_2)_2CHCH_2Br$
⑦ $(H_5C_2)_2\underset{\underset{OH}{|}}{C}CH_2Cl$　⑧ $(H_5C_2)_2C{=}O + HCHO$　⑨ $CH_3CH_2\overset{\overset{CH_2}{\|}}{C}CHBrCH_3$

（2）$(CH_3)_2CBrCH_2CH_2CH{=}CH_2$　（3）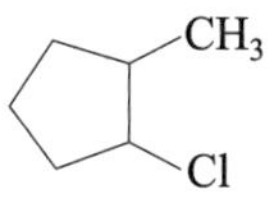

（4）① $CH_3CH_2\overset{\overset{CH_3}{|}}{C}BrCH_2Br + CH_3CH_2\overset{\overset{CH_3}{|}}{\underset{\underset{OMe}{|}}{C}}CH_2Br$　② $CH_3CH_2\overset{\overset{CH_3}{|}}{\underset{\underset{I}{|}}{C}}CH_3$

6. 略
7. 用 $KMnO_4$ 氧化,有 MnO_2 生成者为烯烃。
8. （1）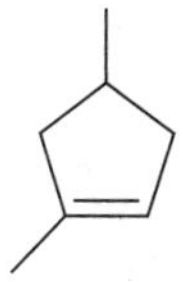　（2）$CH_2{=}CHCH{=}CH_2$
9. （1）$(CH_3)_2CHCH{=}CHCH_3$　（2）$(CH_3)_2C{=}C(CH_3)_2$　（3）$CH_3CH{=}CHCH_2CH{=}CH_2$
（4）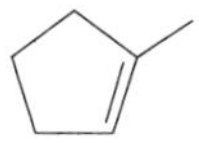

10. (cyclohexane structure: H_3C, $CH(CH_3)_2$, H, H; chair conformation with CH_3 and $CH(CH_3)_2$)

11. $CH_3CH{=}C(CH_3)CH_2CH_3$ 或 $CH_3CH_2C(=CH_2)CH_2CH_3$

第4章

1. 略
2. (1) 5,5-二甲基己-2-炔　(2) 4-甲基辛-2-烯-5-炔　(3) 1-环己基丁-1,3-二烯
   (4) 1-环丙基丙炔　(5) 2-甲基环己-1,3-二烯　(6) (2*E*,4*E*)-5-甲基庚-2,4-二烯
3. (1) ①>②　(2) ①>②　(3) ①>②>③　(4) ②>①
4. (1)、(2)、(4)、(5)
5. (1) $CH_3CH_2CBr_2CH_3$　(2) $CH_2BrCHBrCH_2C{\equiv}CH$　(3) 3,4-二氯环戊烯 + 3,5-二氯环戊烯

   (4) (bicyclic structure with CN)　(5) $CH_3CH_2CH_2C{\equiv}CAg$

   (6) $HOOCCOOH + HOOCCH_2CH_2COOH$;　$OHCCHO + OHCCH_2CH_2CHO$

   (7) $ClCH_2C(OH)(CH_3)CH{=}CH_2 + ClCH_2C(CH_3){=}CHCH_2OH$　(8) (a) $CH_3CH_2C{\equiv}CNa$

   (b) $CH_3CH_2C{\equiv}CCH_2CH_3$　(c) Li/NH_3　(d) $CH_3CH_2COCH_2CH_2CH_3$

   (9) $H_5C_2(H)C{=}C(H)CH_3$ (cis)　(10) $HOOC(CH_2)_3COCH_2COOH$

6. 略
7. A. (cyclohexene)　B. (cyclohexane)
8. A. $CH_3CH_2C{\equiv}CH$　B. $CH_3C{\equiv}CCH_3$
9. (1) $CH_3C{\equiv}CH \xrightarrow[\text{Lindlar 催化剂}]{H_2} CH_3CH{=}CH_2 \xrightarrow[\text{过氧化物}]{NBS} BrCH_2CH{=}CH_2 \xrightarrow{Cl_2} CH_2(Br)CH(Cl)CH_2(Cl)$

   (2) $CH_3C{\equiv}CH \xrightarrow[\text{Lindlar 催化剂}]{H_2} CH_3CH{=}CH_2 \xrightarrow[\text{过氧化物}]{HBr} CH_3CH_2CH_2Br$

   $CH_3C{\equiv}CH \xrightarrow{NaNH_2} CH_3C{\equiv}CNa \xrightarrow{CH_3CH_2CH_2Br} CH_3C{\equiv}CCH_2CH_2CH_3 \xrightarrow{Li/NH_3}$ (*E*)-$H_3C(H)C{=}C(H)CH_2CH_2CH_3$

10. (1) $HC{\equiv}CH \xrightarrow[\text{Lindlar 催化剂}]{H_2} H_2C{=}CH_2 \xrightarrow{HBr} CH_3CH_2Br$

$$HC\equiv CH \xrightarrow{NaNH_2} NaC\equiv CNa \xrightarrow{2CH_3CH_2Br} CH_3CH_2C\equiv CCH_2CH_3 \xrightarrow[\text{Lindlar 催化剂}]{H_2} (H_5C_2)(H)C=C(CH_2CH_3)(H)$$

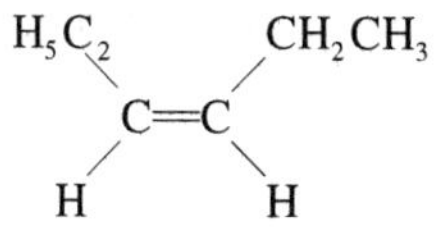

（2）$HC\equiv CH \xrightarrow[\text{Lindlar 催化剂}]{H_2} H_2C=CH_2 \xrightarrow{HBr} CH_3CH_2Br$

$$HC\equiv CH \xrightarrow{NaNH_2} HC\equiv CNa \xrightarrow{CH_3CH_2Br} CH_3CH_2C\equiv CH \xrightarrow[\text{Lindlar 催化剂}]{H_2} CH_3CH_2CH=CH_2 \xrightarrow[\text{过氧化物}]{HBr}$$

$$CH_3CH_2CH_2CH_2Br \xrightarrow{HC\equiv CNa} HC\equiv CCH_2CH_2CH_2CH_3 \xrightarrow[HgSO_4]{H_2O/H^+} CH_3COCH_2CH_2CH_2CH_3$$

第 5 章

1. 略

2. (1) $CH_3CH_2\overset{*}{C}HDCH(CH_3)_2$

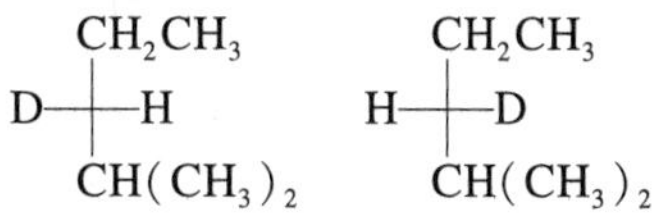

(2) $CH_3CH_2\overset{*}{C}HClCH=CH_2$

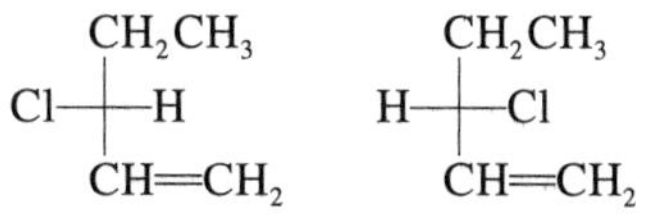

(3)

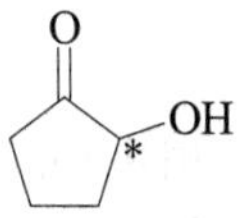

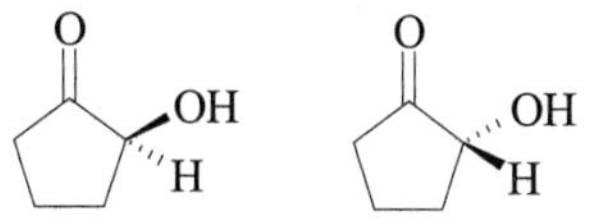

(4)

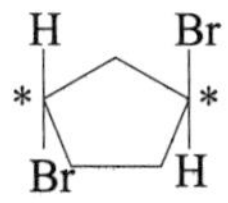

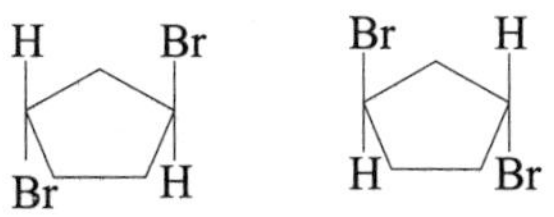

3. (1)、(3)、(6)、(7)有手性，(2)、(4)、(5)、(8)无手性。(2)存在对称中心，(4)、(5)、(8)均存在对称面。

(1) 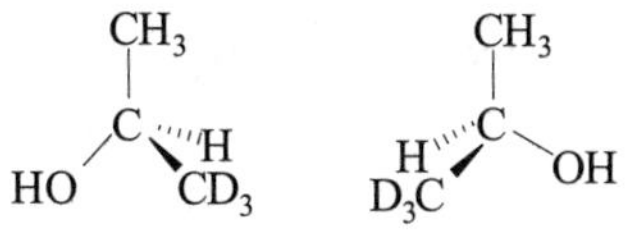 (3) 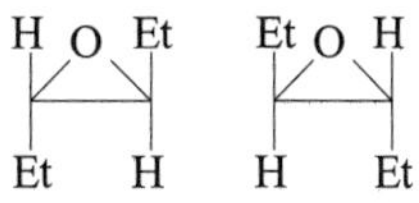 (6) 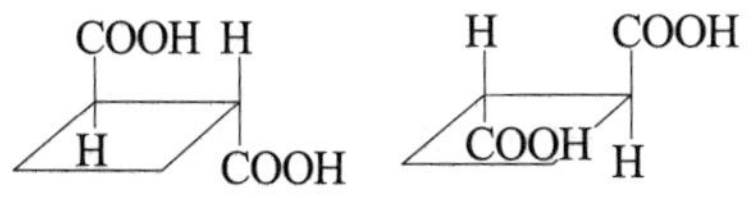 (7)

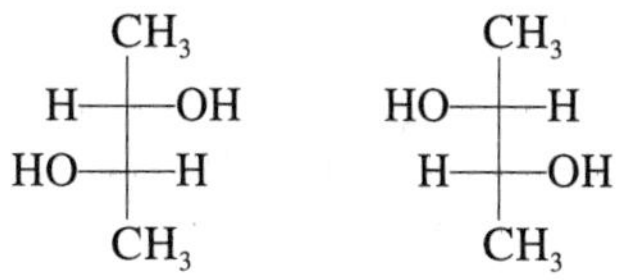

4. (1) 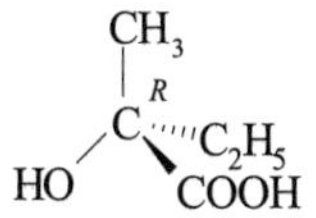 (2) 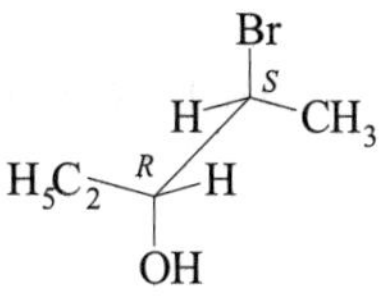 (3) 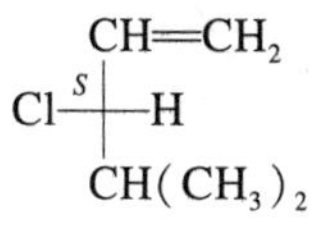 (4) 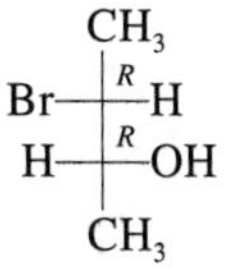 (5) 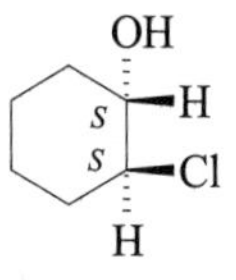 (6)

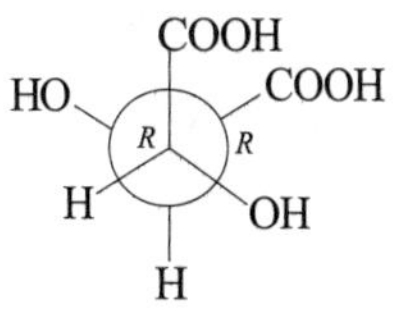

5. (1)和(4)为对映体,(2)相同,(3)为非对映体。

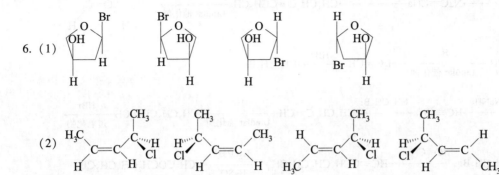

6. (1)

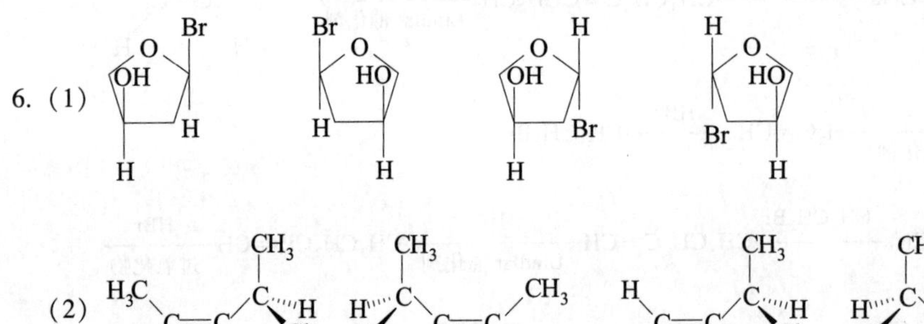

(2)

7. (1)都有旋光性。 (2)它们的等量混合物无旋光性。 (3)(2*R*,3*R*)-2,3,4-三羟基丁醛。

8.

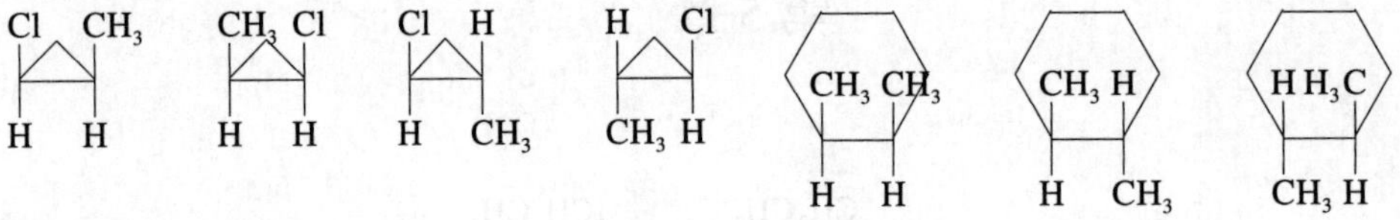

9.

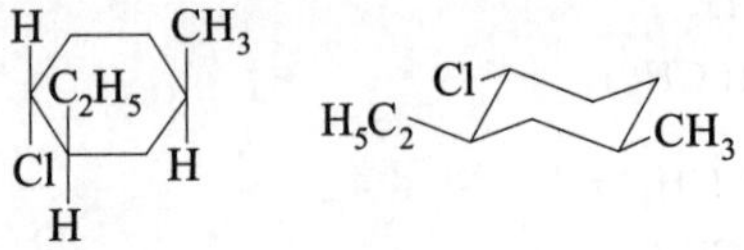

第6章

1. (1) 对氯异丙苯　(2) 4-苯基戊-2-烯　(3) 2-氯-4-硝基苯甲醛
   (4) 1,6-二溴萘　(5) (*E*)-3-(3-氯苯基)己-2-烯　(6) 6-硝基萘-1-磺酸

2. (2)>(1)>(3)>(4)

3. (1) ① 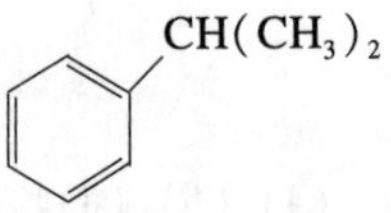　②

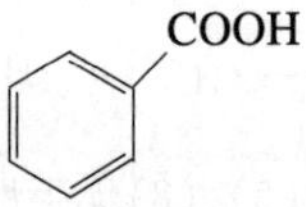

(2) 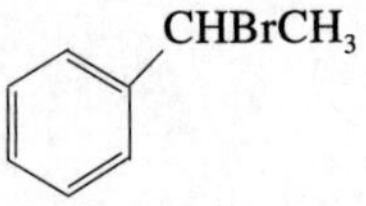　(3) 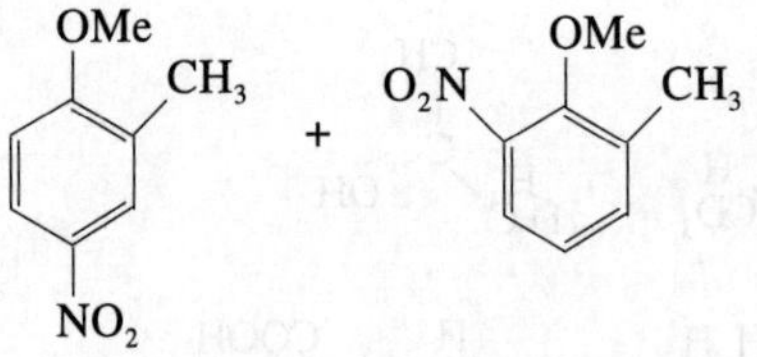　+

(4) ① 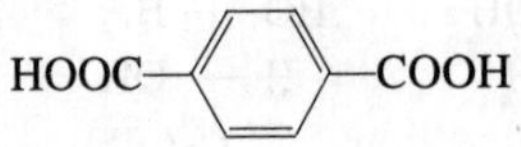　②

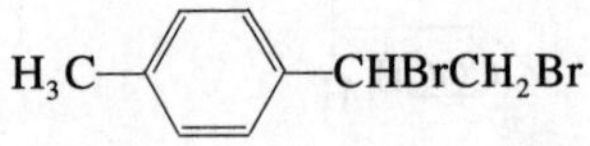

(5) 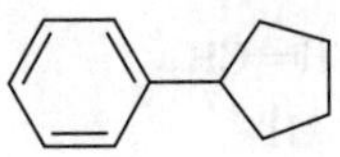　(6) ① 浓 H_2SO_4/△ ②

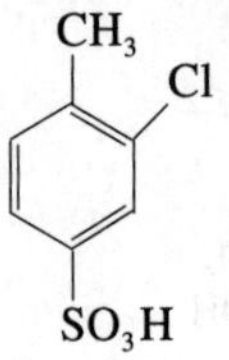

(7) 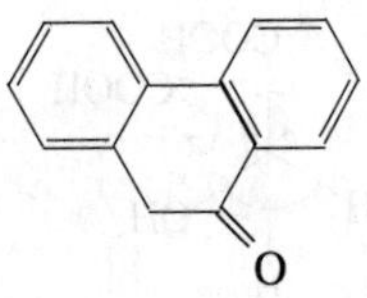　(8)

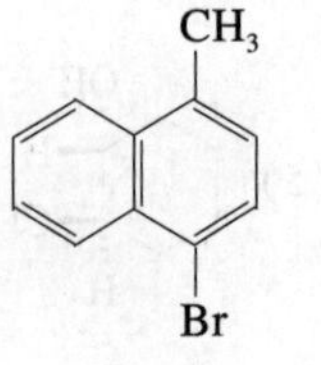

4. A H_3C—⟨⟩—CH_3 或 H_3C—⟨⟩(CH_3)

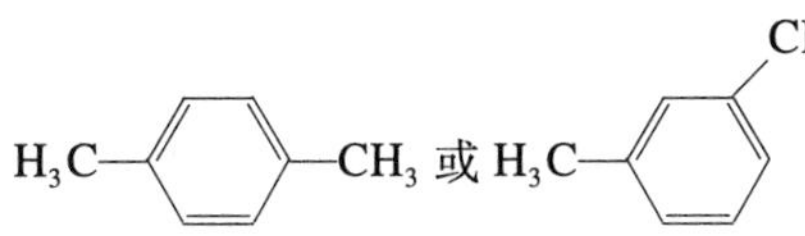

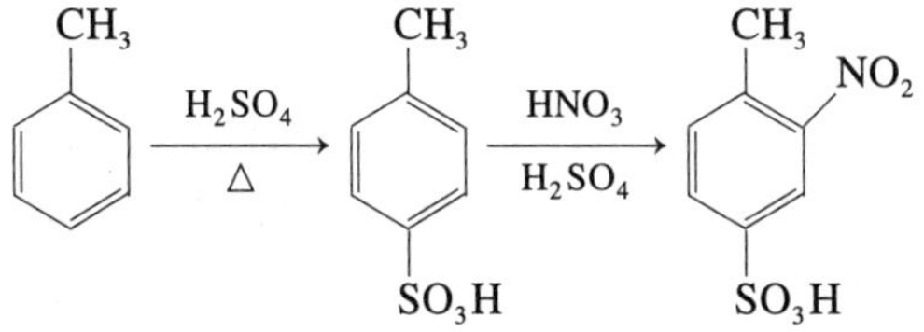

B HOOC—⟨⟩—COOH 或 HOOC—⟨⟩(COOH)

5. (1) 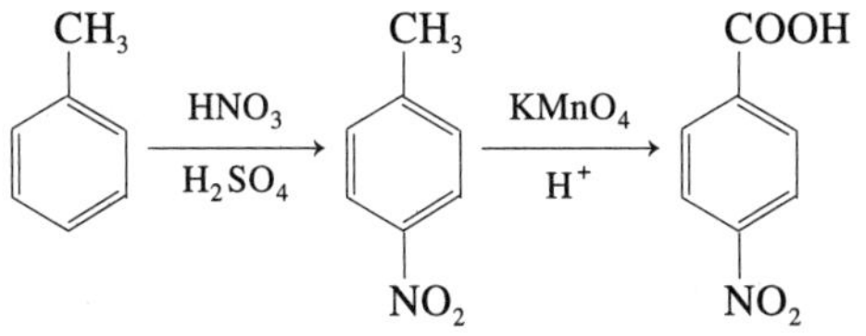 CH_3 $\xrightarrow[H_2SO_4]{HNO_3}$ CH_3, NO_2 $\xrightarrow[H^+]{KMnO_4}$ COOH, NO_2

(2) CH_3 $\xrightarrow[\triangle]{H_2SO_4}$ CH_3, SO_3H $\xrightarrow[H_2SO_4]{HNO_3}$ CH_3, NO_2, SO_3H

(3) ⟨⟩—CH_3 $\xrightarrow[H_2SO_4]{HNO_3}$ O_2N—⟨⟩—CH_3 $\xrightarrow[过氧化物]{NBS}$ O_2N—⟨⟩—CH_2Br $\xrightarrow[AlCl_3]{⟨⟩}$

O_2N—⟨⟩—CH_2—⟨⟩

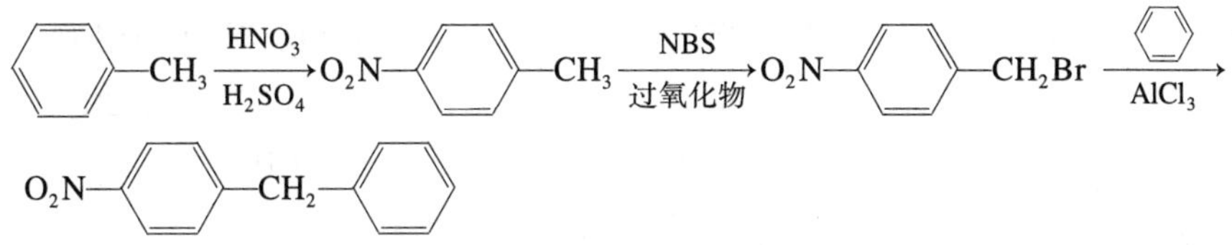

第 7 章

1. (1) 2-溴丁-2-烯　(2) 1,2,2-三氯丁烷　(3) 3,4-二溴乙苯
   (4) 3-氯环己烯　(5) (1*R*,2*R*)-1-溴-2-乙基环己烷　(6) (2*R*,3*S*)-2,3-二氯戊烷
2. 略
3. (1) $CH_3CH_2CH_2OH$　(2) $CH_3CH{=}CH_2$　(3) $CH_3CH_2CH_2MgBr$
   (4) $CH_3CH_2CH_2D$　(5) $CH_3CH_2CH_2C{\equiv}CCH_3$　(6) $CH_3CH_2CH_2NHCH_3$
   (7) $CH_3CH_2CH_2CN$　(8) $CH_3CH_2CH_2ONO_2$　(9) $CH_3CH_2CH_2OCOCH_3$
   (10) $CH_3CH_2CH_2I$
4. (1) ②>③>①　(2) ①>③>②　(3) ③>②>①　(4) ③>①>②
5. (1) 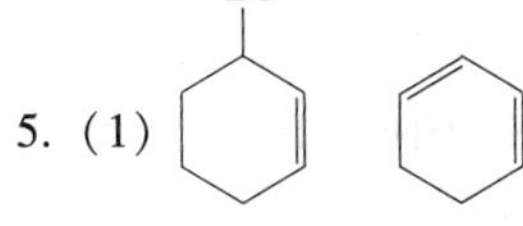　(2) $C_6H_5CH{=}CHCH_2CH_3$　(3) $ClCH{=}CHCH_2OCH_3$

   (4) 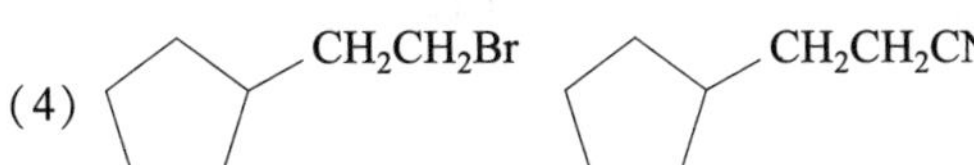　(5) Cl_2/高温 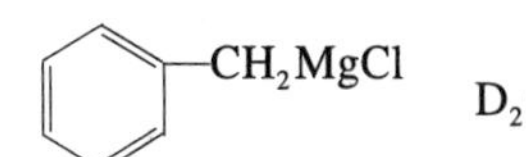 D_2O

   (6) 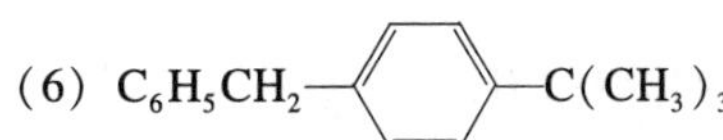
6. $(CH_3)_2CICH(CH_3)_2$
7. (1) $CH_3CHBrCH_3 \xrightarrow[ROH]{KOH} CH_3CH{=}CH_2 \xrightarrow[过氧化物]{HBr} CH_3CH_2CH_2Br$

   (2) 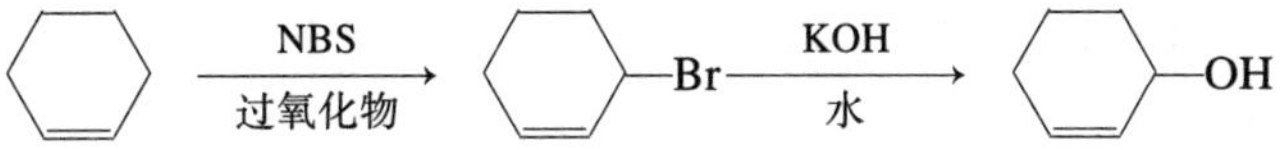 ⟨⟩ $\xrightarrow[过氧化物]{NBS}$ ⟨⟩—Br $\xrightarrow[水]{KOH}$ ⟨⟩—OH

(3) 溴代环戊烷 $\xrightarrow[ROH]{KOH}$ 环戊烯 $\xrightarrow[过氧化物]{NBS}$ 3-溴环戊烯 $\xrightarrow{Br_2}$ 1,2,3-三溴环戊烷

(4) $HC{\equiv}CH \xrightarrow[Lindlar\ 催化剂]{H_2} CH_2{=}CH_2 \xrightarrow{HBr} CH_3CH_2Br$

$HC{\equiv}CH \xrightarrow[\triangle]{2Na} NaC{\equiv}CNa \xrightarrow{2CH_3CH_2Br} CH_3CH_2C{\equiv}CCH_2CH_3 \xrightarrow[HgSO_4]{H_2O/H^+} CH_3CH_2COCH_2CH_2CH_3$

第8章

1. (1) 3-氯-2,4,5-三甲基庚-1-醇　(2) 2-甲基-1-苯基戊-2-醇　(3) 顺-4-甲基环己-1-醇
(4) 5-异丙基-2-甲基苯酚　(5) 3-甲基-2-硝基苯酚　(6) 3-正丙基戊-2,4-二醇
(7) 2-乙烯基戊-1-醇　(8) 2,4-二氯萘-1-酚

2. (1) CH_3—(环己烷)—OH　(2) $CH_3CH(OH)CH_2CH(OH)CH_2CH_3$　(3) $CH_3CH{=}C(CH_2CH_3)CH_2OH$

(4) $C_6H_5CH_2OH$　(5) 2,4,6-三硝基苯酚（O_2N、NO_2、NO_2，OH）　(6) 间苯二酚（OH、OH）

(7) $(CH_3CH_2)_2SO_4$　(8) $CH_3CH_2CH_2SH$

3. (1) A>C>B　(2) A>C>B　(3) D>A>B>E>C

4. (1) ① $CH_3COOH+HOOCCH_2CH_2COOH$　(2) ② 环己烯　(3) ③$H_2SO_4/\triangle$ ④ $(CH_3)_2C(OH)CH_2CH_3$

(4) ⑤ HO—(环己烷)—SNa　(5) ⑥ 2,6-二溴-4-甲基苯酚（HO—，Br，Br，—CH_3）　(6) ⑦ $C_6H_5CH{=}CHCH_3$

(7) ⑧ CH_3COCl 或$(CH_3CO)_2O$　⑨ 2-羟基-4-甲基苯乙酮（OH，—C(=O)—CH_3，CH_3）　(8) ⑩ 邻羟基苯基—$CH(CH_3)$—$CH{=}CH_2$

5. ②④能形成分子内氢键;①③能形成分子间氢键。

6. A　$(CH_3CH_2)_2C(OH)—C(OH)(CH_2CH_3)_2$　　B　$CH_3CH_2CH_2CH(OH)—CH(OH)CH_2CH_3$

C　$(CH_3CH_2)_2C(OH)—CH_2OH$

7. (1) $C_6H_5CH_3 \xrightarrow[h\nu]{Cl_2} C_6H_5CH_2Cl \xrightarrow[OH^-]{H_2O} TM$

（2）CH_3—C₆H₄...

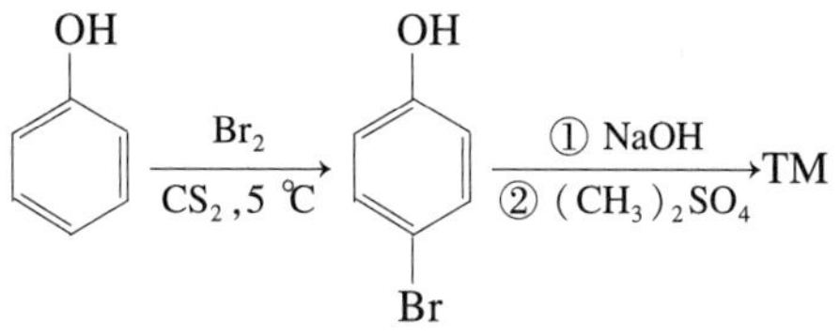

8. A

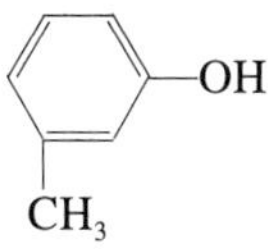

9. A. 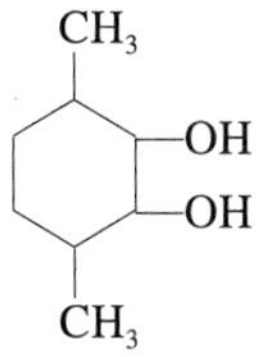　　B. 　　C.

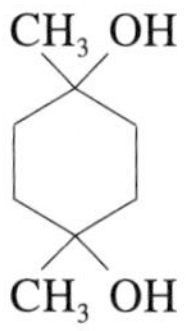

10.（1）

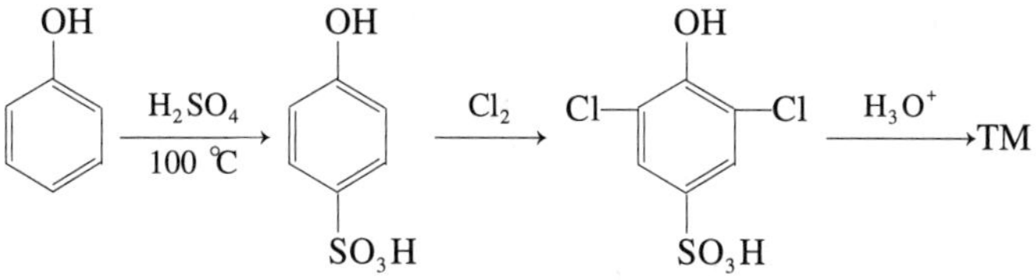

（2）

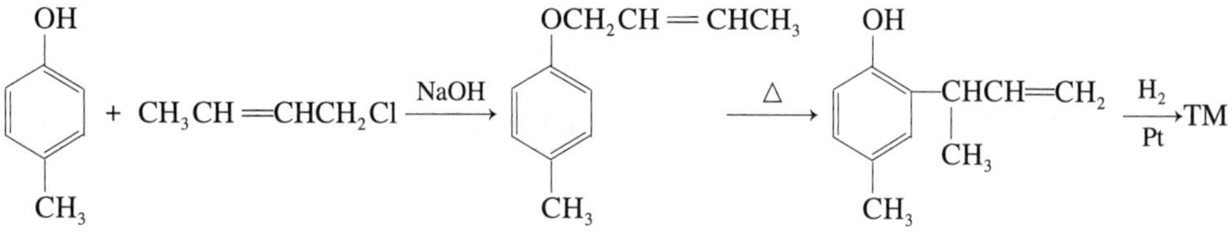

第9章

1.（1）烯丙基乙基醚　（2）5-甲氧基己-2-烯-1-醇　（3）乙基-2-甲基苯基醚　（4）4-甲氧基-2-甲基己-2-烯

2.（1）$CH_3CH_2OCH(CH_3)_2$　（2）$CH_2{=}CHCH_2OCH_2CH{=}CH_2$　（3）$CH_3CH_2SCH_2CH_3$

（4）$CH_3—\overset{O}{\overset{\|}{S}}—CH_3$

3. ②>③>①

4.（1）① $CH_3—C_6H_4—OH$　② CH_3CH_2I

（2）③ HBr/过氧化物　④ Mg/无水乙醚　⑤ $CH_3(CH_2)_5OH$

（3）⑥ $CH_3\underset{OH}{\underset{|}{C}}HCH_2OC_2H_5$

（4）⑦ H_2O/H^+

5. A. 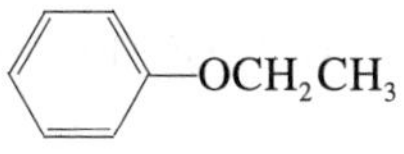 $C_6H_5—OCH_2CH_3$　B. 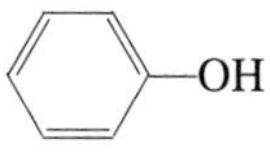 $C_6H_5—OH$　C. CH_3CH_2I　D. $CH_3\overset{O}{\overset{\|}{C}}—H$

6. A. 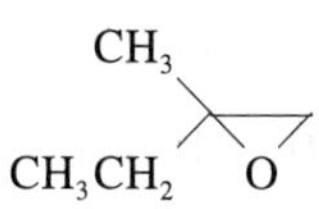 2-甲基-2-乙基环氧乙烷（CH_3，CH_3CH_2，O 三元环）　B. $CH_3CH_2\underset{OH}{\underset{|}{\overset{CH_3}{\overset{|}{C}}}}CH_2OH$

7. (1) $CH_3Br \xrightarrow{(CH_3)_3CONa} CH_3OC(CH_3)_3$

(2) $(CH_3)_2CHONa \xrightarrow{CH_2=CHCH_2Br} (CH_3)_2CHOCH_2CH=CH_2$

(3) $C_6H_5-CH_3 \xrightarrow[h\nu]{Cl_2} C_6H_5-CH_2Cl$

$C_6H_6 \xrightarrow{H_2SO_4} C_6H_5-SO_3H \xrightarrow[\text{② 碱熔融}]{\text{① NaOH}} C_6H_5-ONa \xrightarrow{ClCH_2-C_6H_5} TM$

8. (1) 环氧乙烷 $\xrightarrow[\text{无水乙醚}]{C_2H_5MgCl} \xrightarrow{H_3O^+} TM$

(2) 先用(1)法制得 $CH_3CH_2CH_2CH_2OH$, $CH_3CH_2CH_2CH_2OH \xrightarrow[\triangle]{Al_2O_3} CH_3CH_2CH=CH_2 \xrightarrow{RCO_3H} TM$

9. (1) $C_6H_5-CH_2Br + NaOCH(CH_3)_2$　(2) $O_2N-C_6H_2(NO_2)_2-Cl + NaO-C_6H_{11}$（2,4,6-位：$NO_2$，$NO_2$，$NO_2$；与环己醇钠）

第10章

1. (1) 4-甲基戊-3-烯-2-酮　(2) 对羟基苯甲醛　(3) 2-甲基环戊-1-酮
   (4) 4-羟基-3-甲氧基苯甲醛　(5) 3-甲基-4-苯基丁-2-酮　(6) 苯甲醛乙叉基缩醛

2. (1) 环己酮肟（$C_6H_{10}=NOH$）　(2) $(CH_3)_2C=NNHC(=O)-NH_2$　(3) $(CH_3)_2C(OC_2H_5)_2$
   (4) $C_6H_5CH=NNHC_6H_5$　(5) $CH_2=C=O$　(6) O=⟨环己二烯⟩=O（对苯醌）

3. (1)、(2)
4. (2)、(4)、(5)、(6)、(7)
5. (1)、(2)、(5)可与杜伦试剂反应;(2)、(5)可与斐林试剂反应
6. (1) $C_6H_5COONH_4+Ag\downarrow$　(2)、(3) C_6H_5COOH　(4)、(5)、(6) $C_6H_5CH_2OH$
   (7) $(C_6H_5)_2CH(OMgBr)$　(8) $C_6H_5CH(OH)-SO_3Na$　(9) $C_6H_5CH(OH)-CN$
   (10) $C_6H_5CH=N-OH$　(11) $C_6H_5CH=NNH-C_6H_5$　(12) $C_6H_5CH=NNHCONH_2$

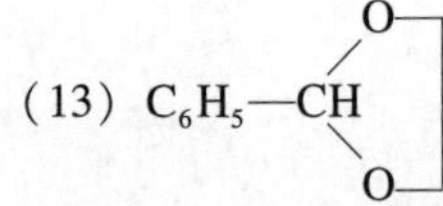

(13) C_6H_5-CH 与 $-O-CH_2CH_2-O-$ 成环　(14) 不反应

7. (1)、(2)、(3)和(14)不反应;其他产物略
8. (1) $CH_3CH_2CH_2CH=C(CH_2CH_3)-CHO$　(2) $C_6H_5CH=CHCHO$　(3) $(CH_3)_3CCH_2OH+HCOO^-$

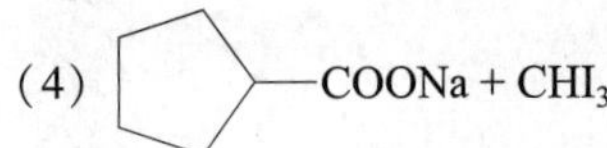

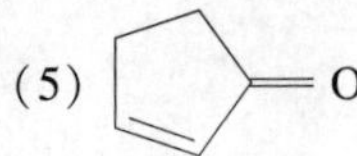

(4) 环戊基$-COONa+CHI_3$　(5) 环戊烯酮（=O）　(6) $CH_2=CH-CH(OMgBr)-CH_2CH_3$

（7）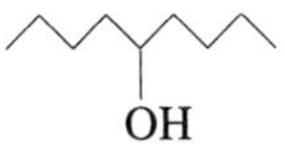　（8）$CH_3CH(CN)CH_2COCH_3$　（9）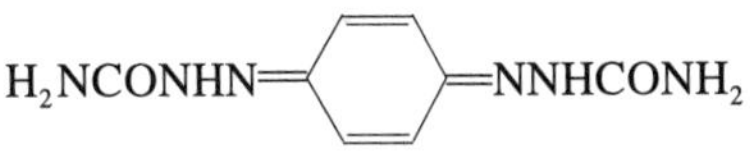

9. A. 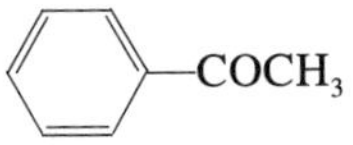　B. 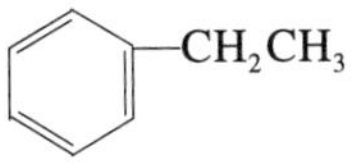

10.（1）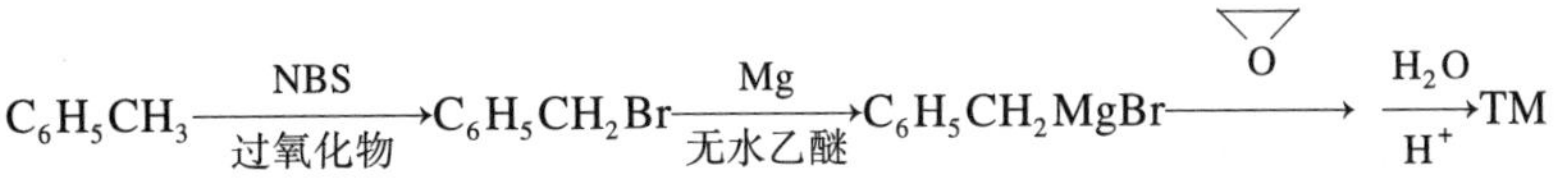

（2）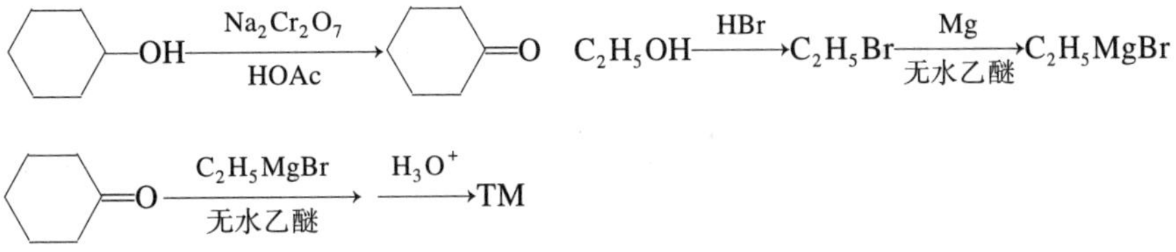

11.（1）$PhCH_2MgCl+HCHO$　（2）$C_2H_5MgCl+CH_3CH_2CHO$

（3）PhMgBr+PhCOPh　（4）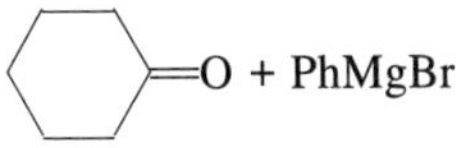

12. A. 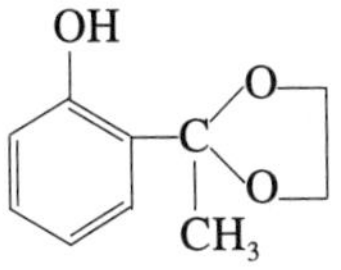　B. 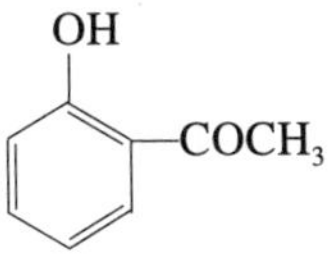　C. 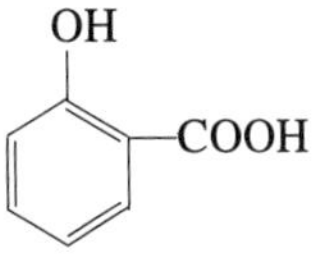

第 11 章

1.（1）对乙酰基苯甲酸　（2）3-(萘-1-基)丙酸　（3）5-羟基-2-甲基己酸
（4）4-溴-2-甲基丁酸　（5）2-乙酰氧基苯甲酸　（6）*S*-2-甲氨基丁酸
（7）(1*S*,3*S*)-3-氯环己烷甲酸　（8）(*E*)-丁烯二酸
（9）3-(3,4-二甲氧基苯基)丙烯酸　（10）*S*-2-氨基丙酸

2.（1）HOOC—CH(OH)—CH(OH)—COOH　（2）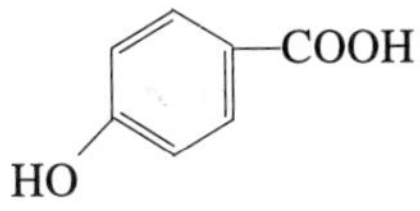　（3）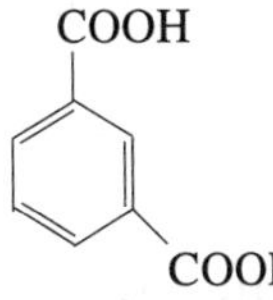

（4）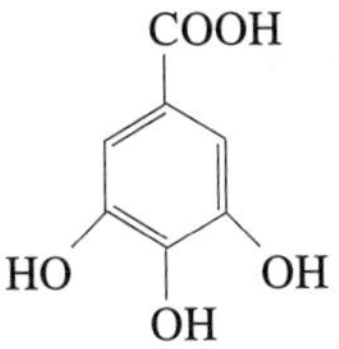　（5）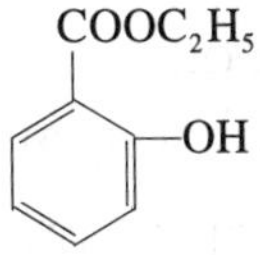　（6）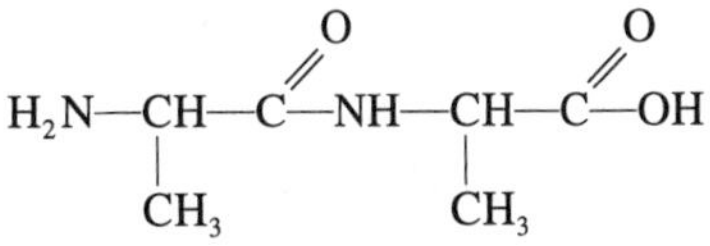

3.（1）C>D>A>B　（2）B>D>C>A　（3）B>D>A>C　（4）D>A>C>B

4.（1）D　（2）A

5.（1）水杨酸与 $FeCl_3$ 呈紫色。　（2）与水合茚三酮呈显色反应者为氨基酸；余下两化合物中与 $AgNO_3$ 氨溶液生成白色沉淀者为溴代酸。　（3）与水合茚三酮呈蓝紫色者为 α-氨基丙酸。

6.（1）CH_3CH_2COONa　$CH_3CH_2CH_2OH$　$CH_3CH_2COOC_2H_5$

（2）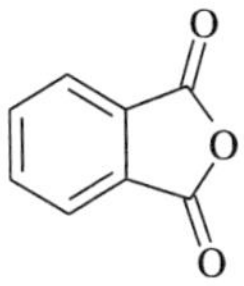　（3）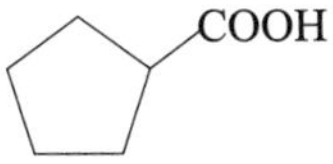　（4）$CH_3CH_2CH=CHCOOH$

(5) 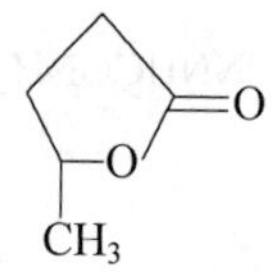　(6) 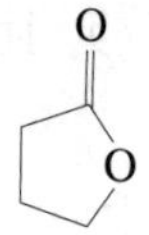　(7) $CH_3CH(OH)COOH$

(8) $HOCH_2CH_2CH_2COOH$　(9) 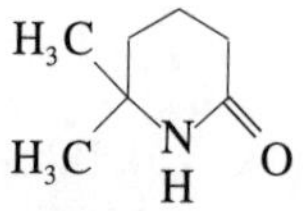

7. A: 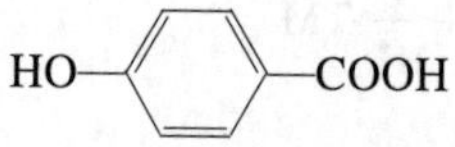　B: 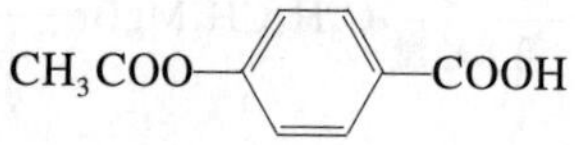　C: 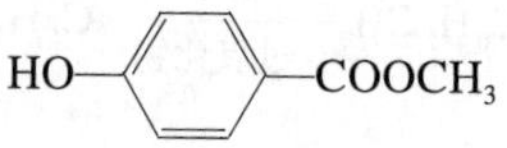

8. 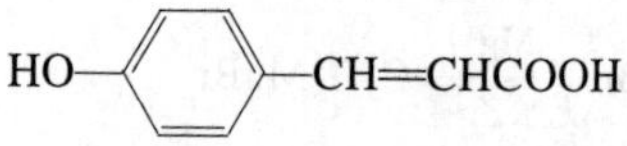

9. (1) 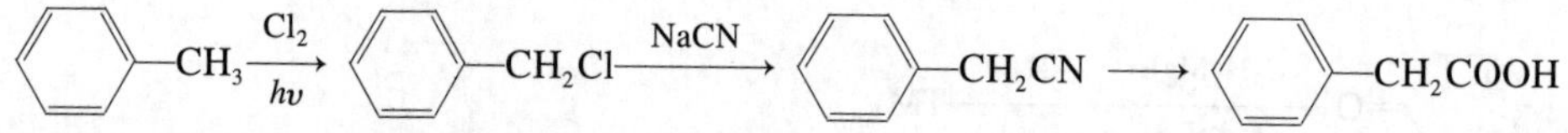

(2) $2CH_3CHO \xrightarrow[\triangle]{稀\ NaOH} CH_3CH{=}CHCHO \xrightarrow{H_2/Ni} CH_3CH_2CH_2CH_2OH \xrightarrow[H^+]{KMnO_4} CH_3CH_2CH_2COOH$

第12章

1. (1) (E)-庚-3-烯酸甲酯　(2) N,N-二乙基环丁甲酰胺　(3) β-氯代丙酰氯
(4) 氨基甲酸乙酯　(5) 萘-1-甲酰氯　(6) 苯甲酸酐
(7) 3-甲基丁酰胺　(8) 己二酸单乙酯

2. (1) $Cl{-}C({=}O){-}Cl$　(2) $HC({=}O)N(CH_3)_2$　(3) $H_2N{-}C({=}O){-}NH_2$
(4) $CH_3CH(Br)COBr$　(5) 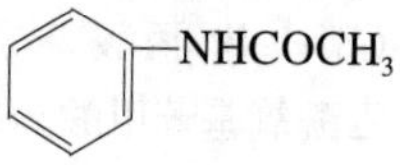　(6) 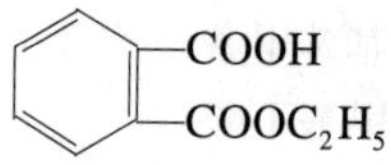

3. (1) 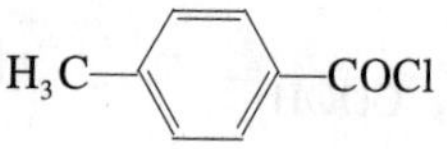　(2) 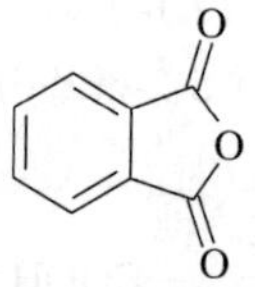　(3) 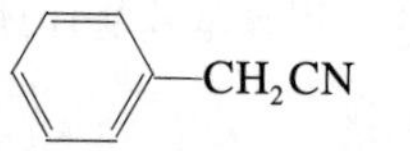

(4) $CH_3CH_2CH_2COO^-$　(5) 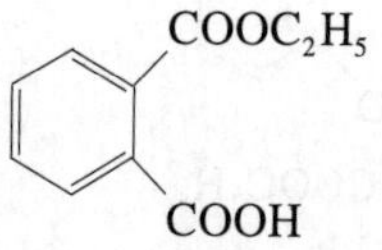　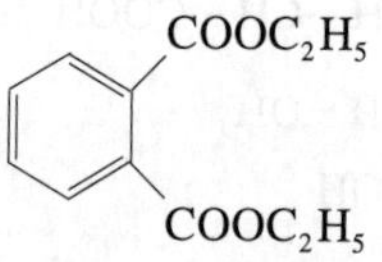

(6) $H_5C_2OOC(CH_2)_4CHO$　(7) $CH_3CH_2CH_2C(OH)(CH_2CH_3)_2$　(8) $CH_3CONHCH_3$

(9) $C_6H_5CH_2OH$　(10) $C_6H_5CH_2NH_2$

4. (1) A>B>C>D　(2) A>B>C>D>E　(3) A>D>C>B　(4) D>B>A>C

5. (1) ① β-Cl亦要水解;② 叔卤代烷消除成烯。　(2) ① 要加H^+催化;② 酯的α-卤代比酸难得多。
(3) ① 产生的α-氨基酰氯将立即发生分子间相互作用。

6. A. 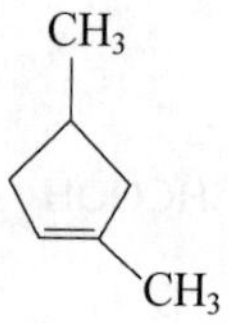　B. 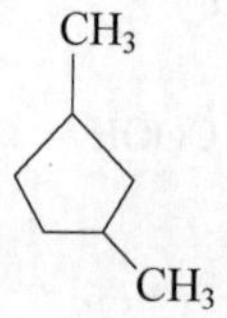　C. $CH_3COCH_2CH(CH_3)CH_2CHO$

D. CH_2COCH_3
$|$
$CHCH_3$
$|$
CH_2COOH

E. CH_2COOH
$|$
$CHCH_3$
$|$
CH_2COOH

F. H_3C— (O, O, O)

7. A. (O, O, O)　B. COOH, $COOC_2H_5$　C. $COOC_2H_5$, COOH　D. $COOC_2H_5$, $COOC_2H_5$

8. (1) $CH_2(COOC_2H_5)_2 \xrightarrow[\text{② } CH_3CH_2CH_2Br]{\text{① } C_2H_5ONa} \xrightarrow{NaOH} \xrightarrow[\triangle]{H_2O/H^+}$ 戊酸

(2) $CH_2(COOC_2H_5)_2 \xrightarrow[\text{② } C_6H_5CH_2Br]{\text{① } C_2H_5ONa} \xrightarrow{NaOH} \xrightarrow[\triangle]{H_2O/H^+}$ 苯丙酸

(3) $CH_2(COOC_2H_5)_2 \xrightarrow[\text{② } BrCH_2CH_2CH_2Br]{\text{① } 2C_2H_5ONa} \xrightarrow{NaOH} \xrightarrow[\triangle]{H_2O/H^+}$ 环丁基甲酸

(4) $2CH_2(COOC_2H_5)_2 \xrightarrow[\text{② } BrCH_2CH_2CH_2Br]{\text{① } 2C_2H_5ONa} \xrightarrow{NaOH} \xrightarrow[\triangle]{H_2O/H^+}$ 庚二酸

9. (1) $CH_3COCH_2COOC_2H_5 \xrightarrow[C_2H_5OH]{C_2H_5ONa} \xrightarrow{BrCH_2CH_2CH(CH_3)_2} CH_3CO—\underset{(CH_2)_2CH(CH_3)_2}{\underset{|}{C}H}COOC_2H_5$

$\xrightarrow{5\%NaOH} \xrightarrow[-CO_2]{H^+} CH_3COCH_2CH_2CH_2CH(CH_3)_2$

(2) $CH_3COCH_2COOC_2H_5 \xrightarrow[\text{② } C_2H_5Br]{\text{① } C_2H_5O^-} CH_3CO\overset{C_2H_5}{\overset{|}{C}H}COOC_2H_5 \xrightarrow[\text{② } C_2H_5Br]{\text{① } C_2H_5O^-} CH_3CO\overset{C_2H_5}{\underset{C_2H_5}{\overset{|}{\underset{|}{C}}}}COOC_2H_5$

$\xrightarrow{5\%NaOH} \xrightarrow[\text{② } \triangle]{\text{① } H^+} CH_3\overset{O}{\overset{\|}{C}}CH(C_2H_5)_2$

(3) $2CH_3COCH_2COOC_2H_5 \xrightarrow[\text{② } 2CH_3Br]{\text{① } 2C_2H_5ONa} 2CH_3CO\underset{CH_3}{\underset{|}{C}H}COOC_2H_5 \xrightarrow[\text{② } BrCH_2CH_2Br]{\text{① } 2C_2H_5ONa}$

$CH_3CO—\overset{COOC_2H_5}{\underset{CH_3}{\overset{|}{\underset{|}{C}}}}—CH_2CH_2—\overset{COOC_2H_5}{\underset{CH_3}{\overset{|}{\underset{|}{C}}}}—COCH_3 \xrightarrow{5\%NaOH} \xrightarrow[\text{② } \triangle]{\text{① } H_3O^+} CH_3CO\underset{CH_3}{\underset{|}{C}H}CH_2CH_2\underset{CH_3}{\underset{|}{C}H}COCH_3$

第 13 章

1. (1) 3-氨基-2,4-二甲基戊烷　(2) 5-氯-2-硝基苯胺　(3) 氢氧化二乙铵
(4) 4-苯基环己胺　(5) 2-甲氨基-3-甲基戊烷　(6) 4-甲基-*N*,*N*-二甲基苯胺
(7) *N*-苯基苯-1,4-二胺　(8) 碘化异丁基三甲铵

2. (1) 环己基—$NHCH_2CH_2CH_3$　(2) 3-硝基-1,5-苯二胺（NH_2、NH_2、O_2N 取代苯）　(3) NH_2—C_6H_4—$COOC_2H_5$（对位）

(4) C_6H_5—CH_2NH_2　(5) $C_6H_5\overset{+}{N}H_3Cl^-$　(6) C_6H_5—$CH_2CH_2NH_2$

3. (1) ②>①>③>④　(2) ①>④>③>②　(3) ②>①>③

4. (1) 用盖布瑞尔合成法

(2) $CH_3CH_2CH_2OH \xrightarrow[H_2SO_4]{NaBr} CH_3CH_2CH_2Br$,然后同(1)法

(3) $CH_3CH_2OH \xrightarrow[H_2SO_4]{NaBr} CH_3CH_2Br \xrightarrow{NaCN} CH_3CH_2CN \xrightarrow{LiAlH_4} CH_3CH_2CH_2NH_2$

(4) $CH_3CH_2CH_2CONH_2 \xrightarrow[NaOH]{Br_2} CH_3CH_2CH_2NH_2$

5. (1) 1-$NHCOCH_3$-2-NO_2-4-CH_3 苯　(2) 对甲苯胺（CH_3—C_6H_4—NH_2）　(3) C_6H_5—NH—NH—C_6H_5

(4) O_2N—C_6H_4—$NHCH_3$（对位）　(5) $CH_2{=}CH_2 + (CH_3)_2NCH_2CH_2CH_3 + H_2O$

(6) Na_2S　(7) NH_2、CH_3、NH_2 取代苯（2,4-二氨基甲苯）

(8) ① 1-$N_2^+ \cdot HSO_4^-$-2-F-4-OCH_3 苯　② 1-OH-2-F-4-OCH_3 苯　(9) ① 2-NO_2-C_6H_4-$\overset{+}{N}_2Cl^-$　② 2-NO_2-C_6H_4-CN

6. (1) 间二硝基苯 $\xrightarrow{Na_2S}$ 间硝基苯胺 $\xrightarrow[0\sim5\ ℃]{NaNO_2 \cdot H_2SO_4}$ 3-NO_2-C_6H_4-$N_2^+ \cdot HSO_4^-$ $\xrightarrow{KI}$ 间硝基碘苯（3-NO_2-C_6H_4-I）

(2) 对硝基甲苯（CH_3、NO_2） $\xrightarrow{Fe/HCl}$ 对甲苯胺（CH_3、NH_2） $\xrightarrow{(CH_3CO)_2O}$ CH_3—C_6H_4—$NH\overset{O}{\overset{\|}{C}}$—$CH_3$ $\xrightarrow[H_2SO_4]{HNO_3}$ 4-CH_3-2-NO_2-C_6H_3-$NHCOCH_3$ $\xrightarrow{H_2O/OH^-}$ 4-CH_3-2-NO_2-C_6H_3-NH_2

7. A: 2-甲基吡咯烷（环 N—H，2-位 CH_3）　B: 3-甲基吡咯烷（环 N—H，3-位 CH_3）

第 14 章

1. (1) 5-氯呋喃-2-甲酸 (2) 噻唑-2-胺 (3) 4-硝基咪唑
   (4) 4-甲基-8-氯喹啉 (5) 嘧啶-2,4-二酚 (6) 5-硝基异喹啉

2. (1) 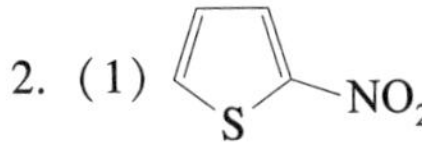

(2) 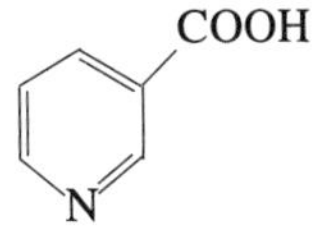 COOH, N (3) 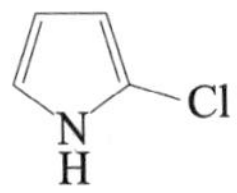 N, H, Cl

(4) 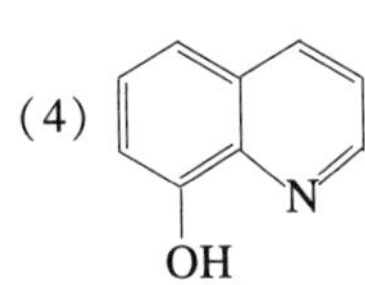

(5) 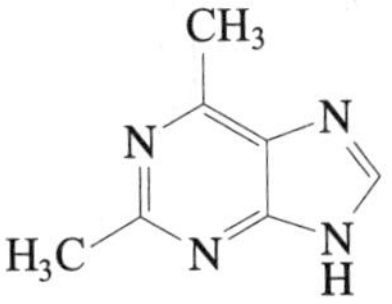 CH_3, N, N, H_3C, N, N, H (6) 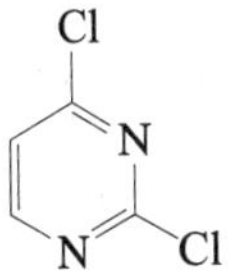 Cl, N, N, Cl

3. 略

4. (1) 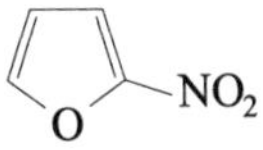 O, NO_2 (2) O, SO_3H (3) 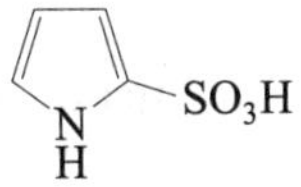 N, H, SO_3H

(4) 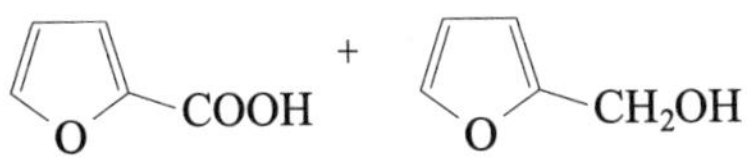 O, COOH + O, CH_2OH (5) 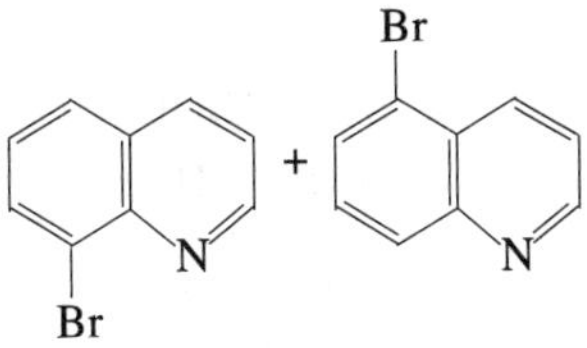 N, Br + Br, N

(6) 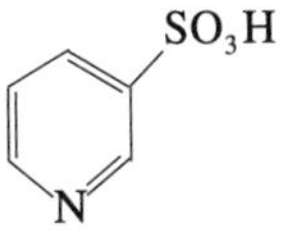 SO_3H, N (7) 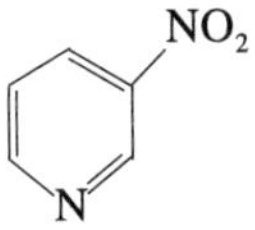 NO_2, N (8) 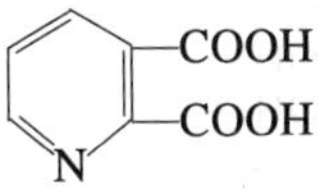 COOH, COOH, N (9) 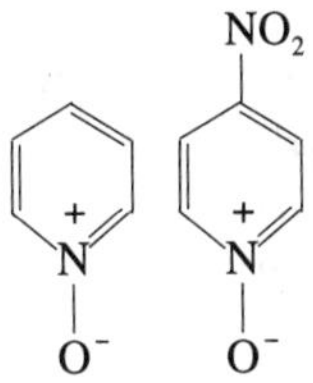 $\overset{+}{N}$, O^-; NO_2, $\overset{+}{N}$, O^- PCl_3

5. (1) 甲胺>氨>苯胺>乙酰胺 (2) 吡啶>吡咯>吲哚

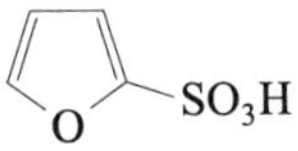

6. 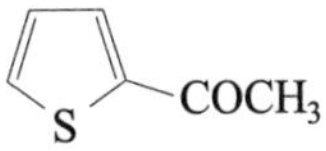 S, $COCH_3$

7. ①>②>③

第 15 章

1. 略

2. (1) 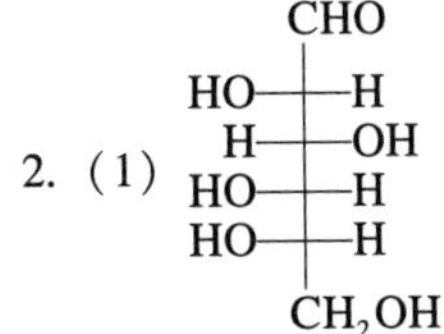

(2) 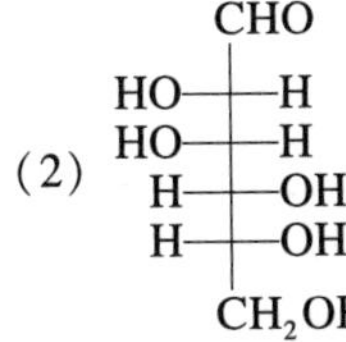

(3) 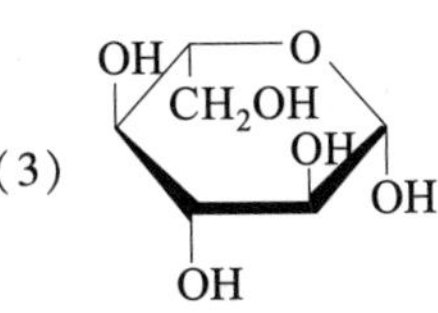

3. 略

4. (1)

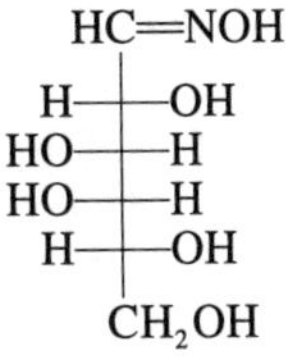

HC═NOH
H—OH
HO—H
HO—H
H—OH
CH_2OH

(2)

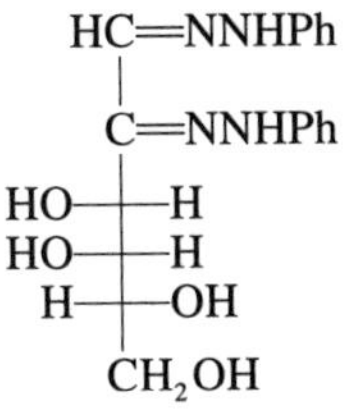

HC═NNHPh
C═NNHPh
HO—H
HO—H
H—OH
CH_2OH

(3)

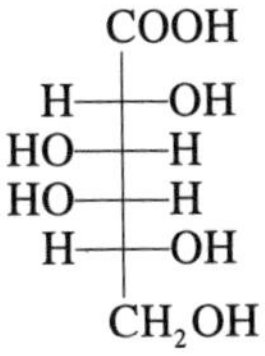

COOH
H—OH
HO—H
HO—H
H—OH
CH_2OH

(4)

COOH
H—OH
HO—H
HO—H
H—OH
COOH

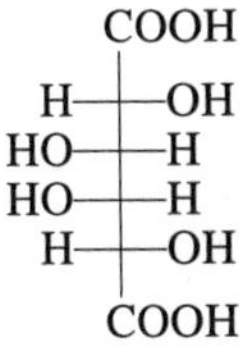

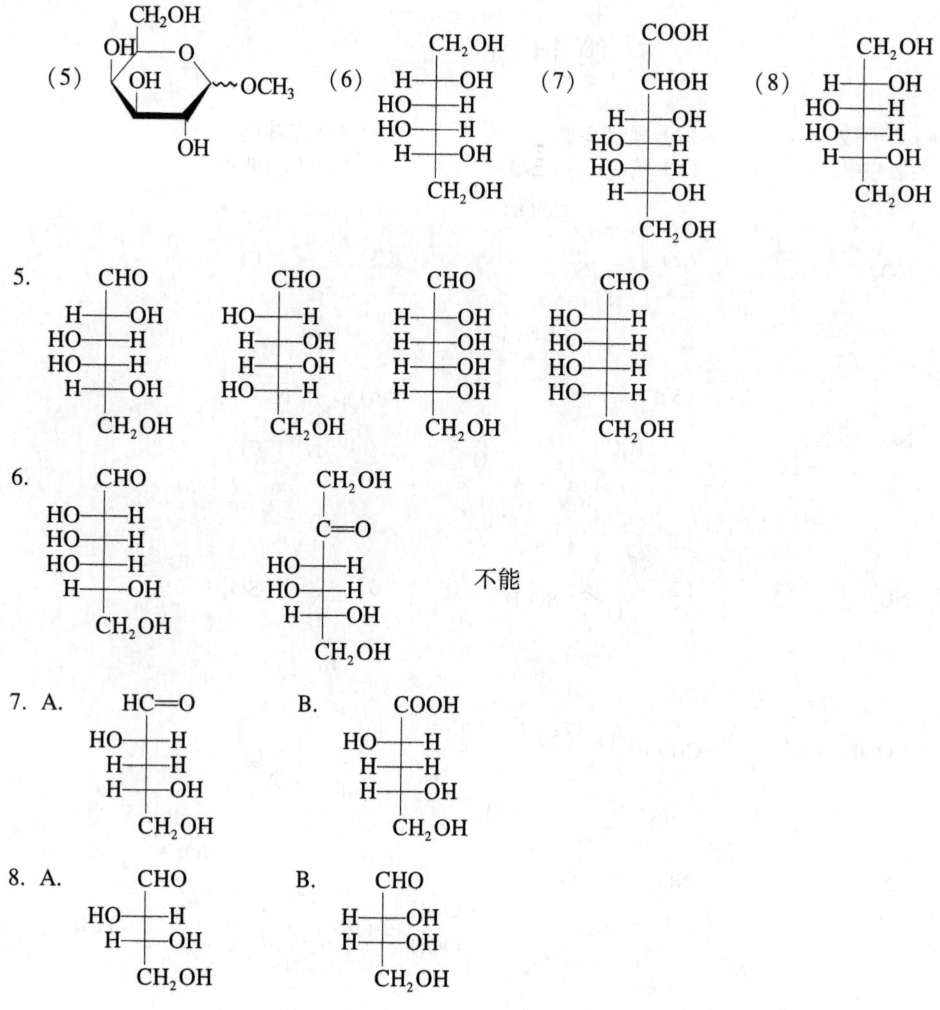

第16章

1. 略
2. 略
3. 略
4. (1) 1,7,7-三甲基二环[2.2.1]庚-2-醇

   (2) 11β,17α,21-三羟基孕甾-4-烯-3,20-二酮

复习与测试

阶段复习自测题(一)(第1~6章)

一、命名下列化合物(带“*”者需标明构型)(16分)

1. $(C_2H_5)_2C(CH_3)CH_2CH_3$

2*. H　　H
$C{=}C$
$(H_3C)_2HC$　　CH_2CH_3

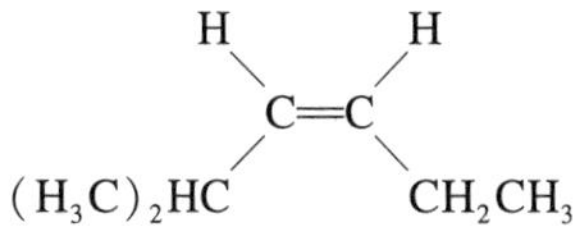

3*.

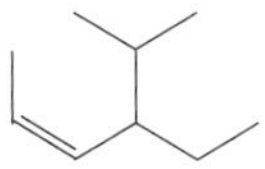

4. 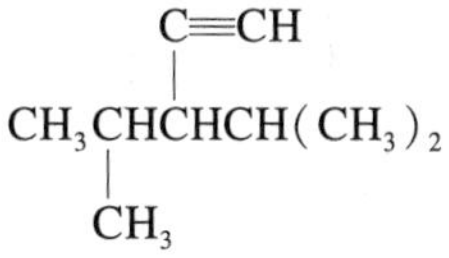 $C{\equiv}CH$
$CH_3CHCHCH(CH_3)_2$
CH_3

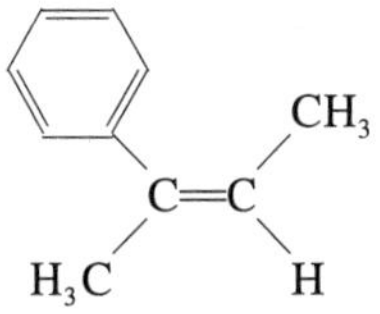

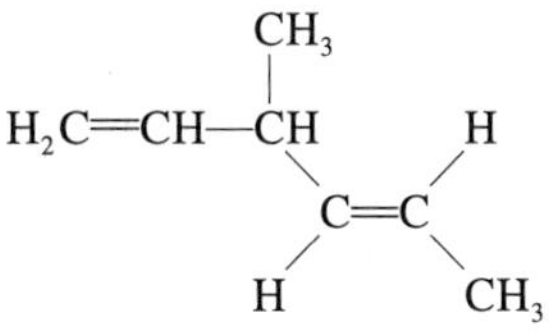

5*. $HC{=}CH_2$
$H{-}{-}CH_3$
CH_2CH_3

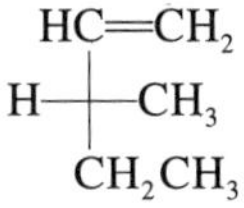

6. 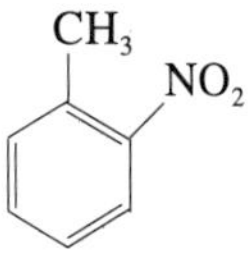 CH_3　NO_2

7. 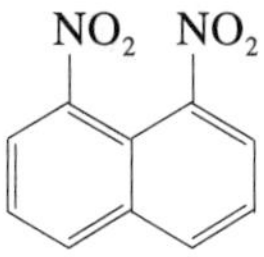 NO_2　NO_2

8*. CH_3
$C{=}C$
H_3C　　H

9*. CH_3
$H_2C{=}CH{-}CH$　　H
$C{=}C$
H　　CH_3

10*. CH_3
CH_3

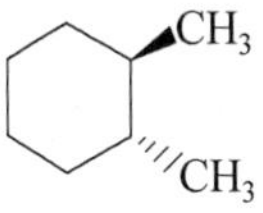

二、用结构式或反应式表示下列名词术语(20分)

1. 烯丙基自由基
2. 共轭二烯烃
3. 苄基正离子
4. 费歇尔(Fischer)投影式
5. D-A 反应
6. 亲电性加成反应
7. 环状溴鎓离子
8. 反-1,4-二甲基环己烷的优势构象
9. 过氧化物效应
10. 林德拉(Lindlar)催化剂

三、选择题(20分)

1. 甲烷的构型是 (　　)

A. 正四面体形　　B. 平面形

C. 直线形　　D. 三角锥形

2. 正丁烷4种典型构象中,优势构象是 (　　)

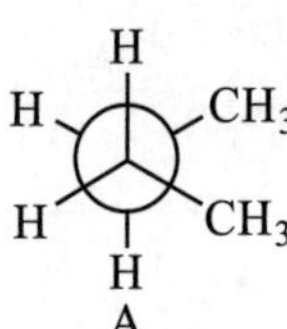

A

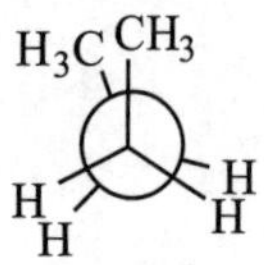

B

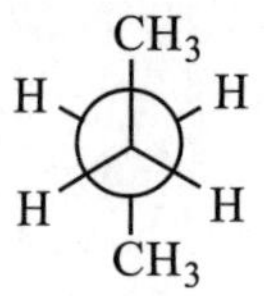

C

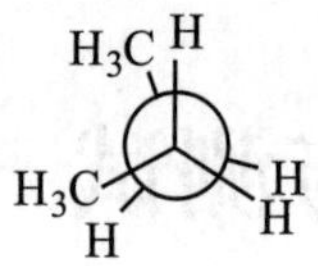

D

3. 下列碳正离子的稳定性顺序是　　　　(　　)

① $CH_3\overset{+}{C}H_2$　　　　② $CH_3\overset{+}{C}HCH_3$

③ $\overset{+}{C}H_2CH{=}CH_2$　　　　④ $CH_3\overset{+}{C}HCH{=}CH_2$

A. ①>②>③>④　　　　B. ②>③>①>④

C. ④>③>②>①　　　　D. ③>④>②>①

4. $CH_3\underset{}{CH}(Cl)CH(OH)COOH$ 立体异构体的数目是　　　　(　　)

A. 1　　　　B. 2　　　　C. 3　　　　D. 4

5. 下列两个化合物的关系是　　　　(　　)

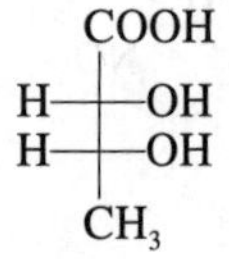

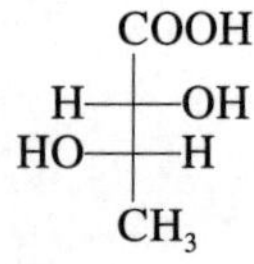

A. 对映异构　　　　B. 非对映异构　　　　C. 碳架异构　　　　D. 官能团位置异构

6. 下列自由基中最稳定的是　　　　(　　)

A. 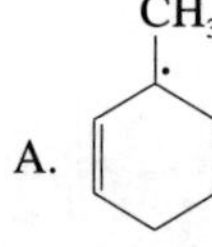

B.

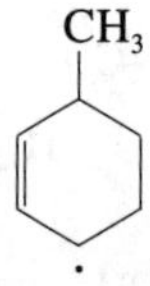

C.

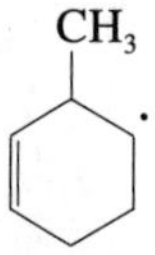

D.

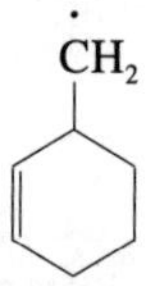

7. 下列化合物不能发生傅-克酰基化反应的是　　　　(　　)

① 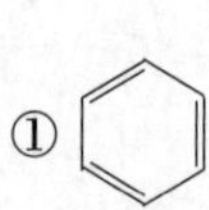

② 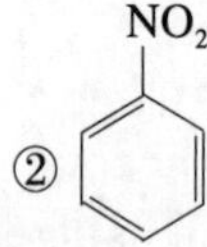

③ 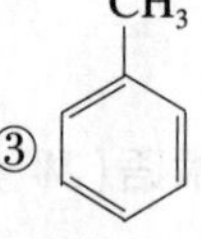

④ 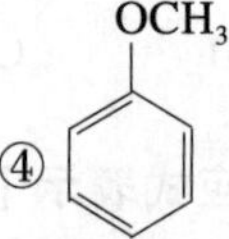

A. ①②　　　　B. ①②④　　　　C. ②　　　　D. ②③④

8. 下列化合物能与 $AgNO_3$ 的氨水溶液反应生成沉淀的是　　　　(　　)

A. $CH_3CH_2CH{=}CH_2$　　　　B. $CH_3CH{=}CHCH_3$

C. $CH_3CH_2C{\equiv}CH$　　　　D. $CH_3C{\equiv}CCH_3$

9. 下列化合物不具有芳香性的是　　　　(　　)

A. 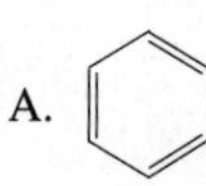

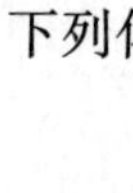

B. 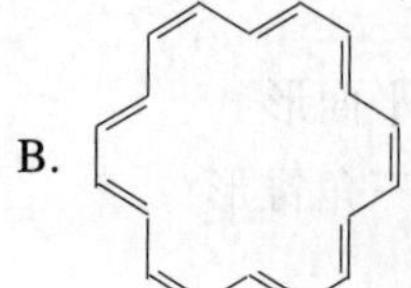

C. 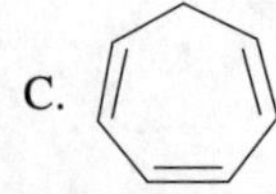

D. 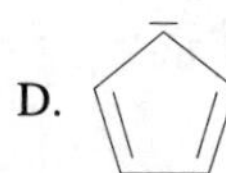

10. 正丁烷的单氯代产物数目为 ( )

A. 1　　B. 2　　C. 3　　D. 4

四、完成反应式(写出主要产物或试剂)(25 分)

1. 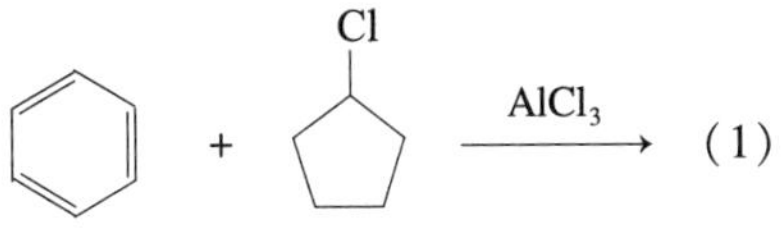 苯 + 氯代环戊烷 $\xrightarrow{AlCl_3}$ (1)

2. 邻甲基乙苯（CH_3、C_2H_5 取代苯） $\xrightarrow[H^+,\triangle]{KMnO_4}$ (2)

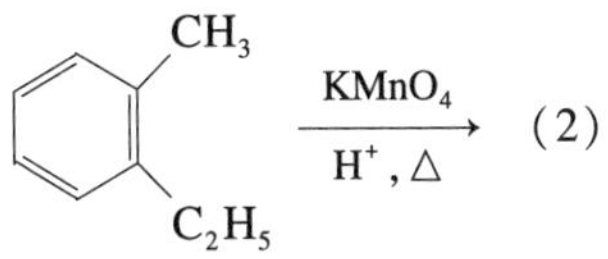

3. $CH_3CH{=}CH_2$ $\xrightarrow{HCl}$ (3)；$\xrightarrow[\text{过氧化物}]{HBr}$ (4)

4. $CH_2{=}CH{-}CH_2{-}C{\equiv}CH \xrightarrow[\text{喹啉}]{H_2,Pd\text{-}BaSO_4}$ (5)

5. 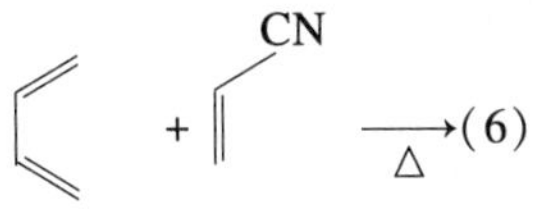 1,3-丁二烯 + $CH_2{=}CH{-}CN$ $\xrightarrow[\triangle]{}$ (6)

6. $CH_3CH_2C{\equiv}CH \xrightarrow{2\ mol\ HBr}$ (7)

7. $CH_3CH_2CH{=}CH_2 \xrightarrow{(8)} CH_3\underset{}{CH}(Br)CH{=}CH_2 \xrightarrow{Cl_2}$ (9)

8. 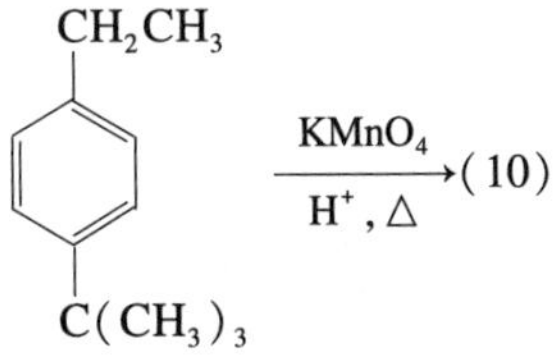 对叔丁基乙苯（CH_2CH_3、$C(CH_3)_3$ 取代苯） $\xrightarrow[H^+,\triangle]{KMnO_4}$ (10)

9. 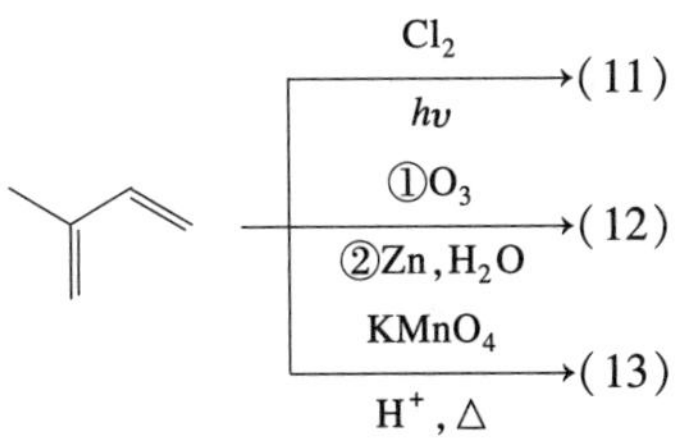 2-甲基-1,3-丁二烯 $\xrightarrow[h\nu]{Cl_2}$ (11)；$\xrightarrow[\text{②}Zn,H_2O]{\text{①}O_3}$ (12)；$\xrightarrow[H^+,\triangle]{KMnO_4}$ (13)

10. $HC{\equiv}CCH(CH_3)CH_3 \xrightarrow[HgSO_4,H_2O]{H_2SO_4}$ (14)

11. $CH_3C{\equiv}CCH_3$ $\xrightarrow[NH_3(l)]{Na}$ (15)；$\xrightarrow[Pd\text{-}BaSO_4\ \text{喹啉}]{H_2}$ (16)

12. 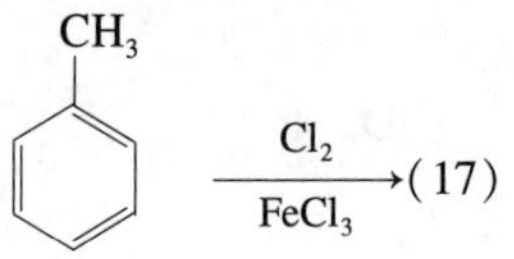 甲苯 $\xrightarrow[FeCl_3]{Cl_2}$ (17)

13. 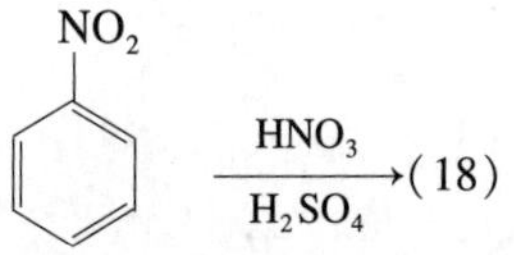 硝基苯 $\xrightarrow[H_2SO_4]{HNO_3}$ (18)

14. 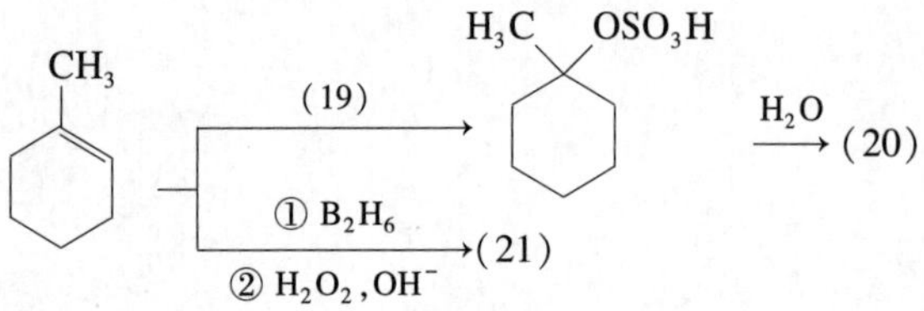 1-甲基环己烯 $\xrightarrow{(19)}$ 1-甲基环己基硫酸氢酯（H_3C, OSO_3H） $\xrightarrow{H_2O}$ (20)

1-甲基环己烯 $\xrightarrow[\text{② } H_2O_2, OH^-]{\text{① } B_2H_6}$ (21)

15. 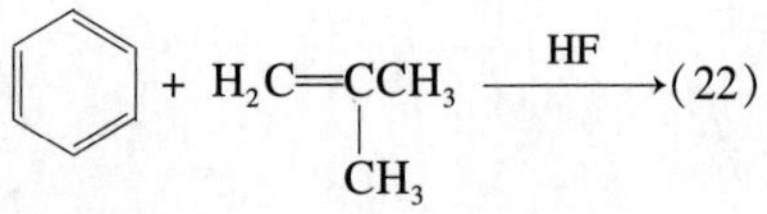 苯 + $H_2C{=}C(CH_3)CH_3$ $\xrightarrow{HF}$ (22)

16. 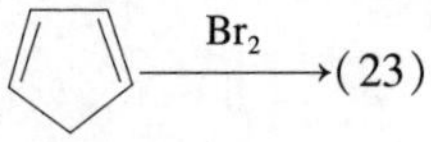 环戊二烯 $\xrightarrow{Br_2}$ (23)

17. 1-甲基环戊二烯（H_3C） $\xrightarrow{HCl}$ (24) + (25)

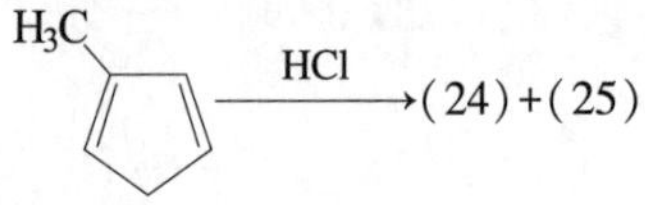

五、推测结构(8 分)

1. 化合物 A(C_8H_{10})被 $KMnO_4$(酸性条件下)氧化得 B($C_8H_6O_4$),A 和混酸反应只得 1 种一元硝化产物,推测 A、B 的结构。

2. 化合物 A 的相对分子质量为 82,1 mol A 能吸收 2 mol 的 H_2;当与 Cu_2Cl_2 的氨水溶液反应时,没有沉淀生成。A 吸收 1 mol H_2 后生成烯烃 B,B 用 $KMnO_4/H^+$ 氧化只生成 1 种羧酸,试推测 A、B 的结构。

六、合成题(无机试剂任选)(11 分)

1. 以乙炔为主要原料合成 $C_2H_5C{\equiv}CC_2H_5$。

2. 以 $CH_3CH{=}CH_2$ 为主要原料合成 $ClCH_2CHBrCH_2Br$。

3. 以苯为主要原料合成 间硝基苯乙酮（NO_2, $COCH_3$）。

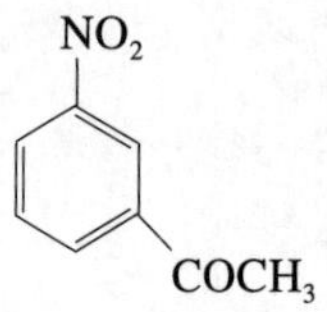

阶段复习自测题(二)(第 7~12 章)

一、命名下列化合物(标“*”者需标明构型)(10 分)

1. $CH_3CH(CH_3)CH_2CH_2OH$

2. $CH_3OCH_2CH{=}CH_2$

3. 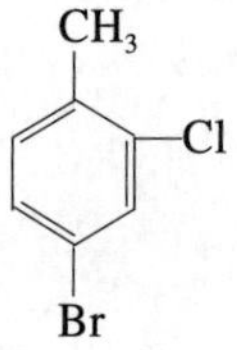 苯环（CH_3, $-Cl$, Br）

4. $CH_3CH{=}C(CH_3)CHO$

5. 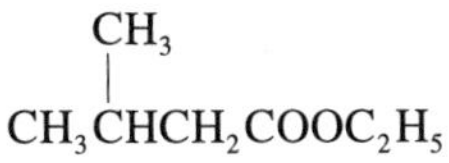 $CH_3CH(CH_3)CH_2COOC_2H_5$（$CH_3CHCH_2COOC_2H_5$，2位连 CH_3）

6. 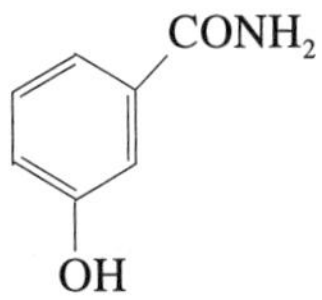 间羟基苯甲酰胺（苯环上连 $CONH_2$，间位连 OH）

7. 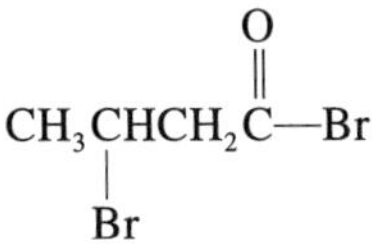 $CH_3CH(Br)CH_2C(=O)—Br$

8*. Fischer投影式：上 COOH，左 H，右 OH，下 CH_3

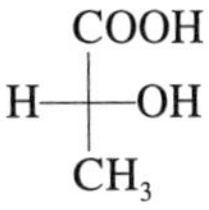

9.  $CH_3C(=O)OC(=O)CH_2CH_3$

二、用反应式或结构式表示下列名词术语(10 分)

1. 瓦尔顿(Walden)转化
2. 查依采夫(Saytzeff)规则
3. 威廉姆逊(Williamson)醚合成法
4. 氯化亚砜
5. 碘仿
6. 亲核性试剂
7. 水杨酸
8. 内酯

三、单项选择题(20 分)

1. 下列化合物不能与 $NaHSO_3$ 反应的是 (　　)

A. 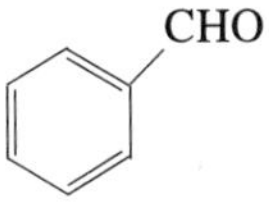 苯甲醛（C_6H_5CHO）　　B. $CH_3C(=O)CH_2CH_3$

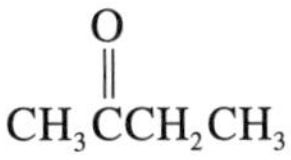

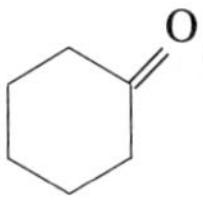

C. 环己酮　　D. 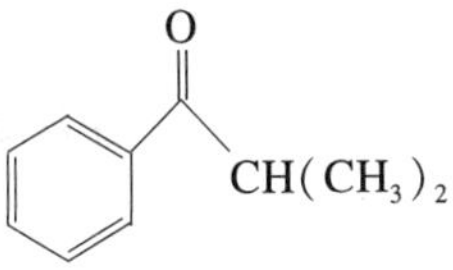 $C_6H_5C(=O)CH(CH_3)_2$

2. 下列化合物的沸点由高到低的顺序是 (　　)

① $CH_3CH_2CH_3$　② $CH_3CH(OH)CH_3$　③ $CH_3CH(OH)CH_2OH$　④ $CH_2(OH)CH(OH)CH_2OH$

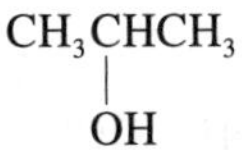

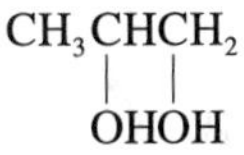

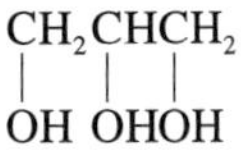

A. ①>④>②>③　B. ③>④>②>①　C. ②>③>④>①　D. ④>③>②>①

3. 下列化合物的酸性由强到弱的次序是 (　　)

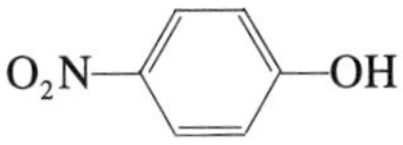

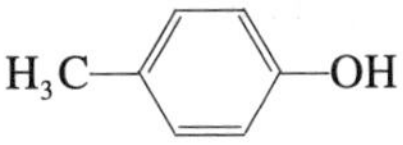

① C_6H_5—OH　② O_2N—C_6H_4—OH（对位）　③ H_3C—C_6H_4—OH（对位）　④ O_2N—$C_6H_3(NO_2)$—OH（2,4-二硝基苯酚）

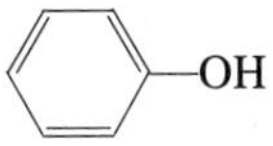

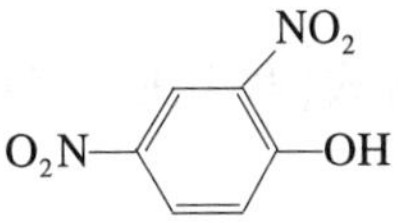

A. ①>④>②>③　B. ④>②>①>③　C. ②>③>④>①　D. ④>②>③>①

4. 下列化合物酸性由强到弱的次序是 (　　)

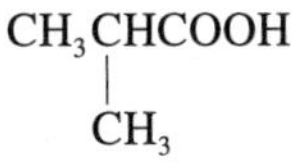

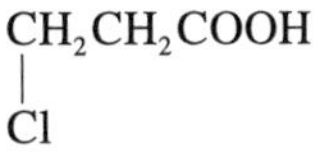

① $CH_3CH(Cl)COOH$　② $CH_3CH(CH_3)COOH$　③ $CH_2(Cl)CH_2COOH$　④ CH_3CCl_2COOH

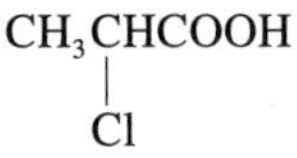

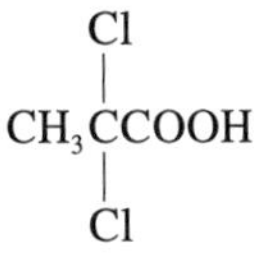

A. ④>①>③>②　B. ③>④>②>①　C. ②>③>④>①　D. ④>②>③>①

5. 下列转化中应选用的还原剂是 (　　)

$$CH_3CH{=}CHCH_2COOH \xrightarrow{(?)} CH_3CH{=}CHCH_2CH_2OH$$

A. $LiAlH_4$　　B. $NaBH_4$　　C. H_2,Ni　　D. H_2,Pd-$BaSO_4$

6. 下面反应的产物是　　(　　)

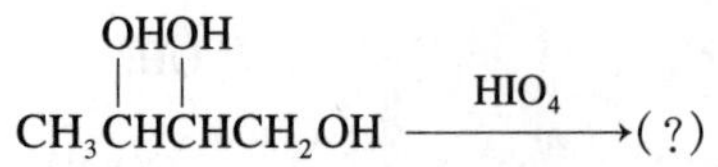

$$CH_3\overset{OH}{\overset{|}{C}}H\overset{OH}{\overset{|}{C}}HCH_2OH \xrightarrow{HIO_4} (?)$$

A. $CH_3CHO + HCOOH + HCHO$　　B. $CH_3CHO + 2HCOOH$

C. $CH_3COOH + 2HCHO$　　D. $CH_3CHO + 2HCHO$

7. 下列化合物水解反应的速率大小顺序是　　(　　)

① $CH_3CH_2\overset{O}{\overset{\|}{C}}Cl$　② $CH_3CH_2\overset{O}{\overset{\|}{C}}OC_2H_5$　③ $CH_3CH_2\overset{O}{\overset{\|}{C}}NH_2$　④ $CH_3CH_2\overset{O}{\overset{\|}{C}}O\overset{O}{\overset{\|}{C}}CH_2CH_3$

A. ②>③>④>①　　B. ③>④>②>①　　C. ①>④>②>③　　D. ④>②>③>①

8. 下列化合物进行亲核性加成反应的活性顺序是　　(　　)

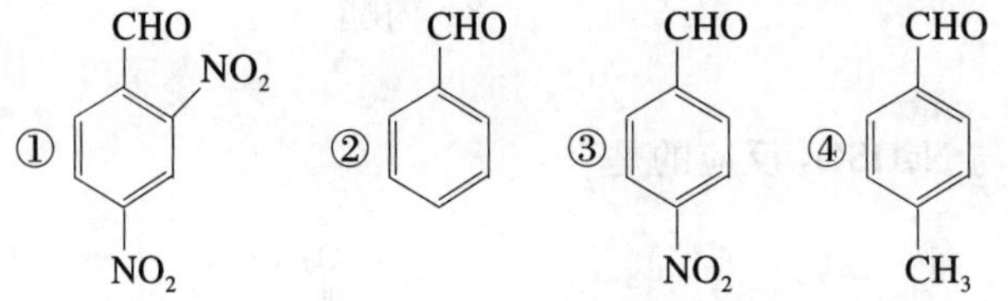

① 2,4-二硝基苯甲醛（CHO、NO_2、NO_2）　② 苯甲醛（CHO）　③ 对硝基苯甲醛（CHO、NO_2）　④ 对甲基苯甲醛（CHO、CH_3）

A. ①>②>③>④　　B. ①>③>②>④　　C. ③>②>④>①　　D. ④>③>②>①

9. 下面哪种试剂不能用来将 $CH_3CH=CHCH_2OH$ 氧化成 $CH_3CH=CHCHO$　　(　　)

A. 活性 MnO_2　　B. CrO_3 + 稀 H_2SO_4　　C. CrO_3 + 吡啶　　D. $KMnO_4$

10. 下列反应的主要产物是　　(　　)

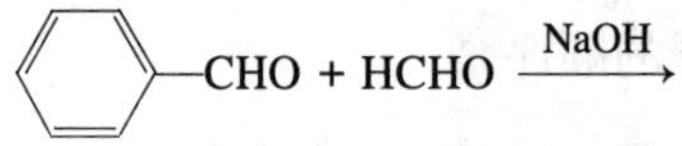

$$C_6H_5\text{—}CHO + HCHO \xrightarrow{NaOH}$$

A. 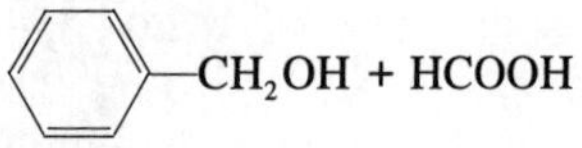 $C_6H_5\text{—}CH_2OH + HCOOH$　　B. $C_6H_5\text{—}COOH + HCOOH$

C. $C_6H_5\text{—}CH_2OH + CH_3OH$　　D.  $C_6H_5\text{—}COOH + CH_3OH$

四、完成反应式(写出主要产物或试剂)(30 分)

1. 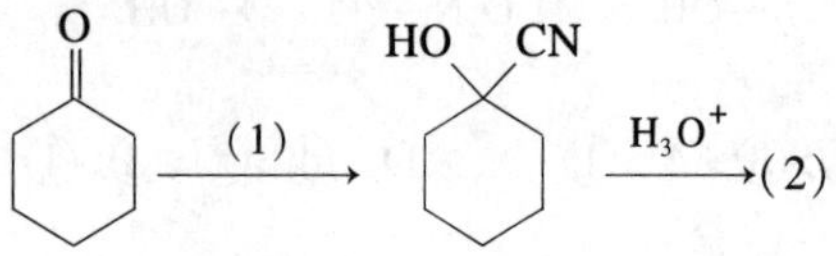 环己酮 $\xrightarrow{(1)}$ 1-羟基环己基甲腈（HO、CN） $\xrightarrow{H_3O^+}$ (2)

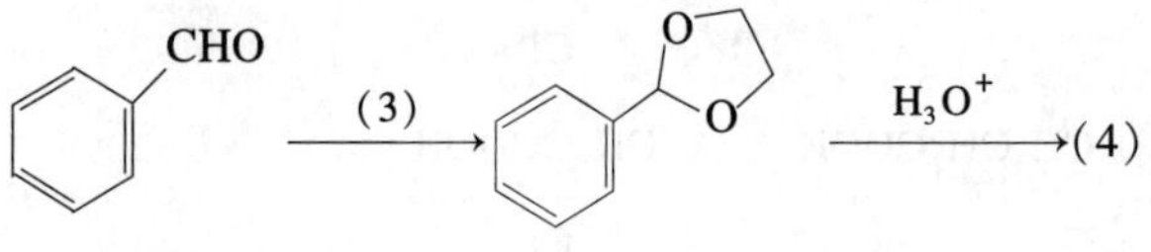

2. 苯甲醛（CHO） $\xrightarrow{(3)}$ 2-苯基-1,3-二氧戊环 $\xrightarrow{H_3O^+}$ (4)

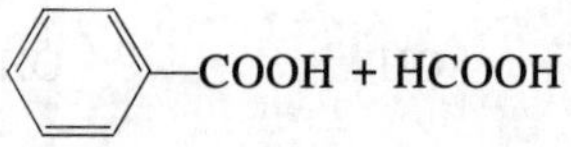

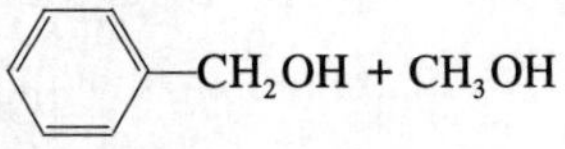

3. 对氯苯酚（OH、Cl） $\xrightarrow[FeBr_3]{Br_2}$ (5)

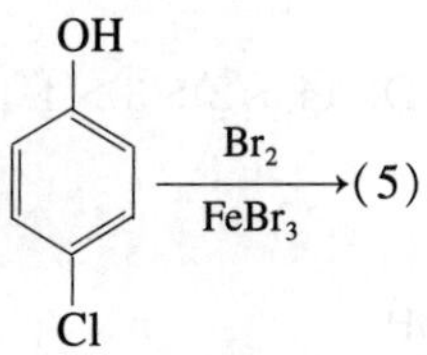

4. $p\text{-}CH_3C_6H_4OH \xrightarrow{(6)} p\text{-}CH_3C_6H_4OCH_2CH{=}CHCH_3 \xrightarrow[\triangle]{} (7)$

5. $CH_3CH(Cl)CH(CH_3)CH_3 \xrightarrow[HOC_2H_5,\ \triangle]{NaOC_2H_5} (8)$

6. $C_6H_5CH_2Cl \xrightarrow{NaCN} (9) \xrightarrow[\triangle]{H_3O^+} (10)$

7. $CH_3\overset{O}{\overset{\|}{C}}CH_3 \xrightarrow{(11)} C_6H_5C(CH_3)_2OMgBr \xrightarrow{H_3O^+} (12)$

8. $CH_3\overset{O}{\overset{\|}{C}}CH_2CH_3 \xrightarrow{I_2,\ NaOH} (13) + (14)$

9. $CH_3CH(CH_3)CH_2COOH \xrightarrow{PCl_3} (15)$

10. $H_2C(COOH)_2 \xrightarrow[\triangle]{} (16)$

11. $CH_3\overset{O}{\overset{\|}{C}}NH_2 \xrightarrow{P_2O_5} (17)$

12. $C_6H_5\overset{O}{\overset{\|}{C}}NH_2 \xrightarrow[NaOH]{Br_2} (18)$

13. $H_2C(CH_2CH_2COOH)_2 \xrightarrow[\triangle]{} (19)$

14. $CH_3CH{=}CH_2 \xrightarrow{CH_3COOOH} (20)$ —
- $\xrightarrow[H^+]{CH_3OH} (21)$
- $\xrightarrow[CH_3OH]{CH_3ONa} (22)$

15. $(S)\text{-}CH_3CH_2CH(OH)CH_3 \xrightarrow[\text{乙醚}]{SOCl_2} (23)$

16. $H_3C-C(Ph)(OH)-C(Ph)(OH)-CH_3 \xrightarrow{H^+} (24)$

17. (HO-substituted bicyclic alkene) $\xrightarrow{(25)}$ (O= bicyclic alkene)

18. (2-methylcyclohexanol, OH) $\xrightarrow{H_2SO_4}$ (26)

19. $CH_3CH_2CHO \xrightarrow{NaOH}$ (27)

20. (1,3-butadiene) + (cis-$CH(COOC_2H_5)=CH(COOC_2H_5)$) $\xrightarrow{\triangle}$ (28)

21. ($C_6H_5COOC_2H_5$) + $CH_3COOC_2H_5 \xrightarrow[HOC_2H_5]{NaOC_2H_5}$ (29)

22. $CH_3\overset{O}{\overset{\|}{C}}—Cl$ + ($C_6H_5NHCH_3$) $\xrightarrow{C_5H_5N}$ (30)

五、推测结构(10分)

1. 化合物A(C_7H_8O)不溶于水、稀HCl及$NaHCO_3$水溶液,但能溶于稀NaOH水溶液,当用溴水处理A时,迅速生成化合物B($C_7H_5OBr_3$),试推测A、B的结构。

2. 化合物A和B分子式均为$C_5H_{12}O$,A能被$KMnO_4$氧化而B难于被氧化,A、B脱水后均生成C,C经$KMnO_4$氧化后得到酮和羧酸,试推测A、B、C的结构。

六、写出下面反应的反应机理(5分)

$$2CH_3CH_2\overset{O}{\overset{\|}{C}}H \xrightarrow{NaOH} CH_3CH_2\overset{OH}{\overset{|}{C}H}\underset{CH_3}{\underset{|}{C}H}CHO$$

七、合成题(15分)

1. 以乙酰乙酸乙酯、甲苯和溴乙烷为主要原料合成$CH_3CH_2\underset{CH_2C_6H_5}{\underset{|}{C}H}\overset{O}{\overset{\|}{C}}CH_3$。

2. 以丙二酸二乙酯为主要原料合成(cyclobutane)—COOH。

3. 以苯及不超过2个碳的有机物合成($C_6H_5CH_2CH_2OH$)。

阶段复习自测题(三)(第13~16章)

一、命名下列化合物(标“*”者需标明构型)(18分)

1. ($C_6H_5N(CH_3)_2$)

2. $CH_3CH_2N(CH_3)_2$

3. $(CH_3)_3\overset{+}{N}CH_2CH_3\ Br^-$

4. 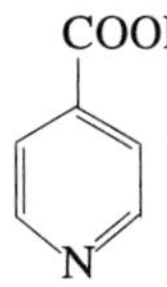 （吡啶-4-甲酸：吡啶环 4 位连 COOH）

5. 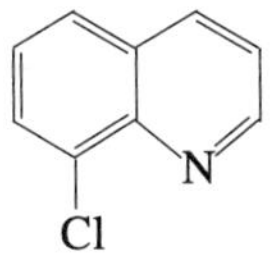 （8-氯喹啉：喹啉环 8 位连 Cl）

6. 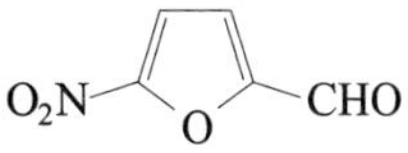 （5-硝基-2-呋喃甲醛：呋喃环上 O_2N—，—CHO）

7. $CH_3CH(CH_3)CH_2CH_2CH(NH_2)CH_3$

8*. （Fischer 投影式：上 COOH，H—C—NH_2，下 CH_3）

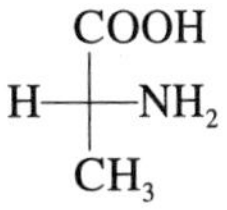

二、用结构式或反应式表示下列化合物或名词术语(20 分)

1. 樟脑　　2. 季铵碱

3. 糠醛　　4. α-D-吡喃葡萄糖

5. 雄甾烷　　6. 桑德迈尔反应

7. 5-硝基嘧啶　　8. 重氮化反应

9. 吲哚　　10. 交酰胺

三、完成反应式(32 分)

1. 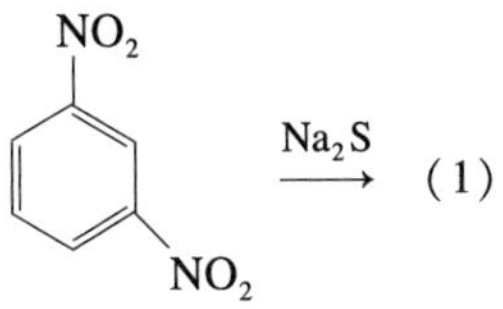 间二硝基苯 $\xrightarrow{Na_2S}$ (1)

2. 间氨基苯甲酸（苯环上 COOH、间位 NH_2） $\xrightarrow{Br_2}$ (2)

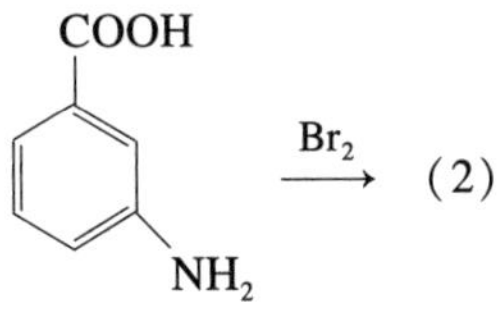

3. 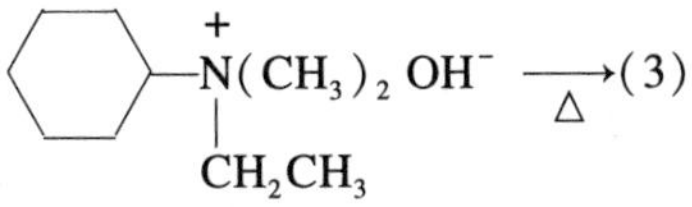 环己基—$\overset{+}{N}(CH_3)_2(CH_2CH_3)\ OH^-$ $\xrightarrow{\triangle}$ (3)

4. 苯胺（NH_2） $\xrightarrow{CH_3\overset{O}{\overset{\|}{C}}Cl}$ (4)

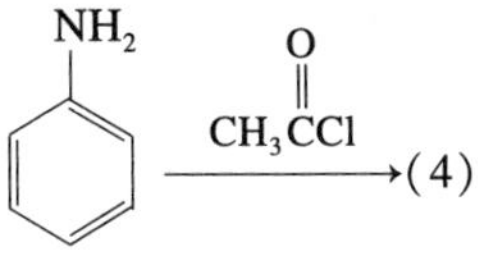

5. 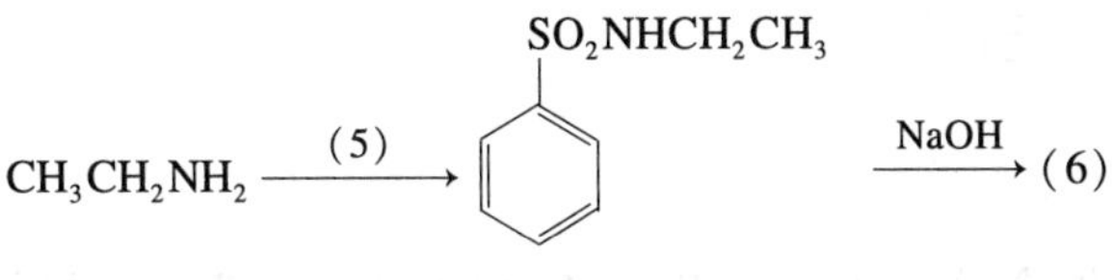 $CH_3CH_2NH_2$ $\xrightarrow{(5)}$ $C_6H_5SO_2NHCH_2CH_3$ $\xrightarrow{NaOH}$ (6)

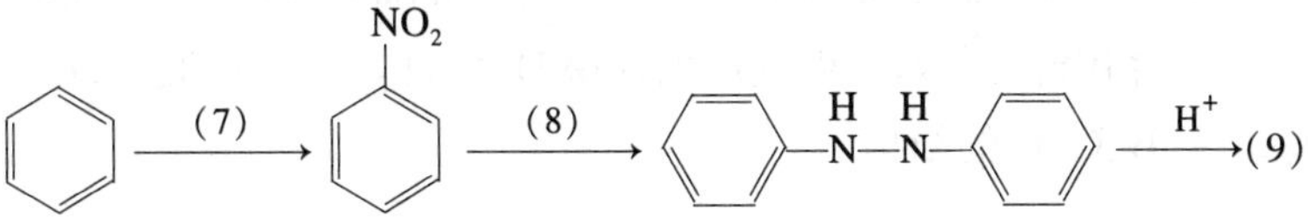

6. 苯 $\xrightarrow{(7)}$ 硝基苯（NO_2） $\xrightarrow{(8)}$ C_6H_5—NH—NH—C_6H_5 $\xrightarrow{H^+}$ (9)

7. $CH_3CH_2CH_2CH_2CH(NH_2)CH_3$ $\xrightarrow{(10)}$ $CH_3CH_2CH_2CH_2CH(\overset{+}{N}(CH_3)_3I^-)CH_3$ $\xrightarrow{AgOH}$ (11) $\xrightarrow{\triangle}$ (12)

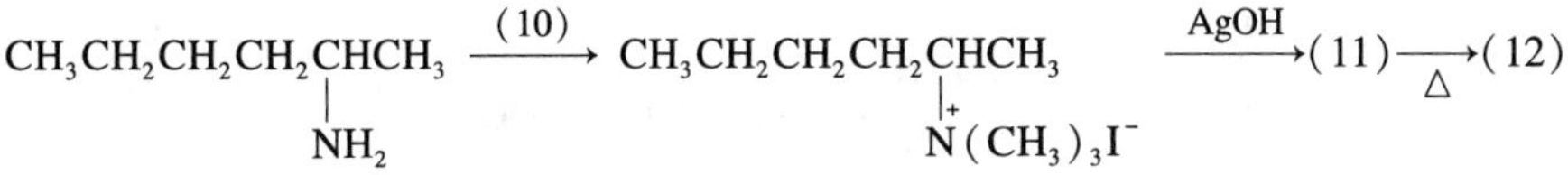

8. 吡咯 $\xrightarrow{(13)}$ 2-硝基吡咯（NO_2）

9. 喹啉 $\xrightarrow[H^+,\triangle]{KMnO_4}$ (14)；$\xrightarrow[H_2SO_4]{HNO_3}$ (15) + (16)

10. 呋喃 + $CH_2=CHCHO$ $\xrightarrow{\triangle}$ (17)

11. 呋喃-2-CHO $\xrightarrow{浓\ NaOH}$ (18) + (19)

12. 4-甲基吡啶（CH_3） $\xrightarrow{(20)}$ 4-甲基吡啶-N-氧化物（$N^+\to O^-$） $\xrightarrow[H_2SO_4]{HNO_3}$ (21) $\xrightarrow{PCl_3}$ (22)

13. 呋喃 $\xrightarrow{(23)}$ 呋喃-2-SO_3H

14. CHO，H—OH，HO—H，H—OH，H—OH，CH_2OH $\xrightarrow{Ag(NH_3)_2NO_3}$ (24)；$\xrightarrow{HNO_3}$ (25)；$\xrightarrow{3PhNHNH_2}$ (26)

15. 苯胺（NH_2） $\xrightarrow[HCl,0\sim5\ ℃]{NaNO_2}$ (27) $\xrightarrow{CuCN}$ (28)

16. 邻苯二甲酰亚胺（NH） $\xrightarrow{(29)}$ 邻苯二甲酰亚胺钾（N^-K^+） $\xrightarrow{CH_3CH_2Cl}$ (30) $\xrightarrow{(31)}$ $CH_3CH_2NH_2$

17. 苯重氮盐（$N_2^+Cl^-$） + 2-萘酚（OH） $\longrightarrow$ (32)

四、推测结构(12分)

化合物 A($C_8H_{17}N$)与 CH_3I 反应得化合物 B($C_9H_{20}IN$)，B 用湿的 Ag_2O 处理后加热得 C($C_9H_{19}N$)，C 再与足量 CH_3I 反应并用湿的 Ag_2O 处理后加热得 D(C_7H_{12})和三甲胺。D 用 $KMnO_4$ 氧化得 $CH_3COCH_2COCH_3$，写出 A、B、C、D 的结构。

五、写出下列反应机理(6分)

$$2CH_3\overset{O}{\overset{\|}{C}}—OC_2H_5 \xrightarrow[HOC_2H_5]{NaOC_2H_5} CH_3\overset{O}{\overset{\|}{C}}—CH_2\overset{O}{\overset{\|}{C}}—OC_2H_5$$

六、合成题(无机试剂任选)(12 分)

1. 以甲苯和丙烯醛为原料合成 H_3C—(6-甲基喹啉, N)。

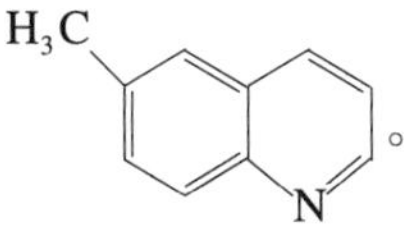

2. 以苯为主要原料合成 (1,3,5-三溴苯: Br, Br, Br)。

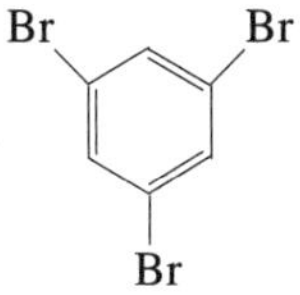

3. 以 $CH_3CH{=}CH_2$ 和适当的有机试剂合成 $CH_3CH_2CH_2NH_2$。

总复习自测题(一)

一、命名下列化合物(标“*”者需标明构型)(16 分)

1. $CH_3CH_2CHCH_2CH_2CH_3$（CH 上连 CH_3）

2. $CH_3CHCHCOOH$（两个 CH 上分别连 Cl、CH_3）

3. （苯环上连 COOH，间位连 CH_3）

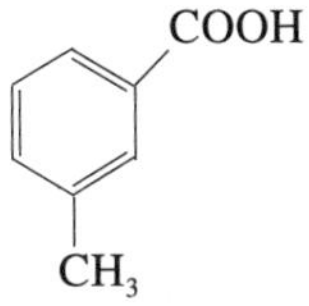

4. 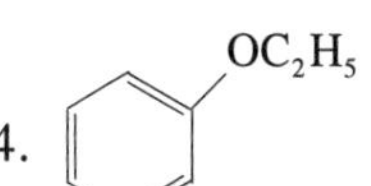

5*. （Fischer 投影式：上 $CH_2C{\equiv}CH$，左 H，右 Cl，下 CH_3）

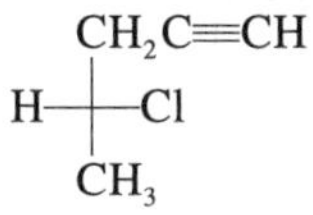

6*. 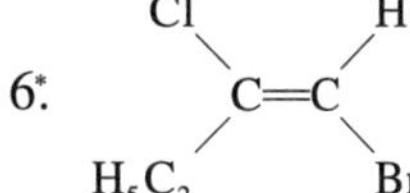

7. 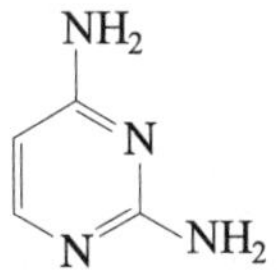 （嘧啶环：NH_2, N, N, NH_2）

8. $CH_3CH{=}CHCCH_3$（C 上连 =O）

二、用结构式或反应式表示下列名词术语(10 分)

1. 叔丁基碳正离子
2. 交酯
3. 手性分子
4. β-D-吡喃葡萄糖
5. 内酰胺
6. 混合醚
7. 苄醇
8. α-氨基酸
9. 苦味酸
10. 偶极离子(内盐)

三、选择题(每小题只有一个正确答案)(20 分)

1. 下列化合物中有顺反异构的是  (　　)

A. 2-甲基丁-2-烯　　B. 2,3-二甲基丁-2-烯

C. 2-甲基丁-1-烯　　D. 戊-2-烯

2. $CH_3CH_2CH_2Br$ 转变成 $CH_3CHBrCH_3$ 应采用的方法是 (　　)

A. ①KOH,醇;②HBr　　B. ①H_3O^+;②HBr

C. ①KOH,H_2O;②HBr,过氧化物　　D. ①H_3O^+;②HBr,过氧化物

3. 下列反应的主要产物是 (　　)

$$Cl-C_6H_4-CHO + HCHO \xrightarrow{\text{浓 NaOH}}$$

A. $Cl-C_6H_4-CH_2OH + HCOONa$　　B. $Cl-C_6H_4-CH_2OH + CH_3OH$

C. $Cl-C_6H_4-COONa + CH_3OH$　　D. $HO-C_6H_4-CH_2OH + HCOONa$

4. 化合物 $\begin{array}{c} CHO \\ H-\!\!\!-\!\!\!-OH \\ H-\!\!\!-\!\!\!-Br \\ CH_3 \end{array}$ 中手性碳的构型是 (　　)

A. 2*R*,3*R*　　B. 2*R*,3*S*　　C. 2*S*,3*S*　　D. 2*S*,3*R*

5. 光照下烷烃氯化反应的机理是 (　　)

A. 碳正离子　　B. 碳负离子　　C. 自由基　　D. 协同反应

6. 比较下列化合物的酸性大小 (　　)

① C_6H_5-COOH　② $H_3C-C_6H_4-COOH$　③ $O_2N-C_6H_4-COOH$

A. ①>②>③　　B. ③>①>②　　C. ②>③>①　　D. ②>③>①

7. 比较下列化合物碱性大小 (　　)

① $C_6H_5-NH_2$　② $C_6H_5-NHCOCH_3$　③ $CH_3CH_2NH_2$

A. ①>②>③　　B. ②>③>①　　C. ③>①>②　　D. ②>③>①

8. 下面季铵碱受热分解所得烯烃是 (　　)

$$\overset{+}{N}(CH_3)_3\ OH^- \xrightarrow{\triangle} (\quad)$$

A. 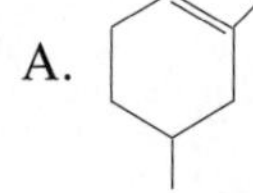　　B.　　C.　　D.

9. 倍半萜所含的异戊二烯单元是 (　　)

A. 2　　B. 3　　C. 4　　D. 5

10. 下列化合物属于双糖的是 (　　)

A. 葡萄糖　　B. 蔗糖　　C. 淀粉　　D. 纤维素

四、完成反应式(30分)

1. $CH_3CH_2CH{=}CH_2 \xrightarrow{(1)} CH_3CH_2CHClCH_3 \xrightarrow[\text{无水乙醚}]{Mg} (2) \xrightarrow[\text{②}H_3O^+]{\text{①}} (3)$

2. $\xrightarrow{O_3}\ \xrightarrow[H_2O]{Zn} (4)$

3. $CH_3CH_2C{\equiv}CH \xrightarrow{(5)} CH_3CH_2C{\equiv}C^-\ Na^+ \xrightarrow{(6)} CH_3CH_2C{\equiv}CCH_2CH_3 \xrightarrow[\text{液氨}]{Na} (7)$

4. $\xrightarrow{HC{\equiv}C^-\ Na^+} (8) \xrightarrow[H_2SO_4]{Hg^{2+}} (9)$

5. H_3C-环氧乙烷（甲基环氧乙烷） $\xrightarrow[CH_3OH]{CH_3ONa}$ (10)

6. $\begin{matrix} CH_2CH_2COOC_2H_5 \\ | \\ CH_2CH_2COOC_2H_5 \end{matrix}$ $\xrightarrow[②H_3O^+]{①CH_3ONa/CH_3OH}$ (11)

7. 硝基苯 $\xrightarrow{(12)}$ 间二硝基苯（NO_2，NO_2） $\xrightarrow{(13)}$ 间硝基苯胺（NO_2，NH_2）

8. $CH_3CH_2\overset{O}{\overset{\|}{C}}CH(CH_3)_2$ $\xrightarrow{NH_2OH}$ (14)

9. 对甲基苯酚（OH，CH_3） $\xrightarrow{(15)}$ 对甲基苯基乙酸酯（$OCOCH_3$，CH_3） $\xrightarrow[\triangle]{AlCl_3}$ (16)

10. 邻苯二甲酰亚胺（O，NH，O） $\xrightarrow{(17)}$ N-苄基邻苯二甲酰亚胺（O，$NCH_2C_6H_5$，O） $\xrightarrow[H_2O]{NaOH}$ (18) + 邻苯二甲酸（COOH，COOH）

11. 苯甲醛（CHO） $\xrightarrow[NH_3,H_2O]{AgNO_3}$ (19)

12. $CH_3CH_2CH(COOH)_2$ $\xrightarrow[②H_3O^+]{①LiAlH_4}$ (20)

13. 1,2-二氯-4-硝基苯（Cl，Cl，NO_2） $\xrightarrow[H_2O]{NaOH}$ (21)

14. 苯甲醛（CHO） $\xrightarrow[NaOH]{CH_3COCH_3}$ (22)

15. $C_6H_5\overset{+}{N}(CH_3)_2CH_2CH_3$ OH^- $\xrightarrow[\triangle]{}$ (23)

16. 苯 + 氯代环己烷（Cl） $\xrightarrow{AlCl_3}$ (24)

17. 苯甲酸（COOH） $\xrightarrow[H^+]{C_2H_5OH}$ (25)

18. 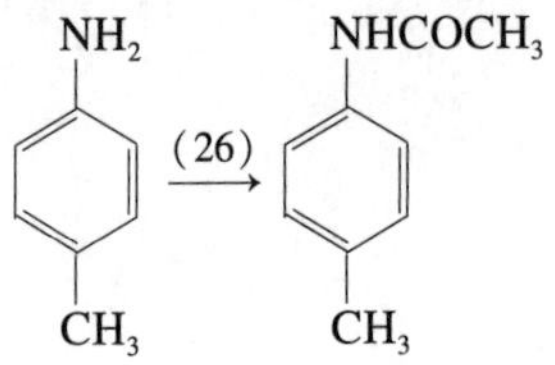 NH_2、CH_3 $\xrightarrow{(26)}$ $NHCOCH_3$、CH_3

19. 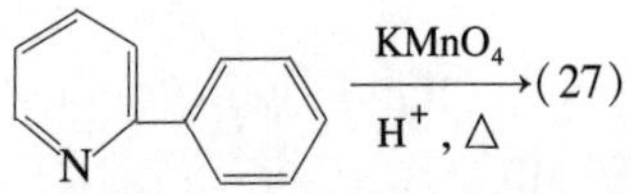 N $\xrightarrow[H^+,\triangle]{KMnO_4}$ (27)

20. 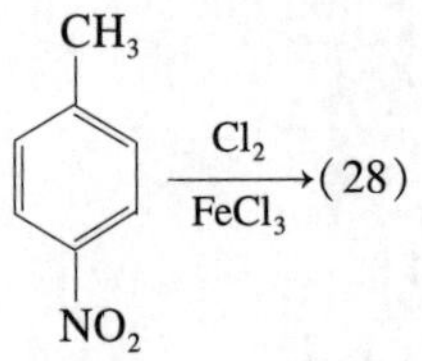 CH_3、NO_2 $\xrightarrow[FeCl_3]{Cl_2}$ (28)

21. 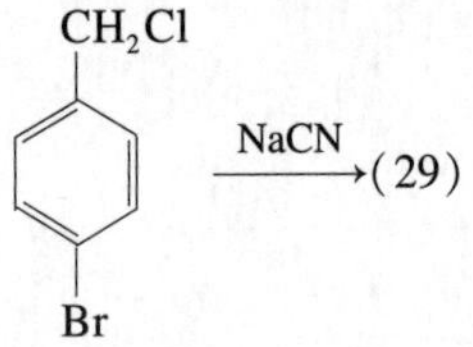 CH_2Cl、Br $\xrightarrow{NaCN}$ (29)

22. 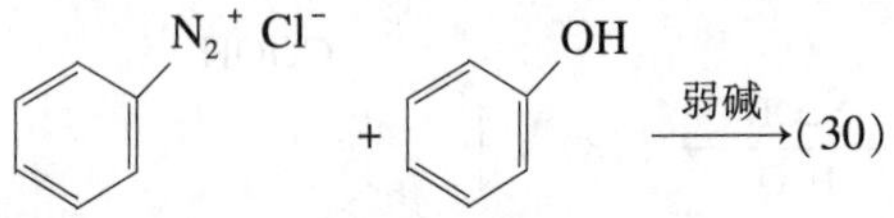 $N_2^+Cl^-$ + OH $\xrightarrow{弱碱}$ (30)

五、推测结构(12 分)

1. 某化合物 A($C_7H_{16}O$)发生脱水反应得 B(C_7H_{14}),B 经酸性 $KMnO_4$ 氧化所得的两个产物与经臭氧化还原反应的产物是一样的,试推测 A 和 B 的结构。

2. 分子式为 $C_{12}H_{16}O_2$ 的芳香酸的酯化物 A 可水解得 B($C_8H_8O_2$)和 C($C_4H_{10}O$),B 用 $KMnO_4$ 氧化得对苯二甲酸,C 用 $K_2Cr_2O_7$ 氧化得 D(C_4H_8O),C 和 D 都可发生碘仿反应。试推测 A~D 的结构。

六、合成题(无机试剂任选)(12 分)

1. 以苯和 $CH_3CH_2CH_2OH$ 为原料合成 $CH_2CH_2CH_3$。

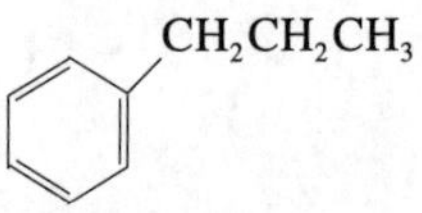

2. 以环己烷为原料合成 Cl。

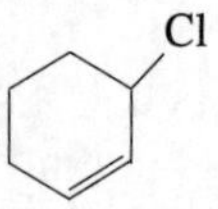

3. 以 $CH_3CH{=}CH_2$ 为原料,通过乙酰乙酸乙酯合成 $CH_3\overset{O}{\overset{\|}{C}}CH_2CH(CH_3)_2$。

总复习自测题(二)

一、命名下列化合物(标"∗"者需标明构型)(10 分)

1. 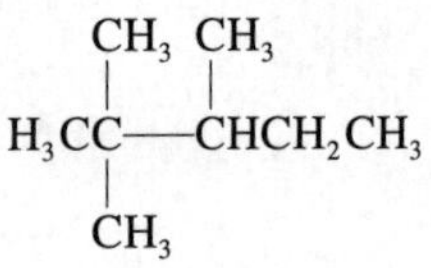 $H_3C\overset{CH_3}{\underset{CH_3}{C}}—\overset{CH_3}{C}HCH_2CH_3$

2.∗

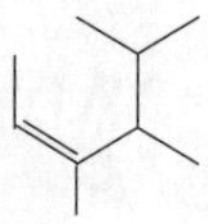

3. 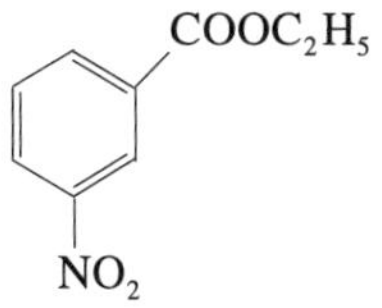 $COOC_2H_5$（苯环间位 NO_2）

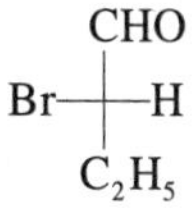

4.* Br—C—H（Fischer 投影式：上 CHO，下 C_2H_5）

5. CH_3，Cl，N（喹啉环）

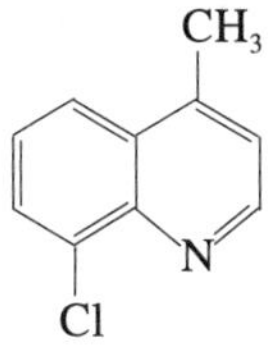

6. 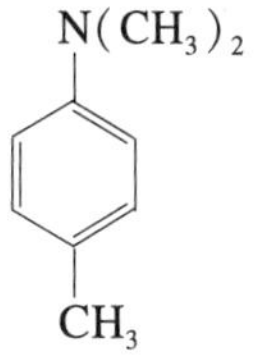 $N(CH_3)_2$，CH_3（苯环对位）

7. 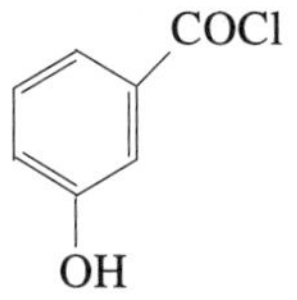 $COCl$，OH（苯环间位）

8. 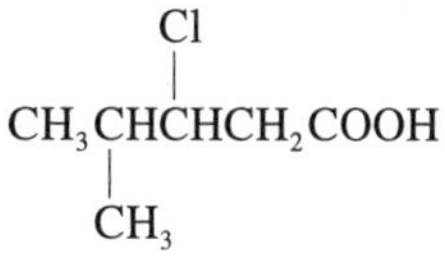 $CH_3\underset{CH_3}{\underset{|}{C}}H\overset{Cl}{\overset{|}{C}}HCH_2COOH$

二、用结构式或反应式表示下列名词术语（12 分）

1. 亲电性加成反应
2. 康尼查罗（Cannizzaro）反应
3. 格氏（Grignard）试剂
4. 重氮盐
5. 苄基自由基
6. 内消旋体
7. 马氏规则
8. β-D-吡喃葡萄糖
9. 亲核试剂
10. 光气

三、选择题（每小题只有一个正确答案）（20 分）

1. 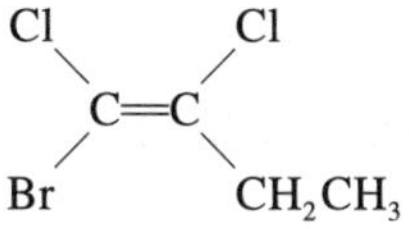 （Cl、Br 与 Cl、CH_2CH_3 所在 C=C）的构型是 （　　）

A. *Z* 或顺　　B. *E* 或顺　　C. *Z* 或反　　D. *E* 或反

2. 鉴别环丙烷、丙烯及丙烷需要的试剂是 （　　）

A. Br_2 的 CCl_4 溶液；$KMnO_4$ 溶液
B. $HgSO_4/H_2SO_4$；$KMnO_4$ 溶液
C. $AgNO_3$ 的氨水溶液；$KMnO_4$ 溶液
D. Br_2 的 CCl_4 溶液；$AgNO_3$ 的氨水溶液

3. 下列酯水解反应的速率大小顺序是 （　　）

① $ClCH_2CO_2C_2H_5$　② $CH_3CO_2C_2H_5$　③ $CH_3CH_2CO_2C_2H_5$　④ $CF_3CO_2C_2H_5$

A. ②>③>④>①　　B. ③>④>②>①　　C. ①>④>②>③　　D. ④>①>②>③

4. 下列化合物能发生碘仿反应的有 （　　）

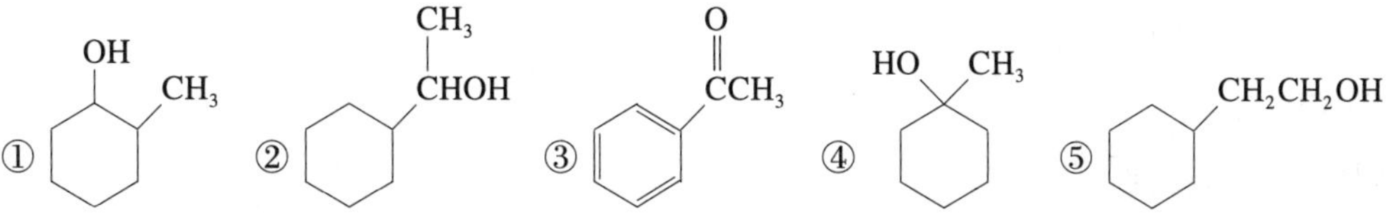

A. ②③④　　B. ①②③④⑤　　C. ②③　　D. ①④⑤

5. 比较下列化合物进行水解反应的难易顺序 （　　）

① $CH_3\overset{\overset{O}{\|}}{C}OC_2H_5$　② $CH_3\overset{\overset{O}{\|}}{C}Cl$　③ $CH_3\overset{\overset{O}{\|}}{C}NH_2$　④ $CH_3\overset{\overset{O}{\|}}{C}O\overset{\overset{O}{\|}}{C}CH_3$

A. ①>②>③>④　　B. ②>④>①>③　　C. ③>①>②>④　　D. ②>④>③>①

6. 下列化合物进行亲电取代反应的活性次序是 (　　)

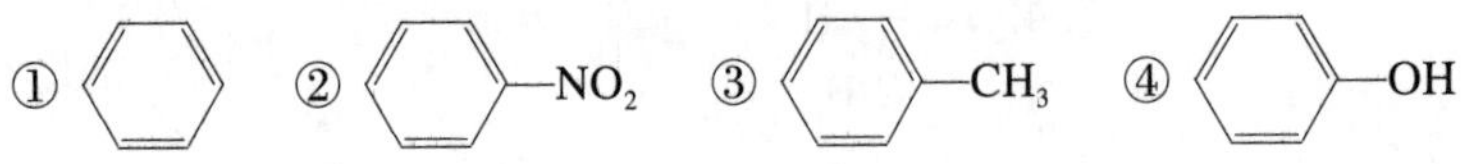

① 苯　② 硝基苯（$-NO_2$）　③ 甲苯（$-CH_3$）　④ 苯酚（$-OH$）

A. ①>②>③>④　B. ②>④>①>③　C. ③>①>②>④　D. ④>③>①>②

7. 比较下列化合物碱性大小 (　　)

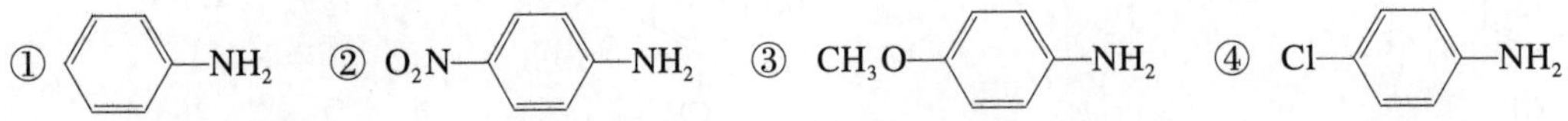

① 苯胺（$C_6H_5-NH_2$）　② $O_2N-C_6H_4-NH_2$　③ $CH_3O-C_6H_4-NH_2$　④ $Cl-C_6H_4-NH_2$

A. ①>②>③>④　B. ②>③>①>④　C. ③>①>④>②　D. ②>③>④>①

8. 下列化合物进行 S_N2 反应的速率次序是 (　　)

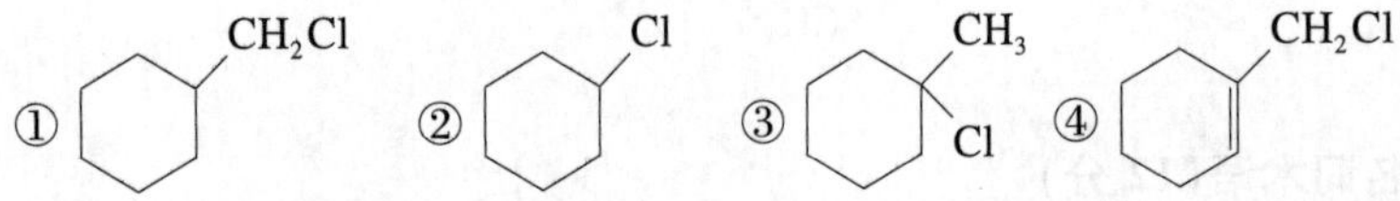

① 环己基-CH_2Cl　② 环己基-Cl　③ 1-甲基-1-氯环己烷（CH_3，Cl）　④ 环己烯-1-基-CH_2Cl

A. ①>④>②>③　B. ④>②>①>③　C. ②>③>④>①　D. ④>①>②>③

9. 下列化合物进行亲核取代反应的活性强弱顺序是 (　　)

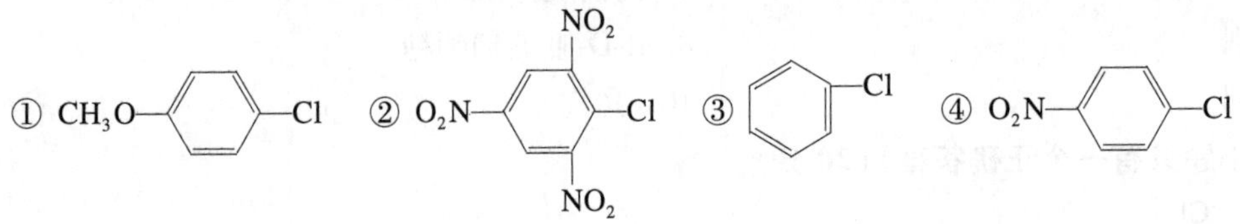

① $CH_3O-C_6H_4-Cl$　② 2,4,6-三硝基氯苯（O_2N，NO_2，NO_2，$-Cl$）　③ 氯苯（$-Cl$）　④ $O_2N-C_6H_4-Cl$

A. ②>④>③>①　B. ②>④>①>③　C. ③>①>②>④　D. ①>③>②>④

10. 下列化合物酸性由强到弱的次序是 (　　)

① CH_3CH_2COOH　② $CH_3CH(CH_3)COOH$　③ $CH_3CH(Cl)COOH$　④ $CH_3CH(Br)COOH$

A. ④>①>③>②　B. ③>④>①>②　C. ②>③>④>①　D. ④>②>③>①

四、完成反应式(32分)

1. $CH_2{=}CH-CH_2-C{\equiv}CH \xrightarrow[1\ mol]{Br_2}$ (1)

2. 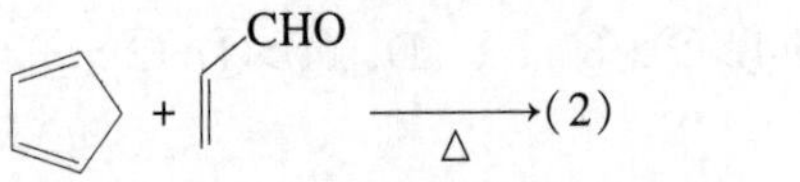 环戊二烯 + $CH_2{=}CH-CHO$ $\xrightarrow{\triangle}$ (2)

3. 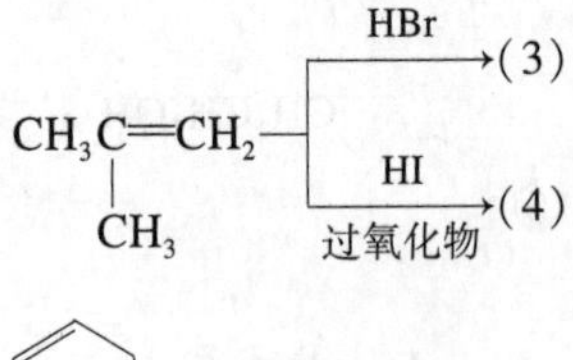 $CH_3C(CH_3){=}CH_2$ $\xrightarrow{HBr}$ (3)；$\xrightarrow[过氧化物]{HI}$ (4)

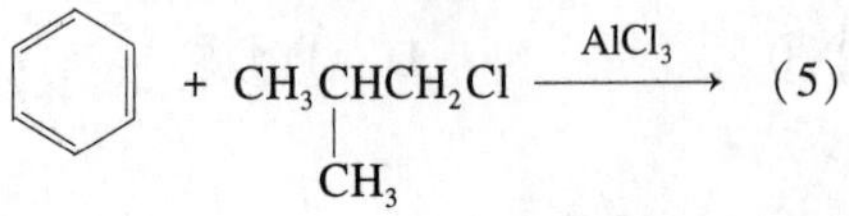

4. 苯 + $CH_3CH(CH_3)CH_2Cl$ $\xrightarrow{AlCl_3}$ (5)

5. 邻叔丁基甲苯（CH_3，$C(CH_3)_3$） $\xrightarrow[H^+,\triangle]{KMnO_4}$ (6)

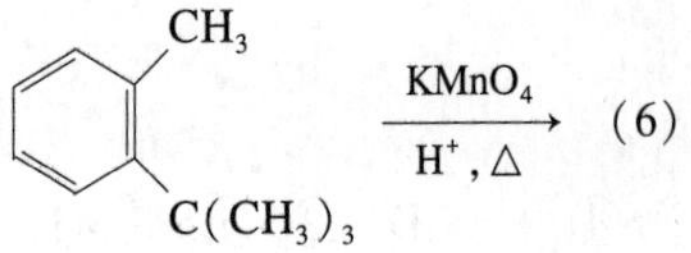

6. $CH_3\overset{CH_3}{\underset{CH_3}{C}}-Cl \xrightarrow[HOC_2H_5,\ \triangle]{NaOC_2H_5} (7)$

7. (邻甲基苄氯：苯环上 CH_2Cl、CH_3) $\xrightarrow{NaCN}$ (8) $\xrightarrow{H_2/Ni}$ (9)

8. $CH_3\overset{O}{\overset{\|}{C}}CH_2CH_3 \xrightarrow{I_2,NaOH} (10) + (11)$

9. $CH_3CH_2\underset{OH}{\underset{|}{C}H}CH_3 \xrightarrow[H^+,\triangle]{KMnO_4} (12)$

10. (苯环—$COOC_2H_5$) $+ CH_3CH_2COOC_2H_5 \xrightarrow[HOC_2H_5]{NaOC_2H_5} (13)$

11. $C_6H_5\overset{O}{\overset{\|}{C}}-Cl$ + (苯环—$NHCH_2CH_3$) $\xrightarrow{C_5H_5N} (14)$

12. $H_3C-C_6H_4-NH_2 \xrightarrow[HCl,0\sim5\ ℃]{NaNO_2} (15) \xrightarrow{CuBr} (16)$

13. (4-甲基吡啶) $\xrightarrow{H_2O_2} (17) \xrightarrow{(18)}$ (4-甲基-2-硝基吡啶-N-氧化物：CH_3，NO_2，$\overset{+}{N}\rightarrow O^-$)

14. (2,6-二甲基苯酚：OH，H_3C，CH_3) $\xrightarrow{(19)}$ (苯环上 $OCH_2CH=CH_2$，H_3C，CH_3) $\xrightarrow[\triangle]{} (20)$

15. (噻吩，S) $\xrightarrow{(21)}$ (噻吩-2-SO_3H)

16. (亚甲基环戊烷) $\xrightarrow{(22)}$ (环戊烷上 H_3C，OSO_3H) $\xrightarrow{H_2O} (23)$

17. (呋喃，O) $\xrightarrow{(24)}$ (呋喃-2-NO_2)

18. (喹啉，N) $\xrightarrow[H_2SO_4]{HNO_3} (25) + (26)$

19. (苯环上 Cl，Br，NO_2) $\xrightarrow{CH_3ONa}$ (27)

20. (3-甲基-1,1-二甲基吡咯烷鎓：$\overset{+}{N}$，H_3C，CH_3，OH^-) $\xrightarrow[\triangle]{} (28)$

21. 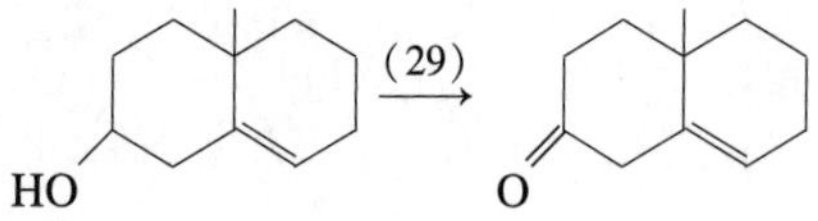 [structure: HO-substituted bicyclic ring with angular methyl and C=C] $\xrightarrow{(29)}$ [structure: corresponding ketone O= bicyclic ring]

22. 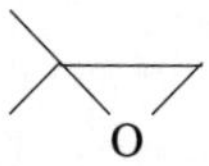 [structure: 2,2-dimethyloxirane] $\xrightarrow[H^+]{CH_3OH}$ (30)

23. $2CH_3CH_2CHO \xrightarrow{NaOH}$ (31)

24. 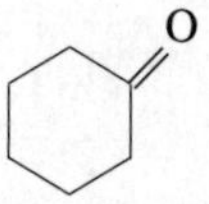 [structure: cyclohexanone] $\xrightarrow[\text{② } H_3O^+]{\text{① } CH_3MgBr,\text{无水乙醚}}$ (32)

五、推测结构(12 分)

1. 化合物 A($C_8H_{10}O$)可以很快使溴水褪色,可以与苯肼反应,A 在酸性 $KMnO_4$ 条件下氧化得 1 分子丙酮和 1 分子化合物 B,B 具有酸性,与 NaOCl 反应生成氯仿和丁二酸。试推测 A、B 的结构。

2. 化合物 A、B 的分子式都为 $C_5H_{11}N$,且都是五元环,A 和 B 经下列反应各得到不同的产物,试推测 A、B 的结构。

$$C_5H_{11}N \xrightarrow{2CH_3I} \xrightarrow{Ag_2O} \xrightarrow{\triangle} \xrightarrow{2CH_3I} \xrightarrow{Ag_2O} \xrightarrow{\triangle} C \text{ 或 } D$$

$$C \xrightarrow[\text{② } Zn, H_2O]{\text{① } O_3} 2HCHO + OHCCH_2CHO$$

$$D \xrightarrow[\text{② } Zn, H_2O]{\text{① } O_3} 2HCHO + CH_3COCHO$$

六、合成题(无机试剂任选)(14 分)

1. 以甲苯为主要原料合成苯乙酸。

2. 以对甲苯胺为原料合成间溴甲苯。

3. 以苯和 $CH_3CH{=}CH_2$ 为原料合成烯丙基苯基醚 [structure: benzene ring bearing $OCH_2CH{=}CH_2$]。

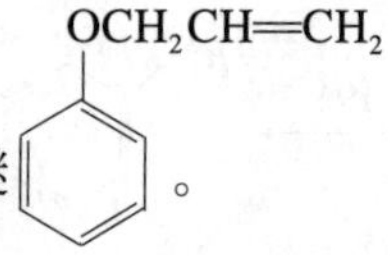

名词索引

A

氨解(ammonolysis)反应　191

B

半缩醛(hemiacetal)　153
饱和烃(saturated hydrocarbon)　11
苯腙　155
比旋光度(specific rotation)　68
苄基(benzyl)　84
变旋现象(mutamerism)　248
Z、E标记法(Z,E system of nomenclature)　29
伯氢原子(一级氢原子)　12
伯碳原子(primary carbon)　12
不饱和度(degree of unsaturation)　26
不饱和烃(unsaturated hydrocarbon)　26
不对称伸缩振动(asmmetrical, υ_{as})　279

C

查依采夫规则(Saytzeff rule)　111
差向异构化(epimerization)　250
差向异构体(epimer)　247
拆分(resolution)　76
拆分剂(resolving agent)　77
超共轭(hyperconjugation)　111
赤型(erythro enantiomer)　74
重氮化反应(diazotization)　214
重氮偶联反应(azocoupling reaction)　221
重氮盐(diazonium salt)　214
重叠式构象(eclipsed conformation)　15
臭氧化反应(ozonization)　37
船式构象(boat conformer)　43
次序规则(priority rule)　30
催化氢化反应(catalytic hydrogenation)　31

D

达参缩合(Darzen condensation)　177
单糖(monosaccharide)　246
等电点(isoelectric point)　180
低聚糖(oligosaccharide)　246
狄尔斯-阿尔特反应(Diels-Alder reaction)　59
狄克曼缩合(Dieckmann condensation)　194
碘仿反应(iodoform reaction)　157
电环化反应(electrocyclic reaction)　270
电偶极矩(dipole moment, μ)　6
定位基(orienting group)　86
定位效应(orientation effect　86
定域(localization)　4
动力学控制(kinetic control)　96
杜伦(Tollen)试剂　157
端基差向异构体(anomer)　248
对称面(symmetry plane)　73
对称伸缩振动(symmetrical, υ_s)　279
对映异构体(enantiomer)　69
对映异构现象(enantiomerism)　69
多糖(polysaccharide)　246

E

二级碳原子　12
二甲亚砜(DMSO)　146

F

反应底物(reactant substance or substrate)　106
反应活性中间体　21
反应速率决定步骤(step of determination reaction rate)　21
芳基(aryl)　84
芳香性(aromaticity)　82
芳香族化合物(aromatic compound)　8
芳杂环化合物(aromatic heterocyclic compound)　228
非苯芳烃(non benzenoid hydrocarbon　82
非对映体(diastereoisomer)　73
非极性共价键(nonpolar covalent bond)　6
斐林(Fehling)试剂　157
费歇尔投影式(Fischer projection)　70

分子轨道理论(molecular orbital theory)　4
傅瑞德尔-克拉夫茨反应(Friedel-Crafts reaction)　87
傅瑞斯重排(Fries rearrangement)　133

G

盖布瑞尔合成(Gabriel synthesis)　219
盖特曼-柯赫(Gattermann-Koch)反应　161
格氏试剂　113
各向异性效应(anisotropic effect)　288
共轭加成(conjugate addition)　59
共轭体系(conjugated system)　57
p-π 共轭体系(p-π conjugated system)　58
π-π 共轭体系(π-π conjugated system)　58
共轭作用(conjugative effect)　58
π-π 共轭作用(π-π conjugative effect)　58
p-π 共轭作用(p-π conjugative effect　58
共价键(covalent bond)　2
共振论(the theory of resonance)　58
构象(conformation)　15
构象异构体(conformational isomer)　15
构造(constitution)　11
构造异构(constitutional isomerism)　11
构造异构体(constitutional isomer)　11
官能团(functional group)　8
光活性物质(optical active compound)　68
光学异构体(optical isomer)　69
过渡态(transition state,Ts)　21
过氧化物效应(peroxide effect)　34

H

哈沃斯(Haworth)透视式　249
互变异构现象(tautomerism)　55
化学位移(chemical shift)　286
还原氨化(reductive amination)　219
还原糖(reducing sugar)　250
环加成反应(cycloaddition reaction)　270
环氧化合物(epoxide)　141
黄鸣龙改良法　159
活化能(activation energy)　21
霍夫曼(Hofmann)消除规则　218
霍夫曼重排反应(Hofmann rearrangement)　193

J

极性共价键(polar covalent bond)　6
几何异构(geometrical isomerism)　27
季碳原子(quaternary carbon)　12
1,2-加成(1,2-addition)　59
1,4-加成(1,4-addition)　59
加成反应(addition reaction)　31
价键理论(valence bond theory)　3
间接水合法　35
σ 键(sigma bond 或 σ bond)　15
交叉羟醛缩合(crossed aldol condensation)反应　156
交叉式构象(staggered conformation)　15
交叉酯缩合反应(crossed ester condensation)　194
角张力(angle strain)　42
经典共价键理论　2
均裂(homolytic bond cleavage,homolysis)　6

K

凯恩(Cahn)-英果尔德(Ingold)-普瑞洛格(Prelog)命名法　71
凯库勒(Kekulé)结构式　2
康尼查罗(Cannizzaro)反应　159
柯尔伯-许密特(Kolbe-Schmidt)反应　178
克莱门森(Clemmensen)还原　158
克莱森-许密特(Claisen-Schmidt)反应　156
克莱森酯缩合(Claisen condensation)　193
克莱森重排(Claisen rearrangement)　133

L

离去基团(leaving group)　107
离域(delocation)　4
离域能(delocalization energy)　58
离子型反应　6
立体选择性反应(stereo selective reaction)　54
立体异构(stereoisomerism)　28
立体异构体(stereoisomer)　28
林德拉催化剂(Lindlar catalyst)　53
卢卡斯(Lucas)试剂　123
卤仿反应(haloform reaction)　157
罗森孟德还原(Rosenmund reduction)　192
螺环烷烃(spiro cycloalkane)　39

M

马氏规则　33
麦尔外英-彭杜尔夫(Meerwein-Ponndorf)还原　158
面内弯曲(δ_{ip})　279
面外弯曲(δ_{oop})　279

N

内消旋体(meso compound) 73
内盐 180
扭转张力 16
纽曼投影式(Newman projection) 15

O

欧芬脑尔(Oppenauer) 158
偶合常数(coupling constant, J) 289

P

硼氢化反应(hydroboration) 36
硼氢化-氧化反应(hydroboration-oxidation reaction) 36
频哪醇(pinacol) 128
频哪醇重排(pinacol rearrangement) 128
频哪酮(pinacolone) 128
平伏键 43
平面偏振光(plane-polarized light) 67
屏蔽效应(shielding effect) 286

Q

σ-迁移反应(sigmatropic reaction) 270
前线轨道(frontier orbitals) 270
羟醛缩合(aldol condensation) 155
亲电试剂(electrophilic reagent, electrophile) 33
亲电性反应(electrophilic reaction) 33
亲电性加成反应(electrophilic addition reaction) 33
亲电性取代反应(electrophilic substitution reaction) 85
亲核性加成反应(nucleophilic addition) 151
亲核性取代反应(nucleophilic substitution) 106
亲核性试剂(nucleophilic reagent) 106
亲双烯体(dienophile) 59
氢化热(heat of hydrogenation) 32
琼斯(Jones)试剂 127

R

热力学控制(thermodynamic control) 97
溶剂解(solvolysis) 107
瑞佛马斯基反应(Reformatsky reaction) 178
瑞穆-梯曼(Reimer-Tiemann)反应 160

S

脎(osazone) 251
桑德迈尔反应(Sandmeyer reaction) 219
沙瑞特(Sarrett)试剂 127
伸缩振动(streching vibration, υ) 279
手性分子(chiral molecular) 69
手性碳原子(手性碳, chiral carbon) 69
叔氢原子(三级氢原子) 12
叔碳原子(tertiary carbon) 12
双糖(disaccharide) 253
双烯合成(diene synthesis) 59
双烯体 59
水解(hydrolysis)反应 189
顺反异构(cis-trans isomerism) 27
顺反异构体(cis-trans isomer) 28
斯克劳普(Z. H. Skraup)合成法 240
四级碳原子 12
苏型(threo enantiomer) 74
缩醛(acetal) 153

T

肽(peptide) 181
肽键 181
碳水化合物(carbohydrate) 246
碳正离子(carbocation)活性中间体 33
糖苷(glucosides) 251
特征吸收峰 280
同分异构体(isomers) 2
同面环加成(suprafacial cycloaddition) 274
同系列(homologous series) 11
同系物(homologs) 11
酮糖(ketose) 246
酮型-烯醇型互变异构(keto-enol tautomer) 55
透视式(锯架式, sawhorse projections) 15
脱羧反应(decarboxylation) 174

W

瓦尔顿转化(Walden inversion) 108
外消旋体(racemic mixture, racemic modification or racemate) 69
弯曲振动(bending vibration, δ) 279
烷基(alkyl group) 12
威廉姆逊合成(Williamson synthesis) 107
魏悌希(Wittig)反应 159
乌尔夫-凯惜纳尔(Wolff-Kishner)还原法 159

X

吸电子基(electron withdrawing group) 60

吸收光谱(absorption spectroscopy)　278
烯丙基(型)碳正离子(allylic cation)　60
烯丙基自由基(allyl radical)　38
席曼反应(Schiemann reaction)　220
系统命名法　13
"相似相溶"(like dissolves like)　1
相转移催化剂(phase transfer catalyst,PTC)　145
消除反应(elimination)　111
楔形式(wedge-and-dash model)　5
协同反应(concerted reaction)　270
偕二醇(geminal diol)　153
兴斯堡反应(Hinsberg reaction)　214
*S*型(*S* configuration)　71
*R*型(*R* configuration)　71
*Z*型(*Z* isomer)　30
*E*型(*E* isomer)　30
休克尔规则(Hückel rule)　98
N-溴代丁二酰亚胺(*N*-bromosuccinimide,NBS)　38
溴鎓离子(bromonium ion)　35
旋光度(angle of rotation)　68
旋光异构体　69

Y

鎓盐(oxonium salt)　142
衍生物(derivatives)　1
一级碳原子　12
椅式构象(chair conformer)　43
异裂(heterolytic bond cleavage,heterolysis)　6
异面环加成(antarafacial cycloaddition)　274
异戊二烯规律　260
优势构象　16
游离基　6
右旋体(dextroisomer)　68
诱导效应(inductive effect)　7

Z

sp^2 杂化(sp^2 hybridization)　26
sp 杂化(sp hybridization)　51
sp^3 杂化轨道　14
杂化轨道理论(orbital hybridization theory)　14
sp^3 杂化碳原子　14
杂环化合物(heterocyclic compound)　8
皂化反应(saponification)　190
脂肪族化合物(aliphatic compound)　8
直接水合法　35
直立键(axial bond)　43
指纹区(fingerprint region)　281
酯化反应(esterification)　172
酯交换反应(transesterification)　190
中心碳原子　107
仲氢原子(二级氢原子)　12
仲碳原子(secondary carbon)　12
周环反应(pericyclic reaction)　270
转化糖(invertsugar)　254
自旋-自旋裂分(spin-spin splitting)　288
自旋-自旋偶合(spin-spin coupling)　288
自由基(free radical)　6
1°自由基(primary radical)　22
2°自由基(secondary radical)　22
3°自由基(tertiary radical)　22
自由基链反应(radical chain reaction)　20
腙　155

中国药科大学
《有机化学》教学日历(供参考)

周次	内容	要　求	学时
1	1. 绪论	1. 掌握:有机化学及有机化合物的含义,有机化合物的特性,有机化合物结构的表达方式,共价键的几个重要属性,均裂、异裂、诱导效应的概念。 2. 熟悉:同分异构现象,有机化合物的分类。 3. 了解:共价键理论的有关概念。	2
1~2	2. 烷烃	1. 掌握:烷烃的通式、构造异构、命名,烷烃的结构(包括碳的四面体结构、sp^3 杂化,σ 键的形成和特点等),乙烷和正丁烷的典型构象、优势构象,纽曼投影式、透视式的写法。烷烃的卤代反应(包括 3 种氢原子的反应活性、烷基自由基的相对稳定性)。 2. 熟悉:烷烃的物理性质,卤代反应机理。 3. 了解:卤代反应中位能的变化及过渡态的概念;烷烃的氧化反应。	6
3~4	3. 烯烃和环烷烃	1. 掌握:烯烃的结构(包括碳原子的 sp^2 杂化、π 键的形成及特点)、同分异构(构造及构型异构);烯烃的命名(包括次序规则、顺反异构体的构型标记);烯烃的化学性质(包括加成反应、双键的氧化反应和侧链 α-氢的反应);一些重要的规则及概念(包括催化氢化、亲电试剂、亲电加成反应、马氏规则、过氧化物效应,碳正离子的结构及稳定性);环烷烃的分类、同分异构、命名及化学反应;环己烷、一取代和多取代环己烷的构象及优势构象(包括直立键、平伏键的概念)。 2. 熟悉:烯烃、环烷烃的物理性质,十氢萘的构象。 3. 了解:烯烃的聚合反应。	8
5	4. 炔烃及二烯烃	1. 掌握:炔烃的结构(sp 杂化)、同分异构和命名;炔烃的化学性质(包括加成反应、氧化反应及炔氢的反应);二烯烃的分类和命名,共轭二烯烃的结构(包括共轭效应、电子的离域、π-π 共轭效应的概念)和反应(共轭加成及狄尔斯-阿尔特反应);共轭加成的理论解释(包括烯丙基碳正离子的结构、p-π 共轭效应)。 2. 熟悉:含 C═C 及 C≡C 化合物的命名,炔烃的物理性质,C═C 及 C≡C 分别与卤素和水加成的活性差异,共振论及立体选择性的概念。 3. 了解:炔烃的聚合反应。	4
6~7	5. 对映异构	1. 掌握:旋光性、左旋体、右旋体、旋光度、比旋光度、手性分子、手性碳、内消旋体、外消旋体、对映体、非对映体的概念;对映异构体的表示方法(费歇尔投影式)及对映异构体构型的标记(R、S 标记法);含 2 个手性碳原子化合物的对映异构;引起分子手性的因素(分子的不对称性)及对称因素(对称面、对称中心);环状化合物的立体异构。 2. 熟悉:D、L 构型标记法,苏型、赤型的概念。 3. 了解:不含手性碳原子化合物的对映异构,外消旋体的拆分。	5
7~9	6. 芳烃	1. 掌握:苯、萘及其同系物的同分异构和命名,苯的亲电取代反应,芳烃侧链的反应,苯环上亲电取代反应的定位效应,萘的亲电取代反应。 2. 熟悉:苯、萘及其同系物的结构,苯环的亲电取代反应机理,休克尔规则,苯的加成、氧化反应,一取代萘的亲电取代反应。 3. 了解:萘的加成、氧化反应,苯环上亲电取代反应定位效应的解释。	8
9~10	7. 卤代烃	1. 掌握:卤烃的分类、命名,卤烃的亲核取代反应、消除反应,格氏试剂的制备及注意事项,卤烃消除中的查依采夫规则,亲核取代反应和消除反应的竞争(主要是烃基的结构及溶剂的极性),卤代烃中卤原子的活泼性。 2. 熟悉:卤烃的物理性质,影响亲核取代反应的因素(主要是烃基的结构和离去基团对反应活性的影响),亲核取代反应的两种机理,消除反应的两种机理,瓦尔顿转化的概念。 3. 了解:超共轭效应的概念。	7

续表

周次	内容	要　求	学时
11~12	8. 醇和酚	1. 掌握:酚的分类,醇、酚及硫醇的命名;醇与金属钠、HX 的反应,成酯反应,脱水反应,氧化反应;邻二醇被高碘酸氧化的反应;硫醇的酸性;酚的酸性,酚醚的形成及克莱森重排,酚酯的形成及傅瑞斯重排,芳环上的卤代、硝化、磺化反应。 2. 熟悉:醇、酚的物理性质,氢键的概念,醇、酚的制备方法,频哪醇重排。 3. 了解:醇的脱氢反应,酚的氧化反应。	8
13	9. 醚和环氧化合物	1. 掌握:醚的分类,醚、硫醚的命名,醚的化学性质,环氧乙烷的开环反应。 2. 熟悉:醚的物理性质,硫醚的性质,醚的制备方法。 3. 了解:冠醚的命名,不对称环氧化合物的开环反应。	3
13~15	10. 醛和酮	1. 掌握:醛、酮的命名和结构;醛、酮的亲核加成反应,α-氢的反应以及氧化、还原反应;α,β-不饱和醛、酮的 1,2-加成和 1,4-加成反应。 2. 熟悉:醛、酮的物理性质,醛、酮的制备,羟醛缩合反应机理,乙烯酮的结构,醌的化学性质(与氨的衍生物的加成、碳碳双键的加成反应,醌的 1,4-加成)。 3. 了解:醌的 1,6-加成,魏悌希反应,醛的显色反应。	8
15~16	11. 羧酸和取代羧酸	1. 掌握:羧酸、取代羧酸的分类和命名,羧酸的结构,羧酸的酸性及羧酸衍生物的形成,卤代酸与碱的反应,羟基酸的脱水反应,氨基酸受热后的变化,二元酸受热后的变化,氨基酸的两性及等电点。 2. 熟悉:羧酸的物理性质,一些羧酸的俗名,羧酸的脱羧反应,柯尔伯-许密特反应,肽键及多肽的概念。 3. 了解:达参缩合,瑞佛马斯基反应,氨基酸的显色反应。	5
17~18	12. 羧酸衍生物	1. 掌握:羧酸衍生物的命名,羧酸衍生物水解、醇解、氨解反应,羧酸衍生物的还原反应,酯与格氏试剂的反应,克莱森酯缩合反应;乙酰乙酸乙酯、丙二酸二乙酯的制备及其在合成上的应用。 2. 熟悉:羧酸衍生物的物理性质,酰胺的酸碱性及霍夫曼降解反应,羧酸衍生物的水解、醇解和氨解反应,克莱森酯缩合反应的机理,碳酸衍生物的名称,光气的性质。 3. 了解:脲和胍的性质。	8
19~20	13. 有机含氮化合物	1. 掌握:硝基化合物及胺的分类、命名和结构,硝基化合物的还原(酸性介质)及硝基对芳环上取代基的影响;胺的化学性质(碱性、酰化、芳环上的取代反应,重氮化反应及重氮盐的取代反应),季铵碱的形成和性质(霍夫曼规则),霍夫曼彻底甲基化反应及在测定胺结构中的应用。 2. 熟悉:硝基化合物及胺类的物理性质,胺的磺酰化,硝基化合物在碱性介质中的还原,胺的氧化反应,重氮盐的偶联反应,盖布瑞尔合成法。 3. 了解:脂肪伯胺与亚硝酸的反应。	8
21~22	14. 杂环化合物	1. 掌握:常见基本杂环母核的名称、编号及一些简单的杂环衍生物的命名;常见杂环化合物如吡咯、吡啶以及唑类化合物的酸碱性;常见杂环化合物如吡咯、呋喃、噻吩、吡啶及喹啉的亲电性取代反应;吡啶及喹啉的氧化和还原反应。 2. 熟悉:杂环化合物的电子结构并理解杂环化合物具有芳香性的原因;吡啶的亲核取代反应;吡唑、咪唑、嘌呤的互变异构,喹啉的制备。 3. 了解:吲哚、嘌呤的命名;吡喃衍生物的性质;吡啶 *N*-氧化物的性质。	6
22~23	15. 糖类化合物	1. 掌握:单糖(主要为葡萄糖)的结构(包括其开链结构、环状结构、呋喃型及吡喃型糖);糖的环状结构中 α-异构体和 β-异构体;从结构上理解糖的变旋现象及吡喃型糖的稳定构象,糖的构型标记方法;单糖的化学性质包括糖的氧化反应,从结构上理解还原性糖;单糖的差向异构化,成脎反应及糖苷。 2. 熟悉:双糖的概念及其结构,一些重要的双糖如麦芽糖、纤维二糖及蔗糖。 3. 了解:以淀粉和纤维素为例了解多糖的结构。	3

续表

周次	内容	要　求	学时
22~23	16. 萜类和甾体化合物	1. 掌握:萜类化合物的定义及其结构特点(异戊二烯规律)。甾体化合物的定义及其基本碳架,甾体化合物的构型。 2. 熟悉:一些萜类化合物的结构(如单环单萜、链状单萜、双环单萜等)及其中一些重要化合物的结构如蒎烯、薄荷醇、樟脑等;甾体化合物的常见母核及甾体化合物的命名。 3. 了解:甾体化合物的构象。	3
24	17. 周环反应	自学	3
24~25	18. 红外光谱和核磁共振谱	自学	3
25	复习答疑		2
26	考试		2